普通高等教育“十四五”规划教材

岩土工程数字孪生理论与方法

谭文辉　编著

北　京
冶　金　工　业　出　版　社
2025

内 容 提 要

本书以土木工程智能化发展的需求为导向，将数字孪生技术引入到岩土工程领域，以岩土工程智能化的专业知识和关键技术为主线，系统地介绍了岩土工程数字孪生现状及未来发展趋势、数字孪生的基础知识、基于人工智能机器学习的大数据处理方法、岩土工程数字孪生体建模技术和方法、岩土工程智能感知技术、岩土工程灾害隐患智能识别与态势感知。本书内容系统、新颖，突出知识性和实用性，对岩土工程数字化、智能化建设研究与应用具有一定的参考价值。

本书可作为普通高等院校土木工程、智能建造、工程管理等专业高年级本科生和研究生的教材，也可供建筑、水利水电、交通、矿山、机场建设等领域从事岩土工程设计、施工、监理、咨询、科研、管理等相关人员学习和参考。

图书在版编目(CIP)数据

岩土工程数字孪生理论与方法 / 谭文辉编著. 北京 : 冶金工业出版社, 2025. 1. -- (普通高等教育“十四五”规划教材). -- ISBN 978-7-5240-0088-4

Ⅰ. TU4-39

中国国家版本馆 CIP 数据核字第 2025Z5K081 号

岩土工程数字孪生理论与方法

出版发行 冶金工业出版社 **电　　话** (010)64027926

地　　址 北京市东城区嵩祝院北巷 39 号 **邮　　编** 100009

网　　址 www. mip1953. com **电子信箱** service@ mip1953. com

责任编辑 杨 敏 美术编辑 吕欣童 版式设计 郑小利

责任校对 石 静 责任印制 窦 唯

三河市双峰印刷装订有限公司印刷

2025 年 1 月第 1 版，2025 年 1 月第 1 次印刷

787mm×1092mm 1/16；22 印张；533 千字；341 页

定价 58. 00 元

投稿电话 (010)64027932 投稿信箱 tougao@cnmip. com. cn

营销中心电话 (010)64044283

冶金工业出版社天猫旗舰店 yjgycbs. tmall. com

(本书如有印装质量问题，本社营销中心负责退换)

前　言

随着新一代信息技术的发展和深入应用，以及人们生产和生活实际需求对各类模型提出的能够与物理对象进行交互的要求，促使人们还想知道物理世界不同尺度的时空有什么、正在发生什么、未来会发生什么，从而预测可能出现的问题并制定相应的措施，在此背景下，数字孪生（digital twin）应运而生。

目前，以物联网、大数据、人工智能等新技术为代表的数字浪潮正席卷全球，各个行业都在向着数字化、智能化的方向发展。数字孪生也正以惊人的速度进入我们的生活，制造业、医疗、交通、水利、智慧城市、矿山等领域都在大力发展和应用数字孪生技术。

基于虚实交互和数模驱动，数字孪生能够突破许多物理条件的限制，满足仿真（以虚映实）、控制（以虚控实）、预测（以虚预实）、优化（以虚优实）等应用服务需求，实现服务的持续创新、需求的即时响应和产业的升级优化，当前全球50多个国家、1000多个研究机构、成千上万的专家学者都在开展数字孪生的相关研究。

数字孪生已经成为新基建不可或缺的机遇，Bentley首席执行官Greg Bentley于2020年10月首次在线召开的纵览基础设施大会上说，基础设施支撑着全球的经济发展和环境保护，工程数字化驱动基础设施的转型升级。

基础设施的数字化进程以数字孪生为核心，建立智能化基础设施为目的，可以提升资产性能、抗变能力，降低成本和风险，从而提升整个社会的生活品质，推动全球经济、环境的可持续发展。

岩土工程是由土力学、岩石力学和工程地质以及相应的工程和环境学科所组成，它服务于不同的工程门类，如建筑、水利水电、交通、铁路、机场、水运、石油、采矿、环境和军事等，甚至航天等各个工程领域都离不开岩土工程，因此，可以说岩土工程是基础设施的重要组成部分，基础设施的转型升级必然包括岩土工程的转型升级，岩土工程只有进行相应的数字化，才能与基础设施建设相匹配，促进新基建的发展和提升。

作者近年来参与的“十三五”“十四五”国家攻关项目也在进行相关的研

究，与这些新技术密切相关。基于这样的背景，编写了本书，希望通过岩土工程数字孪生的基本框架的介绍，为岩土工程数字化抛砖引玉。

本书共6章，主要内容如下：

第1章介绍了岩土工程数字孪生现状及发展趋势。

第2章介绍了数字孪生的基础知识，包括数字孪生的定义、发展历史、技术体系、与新一代信息技术的关系、应用中的几个问题。

第3章介绍了基于人工智能机器学习的大数据处理方法，包括人工智能与机器学习的简介、几种典型的机器学习方法、大数据处理方法、机器学习在岩土工程中的应用。

第4章介绍了岩土工程数字孪生体建模技术和方法，包括数字孪生体建模技术、三维地质建模手段和方法、三维实景建模技术、岩土工程数字孪生体建模。

第5章介绍了岩土工程智能感知技术，包括岩土工程监控设计的原理和方法、岩土工程监测主要指标和数据源、量测数据处理、智能监测技术、岩土工程监测的发展趋势。

第6章介绍了岩土工程灾害隐患智能识别与态势感知，包括研究现状、态势感知理论和方法、矿井水害态势智能感知与预警系统研发与应用。

本书对岩土工程数字孪生理论和方法的介绍，旨在引导读者抓住学科发展和学科交叉的机遇，尽快适应新技术、新基建发展需要，采用新一代信息技术解决岩土工程问题，为岩土工程数字化、智能化发展贡献力量。

本书由北京科技大学谭文辉编著，硕士研究生梁爽、孟圆、刘慧敏、和湛等参与了资料的整理工作，在此表示感谢。

本书在编撰过程中，参考了有关文献，在此向文献作者表示衷心感谢！本书的出版得到了北京科技大学研究生教育发展基金的资助，特此致谢！

由于作者水平所限，书中不足之处，敬请专家和读者批评指正。

作　者
2024年5月

目　录

1 绪　论

1.1 数字孪生发展历史与现状

自从1946年电子计算机诞生以后，人类社会开始进入数字时代。早期这种数字变革并不明显，直到20世纪80年代，消费和工业两个领域的数字化转型才逐渐显现。日本通产省1989年启动了智能制造系统计划，力图利用“人工智能+制造”的方式，打造一套教科书似的智能制造范式，其1992年建立的智能制造系统（IMS）联盟先后吸引了澳大利亚、加拿大、美国、瑞士、欧盟国家、挪威、韩国、墨西哥等国参与。

2002年，美国Michael Grieves教授提出的“与物理产品等价的虚拟数字表达”的概念贴近数字孪生的概念；2009年，美国国防高级研究计划局（Defense Advanced Research Projects Agency，DARPA）国防科学办公室举办了未来制造研讨会，大家根据NASA兰利研究中心科学家爱德华·格莱斯根分享的原子孪生（atomic twin）的概念，提出了“数字孪生”（Digital Twin）的概念。2011年，美国空军研究室首次明确提出了数字孪生的定义：数字孪生是充分利用物理模型、传感器更新、运行历史等数据，集成多学科、多物理量、多尺度、多概率的仿真过程，在虚拟空间中完成映射，从而反映相对应的实体装备的全生命周期过程。

通俗地讲，数字孪生是通过数字化的手段，在数字世界中构建一个与物理世界中的物体一模一样的虚拟实体，借此来实现对物理实体的了解、分析和优化。

由于数字孪生基于虚实交互和数模驱动，能够突破许多物理条件的限制，满足仿真（以虚映实）、控制（以虚控实）、预测（以虚预实）、优化（以虚优实）等应用服务需求，实现需求的即时响应、服务的持续创新和产业的升级优化，当前全球50多个国家、1000多个研究机构、成千上万的专家学者都在开展数字孪生的相关研究。

2013~2016年，美国空军研究实验室的数字孪生机身研制完成，验证了数字孪生工程的实现方法；2017年，美国IBM、微软、谷歌等IT企业进入数字孪生市场，数字孪生产业化开始启动；2018年7月，英国财政部发布了“国家数字孪生战略（NDTP）”；2019年6月，日本推出“数字孪生计算计划”作为数字化转型的创新平台；2020年9月，德国VDMA和ZVEI牵头设立“工业数字孪生协会（IDTA）”，围绕资产管理壳（AAS）构建了工业数字孪生工程。

2019年，美国知名咨询及分析机构Gartner认为数字孪生处于期望膨胀期顶峰，在未来5年将产生破坏性创新。2021年，世界进入“元宇宙”元年，“元宇宙”的出现意味着技术变革的大幕已经拉开。2022年11月，美国人工智能研究公司OpenAI开发的聊天机器人ChatGPT，更是成为人工智能发展的引爆点，推动各国科技创新竞争进入了新赛道。

技术的跨越对产业革命和学术研究等带来了重要影响。10 多年来，数字孪生以惊人的速度进入我们的生活，在航空航天、国防、汽车、交通、医疗健康、材料、城市、建筑和能源等领域得到广泛应用和发展。以大数据、物联网、人工智能等新技术为代表的数字浪潮正席卷全球，各个行业都在向着数字化、智能化的方向发展。

数字孪生正成为主要国家数字化转型的主要抓手和跨国企业业务布局的新方向（表 1.1），美国工业互联网联盟将数字孪生作为工业互联网落地的核心和关键（图 1.1），德国工业 4.0 参考架构将数字孪生作为重要内容（图 1.2），新加坡、法国、加拿大、中国等都在建设智慧城市。

表 1.1 跨国企业业务布局新方向

公 司	数字孪生	数字孪生+	数字孪生++
西门子公司	数字孪生	数字孪生/产品/生产/绩效	综合数字孪生
PTC 公司	数字孪生	数字孪生+知识体系	数字孪生+增强现实
达索公司	虚拟孪生	产品全生命周期孪生	3D EXPERISENCE 孪生
ESI 公司	基于物理的虚拟孪生	数据驱动的虚拟孪生	混合孪生

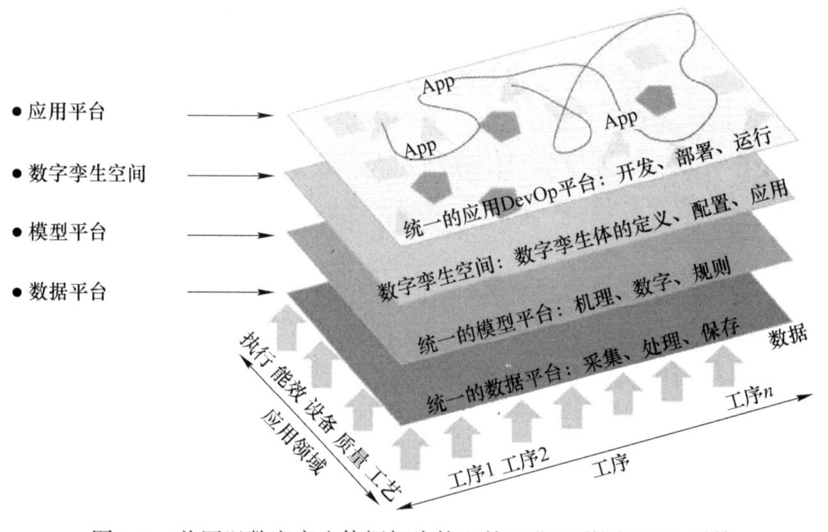

图 1.1 美国以数字孪生体框架为核心的工业互联网 PASS 系统

回望人类历史的历次工业革命，可以用技术经济学中"通用目的技术（GPT）"概念来分析数字孪生技术在第四次工业革命中的地位和作用。通用目的技术是一个经济学概念，它是一种共性技术，在整个生命周期内均可识别，初期具有广阔的发展空间，最终将广泛应用，具有多种应用场景，并具有溢出效应，因此它对推动经济增长具有较好的效果。通用目的技术通常包括三个阶段：第一阶段为发现通用目的技术，第二阶段为企业获得模板，第三阶段为在特定领域加以应用。工业 4.0 研究院院长胡权认为，数字孪生遵循以上三个阶段的规律，譬如，DARPA 发现了数字孪生这项通用目的技术；美国空军研究实验室通过实施机身数字孪生体项目完成了模板设计；特斯拉等公司有可能掌握了模板，但考虑到竞争需要，并没有公开这些成果，因此数字孪生是一种新型通用目的技术。

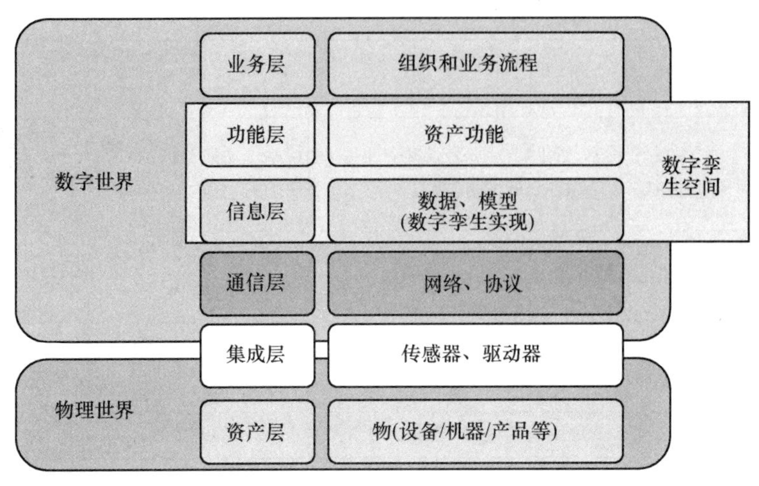

图 1.2 德国工业 4.0 参考架构

目前普遍认为，蒸汽机、电和内燃机、计算机分别是前三次工业革命的 GPT，而数字孪生技术将成为第四次工业革命的 GPT，四次工业革命的对比见表 1.2。

表 1.2 四次工业革命 GPT 对比

工业革命		第一次 (1750~1850 年)	第二次 (1850~1950 年)	第三次 (1950~2020 年)	第四次 (2020~2100 年)
特点/名称		机械化/机械时代	电气化/电气时代	数字化/信息时代	智能化/智能时代
理论基础		机械还原论	能量守恒	控制论+系统论+信息论	量子理论
典型观点		人是机器	永动机不可行	信息是用来消除不确定性的东西	万物源自比特
能量源		煤	煤+石油	化石燃料+可再生能源	低碳/可再生能源+可控核聚变
动力装置		蒸汽机	内燃机/电动机	喷气推进/核动力	待发明
信息传输处理		信号旗/塔	电报+电话+无线电	电子计算机	量子通信+计算
工业化	设计范式	手工作坊→单人	单人→小团队	传统系统工程	基于数字孪生体的现代系统工程
	制造范式	原始等材+减材	现代减材+等材	现代减材+等材	基于数字孪生体和增材思维的工艺融合
	生产管理	单台机器生产	基于装配流水线的大规模生产	基于计算机的自动化生产	基于数字孪生体和工业互联的智能工厂
	经济组织	农场→工厂	大财阀	跨国公司	分布式组织
	核心产业	纺织业	重化工产业	电子技术产业	信息技术产业

续表 1.2

工业革命	第一次 （1750~1850 年）	第二次 （1850~1950 年）	第三次 （1950~2020 年）	第四次 （2020~2100 年）
城市化	人口增长和农业人口迁移	面向资源生产要素的城市组织	基于功能分区的城市组织	面向需求的城市组织→具有自主智慧的硅碳合基城市大脑
全球化	领土的全球开发	货物全球贸易	技术、市场、资金劳动力的全球配置	人类命运共同体
战争模式	基于物理战场的冷兵器战争	基于物理战场的热兵器战争	核威慑下的冷战+代理人战争	警察化战争+赛博战+恐怖主义/文明冲突
通用目的技术 GPT	蒸汽机	电+内燃机	计算机+互联网	数字孪生体+IoT+AI

近年来，我国在数字孪生领域发展也很快。如 2017 年，我国工业 4.0 研究院设立了数字孪生研究中心，并于 2019 年发起了全球第一家数字孪生体联盟（Digital Twin Consortium，DTC）；美国 OMG 于 2020 年跟进发起了类似的美国数字孪生体联盟，从整体布局来看，其定位和运行方式跟我国的非常类似。

2020 年 4 月，国家发改委和中央网信办发布了《关于推进“上云用数赋智”行动 培育新经济发展实施方案》的通知，明确推动“数字孪生创新计划”，这是中国首次提出数字孪生体国家战略。

2021 年 3 月，国家“十四五”规划纲要明确提出要“探索建设数字孪生城市”，为数字孪生城市建设提供了国家战略指引。此后，国家陆续印发了不同领域的“十四五”规划，涵盖总体规划、信息技术、工业生产、建筑工程、水利应急、综合交通、标准构建、能源安全、城市发展等领域，为各领域如何利用数字孪生技术促进经济社会高质量发展做出了战略部署，绘制了各领域“十四五”数字孪生发展新蓝图。

我国“十四五”规划中与岩土工程领域相关的数字孪生政策如下：

（1）在建筑工程领域，《“十四五”建筑业发展规划》明确提出，要加快推进建筑信息模型（BIM）技术在设计、审查、生产、施工、管理、监理等工程环节的集成应用；推进自主可控 BIM 软件研发、完善 BIM 标准体系、建立基于 BIM 的区域管理体系、建立基于 BIM 的区域管理体系以及开展 BIM 报建审批试点，到 2025 年，要基本形成 BIM 技术框架和标准体系。

2022 年 1 月 10 日，由全国信标委智慧城市标准工作组组织编制的《城市数字孪生标准化白皮书（2022 版）》正式发布。白皮书在系统研究城市数字孪生内涵、典型特征、相关方等基础上，构建了城市数字孪生技术参考架构（图 1.3），梳理了城市数字孪生关键技术和典型应用场景，总结了城市数字孪生发展现状、发展趋势、面临的问题与挑战及国际国内标准化现状。

（2）在城市发展领域，《“十四五”支持老工业城市和资源型城市产业转型升级示范区高质量发展实施方案》提出，要加速推进老工业城市和资源型城市的智慧城市建设，推进数字技术与经济社会发展和产业发展各领域广泛融合，完成城市绿色化改造。加快构筑数字社会，支持发展远程办公、远程教育、远程医疗、智慧楼宇、智慧社区和数字家

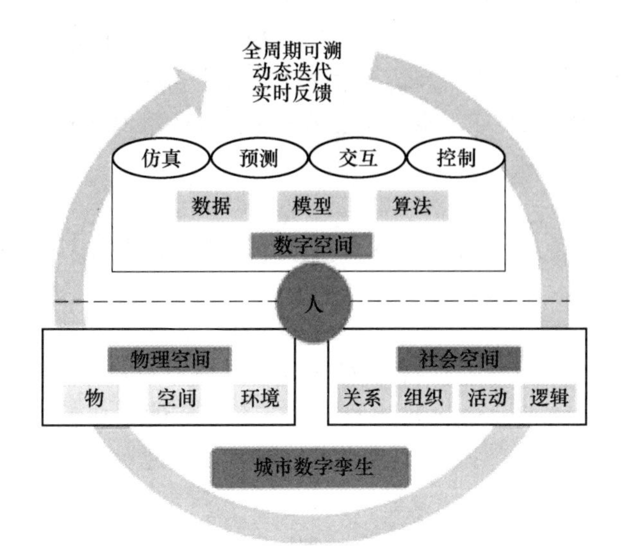

图 1.3　城市数字孪生架构

庭。加快智慧城市建设，推进数字技术广泛应用于市域社会治理现代化。推动 5G 网络规模化部署，争取至 2025 年覆盖所有示范区城市。

（3）在水利工程领域，水利部发布了《“十四五”智慧水利建设规划》及相关文件。2022 年完成了《数字孪生水利白皮书》的编制，涵盖数字孪生地质、数字孪生流域（7 大流域）和数字孪生工程等内容，突出人工智能在数字孪生水利领域的关键价值和意义。通过构建数字孪生水利工程，实现：防洪兴利智能预报调度、工程安全智能分析预警、生产运营智慧综合管理、库区智慧巡查监管、三维展示与会商决策几项数字化转型和智能化升级业务。

《“十四五”水安全保障规划》重点提出，要加快已建水利工程智能化改造，不断提升水利工程建设运行管理智能化水平，要推进数字流域、数字孪生流域建设，实现防洪调度、水资源管理与调配、水生态过程调节等功能，推动构建水安全模拟分析模型，要在重点防洪区域开展数字孪生流域试点建设。另外，《“十四五”国家应急体系规划》也提出了要加强城乡防灾基础设施建设，推动基于城市信息模型的防洪排涝智能化管理平台建设。

（4）在综合交通领域，《“十四五”铁路科技创新规划》提出，要推进数字孪生等前沿技术与铁路领域深度融合，加强智能铁路技术研发应用，开展铁路设备智能建造数字孪生平台研发应用。《公路“十四五”发展规划》则提出要建设智慧公路，推动建筑信息模型、路网感知网络与公路基础设施同步规划建设。《“十四五”现代综合交通运输体系发展规划》提出，构建设施运行状态感知系统，加强重要通道和枢纽数字化感知监测覆盖，增强关键路段和重要节点全天候、全周期运行状态监测和主动预警能力。

（5）在能源领域，《电力安全生产“十四五”行动计划》提出，要基于三维数字信息模型技术进行安全预警；依托互联网推动数字孪生、边缘计算等技术应用。大力推进新能源智慧电站建设。运用基于三维数字信息模型技术，实现机组设备在线故障诊断和异常情况即时预警功能，提高新能源发电安全管理成效。打造基于工业互联网的电力安全生产新型能力，组织开展“工业互联网+安全生产”应用试点，推动5G+安全生产、边缘计算、数字孪生、智慧屏、安全芯片等新技术新产品应用和展示。

由上可见，数字孪生、人工智能等新技术将在各行业落地生根，全面开花，未来将是数字化、智能化的世界。

1.2 数字孪生在各领域的发展

数字孪生目前应用最广的领域为国防、航空航天、汽车、交通、医疗健康、材料、城市、建筑和能源，根据这些领域应用目的的不同，可分为三大类：

（1）资产类：包括城市、建筑和能源，这三大领域的主要目标是对物理设备建模，仿真不是它的主要目的，通过对这些设备建模，形成数字化资产，以便实现健康管理或预测性维护。

（2）控制类：包括汽车、航空航天和交通，它们对实时控制的要求较高，虽然也有资产管理的需要，但不是这三大领域数字孪生体应用的核心价值。

（3）仿真类：包括医疗健康、材料和国防，总体来说，这些领域涉及目标物理对象各种机理的真实性描述，这实际上是仿真性能指标的要求，通常与物理、化学或生物等科学息息相关。

本节选取发展较为成熟的几个领域进行介绍，以加深对数字孪生技术的了解。

1.2.1 数字孪生在航空航天与医疗健康领域的发展

航空航天领域是数字孪生技术的起源地。1970年4月11日美国发射的“阿波罗13号”正接近月球轨道，航天器服务舱的氧气罐爆炸，舱内电力系统严重受损，无法正常运行。这给任务的进行带来了严重的影响，船员需要寻找解决方案以确保安全返回地球。在面临严峻挑战时，船员与地面控制中心紧密合作，利用模拟器和地面支持来模拟并测试潜在解决方案，以确保返回舱能够正常工作。借助地面控制中心的指导和船员的努力，阿波罗13号成功返回了地球。

阿波罗13号事故的解决方式可以算是数字孪生的雏形。通过建立太空舱和相关系统的数字模型，进行了大量的仿真分析，模拟了阿波罗13号故障情况，分析了故障原因、制定了修复方案，优化了维修过程，解决了电力系统故障，并最小化了航天器停飞时间；进行虚拟实验评估了不同解决方案的有效性，从而选择出了最优解决方案。

数字模拟与虚拟测试、故障诊断与维修支持、资源管理和优化都是数字孪生技术，此次事故让航天工程师们意识到数字孪生技术的重要性和潜力。

多年工作中，DARPA发现航空器制造中存在成本高、效率低等问题，本质上是设计与制造之间的数据交换比较困难，难以实现实时互动，这种制造的困难来自设计，但却不容易控制，是俗称的“丑小孩综合征”，为了解决这个问题，DARPA在2009年提出了数字孪生的概念。

2010年，NASA发布了《空间技术路线图》草案，在《建模、仿真、信息技术与处理》（TA11）和《材料、结构、机械系统与制造》（TA12）两个分册中提出了数字孪生的发展目标。在《材料、结构、机械系统与制造》中，NASA 提出了一个新概念，即“虚拟数字机队领导者”（virtual digital fleet leader，VDFL），按照报告中的说法，这个概念就是数字孪生。NASA 认为，到 2030 年，可以建立数字孪生能力，即虚拟数字机队。

美国空军和 NASA 积极采用数字孪生的概念，通过几年时间的研究，初步确定了工程实践的两大重点：一是对航空航天飞行器结构进行研发和验证，以实现个性化维护；二是对关键资产建立数字孪生体，实现使用过程中的定制要求，达到个性化体验的目的。DARPA 于 2013 年启动的机身数字孪生项目是目前公开的最先进的数字孪生体项目。

NASA 还把数字孪生技术引入人体的研究，在 2015 年版《人类健康、生命保障与居住系统》（TA6）中出现了数字孪生的内容，并且在 2020 年更新的《空间技术分类》中，对数字孪生人体做了更详细的介绍。在 2020 年版《人类研究项目集成计划》报告中明确提出了“数字宇航员模型”，对解决太空中的人类健康问题意义重大。为了满足 2033 年实现火星载人探索任务，NASA 给出了数字孪生人体技术和能力达到技术成熟度水平要求 9（TRL9）的时间期限是 2027 年。

为了推进火星载人探索计划，美国其他部门也参与其中，例如，美国食品药品监督管理局持续推进数字化转型，建立数字孪生人体是其中的关键任务之一。针对医疗健康的需要，它提出了《数字医疗试验》（in silico clinical trials），通过邀请数字孪生企业参与，形成了民用数字孪生医疗市场。这实际上是把航天领域的数字孪生人体引入人们的生活中，取得了较好的效果。

按照《数字医疗试验》计划所描述，数字医疗的核心是用数字证据逐步代替临床证据，通过大数据分析方法，只要积累了大量历史和个体数据，将来对于病人的诊断将超出传统的方法。这是医疗健康领域治疗方法新的转变，可以称为医疗新模式。

帕梅拉·科布伦在 2019 年发表的《数字孪生概念》一书中指出，美国食品药品监督管理局科学和工程办公室所研究的植入人体设备和计算心脏的工程是数字孪生产业的新前沿，通过建立虚拟病人（virtual patients）和虚拟人群（virtual population），从而实现数据驱动的数字医疗试验。

清华大学医学院一些教授也采用数字孪生技术，建立了人体数字模型，通过采集大量数据，利用深度学习等方法，实现对数字孪生人体健康状况的跟踪和分析。一些企业通过智能穿戴设备，基于数字孪生人体基本模型，利用不断采集的数据健全观测对象的健康指标，从而形成了新的健康管理方法。

数字孪生在医疗健康领域的应用和发展正在迅速增长。主要体现在如下几个方面：

（1）疾病预测和诊断支持。数字孪生可以结合大数据和机器学习等技术，帮助预测和诊断疾病。

（2）手术模拟和规划。通过对患者的影像数据进行建模，医生可以在数字孪生中进行手术模拟，预测手术结果，优化手术方案，并提前规划手术步骤。这有助于提高手术的准确性和安全性，减少手术风险。

（3）健康管理和个性化医疗。数字孪生可以构建个体的健康模型，结合传感器技术和健康数据的实时监测，数字孪生可以帮助患者管理疾病、改善生活方式，并预防潜在的健康问题。

（4）医学教育和培训。通过数字孪生，医学生和医生可以进行虚拟的手术操作和病例演练，提高技能水平、减少无谓的风险，并增强对复杂情况下的应对能力。

（5）药物研发和治疗效果评估。通过模拟人体器官、细胞和分子水平的反应，数字孪生可以帮助研究人员更好地理解药物对生物系统的影响，加速药物研发过程。此外，数字孪生还可以模拟治疗方案的效果，并预测患者的疗效。

随着技术的不断进步和应用案例的积累，数字孪生有望在医疗健康领域发挥更重要的作用，并为整个医疗行业带来更多的创新和进步。

1.2.2 数字孪生在国防领域的发展

由于美国武器系统的成本不断上升和复杂度不断增加，数字孪生作为一种革命性技术被引入武器系统的研制中。它率先应用到国防装备的制造过程，解决机身的个性化跟踪与维护。

“机身数字孪生项目”是2013年3月美国空军启动的，是数字孪生国防领域的第一个项目，目标是开发和展示一种概率性，基于风险和按飞行情况来确定的个性化飞行器跟踪系统框架，替代现有对传统飞行器的最低要求确定个性化飞行器跟踪框架。该项目力争识别关键不确定因素和有价值的研究领域，并评估传统机队应用数字孪生技术的可能性，提出了CBM+SI（condition-based maintenance plus structural integrity）的应用要求，即基于环境维护+结构一致性，与损坏状态感知、飞行器使用建模、结构分析、结构修复和更换、诊断和风险分析、CBM+SI集成技术等有关。这是美国空军在数字孪生技术应用上的重要探索，为美国国防部全面推进数字孪生技术奠定了基础。

2017年，美国阿洛德空军基地的蒂莫西·韦斯特和史蒂文森理工学院的马克·布莱克本联合撰写了《美国国防部近期曼哈顿项目成本系统评估》，对美国空军全面推进数字孪生和数字线程项目做了分析，这就是美国国防部的“数字曼哈顿项目”，希望通过该项目获得数字武器的绝对优势，改变未来的战争模式。

美国国防部2018年发布了《国家国防战略》和《数字工程战略》，要求加强对全球新格局的应对能力，特别是通过颠覆性技术，获得抵消战略效果。2019年美国国防部进一步发布了《数字现代化战略：美国国防部信息资源管理战略计划FY19-23》，强化了各个兵种数字化转型的要求。2019年7月9日，时任美国空军部长马修·多诺万（Matthew Donovan）宣告了“数字空军计划”（digital air force initiative），要求改变以前的作战模式，强化武器、传感器和分析工具的网络化连接，形成一体化的作战能力。他认为，未来作战的成功取决于对数据的融合和处理能力，建立数字空军的目标即在于此。

在2020年7月30日举办的“数字作战虚拟产业交流会”（Digital Campaign Virtual Industry Exchange Day）上，美国空军器材司令部杰基·扬宁-拉斯科（Jackie Janning-Lask）做了《人员和文化》的分享，其中强调了加强数字孪生军人的建设任务。

数字孪生在国防领域应用的重要意义体现在如下几个方面：

（1）军事装备研发与优化。通过建立数字孪生模型，可以模拟和评估不同设计方案的性能、可靠性和效率，从而加速装备研发过程，减少实验测试的成本和时间，并优化装备的设计与性能。

（2）资源管理与维护。通过监测和分析装备的传感器数据，数字孪生可以提前预测装备的故障和维护需求，优化资源配置和维修计划，提高装备的可靠性和可用性，减少维修成本和停机时间。

(3) 战争模拟和决策支持。通过将真实世界的数据输入数字孪生系统中，可以模拟不同战争场景中的军事行动、兵力部署和战术决策，并预测其可能的结果和后果，为决策者提供重要的参考和评估依据。

(4) 虚拟战场训练。通过数字孪生技术，可以模拟复杂的战场环境、作战行为和装备操作，让士兵在虚拟环境中进行实时训练和战术演练，提高其应对复杂作战情况的能力和反应速度。

(5) 情报分析和安全预警。通过整合和分析各种情报数据，数字孪生可以模拟和预测各种安全威胁和风险，提供即时情报分析和预警信息，帮助军方采取及时有效的应对措施。

通过数字孪生技术的应用，国防部门能够更好地应对复杂和多变的军事挑战，提升军事实力和应对能力。

1.2.3 数字孪生在制造与数字工厂领域的发展

数字孪生制造体现在飞机制造、汽车制造、先进制造工艺和工业设备维护等。在上一个 50 年，人们努力把数字技术应用到制造业领域，但相比消费领域，数字化转型取得的效果相距甚远。究其原因，工业系统太复杂，依靠单一力量在部分领域的成就，不足以推动制造业数字化转型。虽然不少力量“企图”解决这个问题，但大都无疾而终，其中包括 20 世纪美国空军下属莱特实验室的“下一代控制器”计划、日本推出的智能制造系统 (IMS) 计划和中国积极参与的计算机集成制造系统等。美国 DARPA 的机身数字孪生项目是目前最成功的数字孪生项目。

近年来，全球各界人士都在努力把新一代数字技术应用到制造领域，数字孪生在制造业的应用效果越来越明显，相关研究和实践也以制造业为主，例如，国际标准化组织正在推进数字孪生制造的标准 ISO 23247、美国国家工程院把数字孪生列入先进制造领域等就证明了这一点。

数字孪生技术被引入商业飞机制造中，帮助优化飞机设计、改进燃油效率、提高安全性能等。例如，波音公司使用数字孪生技术进行飞机设计和模拟测试，以提高飞机的性能和可靠性。

数字孪生在汽车制造上的应用也取得了重要进展。通过建立数字孪生模型，汽车制造商可以模拟和优化整个汽车生命周期的各个环节，包括设计阶段、生产流程、质量控制和售后服务等。它可以帮助汽车制造商提高汽车的性能和安全性，减少生产成本和时间，并优化供应链管理。

数字孪生在先进制造工艺方面也有重要应用。例如，三维打印技术的发展中，数字孪生可以模拟打印过程和材料特性，优化设计和制造参数，提高打印质量和效率。此外，数字孪生还可以应用于智能制造和物联网领域，通过实时监测和分析工厂设备的数据，优化生产流程和资源利用，提高制造效率和产品质量。

数字孪生在工业设备维护上也有重要应用。通过建立设备的数字孪生模型，可以监测设备的状态和性能，并进行预测性维护。这有助于提前发现潜在故障，并规划维修和保养计划，减少设备停机时间和维护成本。

总的来说，数字孪生在制造领域的应用为行业带来了重大的变革和进步，对制造业的效率、质量和可靠性产生了深远影响。随着技术的不断发展，数字孪生技术在制造领域将继续发挥重要作用，并推动制造业向智能化、数字化的方向发展。

随着数字孪生在机器设备上的应用，数字工厂也出现了。苹果和特斯拉是推进数字孪生工厂最为典型的两家企业。苹果触摸屏手机进入智能手机市场比较早，通过生态战略确定了硬件、软件、应用和内容四位一体的竞争优势，它对工厂的处置方式是加强生产现场的透明化，通过多家工厂为其代工，不断维持其行业主导力。特斯拉是一家电动汽车领域的制造企业，它的核心竞争力在其数字孪生工厂，通过从 NASA 引入相关技术人才和技术，采用数据驱动，利用机器学习功能实时控制改进，已经实现了数字孪生制造，即实现了供应链的数字孪生化，还实现了产品的个性化使用体验的控制，其长期竞争优势非常明显。

总之，数字孪生制造系统涉及的环节比较多，任何一个方面的突破，都将对该行业产生巨大影响，研发设计和生产制造环节是全球领先企业正在努力突破的方向。

1.2.4 数字孪生在城市建设领域的发展

2008 年 11 月，IBM 时任 CEO 萨缪尔·帕拉米萨诺在美国外交关系协会举办的研讨会上做了《建设一个智慧地球》的演讲，在这之后，一股智慧城市建设热潮在全球掀起。IBM 智慧地球（特别是智慧城市）的概念得到不少国家诸如新加坡、英国、韩国和中国等的喜爱。各国纷纷依照 IBM 描绘的智慧城市蓝图，开始设计本地方案。

IBM 提出的智慧城市必须满足“3I”特征，即感知（instrumented）、连接（interconnected）和智能（intelligent）的城市。感知指的是通过监控设备、传感器等设备打造广泛的感知；连接是指通过宽带、无线和移动通信网络形成全面的物联网；智能则要求利用数据科学等大数据分析手段，形成更深入的智能效果。

随着高速通信网络、云计算、人工智能、数据科学、物联网和数字孪生等新一代技术的出现，传统的城市管理方式开始向数字化和平台化方向发展。IBM 在 2008 年提出解决方案时，其提出的“智能运营中心”（intelligent operation center，IOC）就初步具有平台化的特征，如图 1.4 所示。后来随着智慧城市的运营越来越专业，集成的功能和内容越来越多，平台化发展已经成为常态。

由于智慧城市涉及新型测绘、地理信息、智能感知、三维建模、图像渲染、场景仿真、虚拟现实、机器学习等新型技术，因而吸引了传统智慧城市企业的兴趣，也给新进入企业创造了颠覆性创新的机会。部分数字孪生城市平台运行案例见表 1.3。数字孪生城市的主要服务内容如图 1.5 所示。

与制造业的数字孪生化方式不同，数字孪生城市通常采用 BIM。BIM 以几何模型为主，不涉及工业仿真领域的物理特征等需求，主要为了帮助建筑工程师在项目策划、运行和维护过程中共享相关数据。BIM 通常包含三个部分：首先，它是一个设施物理特征和功能特性的数字表达；其次，它是一个共享的知识资源，通过分享设施数据，为从概念到拆除全过程的所有决策提供可靠的数据；最后，在设施的不同阶段，不同利益相关方通过在 BIM 中插入、提取、更新和修改信息，达到协同作业的目的。

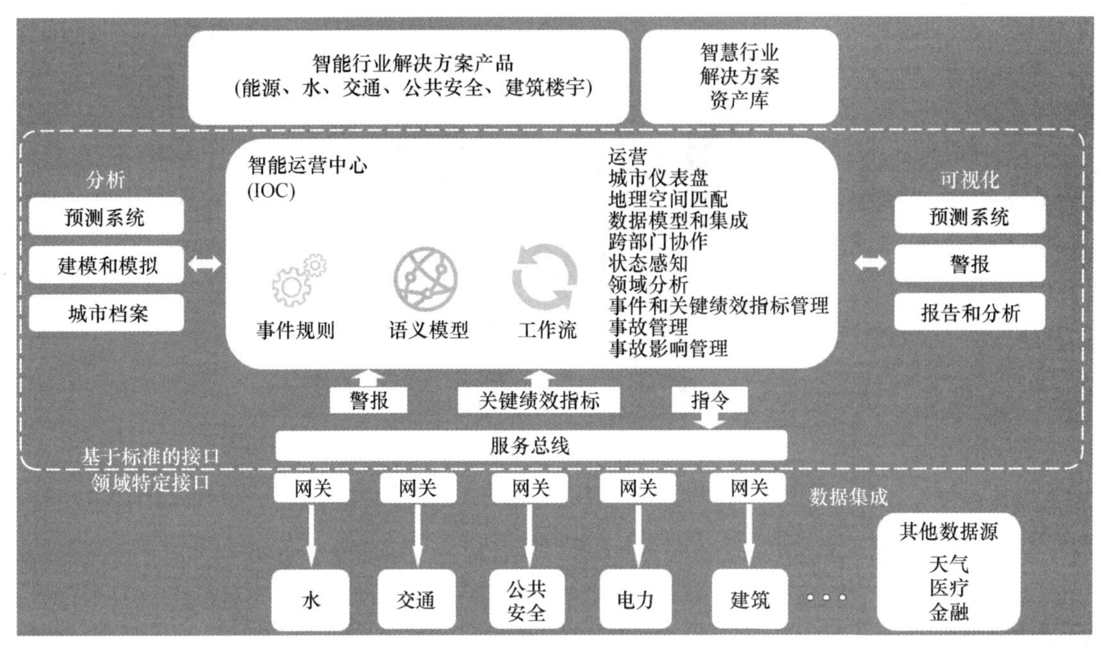

图 1.4 IBM 智慧城市运营中心

表 1.3 数字孪生城市平台运行案例

企 业	平 台	说 明	评 价
阿里巴巴	城市大脑	联合千方科技、银江股份、浙大中控、数源科技和海康威视等	阿里云的实力较强
翼络数字	IoT3000 平台	采用开源项目运行模式，重点围绕数字孪生智能杆平台推进	杀手级应用价值明显
深圳市信息基础设施投资发展有限公司	多功能智能杆	围绕深圳本地的多功能智能杆建设，力推平台化运行	聚焦智能杆
科大讯飞	城市超脑	基于互联网、物联网等基础设施，汇聚城市时间和空间数据，应用人工智能促进公共资源优化	聚焦人工智能
软通动力	aPaaS 平台	与华为合作，为多个场景提供 API 服务，涵盖交通、环保、安全等领域	提供 API
紫光云	数字孪生底座	推出“1+4+N”智慧城市应用体系，重点打造安全生产的分析预测能力	聚焦公共和行业安全
超图公司	三维空间数据平台	推出新一代三维 GIS 技术体系，支持倾斜摄影建模、激光点云和 BIM 等多源异构三维模型数据	聚焦数据融合技术
泰瑞数创	实景世界平台	整合 BIM、CAD 和地理测绘等技术，实现城市信息模型	聚焦数据融合技术
中国电信	智慧城市	以网络接入为特点，推进云网端的解决方案，目前重点推进基于 5G 的智慧城市建设	依托通信网络连接

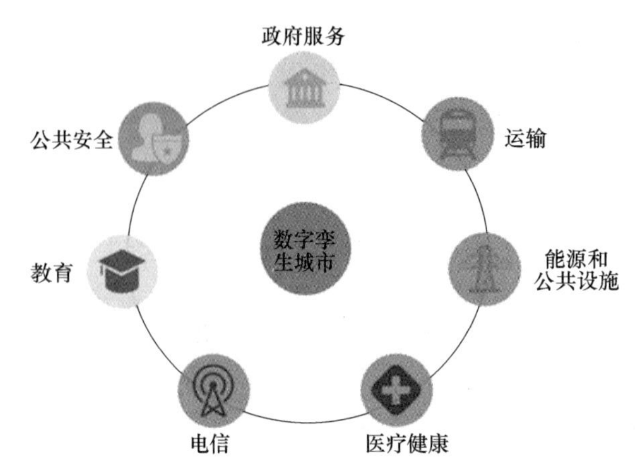

图 1.5 数字孪生城市的主要服务内容

BIM 是数字孪生化较为简单的工程实现，它的成本比工业仿真低得多，但足以满足城市管理的大部分需要。城市的尺度比较大，因此其地理位置信息就比较重要。从数字孪生城市平台承载的功能来看，BIM 和地理信息是两项必不可少的数据，同时还会融入具体设备特定的数据，例如监控摄像头、智能杆、交通信号灯、5G 基站、公交汽车、个人轿车等，这些数据融合之后，就会形成多种信息来源，根据需要融合在一起。数字孪生城市平台就负责承载这些数据，并承担分析、决策、建议的功能。

在开发数字孪生城市平台的时候，可以采用不少开源项目来构建，例如，国内几乎90%以上的平台都应用了开源项目 Cesium，以便集成地理信息或三维地图，它提供了 JavaScript 开发包，方便用户快速搭建一套无插件的互联网应用，并在性能、精度、渲染质量上都堪比商业级的产品。一些企业为了获得设备数据，采用翼络数字提供的 IoT3000 开源项目进行部署，可以轻松接入各种传感器数据，并利用 IoT3000 平台功能进行分析和决策，加快实现数字孪生城市平台管理能力。

雄安新区采用数据交换或分享机制的方式，通过一张蓝图画到底的方法，协同各个单位建立数字孪生系统，实现数据交换和共享，达到单个系统难以实现的目标。其他城市也在推进类似的做法，通过建立数字孪生城市平台生态，大大促进了各个城市单元的数据共享能力，推动传统城市管理向智能化方向发展，最终实现真正意义上的智慧城市。

1.2.5 数字孪生在能源领域的发展

能源包括煤炭、石油、天然气、油页岩等可燃矿物，水能、风能、太阳能，以及地热能和原子核能等。这些行业对安全生产的要求比较高，具有集约化管理的需要，应用数字孪生技术可以提高行业的自动化水平。目前，石油、电力和核能等采用新技术的力度比较大，形成了数字孪生石化、数字孪生电网和数字孪生核电等应用场景，大大提高了行业应用水平。

1.2.5.1 电力行业

数字孪生技术的应用能够让各个专业领域的数据实现共享，从而达到以前没有实现的目标。电网运营商在一些地区采用数字孪生技术完成配网的规划，取得了很好的效果。

数字孪生电网是建立在物理系统在数字空间的数字孪生模型基础之上的，它既可以承载历史数据，还为物理系统和数字孪生模型之间的数据同步提供了前提。历史数据可以帮助数字孪生电网平台进行离线分析，为其运行提供更有效的建议；实时数据同步可以为电网的实时控制提供方便，大大提高电网的运行效率，满足更丰富的应用场景需要。

从技术上来说，数字孪生电网与传统电网信息化的不同还体现为前者有多种数据源的融合，因为电网运行的不确定性来自多方面，例如，新能源发电及负荷，交流电系统故障发生的地点、时间、类型和严重程度各不相同，直流换流器换相失败等，甚至电网的一些故障具有随机性，这需要结合历史数据来做深度学习的分析，也需要数字孪生技术的参与。

电网领域的数字孪生体主要用于电网监控和运行管理。数字孪生电网建成之后，可以实现常态的监测任务自动化，大大减轻电网监测的工作量。电网运营企业利用自身积累的大量数据，将更好地实现经济和产业发展的目标。

国家电网在2019年设立了大数据中心，负责数据接入、汇聚、治理和分析应用，实现数据资产的统一管理。经过一年多时间的发展，大数据中心已经较好地实现了数据的统一管理，能够实现及时获得和分析各种数据的目标。现在它已进入一个新阶段，需要建立能源大数据生态体系。为此，国家电网大数据中心牵头发起成立了中国电力大数据创新联盟，成员单位有国家电网公司、南方电网公司、华能集团、大唐集团、华电集团等。

目前数字孪生电网的运行方向是与其他城市运行单元建立数据交换或分享机制，从而实现两个目标：一是获得其他相关数据，例如市政规划数据、小区数据等，有助于做好电网配电的规划工作；二是提供数据给城市管理单位，建立多种数据源驱动的数字孪生城市，以便提供更好的公共服务和促进产业发展。

1.2.5.2　石油行业

据统计，油气和化工产业每年花费10亿美元在仿真和优化软件上。它较早采用了数字模型监测的方法。随着以几何模型为基础的数字孪生技术的普及和应用，数字孪生技术被油气行业迅速引入各个应用场景中，包括管网规划和建设、油气勘探、石化冶炼等，取得了引人瞩目的效果。

譬如，针对线路、流体、站场和环境四个部分，在数字孪生平台上进行数据分析和模拟，将结果推送给各个应用场景，从而通过数字孪生体平台提供了统一数据（包括模型、知识和结果）的共享，达到场景关联的目的。例如，天然气长输管道数字孪生化，可以及时发现相关泄漏行为，能够提供泄漏后果分析、应急决策等建议，实现其应有的效果。

利用数字孪生带来的虚拟特性，可以让工程师远程对钻孔和提炼等进行分析，提前对即将实施的工程进行判定。更重要的是，数字孪生能提前发现设备故障或性能劣化，从而让工程师对故障的反应和响应转为主动，避免更大的损失发生。通过数字孪生化手段，能够提高资产生产率、可靠性和性能。

据油气行业专家估计，一般冶炼厂采用1000个数字孪生模型，这些模型包括流程、资产、控制和优化等，利用大数据分析手段，能够实现特种化学品调度、消除瓶颈、降低生产风险和减少排放等效果。如果进一步采用深度学习等人工智能技术，则可以加强数据自动化水平，提高油气企业从数字孪生获得的商业价值。例如，一家美国炼油企业在数字孪生平台上引入深度学习，不仅增加了炼油厂的正常运行时间和利润，还大幅节省了成本。

1.2.5.3 核能

针对新一代数字技术给能源领域带来的数字化转型趋势，美国能源先进研究计划局（ARPA-E）在2019年相继发布了多个项目，包括“先进反应堆的优化和维护”“通过智能核电资产管理发电”（GEMINA）和“孵化领先能源技术关键能力”（SCALEUP）等，它们都要求实现颠覆性技术的应用。

GEMINA项目的目的是为核电厂的先进反应堆开发数字孪生技术应用，以改变现有的运行维护模式。通过引入数字孪生技术，实现更大的灵活性、更高的自动化和更快的设计周期。为了实现GEMINA项目的目标，需将多种技术，如人工智能、先进控制系统、预测性维护、基于模型的错误探测等进行综合应用，这些技术都是建立在数字孪生基础上的。由于GEMINA目标系统还在设计阶段，因此将围绕它的虚拟系统来进行设计，在测试一些关键技术的时候，将使用一些非核电设施和软件，以便开发数字孪生平台。

我国的核电行业也在积极采用数字孪生技术。2020年8月29日，在由数字孪生体联盟举办的“深圳下一个30年的数字经济”研讨会上，国家未来能源产业创新中心筹备组副组长谭珂分享了从数字孪生到同化——核安全关键系统同化平台，对我国核电反应堆采用数字孪生技术和大数据分析的经验做了介绍，体现了我国核电行业数字孪生应用的先进水平。

1.2.5.4 能耗监测

能源消耗对象分为交通、工业、家庭和商业四大类，它们消耗的能源占比大致为25%、30%、26%和19%。家庭和商业的耗能通常为建筑，两者消耗占整个能源消耗的45%，这是发达国家城市化程度较高的情况。对于中国来说，建筑消耗能源占比相对较低，但是，随着城市化进程的推进和人民生活质量水平的改善，建筑能耗上升至35%，还将不断上涨。

如果可以加强建筑领域的能耗监控和调节，就可以较大程度地降低能源消耗。基于这样的思路，美国橡树岭国家实验室（Oak Ridge National Laboratory，ORNL）利用数字孪生技术开发了AutoBEM（automatic building detection and energy modeling），利用超级计算中心的数字孪生分析能力，建立了数据融合的数字孪生平台，对大学校园和城市区域进行分析，取得了较好的效果。在此基础上，美国橡树岭国家实验室提出了Model America 2020，希望为每座建筑提供数字孪生技术，开源社区的参与加快了数字孪生建筑的技术应用。

中国在应用数字孪生进行能耗监测方面也取得了一些显著的成就，中国许多智慧建筑和大型建筑群体都采用了数字孪生技术进行能耗监测和管理。通过数字孪生模型，可以实时监测建筑的能源使用情况，对建筑内部的温度、湿度、照明等参数进行监测和调整，发现能耗异常和优化节能措施。此外，在建筑设计阶段还可以用数字孪生技术进行能效评估，帮助建筑设计师预测建筑的能源使用情况和效果。通过模拟不同建筑材料、结构和能源系统的组合，优化建筑的能效设计，减少后期运营阶段的能源消耗。

一些大城市通过数字孪生技术建立了城市级别的能源管理系统，实现对整个城市的能耗进行实时监测和优化。在工业领域，数字孪生技术可以帮助企业对生产过程中的能源使用进行监测和优化。因此，采用数字孪生技术，我国能够对建筑、城市和工业领域的能耗进行精细化管理和优化，为可持续发展做出积极的应对。

1.3　岩土工程数字孪生技术应用现状

岩土工程是由土力学、岩石力学和工程地质以及相应的工程和环境学科所组成的，它服务于不同的工程门类，建筑、水利水电、交通、铁路、航空机场、水运、石油、采矿、环境和军事，甚至航天等各个工程领域都离不开岩土工程。

随着新基建的提出，数字孪生技术已经成为新基建不可错过的机遇。岩土工程是新基建不可缺少的部分，大量岩土工程如地下管廊、轨道交通、高速铁路和公路等具有投资规模大、建设周期长、风险性高、隐蔽性强、施工环境复杂等特点，存在数据孤立、信息孤岛、模型多元、应用离散化等突出问题，传统项目管理模式和技术手段难以满足现代岩土工程信息化发展的需求，迫切需要研究和利用新的信息技术，推动智慧建造，提升管理水平。

将数字孪生技术引入岩土工程领域，是解决岩土工程面临的地质条件多样化和建设环境复杂化的挑战，满足勘察数字化、设计交互化、建造虚拟化、决策智能化、监控网络化、性能优越化的发展需求的最佳途径。数字孪生技术通过信息物理融合、数据和模型双驱动，构建虚拟模型反映真实物理世界中实体的全生命周期状态，可以实现全过程仿真、预测、监控和优化。岩土工程只有进行这样的数字化，才能与基础设施建设相匹配，促进新基建的发展和提升。

我国正经历着历史上规模最大、速度最快的城镇化进程。城市轨道交通、高速铁路、高速公路、地下管廊等工程迅猛推进，基础设施建设规模跨越式发展，给岩土工程提出了更高要求，精细化管理、信息化建设成为必然，这将导致数据量爆发式增长，因此，创建岩土工程数字孪生模型，建设虚实结合的数字孪生环境，发展岩土工程数字孪生核心技术体系，实现岩土工程数字化设计、协同化建造、持续化运维、动态化分析、可视化决策和透明化管理，成为有效提升岩土工程建设管理水平，深化岩土工程数字化转型升级的最佳手段。下面介绍数字孪生在岩土工程中几个领域的应用情况。

1.3.1　城市建设工程

近年来，数字孪生理论和技术已初步应用于城市重大工程建设领域。数字孪生城市是在比特空间对物理世界的对应、映射和交互，将城市全要素数字化、协同化、智能化，是支撑新型智慧建设的复杂综合技术体系，是城市智能运行持续创新的前沿先进模式。在虚实两个世界相互映射时，由于地下环境探测、监测、预测的高难度和高成本，地下部分最难构建，城市地质是数字孪生城市构建中重要且不可避免的难点。

以济南全域为例，根据已有的海量、多源、多比例尺、实时的城市地质数据，结合数字孪生理论，建立了四维地质环境数据库和数字孪生模型，搭建了地质环境实时监测网络，研发了四维地质环境信息系统，从而实现了城市地质数据挖掘分析，辅助政府在信息化、智慧化建设中的科学决策，推动了智慧城市的建设。图 1.6 是城市全空间一体化模型，基于数字孪生理论的四维地质环境信息建库与建模，实现了三维地理地貌模型、水位模型、岩溶模型、钻孔模型、断裂模型、地质模型、水文模型以及地上建筑、地下构筑物、市政管线、地铁模型等的可视化与实时化。

图 1.6 城市全空间一体化模型

针对现有城市洪涝灾害评估与预警系统感知与动态响应能力不足、决策实时性差等问题，基于数字孪生技术构建了包含物理城市、虚拟城市、智能服务、孪生数据、虚实交互5个模块的城市数字孪生体模型，并建立了城市洪涝灾害评估与预警数字孪生系统（图1.7），实现了城市洪涝灾害的自动监测预警、实时智能指挥调度等功能。

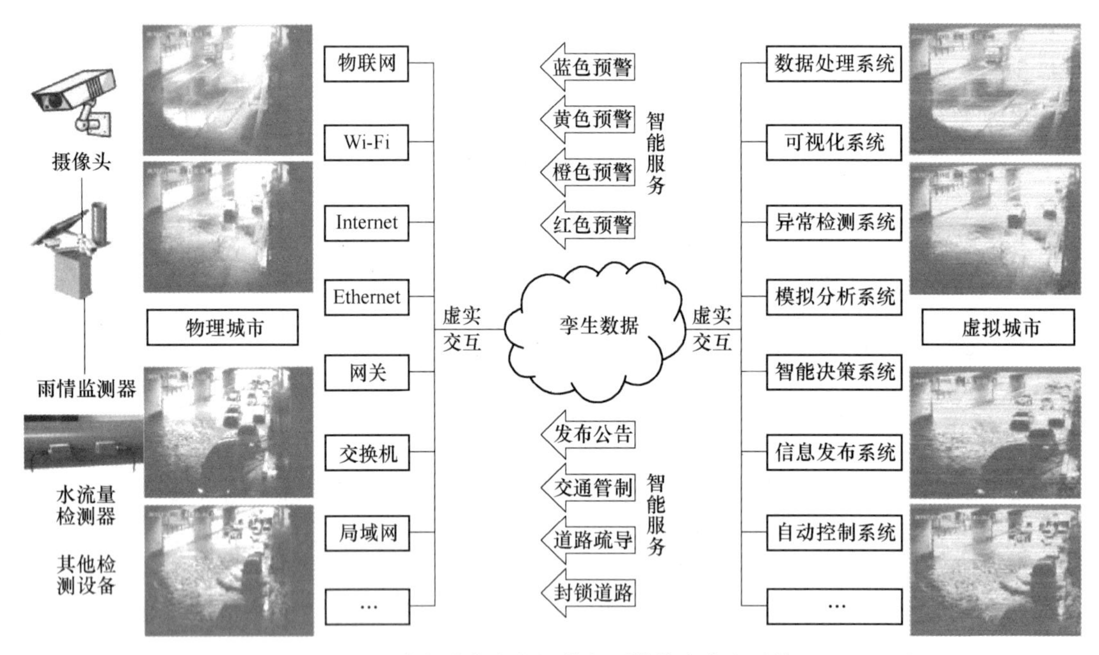

图 1.7 城市洪涝灾害评估与预警数字孪生系统

1.3.2 交通与隧道工程

在交通领域，通过数字孪生建立高精度、智能化反馈现实世界的数字模型，可以实时扫描和捕获交通工具运行状态、交通设施工况以及各交通点各种信息，建立完善的监测感知体系、可靠的通信保障体系、实时的预警体系，从而实现交通及隧道工程的“可测、可知、可控、可服务”的总体目标。

具体而言，在交通隧道中布设传感器，可以实时监测隧道内的温度、湿度、烟雾、气体浓度等参数，并将数据输入数字孪生模型中进行分析。通过数字孪生模型，可以对交通隧道中的火灾、泄漏等灾害情况进行模拟和仿真。这可以帮助应急管理人员更好地了解和应对各种灾害情况，并进行针对性的应急演练，提高应对突发事件的能力。

采用数字孪生技术，可以模拟交通隧道中的车流情况，包括车速、密度、流量等。通过对车流数据的实时监测和分析，可以优化交通信号灯的控制策略，提高交通效率，减少拥堵和排队现象。

文献［21］借助AI视频和数字孪生监测联动系统对高速公路隧道全天候、全要素感知，完成隧道内的交通参数数据、交通事件的实时监测，并与LED屏、智慧云广播、诱导装置以及车道控制信号灯等进行同步警示，实现了高速公路隧道路段车辆的安全运营监管水平和效率。

文献［22］针对高速公路隧道场景，融合数字孪生技术、AI、AR、VR、MR等技术，建立了一套高速公路隧道预警平台（图1.8），应用于高速公路隧道的不同场景，实现了对高速公路隧道的全天候监测，解决高速公路隧道的安全隐患问题。

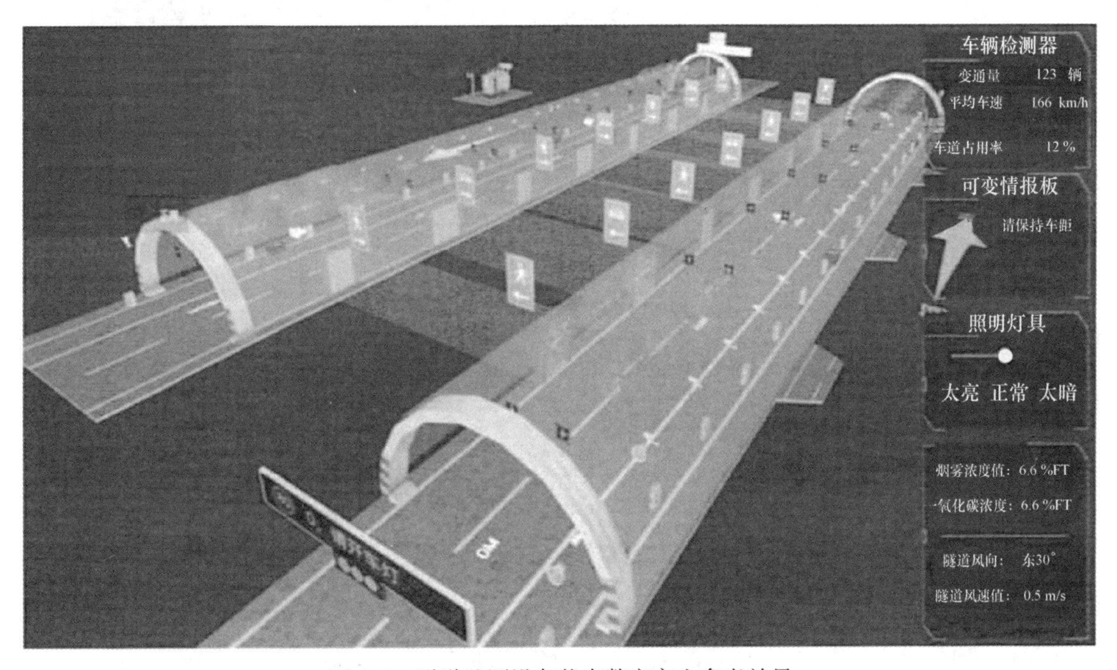

图1.8 隧道监测设备状态数字孪生参考效果

此外，数字孪生技术还可以对交通工程的能源消耗进行监测和管理。通过模拟不同能源调度策略的效果，优化能源使用，降低能耗成本。同时，数字孪生还可以帮助进行设备维护管理，预测设备故障，并提供维修建议，提高设备的可靠性和维护效率。

在首都机场西跑道大修系列工程中，探索“数字孪生”西跑道建设（图1.9），进行“全过程、全专业”BIM技术应用，以场道工程的进度管理及成本管理应用作为重点，加强工程进度和质量控制，提升管理效能，为后期“智慧机场”运营提供模型及数据基础。

乌鲁木齐机场秉承“智慧机场建设运营一体化”理念，基于GIS+BIM等技术构建了

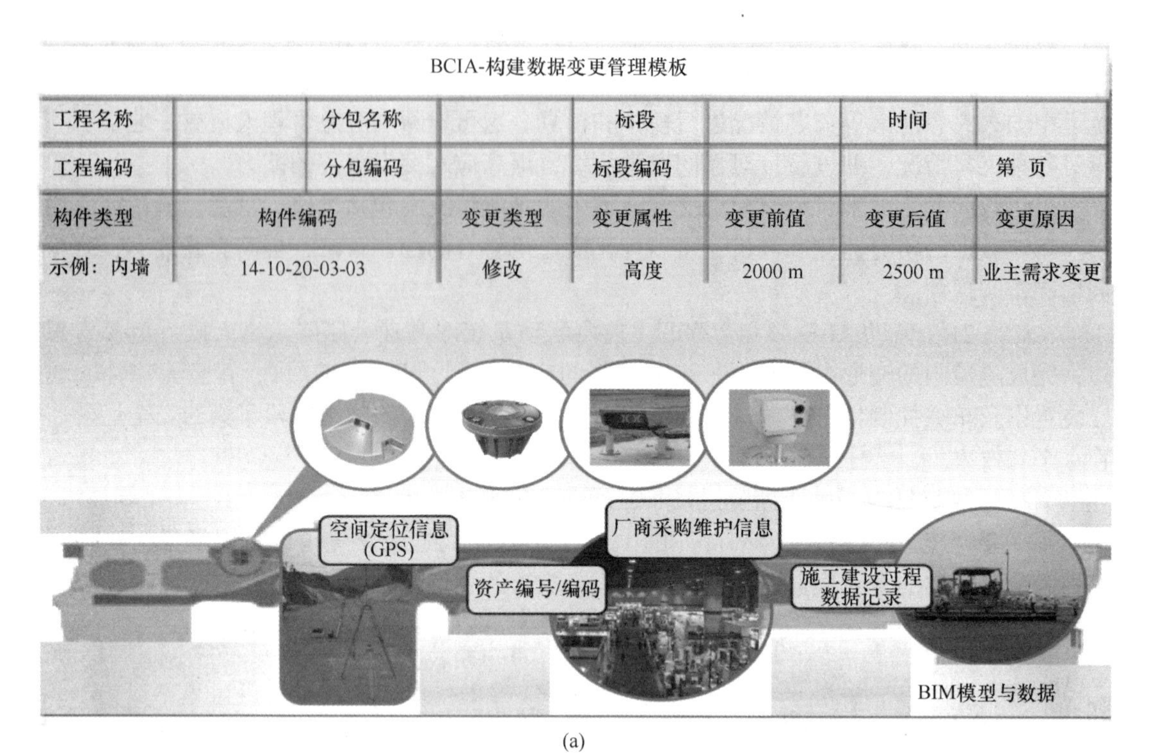

BCIA-构建数据变更管理模板

工程名称		分包名称		标段		时间	
工程编码		分包编码		标段编码			第 页
构件类型	构件编码		变更类型	变更属性	变更前值	变更后值	变更原因
示例：内墙	14-10-20-03-03		修改	高度	2000 m	2500 m	业主需求变更

(a)

(b)

图 1.9 西跑道“孪生”数字资产

数字孪生服务平台，利用 GIS 与 BIM 融合技术贯穿于机场规划、设计、施工、运营的全生命周期建设过程，满足了建设方、运营方等多主体、多单位的需求。

可见，在交通工程中应用数字孪生技术可以提供实时监测、智能管理和安全优化等方面的支持，从而提升工程安全性、运行效率和可持续性。

1.3.3 水利工程

在水利工程领域，为实现水利高质量发展，达到智慧化管理的要求，也需要基于数字孪生建立水利数字模型，通过终端柔性智慧水尺等传感器将数据传递到终端设备后，运用专业的智能算法模型实现数据的转化解读，从而实现系统的实时监测、诊断、分析、决策，建立预报、预警、预演和预案功能的智慧水利体系。

文献［8］基于数字孪生技术，构建了从模型建立、数据传输、数据分析到终端展示等全过程数字化的智慧水利应用方案。图 1.10 是构建的葛洲坝水电站的数字孪生体模型。

图 1.10　葛洲坝数字孪生模型俯视图

文献［25］基于数字孪生技术的概念，利用现有三维 GIS 可视化技术手段，结合时空数据模式，构建了一套三维可视化水利安全监测系统。该系统能够直观展示数字三维地理空间中的地形、地貌、安全监测相关模型信息和扩展的分析、查询数据结果，并能够使用这些数据进行一定的三维数据仿真，可视化效果表达。

文献［26］以天河工程仿真云平台为基础，结合实测采集数据与实验数据，集成应用云计算、大数据与人工智能等信息技术，面向水利行业的典型应用场景进行定制化开发，构建了水利工程智能一体化仿真云应用平台。

文献［27］给出了数字孪生流域的定义，建立了数字孪生流域基本模型（图 1.11），包括物理流域、虚拟流域、实时连接交互、数字赋能服务、孪生流域数据和孪生流域知识，提出了数字孪生流域要解决的关键科学问题和关键技术体系，为未来智慧流域研究和数字技术在流域治理管理应用提供有益的启发与借鉴。

总体而言，数字孪生在水利工程方面的作用主要体现在以下几个方面：

（1）水电站建模与优化。通过数字孪生技术，可以建立水电站数字孪生模型，包括水库水位、水流量和发电机组等方面，实现水电站的在线控制和优化调度，提高水电站的效率和产能。

（2）水文水资源模拟。通过数字孪生技术，可以建立水文水资源数字孪生模型，包括水文过程、水资源分配、水循环等多个方面，可以对水文水资源进行准确模拟，预测未

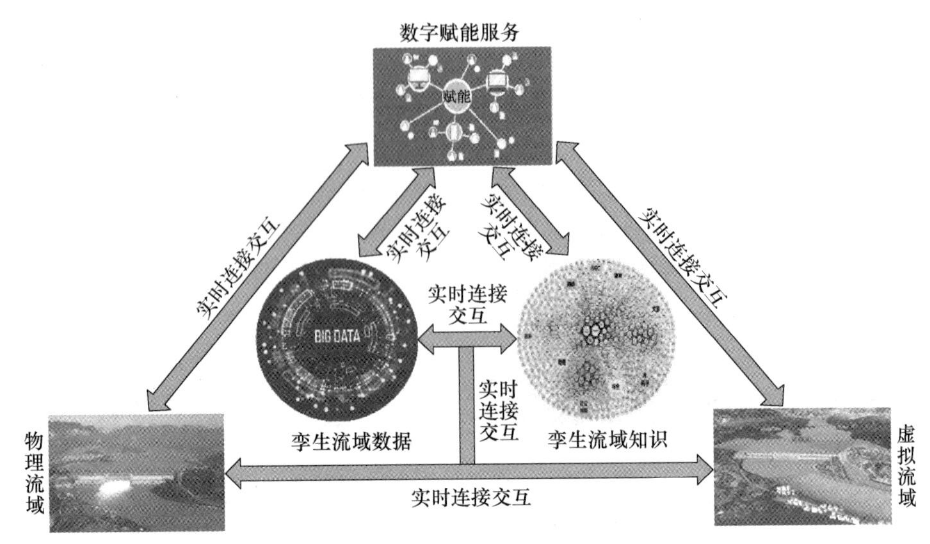

图 1.11　数字孪生流域基本架构

来水资源情况，为水资源管理和规划提供科学依据。

（3）水闸控制与调度。数字孪生技术可以将实际水闸的运行状态与数字孪生模型中的仿真结果进行比对，实现在线控制和优化调度。同时，数字孪生还可以对不同的水流量和水位情况进行模拟，评估水闸的稳定性和安全性，提高水闸运行效率和精度。

（4）河道治理和预警。数字孪生技术可以建立河道数字孪生模型，包括地形、水文、水质等方面。通过实时监测和数据输入，数字孪生模型可以预测河道的变化趋势，提出不同治理方案，并对不同治理方案进行比较和评估。同时，数字孪生还可以对河道水位等指标进行实时监测和预警，及时提醒防汛管理人员采取相应措施。

数字孪生技术提供的全方位建模、优化和管理支持，有利于提高水资源的利用效率，提升灾害预警和处理能力，从而保障水利工程的长期稳定运行。

1.3.4　矿山工程

随着矿山智能开采与虚拟现实技术进入深度融合阶段，基于数字孪生的无人化精准开采、透明开采已成趋势。数字孪生技术在矿山工程中发挥着重要作用，涵盖生产管理、安全监测、设备优化以及环境保护等方面。具体体现在：

（1）设备优化与维护。数字孪生技术可以创建矿山设备的数字孪生模型，实时监测设备运行状态，预测设备故障并提供维护建议；可以进行设备参数优化和性能改进，提高设备的可靠性和效率。

（2）生产计划与调度。数字孪生技术可以模拟矿山生产过程，包括矿石开采、物料运输、矿山排水等。通过实时数据输入和模拟分析，数字孪生模型可以帮助制定合理的生产计划，优化物流调度，提高生产效率和资源利用率。

（3）安全监测与预警。通过模拟分析，数字孪生模型可以检测潜在的危险情况，如地质灾害、气体超标等，并及时发出预警，帮助采取措施防止事故发生。

（4）环境影响评估与管理。数字孪生技术可以建立矿山环境数字孪生模型，模拟矿山活动对周围环境的影响，评估矿山活动对空气质量、水质和土壤质量等方面的影响，并制定相应的环保措施，实现矿山可持续发展。

(5) 培训与仿真。数字孪生技术可以提供虚拟仿真环境，用于培训矿工和操作人员，帮助矿工熟悉工作环境，提高操作技能，减少事故风险。

文献［28］融合智慧矿山理念、ACP 平行智能理论和新一代智能技术，设计了国内首套露天矿山无人化与智能化的一体化解决方案——智慧矿山操作系统（IMOS），为平行矿山智能管理与控制一体化提出了解决方案。

文献［29］介绍了数字孪生及其在矿业数字化转型中的应用，并结合实际案例介绍了数字孪生矿山的创新性应用内容，其中包括矿山三维可视化、数字采矿、矿山测绘云服务、车辆定位调度、生产配矿、边坡监测（图 1.12）等。

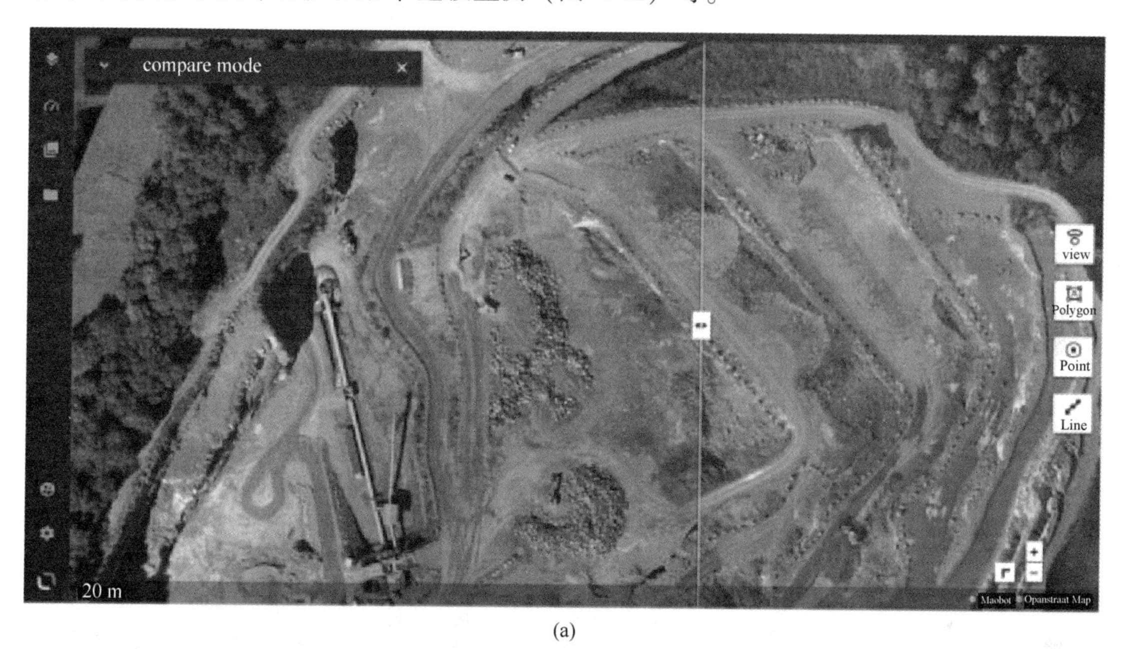

(a)

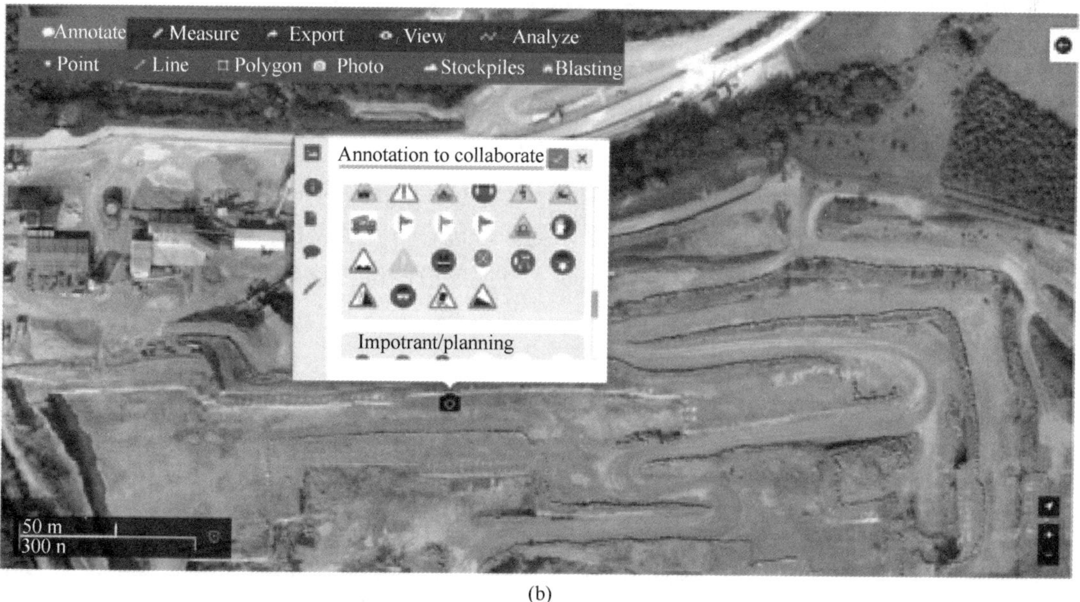

(b)

图 1.12　数字孪生矿山(a)和云端在线边坡安全分析(b)

文献［10］从智能感知与智能装备、边缘计算与网络服务、数字孪生知识建模、平台与应用系统4个方面建立了智慧矿山服务架构（图1.13），指出矿山数字孪生及相关智能化技术的突破，将实现对矿山物理世界实时可测、可观、准确控制、精确管理和科学决策，从而建立少人化或无人化的矿山生产模式，为智慧矿山的发展奠定基础。

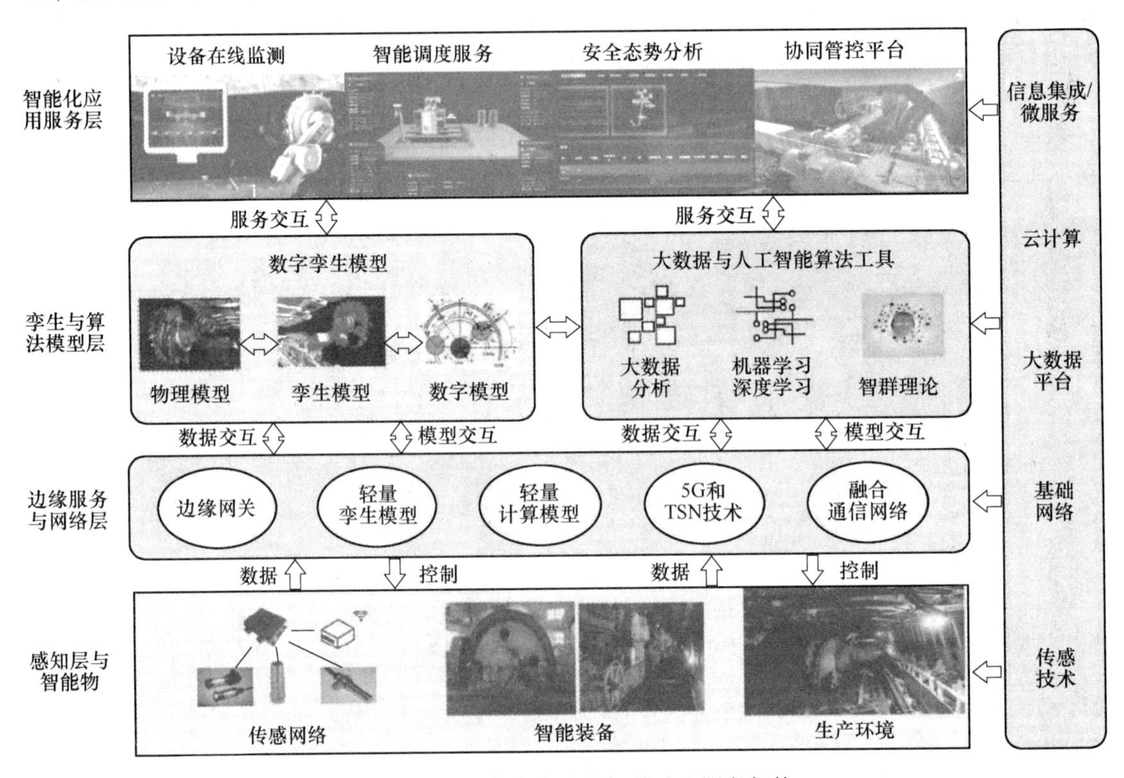

图1.13 基于数字孪生的智慧矿山服务架构

文献［30］和文献［31］基于数字孪生技术和平行智能理论，提出了矿山数字孪生的概念框架、体系架构、关键技术、基础理论和构建方法体系（图1.14）；提出了物理模型、仿真模型、机理模型和数据模型相互耦合的矿山数字孪生演化理论模型，实现了对矿井综放智采工作面物理实体的数字镜像和模型优化。

矿山数字孪生体（图1.15）与智能化矿山或5G矿山有所不同，数字孪生矿山具有双向映射、实时交互、数据驱动的特点，可以更好地包容各种类型的技术，避免单一技术的局限性。数字孪生矿山关键核心技术的突破，将促成第四次工业革命矿山——数字孪生矿山的出现。

1.3.5 石油钻井工程

数字孪生也是海洋钻井平台数字化和智慧化的核心技术，在钻井工程中，凭借感知系统和物联网获取的与日俱增的海量信息和长期积累的各类历史数据将钻井平台物理实体在信息空间进行全要素重建，可以形成具有感知、分析、执行能力的钻井平台数字孪生体，从而通过模拟预测结果对实体平台的运行和决策进行指导；另外利用实体平台监测产生的大量数据促进信息空间模型的学习，提升模型的准确程度和预测能力，从而形成实体海洋

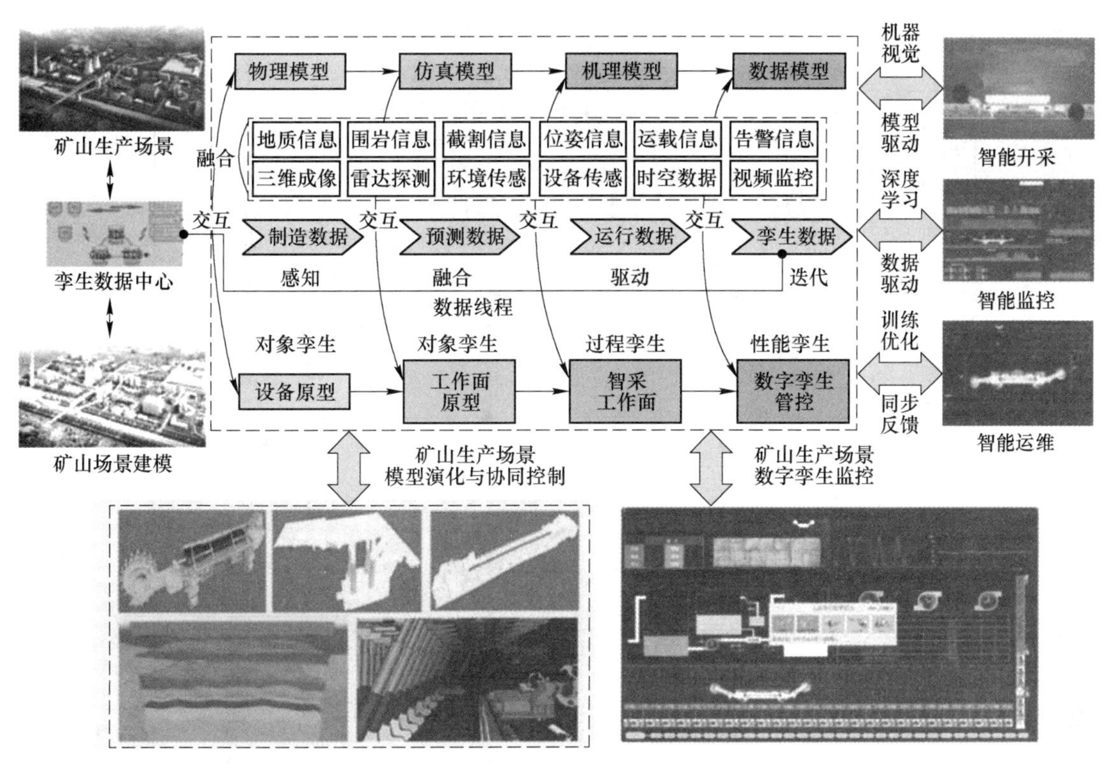

图 1.14　智采工作面数字孪生演化实例

图 1.15　矿山数字孪生体

钻井平台与虚拟信息空间模型相互指导、相互映射的良性互动关系。

中国海油将数字孪生技术应用到半潜式钻井平台的智慧建设中，应用大数据、人工智能等技术实现多源信息融合，从而对物理实体精准描述，所开发的基于数字孪生技术的半潜式钻井平台系统能够进行钻井平台的安全智能诊断、关键设备状态智能预警及安全可视化控制等。图 1.16 为数字孪生钻井平台系统架构，系统包括实际物理钻井平台、信息空间的虚拟平台、孪生数据、海洋平台运维服务和各子系统之间的连接。海上钻井平台数字孪生系统的构建，实现了钻井平台安全智能诊断分析，设备装置智能监测与预警。

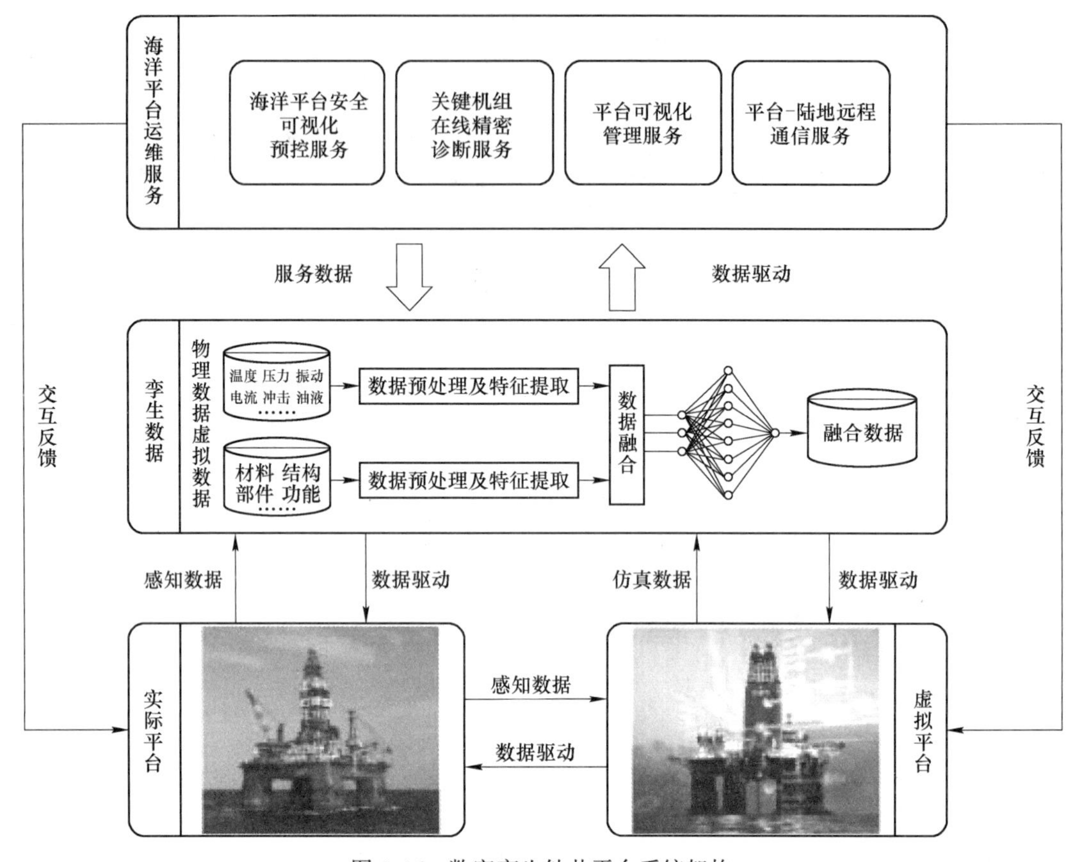

图 1.16　数字孪生钻井平台系统架构

Halliburton 公司提出了油气数字孪生概念（图 1.17），并将其用在了 Decision Space 365 云平台中，该平台的建井工程 4.0 实现了井位设计、钻井工程设计及建井施工管理全过程的一体化、数字化，从而实现了油气井建井过程的持续高效优化。该建井数字孪生是一个利用设计和模拟手段来复制虚拟井、钻机、井下部件及模型操作场景，是数学模型、

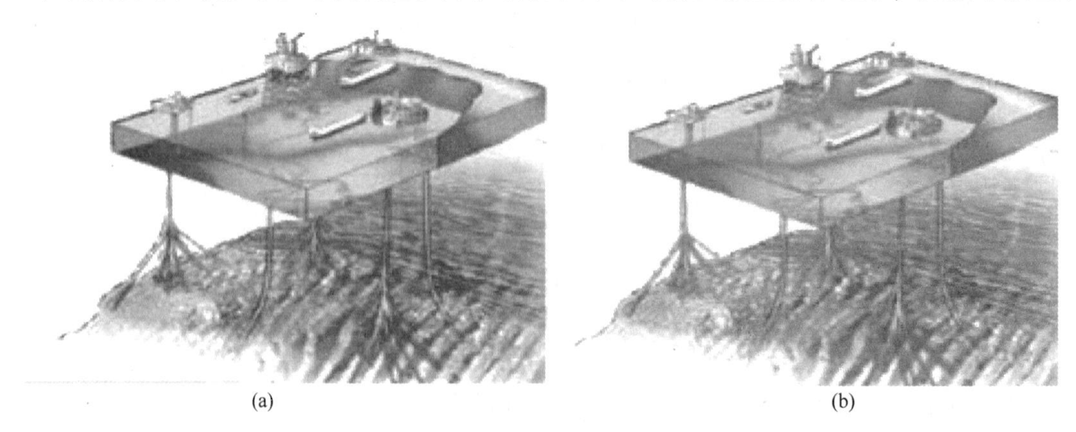

图 1.17　Halliburton 公司的油气数字孪生概念
（a）物理实体；（b）数字孪生体

软件算法和数据模型的组合，包括井下和地面钻机两部分，井下主要包括井眼轨迹、钻柱、钻井液与压力控制、油藏与井筒完整性，地面钻机包括起升系统、钻井泵、顶驱、转盘、方钻杆和绞车。

除了以上的研究，文献［38］还将数字孪生技术应用于地下空间可视化、地下施工和地下防灾监测分析，建立了基于数字孪生模型的地下空间智能总体规划模型。

文献［39］提出了岩土工程数字孪生模型定义和基于 BIM 技术的岩土工程数字孪生数据集成共享机制，构建了地质体与结构体一体化模型，开发了岩土工程数字孪生仿真分析模块，初步形成岩土工程数字孪生模型（图 1.18）。

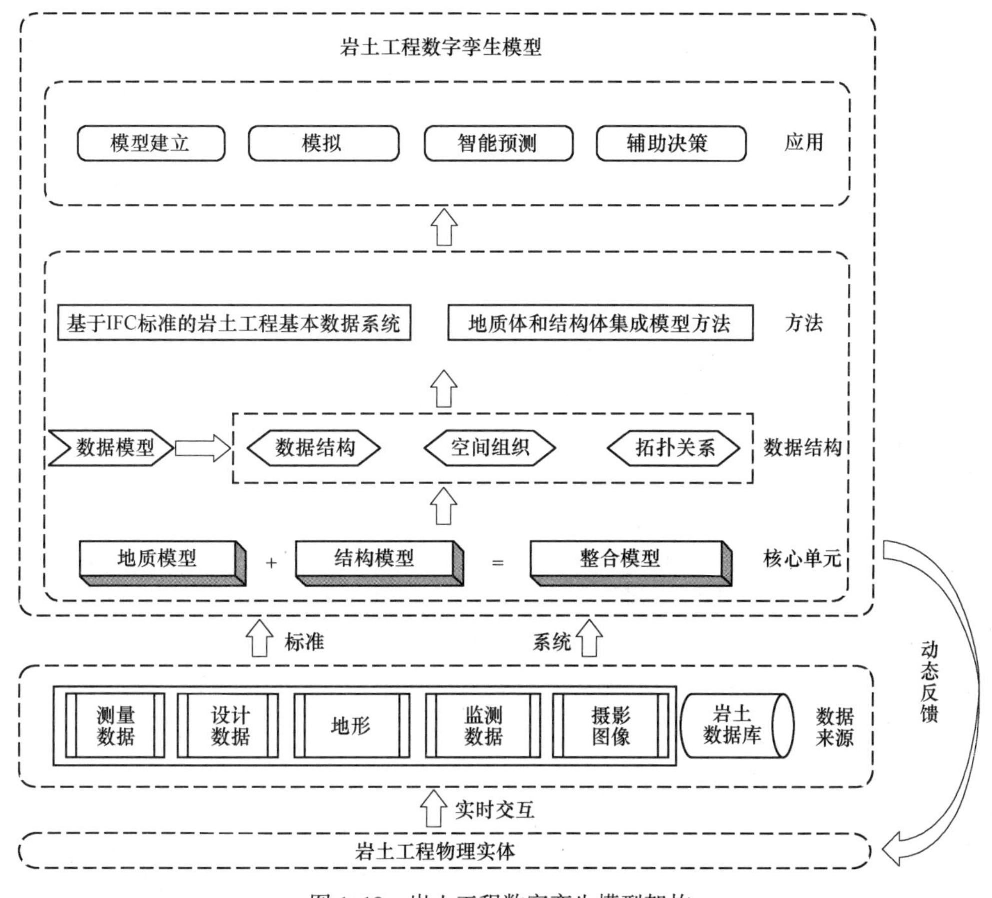

图 1.18　岩土工程数字孪生模型架构

综上所述，数字孪生在岩土工程各领域已经有所应用，但是，数字孪生在岩土工程的真正落地还有很多问题要解决。

1.4　岩土工程数字孪生技术发展存在的问题和发展趋势

1.4.1　目前岩土工程数字孪生发展存在的问题

数字孪生是信息化发展到一定程度的必然结果，数字孪生正成为人类解构、描述、认识物理世界的新型工具。

国内外学者在岩土工程数字孪生体架构、三维地质建模、BIM建模、仿真模拟与岩土工程计算等方面进行了大量的研究，但是，在物理实体的智能感知、多源异构数据融合、多维信息模型构建、地质体模型与结构体模型一体化集成与应用、岩土工程数字孪生标准、全生命周期管理等方面的研究尚存在一些薄弱环节和不足之处，主要表现为以下几个方面：

（1）岩土工程多源异构物理实体的智能感知与互联互通性较弱。目前，岩土工程各指标的感知往往是独立的、分散的，综合处理难度很大，缺乏集成化的智能感知传感设备；岩土工程存在大体量多维模型数据，多尺度、多时相、多场景的数据格式差异显著，数据融合壁垒重重；缺乏统一的接口支撑和高度标准化、模块化的全量数据、模型集成融合的理论和方法。

（2）三维地质模型和结构模型的集成共享面临难题。岩土工程的数字孪生模型体包括地质模型和结构模型，两者的组织方式和构建方法存在显著差异，但是，缺乏统一的空间数据模型和数据集成标准，兼容性、一致性差，三维地质模型的数据难以与结构模型实现数据集成和信息共享，直接影响岩土工程的分析和判断。

（3）缺乏岩土工程全生命周期信息化管理过程统一平台。目前岩土工程领域的信息平台很多，主要用于岩土工程的可视化、施工安全与质量、施工资源与成本、监测信息、施工进度信息等方面的管理，以满足方案交流、成果汇报、施工模拟等场合的要求。但是大多数平台仅用于项目建设的某个阶段，在全生命周期中的应用不足，在真正优化设计和指导施工上还需要进一步扩展。

（4）岩土工程数字孪生数据的标准问题。岩土工程数字孪生尚处于起步阶段，缺乏岩土工程数字孪生标准体系框架，在岩土工程数字孪生基础共性标准、关键技术标准、工具/平台标准、测评标准、安全标准、应用标准6个方面需要加强研究。

（5）岩土工程数字孪生模型缺少理论体系指导。数字孪生涉及领域广，集成难度高，各应用领域各自为战，缺乏通用基础技术底座。当前岩土工程领域的数字孪生研究尚处于初始阶段，缺少通用准则和理论体系来参考和指导。

1.4.2 岩土工程数字孪生未来研究展望

万物皆可数据化的时代，数字孪生给我们打开了一个神奇的世界，随着技术的发展，现实物理世界与以数据为基础的虚拟世界之间的界限将越来越模糊，数字孪生的发展也会越来越成熟，岩土工程数字化和智能化必将实现。

从发展历史来看，数字孪生因建模仿真技术而起，因传感技术而兴，并将随着新一代信息技术群体突破和融合发展而壮大。数字化和信息化将成为各行各业的必选之路。岩土工程作为新基建的组成部分，采用数字孪生技术实现智能化和数字化是不二之选。

未来岩土工程数字孪生应着重在如下几个方面发展：

（1）发展岩土工程智能感知技术和互通互联技术。采集感知技术的不断创新是数字孪生蓬勃发展的源动力，支撑数字孪生更深入获取物理对象数据。未来，传感器应向微型化发展，能够被集成到智能产品之中，实现更深层次的数据感知。此外，发展多传感融合技术，将多类信息传感集成至单个传感模块，可以实现更丰富的数据获取。岩土工程的一个传感器如能同时测多变量，必将更加有利于保证岩土工程决策的快速性和准确性。

采用逆向数字线程技术如管理壳技术，依托多类工程集成标准，对已经构建完成的数据或模型，基于统一的语义规范进行识别、定义、验证，并开发统一的接口支撑进行数据和信息交互，从而促进多源异构模型之间的互操作和全域信息的互通和互操作。

（2）发展基于三维地质体和工程结构体一体化的岩土工程数字孪生体技术。由于三维地质体和工程结构体组织方式和构件方法存在显著差异，因此，需要通过多类模型“拼接”打造更加完整的数字孪生体，进行跨学科、跨领域和跨尺度的模型融合。

目前，岩土工程的细观模型和宏观机理模型都有不少成果，但是缺乏有效的融合，如能实现宏细观跨尺度模型的融合必将大大提升岩土工程数字孪生水平，促进岩土工程的机理研究。而且通过模型融合，可以实现设计施工协同仿真计算，实现真实世界中物理模型的动态重构、过程模拟和推演分析，预测地质体-结构体的回馈机制和演化规律，指导施工。最终实现岩土工程规划、设计、施工、运营的一体化管控。

（3）发展岩土工程知识图谱和基于岩土工程模型的系统工程技术。根据岩土工程特点，以基于模型的系统工程（MBSE）为代表，在用户需求阶段就基于统一建模语言（UML）定义好各类数据和模型规范，以及模型对象的拓扑关系，建立岩土工程数字孪生体的语义数据表达和模型数据体系架构，为后期全量数据和模型在全生命周期集成融合提供基础支撑；加快与工业互联网平台集成融合，构建“岩土工程互联网平台+MBSE”的技术体系；将 MBSE 工具迁移至某一平台，一方面基于 MBSE 工具统一异构模型语法语义，另一方面又可以与平台采集的 IoT（internet of things，物联网）数据相结合，充分释放数据与模型集成融合的应用价值，支撑岩土工程数字孪生模型实现数据管理、模型表达、仿真模拟、情景推演、智能预测、决策自治等应用。

（4）提升岩土工程数字孪生精度、延长时间应用、拓展空间应用技术。数字孪生精度包括“简单描述级”“通用诊断级”“智能决策级”“自主控制级”四大层级。当前，数字孪生应用更多停留在“简单描述”和“通用诊断”阶段，二者应用比例之和达到了71%，智能决策类应用相对较少，自主控制类应用比例最少。岩土工程数字孪生目前也主要集中在前两级，离后两级还有一段较长的距离。

在延长孪生时间应用方面，少数企业围绕设计生产一体化、全生命周期优化等数字孪生应用开展积极探索，二者应用比例加起来之和达到 10%。岩土工程也需要进行全生命周期优化数字孪生的探索，实现岩土工程全生命周期管理。

在拓展孪生空间应用方面，主要涵盖同尺度孪生对象协同和不同尺度孪生对象协同两类应用。同尺度孪生对象协同应用的典型代表是基于多智能体的同类组成的群的调度应用，如群洞开挖效应研究，工程开挖-支护-监测系统优化则是一个不同尺度孪生对象协同的问题，都需要进一步研究。

思 考 题

1.1　四次工业革命各有何特点？

1.2　岩土工程中的数字孪生主要应用在哪些方面？

1.3　目前岩土工程数字孪生发展存在哪些问题，今后应该怎样发展？

参考文献

[1] Grieves M, Vickers J. Digital twin: mitigating unpredictable, undesirable emergent behavior in complex systems, transdisciplinary perspectives on complex systems [M]. Berlin: Springer International Publishing, 2017: 85-113.

[2] 陶飞，戚庆林，张萌，等．数字孪生及车间实践 [M]. 北京：清华大学出版社，2021.

[3] 陈根．数字孪生 [M]. 北京：电子工业出版社，2020.

[4] Lim K Y H, Zheng P, Chen C H. A state-of-the-art survey of digital twin: techniques, engineering product lifecycle management and business innovation perspectives [J]. Journal of Intelligent Manufacturing, 2020, 31 (6): 1313-1337.

[5] Kritzinger W, Karner M, Traar G, et al. Digital twin in manufacturing: a categorical literature review and classification [J]. IFAC-Papers On Line, 2018, 51 (11): 1016-1022.

[6] 陈岳飞，王思思，田明棋，等．数字孪生技术在医疗健康领域的应用及研究进展 [J]. 计量科学与技术，2021，65 (10)：6-9.

[7] Wu Z, Liu Z, Shi K, et al. Review on the construction and application of digital twins in transportation scenes [J]. Journal of System Simulation, 2021, 33 (2): 295-305.

[8] 娄保东，张峰，薛逸娇．智慧水利数字孪生技术 [M]. 北京：中国水利水电出版社，2021.

[9] 尚浩，严姗姗，李虎．基于数字孪生理论的济南四维地质环境信息系统研发 [J]. 地质学刊，2019，43 (4)：599-605.

[10] 丁恩杰，俞啸，夏冰，等．矿山信息化发展及以数字孪生为核心的智慧矿山关键技术 [J]. 煤炭学报，2022，47 (1)：564-578.

[11] Wang Mingzhu, Yin Xianfei. Construction and maintenance of urban underground infrastructure with digital technologies [J]. Automation in Construction, 2022 (141): 104464.

[12] Yu Dianyou, He Zheng. Digital twin-driven intelligence disaster prevention and mitigation for infrastructure: advances, challenges, and opportunities [J]. Natural Hazards, 2022 (112): 1-36.

[13] 赛迪智库．数字孪生．数字孪生白皮书 (2019) [EB/OL]. [2019-12-21]. https://mp. weixin. qq. com/s/e2z1WENzFCKkWWxiz2pXbQ.

[14] 胡权．数字孪生体：第四次工业革命的通用目的技术 [M]. 北京：中国工信出版集团人民邮电出版社，2022.

[15] 张卓雷．数字孪生助力未来智慧城市新基建 [J]. 信息化建设，2021 (9)：32-34.

[16] 数字孪生体联盟．工业 4.0 研究院完成“十四五”数字孪生体发展规划编制 [EB/OL]. [2021-11-23]. https://mp. weixin. qq. com/s/7l7VjoPs5qY9MquxpopfpA.

[17] 中国信通院．“十四五”规划中各领域数字孪生政策梳理 [EB/OL]. [2022-03-26]. https://mp. weixin. qq. com/s/tY7pasxfJY6gU8NOc641Ww.

[18] 数字孪生体联盟．数字孪生水利工程是数字孪生流域的重要组成部分 [EB/OL]. [2022-01-07]. https://mp. weixin. qq. com/s/xAxBbOM-3VE1ju8WoOEsCA.

[19] 陈健，盛谦，陈国良，等．岩土工程数字孪生技术研究进展 [J]. 华中科技大学学报 (自然科学版)，2022，50 (8)：79-88.

[20] 李强．基于数字孪生技术的城市洪涝灾害评估与预警系统分析 [J]. 北京工业大学学报，2022，48 (5)：476-485.

[21] 刘国文．基于 AI 视频+数字孪生的高速公路隧道安全运营管理应用 [J]. 交通世界，2022 (10)：2-3.

[22] 刘庆荣，杨翰文，郭群．数字孪生技术在高速公路隧道安全预警中的应用 [J]. 中国交通信息化，

2021，8：133-136.

[23] 石磊，孔凡东，范文宝，等．基于 BIM 技术的首都机场西跑道大修系列工程数字孪生应用研究［J］. 智能建筑，2021（252）：43-47.

[24] 张雷. GIS+BIM 在数字孪生机场建设中的应用［J］. 工程技术研究，2021，6（6）：12-14.

[25] 徐瑞，叶芳毅．基于数字孪生技术的三维可视化水利安全监测系统［J］. 水利水电快报，2022，43（1）：87-91.

[26] 张婷，李端阳，孙华文，等．水利工程智能一体化仿真云应用平台建设与应用［J］. 水利规划与设计，2021，10：42-48.

[27] 冶运涛，蒋云钟，梁犁丽，等．数字孪生流域：未来流域治理管理的新基建新范式［J］. 水科学进展，2022，33（5）：683-704.

[28] 陈龙，王晓，杨健健，等．平行矿山：从数字孪生到矿山智能［J］. 自动化学报，2021，47（7）：1633-1645.

[29] 孟丹，刘建业，杨博，等．数字孪生在矿业数字化转型中的应用［J］. 有色金属（矿山部分），2021，73（6）：9-19.

[30] 张帆，葛世荣．矿山数字孪生构建方法与演化机理［J］. 煤炭学报，2023，48（1）：510-522.

[31] 葛世荣，王世博，管增伦，等．数字孪生：应对智能化综采工作面技术挑战［J］. 工矿自动化，2022，48（7）：1-12.

[32] 胡小花．地质数字孪生体之三：数字孪生矿山［EB/OL］.［2021-09-15］. https：//mp. weixin. qq. com/s/WYwfDarPjGFXaZkkf5rzlw.

[33] 陈钢．数字孪生技术在石化行业的应用［J］. 炼油技术与工程，2022，52（4）：44-49.

[34] 蒋爱国，王金江，谷明，等. 数字孪生驱动半潜式钻井平台智能技术应用［J］. 船海工程，2019，48（5）：49-52.

[35] 杨传书．数字孪生技术在钻井领域的应用探索［J］. 石油钻探技术，2022，50（3）：10-16.

[36] Halliburton. Applying the O & G digital twin［R］. 2018：1-3.

[37] Halliburton. Using an E&P digital twin in well construction［R］. 2017：1-10.

[38] Shao Feng，Wang Yanshang. Intelligent overall planning model of underground space based on digital twin［J］. Computers and Electrical Engineering，2022（104）：108393.

[39] Wu Jiaming，Dai Linfabao，Xue Guangqiao，et al. Theory and technology of digital twin model for geotechnical engineering［J］. G. Feng（Ed.）：ICCE 2021，LNCE 213，2022：403-411.

[40] 吴佳明．岩土工程数字孪生模型理论与方法研究［D］. 北京：中国科学院大学，2021.

[41] 李涛，李晓军，徐博，等．地下工程数字孪生研究进展与若干关键理论技术［J］. 土木工程学报，2022，55（S2）：29-37.

[42] 郭甲腾．地矿三维集成建模与空间分析方法及其应用［D］. 沈阳：东北大学，2013.

[43] 杜子纯，刘镇，明伟华，等．城市级三维地质建模的统一地层序列方法［J］. 岩土力学，2019，40（S1）：259-266.

[44] 朱庆，张利国，丁雨淋，等. 从实景三维建模到数字孪生建模［J］. 测绘学报，2022，51（6）：1040-1049.

[45] 王小毛，徐俊，冯明权，等．地质三维正向设计及 BIM 应用：基于达索 3DEXPERIENCE 平台［M］. 北京：中国水利水电出版社，2020.

[46] Fabozzi S，Biancardo S，Veropalumbo R，et al. I-BIM based approach for geotechnical and numerical modelling of a conventional tunnel excavation［J］. Tunnelling and Underground Space Technology，2021，108：103723.

[47] Alsahly A，Hegemann F，König M，et al. Integrated BIM to FEM approach in mechanized tunneling［J］.

Geomechanics and Tunnelling, 2020, 13 (2): 212-220.

[48] 姚翔川, 郑俊杰, 章荣军, 等. 岩土工程 BIM 建模与仿真计算一体化的程序实现 [J]. 土木工程与管理学报, 2018, 35 (5): 134-139.

[49] Ninić J, Bui H, Koch C, et al. Computationally efficient simulation in urban mechanized tunneling based on multilevel BIM models [J]. Journal of Computing in Civil Engineering, 2019, 33 (3): 04019007.

2 数字孪生基础知识

2.1 数字孪生的定义

数字孪生可追溯至美国密歇根大学 Michael Grieves 教授 2002 年在其产品生命周期管理（product lifecycle management，PLM）课程上提出的“与物理产品等价的虚拟数字表达”（a virtual，digital equivalent to a physical product）的概念。由于受限于数据采集技术、数字化描述技术，以及计算机性能和算法的不够成熟，Michael Grieves 教授所提出的概念在当时并未受到广泛关注，尽管没有被称为数字孪生，但却具备了数字孪生的基本组成要素，因此可以认为是数字孪生的雏形。2009 年，美国国防高级研究计划局（DARPA）国防科学办公室举办的未来制造研讨会上，根据材料微结构中使用的原子孪生的启发，大家提出了“数字孪生”的概念。数字孪生概念被美国国家航空航天局（NASA）阿波罗航天项目借鉴并拓展。在此基础上，2011 年，美国空军研究室首次明确提出了数字孪生的定义：数字孪生是充分利用物理模型、传感器更新、运行历史等数据，集成多学科、多物理量、多尺度、多概率的仿真过程，在虚拟空间中完成映射，从而反映相对应的实体装备的全生命周期过程。

从专业的技术角度来说，数字孪生集成了建模与仿真、虚拟现实、物联网、云边协同、人工智能（AI）和机器学习（ML）等技术，通过实测、仿真，将数据、算法和决策分析结合在一起，建立物理对象的虚拟映射，达到实时感知、诊断、预测物理实体对象的状态，在问题发生之前先发现问题，监控物理对象在虚拟模型中的变化，诊断基于人工智能的多维数据复杂处理与异常分析，并预测潜在风险，合理有效地规划或对相关设备进行维护。

我国“工业 4.0”术语编写组对数字孪生的定义是：利用先进建模和仿真工具构建的，覆盖产品全生命周期与价值链，从基础材料、设计、工艺、制造及使用维护全部环节，集成并驱动以统一的模型为核心的产品设计、制造和保障的数字化数据流。通过分析这些概念可以发现，数字纽带为产品数字孪生体提供访问、整合和转换能力，其目标是贯通产品全生命周期和价值链，实现全面追溯、双向共享/交互信息、价值链协同。

《工业数字孪生白皮书（2021）》指出，工业数字孪生是多类数字化技术集成融合和创新应用，基于建模工具在数字空间构建起精准物理对象模型，再利用实时 IoT 数据驱动模型运转，进而通过数据与模型集成融合构建起综合决策能力，推动工业全业务流程闭环优化。

概括起来，数字孪生涵盖“12345”五大内容，如图 2.1 所示。其中，三大技术要素和五大典型特征是重点。

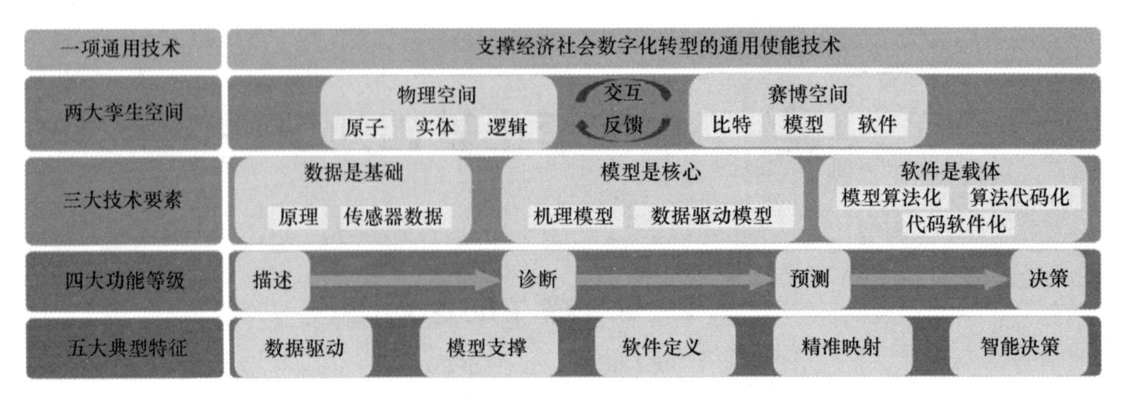

图 2.1　数字孪生的内涵

数字孪生的三大技术要素是指数据、模型、软件，数据是基础，模型是核心，软件是载体，它们的关系如图 2.2 所示。

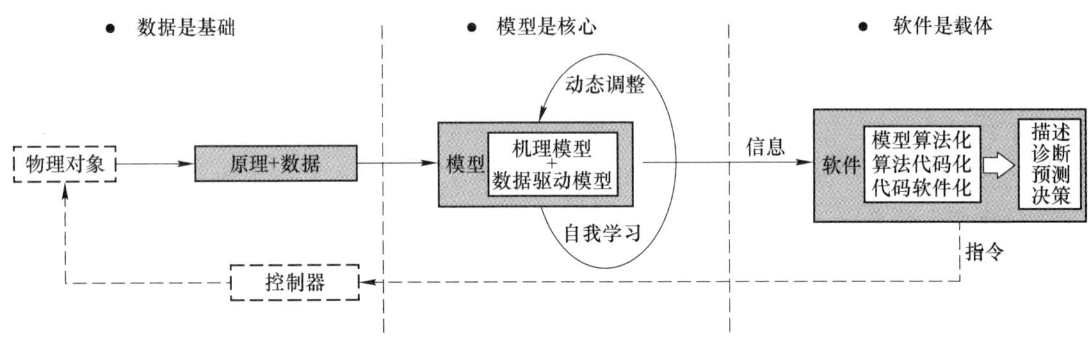

图 2.2　数字孪生的技术要素

数字孪生的五大典型特征是数据驱动、模型支撑、软件定义、精准映射、智能决策，具体内容见表 2.1。

表 2.1　数字孪生的五大典型特征

典型特征	释　义
数据驱动	数字孪生的本质是在比特的汪洋中重构原子的运行轨道，以数据的流动实现物理世界的资源优化
模型支撑	数字孪生的核心是面向物理实体和逻辑对象建立机理模型或数据驱动模型，形成物理空间在赛博空间的虚实交互
软件定义	数字孪生的关键是将模型代码化、标准化，以软件的形式动态模拟或监测物理空间的真实状态，行为和规范
精准映射	通过感知、建模、软件等技术，实现物理空间在赛博空间的全面呈现、精准表达和动态监测
智能决策	数字孪生融合人工智能等技术，可以实现物理空间和赛博空间的虚实互动、辅助决策和持续优化

数字孪生技术的基本架构包括：物理层、数据层、模型层、功能层和应用层，如图 2.3 所示。

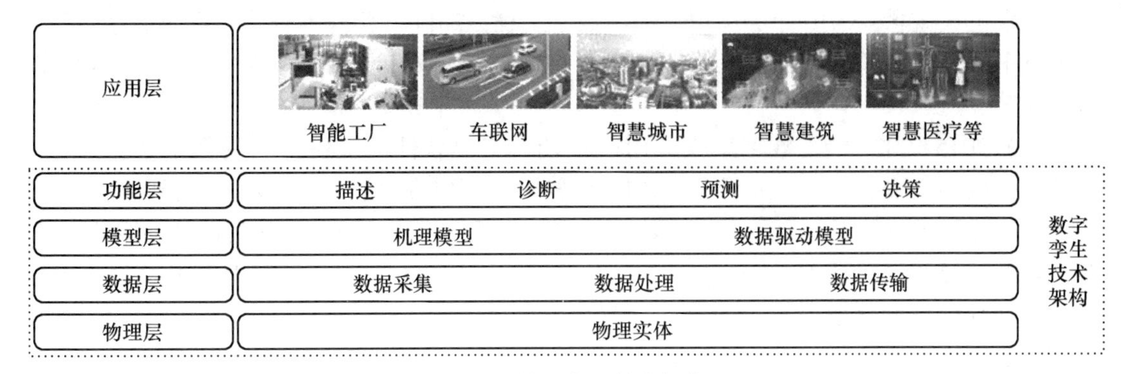

图 2.3 数字孪生技术架构

功能层分为描述、诊断、预测和决策四个层次，描述为第一层级，通过感知设备采集到的数据，对物理实体各要素进行监测和动态描述；诊断为第二层级，分析历史数据、检查功能、性能变化的原因；预测是第三层次，揭示各类模式的关系，预测未来；决策为第四层级，在分析过去和预测未来的基础上，对行为进行指导。

数字孪生的应用层包括智能工厂、车联网、智慧城市、智慧建筑、智慧医疗等应用场景。

数字孪生的落地生根和开花结果需要从两个方向推进：一个是纵向推进，让数字孪生在规划、设计、施工、运营等全生命周期发力；另一个是积极推动横向应用，助力各行各业全域发展。

数字孪生也是新基建不可放手的机遇，新基建领域的数据创造与应用是工业互联网的一个大版图。基础设施支撑着全球的经济发展和环境保护，工程数字化驱动着基础设施的转型升级。基础设施的数字化进程是以数字孪生为核心，建立智能化基础设施为目的，提升资产性能、抗变能力，降低成本和风险，从而提升整个社会的生活品质，推动全球经济、环境的可持续发展。岩土工程是基础设施建设不可缺少的部分，岩土工程的数字化和智能化是基础设施转型升级的重要组成部分。传统岩土工程项目管理模式和技术手段难以满足现代岩土工程信息化发展的需求，迫切需要研究和利用新的信息技术，推动智慧建造，提升管理水平。

2.2 数字孪生的发展阶段

数字孪生历经技术积累、概念提出、应用萌芽、快速发展四个阶段：

(1) 21 世纪之前是技术积累期，这个时期 Cax 软件为数字孪生的出现奠定了技术基础，重要的事件有：1949 年第一代 CAM 软件 APT 问世；1969 年 NASA 推出了第一代 CAE 软件 COSAMIC Nartran；1973 年第一代 CAPP 系统 AutoPros 问世；1982 年二维绘图标志性工具 AutoCAD 问世等。

(2) 2000~2015 年是概念提出与发展期，2002 年密歇根大学 Michad Grieces 教授首次提出数字孪生概念的雏形，提出的基础是当时产品生命周期管理（PLM）、仿真等工业软件已经较为成熟，可为数字孪生体在虚拟空间的构建提供支撑基础；2009 年 DARPA 提出数字孪生正式概念；2010 年美国军方提出数字线程；2011 年洛克希德马丁提出数字织锦，美国空军研究室明确了数字孪生的定义；2012 年 NASA 发布了包含数字孪生的两份技术路线图等。

（3）2015~2020 年是数字孪生应用萌芽期，工业软件巨头纷纷布局数字孪生业务。数字孪生最早应用于航空航天行业，2012 年美国空军研究室将数字孪生应用到战斗机维护中，而这与航空航天行业最早建设基于模型的系统工程（MBSE）息息相关，能够支撑多类模型敏捷流转和无缝集成；西门子 2017 年正式发布了数字孪生体应用模型；PTC 2017 年推出基于数字孪生技术的物联网解决方案；达索、GE、ESI 等企业开始宣传和使用数字孪生技术等。

（4）2020 年以后是快速发展期，数字孪生技术和产业生态都迎来爆发期。这个阶段，数字孪生将加速与 AI 等新兴技术融合，在各领域的应用进一步发展，数字孪生广泛应用于工业互联网、车联网、智慧城市等新型场景。

从发展历史来看，数字孪生因建模仿真技术而起，因传感技术而兴，并将随着新一代信息技术群体突破和融合发展而壮大。

2.3 数字孪生的理想特征

当前对数字孪生存在多种不同认识和理解，目前尚未形成统一共识的定义，但物理实体、虚拟模型、数据、连接、服务是数字孪生的核心要素。不同阶段（如产品的不同阶段）的数字孪生呈现出不同的特点，对数字孪生的认识与实践离不开具体对象、具体应用与具体需求。数字孪生理想特征见表 2.2。

表 2.2 数字孪生理想特征

维 度	部 分 认 识	理 想 特 征
模型	① 数字孪生是三维模型； ② 数字孪生是物理实体的复制； ③ 数字孪生是虚拟样机	多：多维（几何、物理、行为、规则）、多时空、多尺度； 动：动态、演化、交互； 真：高保真、高可靠、高精度
数据	① 数字孪生是数据/大数据； ② 数字孪生是 PLM； ③ 数字孪生是数字线程； ④ 数字孪生是数字影子	全：全要素/全业务/全流程/全生命周期； 融：虚实融合、多源融合、异构融合； 时：更新实时、交互实时、响应及时
连接	① 数字孪生是物联平台； ② 数字孪生是工业互联网平台	双：双向连接、双向交互、双向驱动； 跨：跨协议、跨接口、跨平台
服务/功能	① 数字孪生是仿真； ② 数字孪生是虚拟验证； ③ 数字孪生是可视化	双驱动：模型驱动+数据驱动； 多功能：仿真验证、可视化、管控、预测、优化、控制等
物理	① 数字孪生是纯数字化表达或虚体； ② 数字孪生与实体无关	异：模型因对象而异、数据因特征而异、服务/功能因需求而异

2.4 数字孪生组成体系与技术体系

数字孪生是从物理实体获得数据输入，并通过数据分析将实际结果反馈到整个数字孪生体系中，产生循环决策。因此，数字孪生需要诸多新技术的发展和高度集成以及跨学科知识的综合应用。

2.4.1 数字孪生组成体系及应用准则

2.4.1.1 数字孪生组成体系

简单来说，数字孪生就是实现物理空间在赛博空间（cyber-physical space，CPS）交互映射的通用使能技术。数字孪生通过运用感知、计算、建模等信息技术，通过软件定义，对物理空间进行描述、诊断、预测、决策，进而实现物理空间与赛博空间的交互映射。

Michael Grieves 给出了数字孪生的 3 个组成部分：物理空间的实体产品、虚拟空间的虚拟产品、物理空间和虚拟空间之间的数据和信息交互接口。目前，最常用的是五维数字孪生模型，即包含物理实体、虚拟模型、服务、数据、连接等五个方面（五维）。

文献［11］建立了数字孪生的五维模型，如式（2.1）所示：

$$M_{DT} = (PE, VE, Ss, DD, CN) \tag{2.1}$$

式中，PE 为物理实体；VE 为虚拟模型；Ss 为服务；DD 为孪生数据；CN 为交互连接，即各组成部分间的连接。根据式（2.1），数字孪生五维模型结构如图 2.4 所示。

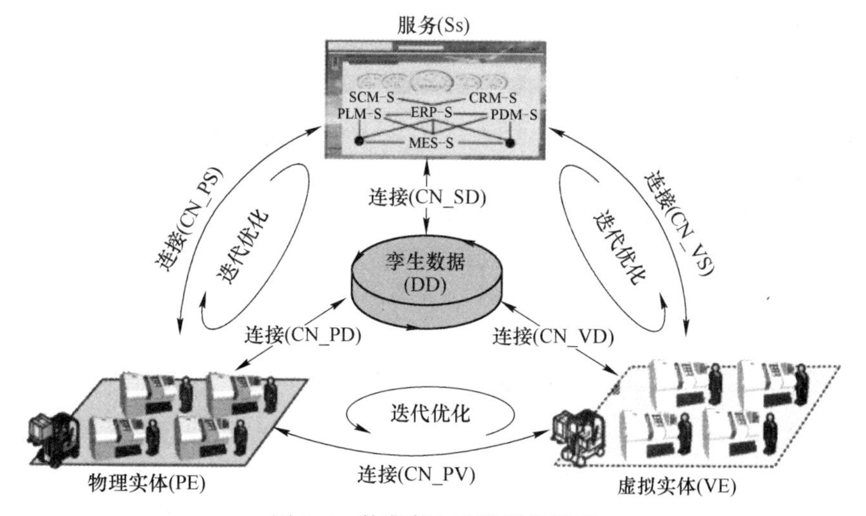

图 2.4 数字孪生五维概念模型

数字孪生五维模型能满足各种数字孪生应用的新需求。首先，M_{DT}是一个通用的参考架构，能适用不同领域的不同应用对象；其次，它的五维结构能与物联网、大数据、人工智能等 New IT 技术集成与融合，能满足信息物理系统集成、信息物理数据融合、虚实双向连接与交互等需求；再次，孪生数据（DD）集成融合了信息数据与物理数据，满足信息空间与物理空间的一致性与同步性需求，能提供更加准确、全面的全要素/全流程/全业务数据支持。服务（Ss）对数字孪生应用过程中面向不同领域、不同层次用户、不同业务所需的各类数据、模型、算法、仿真、结果等进行服务化封装，并以应用软件或移动端App的形式提供给用户，实现对服务的便捷与按需使用。连接（CN）实现物理实体、虚拟实体、服务及数据之间的普适工业互联，从而支持虚实实时互联与融合。虚拟实体（VE）从多维度、多空间尺度及多时间尺度对物理实体进行刻画和描述。

A　物理实体（PE）

物理实体（PE）是数字孪生的根基，数字孪生通过数字化方式为PE创建虚拟模型，以反映其属性、模拟其行为、预测其趋势。PE是客观存在的，通常由各种部件、子系统组成，并具有独立完成至少一种任务的能力。PE根据自然法则开展活动并应对不确定的环境。对PE的感知通常通过各种传感器、执行器实现，通过接触式或非接触的传感器的状态感知或与PE的执行器的接口连接等方式，实时监测PE的运行状态和环境数据。根据功能和结构，PE一般可以分为3个级别，单元级（unit）PE、系统级（system）PE和复杂系统级（system of systems，SOS）。

B　虚拟模型（VE）

虚拟模型包括几何模型（G_v）、物理模型（P_v）、行为模型（B_v）和规则模型（R_v），这些模型能从多时间尺度、多空间尺度对PE进行描述与刻画：

$$VE = (G_v, P_v, B_v, R_v) \tag{2.2}$$

式中，G_v为描述PE几何参数（如形状、尺寸、位置等）与关系（如装配关系）的三维模型，与PE具备良好的时空一致性，对细节层次的渲染可使G_v从视觉上更加接近PE。G_v可利用三维建模软件（如SolidWorks、3D MAX、ProE、AutoCAD等）或仪器设备（如三维扫描仪）来创建。

P_v在G_v的基础上增加了PE的物理属性、约束、特征等信息，通常可用ANSYS、ABAQUS、Hypermesh等工具从宏观及微观尺度进行动态的数学近似模拟与刻画，如结构、流体、电场、磁场建模仿真分析等。

B_v描述了不同粒度不同空间尺度下的PE在不同时间尺度下的外部环境与干扰，以及内部运行机制共同作用下产生的实时响应及行为，如随时间推进的演化行为、动态功能行为、性能退化行为等。创建PE的行为模型是一个复杂的过程，涉及问题模型、评估模型、决策模型等多种模型的构建，可利用有限状态机、马尔可夫链、神经网络、复杂网络、基于本体的建模方法进行B_v的创建。

R_v包括基于历史关联数据的规律规则，基于隐性知识总结的经验，以及相关领域标准与准则等。这些规则随着时间的推移自增长、自学习、自演化，使VE具备实时的判断、评估、优化及预测的能力，从而不仅能对PE进行控制与运行指导，还能对VE进行校正与一致性分析。R_v可通过集成已有的知识获得，也可利用机器学习算法不断挖掘产生新规则。

对上述4类模型进行组装、集成与融合，可以创建对应PE的完整VE。同时通过模型校核、验证和确认（verification validation and accreditation，VV&A）来验证VE的一致性、准确度、灵敏度等，保证VE能真实映射PE。此外，可使用VR与AR技术实现VE与PE虚实叠加及融合显示，增强VE的沉浸性、真实性及交互性。

C 孪生数据（DD）

孪生数据 DD 是数字孪生的驱动，主要包括 PE 数据（D_p），VE 数据（D_v），Ss 数据（D_s），知识数据（D_k）及融合衍生数据（D_f）：

$$DD = (D_p, D_v, D_s, D_k, D_f) \tag{2.3}$$

式中，D_p主要包括体现 PE 规格、功能、性能、关系等的物理要素属性数据与反映 PE 运行状况、实时性能、环境参数、突发扰动等的动态过程数据，可通过传感器、嵌入式系统、数据采集卡等进行采集；D_v主要包括 VE 相关数据，如几何尺寸、装配关系、位置等几何模型相关数据，材料属性、载荷、特征等物理模型相关数据，驱动因素、环境扰动、运行机制等行为模型相关数据，约束、规则、关联关系等规则模型相关数据，以及基于上述模型开展的过程仿真、行为仿真、过程验证、评估、分析、预测等的仿真数据；D_s主要包括 FService 相关数据（如算法、模型、数据处理方法等）与 BService 相关数据（如企业管理数据、生产管理数据、产品管理数据、市场分析数据等）；D_k包括专家知识、行业标准、规则约束、推理推论、常用算法库与模型库等；D_f是对 D_p、D_v、D_s、D_k进行数据转换、预处理、分类、关联、集成、融合等相关处理后得到的衍生数据，通过融合物理实况数据与多时空关联数据、历史统计数据、专家知识等信息数据得到信息物理融合数据，从而反映更加全面与准确的信息，并实现信息的共享与增值。

D 服务（Ss）

Ss 是指对数字孪生应用过程中所需各类数据、模型、算法、仿真、结果进行服务化封装，形成的以工具组件、中间件、模块引擎等形式支撑数字孪生内部功能运行与实现的功能性服务（FService），以及以应用软件、移动端 App 等形式满足不同领域不同用户不同业务需求的业务性服务（BService），其中，FService 为 BService 的实现和运行提供支撑。

FService 主要包括：（1）面向 VE 提供的模型管理服务，如建模仿真服务、模型组装与融合服务、模型 VV&A 服务、模型一致性分析服务等；（2）面向 DD 提供的数据管理与处理服务，如数据存储、封装、清洗、关联、挖掘、融合等服务；（3）面向 CN 提供的综合连接服务，如数据采集服务、感知接入服务、数据传输服务、协议服务、接口服务等。

BService 主要包括：（1）面向终端现场操作人员的操作指导服务，如虚拟装配服务、设备维修维护服务、工艺培训服务；（2）面向专业技术人员的专业化技术服务，如能耗多层次多阶段仿真评估服务、设备控制策略自适应服务、动态优化调度服务、动态过程仿真服务等；（3）面向管理决策人员的智能决策服务，如需求分析服务、风险评估服务、趋势预测服务等；（4）面向终端用户的产品服务，如用户功能体验服务、虚拟培训服务、远程维修服务等。这些服务对于用户而言是一个屏蔽了数字孪生内部异构性与复杂性的黑箱，通过应用软件、移动端 App 等形式向用户提供标准的输入输出，从而降低数字孪生应用实践中对用户专业能力与知识的要求，实现便捷的按需使用。

E 交互连接（CN）

交互连接 CN 实现数据孪生各组成部分的互联互通，包括 PE 和 DD 的连接（CN _

PD)、PE 和 VE 的连接（CN _ PV）、PE 和 Ss 的连接（CN _ PS）、VE 和 DD 的连接（CN _ VD）、VE 和 Ss 的连接（CN _ VS）、Ss 和 DD 的连接（CN _ SD）。

$$CN = (CN\_PD, CN\_PV, CN\_PS, CN\_VD, CN\_VS, CN\_SD) \quad (2.4)$$

其中：(1) CN _ PD 实现 PE 和 DD 的交互。可利用各种传感器、嵌入式系统、数据采集卡等对 PE 数据进行实时采集，通过 MTConnect、OPC-UA、MQTT 等协议规范传输至 DD；相应地，DD 中经过处理后的数据或指令可通过OPC-UA、MQTT、CoAP 等协议规范传输并反馈给 PE，实现 PE 的运行优化。(2) CN _ PV 实现 PE 和 VE 的交互。CN _ PV 与 CN _ PD 的实现方法与协议类似，采集的 PE 实时数据传输至 VE，用于更新校正各类数字模型；采集的 VE 仿真分析等数据转化为控制指令下达至 PE 执行器，实现对 PE 的实时控制。(3) CN _ PS 实现 PE 和 Ss 的交互。同样地，CN _ PS 与 CN _ PD 的实现方法及协议类似，采集的 PE 实时数据传输至 Ss，实现对 Ss 的更新与优化；Ss 产生的操作指导、专业分析、决策优化等结果以应用软件或移动端 App 的形式提供给用户，通过人工操作实现对 PE 的调控。(4) CN _ VD 实现 VE 和 DD 的交互：通过 JDBC、ODBC 等数据库接口，一方面将 VE 产生的仿真及相关数据实时存储到 DD 中，另一方面实时读取 DD 的融合数据、关联数据、生命周期数据等驱动动态仿真。(5) CN _ VS 实现 VE 和 Ss 的交互：可通过 Socket、RPC、MQSeries 等软件接口实现 VE 与 Ss 的双向通信，完成直接的指令传递、数据收发、消息同步等。(6) CN _ SD 实现 Ss 和 DD 的交互。与 CN _VD 类似，通过 JDBC、ODBC 等数据库接口，一方面将 Ss 的数据实时存储到 DD，另一方面实时读取 DD 中的历史数据、规则数据、常用算法及模型等支持 Ss 的运行与优化。

2.4.1.2 数字孪生应用准则

基于数字孪生五维结构模型实现数字孪生驱动的应用，首先针对应用对象及需求分析物理实体特征，以此建立虚拟模型，构建连接实现虚实信息数据的交互，并借助孪生数据的融合与分析，最终为使用者提供各种服务应用。

为推动数字孪生的落地应用，数字孪生驱动的应用可遵循以下准则（图 2.5）：

(1) 信息物理融合是基石：物理要素的智能感知与互联、虚拟模型的构建、孪生数据的融合、连接交互的实现、应用服务的生成等，都离不开信息物理融合。同时，信息物理融合贯穿于产品全生命周期各个阶段，是每个应用实现的根本。因此，没有信息物理的融合，数字孪生的落地应用就是空中楼阁。

(2) 多维虚拟模型是引擎：多维虚拟模型是实现产品设计、生产制造、故障预测、健康管理等各种功能最核心的组件，在数据驱动下多维虚拟模型将应用功能从理论变为现实，是数字孪生应用的“心脏”。因此，没有多维虚拟模型，数字孪生应用就没有了核心。

(3) 孪生数据是驱动力：孪生数据是数字孪生最核心的要素，它源于物理实体、虚拟模型、服务系统，同时在融合处理后又融入到各部分中，推动了各部分的运转，是数字孪生应用的“血液”。因此，没有多源融合数据，数字孪生应用就失去了动力源泉。

(4) 动态实时交互连接是动脉：动态实时交互连接将物理实体、虚拟模型、服务系统连接为一个有机的整体，使信息与数据得以在各部分间交换传递，是数字孪生应用的“血管”。因此，没有了各组成部分之间的交互连接，如同人体割断动脉，数字孪生应用

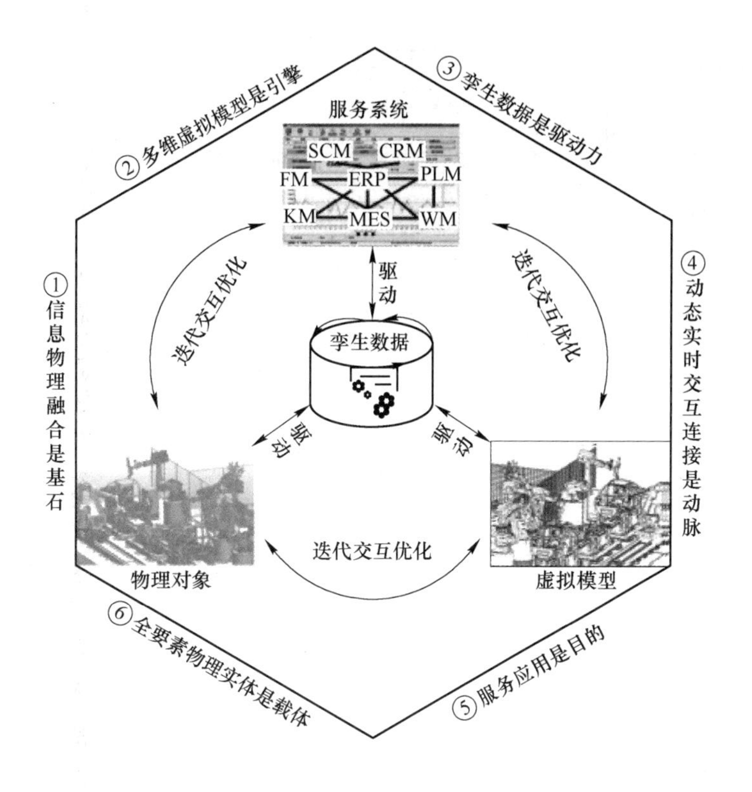

图 2.5 数字孪生应用准则

也就失去了活力。

(5) 服务应用是目的：服务将数字孪生应用生成的智能应用、精准管理和可靠运维等功能以最为便捷的形式提供给用户，同时给予用户最直观的交互，是数字孪生应用的“五感”。因此，没有服务应用，数字孪生应用实现就是无的放矢。

(6) 全要素物理实体是载体：不论是全要素物理资源的交互融合，还是多维虚拟模型的仿真计算，亦或是数据分析处理，都是建立在全要素物理实体之上，同时物理实体带动各个部分的运转，令数字孪生得以实现，是数字孪生应用的“骨骼”。因此，没有了物理实体，数字孪生应用就成了无本之木。

2.4.2 数字孪生技术体系

2.4.2.1 数字孪生的功能和技术体系

在《工业数字孪生白皮书（2021）》中，认为工业数字孪生技术体系架构应该如图 2.6 所示。工业数字孪生技术是一系列数字化技术的集成融合和创新应用，涵盖了数字支撑技术、数字线程技术、数字孪生体技术、人机交互技术四大类型，其中，数字线程技术和数字孪生体技术是核心技术，数字支撑技术和人机交互技术是基础技术。

通过记录、模拟和预测物理和虚拟世界中实体和过程的运行轨迹，它可以实现信息的高效交换、资源的优化分配、成本的降低以及致命故障的预防。物理实体存在于特定场景中，以实现其自身的功能并提供针对性的服务。因此，数字孪生可以分为实体数字孪生和

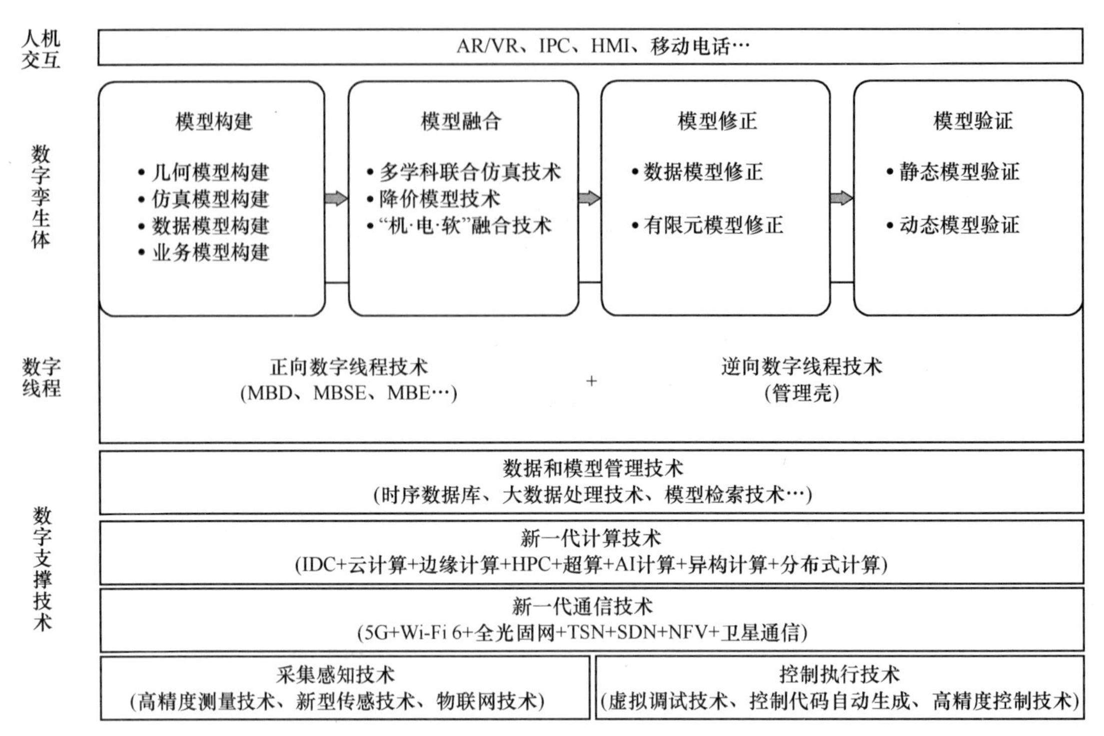

图 2.6　工业数字孪生技术体系架构

场景数字孪生，如图 2.7 所示。

基于 3D 几何模型，实体数字孪生的功能是集成不同的信息，例如监视信息、感测信息、服务信息和有关物理的行为信息，在整个生命周期中实时跟踪实体。物理实体将具有与其状态、运行轨迹和行为特征完全相同的虚拟双胞胎。数字孪生场景、物理场景在虚拟空间中用静态和动态信息表示。静态信息包括空间布局、设备和地理位置；动态信息涉及环境、能耗、设备运行、动态过程等。物理场景中的活动可以由数字孪生模拟。

某些数字孪生应用程序在功能建模、概念验证、行为模拟、性能优化、状态监视、诊断和预测等方面着重于实体。此类应用程序可以在医疗保健、货运、钻井平台、汽车、航空航天和物联网等方面得到应用。其他一些数字孪生应用程序也针对该场景（即实现特定功能的最佳条件）。例如，生产方案就是以最佳方式生产目标产品。建筑是建造建筑物的生产过程，制造是将原材料或零件变成产品的生产过程。使用方案是指最终用户在何处、如何以及何时使用产品，这可能会影响产品状态和寿命。对于车间或工厂，它可以是产品的生产方案，也可以是机床的使用方案。数字孪生的全部潜力只能通过实体数字孪生与场景数字孪生之间的集成来实现。

数字孪生反映了虚拟现实与物理世界和虚拟世界之间的映射关系。在数字孪生的实际应用中，需要注意：

（1）任何数字孪生的核心都是高保真虚拟模型。为此，充分了解物理世界至关重要。否则，虚拟模型将无法有效地与物理世界相对应。

（2）虽然虚拟模型是数字孪生的关键部分，但数字孪生建模是一个复杂且反复的过程。一个好的虚拟模型的特点是高度标准化、模块化、轻量级和具有鲁棒性。编码、接口

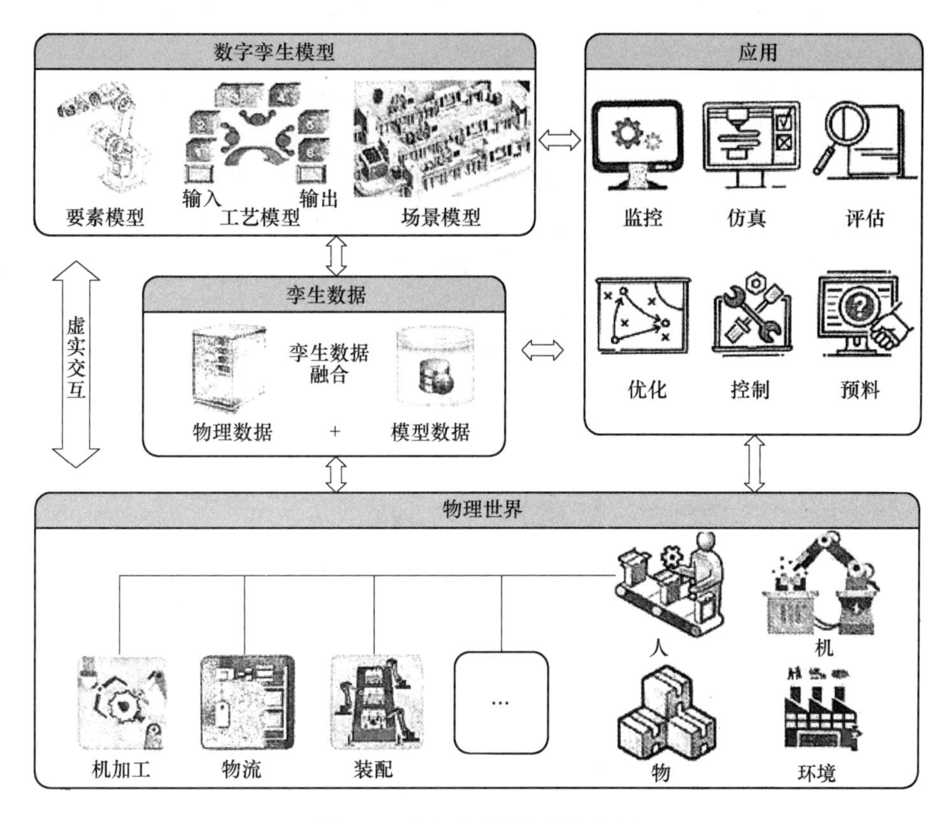

图 2.7 数字孪生的组成与应用

和通信协议的标准化旨在促进信息共享和集成。模块化可以通过单个模型的分离和重组提高灵活性、可伸缩性和可重用性。轻量化可减少信息传输时间和成本。此外，模型的鲁棒性对于处理各种不确定性是必不可少的。

(3) 模型和服务的操作全部由数据驱动。从原始数据到知识，数据必须经过一系列步骤（即数据生命周期）。每个步骤都需要根据数字孪生的特征进行重组。数字孪生的独特之处在于它不仅可以处理来自物理世界的数据，而且可以融合虚拟模型生成的数据以使结果更加可靠。

(4) 数字孪生的最终目标是为用户提供增值服务，例如监视、仿真、验证、虚拟实验、优化、数字教育等。数字孪生服务通过各种移动应用程序交付。此外，数字孪生还可以容纳一些第三方服务，例如资源服务、算法服务、知识服务等。因此，服务封装和管理都是数字孪生的重要组成部分。

(5) 物理世界、虚拟模型、数据和服务不是孤立的。它们通过相互之间的联系不断地相互交流，以实现集体进化。

根据数字孪生五维模型，其需要多种支持技术来支持数字孪生的不同模块（即物理实体、虚拟模型、孪生数据、服务和连接），如图 2.8 所示。

对于物理实体，对物理世界的充分理解是数字孪生的前提。数字孪生涉及多学科知识，包括动力学、结构力学、声学、热学、电磁学、材料科学、流体力学、控制理论等。

结合知识、传感和测量技术，将物理实体和过程映射到虚拟空间，以使模型更准确、更接近实际。

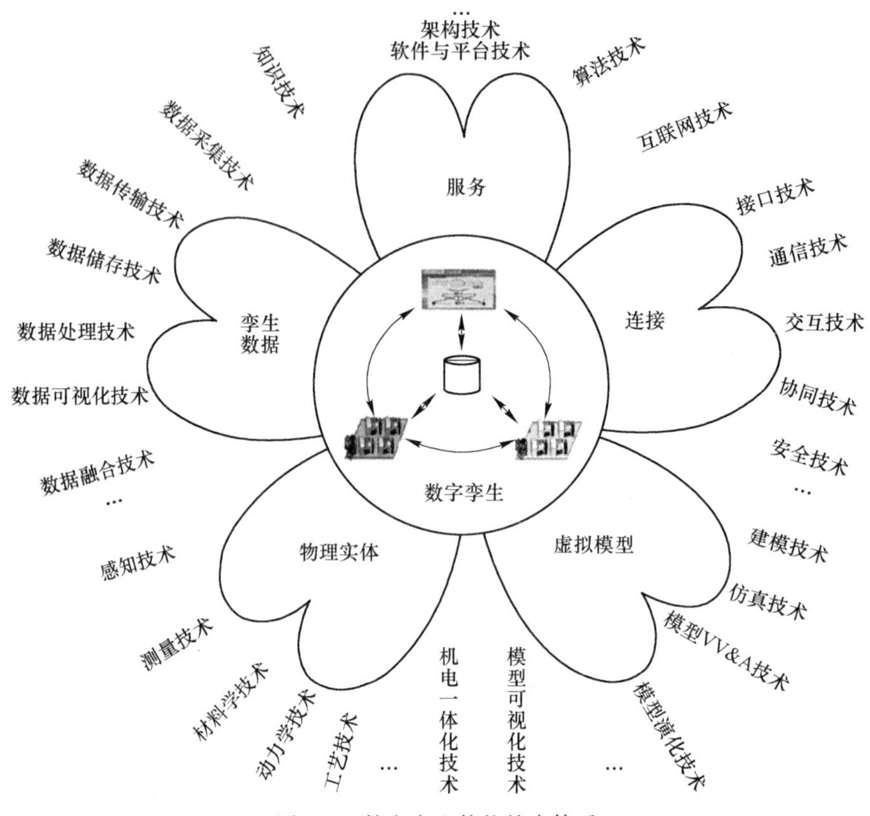

图 2.8 数字孪生使能技术体系

对于虚拟模型，各种建模技术至关重要。可视化技术对于实时监控物理资产和流程至关重要。虚拟模型的准确性直接影响数字孪生的有效性。因此，必须通过校验、验证和确认（VV&A）技术对模型进行验证，并通过优化算法对其进行优化。此外，仿真和追溯技术可以实现质量缺陷的快速诊断和可行性验证。

由于虚拟模型必须与物理世界中的不断变化共同发展，因此需要模型演化技术来驱动模型更新。在数字孪生操作期间，会生成大量数据。为了从原始数据中提取有用的信息，高级数据分析和融合技术是必要的。该过程涉及数据收集、传输、存储、处理、融合和可视化。与数字孪生相关的服务包括应用程序服务、资源服务、知识服务和平台服务。为了提供这些服务，需要应用软件、平台架构技术、面向服务的架构（SoA）技术和知识技术。最后，数字孪生的物理实体、虚拟模型、数据和服务被互连以实现交互和交换信息。连接涉及互联网技术、交互技术、网络安全技术、接口技术、通信协议等。

2.4.2.2 数字孪生物理感知与控制技术

要创建高保真模型，必须认识物理世界并感知数据。如图 2.9 所示，反映物理世界的第一步是测量参数，例如尺寸、形状、结构、公差、表面粗糙度、密度、硬度等。现有的测量技术包括激光测量、图像识别测量、转换测量和微米/纳米级精度测量。为了使虚拟模型与其真实世界的模型同步，必须收集实时数据（例如压力、位移速度、加速度、振动、电压、电流、温度、湿度等）。为此，复杂的数字孪生必须不断提取实时传感器和系统数据，以尽可能逼真地刻画物理实体的真实状态。

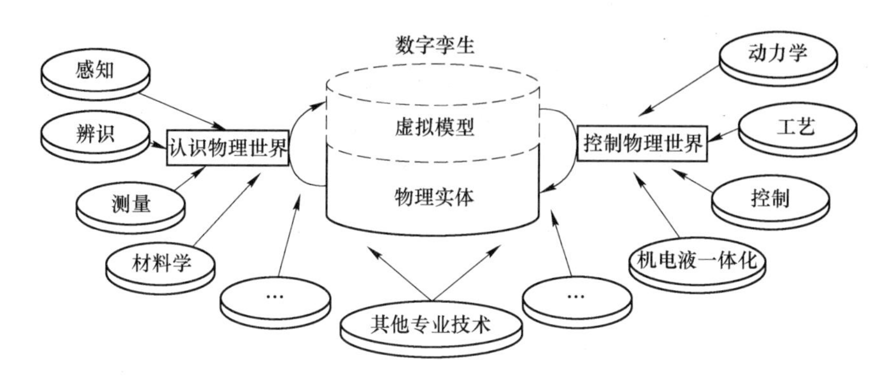

图 2.9 认知和控制物理世界的技术

数字孪生应用程序要求使用新技术和新方法来更好地感知物理世界。大数据分析提供了一种了解物理世界的新方法。大数据是指大量的多源异构数据，具有大体量（volume）、高速（velocity）、多样（varity）、低价值密度（value）、真实性（veracity）等特征。通过数据分析可以从复杂现象中找到有价值的信息，适用于各个行业。

因行业差异，不同行业的结构分析模型、演化模型和故障预测模型会不同，例如，智能制造涉及机械工程、材料工程、控制和信息处理等方面的知识和技术，而如何以自适应有效的方式自动控制制造设备是一个主要问题。由于数字孪生的方法、技术和工具具有前瞻性，因此需要不同行业之间的有效协作。此外，数字孪生还可以改善物理世界中物理实体的性能。当实体世界中的实体执行预期的功能时，能量将由控制系统控制，以驱动其执行器准确完成指定的动作。该过程涉及动力技术（例如液压动力、电力和燃料动力）、驱动系统（例如无轴变速器、轴承变速器、齿轮传动、皮带传动、链条传动和伺服驱动技术）、工艺技术（例如过程计划、设计、管理、优化和控制）和控制技术（例如电气控制、可编程控制、液压控制、网络控制）以及跨学科技术（例如水力机电一体化）。

机器视觉作为集成了神经生物学、图像处理和模式识别的跨学科技术，可以从图像中提取信息，以进行检测、测量和控制。此外，各个学科和行业的尖端技术都值得进一步研究，以使模型更准确，仿真和预测结果更符合实际情况。例如，对于制造业，新的特殊加工技术、制造工艺和设备技术以及智能机器人技术都可以帮助数字孪生控制智能制造过程。对于建筑业，新兴技术（例如新材料、建筑机械和减震技术）正在改变建筑业。

目前，采用图像识别和激光测量技术测量物理世界的参数，使用电气控制、可编程控制、嵌入式控制和网络控制技术控制物理世界，以及使用大数据分析挖掘内在规律和知识的技术已成为发展趋势。

2.4.2.3 数字孪生建模技术

A 数字孪生模型建模准则

为使数字孪生模型构建过程有据可依，文献［11］提出了一套数字孪生模型“四化四可八用”构建准则，如图 2.10 所示。该准则以满足实际业务需求和解决具体问题为导向，以“八用”（可用、通用、速用、易用、联用、合用、活用、好用）为目标，提出数字孪生模型“四化”（精准化、标准化、轻量化、可视化）的要求，以及在其运行和操作过程中的“四可”（可交互、可融合、可重构、可进化）需求。

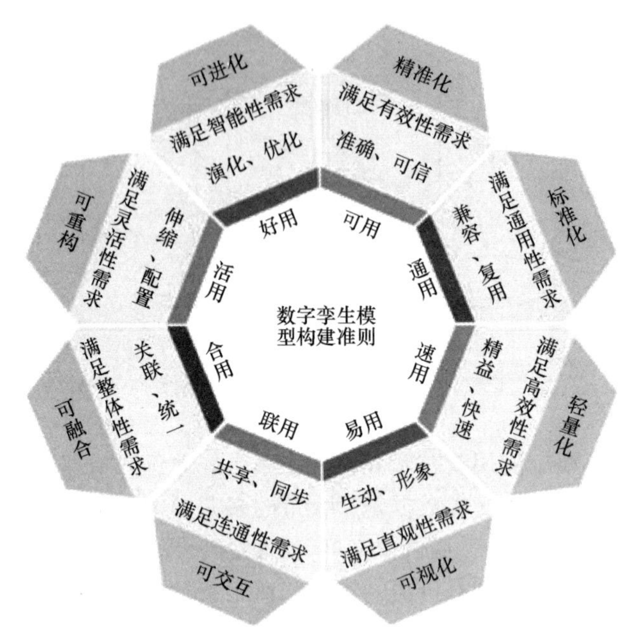

图 2.10 数字孪生模型构建准则

B 数字孪生模型构建理论和方法

数字孪生模型是现实世界实体或系统的数字化表现，可用于理解、预测、优化和控制真实实体或系统，因此，数字孪生模型的构建是实现数据驱动的基础。

数字孪生模型构建是在数字空间实现物理实体及过程的属性、方法、行为等特性的数字化建模。模型构建可以是“几何-物理-行为-规则”多维度的，也可以是“机械-电气-液压”多领域的。从工作粒度或层级来看，数字孪生模型不仅是基础单元模型建模，还需从空间维度上通过模型组装实现更复杂对象模型的构建，从多领域多学科角度来看，模型融合以实现复杂物理对象各领域特征的全面刻画。为保证数字孪生模型的正确有效，需对构建以及组装或融合后的模型进行验证来检验模型描述以及刻画物理对象的状态或特征是否正确。若模型验证结果不满足需求，则需通过模型校正使模型更加逼近物理对象的实际运行或使用状态，保证模型的精确度。此外，为便于数字孪生模型的增、删、改、查和用户使用等操作以及模型验证或校正信息的使用，模型管理也是必要的。数字孪生模型构建理论体系如图 2.11 所示，可归纳为“建-组-融-验-校-管”几个阶段。

a 建：模型构建

模型构建是指针对物理对象，构建其基本单元的模型，可从多领域模型构建以及“几何—物理—行为—规则”多维模型构建两方面进行数字孪生模型的构建。如图 2.12 所示，“几何—物理—行为—规则”模型可刻画物理对象的几何特征、物理特性、行为耦合关系以及演化规律等；多领域模型通过分别构建物理对象涉及的各领域模型，从而全面地刻画物理对象的热学、力学等各领域特征。通过多维度模型构建和多领域模型构建，实

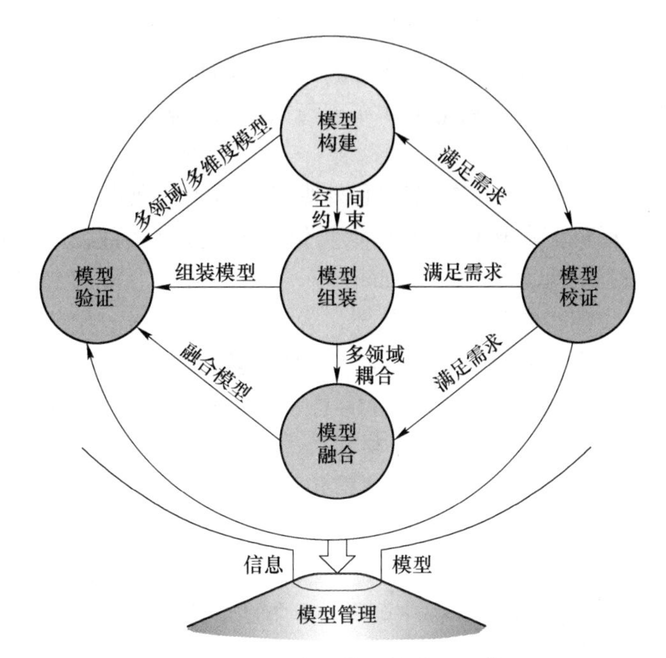

图 2.11 数字孪生模型构建理论体系

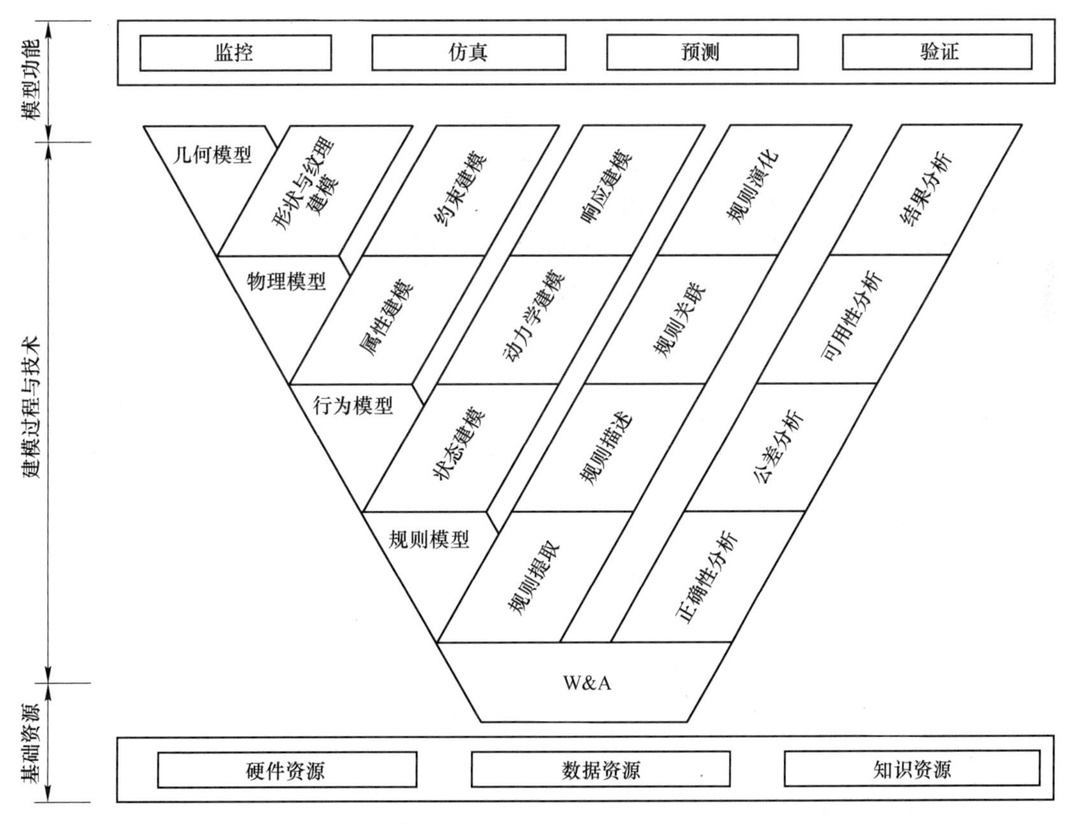

图 2.12 数字孪生建模技术

现对数字孪生模型的精准构建。理想情况下，数字孪生模型应涵盖多维度和多领域模型，从而实现对物理对象的全面真实刻画与描述。但从应用角度出发，数字孪生模型不一定需要覆盖所有维度和领域，此时可根据实际需求与实际对象进行调整，即构建部分领域和部分维度的模型。

几何模型根据其几何形状，实施方式和外观以及适当的数据结构来描述物理实体，这些数据结构适用于计算机信息转换和处理。几何模型包括几何信息（例如点、线、表面和实体）以及拓扑信息（元素关系，例如相交、相邻、相切、垂直和平行）。几何建模包括线框建模，表面建模和实体建模等。此外，为了增强真实感，开发人员创建了外观纹理效果（例如磨损、裂缝等），并使用位图表示实体的表面细节。

物理模型添加各类材料、物理力学等信息，例如精度信息（尺寸公差、形状公差、位置公差和表面粗糙度等）、材料信息（材料类型、性能、热处理要求、硬度等）以及组装信息（交配关系、装配顺序等）。特征建模包括交互式特征定义、自动特征识别和基于特征的设计。

行为模型描述了物理实体的各种行为，以履行功能、响应变化、与他人互动、调整内部操作、维护健康状况等。物理行为的模拟是一个复杂的过程，涉及多个模型，例如问题模型、状态模型可以基于有限状态机、马尔可夫链和基于本体的建模方法等进行开发。状态建模包括状态图和活动图。前者描述了实体在其生命周期内的动态行为（即状态序列的表示），后者描述了完成操作所需的活动（即活动序列的表示）。动力学建模涉及刚体运动、弹性系统运动、高速旋转体运动和流体运动。

规则模型描述了从历史数据，专家知识和预定义逻辑中提取的规则。规则使虚拟模型具有推理、判断、评估、优化和预测的能力。规则建模涉及规则提取、规则描述、规则关联和规则演变。规则提取既涉及符号方法（如决策树和粗糙集理论），也涉及连接方法（如神经网络）。规则描述涉及诸如逻辑表示、生产表示、框架表示、面向对象的表示、语义网表示、基于 XML 的表示、本体表示等方法。规则关联涉及诸如类别关联、诊断/推论关联、集群关联、行为关联、属性关联等方法。规则演化包括应用程序演化和周期性演化。应用程序演化是指根据从应用程序中获得的反馈来调整和更新规则的过程；周期性演化是指在一定时间（时间因应用程序而异）中定期评估当前规则的有效性的过程。

建模推荐使用：用于几何模型的实体建模技术、用于增加真实感的纹理技术、用于物理模型的有限元分析技术、用于行为模型的有限状态机以及用于 XML 的表示和本体表示。

b 组：模型组装

当模型构建对象相对复杂时，需解决如何从简单模型到复杂模型的难题。数字孪生模型组装是从空间维度上实现数字孪生模型从单元级模型到系统级模型再到复杂系统级模型的过程。数字孪生模型组装的实现主要包括以下步骤：首先，需构建模型的层级关系并明确模型的组装顺序，以避免出现难以组装的情况；其次，在组装过程中需要添加合适的空间约束条件，不同层级的模型需关注和添加的空间约束关系存在一定的差异，例如从零件到部件到设备的模型组装过程，需构建与添加零部件之间的角度约束、接触约束、偏移约束等约束关系，从设备到产线到车间的模型组装过程，则需要构建与添加设备之间的空间布局关系以及生产线之间空间约束关系；最后，基于构建的约束关系与模型组装顺序实现模型的组装。

c 融：模型融合

模型融合是针对一些系统级或复杂系统级孪生模型构建，空间维度的模型组装不能满足物理对象的刻画需求，需要进一步进行模型的融合，即实现不同学科不同领域模型之间的融合。为实现模型间的融合，需构建模型之间耦合关系以及明确不同领域模型之间单向或双向的耦合方式。针对不同对象，其模型融合关注的领域也存在一定的差异。

d 验：模型验证

在模型构建、组装或融合后，需对模型进行验证以确保模型的正确性和有效性。模型验证是针对不同需求，检验模型的输出与物理对象的输出是否一致。为保证所构建模型的精准性，单元级模型在构建后首先被验证，以保证基本单元模型的有效性。此外，由于模型在组装或融合过程中可能引入新的误差，导致组装或融合后的模型不够精准。因此为保证数字孪生组装与融合后的模型对物理对象的准确刻画能力，需在保证基本单元模型为高保真的基础上，对组装或融合后的模型进行进一步的模型验证。若模型验证结果满足需求，则可将模型进行进一步的应用。若模型验证结果不能满足需求，则需进行模型校正。模型验证与校正是一个迭代的过程，即校正后的模型需重新进行验证，直至满足使用或应用的需求。

e 校：模型校正

模型校正是指模型验证中验证结果与物理对象存在一定偏差，不能满足需求时，需对模型参数进行校正，使模型更加逼近物理对象的实际状态或特征。模型校正主要包括两个步骤：（1）模型校正参数的选择，合理的校正参数选择，是有效提高校正效率的重要因素之一。参数的选择主要遵循以下原则：1）选择的校正参数与目标性能参数需具备较强的关联关系；2）校正参数个数选择应适当；3）校正参数的上下限设定需合理。不同校正参数的组合对模型校正过程会产生一定影响。（2）对所选择的参数校正。在确定校正参数后，需合理构建目标函数，目标函数即校正后的模型输出结果与物理结果尽可能地接近，基于目标函数选择合适方法以实现模型参数的迭代校正。通过模型校正可保证模型的精确度，并能够更好地适应于不同应用需求、条件和场景。

f 管：模型管理

模型管理是指在实现了模型组装融合以及验证与修正的基础上，通过合理分类存储与管理数字孪生模型及相关信息为用户提供便捷服务。为便于用户快捷查找、构建、使用数字孪生模型的服务，模型管理需具备多维模型/多领域模型管理、模型知识库管理、多维可视化展示、运行操作等功能，支持模型预览、过滤、搜索等操作；为支持用户快速地将模型应用于不同场景，需对模型在验证以及校正过程中产生的数据进行管理，具体包括验证对象、验证特征、验证结果等验证信息以及校正对象、校正参数、校正结果等校正信息，这些信息将有助于模型应用于不同场景以及指导后续相关模型的构建。

模型构建、模型组装、模型融合、模型验证、模型校正、模型管理是数字孪生模型构建体系的 6 大组成部分，在数字孪生模型的实际构建过程中，可以根据实际应用需求灵活进行相应选择调整。

2.4.2.4 数字孪生数据管理技术

数据驱动的数字孪生体可以感知、响应并适应不断变化的环境和操作条件，离不开数据管理技术。如图 2.13 所示，整个数据生命周期包括数据采集、传输、存储、处理、融合和可视化。

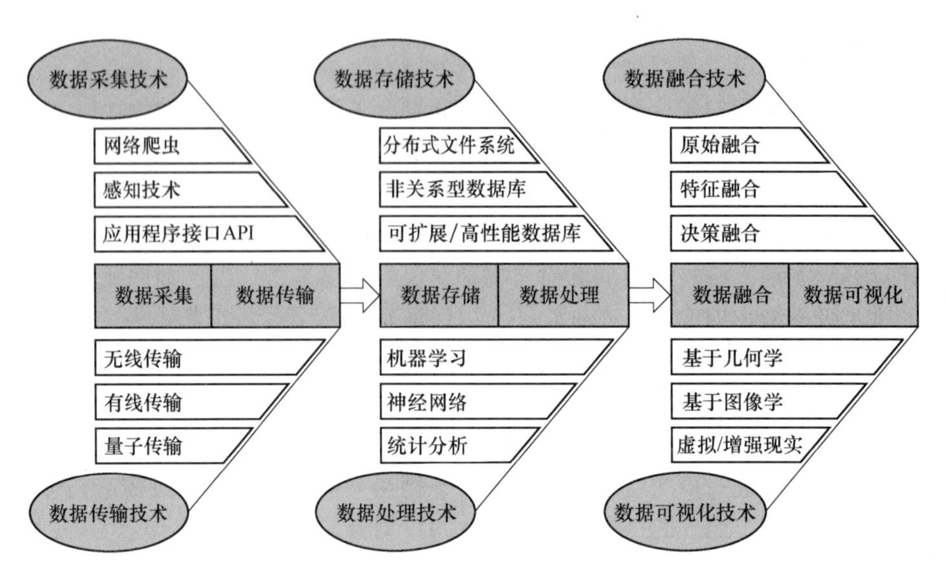

图 2.13 数字孪生数据管理技术

（1）数据采集技术。数据源包括硬件、软件和网络。硬件数据包括静态属性数据和动态状态数据。条形码、QR 码、射频识别设备（RFID）、照相机、传感器和其他 IoT 技术广泛用于信息识别和实时感知。可以通过软件应用程序编程接口 API（application programming interface）打开的数据库接口来收集软件数据，通过 Web 搜寻器、搜索引擎和公共 API 从 Internet 收集网络数据。

（2）数据传输技术。数据传输包括有线传输和无线传输。有线传输包括双绞电缆传输、对称电缆传输、同轴电缆传输、光纤传输等；无线传输包括短距离传输和长距离传输。广泛使用的短程无线技术包括 ZigBee、蓝牙、Wi-Fi、超宽带（ultra wide band，UWB）和近场通信（near field communication，NFC）。长途无线技术包括 GPRS/CDMA、数字无线电、扩频微波、无线网桥、卫星通信等。有线和无线传输均取决于传输协议、访问方法、多址方案、信道多路复用调制和编码以及多用户检测技术。

（3）数据存储技术。数据存储用于存储收集的数据，以便进行进一步的处理分析和管理。数据存储离不开数据库技术。但是，由于多源数字孪生数据量的增加和异构性的提高，传统的数据库技术已不再可行。大数据存储技术，例如分布式文件存储（DFS）、NoSQL 数据库、NewSQL 数据库和云存储，越来越受到关注。DFS 使许多主机可以通过网络同时访问共享文件和目录。NoSQL 的特点是能够水平扩展以应对海量数据。NewSQL 表示新的可扩展的高性能数据库，它不仅具有海量数据的存储和管理功能，而且还支持传统数据库的 ACID 和 SQL。NewSQL 通过使用冗余计算机来实现复制和故障恢复。

（4）数据处理技术。数据处理意味着从大量的不完整、非结构化、嘈杂、模糊和随机的原始数据中提取有用的信息。首先，需要对数据进行仔细的预处理，以删除冗余、无关、误导、重复和不一致的数据。相关技术包括数据清洗、数据压缩、数据平滑、数据缩减、数据转换等。然后，通过统计方法、神经网络方法等对预处理数据进行分析。相关统计方法包括描述性统计（如频率、中心趋势、离散趋势和分布分析）、假设检验（如 u 检验、t 检验、χ^2检验和 F 检验）、相关性分析（如线性相关性、偏相关性和距离分析）、回归分析（如线性回归、曲线回归、二元回归和多元回归）、聚类分析（如分区聚类、层次聚类、基于密度的聚类和基于网格的聚类）、判别分析（如最大似然、距离判别、贝叶斯判别和费舍尔判别）、降维（如主成分分析和因子分析）、时间序列分析等。神经网络 rk 方法包括前向神经网络［即基于梯度算法的神经网络（如 BP 网络）］、最佳正则化方法（如 SVM）、径向基神经网络和极限学习机神经网络、反馈网络［如 Hopfield 神经网络、汉明（Hamming）网络、小波神经网络、双向接触式存储网络和 Boltzmann 机器］以及自组织神经网络（如自组织特征映射和竞争性学习）。此外，深度学习为处理和分析海量数据提供了先进的分析技术。数据库方法包括多维数据分析和 OLAP 方法。

（5）数据融合技术。数据融合通过合成、过滤、关联和集成来应对多源数据，包括原始数据级融合、特征级融合和决策级融合。数据融合方法包括随机方法和人工智能方法。随机方法（如经典推理、加权平均法、卡尔曼滤波、贝叶斯估计和 Dempster-Shafer 证据推理）适用于所有 3 个级别的数据融合；人工智能方法（如模糊集理论、粗糙集理论、神经网络、小波理论和支持向量机等）适用于特征级和决策级数据融合。

（6）数据可视化技术。数据可视化用于以直接、直观和交互的方式呈现数据分析结果。一般而言，任何旨在通过图形来明确数据中所包含的基本原理、定律和逻辑的方法都称为数据可视化。数据可视化以各种方式体现出来，例如直方图、饼图、折线图、地图、气泡图、树形图、仪表板等。根据其可视化原理，这些方法可以分为基于几何的技术、像素导向技术、基于图标的技术、基于层的技术、基于图像的技术等。

随着数据量的不断增加，数据采集方面，应探索智能识别技术、先进的传感器技术、机器视觉技术、自适应和访问技术等。数据传输方面，应探索高速、低延迟、高性能适用性、高安全性的数据传输协议（如光纤通道协议和 5G）及其相应的设备。此外，量子传输技术也可能适用于数字孪生，包括量子密钥分发（QKD）、量子隐形传态、量子安全直接通信（QSDC）、量子秘密共享（QSS）。数据存储方面，可以采用新的存储介质（例如感应薄膜和磁性随机存取存储器）和重组存储架构（如时间序列、分布式机和 MPP 架构）来改善。

随着算法变得越来越复杂，可以采用新的数据处理架构（例如边缘计算和雾计算）和新的数据处理技术（如图形处理和面向领域的数据处理技术）。数据融合方面，应探索包括实时数据融合、在线数据和离线数据融合、物理数据和模拟数据融合、结构化数据和非结构化数据融合、大数据融合、基于对象的数据融合、相似性融合、跨语言数据融合等技术。数据可视化方面，将采用多种模型通过并行可视化技术、复杂的数据降维可视化技术、非结构化数据可视化技术等来自定义数据可视化结果。

2.4.2.5 数字孪生服务应用技术

数字孪生集成了多个学科以实现高级监控、仿真（模拟）、诊断和预测。监控需要计算机图形图像处理、3D 渲染、图形引擎、虚拟现实同步技术等；仿真涉及结构仿真、力学（如流体动力学、固体力学、热力学和运动学）仿真、电路仿真等；诊断和预测基于数据分析、涉及统计理论、机器学习、神经网络、模糊理论、故障树等。

如图 2.14 所示，一些硬件和软件资源甚至知识都可以封装到服务中。资源服务的生命周期可以分为3个阶段：服务生成、服务管理、按需使用服务。服务生成技术包括资源感知和评估（如传感器、适配器和中间件）、资源虚拟化和资源封装技术（如SOA、Web服务和语义服务）等；服务管理技术包括服务搜索、匹配、协作、综合效用评估、服务质量（quality of service，QoS）、调度、容错技术等；按需使用技术包括交易和业务管理技术等，为实现自动匹配、交易过程监控、综合评估提供支持、服务和用户业务的最佳调度等。知识服务涉及知识捕获、存储、共享和重用等过程。知识捕获的常用技术包括关联规则挖掘、统计方法、人工神经网络、决策树、粗糙集方法、基于案例的推理方法等。知识的存储、共享和重用以服务的形式实现。

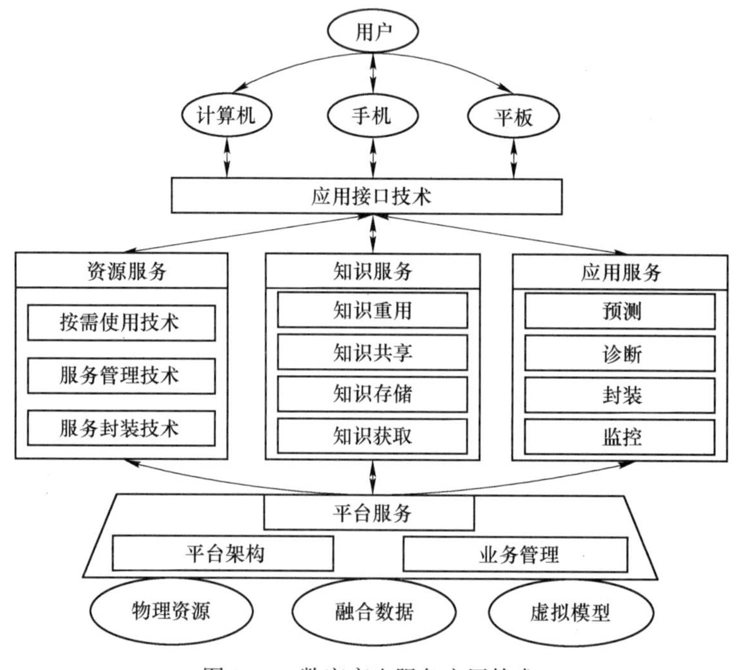

图2.14　数字孪生服务应用技术

资源和知识服务、应用服务可以通过工业物联网平台进行管理。平台提供了一些支持功能，例如服务发布、查询、搜索、智能匹配和推荐、在线通信、在线订阅、服务评估等。与平台相关的技术包括平台架构、组织模式、运维管理、安全技术等。

虚拟模型的创建是复杂且专业的项目，数据融合和分析也是如此。对于没有相关知识的用户，很难构建和使用数字孪生。因此，用户必须共享和使用模型和数据。由于服务可以屏蔽底层的异构性，因此可以将数字孪生组件封装到服务中，以便在服务平台中进行管理和使用。通过服务封装可以用便捷的“按需购买”的方式购买，共享内部无法轻松开发的数字孪生组件。受益于全面的服务，可以在服务平台中统一管理数字孪生。

2.4.2.6　数字孪生连接技术

不同连接对象的要求和作用不同，通过基于物理实体与虚拟模型的连接（CN_PV）的实时数据交换，不仅物理实体的运行状态动态地反映在虚拟世界中，而且虚拟模型的分析结果也被发回以控制物理实体。通过物理实体与孪生数据的连接（CN_PD），数字孪生用于管理整个产品生命周期，为分析预测、质量跟踪和产品计划奠定了数据基础。通过物理实体与服务的连接（CN _ PS），服务（例如监视、诊断和预测）连接到物理实体，以接收数据并反馈服务结果。在物理实体与模型、数据和服务的连接中，物理实体的识别、感知和跟踪至关重要。因此，RFID、传感器、无线传感器网络和其他物联网技术是必要的。数据交换需要统一的通信接口和协议技术，包括协议解析和转换、接口兼容性和通用网关接口等。由于人类在物理和虚拟世界中都与数字孪生交互，因此人与计算机的交互技术（例如 VR、AR、MR）以及人与机器人的交互和协作都应纳入考虑。鉴于模型的多样性，CN _ VD 需要通信接口、协议和标准技术，以确保虚拟模型和数据之间的稳定交互。同样，服务和虚拟模型之间的连接也需要通信接口、协议、标准技术和协作技术。最后，必须合并安全技术（例如设备安全、网络安全、信息安全）以保护数字孪生的安全。在数字孪生的连接中，应更加注意通信接口和协议技术、人机交互技术以及安全技术。图 2.15 为数字孪生的连接技术。

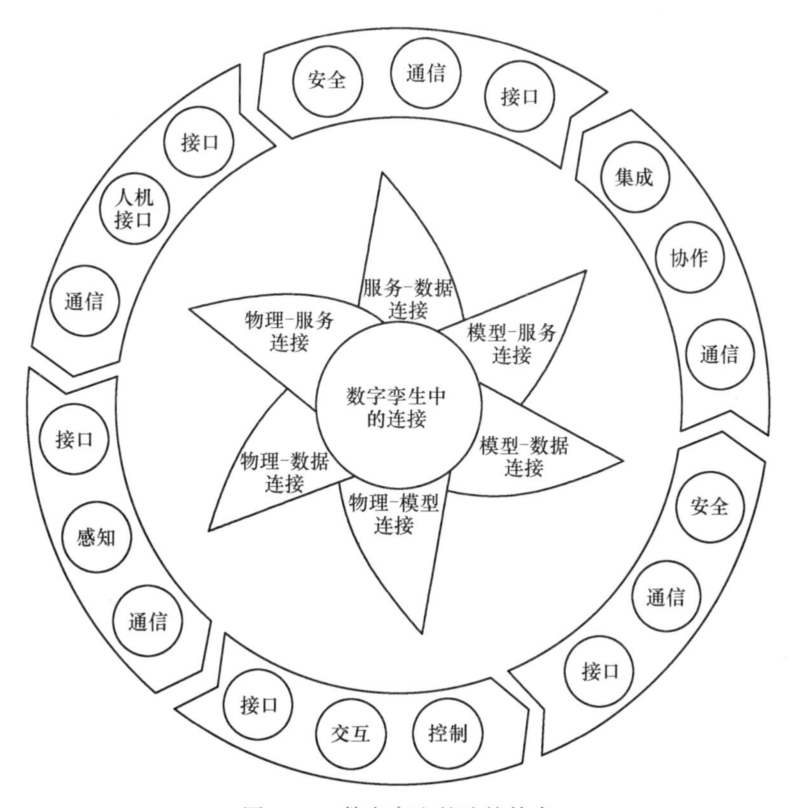

图 2.15　数字孪生的连接技术

连接部分用于确保数字孪生不同部分之间的实时交互。当前，接口、协议和标准的不一致是数字孪生连接的瓶颈，有必要研究通用的互连理论、标准以及具有异构多源元素的设备。随着数据流量持续以指数级增长，诸如多维复用（例如时分、波分、频分、码分和模块化）和相干技术之类的研究热点可以提供更多的带宽和更低的延迟访问服务。面对海量传入数据，一种较好的解决方案是构建具有数千万条小型路由条目的超大容量路由器，以提供端到端通信。开发新的网络体系结构，以实现对网络流量的灵活控制并使网络（作为管道）更加智能；研究绿色通信的策略和方法，以减少通信带宽和能源消耗的增加，将成为未来研究方向。

数字时代离不开数字技术的支持。而数字技术的主要支持形式，就是连接力（通信）和算力（IT）。连接力包括以4G/5G、光宽带为代表的通信技术。而算力，分为硬件和软件，包括CPU、内存、硬盘、操作系统、数据库、应用软件等（图2.16）。

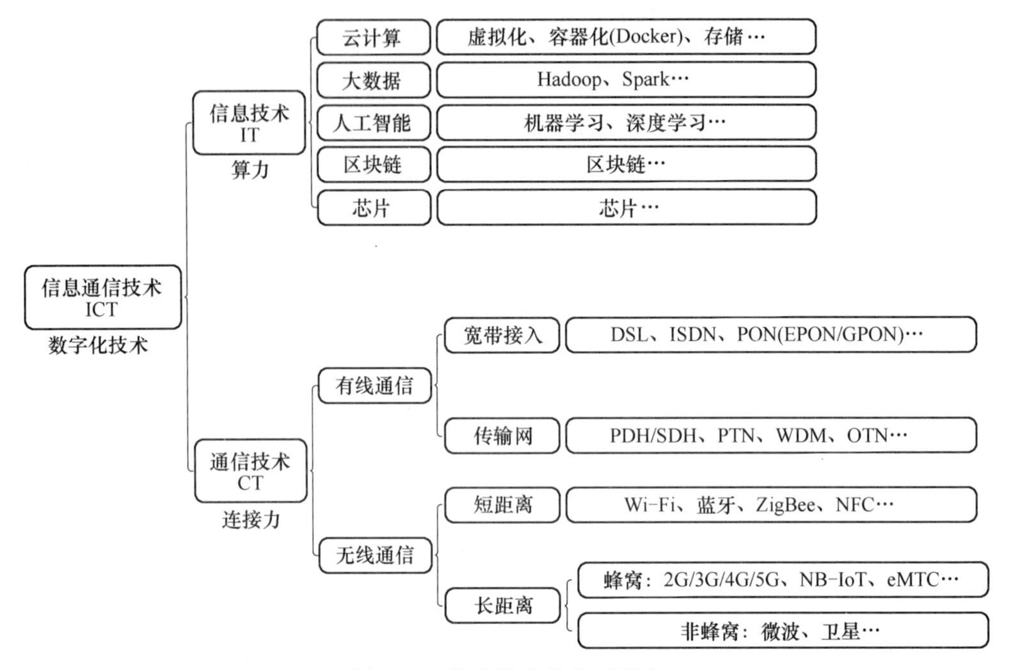

图2.16 数字技术的主要形式

为了解决东西部数字技术的不平衡，2021年我国启动了一体化算力网络国家枢纽节点工程，简称“东数西算”。“东数西算”，也就是将算力基础设施资源紧张的东部地区高信息化企业的大数据流动到有能源、有土地，算力资源丰富的西部地区存储、计算，通过构建类似于能源领域“西气东输”的“东数西算”，改善东中西部数字新型基础设施不平衡的布局。根据“东数西算”工程的具体规划，国家将在京津冀、长三角、粤港澳大湾区、成渝、内蒙古、贵州、甘肃、宁夏8地启动建设国家算力枢纽节点，并在张家口、芜湖、韶关等地建设10个国家数据中心集群。

2.4.3 应用层各场景数字孪生架构

数字孪生模型需要针对应用需求及场景对象分析物理实体的特征，建立忠实物理实体镜像的虚拟模型，构建连接实现虚实信息数据的交互，并借助孪生数据的融合与分析，最终为使用者提供各种服务系统中的具体应用。根据实际应用需求，下面展示数字孪生在智能工厂、智慧城市、车辆、智慧医疗、智慧矿山等多个领域的体系架构。

2.4.3.1 智能工厂

制造业数字孪生概念体系架构如图2.17所示。制造流程数字孪生模型组成部分的扩展视图或内部视图，相同的基本原则也可以应用于任何数字孪生设置。

制造业数字孪生的应用体现在如下几个方面。

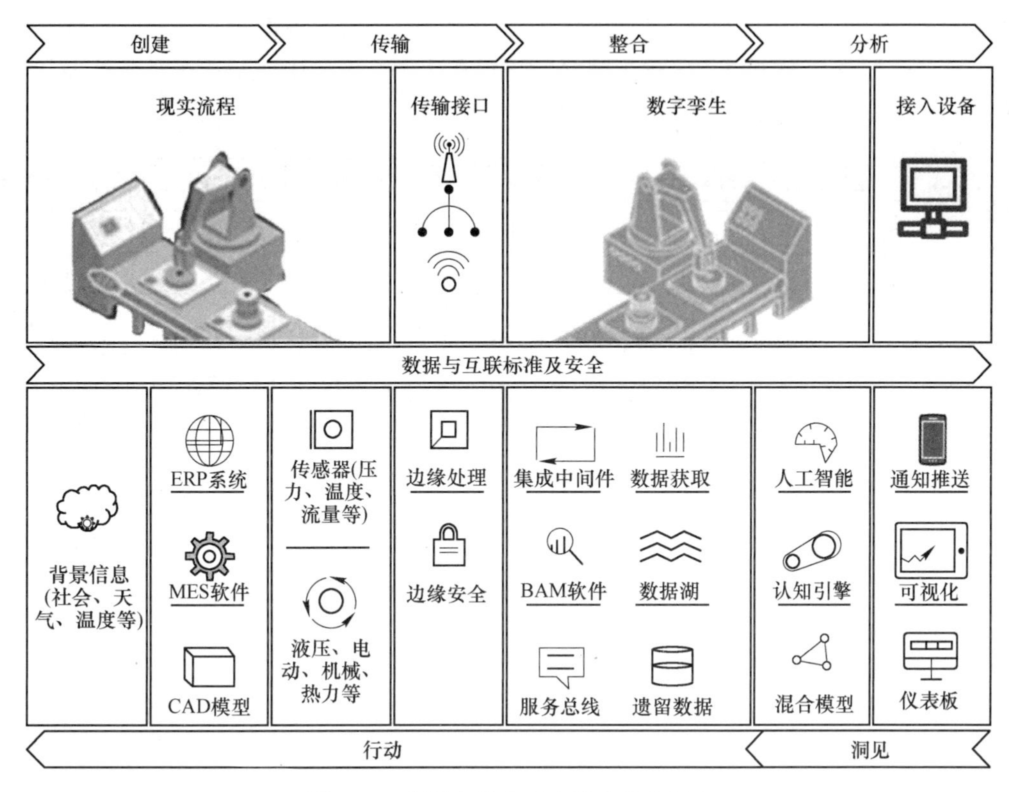

图 2.17　制造业数字孪生概念体系架构

(1) 数字化设计（数字孪生+产品创新）。运用数字孪生技术打造产品，设计数字孪生体，可以在赛博空间进行体系化仿真，实现反馈式设计、迭代式创新和持续性优化。目前，在汽车、轮船、航空航天、精密装备制造等领域已普遍开展原型设计、工艺设计、工程设计、数字样机等形式的数字化设计实践。产品创新设计数字孪生架构如图 2.18 所示。

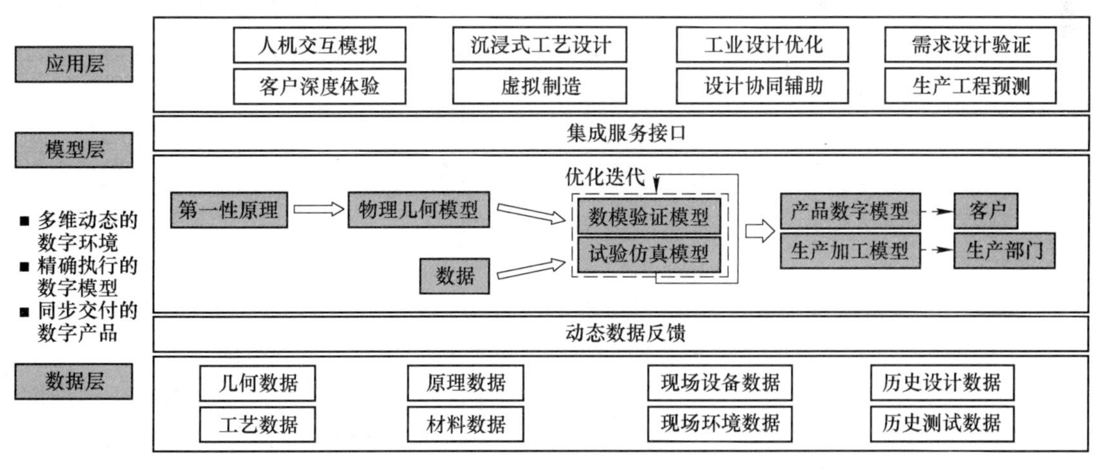

图 2.18　产品创新设计数字孪生架构

(2) 虚拟工厂（数字孪生+生产制造全过程管理）。在赛博空间打造映射物理空间的虚拟车间、数字工厂，可以推动物理实体与数字虚体之间数据双向动态交互，根据赛博空间的变化及时调整生产工艺、优化生产参数，提高生产效率。生产制造全过程管理数字孪生体架构如图2.19所示。

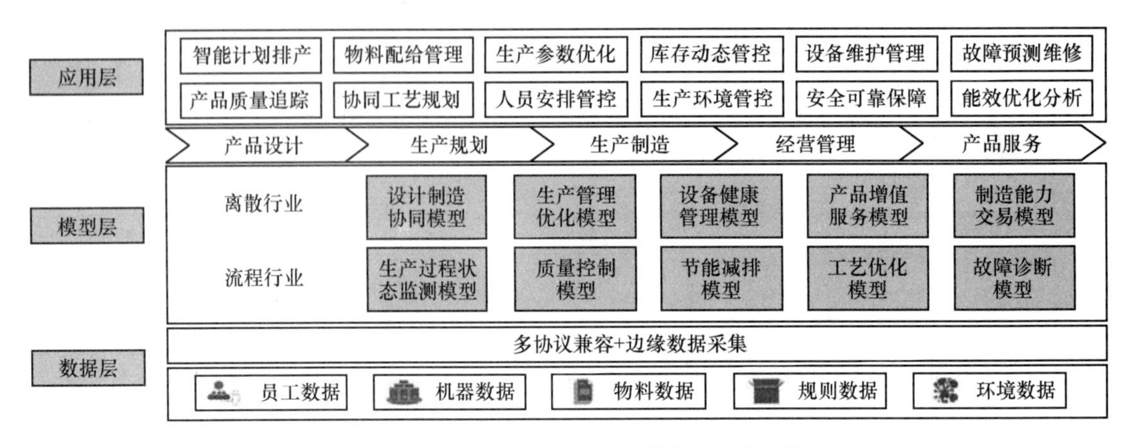

图2.19 生产制造全过程管理数字孪生体架构

（3）设备预测性维护（数字孪生+设备管理）。设备数字孪生体与物理实体同步交付，可以实现设备全生命周期数字化管理，同时依托现场数据采集与数字孪生体分析，提供产品故障分析、寿命预测、远程管理等增值服务，提升用户体验，降低运维成本，强化企业核心竞争力。设备管理数字孪生体架构如图2.20所示。

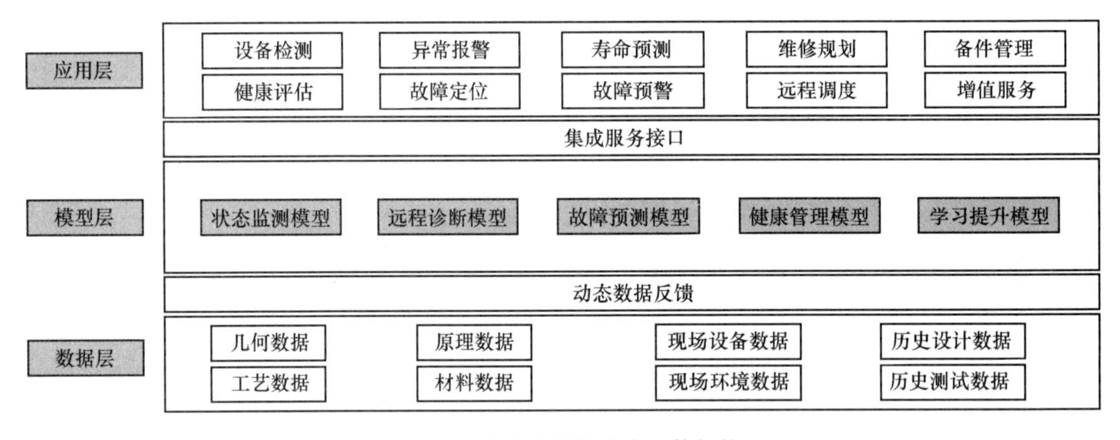

图2.20 设备管理数字孪生体架构

2.4.3.2 智慧城市（数字孪生+城市运行管理）

通过建设城市数字孪生，以定量和定性结合的形式，在数字世界推演天气环境、基础设施、人口土地、产业交通等要素的交互运行，绘制“城市画像”，支撑决策者在物理世界实现城市规划“一张图”、城市难题“一眼明”、城市治理“一盘棋”的综合效益最优化布局。城市运行管理数字孪生体架构如图2.21所示。

2.4.3.3 车联网（数字孪生+V2X）

数字孪生技术在车联网中的应用，可以有效实现车与人、车、路、设施的全面连接，

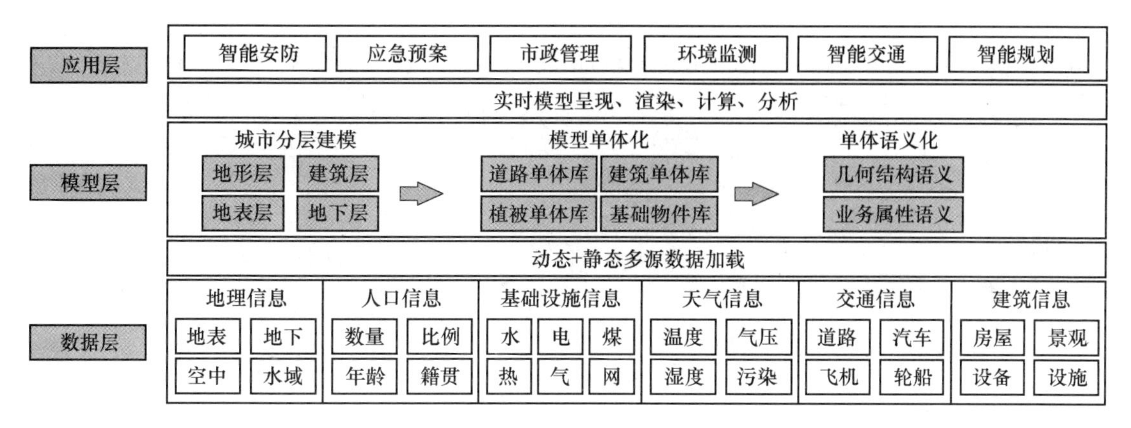

图 2.21　城市运行管理数字孪生体架构

极大推动自动驾驶智能化水平、交通安全保障水平和提升公共交通服务效率。车联网数字孪生体架构如图 2.22 所示。

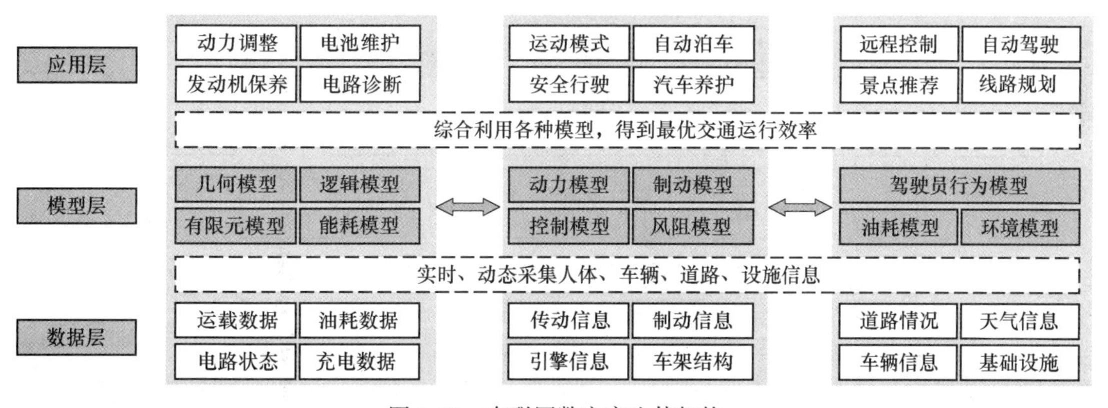

图 2.22　车联网数字孪生体架构

2.4.3.4　智慧医疗（数字孪生+医疗服务）

将数字孪生与医疗服务相结合，实现人体运行机理和医疗设备的动态监测、模拟仿真，可加快科研创新向临床实践的转化速度、提高一线诊断效率、优化医疗设备质控管理。医疗服务数字孪生体架构如图 2.23 所示。

2.4.3.5　数字矿山

目前，矿业数字化转型正处于“百花齐放、百家争鸣”的繁荣发展阶段，各矿业机构均在进行积极的探索和试验。与加工制造业不同，数字孪生矿山建设以矿山安全、环保、生产管理为目标，以矿山生产和安环监测数据及空间数据库为基础，利用三维地质建模、三维 GIS、虚拟现实、地表倾斜摄影、三维激光扫描、360°实景复制等技术手段，将矿山地表、地下工程和矿体、采矿设备和设施、生产作业和环境、安全与环境监测等矿山要素进行数字孪生矿山三维数字化建模以及实时三维可视化，解决矿山信息化建设过程中基础信息不足、信息孤岛和可视化等方面的问题，加强信息融合。数字孪生矿山建设包括数字孪生矿山三维可视化系统、数字矿山系统、数字孪生矿山测绘数据云服务系统、数字孪生矿山车辆调度系统、数字孪生矿山环境在线监测系统等（图 2.24）。

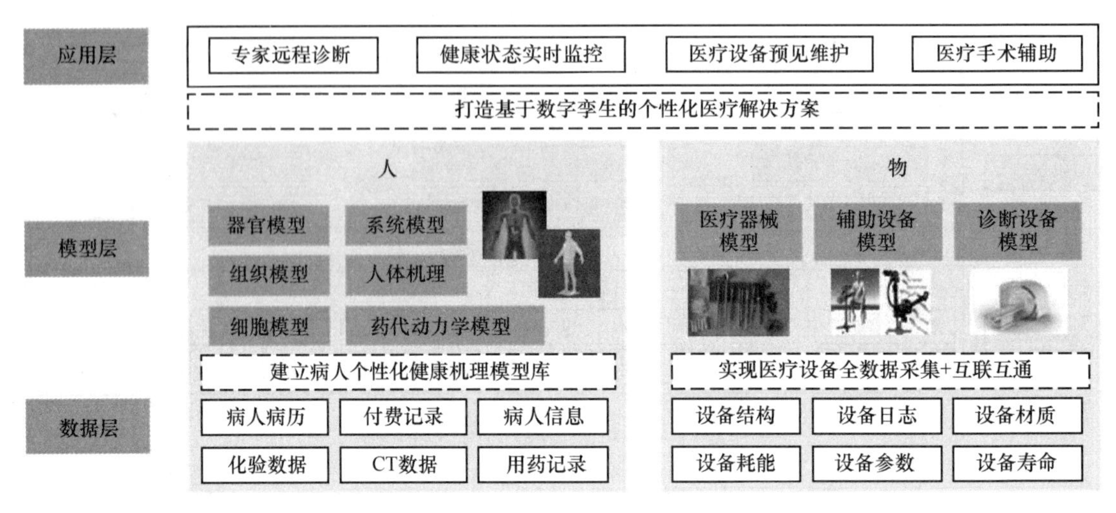

图 2.23 医疗服务数字孪生体架构

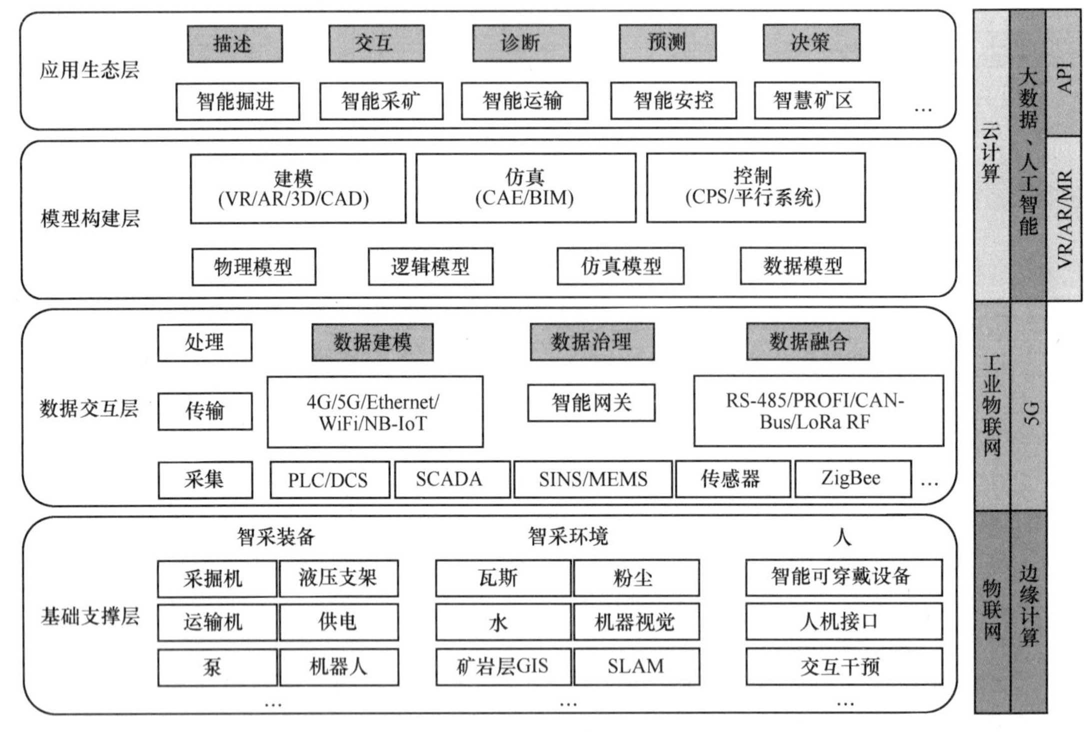

图 2.24 矿山数字孪生体架构

除了以上几个领域外，当前数字孪生已在十多个行业被关注并开展了应用实践（图 2.25）。

2.4.4 数字孪生平台与工具

结合数据感知、大数据分析、人工智能和机器学习，数字孪生可用于监视、诊断、预测和优化物理世界。通过状态评估、历史诊断以及未来预测，数字孪生可为运营决策提供

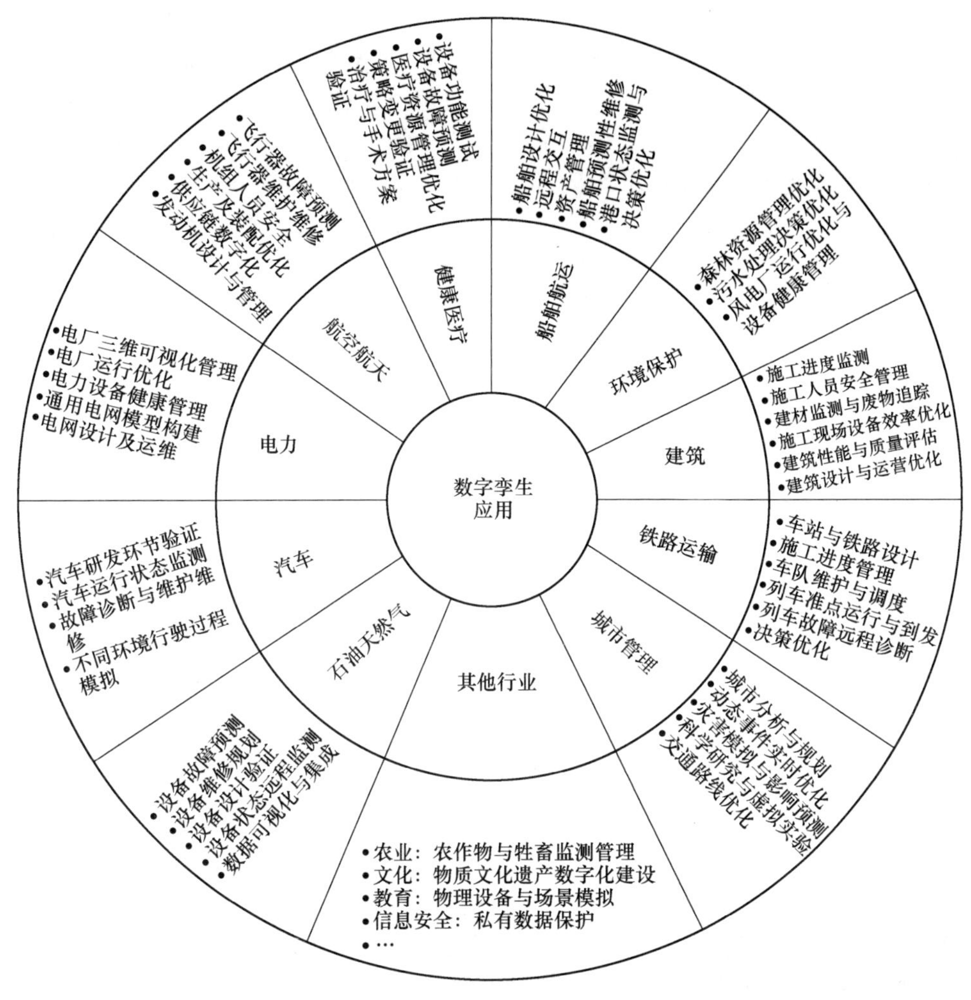

图 2.25　数字孪生应用领域

更全面的支持。数字孪生还可以用于培训用户、操作员、维护者和服务提供商。通过数字孪生，还可以将专家经验数字化，从而在整个企业中进行记录、转移和修改，以减少知识差距。

数字孪生为提高企业生产率和效率以及减少成本和时间提供了有效手段。然而，数字孪生是一个高度复杂的系统，并具有网络效应，通过自建或参与数字平台，已成为所有数字技术企业必然的选择，这些平台和工具涵盖了感知控制、建模分析、数据集成、交互连接和服务等方面，是数字孪生产业化专业化分工的产物。

2.4.4.1　数字孪生中与物理实体相关平台和工具

数字孪生中与物理实体相关工具可以分为感知物理世界的工具和改造物理世界的工具。

(1) 感知物理世界的工具。认识物理世界的客观规律是数字化的基础。物联网是数字孪生的主要驱动之一。当物理实体连接到数据传感和采集系统时，数字孪生将数据转化为见解，并最终转化为优化的流程和业务输出。例如，阿里云物联网提供了安全可靠的设备感知能力，从而能够快速访问多协议、多平台、多区域设备。此外，虚拟模型与物理实体是并行运行的。在传感器数据的驱动下，数字孪生能够标记偏离仿真的行为。IoTSyS 是一种 IoT 中间件，为智能设备之间的通信提供通信协议栈，支持多种标准和协议，包括 TPv6、oBIX、6LoWPAN 和高效的 XML 交换格式。此外，大多数用于认识物理世界的工具都与视觉有关。例如，在未知的车间环境中，AGV 小车可以使用 LiDAR（光检测和测距）、深度摄像头、GPS（全球定位系统）和通过 ROS（机器人操作系统）软件架构建立的地图来优化路径。类似的软件工具如图 2.26 所示。

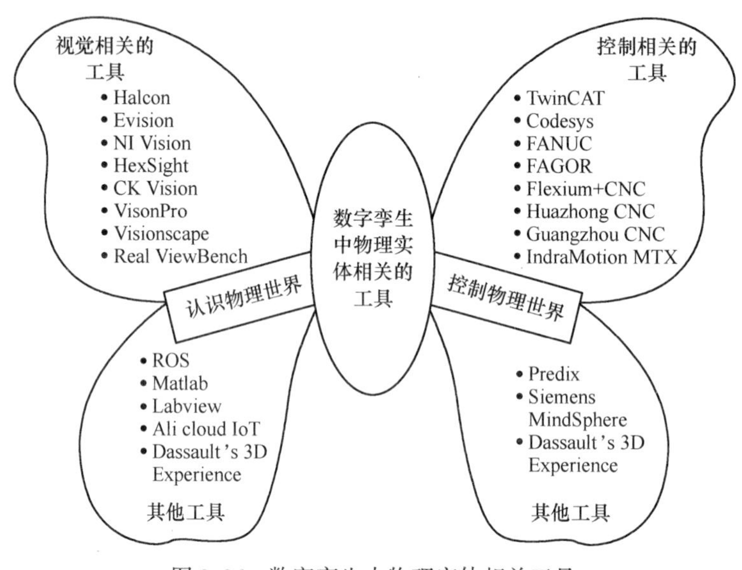

图 2.26 数字孪生中物理实体相关工具

（2）改造物理世界的工具。改造物理世界的工具可以使基于反馈信息的物理实体更高效、更安全地运行。反馈信息是对虚拟世界中感知到的物理实体状态信息的分析和处理的结果。数字孪生主要通过控制反馈操作来调整物理世界。因此，改造物理世界的工具大多与控制有关。例如，TwinCAT 软件系统可以将几乎所有兼容的计算机变成具有多 PLC 系统、NC 轴控制、编程环境和操作站的实时控制器。SAP 通过实时数据分析为 Trenitalia（意大利的主要火车运营商）提供车辆维护和远程诊断服务。此外，它还通过调度系统为健康状态和列车运行状态提供了最佳的运行计划。类似的软件工具如图 2.26 所示。

2.4.4.2 数字孪生中建模相关平台与工具

ANSYS Twin Builder 是用于数字孪生建模的软件工具，可以使工程师快速构建、验证和部署物理实体的数字模型，它包含了大量特定应用程序的库，并具有第三方集成功能，允许多种建模领域和语言。Twin Builder 的内置库提供了丰富的组件，可以在适当的细节级别上创建包括多物理域和多个保真级别的系统动力学模型。此外，Twin Builder 与 ANSYS 的基于物理的仿真技术相结合，将三维细节带入了系统环境。Twin Builder 还易于集成嵌入式控制软件和 HMI 设计，以支持使用物理系统模型测试嵌入式控件的性能。另外，灵活而强大的工具 Siemens NX 软件可以使公司实现数字孪生的价值。它通过集成工具集提供下一代设计、仿真和制造解决方案，以支持从概念设计到工程设计和制造的产品开发的各个方面。

虚拟模型包括几何模型、物理模型、行为模型和规则模型，可再现物理实体的几何形状、属性、行为和规则。因此，用于数字孪生建模的工具包括几何建模工具、物理建模工具、行为建模工具、规则建模工具，如图 2.27 所示。

图 2.27 数字孪生中建模相关工具

（1）几何模型构建工具。几何模型构建工具用于描述实体的形状、大小、位置和装配关系，并以此为基础执行结构分析和生产计划。例如，Solid Works 可用于建立用于 CNC 机床性能测试的数字孪生模型。3D Max 是用于 3D 建模、动画、渲染和可视化的软件，可用于塑造和定义详细的环境和对象（人、地方或事物），并广泛用于广告、电影电视、工业设计、建筑设计、3D 动画、多媒体制作、游戏和其他工程领域。

（2）物理模型构建工具。物理模型构建工具用于通过将物理实体的物理特性赋予几何模型来构建物理模型，然后通过该物理模型分析物理实体的物理状态。例如，通过 ANSYS 的有限元分析（FEA）软件，传感器数据可用于定义几何模型的实时边界条件，并将磨损系数或性能下降集成到模型中。Simulink 使用多域建模工具创建基于物理的模型，它基于物理的建模，涉及多个模型，包括机械，液压和电气组件。

（3）行为模型构建工具。行为模型构建工具用于建立响应外部驱动和干扰因素的模型，并提高数字孪生仿真服务的性能。例如，基于软件 PLC 平台的 CoDeSys，可以设计

CNC 机床的运动控制系统。运动控制系统可以通过套接字通信与在软件平台 MWorks 中建立的三轴 CNC 机床的多域模型进行信息交互，从而实现数控机床单轴和三轴插值的运动控制。此外，多域模型可以响应外部驱动。

（4）规则模型构建工具。规则模型构建工具可以通过对物理行为的逻辑、规律和规则进行建模来提高服务性能。例如，PTC 的 Thing Worx 在 HP EL20 边缘计算系统上的机器学习能力可以监视传感器，以便在泵运行时自动获知泵的正常状态。基于学习到的规则，数字孪生可以识别异常运行状况，检测异常模式并预测未来趋势。

2.4.4.3　数字孪生中数据管理工具

数据是信息的载体，也是数字孪生的关键驱动。数字孪生中数据管理工具包括数据采集工具、数据传输工具、数据存储工具、数据处理工具、数据融合工具和数据可视化工具（图 2.28）。

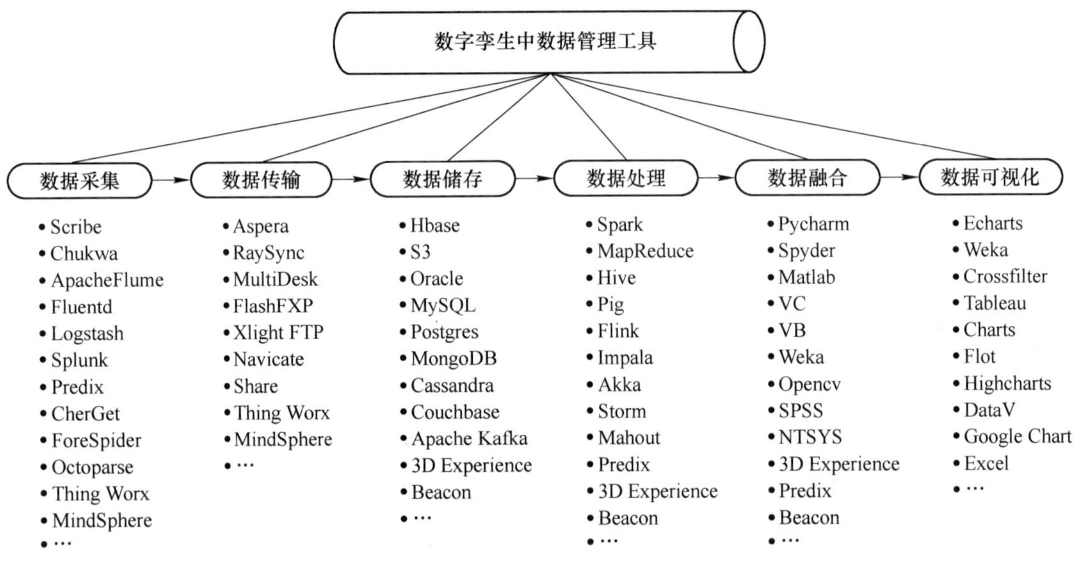

图 2.28　数字孪生中数据管理工具

（1）数据采集工具。数据采集工具可以通过合理放置传感器来获得完整、稳定和有效的数据。如 DHDAS 信号采集和分析系统是一组信号分析和处理软件，可与多种模型一起使用，以完成对不同信号的实时采集。此外，该软件还具有信号分析处理功能。

（2）数据传输工具。数据传输的目的是在确保数据信息不丢失或不损坏的同时，实现实时数据传输，并最大程度地保持数据的真实性。随着大数据时代的到来，传统的 FTP 解决方案已不足以满足速度或可靠性方面的数据传输需求。大数据时代，代表性数据传输工具是 Aspera，该工具在较长的传输距离上和较差的网络条件下都能传输大文件。Aspera 使用现有的 WAN 基础结构，比 FTP 和 HTTP 传输数据速度更快。Aspera 在不更改原始网络体系结构的情况下，支持 Web 界面、客户端、命令行和 API 进行传输，以及计算机、移动设备、MAC 和 Linux 设备间传输。

（3）数据存储工具。数据存储是后续操作的保证，可以实现数据的分类和保存，并通过有效的读写机制实时响应数据调用。数据存储技术近年来发展迅速。一个典型的例子是基于 Hadoop 平台的 HBase。HBase 是一个高度可靠、高性能、面向列、可伸缩的实时读写分布式数据库，支持半结构化数据和非结构化数据的存储，以及独立索引、高可用性和大量瞬时写入。

（4）数据处理工具。数据处理是消除干扰和矛盾的信息，使数据能被有效使用。例如，Spark 是一个开源集群计算软件，具有实时数据处理能力。Spark 支持用 Java、Scala 和 Python 等多种语言编写的应用程序，从而大大降低了用户的门槛。Spark 还支持 SQL 和 Hive SQL 进行数据查询。

（5）数据融合工具。数据融合是集成、过滤、关联和综合已处理的数据，以帮助进行判断、计划、验证和诊断。例如，Spyder 是支持 Python 编程的常用数据融合工具。Pycharm 能在调试、语法突出显示、项目管理、代码跳转、智能提示、自动完成、单元测试和版本控制方面提高效率。

（6）数据可视化工具。数据可视化为人员提供直观、清晰的数据信息，用于实时监控和快速捕获目标信息。例如，开源软件 Echarts 可以在计算机和移动设备上流畅运行，并且与大多数当前的浏览器兼容。Echarts 为大量和动态数据提供直观、生动和自定义的数据可视化，可以容纳多种数据格式，而无需额外的转换。

2.4.4.4 数字孪生中服务应用工具

用于数字孪生服务应用的工具可以分为平台服务工具、诊断和预测服务工具、优化服务工具、仿真服务工具等，如图 2.29 所示。

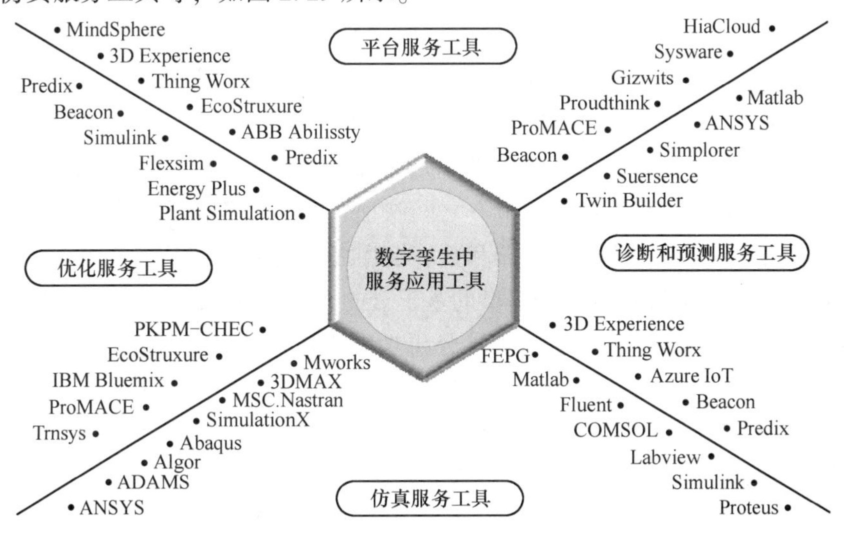

图 2.29 数字孪生中服务应用工具

（1）平台服务工具。平台服务工具集成了诸如物联网、大数据、人工智能等新兴技术。Thing Worx 平台可以将数字孪生模型连接到正在运行的产品，以显示传感器数据，并通过 Web 应用程序分析结果，该平台可以提供工业协议转换、数据采集、设备管理、大数据分析和其他服务。HIROTFC（领先的自动化制造设备和零件供应商）基于 Thing Worx 平台实现了 CNC 机床操作数据和 ERP 系统数据之间的连接，从而有效地减少了设备停机时间。西门子 MindSphere 平台可以通过安全通道将传感器、控制器和各种信息系统收集的工业现场设备数据实时传输到云中，并为企业提供大数据分析和挖掘、工业 App 和增值服务。

（2）诊断和预测服务工具。诊断和预测服务工具可以通过分析和处理孪生数据来提供设备的智能预测维护策略并减少设备停机时间等。例如，ANSYS 仿真平台可以帮助客户自己设计与 IoT 连接的资产，并分析这些智能设备产生的运营数据和设计数据，以进行故障排除和预测性维护。Matlab 与数据驱动的方法（机器学习、深度学习、神经网络和系统识别等）集成后，可用于确定剩余使用寿命，从而在最合适的时间为设备提供服务或更换设备。例如，Baker Hughes（为石油开发和加工行业提供产品和服务的大型服务公司）已经开发了基于 Matlab 的预测性维护警报系统。

（3）优化服务工具。使用传感器数据以及能源成本或性能之类的孪生数据可以触发优化服务工具，以运行数百或数千个假设分析，对当前系统的准备情况进行评估或进行必要的调整。这使系统操作可以在操作过程中得到优化或控制，从而降低风险、降低成本和能耗并提高系统效率。例如，西门子的 Plant Simulation 软件可以优化生产线调度和工厂布局。在数字孪生电网中，Simulink 从电网接收测量数据，然后运行数个仿真方案，以确定电力储备是否足够以及电网控制器是否需要调整。

（4）仿真服务工具。先进的仿真工具不仅可以执行诊断并确定维护的最佳收益，而且还可以捕获信息以完善下一代设计。例如，在 CNC 机床的设计中如果缺乏适当的 FEM 仿真分析，机床就会发生振动故障。另外，如果添加了额外的材料以提高强度并减少振动，CNC 机床的成本将上升。在有限元软件 ANSYS 中进行相应的结构仿真分析，然后辅助适当的评估功能，并考虑性能和成本，可以满足数控机床的精益设计要求。

2.4.4.5 数字孪生中连接相关工具

数字孪生中的连接工具用于连接物理世界和虚拟世界，以及连接数字孪生的不同部分。数字孪生的核心是在物理和虚拟世界之间映射，并打破物理和虚拟现实之间的界限。例如，PTC Thing Worx 可以充当传感器和数字模型之间的网关，以将各种智能设备连接到 IoT 生态系统。MindSphere 是西门子提供的基于云的开放式 IoT 操作系统，用于连接产品、工厂、系统和机器。MindSphere 使用高级分析功能来启用物联网生成的大量数据。Cisco Jasper 的 Jasper 控制中心可以使用 NB-IoT 技术更好地管理连接的设备。Jasper Control Center 持续监视网络状况、设备行为和 IoT 服务状态，以通过实时诊断和主动监视连接状态来确保高服务可靠性。

数字孪生中的连接意味着物理实体、数据中心、服务和虚拟模型之间的通信、交互和信息交换。这些信息连接有助于开发问题诊断和疑难解答，基于每种物理资产的特性确定理想的维护计划以及优化物理资产的性能等都是必需的。例如，罗罗公司利用 Microsoft 的 Azure IoT 建立了基于机器学习的引擎模型并执行数据分析。通过这种方式，可以检测即将发生故障的组件的异常并规定合适的解决方案。类似的工具如图 2.30 所示。

2.4.4.6 综合性工具

有许多工具在数字孪生应用程序中扮演多个角色，例如，有限元分析软件 ANSYS 不仅可以建模，还可以提供仿真服务、故障排除服务等。类似的综合工具包括 GE 的 Predix、西门子的 MindSphere、ANSYS、达索的 3D Experience、富士康的 Beacon、PTC 的 Thing Worx 等，见表 2.3。

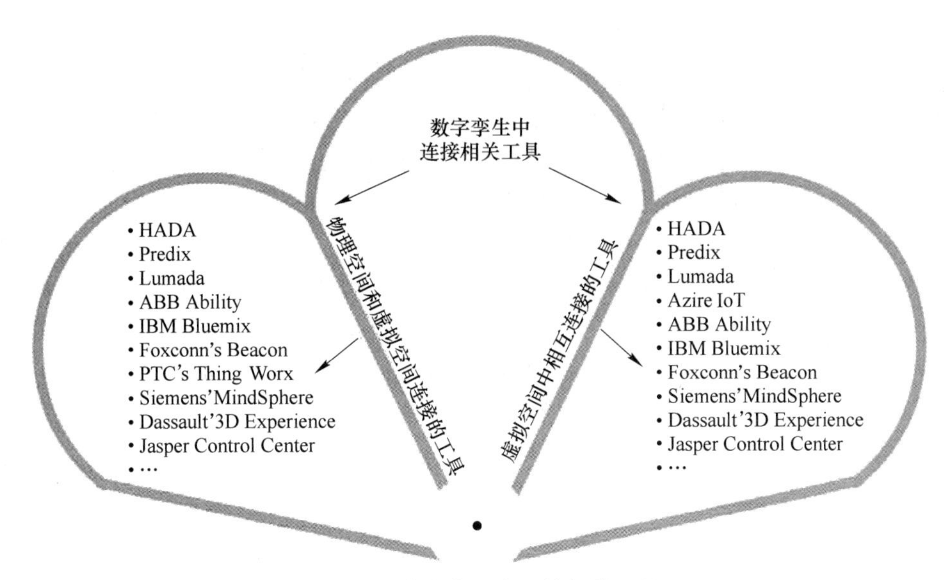

图 2.30 数字孪生中连接相关工具

表 2.3 综合性工具及其在数字孪生各个方面的作用

功能		Predix	Thing Worx	MindSphere	ANSYS	3D Experience	Beacon
物理感知和控制	认识物理世界				√	√	
	改造物理世界	√		√			
建模	几何建模					√	
	物理建模				√	√	
	行为建模				√		
	规则建模		√				
孪生数据管理	数据采集	√	√	√			√
	数据传输		√	√			
	数据存储		√			√	√
	数据处理	√				√	√
	数据融合	√				√	√
	数据可视化					√	√
服务	仿真	√		√	√	√	√
	优化	√		√			√
	诊断/预测	√	√	√	√		√
	平台服务	√	√	√		√	√
连接	信息世界连接	√		√		√	
	信息物理连接	√	√	√		√	√

注：√表示可以用于该方面。

数字孪生系统是一个复杂的系统，其实施是一个漫长的过程，需要多种技术和工具才能协同工作。例如，复制一台风力涡轮机需要监视变速箱、发电机、叶片、轴承、轴、塔架和功率转换器的各种数据（例如振动信号、声学信号、电信号等）以及环境条件（例如风速、风向、温度、湿度和压力）。此外，数字孪生还包括实物资产的虚拟表示，需要构建许多模型来复制风力涡轮机，包括几何模型、功能模型、行为模型、规则模型、有限元分析模型、故障诊断模型、寿命预测模型等。以上所有这些都需要启用技术和工具。例如，来自风力涡轮机的各种信号的数据收集需要传感器技术；数据传输、存储、处理和融合可以使用5G、NewSQL、边缘云架构和人工智能技术等；构建几何模型可以通过诸如Solid Works、UG、AutoCAD、CATIA等工具；有限元分析模型可以在ANSYS、MARC、ADINA等中运行；系统建模和仿真可以用Dymola、MWorks、SimulationX等。

可以看到，数字孪生涉及由不同公司发明或开发的多种技术和工具，这些技术和工具存在不同的协议和标准。为了使这些技术和工具能够协同工作，数据和模型应标准化并以通用格式、协议和标准提供，只有这样，这些技术和工具才可以共同实现特定目标。

2.5 与数字孪生相关的概念

任何技术都不是凭空出现的，都有其前期发展基础。数字孪生也一样，数字孪生的术语虽然是最近十几年才出现的，但是数字孪生技术内涵的探索与实践，早已在多年前就开始了，并取得了相当多的成果。之前在计算机领域和复杂产品工程领域出现的“信息物理系统”“虚拟仿真”“虚拟样机”“数字线程”“数字影子”“平行系统”等概念，就是对数字孪生的一种先行实践活动，一种技术上的孕育和前奏。

2.5.1 数字孪生与虚拟仿真

建模仿真源于20世纪60~70年代计算机语言编写的数字算法，当时只是简单用于计算特定物理现象，解决设计问题；之后的20年，随着计算机的普及以及计算能力的提高，仿真技术的应用逐渐遍及各个学科和不同层面，并向产品和系统的全生命周期扩展。

仿真是一种采用将包含了确定性规律和完整机理的模型转化成软件的方式来模拟物理世界的技术，只要模型正确，并拥有了完整的输入信息和环境数据，就可以基本正确地反映物理世界的特性和参数。因此，数字化模型的仿真技术是创建和运行数字孪生体、保证数字孪生体与对应物理实体实现有效闭环的核心技术。

数字孪生与传统仿真不同是因为它产生之初就是数据驱动的。在建模时，需要数据来做参数匹配和参数校正，以及验证和试验环境。因为有了实时数据的参与，数据孪生中的仿真呈现出了与传统方法不同的范式，传统的仿真是离线方式，数字孪生中如果仅用静态或历史数据做仿真，其价值会大打折扣。实时数据使实时决策成为可能，改变了传统仿真的不少技术应用。比如：

（1）动态状态估算。在动态数据驱动仿真中，利用观察数据对动态改变的系统状态进行估算是基本功能。这种功能促使仿真可以从更接近真实状态开始，从而可以获得更准确的仿真效果。

（2）在线模型调整。除了对系统状态进行估算外，动态数据驱动仿真还可以动态调整模型参数，这对于未知问题的估算更加有效。

（3）动态事件重构。对于动态数据驱动仿真系统来说，实时数据，可以对关注事件实施动态观察。

此外，传统的建模仿真是一个独立单元建模仿真，而数字孪生是从设计到制造、运营、维护的整个流程，贯穿了产品的创新设计环节、生产制造环节以及运营维护资产管理环节的价值链条，是整体而非局部，是包含物料、能量、价值的数字化集成而非孤立存在的。传统建模仿真和数字孪生的关注点不同，前者关注建模的保真度，也就是可否准确还原物理对象特性和状态，后者关注动态中的变化关系，在数字对象与物理对象之间必须能够实现动态的虚实交互才能让数字孪生运行具有持续改善的工业应用价值。

2.5.2　数字孪生与数字影子

数字影子（digital shadow）是一种数据配置文件，在其整个生命周期内与相应实体耦合，并承载所有数据和知识，以反映历史、当前和预期的未来状态。

数字影子中的数据不会分散，而是一起存储在单个电子文档中，并由专用软件服务或软件代理积极处理。这使得数据能够被统一有效地集成和处理，以生成有意义的信息。数字影子的主要目的是支持决策制定，以提高物理资源的利用率和效率，从而实现更加可持续的世界。在数字影子下，数字安全性和数字风险始终是至关重要的问题。

由于数字孪生是在整个生命周期中承载物理对应方数据的虚拟表示形式，因此它类似于数字影子的概念。但是，这两个术语仍然存在差异，在以下几个方面，数字孪生优于数字影子：（1）数字孪生可以提供高保真数字镜像模型来直观、透彻地描述实体；（2）基于该模型，可以在执行之前验证物理过程和活动，从而降低了失败的风险；（3）该模型与实体同步运行，可以提供实际性能与模拟性能之间的比较以捕获它们之间的差异，这对于评估、优化和预测很有用；（4）数字孪生中的数据不仅来自物理世界，而且还来自虚拟模型，并且某些数据是通过对两个世界的数据进行融合操作而得出的，例如综合、统计、关联、聚类、进化、回归和概括。因此，通俗地说，数字影子是人动影子动，影子动而人不动；数字孪生是人与影子互相影响的，在数字孪生中，数据更加丰富，可以生成更准确、更全面的信息。

2.5.3　数字孪生与虚拟样机

虚拟样机技术是20世纪80年代逐渐兴起、基于计算机技术的一个概念。虚拟样机是一种三维虚拟模型，它通过计算机辅助工具（例如CAD和CAE）代替了物理原型，以便在计算环境中测试和评估产品。虚拟样机可以用作虚拟替代品，在设计阶段早期可以检测故障并预测物理产品的性能，并且一旦发现错误或故障，就可以轻松进行修改和操作。虚拟样机制作完成后，可以将其发送给客户以获取反馈，然后再提供物理产品。因此，虚拟样机有助于避免生产过程中的重大错误，缩短产品的设计周期并提高客户参与度，从而实现快速、经济、高效的产品开发。

虚拟样机可以视为数字孪生的基础。它们的相似之处有：（1）它们都构建了三维虚拟模型来替换相应的物理产品，从而在虚拟空间中进行物理空间中的活动（例如产品测试、评估和验证），从而减少了时间和经济成本；（2）与使用物理原型的传统设计方法相比，它们的虚拟模型可以在设计阶段产生更多不同规模的见解，以优化产品；（3）客户可以参与设计阶段，通过与模型交互来提供经验和意见，从而优化产品。

但是，数字孪生与虚拟样机不同，数字孪生具有以下优势：（1）虚拟样机主要用于产品设计阶段以进行评估和验证，而数字孪生中的虚拟模型在从创建到处置的整个生命周期中都与物理实体相对应。由于数字孪生集成了产品在不同阶段的大量实际数据，因此可以考虑物理空间中可能发生的所有情况，并在设计阶段进行更全面的验证，以消除潜在的故障。此外，借助产品生命周期数据，数字孪生能够激发设计创新。（2）虚拟样机与实物之间几乎没有联系。而数字孪生中的虚拟模型在生命周期中始终与产品保持联系，实时反映实际状态和基本见解，为设计人员提供有价值的信息，从而及时改进产品，快速适应市场。（3）虚拟样机仅提供期望的理想产品，但是数字孪生可以提供理想产品和实际产品。在数字孪生中，理想的产品模型是在设计阶段构建的，而实际的产品模型则是在设计之后通过整合在制造、操作、维护、处置等过程中生成的实际产品数据而逐步形成的。两种产品模型之间的差异可以被直观地找到并消除。

2.5.4 数字孪生与赛博物理系统（CPS）

赛博物理系统（cyber-physical systems，CPS）是一个包含计算、网络和物理实体的复杂系统，通过 3C（computing、communication、control）技术的有机融合与深度协作，通过人机交互接口实现与物理进程的交互，使赛博空间以远程、可靠、实时、安全、协作和智能化的方式操控一个物理实体。CPS 源自嵌入式系统的广泛应用，可以追溯到 2006 年。美国国家科学基金会（NSF）的 Helen Gill 用“信息物理系统”一词来描述传统的 IT 术语无法有效说明的日益复杂的系统，CPS 随后被列为美国研究投资的重中之重。

CPS 主要用于非结构化的流程自动化，把物理知识与模型整合到一起，通过实现系统的自我适应与自动配置，缩短循环时间，提升产品与服务质量。数字孪生与 CPS 不同，它主要用于物理实体的状态监控及控制。数字孪生以流程为核心，CPS 以资产为核心。

在数字孪生与 CPS 的关系中有一个对工业 4.0 非常重要的支撑概念——资产管理壳（asset administration shell，AAS），如图 2.31 所示，它使物理资产有了数据描述，实现了与其他物理资产在数字空间的交互。

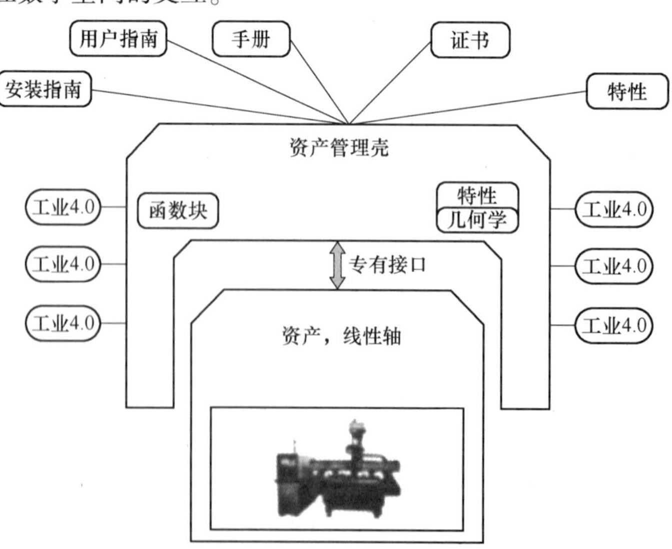

图 2.31　资产管理壳

资产管理壳是与物理资产相伴相生的软件层，包括数据和界面，是 CPS 的物理层 P 与赛博层 C 进行交互的重要支撑部分。CPS 的关键点在于 Cyber，在于控制，在于与物理实体进行的交互。从这个意义层面而言，CPS 中的物理层 P-Physics，必须具有某种可编程性，与数字孪生体所对应的物理实体有相同的关系，依靠数字孪生来实现。在工业 4.0 的 RAMI 4.0 概念中，物理实体是指设备、部件、图纸文件、软件等。但是就目前而言，如何实现软件的数字孪生，特别是在软件运行时如何实现映射还是一个尚不明确的问题。

德国 Drath 教授研究的 CPS 三层架构与数字孪生如图 2.32 所示，他认为数字孪生是 CPS 建设的一个重要基础环节。未来，数字孪生与资产管理壳可能会融合在一起。但数字孪生并非一定要用于 CPS，有的时候它不是用来控制流程的，而只是用来显示相关状态的信息。

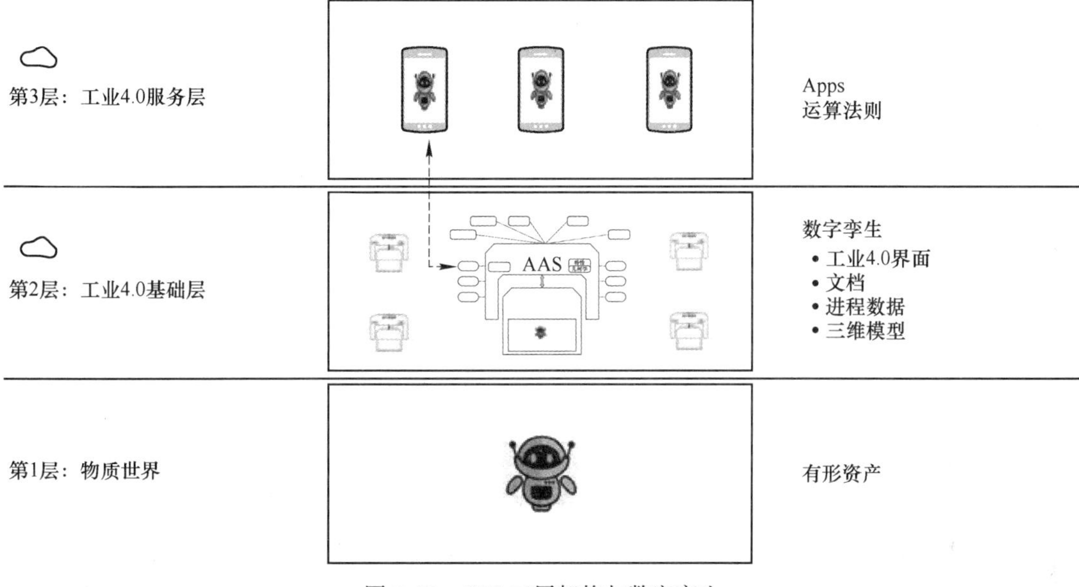

图 2.32 CPS 三层架构与数字孪生

从广义上看，CPS 和数字孪生具有类似的功能，并且都描述了信息物理融合。CPS 和数字孪生都体现了实体与虚拟对象双向连接，以虚控实，虚实融合，然而两个概念的历史渊源和工程意义并不完全相同，二者既有联系，也有区别，见表 2.4。

表 2.4 数字孪生与 CPS 的对比

类 别	CPS	数字孪生
起源	由 Helen Gill 于 2006 年在美国国家科学基金会提出	2011 年 NASA 发布关于航天器的数字孪生的详细定义
发展	工业 4.0 将 CPS 列为发展核心	直到 2012 年才得到广泛关注
范畴	偏科学范畴	偏工程范畴
组成	CPS 和数字孪生都有两个部分，分别是物理世界和信息世界	
	更注重强大的 3C（计算机、通信和控制）功能	更加注重虚拟模型
信息物理映射	一对多映射	一对一映射

续表 2.4

类　别	CPS	数字孪生
核心要素	更强调传感器和执行器	更强调模型和数据
控制	CPS 和数字孪生的控制包括 2 个部分，即“物理资产或过程影响信息表达”和“信息表达控制物理资产或过程”，以便将系统维持在可接受的操作正常水平	
层次	CPS 和数字孪生均可分为 3 个级别，分别是单元级、系统级和复杂系统级（SoS）	

CPS 旨在将通信和计算机的运算能力嵌入物理实体中，以实现由虚拟端对物理空间的实时监视、协调和控制，从而达到虚实紧密耦合的效果。许多与 CPS 相关的系统在不同领域迅速兴起，例如信息物理生产系统（CPPS）、基于云的 CPS、信息物理社会系统等。就如同互联网通过互联的计算机网络改变了人们的交互方式一样，CPS 也将通过物理和虚拟空间的整合来改变人类与实体的交互方式。

目前对 CPS 的研究主要集中在概念、架构、技术和挑战的讨论上。与嵌入式系统、物联网、传感器和其他技术相比，CPS 更加基础，因为 CPS 不直接涉及实现方法或特定应用。因此，正如美国国家科学基金会 NSF 所言，CPS 的研究计划是寻找新的科学基础和技术，CPS 更侧重科学研究。

2.5.5 数字孪生与数字线程

线程是计算机领域的一个重要概念，是计算机处理器和操作系统多任务处理的关键基础。数字线程（digital thread）源于飞机行业，由美国空军的卡夫特（Kraft）定义为：可扩展/可配置和代理的企业级分析框架，可无缝地加速企业数据中权威数据、信息和知识的受控相互作用。基于数字系统模型模板的信息知识系统，通过提供访问能力，将不同的数据转化为可操作的信息，从而在整个系统的生命周期中为决策者提供信息。

数字线程借用计算机体系中的概念，虽然赋予了其新的含义，但基本含义并没有改变，那就是实现数据交换的目的。做一个类比，狭义上的数字孪生体等同于计算机硬件及 BIOS 的结合体，但要更好地利用数字孪生体，则需要一个类似于计算机操作系统的东西，这就是数字线程，它起到了维持数字孪生数据交换秩序的目的，如果需要更为广泛的应用，则需要数字孪生平台来实现。

数字线程的广泛定义是“一种通信框架，它允许跨越传统孤立的功能角度，在整个生命周期中实现连接的数据流和产品数据的集成视图”。它可以将数字连接目标融合到一个框架中，并且可以在正确的时间将正确的信息传递到正确的位置。

数字线程的演化经历了四个阶段：实体模型带来的数字线程发展、数字线程驱动自动化、把数据融合到生产过程和实现建造配置的动态孪生。有学者认为工业 4.0 将是第五个阶段。

数字孪生是由数字线程使能的，因为数字孪生中使用的用于评估、分析、更新等所有数据（例如模型、传感器数据和知识）都是从线程中捕获的。结合数字线程，数字孪生可以在整个生命周期中获得最佳的可用数据，以实现高质量的镜像和仿真。数字线程贯穿产品生命周期，并与数字孪生保持交互以驱动其运行，从线程中提取的数据来自产品链、价值链和资产链的不同阶段以及各种信息系统，包括设计模型、过程和工程数据、生产数据和维护数据等。可以将不同的数据进行链接，并集成在一起，同时根据需要连续注入数字孪生中，在这些数据的驱动下，数字孪生对实物资产进行分析、优化和预测，生成大量的模拟数据，然后将这些数据反馈给线程。

2.6 数字孪生与新一代信息技术的关系

数字孪生的落地离不开物联网、大数据、边缘计算、人工智能等关键技术在内的新一代信息技术（New IT）的支持。目前，新一代信息技术还没有通用的单一定义。新一代信息技术可以看作工业技术、信息技术和智能技术的集成，既是信息技术的纵向升级，也是信息技术与不同行业和领域的横向整合。物联网、云计算、大数据和人工智能是新一代信息技术的核心元素。在各行业中，由于数字化，会产生大量的各种数据，通过物联网可以实时收集数据以进行存储和计算。通过统一调配计算和存储资源，云计算可以有效满足数据计算和存储的需求，而大数据和人工智能技术可以有效挖掘隐藏的有用信息和知识，从而提高智能，更好地满足动态服务需求。因此，物联网、云计算、大数据和人工智能在新一代信息技术中扮演着重要的角色，如图 2.33 所示。

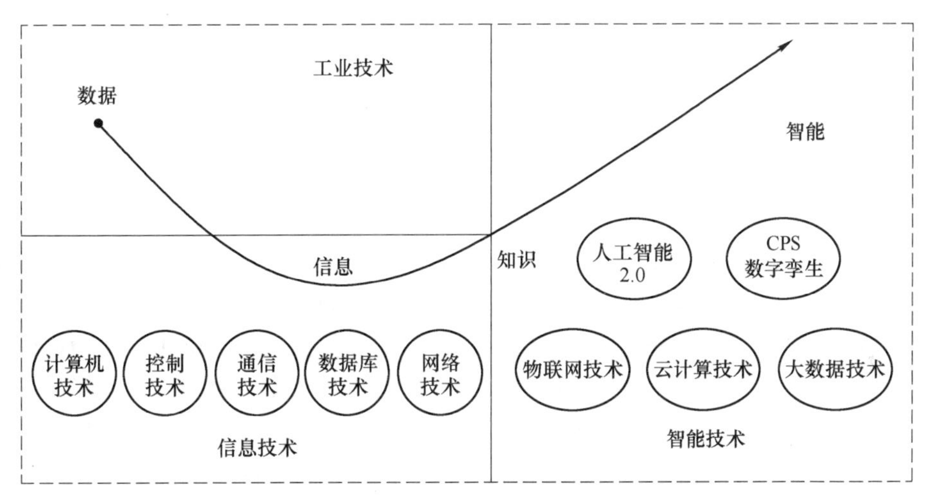

图 2.33 工业技术、信息技术和智能技术的集成

从数字孪生五维模型的角度出发，新一代信息技术对数字孪生的实现和落地应用起到的支撑作用如图 2.34 所示，具体分析见下述各节。

2.6.1 数字孪生与物联网

物联网（internet of things，IoT）一词由 Kevin Ashton 于 1999 年首次提出，指借助信息传感器、射频识别技术、全球定位系统、红外感应装置、激光扫描装置等设备和技术，达到实时采集所有需要相互连接和相互作用的物体的目的，收集其声、光、热、电、力学、化学、生物学、位置等各种必要的信息，并通过各种可能的网络实现物与物、物与人的泛在连接，实现对访问对象和访问过程的智能感知、智能识别和智能管理。

数字孪生是基于数据和模型驱动的，通过采集物理传感器的数据，实现对当前状态的

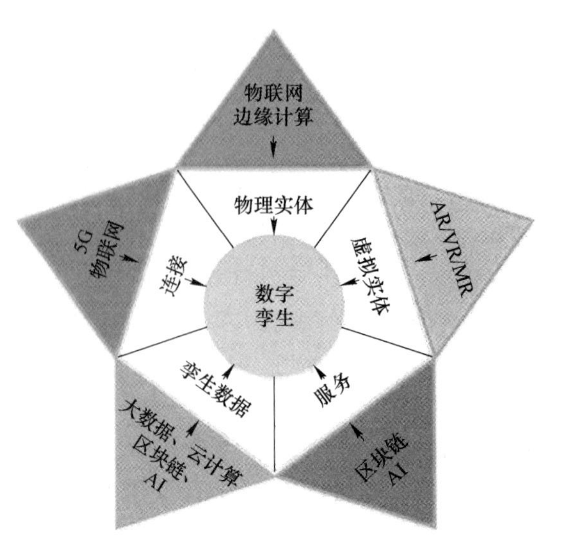

图 2.34 数字孪生五维模型与 New IT 的关系

评估、对过去发生问题的诊断以及对未来趋势的预测，并给予分析的结果，模拟各种可能性，提供更全面的决策支持。对物理世界的全面感知是实现数字孪生的重要基础和前提，物联网通过 RFID、二维码、传感器等数据采集方式为物理世界的整体感知提供了技术支持。因此，数字孪生必须与物联网技术密切配合使用。物联网传感器的爆炸式增长使数字孪生成为可能。

随着物联网设备的完善，组成物联网的连网设备和传感器精确地收集了构建数字孪生所需的各种数据，这些数据是来自现实世界中对应物的数据。这使得数字孪生能够实时模拟物理对象，并在这个过程中提供对性能和潜在问题的洞察力。

借助物联网技术，数字孪生还可以将生产过程细节数据，包括机械、自动化设备、工具、资源甚至是操作人员等各种详细信息数据，与数字孪生模型进行无缝关联，从而实现设计方案和生产的同步，大大提高敏捷度和效率。此外，在数字孪生的任何预测性维护应用过程中，核心都是传感器数据，传感器数据可以用来训练故障检测的分类算法。结合物联网的实时数据感知，数字孪生预测性维护有助于工程师准确确定设备何时需要维护。它可以根据实际需要而不是预定的时间安排维护，从而减少停机时间并防止设备故障。

2.6.2 数字孪生与 3R

实现可视化与虚实融合是使虚拟模型真实呈现物理实体以及增强物理实体功能的关键。3R 指 VR（虚拟现实，virtual reality）、AR（增强现实，augmented reality）和 MR（混合现实，mediated reality）。3R 通过计算机技术创建 3D 动态沉浸式虚拟场景，允许参与者与虚拟对象进行交互，从而可以突破空间、时间和其他客观限制，实现对真实世界的模拟和体验。

（1）虚拟现实是利用计算机图形学技术生成一个三维的虚拟世界，用户借助头盔显示器、数据手套、运动捕获装置等必要设备，与数字化环境中的对象进行交互，产生亲临环境的感受和体验。VR 系统主要关注感知、用户界面、背景软件和硬件。

（2）增强现实是在 VR 的基础上将真实世界和虚拟世界信息“无缝”集成的技术，目标是虚拟套在现实世界并进行互动，是虚拟空间与物理空间之间的融合。

（3）混合现实技术是通过在现实世界、虚拟世界和用户之间搭起一个交互反馈的信息回路，增强用户体验的真实感。MR 的目标是无缝集成虚拟和现实，物理对象和数字对象共存并实时交互，以形成一个新的虚拟世界，其中包括虚拟对象真实环境的特征。在 MR 系统中，物理对象和数字虚拟对象可以实时共存和交互，通过一些关键技术（注册跟踪技术、手势识别技术、三维交互技术、语音交互技术等）实现信息交互。

3R 技术提供如下支持：VR 技术利用计算机图形学、细节渲染、动态环境建模等实现虚拟模型对物理实体属性、行为、规则等方面层次细节的可视化动态逼真显示；AR 系统通过人机交互技术、三维实时动画技术和计算机图形技术，基于配准跟踪技术，构建虚拟的三维环境模型，并将虚拟模型映射到现实世界中，以便用户处于融合的环境中并获得全新的体验。AR 系统提高了捕获信息的能力，这些信息超出了现实世界中人们的感知范围；AR 与 MR 技术利用实时数据采集，场景捕捉，实时跟踪及注册等实现虚拟模型与物理实体在时空上的同步与融合，通过虚拟模型补充增强物理实体在检测、验证及引导等方面的功能。

3R 技术提供的深度沉浸的交互方式使得数字化的世界在感官和操作体验上更加接近物理世界，使得数字孪生应用超越了虚实交互的多种限制。

2.6.3 数字孪生与云、雾、边计算

为了扩展数字孪生应用并提供实现需要非常低且可预测的延迟解决方案，基于边缘计算、雾计算和云计算，数字孪生可以进行分层优化。单元级数字孪生可能在本地服务器即可满足计算与运行需求，而系统级和复杂系统级数字孪生则需要更大的计算与存储能力。

云计算是一种模型，用于使人们能够对共享的可配置计算资源（例如网络、服务器、存储、应用程序和服务）的池进行普通、方便、按需的网络访问。可以通过最少的管理工作或服务提供商的交互来快速配置和发布。云计算按需使用与分布式共享的模式可使数字孪生使用庞大的云计算资源与数据中心，从而动态地满足数字孪生的不同计算、存储与运行需求。

由于具有无处不在、便利、按需资源共享、高计算和存储功能以及低成本等显著优势，云计算已吸引了许多大型公司通过 Internet 提供服务以获得经济和技术利益。从用户的角度来看，云通过 IaaS（基础设施即服务）、PaaS（平台即服务）和 SaaS（软件即服务）隐藏了底层的复杂性和异构性。用户可以将其任务外包给服务提供商，而无需为小任务购买昂贵的设备。云计算的兴起改变了行业和企业开展业务的方式，并为它们创造了全新的机会。但是，网络不可用、带宽过大和延迟等问题使云计算无法解决所有问题。

新一代的智能设备能够在本地处理数据，而不是将其发送到云，从而实现了一种新的分布式计算范式，即雾计算。雾计算最初是由网络解决方案全球领先提供商之一的思科公司引入的，雾计算被认为是云计算向边缘网络的扩展，提供了靠近用户边缘设备的服务（例如计算、存储等），而不是将数据发送到云。通过直接处理网络（例如网络路由器等）上的数据，雾计算范例可以提高效率，减少必须传输的数据量并提高安全性。雾计算的特征在于位置感知、低延迟、边缘定位、实时交互、互操作性以及对与云的在线交互的支持

等。这些特性使应用程序服务部署更加方便。因此，雾计算将在众多延迟敏感应用中发挥关键作用。

边缘计算（edge computing）是将网络、计算、存储和基础应用功能集成在事物或数据的近端源的开放平台，为相关业务提供就近服务。边缘计算技术将部分从物理世界采集到的数据在边缘侧进行实时过滤、规约与处理，实现了用户本地的即时决策、快速响应与及时执行。与雾计算类似，边缘计算还允许在网络边缘但更靠近数据源的位置执行计算。因此，边缘可以定义为更多的朝向终端的资源，不仅是数据消费者，而且是数据生产者。通过边缘设备中的数据分析和处理，边缘计算可以实现底层对象与对象之间的感测、交互和控制。

鉴于新一代信息技术的广泛应用，数据呈爆炸式增长。数字孪生的本质是通过传感器从物理实体和环境中获取数据，然后在网络世界中对其进行计算和分析，从而控制物理实体和环境，再通过建立数据闭环，形成物理世界和网络世界之间的相互作用和融合。具有互补性的边缘计算、雾计算和云计算为实现单元级、系统级和复杂系统级数字孪生提供了新的思路和方法。

2.6.4 数字孪生与5G

5G是最新一代蜂窝移动通信技术，是继4G（LTE-A、WiMax）、3G（UMTS、LTE）和2G（GSM）系统之后的延伸。5G的核心含义是以最佳方式连接、控制、交换、定位、协作所有事物，并超越空间和时间的限制来创建新的业务模式。与4G无线通信网络不同，5G具有以下特点：（1）以用户为中心的网络架构；（2）云无线接入网络架构（C-RAN）；（3）波束赋形定向天线；（4）混合和独立毫米波网络以及用户平面（U-Plane）和控制平面（C平面）。与前几代通信技术相比，5G通信网络在多个方面都取得了巨大的进步，包括通信容量增加了1000倍以上，数据传输速率增加了10~100倍，不到1ms延迟，大规模连接的数量增加了10~100倍，成本更低，用户体验更好。

虚拟模型的精准映射与物理实体的快速反馈控制是实现数字孪生的关键。虚拟模型的精准程度、物理实体的快速反馈控制能力、海量物理设备的互联对数字孪生的数据传输容量、传输速率、传输响应时间提出了更高的要求。

5G通信技术具有高速率、大容量、低时延、高可靠的特点，能够契合数字孪生的数据传输要求，满足虚拟模型与物理实体的海量数据低延迟传输、大量设备的互通互联，从而更好地推进数字孪生的应用落地。因此，无论是孪生数据的收集，还是孪生模型的构建或应用，都需要5G确定性网络的支撑。

2.6.5 数字孪生与大数据

大数据（big data）是描述由数据源创建的需要花费太多时间和金钱来存储和分析的大量结构化（数字、符号、表格等）、半结构化（树、图、XML文档等）和非结构化数据（日志、音频、视频、文件、图像等）。因此，对于数据本身而言，大数据是指在可容忍的时间内无法通过常规数据工具收集、存储、管理、共享、分析和计算的海量数据。因为对于数据用户而言，他们更注重数据的价值，而不是数量巨大，因此，大数据也被解释为从各种大量数据中快速获取隐藏价值和信息的能力。它超越了用户的一般处理能力。

数字孪生中的孪生数据集成了物理感知数据、模型生成数据、虚实融合数据等高速产生的多来源、多种类、多结构的全要素/全业务/全流程的海量数据。采用大数据的处理方法能够从数字孪生高速产生的海量数据中提取更多有价值的信息，以解释和预测现实事件的结果和过程。

大数据具有 4V 特征：volume（大体量）、variety（多样）、velocity（高速）和 value（低价值密度）。volume 指的是数据规模非常大，从几 PB（1000TB）到 ZB（10 亿 TB）。variety 意味着数据的大小、内容、格式和应用程序是多样化的。velocity 意味着数据生成迅速，数据处理高时效性。对于 value 而言，大数据的重要性不在于其很大的数量，而在于其巨大的价值。如何通过强大的算法从海量数据中提取价值，是赢得竞争的关键。

目前，大数据的特征扩展到 10V，即大体量、多样、高速、低价值密度、有效性（validity）、易变性（variability）、存活性（viability）、波动性（volatility）、可视性（visualization）、真实性（veracity）。

大数据是传统软件工具无法在特定时间段内捕获、管理和处理的数据集合，具有更强的决策、分析和发现能力，是用于优化的新处理模式。

2.6.6 数字孪生与区块链

区块链（blockchain）是分布式数据存储、点对点传输、共识机制、加密算法等计算机技术的新型应用模式。它是一个分布式的共享账本和数据库，具有去中心化、不可篡改、全程留痕、可以追溯、集体维护、公开透明等特点。区块链是比特币的一个重要概念，它本质上是一个去中心化的数据库，可以实现任何规模和类型的物联网节点的访问，打破了数据平台的障碍。同时，作为比特币的底层技术，它是一串使用密码学方法相关联产生的数据块，每一个数据块中包含了一批次比特币网络交易的信息，用于验证其信息的有效性（防伪）和生成下一个区块。

区块链可对数字孪生的安全性提供可靠保证，可确保孪生数据不可篡改、全程留痕、可跟踪、可追溯等。首先，分布式分类账和共识机制大大增加了篡改数据的成本，并确保了数据的安全性和可靠性。修改任一节点的数据时，需要获得其他节点的共识，解决了平台的数据同步问题。其次，非对称加密技术使参与者可以获取所需的数据并降低了数据泄漏的风险。另外，区块链适合边缘计算架构，可以充分利用节点本身的计算能力，完成对本地数据的清理、分析和计算，降低云平台的计算压力，并提高相应的速度。交易安全由区块链中的所有参与者维护，而不是第三方机构。随着参与者的逐渐增加，区块链上的交易信息几乎不可能被修改和违反。通过区块链建立起的信任机制可以确保服务交易的安全，从而让用户安心使用数字孪生提供的各种服务。

2.6.7 数字孪生与人工智能

人工智能（artifical intelligence，AI）是通过将计算机科学与生理智能相结合来使计算机具有人类智能并像人类一样行为的科学。“人工智能”一词包含两个含义。首先，智能是人工智能的核心目标和最终追求。其次，人工智能属于计算机科学，但可以模拟人类意识和思维。人工智能与传统机器人的主要区别就是它的学习能力，可以从被动接收指令、被动模式化、固定化地执行指令到自主分析、决策，最终根据现实情况执行不同的动作。

人工智能试图了解智能的本质，并创造出一种能够以与人类智能相同的方式做出反应的新型智能机器。

AI 通过智能匹配最佳算法，可在无需数据专家的参与下，自动执行数据准备、分析、融合对孪生数据进行深度知识挖掘，从而生成各类型服务。数字孪生凭借其准确、可靠、高保真的虚拟模型，多源、海量、可信的孪生数据，以及实时动态的虚实交互为用户提供了仿真模拟、诊断预测、可视监控、优化控制等应用服务。

人工智能可用于开发决策辅助工具，该辅助工具能够处理大量数据以及执行逻辑操作，可以在更短的时间内解决复杂的问题（更像人类一样）。与其他传统方法相比，使用人工智能的优势包括灵活性、适应性、模式识别、快速计算和学习能力。

数字孪生通过各种数字化的手段，将物理设备的各种属性映射到虚拟空间中，形成可拆解、可复制、可转移、可修改、可删除、可重复操作的数字镜像，并通过虚实之间不间断的闭环信息交互反馈与数据融合，以模拟对象在物理世界中的行为，监控物理世界的变化，反映物理世界的运行状况，评估物理世界的状态，预测未来趋势，乃至优化和控制物理世界。然而，数字孪生在数据采集、模型建立、模型迭代和智能服务等方面仍然存在实施的挑战。

在数据获取方面，仅通过传感器很难获取来自物理实体的全部数据，并且大量采集的数据可能包含一些重复和不正确的数据，这会影响数字孪生模型的准确性。在模型构建方面，数字孪生需要建立准确的模型来满足仿真的要求，而对机理知识的缺乏或未知，导致很难建立精确的模型。在模型迭代方面，物理对象的特性会随着时间的推移发生变化，例如机器性能下降、能耗增加、设备故障率增加等。因此，需要准确地绘制物理场景的数字孪生体，且能够自动发现偏差并更新模型。而物理场景和对象的演化规律的隐含性，导致模型迭代演化不准确。在智能服务方面，数字孪生需要结合机器学习、大数据和优化算法来解决特定的制造问题。这些挑战导致了数字孪生的准确性和适应性较差。因此，数字孪生需要结合 AI 来应对实施挑战。

AI 可从感知、认知、学习和适应等方面解决数字孪生的挑战。首先，通过图像、视频、声音等收集信息的能力，AI 可以帮助数字孪生获取大量隐含数据。其次，通过知识推理认知，AI 支持数字孪生理解模型参数的含义并做出最佳决策。然后，AI 通过自学习能力使数字孪生能够追踪数据之间的隐藏关系并建立基于数据的准确模型。最后，AI 通过自检、自诊断和自适应，使得模型的参数更新以确保对物理空间的准确映射。AI 的这些功能分别满足了数字孪生在数据获取、模型建模和迭代以及智能服务等方面的要求。数字孪生有了 AI 的加持，可大幅提升数据的价值以及各项服务的响应能力和服务准确性。

由上可见，数字孪生的实现和落地应用离不开 New IT 的支持，只有与 New IT 的深度融合数字孪生才能实现物理实体的真实全面感知、多维多尺度模型的精准构建、全要素/全流程/全业务数据的深度融合、智能化/人性化/个性化服务的按需使用以及全面/动态/实时的交互。

2.7 数字孪生几个问题和未来展望

万物皆可数据化的时代，数字孪生给我们打开了一个神奇的世界，随着技术的发展，现实物理世界与以数据为基础的虚拟世界之间的界限将越来越模糊，数字孪生的发展也会越来越成熟。目前数字孪生还存在一些问题需要解决。

2.7.1 数字孪生识别与精度问题

在数字孪生研究和落地应用过程中，存在以下疑惑和问题：(1) 如何判断是不是数字孪生？(2) 如何评判现有数字孪生能否满足应用需求，精度如何？(3) 若不满足应用需求如何优化提升？

是否是数字孪生？可以对照数字孪生的定义、内涵和架构来检查。

数字孪生的精度是指数字孪生反映真实物理对象外观行为、内在规律的准确程度，可以划分为描述级、诊断级、决策级、自执行级等。

从孪生精度发展范式（图 2.35）看，数字孪生由对孪生对象某个剖面描述向更精准数字化映射发展。如果对一个物理对象进行解构，其包含了对象名称、外观形状、实时工况、工程机理、复杂机理等不同组成部分，而每一部分均可通过数字化工具在虚拟空间进行重构。如对象名称可以通过信息模型表述，外观形状可以通过 CAD 建模表述，实时工况可以由 IoT 数据采集进行表述，工程机理可以通过仿真建模进行模拟，人类尚未认识的复杂机理可通过人工智能进行“暴力破解”。而传统数字化应用更多仅仅在描述物理对象某个剖面特点，数字孪生则基于多类数据与模型的集成融合实现对物理对象更精准、更全面的刻画。

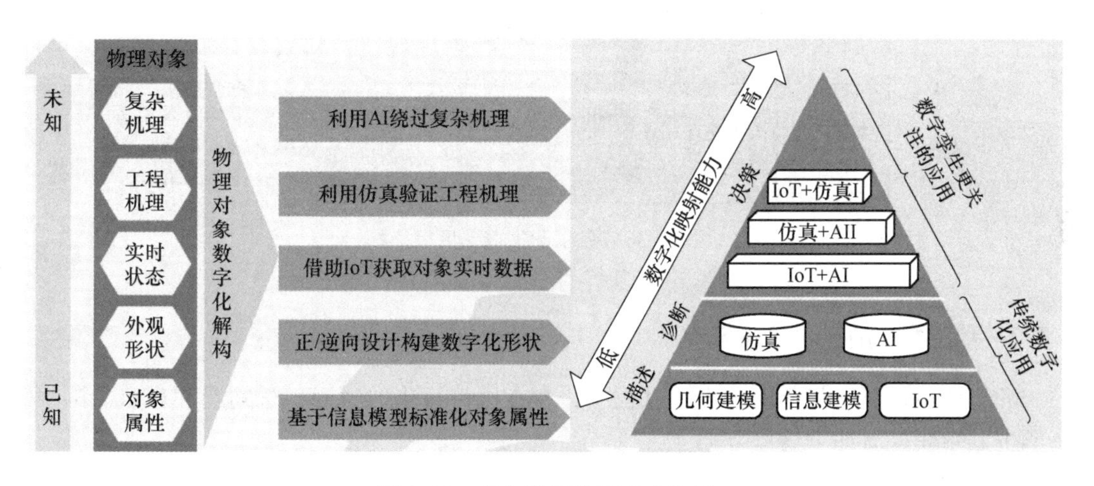

图 2.35 孪生精度发展范式分析

为解决上述 3 个问题，陶飞等人提出了一套数字孪生成熟度模型（图 2.36），将数字孪生成熟度分为“以虚仿实（L0）、以虚映实（L1）、以虚控实（L2）、以虚预实（L3）、以虚优实（L4）、虚实共生（L5）”六个等级。为便于不同数字孪生实际应用的成熟度评价操作，从五个维度提出了十九项数字孪生成熟度评价因子，并设计了一套数字孪生成熟度评价应用流程。最后分别面向单元级数字孪生（如机器人）和系统级数字孪生（如车间）开展了数字孪生成熟度评价与应用。

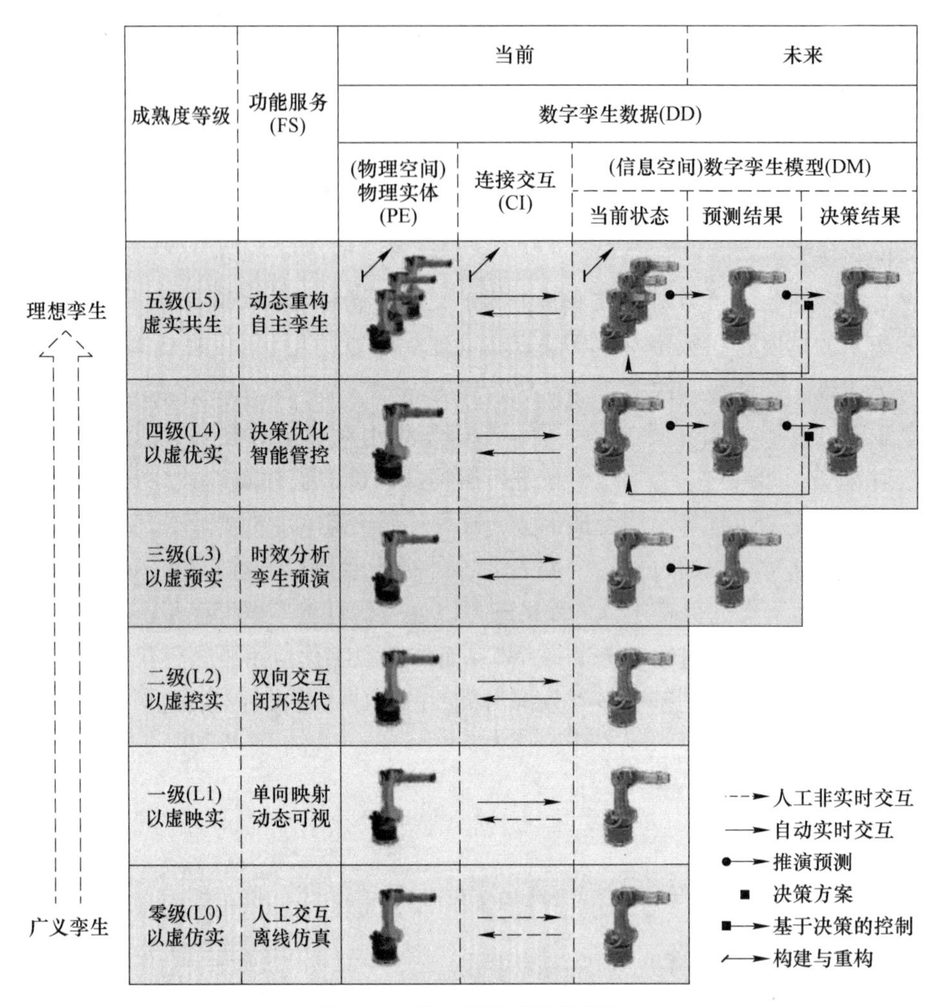

图 2.36　数字孪生成熟度等级

2.7.2　数字孪生的科学问题与难点

数字孪生在研究与落地的应用过程中，存在亟待解决的系列科学问题和难点。围绕数字孪生五维模型有如下这些方面：

(1) 物理实体维度方面：如何实现多源异构物理实体的智能感知与互联互通，实时获取物理实体对象多维度数据，从而深入认识和发掘相关规律和现象，实现物理实体的可靠控制与精准执行？

(2) 虚拟模型维度方面：如何构建动态多维多时空尺度高保真模型，如何保证和验证模型与物理实体的一致性/真实性/有效性/可靠性，如何实现多源多学科多维模型的组装与集成等？

(3) 孪生数据维度方面：如何实现海量大数据和异常小数据的变频采集，如何实现全要素/全业务/全流程多源异构数据的高效传输，如何实现信息物理数据的深度融合与综合处理，如何实现孪生数据与物理实体、虚拟模型、服务/应用的精准映射与实时交互等？

（4）连接与交互维度方面：如何实现跨协议/跨接口/跨平台的实时交互，如何实现数据-模型-应用的迭代交互与动态演化等？

（5）服务/应用维度方面：如何基于多维模型和孪生数据，提供满足不同领域/层次用户/业务应用需求的服务，并实现服务按需使用的增值增效等？

此外，在数字孪生商业化过程中，如商业化平台和工具研发，商业模式推广应用等方面，也存在一些难题有待研究和解决。

2.7.3 数字孪生的标准问题

作为跨领域的数字技术，数字孪生产业非常庞大，这促使任何一个标准组织都不能忽视数字孪生标准的研制工作。它既涉及传统的机电设备，与嵌入式系统有关系，还与新一代技术（如人工智能、物联网等）有紧密的联系，数字孪生在落地应用过程中需要标准的指导与参考，但是目前还很缺乏。

最近几年，三大国际标准组织（ITU、IEC、ISO TC184/SC4、ISO/IEC JTC1/AG11）、美国工业互联网联盟、IEEE P2806 和数字孪生体联盟都相继启动了数字孪生标准的研制，具体研制情况见表 2.5。

表 2.5 全球数字孪生标准研制情况

标准组织	相关成果	说　明	主要参与者
ISO TC184/SC4	自动系统和集成——制造业的数字孪生体框架	目前正在征求意见中	美国国家标准与技术研究院、STEP Tools 等
ISO TC184/SC4 JWG16	数字孪生体可视化组件	产品数据可视化工作组	—
ISO/TC184-IEC/TC65 JWG21	TF8-数字孪生体和资产管理壳	智能制造参考模型联合工作组	韩国、法国等比较关注
ISO/IEC JTC1/AG11	数字孪生体技术趋势报告	识别了 15 项新兴技术，数字孪生体排在第五位	中国电子技术标准化研究院等
ITU-T 第 13 研究组	数字孪生网络的需求和架构智慧城市数字孪生系统的需求和能力	结合数字孪生体网络进行研制	中国移动、中国联通等，韩国 ETRI 等
IEEE P2806	工厂环境下物理对象数字表达的系统架构	目前在做案例的整理	中国电子技术标准化研究院等
数字孪生体联盟	数字孪生体系列标准	基于开源项目开展标准研制	工业 4.0 研究院、翼络数字、安世亚太等
中德智能制造工业 4.0 标准工作组	数字孪生体和资产管理壳联合路线图	提供一个宏观、统一的视角和方法	中德双方的官方机构积极推进
美国工业互联网联盟	数字孪生体互操作性任务组	发布了一些报告	通用电气等
德国工业 4.0 平台	管理壳的数字孪生体应用	无完整报告	德国弗劳恩霍夫等

正如其他技术标准一样，数字孪生由于具有通用目的技术特征，将成为数字时代最瞩目的标准战样板。因此，需要建立数字孪生标准体系框架，从数字孪生基础共性标准、关键技术标准、工具/平台标准、测评标准、安全标准、应用标准 6 个方面对数字孪生标准体系进行研究，针对所建立的标准体系中各种类型的数字孪生具体标准内容，进一步进行细化研究与制定。

由于数字孪生的研究还不够充分，尽管各个标准组织都在进行探索性数字孪生标准研究，但是尚未有数字孪生具体标准发布。

2.7.4 数字孪生的商业化工具与平台

随着数字孪生应用价值逐步显现，越来越多的企业期望利用数字孪生来提高企业效率和改进产品质量。在实践数字孪生过程中，面临“使用什么工具/平台来构建和应用数字孪生”的问题。

目前，可支持数字孪生构建和应用的相关商业工具和平台有：MATLAB 的 Simulink、ANSYS 的 TwinBuilder、微软 Azure、达索 3D Experience 等。国内外数字孪生产业视图如图 2.37 所示。

图 2.37 国内外数字孪生产业视图

工业数字孪生产业体系划分成三类主体：数字线程工具供应商提供 MBSE 和管理壳两大模型集成管理平台工具，成为数字孪生底层数据和模型互联、互通、互操作关键支撑。建模工具供应商提供数字孪生模型构建必备软件，涵盖描述几何外观、物理化学机理规律的产品研发工具，聚焦生产过程具体场景的事件仿真工具，面向数据管理分析的数据建模工具以及流程管理自动化的业务流程建模工具。孪生模型服务供应商凭借行业知识与经验积累，提供产品研发、装备机理、生产工艺等不同领域专业模型。此外，标准研制机构为推动数字孪生理论研究与落地应用提供基础共性、关键技术以及应用等准则。

但是，从功能性的角度出发，这些工具和平台大多侧重某一或某些特定维度，当前还缺乏考虑数字孪生综合功能需求的商业化工具和平台。

另外，从开放性和兼容性的角度出发，相关使能工具/平台主要针对自身产品形成封闭的软件生态，不同工具和平台间模型和数据交互与集成难、协作难、兼容性差，缺乏系统开放、兼容性强的数字孪生构建工具和平台。

此外，因掌握相关的具体数据、流程、工艺、原理等，产品研制者或提供者相对容易实现数字孪生的构建，而第三方（如系统集成商、产品终端用户、产品运营维护者等）在构建数字孪生中存在诸多困难，导致数字孪生的构建成为其应用推广的瓶颈之一。

未来如何基于不同用户提供不同的数字孪生，针对复杂产品、复杂系统、复杂过程的数字孪生构建需求，实现不同数字孪生的组装与集成将成为一个新的难点，需要相关商业化的数字孪生集成工具与平台支撑。

综上分析，数字孪生的落地与推广应用需要功能综合、系统开放与兼容、集成性强的商业化工具和平台的支持。此外，当前还缺乏数字孪生评估与测试的商业化工具和平台。

2.7.5 数字孪生的发展趋势

数字孪生的发展具有阶段性、长期性和艰巨性。数字孪生的出现不是概念炒作，而是信息化发展到一定程度的必然性结果，数字孪生正成为人类解构、描述、认识物理世界的新型工具。

数字孪生的总体趋势，从宏观看：数字孪生不仅仅是一项通用使能技术，也将会是数字社会人类认识和改造世界的方法论（图 2.38）。

从中观看：数字孪生将成为支撑社会治理和产业数字化转型的发展趋势。数字孪生是一套支撑数字化转型的综合技术体系，技术在发展，应用在深化，体系在演进，其应用推广也是一个动态的、演进的、长期的过程。

从微观看：数字孪生落地的关键是“数据+模型”，亟须分领域、分行业编制数字孪生模型全景图谱（图 2.39）。

图 2.38 数字孪生的宏观作用

图 2.39 数字孪生的微观作用

数字孪生=数据+模型+软件，我国在数据采集、模型积累、软件开发等方面存在诸多短板，成为制约数字孪生发展的瓶颈。未来，集采集感知、执行控制、新一代通信、新一代计算、数据模型管理五大类型技术于一身的通用技术平台有望为数字孪生提供“基础底座”服务。

思 考 题

2.1 阐述数字孪生的定义和发展阶段。

2.2 数字孪生的理想特征是什么？

2.3 与数字孪生密切相关的概念有哪些？

2.4 数字孪生组成包括哪些，应用准则有哪些？

2.5 数字孪生常规技术体系有哪些？

2.6 数字孪生与新一代信息技术有哪些关系？

2.7 数字孪生必须解决的问题有哪些？

2.8 数字孪生未来的发展趋势是什么？

参考文献

[1] 陶飞，戚庆林，张萌，等．数字孪生及车间实践 [M]．北京：清华大学出版社，2021.

[2] Grieves M，Vickers J. Digital twin：mitigating unpredictable，undesirable emergent behavior in complex systems，transdisciplinary perspectives on complex systems [M]. Berlin：Springer International Publishing，2017.

[3] Tuegel E J，Ingraffea R，Eason T G，et al. Reengineering aircraft structural life prediction using a digital twin [J]. International Journal of Aerospace Engineering，2011：1-14.

[4] Glaessgen E，Stargel D. The digital twin paradigm for future NASA and U. S. air force vehicles [C]// Proc of the 53rd AIAA/ASME/ASCE/AHS/ASCStructures，Structural Dynamics and Materials Conference. Honolulu：Curran Associates，2012：7274-7260.

[5] 山西省数字产业协会．数字孪生产业技术白皮书（2022 版）[R]. 2022.

[6] 陈根．数字孪生 [M]．北京：电子工业出版社，2020.

[7] 德勤．制造业如虎添翼：工业 4.0 与数字孪生 [R]．融合论坛，2018.

[8] 工业互联网产业联盟（ALL）．工业数字孪生白皮书（2021）. 2021.

[9] 赛迪智库．数字孪生白皮书(2019) [EB/OL]. [2019-12-21]. https://mp. weixin. qq. com/s/e2z1-WENzFCKkWWxiz2pXbQ.

[10] Qi Q，Tao F，Hu T，et al. Enabling technologies and tools for digital twin [J]. Journal of Manufacturing Systems，2021，58：3-21.

[11] 陶飞，刘蔚然，张萌，等．数字孪生五维模型及十大领域应用 [J]．计算机集成制造系统，2019，25（1）：1-18.

[12] 陶飞，张贺，戚庆林，等．数字孪生模型构建理论及应用 [J]．计算机集成制造系统，2021，27（1）：1-15.

[13] 小枣君．“东数西算”是什么？[EB/OL] https：//www. zhihu. com/question/434592213/answer/2361649836.

[14] 罗香玉，李嘉楠，郎丁．智慧矿山基本内涵、核心问题与关键技术 [J]．工矿自动化，2019，45（9）：61-64.

[15] 谭章禄，吴琦．智慧矿山理论与关键技术探析 [J]．中国煤炭，2019（10）：30-40.

[16] Zhou J，Li P，Zhou Y，et al. Toward new-generation intelligent manufacturing [J]. Engineering，2018，4（1）：11-20.

[17] 康学凯，王立阳．无人机倾斜摄影测量系统在大比例尺地形测绘中的应用研究 [J]．矿山测量，2017，45（6）：44-47，52.

[18] 邓勤，张金花，靳旭．基于实景三维的矿山安全生产管理系统的设计与实现 [J]．测绘，2017，40（5）：228-230，234.

[19] Stothard P，Squelch A，Stone R，et al. Taxonomy of interactive computer-based visualization systems and content for the mining industry—part 2 [J]. Mining Technology，2015，124（2）：83-96.

[20] 张帆，葛世荣．矿山数字孪生构建方法与演化机理 [J]．煤炭学报，2023，48（1）：510-522.

[21] 陶飞，张辰源，戚庆林，等．数字孪生成熟度模型 [J]．计算机集成制造系统，2022，28（5）：1267-1281.

3 基于人工智能机器学习的数据处理方法

3.1 引　　言

数字孪生的具体实现的体现是数字孪生体，数字孪生体的构建包括两部分：三维几何模型的构建和数据模型的构建。数据模型的构建涉及数据的采集、数据模型的建立、训练等，人工智能中的机器学习是数字孪生体构建不可或缺的技术。

岩土工程建设中，要经历多次周边荷载、地下水、工况转变、降雨等不确定因素的作用，而且随着时间和空间的变化，围护结构和岩土结构本身的变形和受力都在不断变化。岩土工程的复杂性、时空效应，以及勘察设计的局限性，使得工程施工安全和后期运维安全难以把握，因此必须进行监测。岩土工程的监测包括：水平位移监测、垂直位移监测、倾斜监测、净空收敛监测、裂缝监测、沉降监测、声波监测、孔隙水压监测、地下水位监测、岩土压力监测，锚杆应力监测等。监测数据存在体量巨大，来源多样、处理困难的问题，传统的分析方法难以解决这些种类繁多、数量巨大的数据问题，即大数据问题。

大数据给工作生活和思维方式带来了大变革，主要体现在以下几个方面：

(1) 决策将日益智能化，更加基于数据和分析，而不仅依靠经验和直觉，必须对数据展开深入分析，包括数据挖掘、关联分析等，获取其内在隐藏的关联模式、知识和规律，进而由专业人员预测可能发生的变化趋势。

(2) 探索数据之间的相关关系比获取因果关系更重要。揭示数据之间的因果关系是人类认识自然、改造自然的主要方法。对于大数据集来说，由于它具有数据量太大、数据项（影响因素）多、相互之间的影响程度与影响机制不明、数据结构复杂等特征，加上现有的数学、力学等基础科学可能还不足以解决这些问题，因此，必须探索出建立一个正确体现因果关系的模型的方法。

(3) 不再强求精确性，粗糙性才是本质，可靠度分析将变得很重要。在大数据时代，由于数据量大且不是抽样，因而更能代表总体，但某些数据不会那么精确，即具有粗糙性，这种“泥沙俱下”的数据特征能够全方位、多维度地表达出整体特征，比起挂一漏万的随机抽样来说，更能反映复杂现象的本质。同时，因为存在粗糙性，可靠度分析将会得到足够的重视。

传统的数据存储方法、关系数据库、数据处理和数据分析方法不能满足大数据业务的需要。但是人工智能中的机器学习方法对于数据处理有着较大的优势。机器学习主要研究如何使用计算机来模拟和实现人类学习（获取知识）的过程，创新、重构已有的知识，并利用获取的规律和知识对未知数据进行预测、判断和评估。

机器学习算法中涉及大量的统计学理论，即被称为统计学习理论。许多数学及统计的方法和概念被运用到机器学习中，包括贝叶斯准则、最小二乘法、马尔可夫模型以及高斯过程；决策树、人工神经网络、支持向量机、随机森林等算法都是机器学习用来自我学习以及优化的计算机手段。近年来人工智能不断发展，深度学习成为机器学习中的热点。

因此，本章将介绍人工智能中的机器学习方法及其在岩土工程中的应用。

3.2 人工智能与机器学习

3.2.1 人工智能的概念

人工智能（artificial intelligence，AI）是计算机学科的一个分支，诞生于1956年的达特茅斯研讨会，20世纪70年代以来与空间技术、能源技术并称世界三大尖端技术，也与基因工程、纳米科学并称21世纪三大尖端技术。

人工智能，是指由人类所制造的智能，也称之为机器智能。国家标准化管理委员会发布的《人工智能标准化白皮书》认为，人工智能是利用数字计算机或者数字计算机控制的机器模拟、延伸和扩展人的智能，感知环境、获取知识并使用知识获得最佳结果的理论、方法、技术和应用系统。

人工智能可从学科和能力两个方面进行认识。从学科角度，人工智能是理解自然智能的奥秘，研究开发用以模拟、延伸和扩展自然智能（特别是人类智能）的理论、方法、技术及应用系统的技术科学。从能力角度，人工智能是用人工方法提升机器自主解决复杂问题的能力，包括与人类智能有关的学习、感知、思考、理解、识别、判断、推理、证明、通信、设计、规划、行动和问题求解等智能行为与活动。从这个意义上讲，人工智能一直致力于提升机器的智能水平，使得其能够具备一定的“类人”能力，感知外部环境的变化，采取行动实现自我效益的最大化。由此可见，人工智能发展的主要特征包括：一是由人类设计，为人类服务，本质为计算，基础为数据；二是能感知环境，能产生反应，能与人互补；三是有适应特性，有学习能力，有演化迭代，有连接扩展。

人工智能的研究内容，大致包括智能机理和智能模拟两个方面。其中，智能机理研究包括智能的脑科学基础和认知科学基础研究，涉及认知建模、知识表示、知识推理、知识应用等方面。智能模拟研究包括机器感知、机器思维、机器学习、机器行为、智能系统构建等方面。

学习能力是人工智能的核心特征，机器通过大样本学习而非编程获得类人智能，突破了人类知识内化的问题，适应环境变化能力逐渐增强。机器是否具有智能可以通过“图灵测试”智能检测法来确定。

随着深度学习、强化学习等技术的突破，机器可根据外部环境和任务变化，自动修订参数，完善规则，不依赖人的知识输入，实现自我更新和能力提升，形成新的系统演进路径。如2015年谷歌“阿尔法狗”围棋人工智能程序只能战胜欧洲冠军，在结构不变的情况下，通过不断学习棋谱，两年后横扫世界冠军，2017年谷歌“阿尔法元”则通过强化学习，实现棋力的急速增长，战胜“阿尔法狗”只用了3天的学习时间。

3.2.2 人工智能的发展历程

人工智能自1956年诞生以来，在60多年的时间里获得了重大进展，大致经历了计算智能（1956~1974年）、低谷期（1974~1980年）、初级认知智能（1980~1987年）、再次低谷期（1987~1993年）、感知智能（1993~2010年）、大数据智能（2010至今）等“三起两落”5个阶段，如图3.1所示。

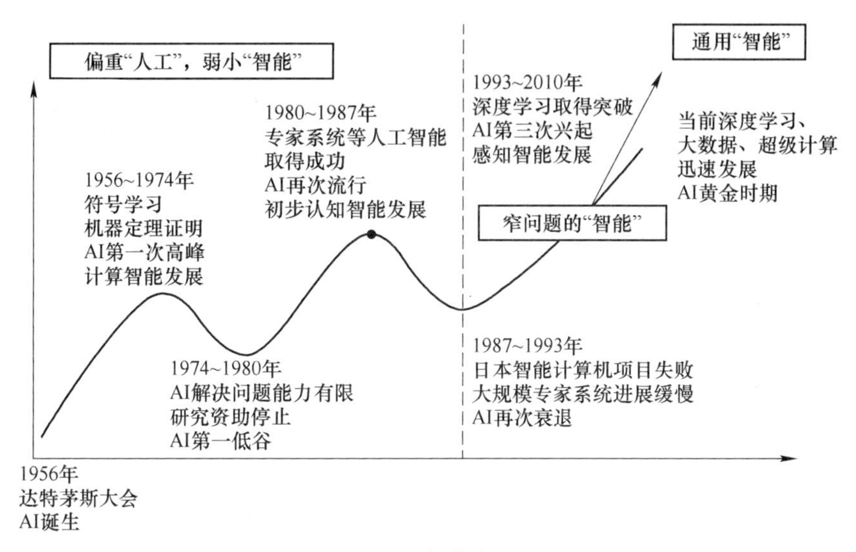

图3.1 人工智能发展历程

国内也有专家将人工智能的发展历程概括为孕育期（1956年以前）、形成期（1956~1969年）、低潮期（1966~1973年）、基于知识的系统（1969~1988年）、神经网络的复兴（1986年至今）、智能体的兴起（1993年至今）等6个阶段。

当前正在兴起的新一轮人工智能，是人工智能的第三次浪潮，较前两次浪潮有本质区别，这次并非完全得益于原理方法的革命性创新，而是得益于在开放的技术生态环境下的深度学习算法突破与发展、计算能力的极大增强、数据量的爆炸性增长等3大驱动因素，其影响范围不再局限于学术界，人工智能技术开始广泛融入生活场景，从实验室走向日常。可以说，新一代人工智能=深度学习+高效能计算+大数据。

从人工智能的发展历程可以看出，其内涵逐渐深化，具体表现为由符号到链接，由浅层到深度，由模拟到机理，由宏观（知识描述）到微观（数据驱动）等；同时外延也在不断拓展，具体表现为由感知交互（视觉、听觉、触觉、语音）到认知决策，由个体到群体，由小数据到大数据等。正是由于人工智能技术突破了算法、算力和算料（数据）等“三算”方面的制约因素，以“智能学习算法+大数据+高性能计算”为基本途径，拓展了在社会各领域的应用前景，进入蓬勃发展的黄金时期，并已经在图像理解、语音识别、自然语言处理、自动问答、棋类博弈等领域达到实用化水平，国家新一代人工智能重大科技项目也在自动驾驶、城市大脑、医疗影像、智能语音、智能视觉、数据计算、智能营销、基础软硬件、普惠金融、视频感知、智能供应链、图像感知、安全大脑、智慧教育、智能家居等应用领域设立开放创新平台，不断推动技术成熟、产业应用和领域拓展。

目前，人工智能技术尚处于面向“窄”问题的应用阶段。受模型算法和数据水平条件限制，现有人工智能技术通用性、可拓展性较低，主要面向特定应用，解决边界较为清晰的具体问题。但是，从长远看，人工智能将成为全球经济增长的助推器，今后5~10年是人工智能在各领域筑基布势并初步取得成效的机遇期，人工智能行业应用广度和深度将不断拓展，深度学习和智能芯片将是技术突破的关键，但也存在冲击劳动力市场、应用安全等问题。

3.2.3 人工智能的基本分类

人工智能的分类方法有很多种，根据作用机理、智能水平、驱动力、应用领域等都可以分类，具体如下：

3.2.3.1 按作用机理分类

当前，人工智能已经成功应用到越来越多的领域。尽管在不同领域侧重不同、方法不同、工具不同，但是归根到底是使机器通过学习而非编程获得人类的视、听觉等功能，甚至进行记忆、推理、规划、决策、知识学习及思考等。一般来说，按作用机理，人工智能大致可以分为4个层次：

（1）计算智能。即通过科学运算、逻辑处理、统计查询等形式化、规则化的运算，使机器获得初级智能，达到能存、会算、会查找的水平。通常计算智能会借助自然界或生物界规律的启示，根据其规律设计出求解问题的算法。神经计算、模糊计算、进化计算、粒群计算、自然计算、免疫计算、人工生命是计算智能的主要研究领域，这些领域主要通过模仿人类智能某一方面的特征，实现生物智慧和自然规律的计算机程序化，设计最优化算法进行处理。比如，进化计算是指一类以达尔文进化论为依据来设计、控制和优化人工系统的技术与方法的总称，它包括遗传算法、进化策略和进化规划，其理论基础是生物进化论，进化计算相关的算法称为进化算法。

（2）感知智能。即通过对直觉行为的模拟，如视觉、听觉、触觉等，使机器获得的基础智能，达到能听、会说、能看、会认的水平。这类智能重点研究基于生物特征、以自然语言和动态图像的理解为基础的“以人为中心”的智能信息处理和控制技术。人脸识别、语音识别、步态识别、智能交互空间、虚拟现实、可穿戴计算等是该研究的主要领域。当前，许多感知智能技术将向应用产品转化，随着深度学习方法产生重大突破，已经接近人类水平，并且逐步趋于实用水平。

（3）认知智能。即通过对人类深思熟虑行为的模拟，包括记忆、推理、规划决策与知识学习等，使机器获得的高级智能，达到能理解、会思考和认知的水平。认知智能一般需要自然的人机交互、高效的知识管理和智能的推理学习等3大核心支撑能力，需突破语音理解、知识表示、联想推理和自主学习等4个方面的技术。

（4）创造智能。即对启发智慧的模拟，如顿悟、灵感、意识、心灵等，使机器获得类人智能。这是人工智能的高级形态，其核心思想体现为让人工智能创造更高级的人工智能。这种智能使得机器独立思考问题并制定解决问题的最优方案，让机器具有自己的价值观和世界观体系，和生物一样的各种本能。从某种意义上看，创造智能可以视为一种新的文明。

未来很长一个时期，将以前3个层次为主。

3.2.3.2 按智能水平分类

按智能水平，人工智能发展可以分为弱人工智能、强人工智能、超人工智能等3个层次。

(1) 弱人工智能 (artificial narrow intelligence, ANI), 指的是只能完成某一项特定任务或者解决某一特定问题的人工智能, 比如战胜世界围棋冠军的人工智能 AlphaGo。主要特点是人类可以很好地控制其发展和运行。现在实现的几乎全是弱人工智能。

(2) 强人工智能 (artificial general intelligence, AGI), 属于人类级别的人工智能, 指的是可以像人一样胜任任何智力性任务的智能机器。它能够进行思考、计划、解决问题、抽象思维、理解复杂理念、快速学习和从经验中学习等操作, 并且和人类一样得心应手。在强人工智能阶段, 由于已经可以比肩人类, 同时也具备了具有"人格"的基本条件, 机器可以像人类一样独立思考和决策。目前, 只能在科幻影片中看到, 它需要在视觉、听觉、运动、控制甚至推理、直觉、抽象、启发、创新等多个领域取得突破后才可能实现。

(3) 超人工智能 (artificial super intelligence, ASI), 指超出人类智力水平的人工智能。届时, 人工智能将打破人脑受到的维度限制, 具有高智能、高性能 (主要指运行速度)、低能耗、高容错、全意识等典型特征, 其所观察和思考的内容, 人脑已经无法理解。但是在道德、伦理、人类自身安全等方面或许会出现许多无法预测的问题。

3.2.3.3 按驱动力分类

根据驱动力不同, 人工智能的发展还可划分为技术驱动、数据驱动和场景驱动 3 个阶段。其中, 技术驱动阶段, 集中诞生了基础理论、基本规则和基本开发工具, 算法和算力对人工智能的发展发挥着主要的推动作用, 比如现在主流应用的基于多层神经网络的深度学习算法; 数据驱动阶段, 在算法和算力已经不存在壁垒的情况下, 数据成为主要驱动力, 推动人工智能发展, 大量结构化、可靠的数据被采集、清洗和积累, 甚至变现, 比如网上商城个性化商品推送; 场景驱动阶段, 场景变成了主要驱动力, 不仅可针对不同用户提供个性化服务, 而且可在不同的场景下执行不同的决策, 该阶段对数据收集的维度和质量要求更高, 并且可根据不同的场景实时制定不同的决策方案, 推动世界向良好的态势发展, 帮助决策者更敏锐地洞悉世界本质, 做出更精准、更智慧的决策。

3.2.3.4 按应用领域分类

按应用领域, 人工智能可分为以下 5 类:

(1) 大数据智能: 以人工智能手段对大数据进行深入分析, 探析其隐含模式和规律的智能形态, 实现从大数据到知识、进而决策的理论方法和支撑技术, 大数据智能将建立可解释通用人工智能模型, 实现"大数据+人工智能"的方法论。

(2) 跨媒体智能: 综合利用视觉、语言、听觉等各种感知所记忆的信息, 构建出实体世界的统一语义表达, 完成识别、推理、设计、创作、预测等功能, 从而成为各类智能系统沟通外界的重要信息源和"使能器"。

(3) 群体智能: 通过特定的组织结构吸引、汇聚和管理大规模自主参与者, 以竞争和合作等多种自主协同方式来共同应对挑战性任务, 特别是开放环境下的复杂系统任务时, 涌现出来的超越个体智力的智能。

(4) 混合增强智能: 将人的作用或人的认知模型引入到人工智能系统中形成更强的智能形态, 这种形态可分为两种基本形式: 人在回路的混合增强智能、基于认知计算的混合增强智能。

(5) 自主无人系统: 在无人干预的前提下, 利用先进智能技术实现自主操作与管理, 它以海、陆、空、天自主无人载运操作平台、复杂无人生产加工系统、无人化作战平台等为典型对象，具备自主感知、理解、协同、任务规划与决策能力的复杂智能系统。

3.2.4　人工智能主流学派

不同学科背景的学者对人工智能有不同的理解，提出了不同的观点，人们称这些观点为符号主义、连接主义、行为主义等。

（1）符号主义。又称逻辑主义、心理学派、计算机学派。符号主义认为，人工智能起源于数理逻辑，人类智能的基本元素是符号，认知过程是符号表示上的一种运算。从研究方法上，符号主义认为人工智能的研究应该采用功能模拟的方法，即通过分析人类认知系统所具备的功能和机能，然后用计算机模拟这些功能，实现人工智能，并力图用数学逻辑方法来建立人工智能的统一理论体系。符号主义的代表性成果是 1957 年纽厄尔和西蒙等人研制的称为逻辑理论机的数学定理证明程序 LT。目前，符号主义遇到了概念的组合爆炸、命题的组合悖论、实际生活中经典概念很难得到等三大现实挑战。

（2）连接主义。又称仿生学派、生理学派，是基于神经网络及网络间的连接机制与学习算法的人工智能学派。连接主义认为，人工智能起源于仿生学，大脑是一切智能的基础。从研究方法上，连接主义主张人工智能应采用结构模拟的方法，即着重模拟人类神经网络的生理结构，并认为功能、结构和智能行为是密切相关的，不同的结构表现出不同的功能和行为。连接主义的代表性成果是 1943 年由麦卡洛克和皮茨创立的 BM 脑模型，以及 1986 年鲁梅尔哈特等人提出的 BP 网络。目前，已经提出多种人工神经网络结构和连接学习算法，但现在的神经网络与人脑的真正运行机制距离尚远。

（3）行为主义。又称进化主义、控制论学派，是基于控制论和“感知—动作”控制系统的人工智能学派。行为主义认为，人工智能起源于控制论，提出智能取决于感知和行为，取决于对外界复杂环境的适应，而不是知识、表示和推理。行为主义的代表性成果是布鲁克斯研制的机器虫。从研究方法上，行为主义主张人工智能研究应采用行为模拟的方法，功能、结构和行为是不可分的。行为主义面临的最大现实困难是莫拉维克悖论，即有时人觉得困难、简单的问题对计算机来说反而是简单、困难的，计算机最难以复制的是人类那些无意识的技能，有专家认为，行为主义最多只能创造出智能昆虫行为，而无法创造出人的智能行为。

3.2.5　人工智能核心关键技术

人工智能核心关键技术可以划分为基础技术、通用技术和应用技术等 3 类，如图 3.2 所示。底层的平台资源和中间层技术研发的进步，共同决定了上层应用技术的发展速度和加速度。

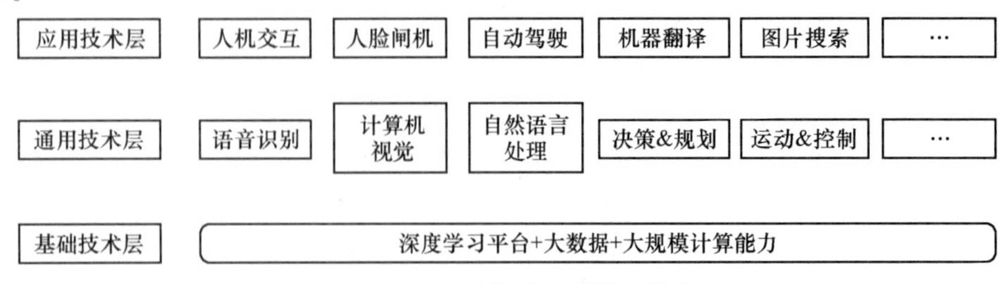

图 3.2　人工智能的 3 层核心技术

人工智能核心关键技术主要包括如下9个内容。

3.2.5.1 机器学习

机器学习（machine learning，ML）是人工智能发展到一定阶段的产物，是人工智能领域的核心和底层支撑，是研究计算机怎样模拟或实现人类的学习行为，以获取新的知识或技能，重新组织已有的知识结构，使之不断改进自身性能的一门学科，具体指的是计算机通过对数据建立抽象表示，并基于表示进行建模，然后估计模型的参数，从而从数据中挖掘出对人类有价值的信息，以提升自身性能的能力，是提升机器智能的最重要手段，也是使机器具有智能的根本途径。

机器学习是一门涉及统计学、系统辨识、逼近理论、神经网络、优化理论、计算机科学、脑科学等诸多领域的交叉学科。也被定义为“利用经验来改善计算机系统自身的性能”。机器学习的任务包括两个方面：一是获得对于输入的数据进行分类的能力，如语音信号处理、医疗诊断；二是获得解决问题、行为计划和行为控制等能力。

按照学习的方法不同，机器学习可以分为传统机器学习（监督学习、无/非监督学习、半监督学习）和强化学习、深度学习。

3.2.5.2 知识图谱

知识图谱的概念由美国谷歌公司2012年提出，目的是利用网络多源数据构建的知识库来增强语义搜索，提升搜索质量。知识图谱是符号主义人工智能的典型代表，其生命周期包括知识建模、知识获取、知识管理、知识赋能4个阶段。

知识图谱是关于知识加工、深度搜索和可视交互的技术。本质上是揭示实体之间关系的结构化的语义知识库，是一种由节点和边组成的图数据结构，以符号形式描述物理世界中的概念及其相互关系，其基本组成单位是“实体—关系—实体”三元组，以及实体及其相关“属性—值”对。不同实体之间通过关系相互联结，构成网状的知识结构。在知识图谱中，每个节点表示现实世界的“实体”，每条边为实体与实体之间的“关系”。通俗地讲，知识图谱就是把所有不同种类的信息连接在一起而得到的一个关系网络，提供了从“关系”的角度去分析问题的能力。

目前，大规模知识服务技术逐渐成熟，已经在搜索引擎、聊天机器人、问答系统、临床决策支持等领域开始应用。但是，面对大规模计算和应用有着固有局限性，需要深度融合知识库、自然语言理解、机器学习、数据挖掘等技术加以解决。

3.2.5.3 自然语言处理

自然语言处理（natural language processing，NLP），也称自然语言理解，是用机器处理人类语言的理论和技术。通常指赋予机器人类语言理解和处理的能力，具体包括从文本中提取意义，甚至从那些可读的、风格自然、语法正确的文本中自主解读出含义，实现人机语音识别与交互、非结构化情报处理、声纹识别等，属于认知智能范畴。自然语言处理是语言学、逻辑学、生理学、心理学、计算机科学和数学等的交叉学科，涉及大数据、云计算、机器学习、知识图谱等关键技术，如图3.3所示。

从某种意义上说，自然语言理解处在认知智能最核心的地位，其进步将推动人工智能整体的进展。自然语言处理的典型应用领域包括：文本分类与聚类、信息抽取、情感分析、自动文摘、信息检索、自动问答、机器翻译、社会媒体处理、语音技术、医疗健康信息处理、少数民族语言信息处理等。

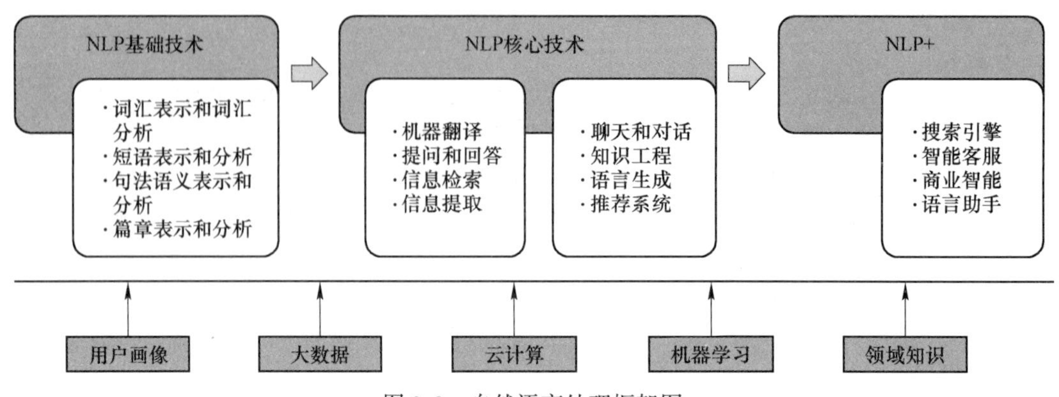

图 3.3 自然语言处理框架图

自然语言处理的研究内容主要包括分词、词性标注、依存句法分析和命名实体识别等。其研究目标是机器能够执行人类所期望的回答问题、文摘生成、释义、翻译等某些语言功能。

3.2.5.4 人机交互

人机交互主要研究人和计算机之间的信息交换，主要包括人到计算机和计算机到人的两部分信息交换，是人工智能领域的重要的外围技术。人机交互是与认知心理学、人机工程学、多媒体技术、虚拟现实技术等密切相关的综合学科。人机交互本质就是人类用户与计算机间的信息交流和互动，即通过人机接口技术。人机交互的核心问题包括界面范式、心理学模型、用户界面、研究框架。用户满意度是刻画人机交互技术的一个重要方面。

人机交互技术聚焦普适交互、自然交互、直觉交互 3 个核心目标，未来包括触控式交互、智能语音交互、体感与沉浸式交互（如虚拟现实 VR 和增强现实 AR）、脑电波交互等 4 个技术发展方向。智能人机交互将朝着多通道交互、用户意图推理、智能人机交互范式、实物用户界面、智能人机合作心理模型、人类智能增强等方向发展。

3.2.5.5 语音识别

语音识别是通过语音信号处理和识别技术让机器自动识别和理解人类口述的语言后，自动且准确地将语音信号转变为相应的文本或命令的技术。按发音方式，可分为孤立词识别、连接词识别、连续语音识别、关键词检测等类型；按词汇量大小，可分为小词汇量（一般包括 10~100 个词条）、中词汇量（一般包括 100~500 个词条）、大词汇量（一般包括 500 个以上词条）3 类；按语音识别的方法，可分为模板匹配法、随机模型法和概率语法分析法 3 类；按说话人，可分为特定说话人和非特定说话人 2 类。在语音识别中，最复杂、最难解决的是非特定人、大词汇量、连续语音识别。无论是哪一种语音识别，当今的主流算法是隐马尔可夫模型方法。

目前与音频自动监控技术相关的声纹识别、语种识别及关键词检出技术相对比较成熟，达到了实用水平。

3.2.5.6 计算机视觉

计算机视觉（computer vision，CV）是使用计算机模仿人类视觉系统的科学，让计算机拥有类似人类提取、处理、理解和分析图像以及图像序列的能力，属于感知智能范畴。通俗地说，就是给计算机系统装上电视输入装置以便能够“看见”周围东西，从图像中检测到物体并进行标识、描述和理解。利用被动测距的计算机视觉可分为图像获取、图像校准、立体匹配、三维重建等4个步骤。计算机视觉也是一门交叉学科，是成像技术、数字图像处理、图像理解、机器视觉、信号处理、模式识别、机器学习、神经生理学、认知科学等多个技术领域交叉的产物。

目前，在图像分类、人脸识别、目标检测、医疗读图等任务上，计算机视觉逼近甚至超越了普通人的视觉能力。以深度学习为代表的人工智能算法在Image Net大规模视觉识别挑战赛中的表现已超越了人类。近来随着深度学习的发展，预处理、特征提取与算法处理渐渐融合，形成端到端的人工智能算法技术。

3.2.5.7 机器人技术

机器人是集机械、电子、控制、计算机、传感器、人工智能等多学科及前沿技术于一体的高端装备，美国国家标准局将其定义为“一种能够进行编程并在自动控制下执行某些操作和移动作业任务的机械装置”。机器人是人工智能完成任务的重要载体。机器人的主要特征包括四个：一是动作具有类似人或其他生物某些器官的功能；二是具有通用性，工作种类多样，动作程序灵活易变，是柔性加工的重要组成部分；三是具有记忆、感知、推理、决策、学习等不同程度的智能；四是具有独立性，完整的机器人系统在工作中可以不依赖于人的干预。

按应用领域，机器人可分为工业机器人、农业机器人、服务机器人、特种机器人、拟人机器人等5类；按发展程度，机器人可分为可编程/示教再现机器人、感知机器人和智能机器人等3类。按功能分类，分为一般机器人和智能机器人，一般机器人指不具有智能，只具有一般编程能力和操作功能的机器人。智能机器人是机器人与人工智能相结合的产物，人工智能程序将实现机器人的感觉、思考与行动，其关键技术包括智能感知（如传感器及多传感器信息融合）、智能导航与路径规划、定位与地图构建、智能控制与操作、智能交互（人机接口）、多机器人协作等。

随着计算机技术、网络技术、人工智能、新材料和MEMS技术的发展，机器人朝智能化、网络化、微型化发展，网络机器人、微型机器人、仿生机器人、高智能机器人是未来发展的方向和重点。

3.2.5.8 专家系统

专家系统是基于大量领域专家的专业知识和工作经验，用于求解专门问题的计算机系统。一般采用人工智能中的知识表示和知识推理技术来模拟通常由领域专家才能解决的复杂问题。专家系统产生于1968年美国斯坦福大学研制的化学专家系统DENDRAL，此后在全世界各领域得到广泛应用。专家系统具有启发性、透明性、灵活性、交互性、实用性、易推广等特点。简言之，专家系统=知识+推理，而传统程序=数据结构+算法，这是专家系统与传统程序的最大区别。

按问题求解的性质，专家系统可分为解释、预测、诊断、设计、规划、监视、控制、调试、教学、修理等类型。

3.2.5.9 群体智能

群体智能是自然界广泛存在的一种现象，指大量简单个体构成的群体，按照简单的交互规则相互协作，完成其中任何一个个体不可能单独完成的复杂任务。人们通过对这些群体行为的研究，逐步形成了群体智能理论，即研究大量个体的简单行为如何成为群体的高智能行为的理论。具体地讲，指基于多智能体进行协同、分工和合作的技术，是形成更高级智能的关键。它是对生物群体的一种软仿生，有别于传统对生物个体结构的仿生。

群体智能优化算法通常可分为两类：一是由一组简单智能体涌现出来的集体的智能，以蚁群优化算法（ACO）、蚂蚁聚类算法为代表；二是把群体中的成员看作粒子，而不是智能体，以粒子群优化算法（PSO）为代表。基于生物群体行为启发的群体智能优化算法是对某种社会行为、自然现象的模拟，与传统优化算法相比，具有较强的鲁棒性、可扩充性、简单性和自组织性等特点，以及适用范围广、自适应性、通用性、并行性、全局性等优点。

目前，群体智能研究处于起步阶段。

3.3 机器学习简介

自 1956 年几个计算机科学家在达特茅斯会议上提出了“人工智能”的概念之后，直到 2012 年，得益于数据量的上涨、运算力的提升和机器学习新算法（深度学习）的出现，人工智能才开始大爆发。人工智能研究的各个分支包括专家系统、机器学习、进化计算、模糊逻辑、计算机视觉、自然语言处理、推荐系统等。人工智能通常被分为弱人工智能、强人工智能和超人工智能，弱人工智能让机器具备观察和感知的能力，可以做到一定程度的理解和推理，强人工智能能让机器获得自适应能力，解决一些之前没有遇到过的问题。目前的科研工作都集中在弱人工智能这部分，如何实现弱人工智能的突破？“智能”又从何而来呢？这主要归功于一种实现人工智能的方法——机器学习。

3.3.1 机器学习的概念

机器学习是一种实现人工智能的方法，比较严格的定义为：机器学习是一门研究机器获取新知识和新技能，并识别现有知识的学问。

机器学习最基本的做法，是使用算法来解析数据、从中学习，然后对真实世界中的事件做出决策和预测。与传统的为解决特定任务、硬编码的软件程序不同，机器学习是用大量的数据来“训练”，通过各种算法从数据中学习如何完成任务。

3.3.2 机器学习的发展史

机器学习最早可追溯到 20 世纪 40 年代关于人工神经网络（artificial neural network）的研究。W. S. Mcculloch 等人提出的神经网络的层级模型被认为是神经网络研究的开端。F. Rosenblatt 提出了感知机（perceptron）的概念，其还设计了世界上第一个计算机神经网络模型。感知机模型是最早的有实际应用的模型，被 IBM 公司用于一款射击游戏程序。1962 年 Hubel 和 Wiesel 通过对猫大脑皮层的研究，提出了著名的 HW 生物视觉模型（Hubel-Wiesel biological visual model），该模型可以有效地降低神经网络的计算复杂度，启发了接下来的一系列神经网络模型的研发。然而，由于感知机模型不能解决异或（exclusive OR，XOR）分类问题，被学者们怀疑其实用价值，神经网络的研究在整个 20 世纪 70 年代陷入低潮，直至 1986 年，Rumelhart 和 Hinton 等人发表了著名的有关反向传播（back propagation，BP）的论文，提出通过训练误差反向传播和增加神经网络隐藏层来解决网络参数优化问题和异域问题。此外，BP 模型还可以显著地降低计算消耗。BP 模型的问世立即重新激活了神经网络的研究。1989 年，Lecun Yann 提出了卷积神经网络模型（convolutional neural network，CNN），并为 CNN 设计了基于误差反向传播的训练方法。CNN 是第一个大规模用于工程实践的神经网络，至今，CNN 仍是计算机视觉领域和自然语言识别的主要模型。

20 世纪 90 年代后，各种机器学习模型层出不穷，包括决策树（decision tree）、支持向量机（support vector machine）、提升学习（boosting）、逻辑回归（logistics regression）等。这些机器学习模型大都基于统计学习（statistical learning）的概念，可以找到模型映射的闭式解，包含有限几个隐藏层（决策树）、1 个隐藏层（支持向量机、提升学习）或者没有隐藏层（逻辑回归）。然而，这些模型的学习能力有限，不能表示大型复杂映射和提取大量数据特征，只是由于这些模型需要数据量小，容易训练，才在计算机计算能力不强的时代占据了机器学习的主流。

随着计算机软硬件的飞速发展，计算能力已不是一个阻碍机器学习模型训练的障碍。Hinton 和 Salakhutdinov 于 2006 年提出了深度学习（deep learning）的思想，用多隐层的神经网络模拟任意复杂映射。深度学习是一种接近人脑运作模式的智能学习方法，开启了机器学习的新纪元。借助于云计算、大数据和其他的计算机技术，深度学习已经广泛应用于生活中的各个领域，包括无人驾驶、人脸识别、智能推荐等。可以说，深度学习代表了机器学习的未来，在很大程度上决定了人工智能的发展方向。图 3.4 简要说明了机器学习的发展简史。

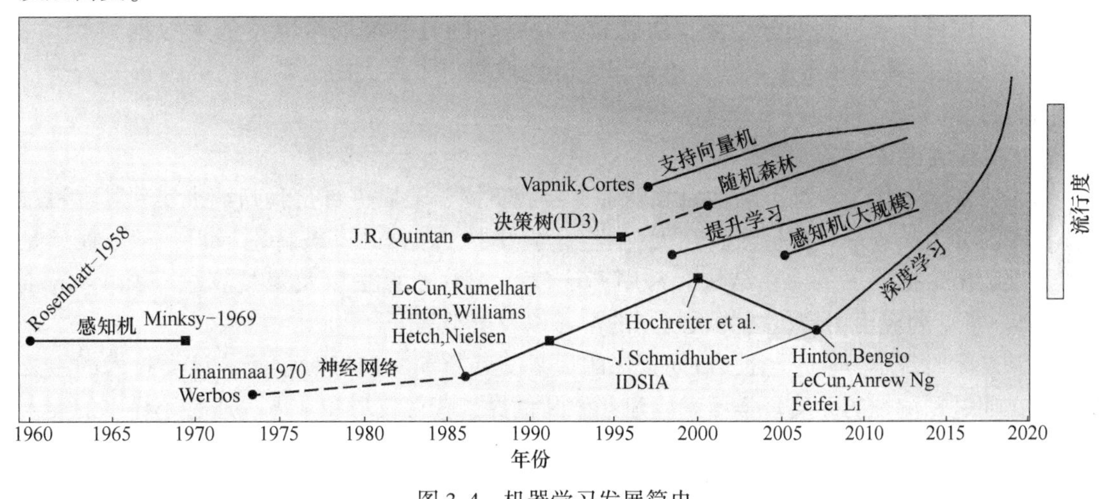

图 3.4　机器学习发展简史

3.3.3　机器学习的用途

机器学习是一种通用性的数据处理技术，包含大量的学习算法，不同的算法在不同的行业及应用中能够表现出不同的性能和优势。目前，机器学习已经成功应用于以下领域：金融领域（检测信用卡欺诈、证券市场分析等）、互联网领域（自然语言处理、语音识别、语言翻译、搜索引擎、广告推广、邮件的反垃圾过滤系统等）、医学领域（医学诊断等）、自动化及机器人领域（无人驾驶、图像处理、信号处理等）、生物领域（人体基因序列分析、蛋白质结构预测、DNA 序列测序等)、游戏领域(游戏战略规划等)、新闻领域(新闻推荐系统等)、刑侦领域(潜在犯罪预测等)等。可见，机器学习正在成为各行各业常用到的分析工具，未来随着各领域数据量的不断增加，更是必不可少的工具。

3.3.4 机器学习及算法分类

3.3.4.1 机器学习的分类

机器学习的任务主要是分类、归纳、聚类及策略型任务，根据任务不同可分为如下几类：对于解决分类和回归任务的机器学习称为“监督学习”或“半监督学习”；对于解决聚类任务的机器学习称为“无/非监督学习”；对于用于解决策略型任务的机器学习称为“强化学习”。

A 监督学习

在监督学习下，输入数据被称为“训练数据”，每组训练数据有一个明确的标识或结果，如稳定状态的“稳定”和“失稳”，手写数字识别中的“1”，“2”，“3”，“4”等。

在建立预测模型的时候，监督学习建立一个学习过程，将预测结果与“训练数据”的实际结果进行比较，不断地调整预测模型，直到模型的预测结果达到一个预期的准确率。

常用算法有逻辑回归(logistic regression)和反向传递神经网络(back propagation neural network)。监督学习的常见应用场景有分类问题和回归问题等。

近年来还出现了深度监督学习，该方法以嵌入的方式表达世界，在移动互联网时代，对特定应用场景或垂直细分领域，通常较易获得该细分领域的带标签的大数据。“Deep CNN+大数据”模式在图像识别、语音识别等领域取得了巨大的成功，已成为重塑人类社会的基石。

B 无/非监督学习

无监督学习通过模型不断地自我认知、自我巩固，最后进行自我归纳来实现其学习过程，不需要人类进行数据标注。在无/非监督学习中，数据并不被特别标识，学习模型是为了推断出数据的一些内在结构。常用算法包括 Apriori 算法以及聚类算法(如 k-Means 算法)。常见的应用场景包括关联规则的学习以及聚类等。

深度无监督学习通过与长/短期记忆的反复交互重演，向经验学习。该类技术的主要特点在通过预测性的无监督学习来构建并推断世界，获得技巧和常识，通过小样本的类人学习降低对大数据的依赖。

监督学习模型和无/非监督学习模型常用于企业数据处理。无监督学习是大数据时代科学家们用来处理数据挖掘的主要工具。

C 半监督学习

在此学习方式下，输入数据部分被标识，部分没有被标识，这种学习模型可以用来进行预测，但是模型首先需要学习数据的内在结构以便合理地组织数据来进行预测。

应用场景包括分类和回归，被广泛应用于社交网络分析、文本分类、计算机视觉和生物医学信息处理等领域。算法包括一些对常用监督式学习算法的延伸，这些算法首先试图对未标识数据进行建模，在此基础上再对标识的数据进行预测。如图论推理算法(graph inference)或者拉普拉斯支持向量机(Laplacian SVM)等。半监督学习常在图像识别等领域。

D 强化学习

强化学习又称再励学习、评价学习或增强学习，是从控制理论、统计学等相关学科发展而来的，强化学习是指智能体以“试错”的方式进行学习，通过与环境进行交互获得奖赏的指导行为，目标是使智能体获得最大的奖赏。其本质是解决决策问题，针对一个具体问题得到一个最优的策略，使得在该策略下获得的奖励最大。强化学习不同于监督学习，主要表现在强化信号上，强化学习中由环境提供的强化信号是对产生动作的好坏做一种评价（通常为标量信号），而不是告诉强化学习系统如何去产生正确的动作。由于外部环境提供的信息很少，强化学习系统必须靠自身的经历进行学习。通过这种方式，强化学习系统在行动-评价的环境中获得知识，改进行动方案以适应环境。常见的应用场景包括动态系统、机器人控制及其他需要进行系统控制的领域。常用算法包括 Sarsa 算法、Q-Learning 以及时间差学习（temporal difference learning）等。

深度强化学习，通过模拟人类或动物的行为学习方式，经过反复重演，不断与环境进行交互和奖励，完成自我学习。其特点主要是向结果（成功/失败）学习，学习局部行为，拥有性能反馈。“Deep CNN+强化学习”模式已成功应用于神经动态规划（neuro-dynamic programming）决策问题中。

E 深度学习

深度学习是传统人工神经网络的发展和延伸，“深度”体现在神经网络的层数以及每一层的节点数量，其实质是通过构建具有很多隐层的机器学习模型和海量的训练数据，来学习更有用的特征，从而最终提升分类或预测的准确性。从本质上来说，深度学习只是手段，特征学习才是目的。与人工规则构造特征的方法相比，利用大数据来学习特征，更能刻画数据的丰富内在信息。深度学习常用模型包括自动编码器（AE）、受限玻耳兹曼机（RBM）、深度置信网络（DBN）、卷积神经网络（CNN）、堆栈式自动编码器（stacked auto-encoders），深度前馈网络、循环神经网络等。最新研究表明，深度学习算法模型总体符合人类认知规律，有可能是最接近人脑信息处理机理的模型之一。

3.3.4.2 机器学习算法的分类

根据算法的功能和形式的类似性，我们可以把机器学习的算法进行分类，机器学习传统的算法包括决策树、聚类、贝叶斯分类、支持向量机、EM、AdaBoost 等。表 3.1 列举了机器学习任务典型算法的分类。

表 3.1 机器学习任务与算法的分类

分 类	典 型 算 法
监督学习	k 近邻算法（KNN） 决策树（CART、C4.5、随机森林等） 支持向量机（SVM） 朴素贝叶斯（naive Bayes） 线性回归（line regression） 逻辑回归（logistic regression） 人工神经网络（ANN） AdaBoost 算法（隶属集成学习）

续表 3.1

分　类	典 型 算 法
无/非监督学习	k 均值算法（k-means） k 中心点算法（k-medoids） 高斯混合模型算法（GMM） 最大期望算法（EM） Apriori 算法（隶属关联规则挖掘） DBSCAN 聚类算法（基于密度聚类方法）
半监督学习	图论推理算法（graph inference） 拉普拉斯支持向量机（Laplacian SVM）
强化学习	策略迭代和值迭代 Q 学习算法和 SARSA 算法
深度学习	自动编码器（AE） 受限玻耳兹曼机（RBM） 深度置信网络（DBN） 卷积神经网络（CNN） 堆栈式自动编码器（stacked auto-encoders） 深度前馈网络 循环神经网络

（1）回归算法。回归算法是试图采用对误差的衡量来探索变量之间关系的一类算法。回归算法是统计机器学习的利器。常见的回归算法包括：最小二乘法（ordinary least square），逻辑回归（logistic regression），逐步式回归（stepwise regression），多元自适应回归样条（multivariate adaptive regression splines）以及本地散点平滑估计（locally estimated scatterplot smoothing）。

（2）正则化方法。正则化方法是其他算法（通常是回归算法）的延伸，根据算法的复杂度对算法进行调整。正则化方法通常对简单模型予以奖励而对复杂算法予以惩罚。常见的算法包括：ridge regression，least absolute shrinkage and selection operator（LASSO），以及弹性网络（elastic net）。

（3）决策树学习。决策树算法根据数据的属性采用树状结构建立决策模型，决策树模型常常用来解决分类和回归问题。常见的算法包括：分类及回归树（classification and regression tree，CART），ID3（iterative dichotomiser 3），C4.5，chi-squared automatic interaction detection（CHAID），decision stump，随机森林（random forest），多元自适应回归样条（MARS）以及梯度推进机（gradient boosting machine，GBM）。

（4）基于实例的算法。基于实例的算法常用于对决策问题建立模型，这样的模型常常先选取一批样本数据，然后根据某些近似性把新数据与样本数据进行比较。通过这种方式来寻找最佳的匹配。因此，基于实例的算法常常也被称为“赢家通吃学习”或者“基于记忆的学习”。常见的算法包括 k-nearest neighbor（KNN），学习矢量量化（learning vector quantization，LVQ），以及自组织映射算法（self-organizing map，SOM）。

（5）贝叶斯方法。贝叶斯方法算法是基于贝叶斯定理的一类算法，主要用来解决分类和回归问题。常见算法包括：朴素贝叶斯算法，平均单依赖估计（averaged onedependence estimators, AODE), 以及 Bayesian belief network (BBN)。

(6) 聚类算法。聚类，就像回归一样，有时候人们描述的是一类问题，有时候描述的是一类算法。聚类算法通常按照中心点或者分层的方式对输入数据进行归并。所有的聚类算法都试图找到数据的内在结构，以便按照最大的共同点将数据进行归类。常见的聚类算法包括 k-Means 算法以及期望最大化算法 (expectation maximization, EM)。

(7) 降低维度算法。像聚类算法一样，降低维度算法试图分析数据的内在结构，不过降低维度算法是以非监督学习的方式试图利用较少的信息来归纳或者解释数据。这类算法可以用于高维数据的可视化或者用来简化数据以便监督式学习使用。常见的算法包括：主成分分析 (principle component analysis, PCA)，偏最小二乘回归 (partial least square regression, PLS)，Sammon 映射，多维尺度 (multi-dimensional scaling, MDS)，投影追踪 (projection pursuit) 等。

(8) 关联规则学习。关联规则学习通过寻找最能够解释数据变量之间关系的规则，来找出大量多元数据集中有用的关联规则。常见算法包括 Apriori 算法和 Eclat 算法等。

(9) 遗传算法 (genetic algorithm)。遗传算法模拟生物繁殖的突变、交换和达尔文的自然选择 (在每一生态环境中适者生存)。它把问题可能的解编码为一个向量，称为个体，向量的每一个元素称为基因，并利用目标函数 (相应于自然选择标准) 对群体 (个体的集合) 中的每一个个体进行评价，根据评价值 (适应度) 对个体进行选择、交换、变异等遗传操作，从而得到新的群体。

遗传算法适用于非常复杂和困难的环境，比如，带有大量噪声和无关数据、事物不断更新、问题目标不能明显和精确地定义，以及通过很长的执行过程才能确定当前行为的价值等。

(10) 人工神经网络。人工神经网络算法模拟生物神经网络，是一类模式匹配算法。通常用于解决分类和回归问题。人工神经网络是机器学习的一个庞大的分支，有几百种不同的算法。重要的人工神经网络算法包括：感知器神经网络 (perceptron neural network)，反向传递 (back propagation)，Hopfield 网络，自组织映射 (self-organizing map, SOM) 等。

(11) 基于核的算法。基于核的算法中最著名的莫过于支持向量机 (SVM) 了。基于核的算法把输入数据映射到一个高阶的向量空间，在这些高阶向量空间里，有些分类或者回归问题能够更容易地解决。常见的基于核的算法包括：支持向量机 (support vector machine, SVM)，径向基函数 (radial basis function, RBF)，以及线性判别分析 (linear discriminate analysis, LDA) 等。

(12) 集成算法。集成算法用一些相对较弱的学习模型独立地就同样的样本进行训练，然后把结果整合起来进行整体预测。集成算法的主要难点在于究竟集成哪些独立的较弱的学习模型以及如何把学习结果整合起来。这是一类非常强大的算法，同时也非常流行。常见的算法包括：boosting，bootstrapped aggregation (bagging)，AdaBoost，堆叠泛化 (stacked generalization, blending)，梯度推进机 (gradient boosting machine, GBM)，随机森林 (random forest)，梯度提升决策树 (gradient boosting decision Tree, GBDT)。

3.3.5 机器学习、数据挖掘及人工智能的关系

机器学习起源于1946年，是一门涉及自学习算法发展的科学。数据挖掘起源于1980年，是一类实用的应用算法（大多是机器学习算法），利用各个领域产出的数据来解决各个领域相关的问题。

人工智能起源于1940年，目的在于开发一个能模拟人类在某种环境下作出反应和行为的系统或软件。由于这个领域极其广泛，人工智能将其目标定义为多个子目标，然后每个子目标都发展成了一个独立的研究分支。主要子目标有：推理、知识表示、自动规划、机器学习、自然语言处理、计算机视觉、机器人学、通用智能或强人工智能等。

机器学习、数据挖掘及人工智能三者间的关系如图3.5所示。机器学习是最为通用的方法，包含在人工智能和数据挖掘内，另外，人工智能强调的内容较为丰富，包含大量的技术领域，而数据挖掘则是结合机器学习技术及数据库管理技术。

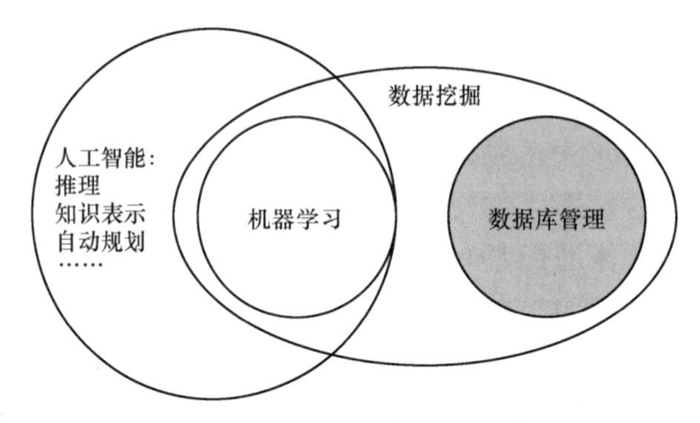

图3.5 机器学习、数据挖掘及人工智能三者间的关系

3.4 几种典型的机器学习方法

3.4.1 决策树

决策树（decision-tree）是一类常见的机器学习方法。决策树思想来源于人的决策过程，是在已知各种情况发生概率的基础上，通过构成决策树来评价项目风险，判断其可行性的决策分析方法，是直观运用概率分析的一种图解法。由于这种决策分支画成图形很像一棵树的枝干，故称决策树。在机器学习中，决策树是一个预测模型，其代表的是对象属性与对象值之间的一种映射关系。

3.4.1.1 决策树算法原理

A 决策树算法基本原理

决策树可看作一个树状预测模型，它是由结点和有向分支组成的层次结构。树中包含3种结点：根结点、内部结点、叶结点。决策树只有一个根结点，包含样本全集。从根结点到每个叶结点的路径对应一个判定测试序列。树中每个内部结点都是一个分裂问题：指定了对实例的某个属性的测试，它将到达该结点的样本按照某个特定的属性进行分割，并且该结点的每一个后继分支对应于该属性的一个可能值。每个叶结点是带有分类标签的数

据集合，即为样本所属的分类。

决策树学习的目的是产生一棵泛化能力强，即处理未见示例能力强的决策树，其基本流程遵循简单且直观的“分而治之”策略。创建决策树的步骤如下：

（1）检测数据集 D 中的每个样本是否属于同一分类 a_i（属性集 $A=\{a_1, a_2, \cdots, a_d\}$）。

（2）如果是，则形成叶结点，跳转到步骤（5）。如果否，则寻找划分数据集的最好特征（3.4.1.2 节将介绍方法）；

（3）依据最好的特征，划分数据集，创建中间结点；

（4）对每一个划分的子集循环步骤（1）、（2）、（3）；

（5）直到所有的最小子集都属于同一类时，即形成叶结点，则决策树建立完成。

显然，决策树的生成是一个递归过程，在决策树基本算法中，有三种情形会导致递归返回：（1）当前结点包含的样本全属于同一类别，无需划分；（2）当前属性集为空，或是所有样本在所有属性上取值相同，无法划分。（3）当前结点包含的样本集合为空，不能划分。在第（2）种情形下，可以把当前结点标记为叶结点，并将其类别设定为该结点所含样本最多的类别；在第（3）种情形下，同样把当前结点标记为叶结点，但将其类别设定为其父结点所含样本最多的类别，注意这两种情形的处理实质不同：情形（2）是在利用当前结点的后验分布，而情形（3）则是把父结点的样本分布作为当前结点的先验分布。

B 决策树算法的特点

决策树算法的优点如下：

（1）决策树易于理解和实现，在学习过程中不需要了解过多的背景知识，其能够直接体现数据的特点，只要通过适当的解释，就能够理解决策树所表达的意义。

（2）速度快，计算量相对较小，且容易转化成分类规则。只要沿着根节点向下一直走到叶结点，沿途分裂条件是唯一且确定的。

决策树算法的缺点则主要是在处理大样本集时，易出现过拟合现象，降低分类的准确性。

3.4.1.2 划分方法选择

决策树形成的关键是如何选择最优划分属性，一般而言，随着划分过程不断进行，希望决策树的分支结点所包含的样本尽可能属于同一类别，即结点的“纯度”越来越高。

A 信息增益与 ID3 决策树

“信息熵”（information entropy）是度量样本集合纯度最常用的一种指标，它是香农于 1948 年提出的用于表征信息量大小与其不确定性之间的关系。假设当前样本集合 D 中共包含 $|Y|$ 类样本，其中，第 k 类样本所占的比例为 $p_k(k=1, 2, \cdots, |Y|)$，则 D 的信息熵定义为

$$\mathrm{Ent}(D) = -\sum_{k=1}^{|Y|} p_k \log_2 p_k \tag{3.1}$$

对于信息熵 $\mathrm{Ent}(D)$，也可以称为信息的凌乱程度，其数值越小，则表示不确定性越小，D 的纯度越高。

假定离散属性 a 有 V 个可能的取值 $\{a^1, a^2, \cdots, a^v\}$，若使用 a 属性来对样本集 D

进行划分，则会产生 V 个分支结点，其中第 v 个分支结点包含了 D 中所有在属性 a 上取值为 a^v 的样本，记为 D^v ，根据式（3.1）计算出 D^v 的信息熵，再考虑到不同的分支结点所包含的样本数不同，给分支结点赋予权重 $\frac{|D^v|}{|D|}$ ，即样本数越多的分支结点的影响越大，于是可计算出用属性 a 对样本集 D 进行划分所获得的“信息增益”（information gain）。

$$\text{Gain}(D, a) = \text{Ent}(D) - \sum_{v=1}^{V} \frac{|D^v|}{|D|} \text{Ent}(D^v) \tag{3.2}$$

一般而言，信息增益越大，则意味着使用属性 a 来进行划分所获得的“纯度提升”越大，因此，可用信息增益来进行决策树的划分属性选择，著名的 ID3 决策树学习算法就是以信息增益为准则来选择划分属性。

B　增益率与 C4.5 决策树

在上面的方法中，如果把数据表中的“编号”作为一个候选划分属性，则根据式（3.2）可计算出它的信息增益接近 1，远大于其他候选划分属性，这很容易理解：N 个“编号”的样本就会产生 N 个分支，每个分支结点仅包含一个样本，这些分支结点的纯度已达最大，然而，这样的决策树显然不具有泛化能力，无法对新样本进行有效预测。

实际上，信息增益准则对可取值数目较多的属性有所偏好，为减少这种偏好可能带来的不利影响，著名的 C4.5 决策树算法不直接使用信息增益，而是使用“增益率”（gain ratio）来选择最优划分属性，采用与式（3.2）相同的符号表示，增益率定义为

$$\text{GainRatio}(D, a) = \frac{\text{Gain}(D, a)}{\text{IV}(a)} \tag{3.3}$$

其中，

$$\text{IV}(a) = -\sum_{v=1}^{V} \frac{|D^v|}{|D|} \times \log_2\left(\frac{|D^v|}{|D|}\right) \tag{3.4}$$

称为属性 a 的“固有值”，属性 a 的可能取值数目越多（即 V 越大），则 $\text{IV}(a)$ 的值通常会越大。

C4.5 算法继承了 ID3 算法的优点，并在以下几方面对 ID3 算法进行了改进。

（1）用信息增益率来选择属性，克服了用信息增益选择属性时偏向选择取值多的属性的不足。

（2）在决策树构造过程中进行剪枝。

（3）能够完成对连续属性的离散化处理。

（4）能够对不完整数据进行处理。

需要注意的是，增益率准则对可取值数目较少的属性有所偏好，因此 C4.5 算法并不是直接选择增益率最大的候选划分属性，而是使用了一个启发式：先从候选划分属性中找出信息增益高于平均水平的属性，再从中选择增益率最高的。

C　基尼指数与分类回归决策树 CART

分类回归决策树 CART（classification and regression tree）最早由 Breiman 等人（1984）提出，在统计领域和数据挖掘技术中普遍使用，CART 决策树是通过引入基尼指数（gini index，GINI，与信息熵的概念相似）、增益 GINI-Gain(D) 作为分支时属性的选择依据。采用与式（3.1）相同的符号，数据集 D 的纯度可用基尼值来度量：

$$\mathrm{Gini}(D)=\sum_{k=1}^{|Y|}\sum_{k'\neq k}p_k p_{k'}=1-\sum_{k=1}^{|Y|}p_k^2 \tag{3.5}$$

直观来说，Gini(D) 反映了从数据集 D 中随机抽取两个样本，其类别标记不一致的概率，因此，Gini(D) 越小，则数据集 D 的纯度越高。

采用与式（3.2）相同的符号表示，属性 a 的基尼指数定义为

$$\mathrm{Gini}_{\mathrm{index}(D,\ a)}=\sum_{v=1}^{V}\frac{|D^v|}{|D|}\mathrm{Gini}(D^v) \tag{3.6}$$

于是，在候选属性集合 A 中，选择那个使得划分后基尼指数最小的属性作为最优划分属性，即 $a_*=\arg\min_{a\in A}\mathrm{Gini\_index}(D,\ a)$。

D　随机森林

随机森林指的是利用多棵决策树（类似一片森林）对样本进行训练并预测的一种分类器。该分类器最早由 Leo Breiman 和 Adele Cutler 提出，并被注册成了商标。在机器学习中，随机森林是一个包含多个决策树的分类器，并且其输出的类别是由个别树输出的类别的众数而定。这个方法则是结合 Breiman 的 "Bootstrap aggregating" 想法和 Ho 的 "random subspace method" 以建造决策树的集合。

3.4.1.3　决策树剪枝

决策树是一种分类器，通过 ID3、C4.5 和 CART 等方法可以通过训练数据构建一个决策树。但是，算法生成的决策树非常详细且庞大，每个属性都被详细地加以考虑，决策树的树叶结点所覆盖的训练样本都是绝对分类的。因此用决策树来对训练样本进行分类时，会发现对于训练样本而言，这个树表现完好，误差率也极低，且能够正确地对训练样本集中的样本进行分类。但是，训练样本中的错误数据也会被决策树学习，成为决策树的部分，并且由于过拟合，对于测试数据的表现并不佳，或者极差。

为解决上述出现的过拟合问题，需要对决策树进行剪枝（pruning）处理，通过主动去掉一些分支来降低过拟合的风险。根据剪枝所出现的时间点不同，分为"预剪枝"（prepruning）和"后剪枝"（post-pruning）。预剪枝是指在决策树生成过程中对每个结点在划分前先进行估计，若当前结点的划分不能带来决策树泛化性能提升，则停止划分并将当前结点标记为叶结点；后剪枝则是先从训练集生成一棵完整的决策树，然后自底向上地对非叶结点进行考察，若将该结点对应的子树替换为叶结点能带来决策树泛化性能提升（常用留出法、交叉验证法和自助法等进行评判），则将该子树替换为叶结点。

两种剪枝方法中，后剪枝应用得较广泛，而前剪枝具有概率性，使树生长过早停止的缺点，因此应用较少。比较常见的后剪枝方法有代价复杂度剪枝 CCP（cost complexity pruning）、错误率降低剪枝 REP（reduced error pruning）、悲观剪枝 PEP（pessimistic error pruning）、最小误差剪枝 MEP（minimum error pruning）等。

3.4.1.4　连续值与缺失值问题

A　连续值处理

前述讨论的都是基于离散属性生成决策树的情况，现实中常会遇到连续属性，如何在决策树学习中使用连续属性？

由于连续属性的可取值数目不再有限，因此，不能直接根据连续属性的可取值来对结

点进行划分，此时，连续属性离散化技术可派上用场，最简单的策略是采用二分法(bipartition)对连续属性进行处理，这正是C4.5决策树算法中采用的机制。

给定样本集D和连续属性a，假定a在D上出现了n个不同的取值，将这些值从小到大进行排序，记为$\{a^1, a^2, \cdots a^n\}$，基于划分点t可将D分为子集D_t^-和D_t^+，其中D_t^-包含那些在属性a上取值不大于t的样本，而D_t^+则包含那些在属性a上取值大于t的样本，显然，对相邻的属性取值a^i和a^{i+1}来说，t在区间$[a^i, a^{i+1})$中取任意值所产生的划分结果相同，因此，对连续属性a，可考察包含$n-1$个元素的候选划分点集合：

$$T_a = \left\{\frac{a^i + a^{i+1}}{2} \mid 1 \leqslant i \leqslant n - 1\right\} \tag{3.7}$$

即把区间$[a^i, a^{i+1})$的中位点$\frac{a^i + a^{i+1}}{2}$作为候选划分点，然后，就可以像离散属性值一样来考察这些划分点，选取最优的划分点进行样本集合的划分，例如，可对式(3.2)稍加改造：

$$\begin{aligned}\mathrm{Gain}(D, a) &= \max_{t \in T_a}\mathrm{Gain}(D, a, t)\\ &= \max_{t \in T_a}\mathrm{Ent}(D) - \sum_{\lambda \in \{-, +\}} \frac{|D_t^\lambda|}{|D|}\mathrm{Ent}(D_t^\lambda)\end{aligned} \tag{3.8}$$

式中，$\mathrm{Gain}(D, a, t)$为样本集D基于划分点t二分后的信息增益，于是，就可选择使$\mathrm{Gain}(D, a, t)$最大化的划分点。

B 缺失值处理

现实中常会遇到不完整样本，即样本的某些属性值缺失，尤其在属性数目较多的情况下，往往会有大量样本出现缺失值。如果简单地放弃不完整样本，仅使用无缺失值的样本来进行学习，显然是对数据信息极大的浪费。

如何考虑利用有缺失属性值的训练样本？需解决两个问题：(1)如何在属性值缺失的情况下进行划分属性选择？(2)给定划分属性，若样本在该属性上的值缺失，如何对样本进行划分？

给定训练集D和属性a，令$\tilde{D}$表示D中在属性a上没有缺失值的样本子集，对问题(1)，显然仅可根据$\tilde{D}$来判断属性a的优劣，假定属性a有V个可取值$\{a^1, a^2, \cdots, a^V\}$，令$\tilde{D}^V$表示$\tilde{D}$中在属性$a$上取值为$a^V$的样本子集，$\tilde{D}_k$表示$\tilde{D}$中属于第$k$类$[k = (1, 2, \cdots, |Y|)]$的样本子集，则显然有$\tilde{D} = \bigcup_{k=1}^{|Y|} \tilde{D}_k$，$\tilde{D} = \bigcup_{v=1}^{V} \tilde{D}^v$，假定为每个样本$x$赋予一个权重$\omega_x$，并定义

$$\rho = \frac{\sum_{x \in \tilde{D}} \omega_x}{\sum_{x \in D} \omega_x} \tag{3.9}$$

$$\tilde{\rho}_k = \frac{\sum_{x \in \tilde{D}_k} \omega_x}{\sum_{x \in \tilde{D}} \omega_x} \quad (1 \leqslant k \leqslant |Y|) \tag{3.10}$$

$$\tilde{r}_v = \frac{\sum_{x \in \tilde{D}^v} \omega_x}{\sum_{x \in \tilde{D}} \omega_x} \qquad (1 \leqslant v \leqslant V) \tag{3.11}$$

直观地看，对于属性 a，ρ 表示无缺失值样本所占的比例，$\tilde{\rho}_k$ 表示无缺失值样本中第 k 类所占的比例，$\tilde{r}_v$ 则表示无缺失值样本中在属性 a 上取值 a^V 的样本所占的比例，显然，$\sum_{k=1}^{|Y|} \tilde{\rho}_k = 1$，$\sum_{v=1}^{V} \tilde{r}_v = 1$。

基于上述定义，可将信息增益的计算式（3.2）推广为

$$\begin{aligned} \text{Gain}(D, a) &= \rho \times \text{Gain}(\tilde{D}, a) \\ &= \rho \times \left[\text{Ent}(\tilde{D}) - \sum_{v=1}^{V} \tilde{r}_v \text{Ent}(\tilde{D}^v) \right] \end{aligned} \tag{3.12}$$

式中，$\text{Ent}(\tilde{D}) = -\sum_{k=1}^{|Y|} \tilde{p}_k \log_2 \tilde{p}_k$

对问题（2），若样本 x 在划分属性 a 上的取值已知，则将 x 划入与其取值对应的子结点，且样本权值在子结点中保持为 ω_x。若样本 x 在划分属性 a 上的取值未知，则将 x 同时划入所有子结点，且样本权值在与属性值 a^V 对应的子结点中调整为 $\tilde{r}_v \cdot \omega_x$，这就是让同一个样本以不同的概率划入到不同的子结点中去。C4.5 算法使用了这种解决方案。

除信息增益、增益率、基尼指数之外，人们还设计了许多其他的准则用于决策树划分选择，然而有实验研究表明，这些准则虽然对决策树的尺寸有较大影响，但对泛化性能的影响很有限，对信息增益和基尼指数进行的理论分析也显示出，它们仅在 2%的情况下会有所不同，决策树剪枝策略中剪枝方法和程度对决策树泛化性能的影响相当显著，有实验研究表明，在数据带有噪声时通过剪枝甚至可将决策树的泛化性能提高 25%。

3.4.2 支持向量机

3.4.2.1 支持向量机概述

支持向量机（support vector machine，SVM）是近年来受到广泛关注的一类机器学习算法，以统计学习理论（statistical learning theory，SLT）为基础，由 Corinna Cortes 和 Vapnik 等人于 1995 年首先提出的，它在解决小样本，非线性及高维模式识别中表现出许多特有的优势，并能够推广应用到函数拟合等其他机器学习问题中。支持向量机可以分析数据、识别模式、分类和回归分析。

支持向量机算法在解决小样本模式识别中具有较强优势，这里的小样本并不是说样本的绝对数量少，而是说与问题的复杂度相比，SVM 要求的样本数是相对比较少的。实际上，对大部分分类回归算法来说，更多的样本总是能带来更好的效果。SVM 算法擅长应对样本数据线性不可分的情况，主要通过引用核函数技术来实现。

支持向量机将向量映射到一个更高维的空间中，在这个空间中建立一个最大间隔的超平面。在分开数据的超平面的两边建有两个互相平行的临界超平面，建立方向合适的分隔

超平面将使两个与之平行的超平面间的距离最大化。其假定为，平行超平面间的距离或差距越大，分类器的总误差越小。

所以，支持向量机主要有以下几方面的优点。

（1）算法专门针对有限样本设计，其目标是获得现有信息下的最优解，而不是样本趋于无穷时的最优解。

（2）算法最终转化为求解一个二次凸规划问题，因而能求得理论上的全局最优，解决了一些传统方法无法避免的局部极值问题。

（3）将实际问题通过非线性变换映射到高维特征空间中，在高维特征空间中构造线性最佳逼近来解决原空间中的非线性逼近问题。这一特殊性质保证了学习机器具良好的泛化能力，同时巧妙地解决了维数灾难问题，特别值得注意的是支持向量机算法复杂性与数据维数无关。

3.4.2.2 支持向量机算法及推导

A 支持向量和间隔

支持向量机是一种通用机器学习算法，是统计学习理论的一种实现方法，其能够较好地实现结构风险最小化思想。将输入向量映射到一个高维的特征空间中，并在该特征空间中构造最优分类面，能够避免在多层前向网络中无法克服的一些缺点，并且理论证明了：当选用合适的映射函数时，大多数输入空间线性不可分的问题在特征空间可以转化为线性可分问题来解决。但是，在低维输入空间向高维特征空间映射过程中，由于空间维数急速增长，这使得在大多数情况下难以直接在特征空间直接计算最佳分类平面。支持向量机通过定义核函数（kernel function），巧妙地利用原空间的核函数取代高维特征空间中的内积运算，即 $k(x_i, x_j)=\varphi(x_i)\cdot\varphi(x_j)$，避免了维数灾难。具体做法为，通过非线性映射把样本向量映射到高维特征空间，在特征空间中，维数足够大，使得原空间数据具有线性关系，再在特征空间中构造线性最优决策函数，如图 3.6 所示。

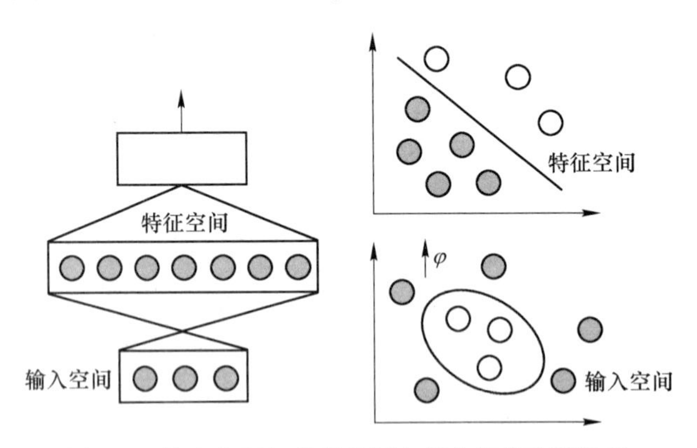

图 3.6 输入空间与高维特征空间之间的映射关系

支持向量机具有坚实的数学理论基础，是专门针对小样本学习问题提出的。从理论上来说，由于采用了二次规划寻优，因而可以得到全局最优解，解决了在神经网络中无法避免的局部极小问题。由于采用了核函数，巧妙地解决了维数问题，使得算法复杂度与样本维数无关，非常适合于处理非线性问题。另外，支持向量机应用了结构风险最小化原则，因而支持向量机具有非常好的推广能力。

给定训练样本集 $D=\{(x_1, y_1), (x_2, y_2), \cdots, (x_m, y_m)\}$，$y_i \in \{-1, +1\}$，分类学习最基本的想法就是基于训练集 D 在样本空间中找到一个划分超平面，将不同类别的样本分开。但能将训练样本分开的划分超平面可能有很多，如图 3.7 所示，但是哪一个才是最优的呢，应该选择哪一个呢？

直观上看，应该去找位于两类训练样本“正中间”的划分超平面，即图 3.7 中最中间较粗的那个，因为该划分超平面对训练样本局部扰动的“容忍”性最好。例如，由于训练集的局限性或噪声的因素，训练集外的样本可能比图 3.7 中的训练样本更接近两个类的分割界，这将使许多划分超平面出现错误，而中间粗线的超平面受影响最小。换言之，这个划分超平面所产生的分类结果是最鲁棒的，对未见示例的泛化能力最强。

在样本空间中，划分超平面可通过如下线性方程来描述。

$$\boldsymbol{w}^{\mathrm{T}}\boldsymbol{x}+b=0 \tag{3.13}$$

式中，$\boldsymbol{w}^{\mathrm{T}}=(w_1; w_2; \cdots; w_n)$ 为法向量，决定了超平面的方向；b 为位移项，是一个标量常数，决定了超平面与原点之间的距离。显然，划分超平面可被法向量 $\boldsymbol{w}$ 和位移项 b 确定，下面将其记为 $(\boldsymbol{w}, b)$。样本空间中任意点 x_i 到超平面 $(\boldsymbol{w}, b)$ 的距离可写为

$$r=\frac{|\boldsymbol{w}^{\mathrm{T}}\boldsymbol{x}_i+b|}{\|\boldsymbol{w}\|} \tag{3.14}$$

式中，$\|\bullet\|$ 为二范数。假设，超平面 $(\boldsymbol{w}, b)$ 能将训练样本正确分类，即对于 $(\boldsymbol{x}_i, y_i)\in D$，若 $y_i=+1$，则有 $\boldsymbol{w}^{\mathrm{T}}\boldsymbol{x}_i+b>0$；若 $y_i=-1$，则有 $\boldsymbol{w}^{\mathrm{T}}\boldsymbol{x}_i+b<0$。

如图 3.8 所示，令：

$$\begin{cases}\boldsymbol{w}^{\mathrm{T}}\boldsymbol{x}_i+b\geqslant 1, & 当\ y_i=+1\\ \boldsymbol{w}^{\mathrm{T}}\boldsymbol{x}_i+b\leqslant -1, & 当\ y_i=-1\end{cases} \tag{3.15}$$

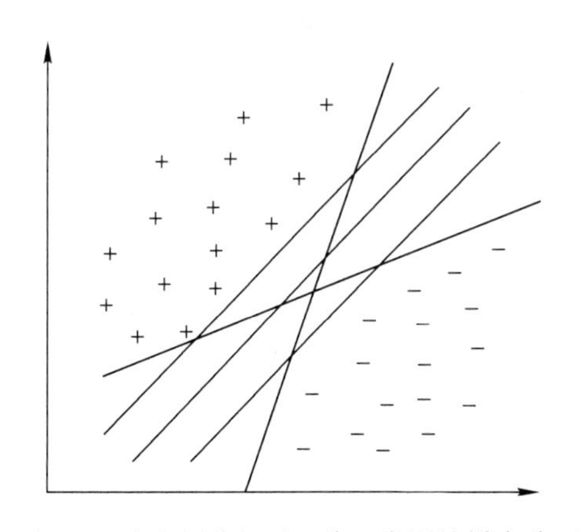

图 3.7　多个划分超平面将两类训练样本分开

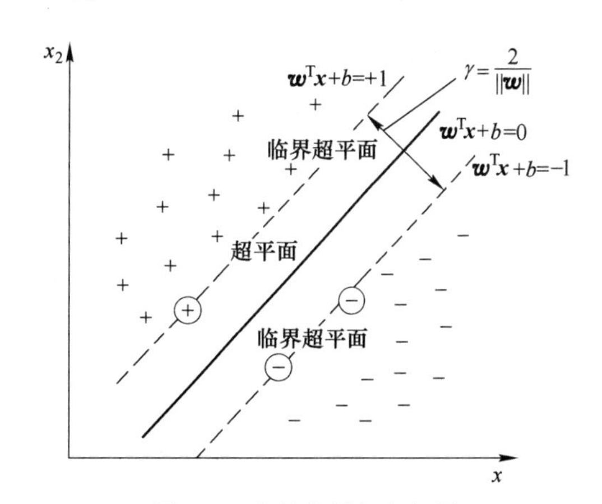

图 3.8　支持向量机与间隔

距离超平面最近的这几个训练样本点，也就是位于临界超平面上的点，使式 (3.15) 的等号成立，它们被称为“支持向量（support vector）”，两个异类支持向量到超平面的距离之和为：

$$\gamma=\frac{2}{\|\boldsymbol{w}\|} \tag{3.16}$$

$$\text{s.t}\quad y_i(\boldsymbol{w}^{\mathrm{T}}\boldsymbol{x}_i+b)\geqslant 1,\quad i=1,2,\cdots,m$$

式中，r 为“间隔”（margin）；s. t. 为满足某种条件；m 为样本数；$y_i(\boldsymbol{w}^{\mathrm{T}}\boldsymbol{x}_i+b)\geqslant 1$ 是对式（3.15）的一个变形，同样也可以用式（3.15）表示。

欲找到具有“最大间隔”的划分超平面，也就是要找到能满足式（3.15）中约束的参数 $\boldsymbol{w}$ 和 b，使得 γ 最大，则仅需最大化 $\|\boldsymbol{w}\|^{-1}$，这等价于最小化 $\|\boldsymbol{w}\|^2$，所以得到：

$$\min_{\boldsymbol{w},b}\frac{1}{2}\|\boldsymbol{w}\|^2 \tag{3.17}$$

$$\text{s.t.}\quad y_i(\boldsymbol{w}^{\mathrm{T}}\boldsymbol{x}_i+b)\geqslant 1,\ i=1,2,\cdots,m$$

这是支持向量机（SVM）的基本型。

B 对偶问题

希望求解式（3.17）来得到最大间隔划分超平面所对应的模型，令：

$$f(\boldsymbol{x})=\boldsymbol{w}^{\mathrm{T}}\boldsymbol{x}+b \tag{3.18}$$

式中，$\boldsymbol{w}$和 b 为模型参数。

注意到式（3.17）本身是一个凸二次规划问题，能直接用现成的优化计算方法求解，也可通过如下的拉格朗日乘子法进行高效求解。拉格朗日乘子法（Lagrange multiplier）和 KKT（karush-kuhn-tucker）条件是求解约束优化问题的重要方法，在有等式约束时使用拉格朗日乘子法，在有不等约束时使用 KKT 条件。前提是只有当目标函数为凸函数时，使用这两种方法才保证求得的是最优解。具体来说，对式（3.17）的每条约束添加拉格朗日乘子 $C\geqslant\alpha_i\geqslant 0$，其中 C 为惩罚系数，由用户自己设定。该问题的拉格朗日函数可写为

$$L(\boldsymbol{w},b,\boldsymbol{\alpha})=\frac{1}{2}\|\boldsymbol{w}\|^2+\sum_{i=1}^{m}\alpha_i[1-y_i(\boldsymbol{w}^{\mathrm{T}}\boldsymbol{x}_i+b)] \tag{3.19}$$

式中，$\boldsymbol{\alpha}=(\alpha_1;\alpha_2;\cdots;\alpha_m)$。此时求取 $L(\boldsymbol{w},b,\boldsymbol{\alpha})$ 的极大值，就是式（3.17）的极小值。

为了求取极值，令 $L(\boldsymbol{w},b,\boldsymbol{\alpha})$ 对 $\boldsymbol{w}$ 和 b 的偏导为零可得：

$$\boldsymbol{w}=\sum_{i=1}^{m}\alpha_i y_i\boldsymbol{x}_i \tag{3.20}$$

$$0=\sum_{i=1}^{m}\alpha_i y_i \tag{3.21}$$

将式（3.20）和式（3.21）代入式（3.19）中，即可将 $L(\boldsymbol{w},b,\boldsymbol{\alpha})$ 中的 $\boldsymbol{w}$ 和 b 消去，就得到式（3.18）极值的另一种表示形式，也就得到了其对偶问题（任何一个求极大值的问题都有一个求极小化的问题与之对应，反之亦然）的表达形式：

$$\max_{a}\left(\sum_{i=1}^{m}\alpha_i-\frac{1}{2}\sum_{i=1}^{m}\sum_{j=1}^{m}\alpha_i\alpha_j y_i y_j\boldsymbol{x}_i^{\mathrm{T}}\boldsymbol{x}_j\right) \tag{3.22}$$

$$\text{s.t.}\quad \sum_{i=1}^{m}a_i y_i=0,$$

$$\alpha_i\geqslant 0,\quad i=1,2,\cdots,m$$

解出 $\boldsymbol{\alpha}$ 后，求出 $\boldsymbol{w}$ 和 b，即可得到模型

$$f(\boldsymbol{x})=\boldsymbol{w}^{\mathrm{T}}\boldsymbol{x}+b=\sum_{i=1}^{m}\alpha_i y_i\boldsymbol{x}_i^{\mathrm{T}}\boldsymbol{x}+b \tag{3.23}$$

从对偶问题式（3.22）中解得的 α_i 是拉格朗日的乘子，它与训练样本相对应。式（3.17）中的约束，对于求解 α_i 的过程中同样需要满足，从而求解过程需要满足 KKT 条件为

$$\begin{cases}\alpha_i \geqslant 0 \\ y_i f(\boldsymbol{x}_i) - 1 \geqslant 0 \\ \alpha_i[y_i f(\boldsymbol{x}_i) - 1] = 0\end{cases} \tag{3.24}$$

对于任意训练样本 $(\boldsymbol{x}_i, y_i)$，总有 $\alpha_i = 0$ 或者 $y_i f(\boldsymbol{x}_i) = 1$。若 $\alpha_i = 0$，则该样本将不会在式（3.23）的求和中出现，也不会对 $f(\boldsymbol{x})$ 有任何的影响；若 $\alpha_i > 0$，则必有 $y_i f(\boldsymbol{x}_i) = 1$，对应的样本是位于临界超平面上的点，此处的点的属性值 $\boldsymbol{x}_i$ 也就被称为支持向量。可以看出训练时，仅有位于临界超平面的点对训练的模型有影响。

C　SMO 法

如何求解式（3.22）（即求解 $\boldsymbol{\alpha}$）？式（3.22）是一个二次规划问题，可使用通用的二次规划算法来求解；然而，该问题的规模正比于训练样本数，这会在实际任务中造成很大的开销. 为了避开这个障碍，人们通过利用问题本身的特性，提出了很多高效算法，1998 年，Platt 提出的序列最小最优化算法（sequential minimal optimization，SMO）是其中一个著名的代表。

SMO 可以高效地解决上述求解 $\boldsymbol{\alpha}$ 的问题，它将原本求解 m 个参数的二次规划问题分解为很多个子二次规划分别进行求解，每个问题只需要求解两个参数即可，节省了计算时间，且降低了内存需求。从前面的求解可知 $\boldsymbol{\alpha}$ 的形式是一个包含大量 0 的向量，向量中同时存在部分 α_i 不为 0，这些 α_i 对应的样本则是位于临界超平面上。这些点代入式 $y_i(\boldsymbol{w}^{\mathrm{T}}\boldsymbol{x}_i + b) = 1$ 中等号必然成立，但是不能作为求解 $\boldsymbol{w}$ 和 b 的充分必要条件。

下面对其进行详细的介绍。

依据式（3.21）可知，当假设某一个 α_i 未知，α_i 外的其他变量为固定值时，可通过式（3.21）直接算出 α_i。此时，假设选择两个 α_a 和 α_b 参数，且其他 α_i 固定，$a_a y_a + a_b y_b = \mathrm{Con}$。其中，Con 为常数，$0 < a, b < m$。在编写程序时，上述表述的寓意是指需要对 $\boldsymbol{\alpha}$ 初始值进行设置且设置的初始值满足约束要求，之后，依据 $\boldsymbol{\alpha}$ 初始值计算出 b 的初始值，然后再根据 SMO 方法进行迭代求解。

为了更好地理解，假设选择 α_1 和 α_2 作为可变的参数，也就是要对 α_1 和 α_2 在原有值的基础上进行一次迭代，从而进一步优化，类似于三维曲面上求极值点（两个值为变量，其他值为固定值，求目标函数的极值）。其他参数 $\alpha_3, \alpha_4, \cdots, \alpha_n$ 为固定参数，可将目标函数式（3.22）化简为只包含 α_1 和 α_2 的二元函数，化简后如下：

$$\max[\varphi(\alpha_1, \alpha_2)] = \max(\alpha_1 + \alpha_2 - \frac{1}{2}k_{11}\alpha_1^2 - \frac{1}{2}k_{22}\alpha_2^2 - y_1 y_2 k_{12}\alpha_1\alpha_2 - y_1 v_1 \alpha_1 - y_2 v_2 \alpha_2 - \Delta) \tag{3.25}$$

式中，$v_i = \sum_{j=3}^{m} \alpha_j y_j k_{ij}$，$i = 1, 2$；$k_{ij} = \boldsymbol{x}_i^{\mathrm{T}}\boldsymbol{x}_j$，$i = 1, 2$，$j = 3, 4, \cdots, n$；$\alpha_1 y_1 + \alpha_2 y_2 = \boldsymbol{\Delta}$。

将 $\alpha_1 y_1 + \alpha_2 y_2 = \Delta$ 转换为 $\alpha_1 = \dfrac{\Delta - \alpha_2 y_2}{y_1}$，并代入式（3.25）中，则得到一个仅关于 α_2 的一元函数，由于在求极值过程中，常数项不影响求解，因此式（3.26）中将省略 Δ

项，得到：

$$\max[\varphi(\alpha_2)] = \max\Big[(\Delta - \alpha_2 y_2)y_1 + \alpha_2 - \frac{1}{2}k_{11}(\Delta - \alpha_2 y_2)^2 - \frac{1}{2}k_{22}\alpha_2^2 - y_2 k_{12}(\Delta - \alpha_2 y_2)\alpha_2 - v_1(\Delta - \alpha_2 y_2) - y_2 v_2 \alpha_2\Big] \tag{3.26}$$

式（3.26）为仅关于 α_2 的函数，对式（3.26）求导并令其为 0 得：

$$\frac{\partial\varphi(\alpha_2)}{\partial\alpha_2} = 1 - (k_{11} + k_{22} - 2k_{12})\alpha_2 + k_{11}\Delta y_2 - k_{12}\Delta y_2 - y_1 y_2 + v_1 y_2 - v_2 y_2 = 0 \tag{3.27}$$

由式（3.26）计算求得 α_2 的解，代回 $\alpha_1 = \dfrac{\Delta - \alpha_2 y_2}{y_1}$ 可得 α_1 的解，分别标记为 α_{new1} 和 α_{new2}，可假设优化前的解为 α_{old1} 和 α_{old2}，由于满足约束等式（3.21），因此：

$$\alpha_{\text{old1}} y_1 + \alpha_{\text{old2}} y_2 = -\sum_{i=3}^{n}\alpha_i y_i = \alpha_{\text{new1}} y_1 + \alpha_{\text{new2}} y_2 = \Delta \tag{3.28}$$

依据原有的 α 和 b 的值，可计算出此时样本 $\boldsymbol{x}_i$ 对应的预测值为 $f(\boldsymbol{x}_i)$，y_i 表示 $\boldsymbol{x}_i$ 样本的真实值，定义 E_i 表示预测值与真实值之间的差值：

$$E_i = f(\boldsymbol{x}_i) - y_i \tag{3.29}$$

由于 $v_i = \sum_{j=3}^{m}\alpha_j y_j k_{ij}$，$i = 1，2$，因此：

$$v_1 = f(\boldsymbol{x}_1) - \sum_{j=1}^{2}\alpha_j y_j k_{1j} - b \tag{3.30}$$

$$v_2 = f(\boldsymbol{x}_2) - \sum_{j=1}^{2}\alpha_j y_j k_{2j} - b \tag{3.31}$$

将式（3.28）、式（3.30）、式（3.31）代入式（3.27）中，由于此时 α_{new2} 未考虑约束，因此标记为 $\alpha_{\text{new,un2}}$，化简得：

$$(k_{11} + k_{22} - 2k_{12})\alpha_{\text{new,un2}} = (k_{11} + k_{22} - 2k_{12})\alpha_{\text{old2}} + y_2[y_2 - y_1 + f(\boldsymbol{x}_1) - f(\boldsymbol{x}_2)] \tag{3.32}$$

将式（3.29）代入式（3.32）中，得：

$$\alpha_{\text{new,un2}} = \alpha_{\text{old2}} + \frac{y_2(E_1 - E_2)}{\boldsymbol{\eta}} \tag{3.33}$$

式中，$\boldsymbol{\eta} = k_{11} + k_{22} - 2k_{12}$。

上述求解未考虑的约束条件包括：

$$\begin{cases} 0 \leqslant \alpha_1，\alpha_2 \leqslant C \\ \alpha_1 y_1 + \alpha_2 y_2 = \Delta \end{cases}$$

在二维平面上直观地表达上述两个约束条件，如图 3.9 所示，其中 k 可根据 y_1、y_2 和 Δ 求出。

最优解必须在方框内，且在直线上取得，可定义 $L \leqslant \alpha_{\text{new2}} \leqslant H$。

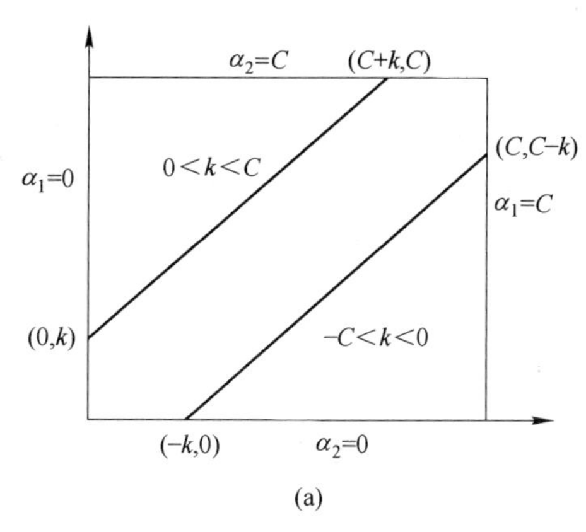

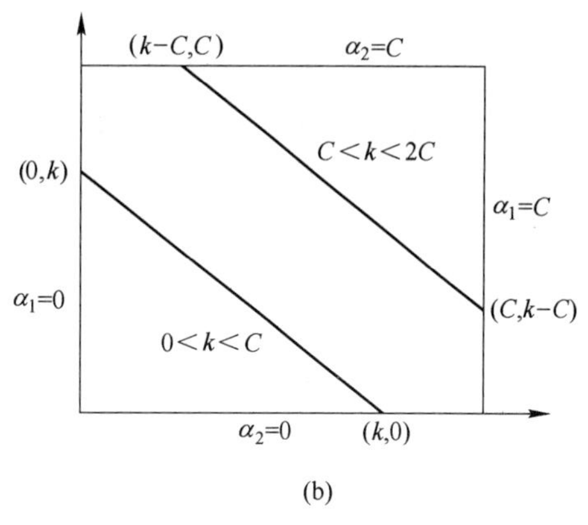

图 3.9　k 值求解参考示意图

（a） $y_1 \neq y_2 \Rightarrow \alpha_1 - \alpha_2 = k$；（b） $y_1 = y_2 \Rightarrow \alpha_1 + \alpha_2 = k$

当 $y_1 \neq y_2$ 时，$L = \max(0,\ \alpha_{\text{old2}} - \alpha_{\text{old1}})$；$H = \min(C,\ C + \alpha_{\text{old2}} - \alpha_{\text{old1}})$；

当 $y_1 = y_2$ 时，$L = \max(0,\ \alpha_{\text{old2}} + \alpha_{\text{old1}} - C)$；$H = \min(C,\ \alpha_{\text{old2}} + \alpha_{\text{old1}})$。

经过约束后，得到的最优解可记为 α_{new2}：

$$\alpha_{\text{new2}} = \begin{cases} H, & \alpha_{\text{new, un2}} > H \\ \alpha_{\text{new, un2}}, & L \leqslant \alpha_{\text{new, un2}} \leqslant H \\ L, & \alpha_{\text{new, un2}} < L \end{cases}$$

依据式（3.28）可得 a_{new1} 的求解公式：

$$\alpha_{\text{new1}} = \alpha_{\text{old1}} + y_1 y_2 (\alpha_{\text{old2}} - \alpha_{\text{new2}})$$

对式（3.26）求二阶导数，依据二阶导数值，可知函数的极大值状况。式（3.26）的二阶导数恰好为 $\boldsymbol{\eta} = k_{11} + k_{22} - 2k_{12}$。

（1）当 $\boldsymbol{\eta} < 0$ 时，目标函数没有极小值，极值在定义域的边界处取得。

（2）当 $\boldsymbol{\eta} = 0$ 时，目标函数为单调函数，极值在定义域的边界处取得。

D　偏移项 b 的计算

每完成两个变量的优化后，对 b 值进行一次更新，因为 b 的值同样关系到 $f(\boldsymbol{x})$ 的计算，从而关系到 E_i 的计算。

如果 $0 < \alpha_{\text{new1}} < C$，由 KKT 条件可知，此时必须满足 $y_1(\boldsymbol{w}^{\mathrm{T}}\boldsymbol{x}_1 + b) = 1$，将其两边同时乘以 y_1 变形为

$$\sum_{i=1}^{m} \alpha_i y_i k_{i1} + b = y_1$$

从而得到：

$$b_{\text{new1}} = y_1 - \sum_{i=3}^{m} \alpha_i y_i k_{i1} - \alpha_{\text{new1}} y_1 k_{11} - \alpha_{\text{new2}} y_2 k_{21} \tag{3.34}$$

结合式（3.29），可得：

$$y_1 - \sum_{i=3}^{m} \alpha_i y_i k_{i1} = -E_1 + \alpha_{\text{old1}} y_1 k_{11} + \alpha_{\text{old2}} y_2 k_{21} + b_{\text{old}} \tag{3.35}$$

将式（3.35）代入式（3.34）中，得：

$$b_{new1} = -E_1 - y_1 k_{11}(\alpha_{new1} - \alpha_{old1}) - y_2 k_{21}(\alpha_{new2} - \alpha_{old2}) + b_{old} \tag{3.36}$$

同理，如果 $0 < \alpha_{new2} < C$，则：

$$b_{new2} = -E_2 - y_1 k_{12}(\alpha_{new1} - \alpha_{old1}) - y_2 k_{22}(\alpha_{new2} - \alpha_{old2}) + b_{old} \tag{3.37}$$

由于上述的推导假设 $0 < \alpha_{new1} < C$ 和 $0 < \alpha_{new2} < C$，也就意味着求出的编号为 1 和 2 的样本在临界超平面上，对应求出的 b_{new1} 和 b_{new2} 即为超平面的 b_{new}，三者满足 $b_{new} = b_{new1} = b_{new2}$。

如果同时不满足 $0 < \alpha_{new1} < C$ 和 $0 < \alpha_{new2} < C$，选择 b_{new1} 和 b_{new2} 的中值作为 b_{new} 的取值。因为并不知道最优的 b_{new} 是更偏向于 b_{new1} 或者 b_{new2}，类似于在区间 $[b_{new1}, b_{new2}]$ 求解最优的 b_{new}（当然 b_{new} 有可能不在此区间内），此时需要采用一定的方式逼近最优的 b_{new}，取中值的做法则类似于数值最优化方法中的二分法优化方法。

以上就完成了对 α_1、α_2 和 b 的一次更新，循环多次得到取得极值点时的 α_1、α_2 和 b，然后再选择另外两个 α_i 参数，进行 α_i 和 b 的更新，直到所有 α_i 和 b 更新至满足终止条件，如更新次数达到设定值、推导的模型满足一定的误差率等。通过已经得到的 α，利用式（3.20）可直接得到 $\boldsymbol{w}$，即得到了式（3.18）的 SVM 算法模型。

3.4.2.3 支持向量机核函数

在前面的讨论中，假设训练样本是线性可分的，即存在一个划分超平面能将训练样本正确分类。然而在现实任务中，原始样本空间中也许并不存在一个能正确划分两类样本的超平面。例如，图 3.10 中的“异或”问题就不是线性可分的。

对这样的问题，可将样本从原始空间映射到一个更高维的特征空间中，使得样本在这个特征空间内线性可分。在图 3.10 中，若将原始的二维空间映射到一个合适的三维空间中，就能找到一个合适的划分超平面。

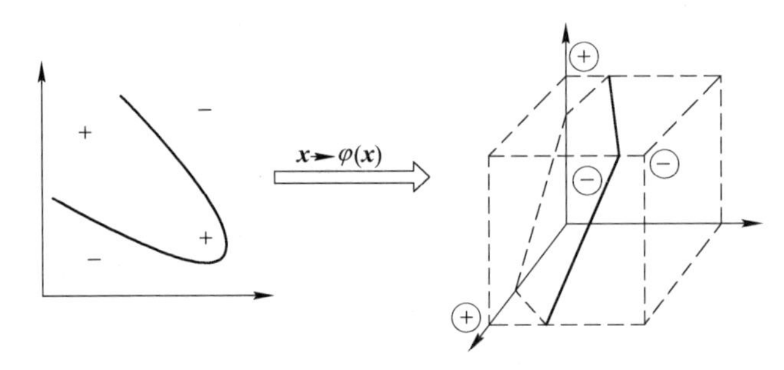

图 3.10 异或问题与非线性映射

令 $\varphi(\boldsymbol{x})$ 表示将 $\boldsymbol{x}$ 映射后的特征向量，于是在特征空间中划分超平面所对应的模型可表示为

$$f(\boldsymbol{x}) = \boldsymbol{w}^{T}\varphi(\boldsymbol{x}) + b \tag{3.38}$$

式中，$\boldsymbol{w}$ 和 b 是模型参数。类似式（3.17），有

$$\min_{\boldsymbol{w},b} \frac{1}{2}\|\boldsymbol{w}\|^2 \tag{3.39}$$

$$\text{s.t.} \quad y_i[\boldsymbol{w}^{T}\varphi(\boldsymbol{x}_i) + b] \geqslant 1, \quad i = 1, 2, \cdots, m$$

直接求解映射到特征空间之后的关系式是困难的，其对偶问题的目标函数为

$$\max_{a}\sum_{i=1}^{m}\alpha_i-\frac{1}{2}\sum_{i=1}^{m}\sum_{j=1}^{m}\alpha_i\alpha_jy_iy_j\varphi(\boldsymbol{x}_i)^{\mathrm{T}}\varphi(\boldsymbol{x}_j) \tag{3.40}$$

$$\text{s.t.}\quad \sum_{i=1}^{m}\alpha_iy_i=0,$$

$$\alpha_i\geqslant 0,\ i=1,\ 2,\ \cdots,\ m$$

式中，$\boldsymbol{\alpha}$ 为每条约束添加的拉格朗日乘子，$\boldsymbol{\alpha}=(\alpha_1,\ \alpha_2,\ \cdots,\ \alpha_m)$，$\alpha_i\geqslant 0$。

由于求解 $\varphi(\boldsymbol{x}_i)^{\mathrm{T}}\varphi(\boldsymbol{x}_j)$ 是困难的，因此设想这样的一个函数：

$$\kappa(\boldsymbol{x}_i,\ \boldsymbol{x}_j)=\varphi(\boldsymbol{x}_i)^{\mathrm{T}}\varphi(\boldsymbol{x}_j) \tag{3.41}$$

即，$\boldsymbol{x}_i$ 和 $\boldsymbol{x}_j$ 在特定空间中的内积等于它们在原始空间中通过函数 $\kappa(\cdot,\cdot)$ 计算的结果，有了这样的函数，就不用去直接计算高维特征空间甚至无穷维空间中的内积。这里的函数 $\kappa(\cdot,\cdot)$ 就是“核函数”。于是，式（3.40）可重写为

$$\max_{a}\sum_{i=1}^{m}\alpha_i-\frac{1}{2}\sum_{i=1}^{m}\sum_{j=1}^{m}\alpha_i\alpha_jy_iy_j\kappa(\boldsymbol{x}_i,\ \boldsymbol{x}_j) \tag{3.42}$$

$$\text{s.t.}\quad \sum_{i=1}^{m}\alpha_iy_i=0,$$

$$\alpha_i\geqslant 0,\ i=1,\ 2,\ \cdots,\ m$$

求解后即可得到，

$$\begin{aligned} f(\boldsymbol{x}) &= \boldsymbol{w}^{\mathrm{T}}\varphi(\boldsymbol{x})+b \\ &= \sum_{i=1}^{m}\alpha_iy_i\varphi(\boldsymbol{x}_i)^{\mathrm{T}}\varphi(\boldsymbol{x})+b \\ &= \sum_{i=1}^{m}\alpha_iy_i\kappa(\boldsymbol{x}_i,\ \boldsymbol{x})+b \end{aligned} \tag{3.43}$$

什么样的函数能做核函数？核函数定理表明，只要一个对称函数所对应的核矩阵半正定，它就能作为核函数使用，事实上，对于一个半正定核矩阵，总能找到一个与之对应的映射，换言之，任何一个核函数都隐式地定义了一个称为“再生核希尔伯特空间”（reproducing kernel Hilbert space，RKHS）的特征空间。

通过前面的学习可知，我们希望样本在特征空间内线性可分，因此特征空间的好坏对支持向量机的性能至关重要，需注意的是，在不知道特征映射的形式时，并不知道什么样的核函数是合适的，而核函数也仅是隐式地定义了这个特征空间，于是，“核函数选择”成为支持向量机的最大变数，若核函数选择不合适，则意味着将样本映射到了一个不合适的特征空间，很可能导致性能不佳。

常用的核函数有：

（1）线性核函数：$\kappa(\boldsymbol{x}_i,\ \boldsymbol{x}_j)=\boldsymbol{x}_i^{\mathrm{T}}\boldsymbol{x}_j$。

（2）多项式核函数：$\kappa(\boldsymbol{x}_i,\ \boldsymbol{x}_j)=[(\boldsymbol{x}_i^{\mathrm{T}}\boldsymbol{x}_j)+1]^q$。

（3）高斯核函数：$\kappa(\boldsymbol{x}_i,\ \boldsymbol{x}_j)=\exp\left(-\frac{\|\boldsymbol{x}_i-\boldsymbol{x}_j\|^2}{g^2}\right)$。

（4）Sigmoid 核函数：$\kappa(\boldsymbol{x}_i,\ \boldsymbol{x}_j)=\tanh[\boldsymbol{\beta}(\boldsymbol{x}_i^{\mathrm{T}}\boldsymbol{x}_j)+c]$。

（5）径向基核函数：$\kappa(\boldsymbol{x}_i,\ \boldsymbol{x}_j)=\exp(-\boldsymbol{\gamma}\|\boldsymbol{x}_i-\boldsymbol{x}_j\|^2)$，$\boldsymbol{\gamma}>0$。

式中，q、g、$\boldsymbol{\beta}$、c、r 为核参数，虽然 Sigmoid 核不是正定核，但在实际应用中发现它很有

效。高斯核的泛化性能好，因此是目前使用最广泛的核函数。

3.4.2.4 改进的支持向量机算法

支持向量机（SVM）是数据分类的强大工具，传统的标准 SVM 求解一个二次规划问题，往往速度很慢和存在维数灾难，而且计算复杂度高，为保证一定的学习精度和速度，介绍在处理不等式约束时用等式约束代替求解的最小二乘支持向量机算法（least square support vector machine，LSSVM）。

最小二乘支持向量机（LSSVM）是 Suykens 和 Vandewalb 在 1999 年提出的一种支持向量机变形算法。最小二乘算法在数学中通常代表分量差的平方和，两位学者按照最小二乘的公式形式将支持向量机的优化公式进行变形以期望得到更好的结果。

首先建立如下分类问题求解方程：

$$\min_{\boldsymbol{w},b,e} F(\boldsymbol{w},b,\boldsymbol{e}) = \frac{1}{2}\boldsymbol{w}^{\mathrm{T}}\boldsymbol{w} + \frac{1}{2}\gamma\sum_{i=1}^{m} e_i^2 \tag{3.44}$$

式中，$\boldsymbol{e} = [e_1, e_2, \cdots, e_m]$ 为偏差向量；γ 为权重，人为设定的参数，用于平衡寻找最优超平面时偏差量的影响大小。式（3.44）满足等价约束条件：

$$y_i[\boldsymbol{w}^{\mathrm{T}}\varphi(\boldsymbol{x}_i) + b] = 1 - e_i,\ i = 1,\ 2,\ \cdots,\ m \tag{3.45}$$

根据式（3.45）可知 e_i 的物理含义，当样本 $\boldsymbol{x}_i$ 位于两个临界超平面外时，e_i 为负数，表示的物理含义为样本 $\boldsymbol{x}_i$ 到最近的临界超平面距离的负数；当样本 $\boldsymbol{x}_i$ 位于两个临界超平面内时，e_i 为正数，表示的物理含义为样本 $\boldsymbol{x}_i$ 到最近的临界超平面距离。

定义拉格朗日函数，求解该函数的最大值条件，即为式（3.44）的极小值条件，拉格朗日函数为

$$L(\boldsymbol{w},\ b,\ \boldsymbol{e},\ \boldsymbol{\alpha}) = F(\boldsymbol{w},\ b,\ \boldsymbol{e}) - \sum_{i=1}^{m}\alpha_i\{y_i[\boldsymbol{w}^{\mathrm{T}}\varphi(\boldsymbol{x}_i) + b] - 1 + e_i\} \tag{3.46}$$

式中，α_i 为拉格朗日乘子，其最优化条件为

$$\frac{\partial L}{\partial \boldsymbol{w}} = 0 \Rightarrow \boldsymbol{w} = \sum_{i=1}^{m}\alpha_i y_i \varphi(\boldsymbol{x}_i)$$

$$\frac{\partial L}{\partial b} = 0 \Rightarrow \sum_{i=1}^{m}\alpha_i y_i = 0$$

$$\frac{\partial L}{\partial e_i} = 0 \Rightarrow \alpha_i = \gamma e_i,\ i = 1,\ 2,\ \cdots,\ m$$

$$\frac{\partial L}{\partial \alpha_i} = 0 \Rightarrow y_i[\boldsymbol{w}^{\mathrm{T}}\varphi(\boldsymbol{x}_i + b) - 1 + e_i] = 0,\ i = 1,\ 2,\ \cdots,\ m \tag{3.47}$$

式（3.47）转换为如下线性方程：

$$\begin{bmatrix} \boldsymbol{I} & 0 & 0 & -\boldsymbol{Z}^{\mathrm{T}} \\ 0 & 0 & 0 & -\boldsymbol{Y}^{\mathrm{T}} \\ 0 & 0 & \gamma\boldsymbol{I} & -\boldsymbol{I} \\ \boldsymbol{Z} & \boldsymbol{Y} & I & 0 \end{bmatrix} \begin{bmatrix} \boldsymbol{w} \\ b \\ \boldsymbol{e} \\ \boldsymbol{\alpha} \end{bmatrix} = \begin{bmatrix} 0 \\ 0 \\ 0 \\ \boldsymbol{I} \end{bmatrix} \tag{3.48}$$

式中，$\boldsymbol{Z} = [\varphi(\boldsymbol{x}_1)^{\mathrm{T}}y_1,\ \varphi(\boldsymbol{x}_2)^{\mathrm{T}}y_2,\ \cdots,\ \varphi(\boldsymbol{x}_m)^{\mathrm{T}}y_m]$；$\boldsymbol{Y} = [y_1,\ y_2,\ \cdots,\ y_m]$；$\boldsymbol{I} = [1,\ \cdots,\ 1]$；$\boldsymbol{e} = [e_1,\ e_2,\ \cdots,\ e_m]$；$\boldsymbol{\alpha} = [\alpha_1,\ \alpha_2,\ \cdots,\ \alpha_m]$。同时，也可由如下形式的方程解出：

$$\begin{bmatrix} 0 & -\boldsymbol{Y}^{\mathrm{T}} \\ \boldsymbol{Y} & \boldsymbol{Z}\boldsymbol{Z}^{\mathrm{T}}+\gamma^{-1}\boldsymbol{I} \end{bmatrix} \begin{bmatrix} b \\ \boldsymbol{\alpha} \end{bmatrix} = \begin{bmatrix} 0 \\ \boldsymbol{I} \end{bmatrix} \tag{3.49}$$

由上述过程可以发现，最小二乘支持向量机将支持向量机中的不等式约束转换为等式约束，其训练过程也由二次规划为题求解转换为线性方程组的求解，这种转换简化了计算的复杂性。但该算法的训练数据都成为支持向量，并且对于大型分类问题，该算法的速度过于缓慢。另外，值得注意的是，本节介绍的最小二乘支持向量机应用的核函数均为径向基核函数（RBF）。

支持向量机的求解通常是借助于凸优化技术，如何提高效率，使 SVM 能适用于大规模数据一直是研究重点，对线性核 SVM 已有很多成果，非线性核 SVM 的研究重点则是设计快速近似算法，如基于随机傅里叶特征的方法等。

SVM 已有很多软件包，比较著名的有 LBSVM 和 LIBLINEAR 等。

3.4.3　神经网络

3.4.3.1　神经网络算法原理

A　神经网络定义和特点

人工神经网络（artificial neural networks，ANN）也简称为神经网络（NN）或称为连接模型（connection model），它是一种模仿动物神经网络行为特征，进行分布式并行信息处理的算法数学模型。Kohonen（1988）给出的定义是：“神经网络是由具有适应性的简单单元组成的广泛并行互联的网络，它的组织能够模拟生物神经网络系统对真实世界物体所作出的交互反应”。在机器学习中的“神经网络”实际指的是“神经网络学习”。

神经网络的研究内容相当广泛，反映了多学科交叉技术领域的特点。主要的研究工作集中在以下几个方面。

（1）建立模型：根据生物原型的研究，建立神经元、神经网络的理论模型。其中包括概念模型、知识模型、物理化学模型、数学模型等。

（2）算法：在理论模型研究的基础上构建具体的神经网络模型，以实现计算机模拟或准备制作硬件，包括网络学习算法的研究，这方面的工作也称为技术模型研究。

（3）应用：在网络模型与算法研究的基础上，利用人工神经网络组成实际的应用系统，如完成某种信号处理或模式识别的功能、构建专家系统、制成机器人、复杂系统控制等。

当系统对于设计人员来说，很透彻或者很清楚时，一般利用数值分析，偏微分方程等数学工具建立精确的数学模型，但当系统很复杂，或者系统未知，系统信息量很少，建立精确的数学模型很困难时，神经网络的非线性映射能力则表现出优势，因为它不需要对系统进行透彻了解，但是同时能达到输入与输出的映射关系，这就大大简化了设计的难度。而且，神经网络具有很好的泛化能力，特别是当存在一些有噪声的样本时，神经网络具有很好的预测能力。

B　神经网络工作原理

人工神经网络是由大量的简单基本元件（神经元）相互连接而成的自适应非线性动态系统。每个神经元的结构和功能比较简单，但大量神经元组合产生的系统行为却非常复杂。与数字计算机比较，人工神经网络在构成原理和功能特点等方面更加接近人脑，它不是按给定的程序一步一步地执行运算，而是能够自身适应环境、总结规律、完成某种运算识别或过程控制。

决定神经网络模型性能的三大要素为：神经元（信息处理单元）的特性；神经元之间相互连接的形式——拓扑结构；为适应环境而改善性能的学习规则。

C 神经元模型

神经元及其突触是神经网络的基本器件。因此，模拟生物神经网络应首先模拟生物神经元。在人工神经网络中，神经元常被称为“处理单元”。有时从网络的角度也把它称为“结点”。人工神经元是对生物神经元的一种形式化描述。

图 3. 11 所示的是典型的人工神经元模型，通常被称为 M-P 模型。它有 3 个基本要素，分别是连接权、求和单元和激活函数。

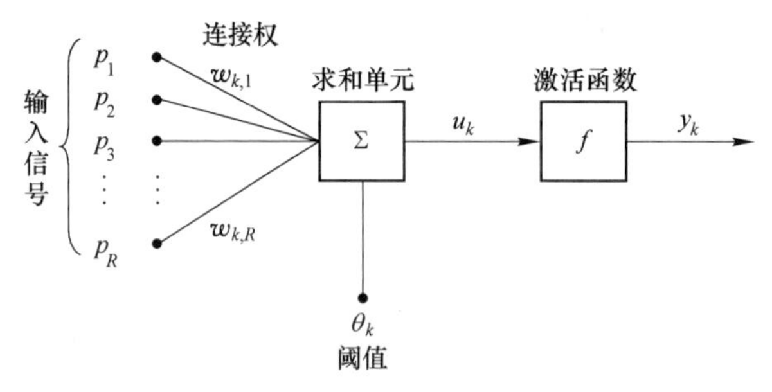

图 3. 11 M-P 神经元模型

其中，w_{ki} 代表神经元 k 与神经元 i 之间的连接强度（模拟生物神经元之间突触连接强度），称为连接权；u_k 代表神经元 k 的活跃值，即神经元状态；y_k 代表神经元的输出，即下一个神经元的输入；p_i 代表神经元的输入；θ_k 代表神经元 k 的阈值，超过它，神经元就被激活；f 表达了神经元的输入输出特性，常用的激活函数有阶跃函数 sgn 函数与 Sigmoid 函数。

阶跃函数是理想中的激活函数［图 3. 12（a）］，它将输入值映射为输出值“0”或“1”，显然“1”对应于神经元兴奋，“0”对应于神经元抑制。然而，阶跃函数具有不连续、不光滑等不太好的性质，因此实际常用 Sigmoid 函数作为激活函数。典型的 Sigmoid 函数如图 3. 12（b）所示，它把可能在较大范围内变化的输入值挤压到（0，1）输出值范围内，因此有时也称为“挤压函数”（squashing function）。

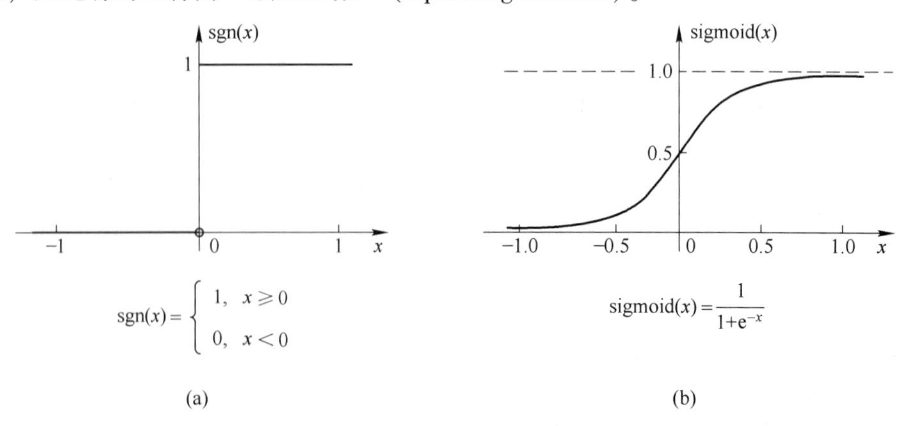

图 3. 12 典型的神经元激活函数

（a）阶跃函数；（b）Sigmoid 函数

神经网络是一个并行和分布式的信息处理网络结构，该网络结构一般由许多个神经元组成，每个神经元可以连接到很多其他的神经元，其输入有多个连接通路，每个连接通路对应一个连接权系数。

所以，人工神经元的输入输出关系为

$$y_k = f\left[\sum_{i=1}^{R} w_{ki}x_i(t) - \theta_k\right] \tag{3.50}$$

D　感知器

感知器是一种早期的神经网络模型，由美国学者 F. Rosenblatt 于 1957 年提出。感知器中第一次引入了学习的概念，使人脑所具备的学习功能在基于符号处理的数学模型中得到了一定程度的模拟，所以引起了广泛的关注。

感知器是最简单的前向神经网络，主要用于模式分类，其模型如图 3.13 所示。

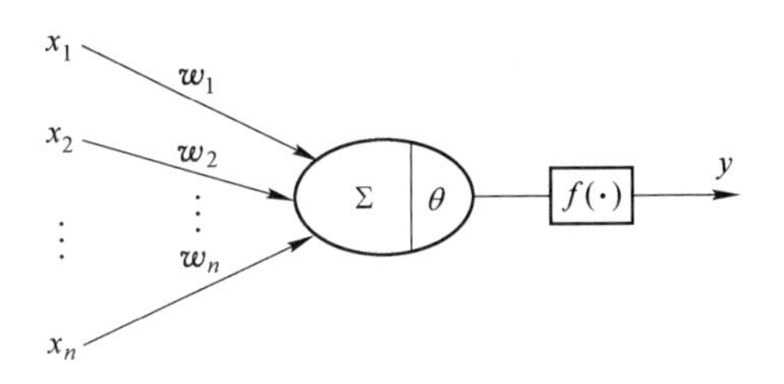

图 3.13　单层感知器模型

感知器处理单元对 n 个输入进行加权和操作，则输出为

$$y = f\left(\sum_{i=0}^{n} w_i x_i - \theta\right) \tag{3.51}$$

式中，x_1，x_2，…，x_n 为感知器的 n 个输入；w_1，w_2，…，w_n 为与输入相对应的 n 个连接权值；θ 为阈值；$f(\cdot)$ 为激活函数；y 为单层感知器的输出。

单层感知器可将外部输入分为两类。例如，f 为阶跃函数，当感知器的输出为+1 时，输入属于 l_1 类；当感知器的输出为-1 时，输入属于 l_2 类，从而实现两类目标的识别。在二维空间中，单层感知器进行分类的判决超平面由下式决定：

$$\sum_{i=0}^{n} w_i x_i + b = 0 \tag{3.52}$$

对于只有两个输入的判别边界是直线，如式 (3.53) 所示，选择合适的学习算法可训练出满意的 w_1 和 w_2，如图 3.14 所示。当它用于超过两类模式的分类时，相当于在高维样本空间中，用一个超平面将两类样本分开。

$$w_1x_1 + w_2x_2 + b = 0 \tag{3.53}$$

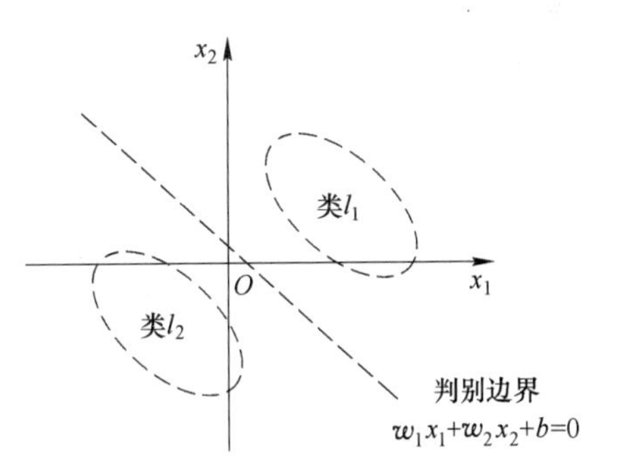

图 3.14　判别边界实例

通过以下实例来进一步理解单层感知器学习算法，构建一个神经元，它能实现逻辑与操作，其真值表（训练集）见表 3.2，输入在二维坐标上的表示如图 3.15 所示。

表 3.2　逻辑与操作真值表

编号	输入：x_1	输入：x_2	预测值：d
1	0	0	0

续表 3.2

编号	输入：x_1	输入：x_2	预测值：d
2	0	1	0
3	1	0	0
4	1	1	1

假设阈值为-0.8，初始连接权值均为0.1，学习率 η 为0.6，误差值要求为0，神经元的激活函数为硬限幅函数 $H(x)$（图3.16），其表达式如式（3.55）所示，以此来求取权值 w_1 与 w_2。

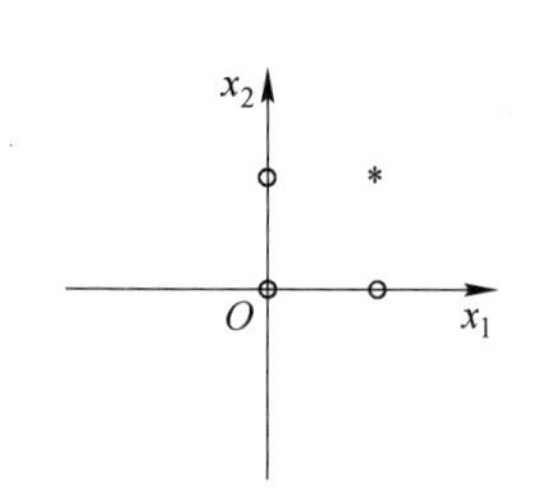

图3.15 样本二维分布图

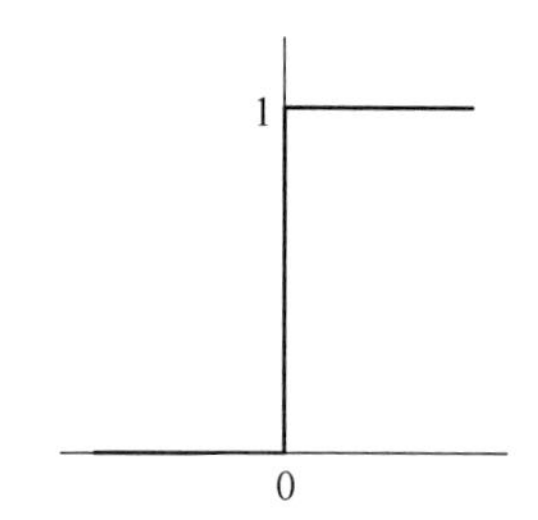

图3.16 硬限幅函数 $H(x)$

表3.2的每一行都代表了一个训练样本，对于样本1，神经元的输出为

$$\begin{aligned} y^1(0) &= H\{w_1^1(0)x_1(0) + w_2^1(0)x_2(0) + b\} \\ &= H(0.1\times 0 + 0.1\times 0 - 0.8) = 0 \end{aligned} \tag{3.54}$$

$$H(x)=\begin{cases}1 & x>0\\ 0 & x\leqslant 0\end{cases} \tag{3.55}$$

$$\begin{aligned} w_1^1(1) &= w_1^1(0) + \eta[d - y^1(0)]x_1 = 0.1 \\ w_2^1(1) &= w_2^1(0) + \eta[d - y^1(0)]x_2 = 0.1 \end{aligned} \tag{3.56}$$

对于样本2，神经元的输出为

$$\begin{aligned} y^1(1) &= H\{w_1^1(1)x_1(1) + w_2^1(1)x_2(1) + b\} \\ &= H(0.1\times 0 + 0.1\times 1 - 0.8) = 0 \end{aligned} \tag{3.57}$$

$$\begin{aligned} w_1^1(2) &= w_1^1(1) + \eta[d - y^1(1)]x_1 = 0.1 \\ w_2^1(2) &= w_2^1(1) + \eta[d - y^1(1)]x_2 = 0.1 \end{aligned} \tag{3.58}$$

同理，对于样本3，并不修改权值。对于样本4，神经元的输出为

$$\begin{aligned} y^1(3) &= H\{w_1^1(3)x_1(3) + w_2^1(3)x_2(3) + b\} \\ &= H(0.1\times 1 + 0.1\times 1 - 0.8) = 0 \end{aligned} \tag{3.59}$$

$$\begin{aligned} w_1^1(4) &= w_1^1(3) + \eta[d - y^1(3)]x_1 = 0.7 \\ w_2^1(4) &= w_2^1(3) + \eta[d - y^1(3)]x_2 = 0.7 \end{aligned} \tag{3.60}$$

此时完成一次循环过程，由于误差没有达到0，返回第二步继续循环，在第二次循环中，前三个样本输入时因误差均为0，所以没有对权值进行调整，各连接权值仍保持第一次循环的最后值，第四个样本输入时，$y^2(3)=1$，因此误差为0，但权值并不会调整，最

终的权值为 $w_1 = w_2 = 0.7$，能达到分类的效果，如图 3.17 所示。

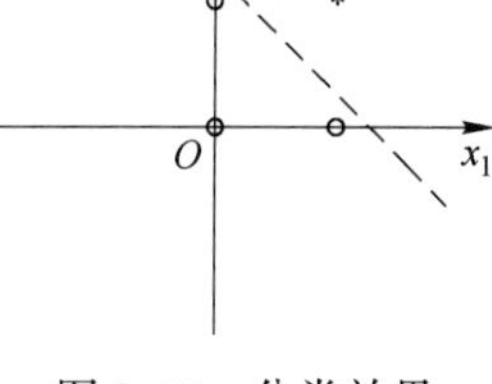

图 3.17 分类效果

综上所述，感知器的学习算法可总结为以下几步。

（1）确定激活函数 $f(\cdot)$。

（2）给 $w_i(0)$ 及阈值 θ 分别赋予一个较小的非零随机数作为初值。

（3）输入一个样本 $\boldsymbol{X} = \{x_1, x_2, \cdots, x_n\}$ 和一个期望的输出 d。

（4）计算网络的实际输出：

$$y(t) = f\left[\sum_{i=1}^{n} w_i(t)x_i - \theta\right] \tag{3.61}$$

（5）按下式调整权值：

$$w_i(t+1) = w_i(t) + \eta[d - y_i(t)]x_i$$

式中，η 为学习率，$\eta \in (0, 1)$。

（6）转至步骤（3），直到 w_i 对所有样本都稳定不变为止。

感知器在形式上与 M-P 模型差不多，它们之间的区别在于神经元之间连接权的变化。感知器的连接权定义为可变的，这样感知器就被赋予了学习的特性。如果在输入层和输出层之间加上一层或多层的神经元（隐层神经元），就可构成多层前向网络，这里称为多层感知器。

3.4.3.2 多层前馈神经网络

要解决非线性可分问题，需考虑使用多层功能神经元，例如图 3.18 中这个简单的两层感知机就能解决异或问题，在图 3.18（a）中，输出层与输入层之间的一层神经元，被称为隐层或隐含层（hidden layer），隐含层和输出层神经元都是拥有激活函数的功能神经元。

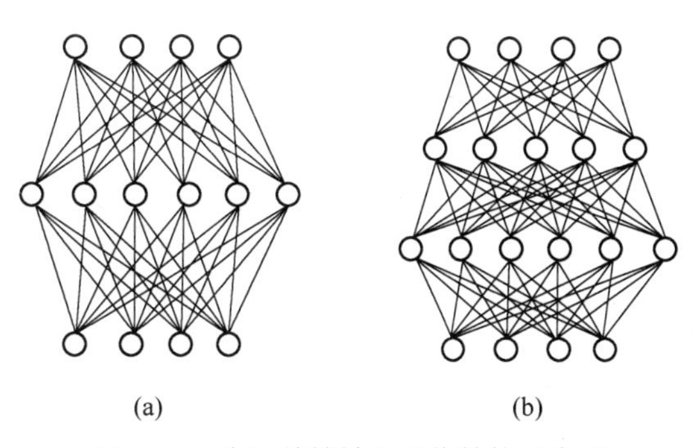

图 3.18 多层前馈神经网络结构示意图

（a）单隐层前馈网络；（b）双隐层前馈网络

常见的神经网络是形如图 3.18 所示的层级结构，每层神经元与下一层神经元全互连，神经元之间不存在同层连接，也不存在跨层连接，这样的神经网络结构通常称为“多层前馈神经网络”（multi-layer feedforward neural networks），其中输入层神经元接收外界输入，隐层与输出层神经元对信号进行加工，最终结果由输出层神经元输出；换言之，输入层神经元仅是接受输入，不进行函数处理，隐层与输出层包含功能神经元，因此，图 3.18（a）通常被称为“两层网络”，或称为“单隐层网络”，只要包含隐层，即可称为多层网络，神经网络的学习过程，就是根据训练数据来调整神经元之间的“连接权”（connection weight）以及每个功能神经元的阈值；换言之，神经网络“学”到的东西，蕴涵在连接权与阈值中。

多层网络的学习能力比单层感知器增强了很多。欲训练多层网络，需要更强大的学习算法。误差逆传播（back propagation，BP）算法就是其中最杰出的代表，它是迄今最成功的神经网络学习算法，现实任务中使用神经网络时，大多是在使用 BP 算法进行训练。值得指出的是，BP 算法不仅可用于多层前馈神经网络，还可用于其他类型的神经网络，如训练递归神经网络。但通常说 BP 网络时，一般是指用 BP 算法训练的多层前馈神经网络。

1986 年，Rumelhart 和 McCelland 在主编的《并行分布式处理》一书中，为 BP 网设计了依据反向传播的误差来调整神经元连接权的学习算法，有效地解决了多层神经网络的学习问题。该算法的基本思路是：学习过程由信号的正向传播与误差的反向传播两个过程组成。正向传播时，输入样本从输入层传入，经过各隐层逐层处理后，传向输出层。若输出层的实际输出与期望的输出不相等，则转到误差的反向传播过程。误差反向传播是将输出误差以某种形式通过隐层逐层反传，并将误差分摊给各层的所有神经元，从而获得各层神经元的误差信号，此误差信号即作为修正各神经元权值的依据。这种信号正向传播与误差反向传播的各层权值调整过程，是周而复始地进行的。权值不断调整的过程，也就是网络的学习训练过程。此过程一直进行到网络输出的误差减少到可接受的程度，或进行到预先设定的学习时间，或进行到预先设定的学习次数为止。

以单隐层 BP 神经网络为例，其结构图如图 3.19 所示。

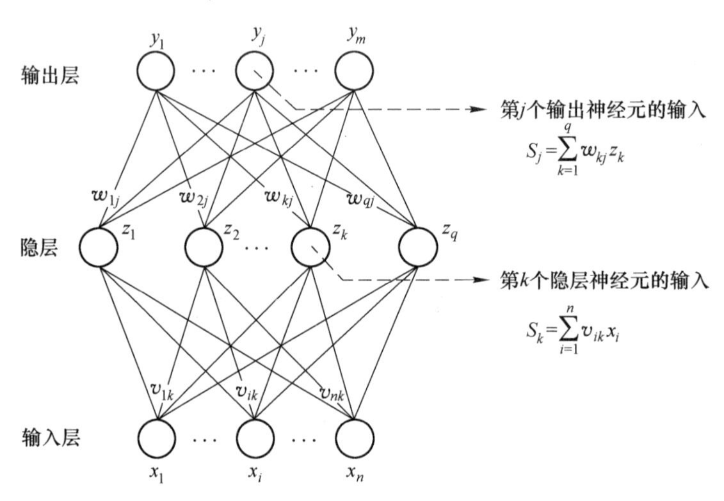

图 3.19　三层 BP 神经网络结构图

输入层由 n 个神经元组成，$x_i(i=1, 2, \cdots, n)$ 表示其输入亦即该层的输出；隐层由 q 个神经元组成，$z_k(k=1, 2, \cdots, q)$ 表示隐层的输出；输出层由 m 个神经元组成，$y_j(j=1, 2, \cdots, m)$ 表示其输出；用 $v_{ki}(i=1, 2, \cdots, n; k=1, 2, \cdots, q)$ 表示从输入层到隐层的连接权；用 $w_{jk}(k=1, 2, \cdots, q; j=1, 2, \cdots, m)$ 表示从隐层到输出层的连接权。

隐层与输出层的神经元的操作特性表示为

（1）隐层：输入（含阈值 θ_k）与输出分别为

$$S_k = \sum_{i=0}^{n} v_{ki} \cdot x_i \qquad (3.62)$$
$$z_k = f(S_k)$$

（2）输出层：输入（含阈值 φ_j）与输出分别为

$$S_j = \sum_{k=0}^{q} w_{jk} \cdot z_k \tag{3.63}$$
$$y_i = f(S_j)$$

激活函数 $f(\cdot)$ 设计为非线性的输入-输出关系，一般选用下面形式的 Sigmoid 函数［通常称为 S 函数，如图 3.12（b）所示］，其公式为

$$f(x) = \frac{1}{1 + e^{-\lambda x}} \tag{3.64}$$

式中，系数 λ 决定着 S 函数压缩的程度。

S 函数的特点：有上、下界；单调增长；连续光滑，即是连续可微。它可使同一网络既能处理小信号，也能处理大信号，因为该函数中区的高增益部分解决了小信号需要高放大倍数的问题；而两侧的低增益区正好适于处理大的净输入信号。这正像生物神经元在输入电平范围很大的情况下也能正常工作一样。

BP 网络的学习算法采用的是 Delta 学习规则，即基于使输出方差最小的思想而建立的规则。设共有 P 个模式对（一组输入和一组目标输出组成一个模式对），当第 P 个模式作用时，输出层的误差函数定义为

$$E_p = \frac{1}{2} \sum_{j=0}^{m-1} (y_{jp} - t_{jp})^2 \tag{3.65}$$

式中，$(y_{jp} - t_{jp})^2$ 为输出层第 j 个神经元在模式 p 作用下的实际输出与期望输出之差的平方。当然，式（3.65）并不是误差函数的唯一形式。定义误差函数的原则是，当 $y_{jp} = t_{jp}$ 时，E_p 应为最小。

对 P 个模式进行学习，其总的误差为

$$E = \sum_{p=1}^{P} E_p = \frac{1}{2} \sum_{p=1}^{P} \sum_{j=0}^{m-1} (y_{jp} - t_{jp})^2 \tag{3.66}$$

对任意两个神经元之间的连接权 w_{ij}，其值的修正应使误差 E 减小。根据梯度下降（grandiant descent）原理，对每个 w_{ij} 的修正方向为 E 的函数梯度的反方向为：

$$\Delta w_{ij} = -\sum_{p=1}^{P} \eta \frac{\partial E_p}{\partial w_{ij}} \tag{3.67}$$

式中，η 为步长，又称为学习率或学习参数。具体学习算法的解析式为

$$\Delta E = \sum_{p=1}^{P} \sum_{ij} \frac{\partial E_p}{\partial w_{ij}} \Delta w_{ij} = -\eta \sum_{p=1}^{P} \sum_{ij} \left(\frac{\partial E_p}{\partial w_{ij}} \right)^2 \tag{3.68}$$

对于输出层：

$$\Delta w_{jk} = -\eta \frac{\partial E_p}{\partial w_{jk}} \tag{3.69}$$
$$k = 1, 2, \cdots, q; j = 1, 2, \cdots, m$$

依据定理，有

$$\frac{\partial E_p}{\partial w_{jk}} = \frac{\partial E_p}{\partial S_j} \frac{\partial S_j}{\partial w_{jk}} \tag{3.70}$$

定义：

$$\delta_{yj}=-\frac{\partial E_p}{\partial S_j} \tag{3.71}$$

把式（3.65）代入式（3.70），得：

$$\delta_{yj}=(t_j-y_j)f'_{yj}(S_j) \tag{3.72}$$

式（3.71）称为误差信号项。由式（3.63）得：

$$\frac{\partial S_j}{\partial w_{jk}}=z_k \tag{3.73}$$

此时，有

$$\frac{\partial E_p}{\partial w_{jk}}=-\delta_{yj}z_k \tag{3.74}$$

则对于输出层：

$$\Delta w_{jk}=\eta\delta_{yj}z_k=\eta(t_j-y_j)z_kf'_{yj}(S_j) \tag{3.75}$$

同理，对隐层有：

$$\Delta v_{ki}=\eta\delta_{zk}x_i \tag{3.76}$$

其中，

$$\delta_{zk}=-\frac{\partial E_p}{\partial S_k} \tag{3.77}$$

下面对 δ_{zk} 的表达式进行推导。输出层的 j 单元的净输入 S_j 只影响单元 j 的输出；但隐层单元 k 的净输入 S_k 影响到 E_p 的每一个组成分量（因为 k 的输出 z_k 连至输出层的所有单元）。

按链式法则，式（3.77）可写成

$$\delta_{zk}=-\frac{\partial E_p}{\partial S_k}=-\frac{\partial E_p}{\partial z_k}\frac{\partial z_k}{\partial S_k} \tag{3.78}$$

式（3.78）中的第一项可表示为

$$\frac{\partial E_p}{\partial z_k}=\frac{\partial}{\partial z_k}\left[\frac{1}{2}\sum_{j=1}^{m}(y_j-t_j)^2\right]=-\sum_{j=1}^{m}(y_j-t_j)\frac{\partial y_j}{\partial z_k} \tag{3.79}$$

式（3.78）中的第二项可表示为

$$\frac{\partial z_k}{\partial S_k}=f'_{zk}(S_k)=f'_z(S_k) \tag{3.80}$$

是隐层作用函数的偏微分。

按链式法则，有

$$\frac{\partial y_j}{\partial z_k}=\frac{\partial y_j}{\partial S_j}\frac{\partial S_j}{\partial z_k}=f'_j(S_j)\frac{\partial S_j}{\partial z_k} \tag{3.81}$$

将式（3.81）代入式（3.79）得：

$$\frac{\partial E_p}{\partial z_k}=-\sum_{j=1}^{m}(y_j-t_j)f'_j(S_j)\frac{\partial S_j}{\partial z_k} \tag{3.82}$$

考虑到式（3.72）及

$$\frac{\partial S_j}{\partial z_k}=w_{jk} \tag{3.83}$$

式（3.82）可写为

$$\frac{\partial E_p}{\partial z_k} = -\sum_{j=1}^{m}(y_j - t_j)f_y'(S_j)\frac{\partial S_j}{\partial z_k} = -\sum_{j=1}^{m}\delta_{yj}w_{jk} \tag{3.84}$$

将式（3.84）及式（3.80）代入式（3.78），得隐层单元的误差信号式为

$$\delta_{zk} = -\frac{\partial E_p}{\partial z_k}\frac{\partial z_k}{\partial S_k} = \left(\sum_{j=1}^{m}\delta_{yj}w_{jk}\right)f_z'(S_k) \tag{3.85}$$

将式（3.85）代入式（3.76），则得隐层各神经单元的权值调整公式为

$$\Delta v_{ki} = \eta\delta_{zk}x_i = \eta\left(\sum_{j=1}^{m}\delta_{yj}\right)w_{jk}f_z'(S_k)x_i \tag{3.86}$$

当神经元的作用函数取 Sigmoid 型函数时，作用函数的导数项为

$$f_{zk}'(S_k) = z_k(1 - z_k) \tag{3.87}$$

将式（3.87）代入式（3.75）和式（3.86），则无须复杂的微分过程而可直接求出输出层及隐层权值调整量。

这里，权的修正是采用批处理的方式进行的，也就是在所有样本输入后，计算其总的误差，然后根据误差来修正权值。采用批处理可以保证其方向减小，在样本数较多时，它比分别处理的收敛速度快。

在 BP 网络中，信号正向传播与误差逆向传播的各层权矩阵的修改过程是周而复始地进行的。权值不断修改的过程，也就是网络的学习（或训练）过程。此过程一直进行到网络输出的误差逐渐减少到可接受的程度或达到设定的学习次数为止。

学习完成后，网络可进入工作阶段。当待测样本输入到已学习好的神经网络的输入端时，根据类似输入产生类似输出的原则，神经网络按内插或外延的方式在输出端产生相应映射。

BP 算法的流程图如图 3.20 所示。

下面通过实例来体会 BP 算法的计算流程。图 3.21 所示的是三层神经网络结构图。

对于输入层： $\mathrm{Err}_j = y_j(1 - y_j)(T_j - y_j)$

对于隐层： $\mathrm{Err}_j = y_j(1 - y_j)\sum_k \mathrm{Err}_k w_{jk}$

权值变化量： $\Delta w_{ij} = \eta \mathrm{Err}_j y_i$

权重更新： $w_{ij} \leftarrow w_{ij} + \Delta w_{ij}$

偏向变化量： $\Delta\theta_j = \eta \mathrm{Err}_j$

偏向更新： $\theta_j \leftarrow \theta_j + \Delta\theta_j$

式中，Err_j 为误差；y_j 为输出；T_j 为期望的输出；θ_j 为神经元的偏向；η 为学习率。

3.4.3.3 基于神经网络的算法拓展

神经网络模型算法繁多，常见的还有：径向基函数网络 RBF（radial basis function）、自适应谐振理论网络 ART（adaptive resonance theory,）、自组织映射网络 SOM（self-organizing map）、递归神经网络 Elman 网络、结构自适应网络中的级联相关网络、基于能量的模型 Boltzmann 机等。随着时代的发展，大数据成为了趋势，需要更复杂的模型进行分析，但是复杂模型的训练效率低，易陷入过拟合。随着计算技术和能力的大幅提升，以“深度学习”为代表的复杂模型开始受到关注和应用。

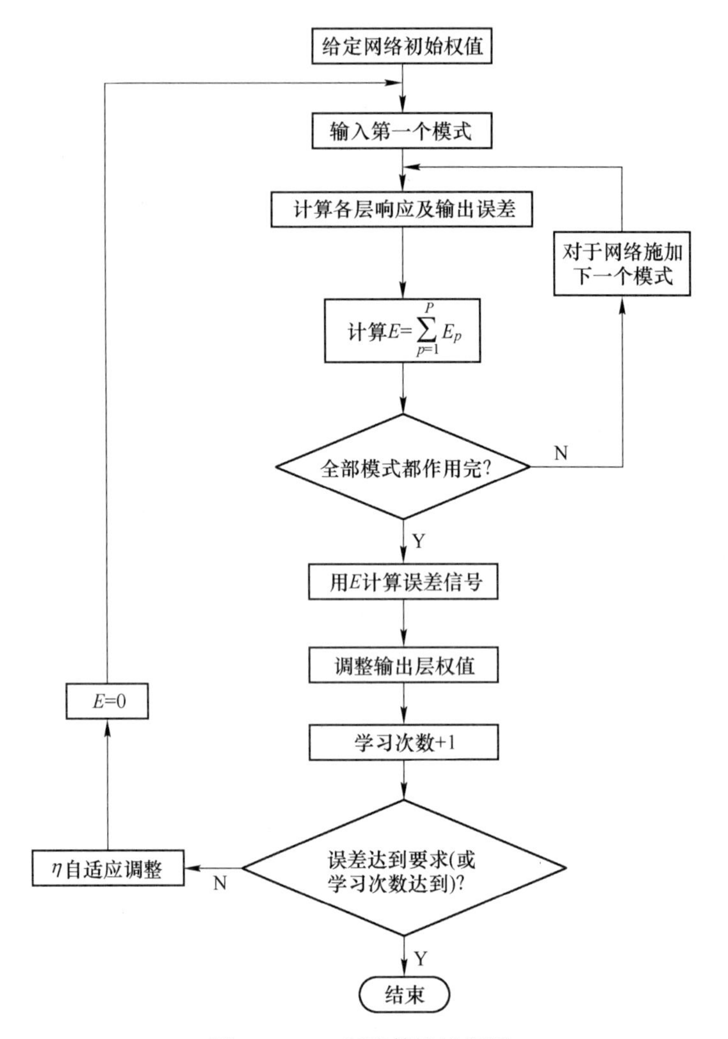

图 3.20　BP 网络算法流程图

A　深度学习

深度学习（deep learning）的概念是由著名科学家 Geoffrey Hinton 等人于 2006 年和 2007 年在《Sciences》等期刊上发表的文章所提出和兴起的。深度学习是机器学习的分支，它是一种试图使用包含复杂结构或由多重非线性变换构成的多个处理层对数据进行高层抽象的算法。

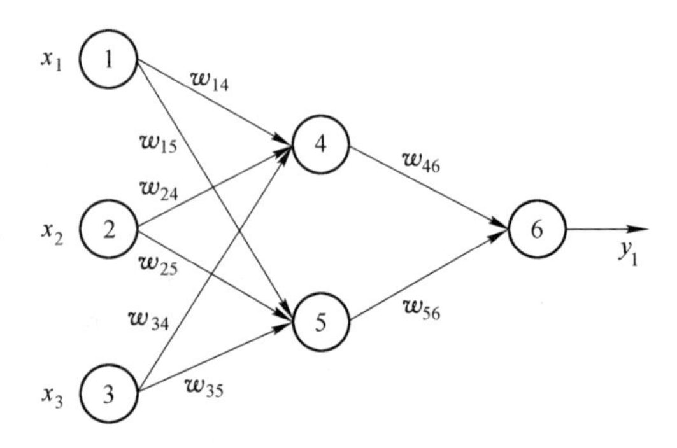

图 3.21　三层神经网络结构

深度学习是机器学习中的一种基于对数据进行表征学习的方法。观测值（如一幅图像）可以使用多种方式来表示，如每个像素强度值的向量，或者更抽象地表示成一系列边特定形状的区域等。而使用某些特定的表示方法更容易从实例中学习任务（如人脸识别或面部表情识别）。深度学习的好处是，用非监督式或半监督式的特征学习和分层特征提取高效算法来替代手工获取特征。

表征学习的目标是寻求更好的表示方法并创建更好的模型来从大规模未标记数据中学习这些表示方法。这种方法类似于神经科学中的进展，其基础是对类似神经系统中的信息处理和通信模式的广泛理解，如神经编码，试图定义拉动神经元的反应之间的关系及大脑中的神经元的电活动之间的关系。

深度学习框架，如卷积神经网络、深度置信网络和递归神经网络已被应用于计算机视觉、语音识别、自然语言处理、音频识别与生物信息学等领域并获取了极好的效果。通常用于检验数据集，如语音识别中的 TIMIT 和图像识别中的 ImageNet Cifar10 上的实验证明，深度学习能够提高识别的精度。

硬件的进步（尤其是 GPU 的出现）也是深度学习重新获得关注的重要因素。高性能图形处理器的出现极大地提高了数值和矩阵运算的速度，使得机器学习算法的运行时间得到了显著缩短。

深度学习的基础是机器学习中的分散表示（distributed representation）。分散表示假定观测值是由不同因子相互作用生成的。在此基础上，深度学习进一步假定这一相互作用的过程可分为多个层次，代表对观测值的多层抽象。不同的层数和层的规模可用于不同程度的抽象。

深度学习运用了分层次抽象的思想，更高层次的概念从低层次的概念学习得到。这一分层结构常常使用贪婪算法逐层构建而成，并从中选取有助于机器学习的更有效特征。

深度学习的结构主要包括深度神经网络、深度置信网络和卷积神经网络。

（1）深度神经网络（deep neural networks，DNN）是一种具备至少一个隐层的神经网络。与浅层神经网络类似，深度神经网络也能够为复杂非线性系统提供建模，但多余的层次为模型提供了更高的抽象层次，因而提高了模型的能力。深度神经网络是一种判别模型，可以使用反向传播算法进行训练。

（2）深度置信网络（deep belief networks，DBN）是一种包含多层隐单元的概率生成模型，可被视为多层简单学习模型组合而成的复合模型。

深度置信网络可以作为深度神经网络的预训练部分，并为网络提供初始权重，再使用反向传播或者其他判定算法作为调优的手段。这在训练数据较为缺乏时很有价值，因为不恰当的初始化权重会显著影响最终模型的性能，而预训练获得的权重在权值空间中比随机权重更接近最优的权重。这不仅提升了模型的性能，也加快了调优阶段的收敛速度。

深度置信网络中的每一层都是典型的受限玻耳兹曼机（restricted boltzmann machine，RBM），可以使用高效的无监督逐层训练方法进行训练。受限玻耳兹曼机是一种无向的基于能量的生成模型，包括一个输入层和一个隐层。单层 RBM 的训练方法最初由杰弗里·辛顿在训练“专家乘积”中提出，被称为对比分歧。对比分歧提供了一种对最大似然的近似，被理想地用于学习受限玻耳兹曼机的权重。当单层 RBM 被训练完毕后，另一层 RBM 可被堆叠在已经训练完成的 RBM 上，形成一个多层模型。每次堆叠时，原有的多层网络输入层被初始化为训练样本，权重为先前训练得到的权重，该网络的输出作为新增 RBM 的输入，新的 RBM 重复先前的单层训练过程，整个过程可以持续进行，直到达到某个期望中的终止条件。

(3) 卷积神经网络（convolutional neuron networks，CNN）由一个或多个卷积层和顶端的全连通层（对应经典的神经网络）组成，同时也包括关联权重和池化层。这一结构使得卷积神经网络能够利用输入数据的二维结构。与其他深度学习结构相比，卷积神经网络在图像和语音识别方面能够给出更优的结果。这一模型也可以使用反向传播算法进行训练。相比其他深度、前馈神经网络，卷积神经网络需要估计的参数更少，使之成为一种颇具吸引力的深度学习结构。

以卷积神经网络用于手写数字识别为例子，如图 3.22 所示，网络输入是一个 32×32 的手写数字图像，输出是其识别结果，CNN 复合多个“卷积层”和“采样层”对输入信号进行加工，然后在连接层实现与输出目标之间的映射。每个卷积层都包含多个特征映射，每个特征映射是一个由多个神经元构成的“平面”，通过一种卷积滤波器提取输入的一种特征，例如，图 3.22 中第一个卷积层由 6 个特征映射构成，每个特征映射是一个 28×28 的神经元阵列，其中每个神经元负责从 5×5 的区域通过卷积滤波器提取局部特征，采样层亦称为“池化”（pooling）层，其作用是基于局部相关性原理进行亚采样，从而在减少数据量的同时保留有用信息. 例如图 3.22 中第一个采样层有 6 个 14×14 的特征映射，其中每个神经元与上一层中对应特征映射的 2×2 邻域相连，并据此计算输出，通过复合卷积层和采样层，图 3.22 中的 CNN 将原始图像映射成 120 维特征向量，最后通过一个由 84 个神经元构成的连接层和输出层连接完成识别任务。CNN 可用 BP 算法进行训练，但在训练中无论是卷积层还是采样层，其每一组神经元（即图 3.22 中的每个“平面”）都是用相同的连接权，从而大幅减少了需要训练的参数数目。

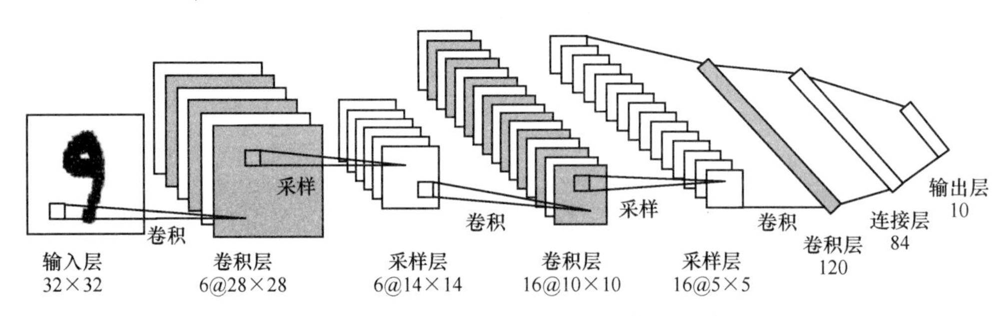

图 3.22 卷积神经网络用于手写数字识别

B 极限学习机

极限学习机 ELM（extreme learning machine）是由学者黄广斌提出来的求解单隐层神经网络的算法。ELM 最大的特点是，对于传统的神经网络，尤其是单隐层前馈神经网络（SLFNs），在保证学习精度的前提下比传统的学习算法速度更快，其结构如图 3.23 所示。

ELM 是一种新型的快速学习算法，对于单隐层神经网络，ELM 可以随机初始化输入权重和偏置，并得到相应的输出权重。

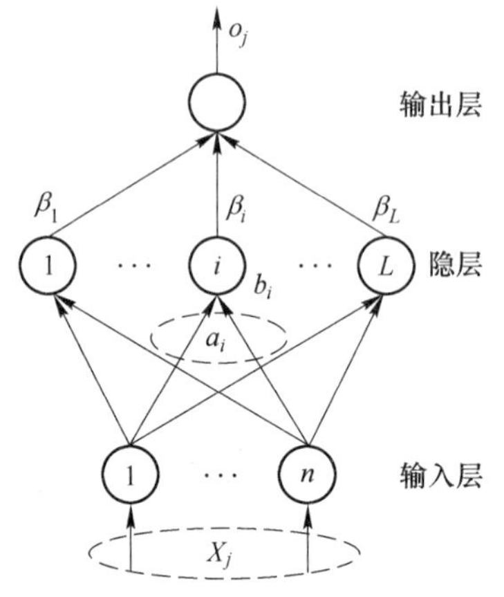

图 3.23 单隐层前馈神经网络结构

对于一个单隐层神经网络（图 3.23），假设有 N 个任意的样本 $(\boldsymbol{X}_i,\ \boldsymbol{t}_i)$，其中，$\boldsymbol{X}_i = [x_{i1},\ x_{i2},\ \cdots,\ x_{in}]^{\mathrm{T}} \in$

R^n , $\boldsymbol{t}_i = [t_{i1}, t_{i2}, \cdots, t_{in}]^T \in R^m$ 。对于一个有 L 个隐层结点的单隐层神经网络可以表示为

$$\sum_{i=1}^{L} \beta_i g(\boldsymbol{W}_i \cdot \boldsymbol{X}_j + b_i) = O_j, \ j = 1, 2, \cdots, N \tag{3.88}$$

式中，$g(x)$ 为激活函数；$\boldsymbol{W}_i = [w_{i,1}, w_{i,2}, \cdots, w_{i,n}]^T$ 为输入权重；β_i 为输出权重；b_i 为第 i 个隐层单元的偏置。$\boldsymbol{W}_i \cdot \boldsymbol{X}_j$ 表示 $\boldsymbol{W}_i$ 和 $\boldsymbol{X}_j$ 的内积。

单隐层神经网络学习的目标是使得输出的误差最小，可以表示为

$$\sum_{j=1}^{N} \| O_j - t_i \| = 0 \tag{3.89}$$

即存在 β_i、$\boldsymbol{W}_i$ 和 b_i ，使得：

$$\sum_{i=1}^{L} \beta_i g(\boldsymbol{W}_i \cdot \boldsymbol{X}_j + b_i) = t_j, \ j = 1, 2, \cdots, N \tag{3.90}$$

以矩阵表示为

$$\boldsymbol{H\beta} = \boldsymbol{T} \tag{3.91}$$

式中，$\boldsymbol{H}$ 为隐层结点的输出；$\boldsymbol{\beta}$ 为输出权重；$\boldsymbol{T}$ 为期望输出。

$$\begin{aligned} &\boldsymbol{H}(\boldsymbol{W}_1, \cdots, \boldsymbol{W}_L, b_1, \cdots, b_L, \boldsymbol{X}_1, \cdots, \boldsymbol{X}_L) \\ &= \begin{bmatrix} g(\boldsymbol{W}_1 \cdot \boldsymbol{X}_1 + b_1) & \cdots & g(\boldsymbol{W}_L \cdot \boldsymbol{X}_1 + b_L) \\ \vdots & & \vdots \\ g(\boldsymbol{W}_1 \cdot \boldsymbol{X}_N + b_1) & \cdots & g(\boldsymbol{W}_L \cdot \boldsymbol{X}_N + b_L) \end{bmatrix}_{N \times L} \end{aligned} \tag{3.92}$$

$$\boldsymbol{\beta} = \begin{bmatrix} \beta_1^T \\ \vdots \\ \beta_L^T \end{bmatrix}_{L \times m} \quad \boldsymbol{T} = \begin{bmatrix} T_1^T \\ \vdots \\ T_L^T \end{bmatrix}_{N \times m} \tag{3.93}$$

为了能够训练单隐层神经网络，希望得到 $\hat{\boldsymbol{W}}_i$ 、$\hat{b}_i$ 和 $\hat{\boldsymbol{\beta}}_i$ ，使得：

$$\|\boldsymbol{H}(\hat{\boldsymbol{W}}_i, \hat{b}_i)\hat{\boldsymbol{\beta}}_i - \boldsymbol{T}\| = \min_{W, b, \beta} \|\boldsymbol{H}(\boldsymbol{W}_i, b_i)\boldsymbol{\beta}_i - \boldsymbol{T}\| \tag{3.94}$$

式中，$i = 1, 2, \cdots, L$，这等价于最小化损失函数：

$$E = \sum_{j=1}^{N} \left[\sum_{i=1}^{L} \boldsymbol{\beta}_i g(\boldsymbol{W}_i \cdot \boldsymbol{X}_j + b_i) - t_j \right]^2 \tag{3.95}$$

传统的一些基于梯度下降法的算法，可以用来求解这样的问题，但是基本的基于梯度的学习算法需要在迭代的过程中调整所有参数。而在 ELM 算法中，一旦输入权重 $\boldsymbol{W}_i$ 和隐层的偏置 b_i 被随机确定，隐层的输出矩阵 $\boldsymbol{H}$ 就被唯一确定。训练单隐层神经网络可以转化为求解一个线性系统 $\boldsymbol{H\beta} = \boldsymbol{T}$ 。并且输出权重 $\boldsymbol{\beta}$ 可以被确定为

$$\hat{\boldsymbol{\beta}} = \boldsymbol{H}^{-1}\boldsymbol{T} \tag{3.96}$$

式中，$\boldsymbol{H}^{-1}$ 为矩阵 $\boldsymbol{H}$ 的广义逆矩阵。且可证明求得的解 $\hat{\boldsymbol{\beta}}$ 的范数是最小的并且唯一。

3.4.4 贝叶斯分类器

在数据挖掘中，分类算法有很多种，如 KNN 分类算法、贝叶斯分类器、神经网络分类法、决策树算法等。通过对分类算法的比较发现，贝叶斯分类器有着许多其他算法都不

具备的优点，在很多情况下，它的分类效果可以与决策树算法和神经网络算法相媲美。因此，有必要介绍该算法。

贝叶斯分类算法是统计学分类方法，是建立在经典的贝叶斯概率理论基础之上的分类模型，本节主要介绍贝叶斯基本理论、极大似然估计、朴素贝叶斯分类器、半朴素贝叶斯分类模型、贝叶斯网等。

3.4.4.1 贝叶斯定理

贝叶斯分类算法是一类分类算法的总称，这类算法均以贝叶斯定理为基础，因此简单介绍一下贝叶斯分类算法的基础贝叶斯定理。

贝叶斯定理（Bayes theorem）由英国数学家贝叶斯提出，用来描述两个条件概率之间的关系，是概率论中的一个结果。

通常情况下，事件 A 在事件 B（发生）的条件下的概率，与事件 B 在事件 A 的条件下的概率是不一样的；然而，这二者是有确定关系的，贝叶斯定理就是这种关系的陈述，贝叶斯定理如下：

$$P(A|B)=\frac{P(B|A)P(A)}{P(B)} \tag{3.97}$$

式中，$P(A)$ 为 A 的先验概率或边缘概率，之所以称为“先验”是因为它不考虑任何 B 方面的因素；$P(A|B)$ 为已知 B 发生后 A 发生的条件概率，由于取自 B 的取值而被称为 A 的后验概率；$P(B|A)$ 为已知 A 发生后 B 发生的条件概率，由于取自 A 的取值而被称为 B 的后验概率；$P(B)$ 为 B 的先验概率或边缘概率，也被称为标准化常量（normalized constant）。

3.4.4.2 贝叶斯决策论

贝叶斯决策论（Bayesian decision theory）是概率框架下实施决策的基本方法，对分类任务来说，在所有相关概率都已知的理想情形下，贝叶斯决策论考虑如何基于这些概率和误判损失来选择最优的类别标记。下面以多分类任务为例来解释其基本原理。

假设有 N 种可能的类别标记，即 $y=\{c_1, c_2, \cdots, c_N\}$，$\lambda_{ij}$ 是将一个真实标记为 c_j 的样本误分类为 c_i 所产生的损失，基于后验概率 $P(c_i|\boldsymbol{x})$ 可获得将样本 $\boldsymbol{x}$ 分类为 c_i 所产生的期望损失（expected loss），即在样本 $\boldsymbol{x}$ 上的“条件风险”（conditional risk）：

$$R(c_i|\boldsymbol{x})=\sum_{j=1}^{N}\lambda_{ij}P(c_i|\boldsymbol{x}) \tag{3.98}$$

我们的任务是寻找一个判定准则 $h: X\to Y$ 以最小化总体风险

$$R(h)=E_x\{R[h(\boldsymbol{x})|\boldsymbol{x}]\} \tag{3.99}$$

显然，对每个样本 $\boldsymbol{x}$，若 h 能最小化条件风险 $R[h(\boldsymbol{x})|\boldsymbol{x}]$，则总体风险 $R(h)$ 也将被最小化，这就产生了贝叶斯判定准则（Bayes decision rule）。为最小化总体风险，只需在每个样本上选择那个能使条件风险 $R(c|\boldsymbol{x})$ 最小的类别标记，即

$$h^*(\boldsymbol{x})=\arg\min_{c\in y}R(c|\boldsymbol{x}) \tag{3.100}$$

此时，h^* 称为贝叶斯最优分类器（Bayes optimal classifier），与之对应的总体风险 $R(h^*)$ 称为贝叶斯风险（Bayes risk）。$1-R(h^*)$ 反映了分类器所能达到的最好性能，即通过机器学习所能产生的模型精度的理论上限。

具体来说，若目标是最小化分类错误率，则误判损失 λ_{ij} 可写为

$$\lambda_{ij}=\begin{cases}0, & i=j\\ 1, & \text{其他}\end{cases} \tag{3.101}$$

此时条件风险：

$$R(c|\boldsymbol{x})=1-P(c|\boldsymbol{x}) \tag{3.102}$$

于是，最小化分类错误率的贝叶斯最优分类器为

$$h^*(\boldsymbol{x})=\arg\max_{c\in y}P(c|\boldsymbol{x}) \tag{3.103}$$

即对每个样本 $\boldsymbol{x}$，选择能使后验概率 $P(c|\boldsymbol{x})$ 最大的类别标记。

因此，欲使用贝叶斯判定准则来最小化决策风险，首先要获得后验概率 $P(c|\boldsymbol{x})$。然而，在现实任务中这通常难以直接获得。从这个角度来看，机器学习所要实现的是基于有限的训练样本极尽可能准确地估计出后验概率 $P(c|\boldsymbol{x})$。大体来说，主要有两种策略：给定 $\boldsymbol{x}$，可通过直接建模 $P(c|\boldsymbol{x})$ 来预测 c，这样得到的是“判别式模型”（discriminative models）；也可先对联合概率分布 $P(\boldsymbol{x}, c)$ 建模，然后再由此获得 $P(c|\boldsymbol{x})$，这样得到的是“生成式模型”（generative models）。显然，前面介绍的决策树、BP 神经网络、支持向量机等，都可归入判别式模型的范畴。对生成式模型来说，必然考虑

$$P(c|\boldsymbol{x})=\frac{P(\boldsymbol{x}, c)}{P(\boldsymbol{x})} \tag{3.104}$$

基于贝叶斯定理，$P(c|\boldsymbol{x})$ 可写为

$$P(c|\boldsymbol{x})=\frac{P(\boldsymbol{x}|c)P(c)}{P(\boldsymbol{x})} \tag{3.105}$$

式中，$P(c)$ 为类“先验”（prior）概率；$P(c|\boldsymbol{x})$ 为样本 $\boldsymbol{x}$ 相对于类标记 c 的类条件概率（class-conditional probability），或称为“似然”（likelihood）；$P(\boldsymbol{x})$ 为用于归一化的“证据”（evidence）因子。对给定样本 $\boldsymbol{x}$，证据因子 $P(\boldsymbol{x})$ 与类标记无关，因此，估计 $P(c|\boldsymbol{x})$ 的问题就转化为如何基于训练数据 D 来估计先验 $P(c)$ 和似然 $P(\boldsymbol{x}|c)$。

类先验概率 $P(c)$ 表达了样本空间中各类样本所占的比例，根据大数定律，当训练集包含充足的独立同分布样本时，$P(c)$ 可通过各类样本出现的频率来进行估计。

对类条件概率 $P(\boldsymbol{x}|c)$ 来说，由于它涉及关于 $\boldsymbol{x}$ 所有属性的联合概率，直接根据样本出现的频率来估计将会遇到严重的困难。例如，假设样本的 d 个属性都是二值的，则样本空间将有 2^d 种可能的取值，在现实应用中，这个值往往远大于训练样本数 m，也就是说，很多样本取值在训练集中根本没有出现，直接使用频率来估计 $P(\boldsymbol{x}|c)$ 显然不可行，因为“未被观测到”与“出现概率为零”通常是不同的。

3.4.4.3 极大似然估计

估计类条件概率的一种常用策略是先假定其具有某种确定的概率分布形式，再基于训练样本对概率分布的参数进行具体地估计，记关于类别 c 的类条件概率为 $P(\boldsymbol{x}|c)$，假设 $P(\boldsymbol{x}|c)$ 具有确定的形式并且被参数向量 $\boldsymbol{\theta}_c$ 唯一确定，则我们的任务就是利用训练集 D 估计参数 $\boldsymbol{\theta}_c$，为明确起见，将 $P(\boldsymbol{x}|c)$ 记为 $P(\boldsymbol{x}|\boldsymbol{\theta}_c)$。

事实上，概率模型的训练过程就是参数估计（parameter estimation）过程。对于参数估计，统计学界的两个学派分别提供了不同的解决方案：频率主义学派（frequentist）认为参数虽然未知，但却是客观存在的固定值，因此，可通过优化似然函数等准则来确定参数值；贝叶斯学派（Bayesian）则认为参数是未观察到的随机变量，其本身也可有分布，

因此，可假定参数服从一个先验分布，然后基于观测到的数据来计算参数的后验分布，本节介绍源自频率主义学派的极大似然估计（maximum likelihood estimation，MLE），这是根据数据采样来估计概率分布参数的经典方法。

令 D_c 表示训练集 D 中第 c 类样本组成的集合，假设这些样本是独立同分布的，则参数 $\boldsymbol{\theta}_c$ 对于数据集 D_c 的似然是

$$P(D_c|\boldsymbol{\theta}_c) = \prod_{\boldsymbol{x} \in D_c} P(\boldsymbol{x}|\boldsymbol{\theta}_c) \tag{3.106}$$

对 $\boldsymbol{\theta}_c$ 进行极大似然估计，就是去寻找能最大化似然 $P(D_c|\boldsymbol{\theta}_c)$ 的参数值 $\hat{\boldsymbol{\theta}}_c$。直观上看，极大似然估计是试图在 $\boldsymbol{\theta}_c$ 所有可能的取值中，找到一个能使数据出现的“可能性”最大的值。

式（3.106）中的连乘操作易造成下溢，通常使用对数似然（log-likelihood）：

$$\mathrm{LL}(\boldsymbol{\theta}_c) = \log P(D_c|\boldsymbol{\theta}_c) = \sum_{\boldsymbol{x} \in D_c} \log P(\boldsymbol{x}|\boldsymbol{\theta}_c) \tag{3.107}$$

此时，参数 $\boldsymbol{\theta}_c$ 的极大似然估计 $\hat{\boldsymbol{\theta}}_c$ 为

$$\hat{\boldsymbol{\theta}}_c = \arg\max_{\boldsymbol{\theta}_c} \mathrm{LL}(\boldsymbol{\theta}_c) \tag{3.108}$$

例如，在连续属性情形下，假设概率密度函数 $P(\boldsymbol{x}|c) \sim N(\boldsymbol{\mu}_c, \boldsymbol{\sigma}_c^2)$，则参数 $\boldsymbol{\mu}_c$ 和 $\boldsymbol{\sigma}_c^2$ 的极大似然估计为

$$\hat{\boldsymbol{\mu}}_c = \frac{1}{|D_c|} \sum_{\boldsymbol{x} \in D_c} \boldsymbol{x} \tag{3.109}$$

$$\hat{\boldsymbol{\sigma}}_c^2 = \frac{1}{|D_c|} \sum_{\boldsymbol{x} \in D_c} (\boldsymbol{x} - \hat{\boldsymbol{\mu}}_c)(\boldsymbol{x} - \hat{\boldsymbol{\mu}}_c)^{\mathrm{T}} \tag{3.110}$$

也就是说，通过极大似然法得到的正态分布均值就是样本均值，方差就是 $(\boldsymbol{x} - \hat{\boldsymbol{\mu}}_c)(\boldsymbol{x} - \hat{\boldsymbol{\mu}}_c)^{\mathrm{T}}$ 的均值，这显然是一个符合直觉的结果，在离散属性情形下，也可通过类似的方式估计类条件概率。

需注意的是，这种参数化的方法虽能使类条件概率估计变得相对简单，但估计结果的准确性严重依赖于所假设的概率分布形式是否符合潜在的真实数据分布，在现实应用中，欲做出能较好地接近潜在真实分布的假设，往往需在一定程度上利用关于应用任务本身的经验知识，否则若仅凭“猜测”来假设概率分布形式，很可能产生误导性的结果。

3.4.4.4　朴素贝叶斯分类器

基于贝叶斯公式（3.105）来估计后验概率 $P(c|\boldsymbol{x})$ 的主要困难在于：类条件概率 $P(\boldsymbol{x}|c)$ 是所有属性上的联合概率，难以从有限的训练样本直接估计而得，为避开这个障碍，朴素贝叶斯分类器（naive Bayes classifier，NBC）采用了“属性条件独立性假设”（attribute conditional independence assumption）：对已知类别，假设所有属性相互独立，换言之，假设每个属性独立地对分类结果发生影响。

基于属性条件独立性假设，式（3.105）可重写为

$$P(c|\boldsymbol{x}) = \frac{P(\boldsymbol{x}|c)P(c)}{P(\boldsymbol{x})} = \frac{P(c)}{P(\boldsymbol{x})} \prod_{i=1}^{d} P(x_i|c) \tag{3.111}$$

式中，d 为属性数目；x_i 为 $\boldsymbol{x}$ 在第 i 个属性上的取值。

由于对所有类别来说 $P(\boldsymbol{x})$ 相同，因此基于式（3.103）的贝叶斯判定准则有

$$h_{\mathrm{nb}}(x)=\arg\max_{c\in y}P(c)\prod_{i=1}^{d}P(x_i|c) \tag{3.112}$$

这就是朴素贝叶斯分类器的表达式。

显然，朴素贝叶斯分类器的训练过程就是基于训练集 D 来估计类先验概率 $P(c)$，并为每个属性估计条件概率 $P(x_i|c)$。

令 D_c 表示训练集 D 中第 c 类样本组成的集合，若有充足的独立同分布样本，则可容易地估计出类先验概率：

$$P(c)=\frac{|D_c|}{|D|} \tag{3.113}$$

对离散属性而言，令 D_{c,x_i} 表示 D_c 中在第 i 个属性上取值为 x_i 的样本组成的集合，则条件概率 $P(x_i|c)$ 可估计为

$$P(x_i|c)=\frac{|D_{c,x_i}|}{|D_c|} \tag{3.114}$$

对连续属性可考虑概率密度函数，假定 $P(x_i|c)\sim N(\mu_{c,i},\sigma_{c,i}^2)$，其中 $\mu_{c,i}$ 和 $\sigma_{c,i}^2$ 分别是第 c 类样本在第 i 个属性上取值的均值和方差，则有

$$P(x_i|c)=\frac{1}{\sqrt{2\pi}\sigma_{c,i}}\exp\left[-\frac{(x_i-\mu_{c,i})^2}{2\sigma_{c,i}^2}\right] \tag{3.115}$$

为了避免其他属性携带的信息被训练集中未出现的属性值“抹去”，在估计概率值时通常要进行“平滑”（smoothing），常用“拉普拉斯修正”（Laplacian correction）。具体来说，令 N 表示训练集 D 中可能的类别数，N_i 表示第 i 个属性可能的取值数，则式（3.113）和式（3.114）分别修正为

$$\hat{P}(c)=\frac{|D_c|+1}{|D|+N} \tag{3.116}$$

$$\hat{P}(x_i|c)=\frac{|D_{c,x_i}|+1}{|D_c|+N_i} \tag{3.117}$$

朴素贝叶斯分类算法的优点如下：

（1）算法形式简单，所涉及的公式源于数学中的统计学，规则清楚易懂，可扩展性强。

（2）算法实施的时间和空间开销小，即运用该模型分类时所需要的时间复杂度和空间复杂度较小。

（3）算法性能稳定，模型的健壮性比较好，无论是何种类型的数据，都可以利用朴素贝叶斯分类算法进行处理，而且分类预测效果在大多数情况下也比较精确。

朴素贝叶斯分类算法的缺点如下：

（1）算法假设属性之间都是条件独立的，然而在社会活动中，数据集中的变量之间往往都存在较强的相关性，忽视这种性质会对分类结果产生很大影响。

（2）算法将各特征属性对于分类决策的影响程度都看作是相同的，这不符合实际运用的需求，在实际应用中，各属性变量对于决策变量的影响往往是存在差异的。

(3) 算法在使用中通常要将定类数据以上测量级的数据离散化，这样很可能会造成数据中有用信息的损失，对分类效果产生影响。

3.4.4.5 朴素贝叶斯分类器的改进

朴素贝叶斯分类器的条件属性独立性假设在很大程度上限制了其分类的性能，如何通过对算法的改进，减弱这种独立性所带来的影响?

目前提出的改进方法中总体趋势是将朴素贝叶斯分类器的结构复杂化，从而更准确地描述训练数据。但是，朴素贝叶斯分类器的结构并不是越复杂越好。研究表明，如果分类器的结构过于复杂，容易造成过分拟合的后果。也就是说，当应用过于复杂的分类器去分类一个新的实例时，会有很高的误分率。这样，会出现两种矛盾的情况：如果结构较简单，如最原始的朴素贝叶斯分类器，则有很强的限制条件；如果结构太复杂，则会导致过分的拟合。本节主要介绍解决原始朴素贝叶斯分类器限制性较强问题的几种较经典和较成熟的朴素贝叶斯分类器改进方法来。

A 半朴素贝叶斯分类器

为了降低贝叶斯公式（3.105）中估计后验概率 $P(c|\boldsymbol{x})$ 的困难，朴素贝叶斯分类器采用了属性条件独立性假设，但在现实任务中这个假设往往很难成立，于是，人们尝试对属性条件独立性假设进行一定程度的放松，由此产生了一类称为“半朴素贝叶斯分类器”(semi-naive Bayes classifiers）的学习方法。

半朴素贝叶斯分类器的基本想法是适当考虑一部分属性间的相互依赖信息，从而既不需进行完全联合概率计算，又不至于彻底忽略了比较强的属性依赖关系，“独依赖估计”(one-dependent estimator，ODE）是半朴素贝叶斯分类器最常用的一种策略，顾名思义，所谓“独依赖”就是假设每个属性在类别之外最多仅依赖于一个其他属性，即

$$P(c|\boldsymbol{x}) \propto P(c)\prod_{i=1}^{d}P(x_i|c,\ pa_i) \tag{3.118}$$

式中，pa_i 为属性 x_i 所依赖的属性，称为 x_i 的父属性，此时，对每个属性 x_i，若其父属性 pa_i 已知，则可采用类似式（3.117）的办法来估计概率值 $P(x_i|c,\ pa_i)$，于是，问题的关键就转化为如何确定每个属性的父属性，不同的做法产生不同的独依赖分类器。

最直接的做法是假设所有属性都依赖于同一个属性，称为“超父”(super-parent)，然后通过交叉验证等模型选择方法来确定超父属性，由此形成了 SPODE（super-parent ODE）方法，例如，在图 3.24（b）中，x_1 是超父属性。

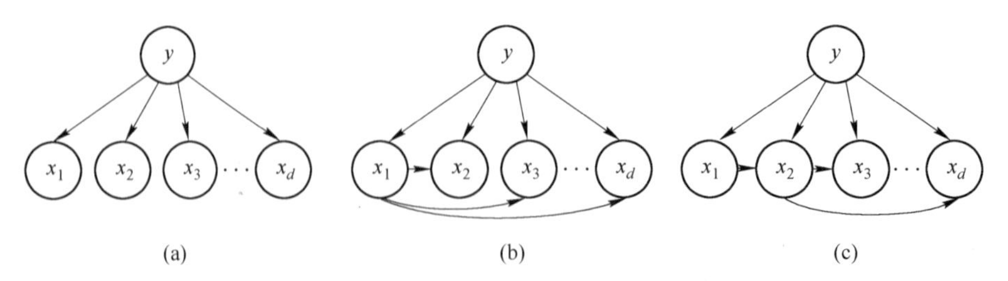

图 3.24 朴素贝叶斯与两种半朴素贝叶斯分类器所考虑的属性依赖关系
(a) NB；(b) SPODE；(c) TAN

树增强朴素贝叶斯分类器 TAN（tree augmented naive Bayes）则是在最大带权生成树

算法的基础上，通过以下步骤将属性间依赖关系约简为如图 3.24（c）所示的树形结构[Friedman 等人（1997）提出的基于分布的构造算法]：

（1）计算任意两个属性之间的条件互信息：

$$I(x_i,\ x_j|y)=\sum_{x_i,\ x_j;\ c\in y}P(x_i,\ x_j|c)\log\frac{P(x_i,\ x_j|c)}{P(x_i|c)P(x_j|c)} \tag{3.119}$$

（2）以属性为结点构建完全图，任意两个结点之间边的权重设为 $I(x_i,\ x_j|y)$；

（3）构建此完全图的最大带权生成树，挑选根变量，将边置为有向；

（4）加入类别结点 y，增加从 y 到每个属性的有向边。

容易看出，条件互信息 $I(x_i,\ x_j|y)$ 刻画了属性 x_i 和 x_j 在已知类别情况下的相关性，因此，通过最大生成树算法，TAN 实际上仅保留了强相关属性之间的依赖性。

树增强朴素贝叶斯分类器的优点如下：

（1）树增强朴素贝叶斯分类器很大程度上削弱了朴素贝叶斯模型的条件属性独立性假设。在数据集规模适中，额外开销不大的情况下，可以有效地提高分类的性能。

（2）树增强朴素贝叶斯分类器限制每个非类属性，最多只能有一个非类别父结点，从而一方面可以减少搜索空间，另一方面可以有效缓解条件表的规模随着父结点的增加而急剧增长。这样不但减轻了从数据估计概率的压力，也允许了一定数量的属性之间的依赖性。

树增强朴素贝叶斯分类器的缺点如下：

（1）使用树增强朴素贝叶斯分类器进行分类时，数据的属性必须是离散的。如果数据是连续型的，则需要预先做离散化处理，且要离散多少值，离散成什么样的值，都比较难以界定，在一定程度上增加了计算量。而且，离散过程也会相应地增加存储的空间，从而影响算法的性能。

（2）树增强朴素贝叶斯分类器需要条件属性之间的互信息值来度量属性之间的强弱关系，这就代表着树增强朴素贝叶斯分类模型与传统的朴素贝叶斯分类模型相比，需要更多的计算时间和更坚实的硬件条件（即模型的运行环境）。它以牺牲运行时间换来分类性能的提高。

（3）树增强朴素贝叶斯分类器是人为的分开属性，使得每个非类别属性结点最多只能有一个非类别属性结点作为其父结点，而与其他非类别属性结点之间依旧需要满足独立性假设，仍然存在朴素贝叶斯模型独立性假设带来的问题。

综上所述，树增强型朴素贝叶斯分类模型虽然有一定的缺陷，但是相比较于传统的朴素贝叶斯分类模型，在额外开销不大的情况下，仍然具有较好的分类效果。

AODE（averaged one-dependent estimator）是一种基于集成学习机制、更为强大的独依赖分类器，与 SPODE 通过模型选择确定超父属性不同，AODE 尝试将每个属性作为超父来构建 SPODE，然后将那些具有足够训练数据支撑的 SPODE 集成起来作为最终结果，即

$$P(c|\boldsymbol{x})\propto\sum_{\substack{i=1\\|D_{x_i}|\geqslant m'}}^{d}P(c,\ x_i)\prod_{j=1}^{d}P(x_j|c,\ x_i) \tag{3.120}$$

式中，D_{x_i} 为在第 i 个属性上取值为 x_i 的样本的集合；m'为阈值常数，显然 AODE 需估计

$P(c, x_i)$ 和 $P(x_j|c, x_i)$。类似式（3.117），有

$$\hat{P}(c,x_i)=\frac{|D_{c,x_i}|+1}{|D|+N\times N_i} \tag{3.121}$$

$$\hat{P}(x_j|c, x_i)=\frac{|D_{c,x_i,x_j}|+1}{|D_{c,x_i}|+N_j} \tag{3.122}$$

式中，N 为 D 中可能的类别数；N_i 为第 i 个属性可能的取值数；D_{c,x_i} 为类别为 c 且在第 i 个属性上取值为 x_i 的样本集合；D_{c,x_i,x_j} 为类别为 c 且在第 i 和第 j 个属性上取值分别为 x_i 和 x_j 的样本集合。

可以看出，与朴素贝叶斯分类器类似，AODE 的训练过程也是“计数”，即在训练数据集上对符合条件的样本进行计数的过程，与朴素贝叶斯分类器相似，AODE 无需模型选择，既能通过预计算节省预测时间，也能采取懒惰学习方式在预测时再进行计数，并且易于实现增量学习。

既然将属性条件独立性假设放松为独依赖假设可能获得泛化性能的提升，那么，能否通过考虑属性间的高阶依赖来进一步提升泛化性能呢？也就是说，将式（3.118）中的属性 pa_i 替换为包含 k 个属性的集合 $\boldsymbol{pa}_i$，从而将 ODE 拓展为 kDE。需注意的是，随着 k 的增加，准确估计概率 $P(x_i|y, \boldsymbol{pa}_i)$ 所需的训练样本数量将以指数级增加，因此，若训练数据非常充分，泛化性能有可能提升；但在有限样本条件下，则又陷入估计高阶联合概率的泥沼。

B　贝叶斯网

贝叶斯网（Bayesian network）亦称“信念网”（belief network），是一种更高级、应用范围更广泛的贝叶斯分类器。它既是概率推理的图形化网络，又是模型的一种重要的扩展。它的核心思想是将概率统计方法应用到复杂领域中进行不确定性推理及数据的分析，是目前表达不确定知识和推理的最有效果的理论模型之一。

相比于朴素贝叶斯分类算法的星形结构和 TAN 分类算法的树形结构，贝叶斯网络的结构能够避免有用信息的丢失，进而保证分类能力。贝叶斯网络分类算法使用联合概率的最优压缩展开式进行分类，充分利用了属性变量之间的依赖关系，能够更好地提高分类正确率。贝叶斯网络结构图如图 3.25 所示。

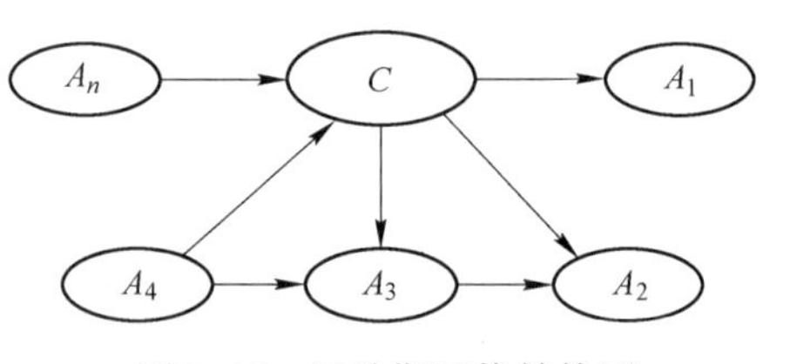

图 3.25　贝叶斯网络结构图

贝叶斯网络分类器的结构是由 $\{\boldsymbol{A}_1, \boldsymbol{A}_2, \cdots, \boldsymbol{A}_n, \boldsymbol{C}\}$ 构成的网络结构。一个贝叶斯网络包括两个部分，第一部分是有向无环图（directed acyclic graph，DAG），用来刻画属性之间的依赖关系，第二部分是条件概率表（conditional probability table，CPT），用来描述属性的联合概率分布。

图 3.25 就是一个有向无环图，它含有两个部分，一个部分是结点，另一个部分是结点之间的有向边。在有向无环图中，用有向边来表示随机变量之间的条件依赖性，用每一个结点表示一个随机变量。条件概率表中的每一个元素对应有向无环图中唯一的结点。

构造与训练贝叶斯网络分为以下两个步骤：

(1) 首先要确定随机变量之间的拓扑关系，形成有向无环图。这一步通常需要实际领域的专家来辅助完成，需要进行不断迭代和改进才能建立一个好的拓扑结构。

(2) 训练贝叶斯网络。这一步也就是要完成算法中条件概率表的构造，如果每个随机变量的值都是可以直接观察的，那么这一步的训练可以较为简单地进行，方法类似于朴素贝叶斯分类。但是，如果贝叶斯网络中存在隐藏变量结点，训练方法就会比较复杂。

贝叶斯网络的优点如下：

(1) 贝叶斯网络采用了图像化的方式来表达数据之间的关系，给人更加直观、易懂的印象。

(2) 贝叶斯网络在继承了贝叶斯分类算法高分类精度的同时，基于联合概率分解的原理也有效避免了贝叶斯分类算法的指数复杂性问题。

(3) 贝叶斯网络能够较好地处理不确定、不完备的数据集。贝叶斯网络模型体现出的是整个数据集之间的概率关系，因此它在数据存在缺失的情况下依然可以有效地进行建模。

贝叶斯网络的缺点如下：

(1) 贝叶斯网络结构中的有向无环图必须是无环且是静态的。无环表示该算法考虑的是变量之间的单向关系，但是在实际中的很多情况下，变量是会相互影响的。静态则表示贝叶斯网络模型是静态的，这意味着它忽略了时间的因素，然而因果之间也是存在时间关系的。这些都会对分类效果产生影响。

(2) 贝叶斯网络在结构上比朴素贝叶斯分类器复杂太多，要构造和训练出一个好的贝叶斯网络通常是十分困难的。

贝叶斯网为不确定学习和推断提供了基本框架，因其强大的表示能力、良好的可解释性而广受关注。贝叶斯网学习可分为结构学习和参数学习两部分、参数学习通常较为简单，而结构学习则被证明是NP难题，人们为此提出了多种评分搜索方法。贝叶斯网通常被看作生成式模型，但近年来也有不少关于贝叶斯网判别式学习的研究。

贝叶斯决策论在机器学习、模式识别等诸多关注数据分析的领域都有极为重要的地位，对贝叶斯定理进行近似求解，为机器学习算法的设计提供了一种有效途径。

3.5　机器学习处理大数据方法

3.5.1　多源异构数据融合方法

大数据的处理一般包括数据采集、数据存储、数据预处理、数据分析、数据可视化与交互分析等内容。多源异构是大数据的基本特征之一，因此多源数据融合是大数据分析处理的关键环节，通过数据融合，有利于进一步挖掘数据的价值，提升数据分析的作用。

多源数据融合是指将来自多个不同数据源的原始数据进行集成、整合、清洗、加工和转换等操作，以得到更为完整、准确和可靠的数据结果。这些数据可能来自不同的传感器、设备、数据库、文件以及外部网络等，具有多种不同的呈现形式（如数值型、文本型、图形图像、音频视频格式），它们可以包括不同的格式、类型和质量等特征。通过整合这些数据源，使得最终的数据结果更具综合性和完整性，以便进一步分析和应用。

多源数据融合的实现包括数据级（或信号级、像素级）融合、特征级融合和决策级融合3个层次，这3个层次的融合分别是对原始数据、从中提取的特征信息和经过进一步评估或推理到的局部决策信息进行融合。数据级和特征级融合属于低层次融合，而高层次的决策级融合涉及态势认识与评估、影响评估、融合过程优化等。

多源数据融合的算法包括简单方法、基于概率论的方法、基于模糊推理的方法以及人工智能算法等。简单算法如等值融合法、加权平均法等。基于概率论的融合方法如贝叶斯方法，D-S证据理论等，其中贝叶斯方法又包括贝叶斯估计、贝叶斯滤波和贝叶斯推理网络等。D-S证据理论是对概率论的推广，既可处理数据的不确定性，也能应对数据的多义性。基于模糊逻辑的融合方法如模糊集、粗糙集等方法，这些方法在处理数据的模糊性、不完全性和不同粒度等方面具有一定的适应性和优势。混合方法包括模糊D-S证据理论、模糊粗糙集理论等，可以处理具有混合特性的数据。人工智能计算方法如神经网络、遗传算法、蚁群算法、深度学习算法等，可以处理不完善的数据，在处理数据的过程中不断学习与归纳，把不完善的数据融合为统一的完善的数据。

3.5.2　机器学习应用实现流程和方法

使用机器学习进行大数据处理和应用程序开发时，通常遵循以下步骤：

（1）收集数据。样本数据的收集可以使用多种方法，如制作网络爬虫从网站上抽取数据、从SS反馈或API中得到信息、设备发送过来的测试数据等。

（2）准备输入数据。得到数据后，需要对数据进行录入，并对数据进行一定的预处理，之后保存成符合要求的数据格式，以便进行数据文件的使用。

（3）分析输入数据。这步主要是人工分析前面得到的数据，以保证前两步的有效。最简单的方法是通过打开数据文件进行查看，确定数据中是否存在垃圾数据等。此外，还可以通过图形化的方式对数据进行显示。

（4）训练算法。运用机器学习算法调用第（2）步生成的数据文件进行自学习，从而生成学习机模型。对于无/非监督学习，由于不存在目标变量值，因此不需要训练算法模型，其与算法相关的内容在第（5）步中。

（5）测试算法。为了评估算法，必须测试算法的工作效果。对于监督学习，需要使用第（4）步训练算法得到的学习机，且需要已知用户评估算法的目标变量值；对于无/非监督学习，可用其他的评测手段来检验算法的效果。如果对算法的输出结果不满意，则可以回到第（4）步，进行进一步的算法改进和测试。当问题与数据收集准备相关时，则需要回到第（1）步。

（6）使用算法。将机器学习算法转换为应用程序，执行实际任务，以检验算法在实际工作中是否能够正常工作。

3.5.3　数据预处理

在一个实际的机器学习系统中，一般数据预处理部分占整个系统设计中工作量的一半以上。用于机器学习算法的数据需要具有很好的一致性及高的数据质量，但是在数据采集过程中，由于各种因素的影响及对属性相关性并不了解，因此采集的数据不能直接应用。

直接收集的数据具有以下两个特点：

（1）收集的数据是杂乱的，数据内容常出现不一致和不完整问题，且常存在错误数据或者异常数据。

（2）收集的数据由于数据量大，数据的品质不统一，需要提取高品质数据，以便利用高品质数据得到高品质的结果。

对于数据的预处理过程，大致可分为五步：数据选取、数据清理、数据集成、数据变换、数据规约。这些数据预处理方法需要根据项目需求和原始数据特点，单独使用或者综合使用。

3.5.3.1 数据初步选取

数据初步选取是面向应用时进行数据处理的第一步，从服务器等设备得到大量的源数据时，由于并不是所有的数据都对机器学习有意义，并且往往会出现重复数据，此时需要对数据进行选取，基本原则如下：

（1）选择能够赋予属性名和属性值明确含义的属性数据。

（2）避免选取重复数据。

（3）合理选择与学习内容关联性高的属性数据。

3.5.3.2 数据清理

数据清理是数据预处理中最为花费时间和精力，却极为乏味的一步，但是也是最重要的一步。这一步可以有效减少机器学习过程中出现自相矛盾的现象。数据清理主要处理缺失数据、噪声数据、识别和删除孤立点等。

（1）缺失数据处理。目前最常用的方法是对缺失值进行填充，依靠现有的数据信息推测缺失值，尽量使填充的数值接近于遗漏的实际值，方法有回归方法、贝叶斯方法等。另外，也可以利用全局常量、属性平均值填充缺失值，或者将源数据进行属性分类，然后用同一类中样本属性的平均值填充等。在数据量充足的情况下，可以忽略缺失值的样本数据。

（2）噪声数据处理。噪声是指测量值由于错误或偏差，导致其严重偏离期望值，形成了孤立点值。目前，最广泛的是利用平滑技术处理，其具体包括分箱技术、回归方法、聚类技术。通过计算机检测出噪声点后，可将数据点作为垃圾数据删除，或者通过拟合平滑技术进行修改。

3.5.3.3 数据集成

数据集成就是将多个数据源中的数据合并在一起形成数据仓库/数据库的技术和过程。数据集成中需要解决数据中的3个主要问题：

（1）多个数据集匹配。当一个数据库的属性与另一个数据库的属性匹配时，必须注意数据的结构，以便于二者匹配。

（2）数据冗余。两个数据集有两个命名不同但实际数据相同的属性，那么其中一个属性就是冗余的。

（3）数据冲突。由于表示、比例、编码等的不同，现实世界中的同一实体，在不同数据源中的属性值可能不同，从而产生数据歧义。

3.5.3.4　数据变换

A　数据标准化

数据标准化（归一化）处理是数据挖掘的一项基础工作。不同评价指标往往具有不同的量纲和量纲单位，这样的情况会影响数据分析的结果。为了消除指标之间的量纲影响，需要进行数据标准化处理，以解决数据指标之间的可比性。原始数据经过数据标准化处理后，各指标处于同一数量级，适合进行综合对比评价。以下是 3 种常用的归一化方法。

（1）min-max 标准化（min-max normalization）。该方法也称为离差标准化，是对原始数据的线性变换，使结果值映射到［0，1］区间。转换函数见式（3.123）：

$$x^{*} = \frac{x - \min}{\max - \min} \tag{3.123}$$

式中，max 为样本某一属性数据的最大值；min 为样本某一属性数据的最小值。这种方法有个缺陷，就是当有新数据加入时，可能导致 max 和 min 变化，需要重新定义。

（2）Z-score 标准化方法。该方法将原始数据的均值（mean）和标准差（standard deviation）进行数据标准化。经过处理的数据符合标准正态分布，即均值为 0，标准差为 1。Z-score 标准化方法适用于样本属性的最大值和最小值未知的情况，或有超出取值范围的离群数据的情况。转换函数见式（3.124）：

$$x^{*} = \frac{x - \mu}{\sigma} \tag{3.124}$$

式中，μ 为样本某一属性数据的均值；σ 为样本数据的标准差。

（3）小数定标标准化。该方法是通过移动数据的小数点位置来进行标准化，小数点移动多少位取决于属性取值的最大值。其计算公式见式（3.125）：

$$x^{*} = \frac{x}{10 \times j} \tag{3.125}$$

式中，j 为属性值中绝对值最大的数据的位数。例如，假设最大值为 1345，则 $j=4$。

B　数据白化处理

进行完数据的标准化后，白化通常会被用来作为接下来的数据预处理步骤。实践证明，很多算法的性能提高都要依赖于数据的白化。白化的主要目的是降低输入数据的冗余性，一方面减少特征之间的相关性，另一方面使不同维度特征方差相近或相同。通常情况下，对数据进行白化处理与不对数据进行白化处理相比，算法的收敛性会有较大的提高。

白化处理分为主成分分析白化 PCA（principal component analysis）和零均值成分分析白化 ZCA（zeromean component analysis）。PCA 白化保证数据各维度的方差为 1，而 ZCA 白化保证数据各维度的方差相同。PCA 白化可以用于降维，也可以去相关性，而 ZCA 白化主要用于去相关性，且尽量使白化后的数据接近原始输入数据。两类方法都具有各自适用的数据场景，但相对而言，在机器学习中 PCA 白化方法应用更多。

3.5.3.5　数据归约

数据归约通常用维归约、数值归约方法实现。维归约指通过减少属性的方式压缩数据量，通过移除不相关的属性，可以提高模型效率。常见的维归约方法有：通过分类树、随机森林判断不同属性特征对分类效果的影响，从而进行筛选；通过小波变换、主成分分析把原数据变换或投影到较小的空间，从而实现降维。

3.5.4 软件平台的选择

实现机器学习算法常用的计算软件有：MATLAB、GNU Octave、Mathematica、Maple、SPSS、R、Python 等。

（1）MATLAB 是一种用于数值计算、可视化及编程的高级语言和交互式环境。使用 MATLAB 可以分析数据、开发算法、创建模型和应用程序，通过矩阵运算、绘制函数和数据、实现算法、创建用户界面、连接其他编程语言等方式完成计算，比电子表格和传统编程语言（如 C/C++、Java）更加方便快捷。MATLAB 具有强大的数值计算功能，可完成矩阵分析、线性代数、多元函数分析、数值微积分、方程求解等常见数值计算，同时也能够进行符号计算。另外，特别需要注意的是，MATLAB 提供了大量的工具箱和算法的调用接口函数，便于用户使用。

（2）GNU Octave。GNU Octave 与 MATLAB 相似，它是由以 John W. Eaton 为首的一些志愿者共同开发的一个自由再发布软件。这种语言与 MATLAB 兼容，主要用于数值计算，同时它还提供了一个方便的命令行方式，可以数值求解线性和非线性问题，以及做一些数值模拟。

（3）Mathematica。Mathematica 系统是美国 Wolfram 研究公司开发的一个功能强大的计算机数学系统。它提供了范围广泛的数学计算功能，支持在各个领域工作的人们做科学研究的过程中的各种计算。这个系统是一个集成化的计算软件系统，它的主要功能包括演算、数值计算和图形 3 个方面，可以帮助人们解决各领域中比较复杂的符号计算和数值计算的理论和实际问题。

（4）Maple。1980 年 9 月，加拿大滑铁卢大学的符号计算研究小组研制出一种计算机代数系统，命名为 Maple。如今 Maple 已演变成为优秀的数学软件，它具有良好的使用环境、强有力的符号计算能力、高精度的数学计算、灵活的图形化显示和高效的编程功能。

（5）SPSS。SPSS 是 IBM 公司的产品，它提供了统计分析、数据和文本挖掘、预测模型和决策化优化等功能。IBM 宣称，使用 SPSS 可获得五大优势：商业智能，利用简单的分析功能，控制数据爆炸，满足组织灵活部署商业智能的需求，提升用户期望值；绩效管理，指导管理战略，使其朝着最能盈利的方向发展，并提供及时准确的数据、场景建模、浅显易懂的报告等；预测分析，通过发现细微的模式关联，开发和部署预测模型，以优化决策制定；分析决策管理，一线业务员工可利用该系统与每位客户沟通，从中获得丰富信息，提高业绩；风险管理，在合理的前提下，利用智能的风险管理程序和技术，制定规避风险的决策。

（6）R。R 语言主要用于统计分析、绘图和操作环境。R 语言是基于 S 语言开发的一个 GNU 项目，语法来自 Scheme，所以也可以当作 S 语言的一种实现。虽然 R 语言主要用于统计分析或开发统计相关的软件，但也可以用作矩阵计算，其分析速度堪比 GNU Octave 甚至 MATLAB。R 语言主要是以命令行操作，网上也有几种图形用户界面可供下载。

（7）Python。Python 是一种面向对象的、动态的程序设计语言。它具有非常简洁而清晰的语法，既可以用于快速开发程序脚本，也可以用于开发大规模的软件，特别适合完成各种高层任务。随着 NumPy、SciPy、Matplotlib 等众多程序库的开发，Python 越来越适合用于科学计算。NumPy 是一个基础科学的计算包，包括一个强大的 N 维数组对象，封装了 C++和 Fortran 代码的工具、线性代数、傅里叶变换和随机数生成函数等复杂功能的计算包。SciPy 是一个开源的数学、科学和工程计算包，能够完成最优化、线性代数、积分、插值、特殊函数快速傅里叶变换、信号处理、图像处理等计算。Matplotlib 是 Python 比较著名的绘图库，十分适合交叉式绘图，它也可以方便地作为绘图控件嵌入 GUI 应用程序中。

Caffe、Torch、Caffe2go、Tensorflow、Theano 等相关软件平台大多是适用于某一种或某一类机器学习算法的平台，其平台内一般集成适合某一算法的框架。

机器学习的核心是算法，因此选择以上任意数据计算平台都可以，但是从通用性、易学性及便捷性，选择 MATLAB 作为入门级平台较好，入门后，可以使用 Python 进行进一步学习，因为 Python 有众多的第三方安装包，且 Python 具有跨平台的特点。

3.6 机器学习在岩土工程中的应用

岩土工程具有地质条件复杂、影响因素众多、开挖时空变化等不确定的特点，由于研究方法所限，往往采用静态分析方法，且只能考虑少量主要的因素，缺乏考虑复杂多源异构信息的工程危险辨识与动态评价方法，对开挖过程的实时信息利用率较低，对于风险管理方面缺乏有效的运行制度。

面对岩土工程孕灾因素繁多、数据量巨大的情况，传统的数据存储方法、关系数据库、数据处理和数据分析方法已经不能满足大数据分析的需要。目前，在岩土工程领域，已有一些研究者将机器学习引入进行大数据的处理，在滑坡预测、围岩质量与稳定性分析、力学参数确定等方面，采用支持向量机、随机森林、回归树、神经网络等机器学习方法进行研究。

3.6.1 滑坡预测预报中的机器学习

滑坡是发生最频繁的地质灾害类型之一，往往会对人身安全和财产设施等造成严重损失。滑坡易发性预测有利于降低滑坡灾害风险。

但是，滑坡监测数据存在如下特点：监测时间较长、测点数量较多、测点类型较多、产生的数据量大、数据来源复杂多样且多媒体化，包括了数、字、图、表等数据类型等。这些数据不断累积增长，而且要求在较短时间内进行实时处理，用传统数据库进行处理面临相当大的挑战。因此，有必要将大数据技术与滑坡监测预警技术结合起来，运用大数据的理论、机制、模型和方法，采用统计学、机器学习等方法进行预警分析，提高预测的可靠性。

近年来，机器学习中的支持向量机、随机森林、回归树等方法开始用于滑坡多源数据的处理与预测。

文献［52］就伊朗山体滑坡进行聚类分析，并使用随机森林算法对其潜在驱动力进行排序，进行滑坡建模。文献［53］通过随机森林算法构建区域降雨事件，对极端降雨事件引发的滑坡灾害进行及时控制。

与随机森林算法比较，文献［54］发现 XGBoost（extreme gradient boosting）算法模型快速选择特征可以提高分布式情况下的模型训练效率，使用 DLDP-GBTs（梯度提升树算法的分布式滑坡位移预测）能够更加准确、实时。

文献［55］对重庆市忠县长江库岸涉水滑坡数据进行监测以及相关分析，确定滑坡危险性评价因子，对 BP 神经网络按照 MapReduce 原理进行并行化开发，对各个滑坡进行空间预测评价。

文献［56］和文献［57］分别使用不同的机器学习、深度学习算法训练数据集，评估灾害易发性等级，绘制滑坡易发性分析图，图 3.26 大致展示了滑坡易发性的主要建模流程。

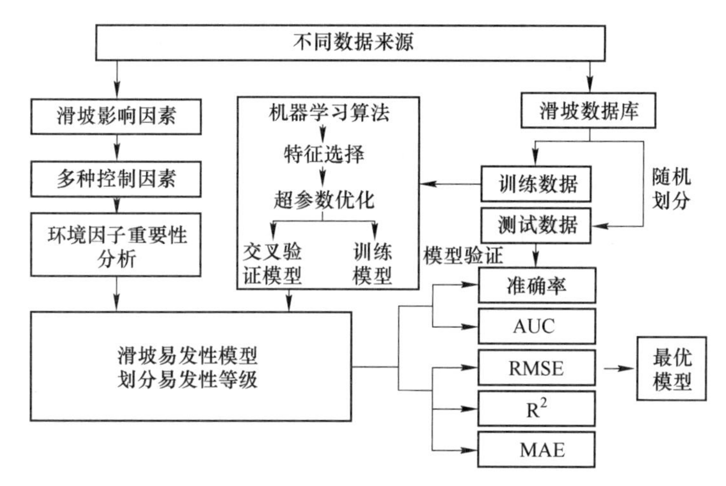

图 3.26　运用机器学习方法建立滑坡易发性模型

除了单一的机器学习方法的应用外，研究者们往往采用多种方法进行对比分析或与其他方法进行组合分析。如：

（1）文献［59］采用支持向量机（support vector machine，SVM）和随机森林（random forest，RF）模型开展滑坡易发性预测，随着分辨率的下降或训练测试集比例的减小，SVM 和 RF 模型的预测精度均逐渐下降，易发性指数的均值变大且标准差减小，在 15 m 分辨率、9∶1 训练测试集比例和 RF 模型工况下的易发性预测精度最高，各工况下重要的环境因子分别为高程、坡度和地形起伏度等。

（2）文献［60］基于逻辑回归、人工神经网络、支持向量机以及随机森林 4 种机器学习算法分别构建了水动力型滑坡敏感性评价模型，得出基于随机森林的滑坡敏感性评价模型效果最佳的结论，并通过该模型计算得到了研究区所有栅格的滑坡敏感性，生成了研究区滑坡敏感性区划图。

（3）基于谷歌地球引擎平台（GEE）的动态多源遥感数据，结合支持向量机（SVM）、随机森林（RF）分类算法以及主成分分析（PCA）数据降维算法、特征递归消除（RFE）数据筛选算法，温亚楠等提出了利用动态多源遥感大数据和机器学习算法对滑坡灾害进行训练和预测的新方法（图 3.27）。该模型可以提供精度较高的滑坡预警。

文献［61］提出了边坡系统可靠度分析智能响应面法一般框架及基于群体智能的模型参数优化一般流程，对 GPR、SVR、V-SVM、LSSVM 多种智能响应面的性能进行了比

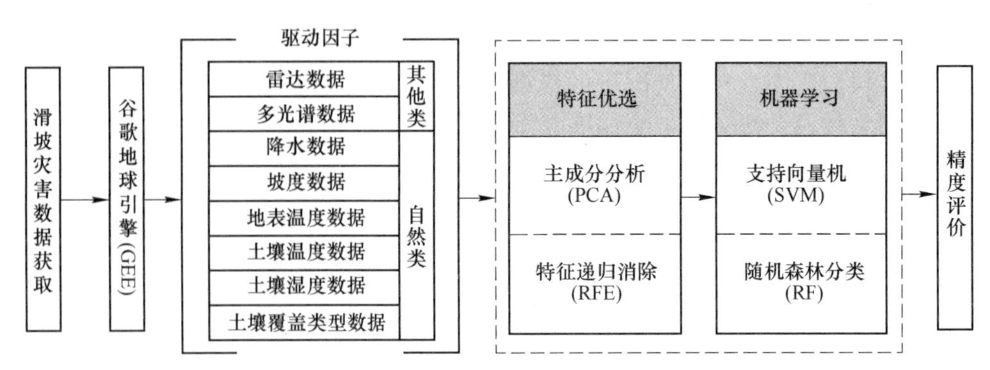

图 3.27 基于动态多源遥感大数据和机器学习算法的滑坡预测方法

较，得出所采用的几种智能响应面模型能够大幅度提高体系可靠性分析效率的结论。

文献［62］为研究不同滑坡边界对建模不确定性的影响规律，选取多层感知器（MLP）和随机森林（RF）建立滑坡边界模型，得出基于 MLP 和 RF 的滑坡易发性建模不确定性规律一致，但 RF 模型预测精度高于 MLP 且其不确定性低于 MLP 的结论。

文献［63］以库水位、降雨量、温度、时间作为输入参数，以位移变形作为输出参数，构建 LM-BP 神经网络模型和 SVR 模型，对倾倒变形体测点的变形情况进行了预测预报研究，取得了较好的预测效果（图 3.28）。

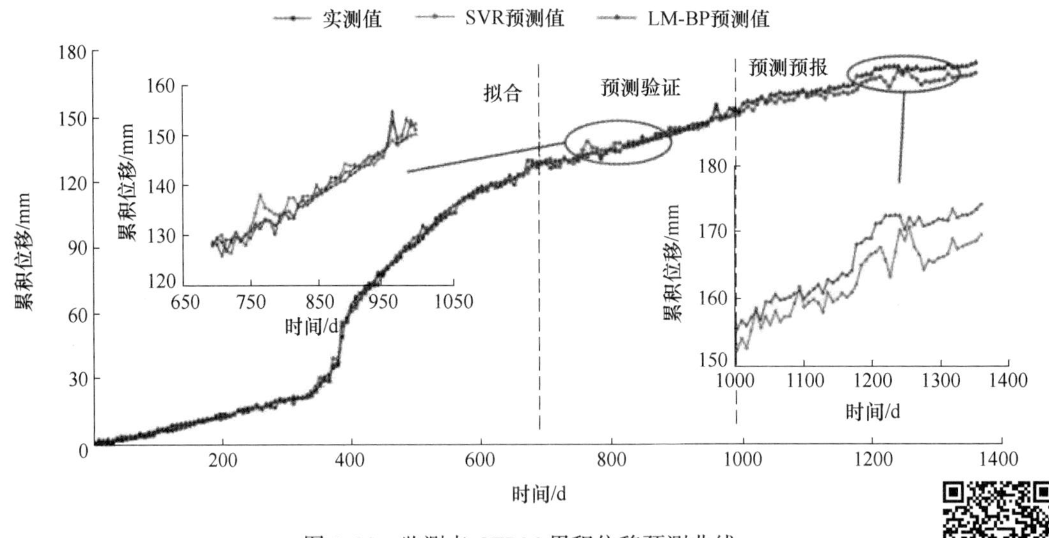

图 3.28 监测点 GTP06 累积位移预测曲线

扫码看彩图

文献［64］基于机器学习中的随机森林及梯度提升（XGBoost）两种学习算法，融合主成分分析法（PCA），建立了一种边坡安全稳定性评价体系。

近年来，运算力大为提升的深度学习也开始用于滑坡领域，如文献［65］提出了 3 种基于卷积神经网络模型（CNN）的滑坡易发性分析处理框架并以江西省铅山县边坡为研究对象进行了工程验证和对比，得出了二维 CNN 特征提取比一维和三维能够显著提升逻辑回归的预测精度，异质集成策略也能够大幅度提升基于 CNN 分类器的滑坡预测精度的结论。

3.6.2 围岩质量与变形分析中的机器学习

围岩质量判别是地下工程设计和施工的基础，围岩变形分析是地下工程安全的保障，受环境条件、技术手段等限制，因此对围岩揭露信息的统计处理就变得十分重要，工程中的随机性和动态性迫切需要新的方法来进行这些工作。

文献［66］对地质超前预报信息进行整理、计算后得到一组包含 6 个评价因子的分级指标组，采用遗传向量机建立了指标组与围岩揭露级别之间的映射关系，实现了围岩级别的超前预测。文献［67］在传统岩体分级 BQ 方法基础上，基于机器学习的最小二乘支持向量机（LSSVM）与可靠度算法提出了一种隧道施工过程中围岩质量动态分级方法。文献［68］研究发现，使用无监督和有监督的机器学习（ML）方法来预测隧道掘进机（TBM）前方的地面条件或岩石质量等级方面具有较大的优势。

文献［69］利用深度学习方法 AlexNet 模型对隧道掌子面照片进行分析，利用 Caffe 可视化工具箱提取逐层特征并附加各层的特征直方图，提取了掌子面裂隙、涌水、光滑程度等特征，并利用 Matlab 图像识别技术对岩体节理进一步分析处理得出结构面完整程度，代入国标 BQ 法中进行围岩质量判定。

文献［70］采用神经网络算法，选取由加拿大 6 个地下采场组成的数据库（292 组数据），创建了预测模型，对采场跨度进行设计，与经验设计方法相比得到显著改进。文献［71］提出采用支持向量机和极限学习（extreme learning machine，ELM）方法对加拿大采场更新的数据库（8 个地下采场，399 组观测数据）对应的临界跨度图进行重新划分区域。仉文岗等人以加拿大地下采场实测数据为例，提出了基于随机森林算法（Random forest，RF）和 K-最近邻算法（K-nearest neighbor，KNN）的地下采场开挖稳定性预测模型。

文献［72］结合多元自适应回归样条与逻辑回归两种方法（multivariate adaptive regression splines and logistic regression，MARS _ LR），首次采用新的评估标准——第一类犯错率及第二类犯错率对预测模型的准确性进行地下采场开挖稳定性预测。

文献［73］为了解决大变形预测中多项评价指标权重计算复杂及界限值多样等问题，提出了基于粒子群优化（particle swarm optimization，PSO）-支持向量机（support vector machine，SVM）算法的隧道大变形预测方法，避免了传统预测方法由于单一指标和主观原因引起的误差，提高了预测精度。文献［74］将性能优异的粒子群优化算法与高斯过程机器学习方法相融合，结合 FLAC3D 数值计算程序，提出隧洞围岩损失位移优化反分析的粒子群-高斯过程-FLAC3D 智能协同优化方法。克服了传统优化反分析方法容易陷入局部最优或过于依赖初始学习样本的局限性。

近年来，不少学者采用深度学习的分类方法进行岩性的识别，如：

（1）文献［75］提出将卷积神经网络引入岩石分类识别，分析了算法在操作中的可行性和优势，指出深度学习能够更好地表示数据特征；文献［76］采用 GoogLe Net InceptionV3 深度卷积神经网络模型，建立了岩性识别分类的深度学习迁移模型，并证明了在数据足够的情况下该模型有着良好的学习能力。文献［77］选用 VGG 卷积神经网络模型对掌子面所含定性指标如结构面层间结合情况、蚀变程度、风化状态、地下水状况进行判别与提取，将这些判定指标导入改进的 KNN 算法模型进行隧道岩体质量智能动态分级。

(2) 文献 [78] 采用卷积神经网络方法，基于地质图像大数据分别从数据采集、数据预处理、网络搭建、训练网络、评价和结果等方面阐述了岩性图像数据的识别过程，进行岩性识别，图像识别岩性的测试准确率达到 90%。文献 [79] 提出了一种利用深度监督目标检测网络（DSOD）和 ResNet 网络进行岩性快速智能识别的方法，利用卷积神经网络中的卷积层自动提取岩石图像中的特征信息，采用混淆矩阵、准确率（ACC）、精确率（P）、召回率（R）和 F1 值（P 和 R 的加权平均值）作为模型准确率的评价指标，具有良好的鲁棒性和泛化性能。文献 [80] 以岩样细观图像为识别对象，基于 GoogLe Net Inception V3 卷积神经网络模型和迁移学习算法，建立了岩样细观图像深度学习模型，对 4 种岩样进行了自动识别和分类，与现有机器学习方法相比，该识别模型具有较好的识别准确率、鲁棒性和泛化能力。

3.6.3 地表沉降分析中的机器学习

数据挖掘、机器学习算法对地面变形数据的处理分析，可以全面、准确地预测地表的位移情况。文献 [81] 提出一种自适应的卷积神经网络用以识别地面沉降特征。文献 [82] 基于 BP 神经网络，建立了武汉市岩溶地面塌陷灾害的风险分区评价模型。文献 [83] 为提高沿海地区对地面变形监测的准确性，构建大数据结构模型，结合时间序列分析方法进行数据融合聚类分析。

文献 [84] 结合主成分分析法以及人工神经网络，建立一种地面沉降系数计算模型。文献 [85] 提出了结合地形因子与神经网络的城市地面沉降预测模型，为预防地面沉降灾害提供科学决策。文献 [86] 针对有限元、地层损失率等方法难以考虑多参数耦合作用情况下的地表沉降预测的问题，提出了 PSO 算法与 BP 神经网络（BPNN）和随机森林算法（RF）两种机器学习算法相结合的混合算法及盾构掘进过程中地表最大沉降以及纵向沉降曲线的预测方法，确定了随机森林算法的优越性。

文献 [87] 提出基于遗传算法优化的人工神经网络，支持向量机方法能基于少量数据做出准确预测；文献 [88] 采用小波函数与支持向量机结合的方法对地表监测点的沉降变形的过程进行预测。文献 [89] 采用随机森林方法预测了盾构掘进引起的地表沉降。文献 [90] 采用两种 RNN 模型（LSTM、GRU）和传统的 BP 神经网络模型，以地质参数、几何参数和盾构机参数作为输入，对隧道施工过程中引发的地面最大沉降进行了预测分析。显示出 RNN 对隧道沉降的预测的优越性。

3.6.4 岩土力学参数确定中的机器学习

岩土力学参数的合理取值一直是岩土工程研究的热点和难点。常用的岩土力学参数确定的方法是原位试验和室内试验，但都存在一定的局限性。室内试验时，现场取样、运输及制样中不可避免地会对样本产生扰动。此外，试验方法、设备选择及试验操作人员素质的差异，都会对试验结果的可靠性产生影响。原位测试时，由于现场地质条件复杂、地形变化大，试验结果离散性会很大，试验周期长、成本高、试验点数有限。

随着计算机技术的发展，反分析方法被用于求解岩土力学参数，该法既是对岩土力学参数确定方法的一种补充，也能很好地解决室内试验及原位测试存在的问题。有很多研究者采用非确定性反分析方法，如模糊数学、灰色关联、遗传算法、神经网络等方法对岩土力学参数进行反演。文献［94］采用机器学习方法 XGBoost 算法预测模型试样的实际力学特性。

文献［95］采用支持向量机法对岩土力学参数进行反演，先通过小波分析理论构造出支持向量机的核函数，再用粒子群算法（PSO）分别优化 Morlet 小波、Mexico 小波和 RBF 函数的支持向量机模型参数建立反演参数与沉降值间的非线性映射关系，采用正交试验和均匀试验对需反演的岩土力学参数进行设计，得出与实际监测值相对误差最小的是 Morlet 小波核函数预测模型。

文献［96］提出了一种基于数理-机制双驱动的滑坡变形预测方法。以降雨入渗非饱和土坡为例，实现了贝叶斯理论框架下基于有限监测数据的岩土体参数高效更新，并建立了降雨结束后边坡坡脚变形预测的机器学习模型。

为研究各参数对隧道掘进机（tunnel boring machine，TBM）的掘进速度（Rate of penetration，ROP）的影响，文献［97］提出了一种基于随机森林（random forest，RF）的预测模型，并结合 4 种常见的超参数优化算法，即粒子群优化算法（particle swarm optimization，PSO）、遗传算法（genetic algorithm，GA）、差分算法（differential evolution，DE）、贝叶斯优化（Bayesian optimization，BO），在模型开发过程中对超参数进行调整和敏感性分析，结果表明，BO-RF 模型能以最短的耗时及最高的精度完成对 ROP 的预测，岩石的强度特性对 TBM 掘进速度的影响最大。

3.6.5 地质建模中的机器学习

由于地下空间的不可见性及地质构造发育情况的复杂性，地下地质构造的探知难度较大、不确定性高。目前有效的地下勘探数据来源有钻探、声波测试、重力勘探、电磁波探测等方法。地层结构在时空分布上表现为不均匀、不规则性等，但在宏观上具有统计上的规律性，如何利用地质数据建立准确的地层结构模型是工程上必须解决的问题。

现有的地层结构及其分布的模拟方法主要以钻孔数据为基础，选择插值方法进行二维剖面绘制和三维地层建模。但插值方法的选取受主观因素影响，缺乏科学合理性，针对这一问题，文献［98］提出一种基于钻孔数据进行机器学习的地层序列模拟方法，即将钻孔地层数据处理为地层类型序列与地层层厚序列，利用循环神经网络与序列–序列架构建立地层序列模拟模型，实现基于输入钻孔坐标，能够较为准确地判断相应位置的地层信息，为地层识别和模拟提供了一种新方法。

文献［99］提出了一种基于机器学习的隐式三维地质建模方法（图 3.29），将地层三维建模问题转换为地下空间栅格单元的属性分类问题，分别基于支持向量机、BP 神经网络等分类算法，实现了钻孔数据的自动三维地质建模。

文献［100］为了解决岩土勘察报告的图、表、文字描述等地质信息无法直接被机器学习算法辨识的问题，提出了多源地质信息的数据化转换方法，即通过编程对 CAD、Excel 进行操作，利用 VBA 矢量图形识别技术，以给定的参考线为定位基础，自动辨识 CAD 地质纵断面矢量图中隧道穿越的地层，并与岩土勘察报告中的多源地质信息融合，得到机器学习算法可辨识的数据化地质信息，实现了地质纵断面矢量图的处理和自动识别（图 3.30）。

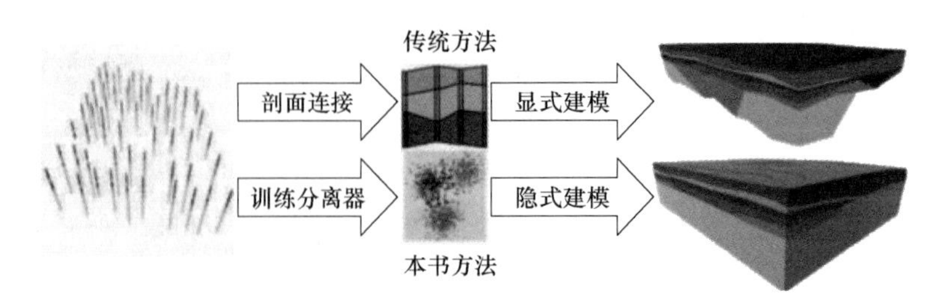

图 3.29　建模方法示意图

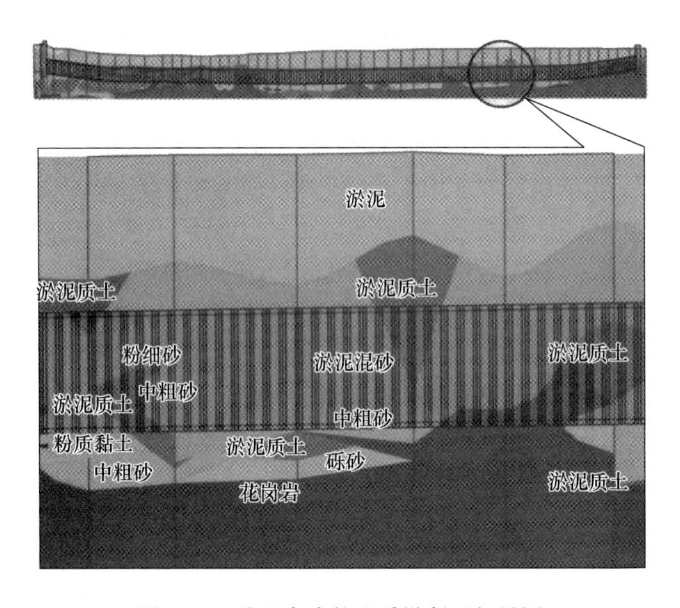

图 3.30　处理完成的地质纵断面矢量图

文献［101］提出一种基于机器学习的土层重建方法，通过土层训练数据集的数据增强、钻孔信息数据结构特征编码、卷积神经网络模型搭建、实现三维土层的重建（图 3.31）。

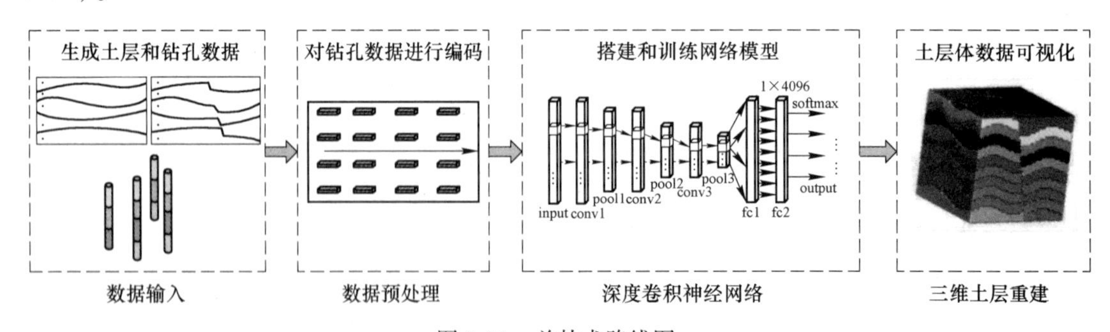

图 3.31　总技术路线图

文献［102］提出了一种贝叶斯学习算法来解决静力触探试验（CPT）探测点之间未测区域的数据和分层情况困难的问题。文献［103］提出了一种基于神经网络的钻探测试数据智能分析和地层识别方法，通过对楚大高速公路九顶山隧道超前钻探测试数据进行了分析和隧道开挖后所揭示地层进行对比验证，得出地层识别错误率小于10%，优于其他方法的结论。

3.6.6 岩爆分析中的机器学习

岩爆是一种多发地质灾害，在水利水电、交通、矿山深部开采、核废物地质处理、深部实验室等工程建设过程中常有发生。岩爆不仅影响工程建设进度，还对人员生命及财产安全造成巨大威胁，因此对强烈岩爆的准确预测具有重要意义。

随着大数据和机器学习的发展，机器学习被用于岩爆预测。文献［106］采用粒子群优化算法（PSO）来优化SVM基本算法，加快支持向量机参数优化搜索速度，具有较好的鲁棒性。文献［107］结合聚类算法和SVM算法预测岩爆，取得了较好的效果。文献［108］提出一种基于高斯过程的岩爆预测新方法，建立适用于小样本的岩爆预测模型，具有良好的工程应用前景。文献［109］使用随机森林（RF）算法预测是否发生岩爆以及对岩爆强度进行分类。文献［110］用8个潜在的相关指标对数据集进行分析，采用10种监督学习算法预测岩爆。汤志立和徐千军采用9种机器学习算法预测岩爆，对比分析了各算法的预测能力。

文献［112］将机器学习算法和随机交叉验证方法引入岩爆烈度等级预测中，建立6种岩爆烈度等级预测模型，并通过145组典型岩爆案例工程数据对预测模型进行验证，结果显示：支持向量机模型（SVM）对于岩爆烈度等级为1的样本具有较高的预测准确率，对于岩爆烈度等级为2~4的样本，线性判别模型（LDA）具有较高的预测准确率。

但现阶段各机器学习算法表现不同，并且相互独立工作，没有融合，不能优势互补，导致各机器学习算法的准确率、泛化性和稳定性较低。

文献［113］提出了LOF（local outlier factor）与改进SMOTE（synthetic minority oversampling technique）算法组合的方法来解决岩爆数据集中存在离群值、强烈岩爆数目少，导致强烈岩爆预测准确率较低等问题，再用决策树（DT）、支持向量机（SVM）、朴素贝叶斯（NBM）、K近邻分类（KNN）、神经网络（BP）、随机森林（RF）6种机器学习模型分别对原始岩爆数据集和预处理后的岩爆数据集进行预测，有效地提高了强烈岩爆预测准确率。

文献［114］基于机器学习，建立了RF-AHP-云、IGSO-SVM和DA-DNN 3种岩爆预测模型。文献［115］采用Stacking集成算法，融合现阶段使用较多的8个机器学习算法(4个集成算法和4个基本算法)，结合各种机器学习算法的原理和岩爆样本库的特点，提出3组考虑多个岩爆预测指标的Stacking集成算法，解决了传统Stacking集成算法接受特征信息受限和元模型选择困难的难题。结果表明构建的Stacking集成算法可以使预测性能显著提升。

因此，机器学习预测岩爆经历了从单一基本算法到单一集成算法再到多算法（包括基本和集成算法）的发展历程。

3.7 问题与展望

机器学习作为一种应用统计的工具，通过推理以及模式识别来构建计算模型。其各种方法具有不同的特点和优势，如高斯过程（Gaussian process，GP）有着严格的统计学习理论基础，对处理高维数、小样本、非线性等复杂的问题具有很好的适应性；它的另外一个优点就是灵活的非参数推断，高斯过程的算法参数均可在模型构建过程中自适应地获得；此外，高斯过程是一个具有概率意义的核学习机，可对预测输出做出概率解释，建模者能通过置信区间来对模型预测输出的不确定性进行评价。

神经网络是基于大样本的一种机器学习方法，它的优化目标是基于经验风险最小化，这只能保证学习样本点的估计误差最小，其推广能力有一定的局限性；而 SVM 方法本身也存在着一些公开的问题，如核函数、核函数的参数、损失函数的合理选取问题以及估计输出不具有概率意义等。

尽管学者们应用机器学习在岩土工程领域已取得了些许成果，但其研究尚存在以下不足：

（1）评价因子一般进行了简化，分析的数据往往是随机抽样，不能代表总体，不能全方位、多维度地表达出整体特征，难以真实地反映复杂的工程实际；

（2）影响因素的权重分析不够全面，缺少基于相关性检验的权重分析与基于智能模型的权重分析的综合对比。

因此，应该引入目前功能最强大的信息处理技术如深度学习对引起岩土工程稳定性的多源异构数据进行挖掘，实现对复杂、动态、多时空、不确定性的岩土工程进行可靠的评估，为工程安全施工提供参考。

思考题

3.1 什么是人工智能，人工智能的研究内容是什么，核心特征是什么？
3.2 人工智能发展经历了哪些阶段？
3.3 新一代人工智能具有哪些特点？
3.4 人工智能有哪些分类？
3.5 人工智能的主流学派有哪些，各有何特点？
3.6 人工智能产业框架体系是怎样的？
3.7 人工智能核心技术有哪些？
3.8 按任务分，机器学习有哪些类型，各有何特点？
3.9 多源信息是如何融合的，算法有哪些？
3.10 使用机器学习进行应用程序开发的步骤是怎样的？
3.11 数据预处理包括哪些流程？
3.12 常用的机器学习应用软件有哪些？

参考文献

[1] 维克托·迈尔·舍恩伯格，肯尼思·库克耶. 大数据时代：生活、工作与思维的大变革［M］. 盛杨

燕，周涛，译．杭州：浙江人民出版社，2012.
[2] 李国杰．大数据研究的科学价值［J］．中国计算机学会通讯，2012，8（9）：8-15.
[3] 李国杰，程学旗．大数据研究：未来科技及经济社会发展的重大战略领域：数据的研究现状与科学思考［J］．中国科学院院刊，2012，27（6）：647-657.
[4] 王浩，覃卫民，焦玉勇，等．大数据时代的岩土工程监测：转折与机遇［J］．岩土力学，2014，35（9）：2634-2641.
[5] 陈康，向勇，喻超．大数据时代机器学习的新趋势［J］．电信科学，2012（12）：88-95.
[6] 韩力群．机器智能与智能机器人［M］．北京：国防工业出版社，2022.
[7] 谭铁牛．人工智能：用AI技术打造智能化未来［M］．北京：中国科学技术出版社，2019.
[8] 史忠植．人工智能［M］．北京：机械工业出版社，2022.
[9] 叶韵．深度学习与计算机视觉：算法原理、框架应用与代码实现［M］．北京：机械工业出版社，2017.
[10] 史忠植．智能科学［M］．3版．北京：清华大学出版社，2019.
[11] 李德毅．人工智能导论［M］．北京：中国科学技术出版社，2018.
[12] 史忠植．高级人工智能［M］．3版．北京：科学出版社，2011.
[13] 赵克玲．人工智能概论：基础理论、编程语言及应用技术（微课视频版）［M］．北京：清华大学出版社，2021.
[14] 马少平、朱小燕．人工智能［M］．北京：清华大学出版社，2004.
[15] 周志华．机器学习［M］．北京：清华大学出版社，2021.
[16] 王天一．人工智能革命：历史、当下和未来［M］．北京：北京时代华文书局，2017.
[17] 刘峡壁．人工智能：机器学习与神经网络［M］．北京：国防工业出版社，2020.
[18] 梁循、尤晓东．知识图谱［M］．北京：中国人民大学出版社，2021.
[19] 刘知远．知识图谱与深度学习［M］．北京：清华大学出版社，2020.
[20] 王宏安．人工智能：智能人机交互［M］．北京：电子工业出版社，2020.
[21] 倪建军，史朋飞，罗成明．人工智能与机器人［M］．北京：科学出版社，2019.
[22] 涂序彦．广义人工智能［M］．北京：国防工业出版社，2012.
[23] 焦李成．简明人工智能［M］．西安：西安电子科技大学出版社，2019.
[24] 申海．集群智能及其应用［M］．北京：科学出版社，2019.
[25] 冷雨泉，张会文，张伟，等．机器学习入门到实践［M］．北京：清华大学出版社，2021.
[26] Mcculloch W S, Pitts W. A logical calculus of the ideas immanent in nervous activity [J]. The Bulletin of Mathematical Biophysics, 1943, 5 (4): 115-133.
[27] Rosenblatt F. The perceptron: a probabilistic model for information storage and organization in the brain [C]//Neurocomputing: Foundations of Research. MIT Press, 1988.
[28] Hubel D H, Wiesel T N. Receptive fields, binocular interaction and functional architecture in the cat's visual cortex [J]. The Journal of Physiology, 1962, 160 (1): 106-154.
[29] Rumelhart D E, Hinton G E, Williams R J. Learning representations by backpropagating errors [J]. Nature, 1986, 323 (9): 533-536.
[30] Lecun Y, Boser B, Denker J S, et al. Back propagation applied to handwritten zip code recognition [J]. Neural Computation, 1989, 1 (4): 541-551.
[31] Safavian S R, Landgrebe D. A survey of decision tree classifier methodology [J]. IEEE Transactions on Systems, Man and Cybernetics, 1991, 21 (3): 660-674.
[32] Cortes C, Vapnik V. Support-vector networks [J]. Machine Learning, 1995, 20 (3): 273-297.
[33] Freund Y, Schapire R E. Experiments with a new boosting algorithm DRAFT—Please do not distribute

[C] // Thirteenth International Conference on International Conference on Machine Learning. Morgan Kaufmann Publishers Inc, 1996: 148-156.

[34] Schmidhuber J. Deep learning in neural networks: an overview [J]. Neural Networks, 2015, 61: 85-117.

[35] Hinton G E, Salakhutdinov R R. Reducing the dimensionality of data with neural networks [J]. Science, 2006, 313 (5786): 504-507.

[36] Lecun Y, Bengio Y, Hinton G. Deep learning [J]. Nature, 2015, 521 (7553): 436.

[37] 邹伟. 强化学习 [M]. 北京: 清华大学出版社, 2020.

[38] 尚荣华. 智能算法导论 [M]. 北京: 清华大学出版社, 2021.

[39] Mitchell T. Machine learning [J]. New York MacGraw-Hill Companies Inc, 1997.

[40] Schutt R, O' Neil C. Doing data science: straight talk from the frontline [M]. O' Reilly Media, Inc., 2013.

[41] Tien Bui D, Tuan T A, Klempe H, et al. Spatial prediction models for shallow landslide hazards: a comparative assessment of the efficacy of support vector machines, artificial neural networks, kernel logistic regression, and logistic model tree [J]. Landslides, 2016, 13 (2): 361-378.

[42] 温亚楠, 张志华, 慕号伟, 等. 动态多源数据驱动模式下的滑坡灾害空间预测 [J]. 自然灾害学报, 2021, 30 (3): 83-92.

[43] García-Gonzalo E, Fernández-Muñiz Z, Nieto P J G, et al. Hard-rock stability analysis for span design in entry type excavations with learning classifiers [J]. Materials, 2016, 9 (7): 531-549.

[44] Chen W, Xie X S, Wang J, et al. A comparative study of logistic model tree, random forest, and classification and regression tree models for spatial prediction of landslide susceptibility [J]. Catena, 2017, 151: 147-160.

[45] 仉文岗, 李红蕊, 巫崇智, 等. 基于 RF 和 KNN 的地下采场开挖稳定性评估 [J]. 湖南大学学报(自然科学版), 2021, 48 (3): 164-172.

[46] Pham B T, Prakash I, Bui D T. Spatial prediction of landslides using a hybrid machine learning approach based on random subspace and classification and regression trees [J]. Geomorphology, 2018, 303: 256-270.

[47] 黄发明, 赵久彬, 刘元雪, 等. 海量监测数据下分布式 BP 神经网络区域滑坡空间预测方法 [J]. 岩土力学, 2019, 40 (7): 2866-2872.

[48] 周冠南, 孙玉永, 贾蓬. 基于遗传算法的 BP 神经网络在隧道围岩参数反演和变形预测中的应用 [J]. 现代隧道技术, 2018, 55 (1): 107-113.

[49] 赵久彬, 刘元雪, 宋林波, 等. 大数据关键技术在滑坡监测预警系统中的应用 [J]. 重庆理工大学学报 (自然科学), 2018, 32 (2): 182-190.

[50] Bui D T, Tuan T A, Klempe H, et al. Spatial prediction models for shallow landslide hazards: a comparative assessment of the efficacy of support vector machines, artificial neural networks, kernel logistic regression, and logistic model tree [J]. Landslides, 2016, 13 (2): 361-378.

[51] Chen W, Xie X, Wang J, et al. A comparative study of logistic model tree, random forest, and classification and regression tree models for spatial prediction of landslide susceptibility [J]. Catena, 2017, 151: 147-160.

[52] Shafizadeh-Moghadam H, Minaei M, Shahabi H, et al. Big data in Geohazard: Pattern mining and large scale analysis of landslides in Iran [J]. Earth Science Informatics, 2019, 12 (1): 1-17.

[53] Lee C Y, Huang J Q, Ma W P, et al. Analyze the rainfall of landslide on Apache Spark [C] // Proceedings of 2018 Tenth International Conference on Advanced Computational Intelligence (ICACI). New

York: IEEE, 2018: 348-351.

[54] Zhao J B, Liu Y X, Hu M. Optimisation algorithm for decision trees and the prediction of horizon displacement of landslides monitoring [J]. The Journal of Engineering, 2018, 2018 (16): 1698-1703.

[55] 赵久彬，刘元雪，刘娜，等. 海量监测数据下分布式 BP 神经网络区域滑坡空间预测方法 [J]. 岩土力学，2019，40 (7): 2866-2872.

[56] Youssef A M, Pourghasemi H R. Landslide susceptibility mapping using machine learning algorithms and comparison of their performance at Abha Basin, Asir Region, Saudi Arabia [J]. Geoscience Frontiers, 2021, 12 (2): 639-655.

[57] Ngo P T T, Panahi M, Khosravi K, et al. Evaluation of deep learning algorithms for national scale landslide susceptibility mapping of Iran [J]. Geoscience Frontiers, 2021, 12 (2): 505-519.

[58] 刘汉龙，马彦彬，仉文岗. 大数据技术在地质灾害防治中的应用综述 [J]. 防灾减灾工程学报，2021，41 (4): 710-722.

[59] 黄发明，陈佳武，唐志鹏，等. 不同空间分辨率和训练测试集比例下的滑坡易发性预测不确定性 [J]. 岩石力学与工程学报，2021，40 (6): 1155-1169.

[60] 王伟，袁雯宇，邹丽芳. 基于滑坡敏感性评价的库区水动力型滑坡区域综合预警研究 [J]. 岩石力学与工程学报，2022，41 (3): 479-491.

[61] 康飞，李俊杰，李守巨，等. 边坡系统可靠度分析智能响应面法框架 [J]. 武汉大学学报 (工学版)，2016，49 (5): 654-660.

[62] 黄发明，曹昱，范宣梅，等. 不同滑坡边界及其空间形状对滑坡易发性预测不确定性的影响规律 [J]. 岩石力学与工程学报，2021，40 (S2): 3227-3240.

[63] 徐卫亚，徐伟，闫龙，等. 基于 LM-BP 和 SVR 的倾倒变形体变形预测 [J]. 河海大学学报 (自然科学版)，2021，49 (1): 64-69.

[64] 武梦婷，陈秋松，齐冲冲. 基于机器学习的边坡安全稳定性评价及防护措施工程科学学报 [J]. 2022，44 (2): 180-188.

[65] 王毅，方志策，牛瑞卿，等. 基于深度学习的滑坡灾害易发性分析 [J]. 地球信息科学学报，2021，23 (12): 2244-2260.

[66] 邱道宏，李术才，张乐文，等. 基于 TSP203 系统和 GA-SVM 的围岩超前分类预测 [J]. 岩石力学与工程学报，2010，29 (增刊 1): 3221-3226.

[67] 郑帅，姜谙男，张峰瑞，等. 基于机器学习与可靠度算法的围岩动态分级方法及其工程应用 [J]. 岩土力学，2019，40 (S1): 308-318.

[68] Ayawah Prosper E A, et al. A review and case study of artificial intelligence and machine learning methods used for ground condition prediction ahead of tunnel boring machines [J]. Tunnelling and Underground Space Technology Incorporating Trenchless Technology Research, 2022, 125: 104497.

[69] 柳厚祥，李汪石，查焕奕，等. 基于深度学习技术的公路隧道围岩分级方法 [J]. 岩土工程学报，2018，40 (10): 1809-1817.

[70] Wang J, Milne D, Pakalnis R. Application of a neural network in the empirical design of underground excavation spans [J]. Mining Technology, 2002, 111 (1): 73-81.

[71] Esperanza G G, et al. Hard-rock stability analysis for span design in entry type excavations with learning classifiers [J]. Materials, 2016, 9 (7): 531.

[72] Goh A T C, Zhang Y M, Zhang R H, et al. Evaluating stability of underground entry-type excavations using multivariate adaptive regression splines and logistic regression [J]. Tunnelling and Underground Space Technology, 2017, 70: 148-154.

[73] 杨文波，王宗学，田浩晟，等. 基于 PSO-SVM 算法的层状软岩隧道大变形预测方法 [J]. 隧道与

地下工程灾害防治，2022，4（1）：29-37.

[74] 张研，苏国韶，燕柳斌．隧洞围岩损失位移估计的智能优化反分析［J］．岩土力学，2013，34（5）：1383-1390.

[75] 程国建，刘丽婷．深度学习算法应用于岩石图像处理的可行性研究［J］．软件导刊，2016，15（9）：163-166.

[76] 张野，李明超，韩帅．基于岩石图像深度学习的岩性自动识别与分类方法［J］．岩石学报，2018，34（2）：333-342.

[77] 马世伟，李守，李晓，等．隧道岩体质量智能动态分级 KNN 方法［J］．工程地质学报，2020，28（6）：1415-1424.

[78] 胡启成，叶为民，王琼，等．基于地质图像大数据的岩性识别研究［J］．工程地质学报，2020，28（6）：1433-1440.

[79] 许振浩，马文，林鹏，等．基于岩石图像迁移学习的岩性智能识别［J］．应用基础与工程科学学报，2021，29（5）：1075-1092.

[80] 熊越晗，刘东燕，刘东升，等．基于岩样细观图像深度学习的岩性自动分类方法［J］．吉林大学学报（地球科学版），2021，51（5）：1597-1604.

[81] Schwegmann C P，Kleynhans W，Engelbrecht J，et al. Subsidence feature discrimination using deep convolu-tional neural networks in synthetic aperture radar imagery［C］//2017 IEEE International Geoscience and Re-mote Sensing Symposium（IGARSS）. New York：IEEE，2017：4626-4629.

[82] Li Z G，Xiao S D，Pan Y H，et al. The hazard assessment of karst surface collapse risk zoning based on BP neural network in Wuhan City［J］. Applied Mechanics & Materials，2013，405-408：2376-2379.

[83] Liu L，Wang C，Zhang H，et al. Automatic monitoring method for surface deformation of coastal area based on time series analysis［J］. Journal of Coastal Research，2019，93（S1）：194-199.

[84] Wu M H，Xia X G. Study on the calculation of surface subsidence coefficient based on principal component analysis and neural networks［C］//2nd Annual International Conference on Energy，Environmental & Sustain-able Ecosystem Development（EESED 2016）. Paris，France：Atlantis Press，2016.

[85] Zhou Q H，Hu Q W，Ai M Y，et al. An improved GM(1，3) model combining terrain factors and neural net-work error correction for urban land subsidence prediction［J］. Geomatics，Natural Hazards and Risk，2020，11（1）：212-229.

[86] 陈仁朋，戴田，张品，等．基于机器学习算法的盾构掘进地表沉降预测方法［J］．湖南大学学报（自然科学版），2021，48（7）：111-118.

[87] Ahangari K，Moeinossadat S R，Behnia D. Estimation of tunnelling -induced settlement by modern intelligent methods［J］. Soils and Foundations，2015，55（4）：737-748.

[88] Wang F，Gou B C，Qin Y W. Modeling tunneling-induced ground surface settlement development using a wavelet smooth relevance vector machine［J］. Computers and Geotechnics，2013，54：125-132.

[89] Zhou J，Shi X Z，Du K，et al. Feasibility of random-forest ap proach for prediction of ground settlements induced by the construction of a shield-driven tunnel［J］. International Journal of Geomechanics，2017，17（6）：04016129.

[90] 李洛宾，龚晓南，甘晓露，等．基于循环神经网络的盾构隧道引发地面最大沉降预测［J］．土木工程学报，2020，53（S1）：13-19.

[91] 孙志彬，杨小礼，黄阜．基于模糊数学和粒子群算法的边坡参数反分析［J］．华南理工大学学报（自然科学版），2011，39（6）：137-141.

[92] 季慧，金银富，尹振宇，等．遗传算法改进及其在岩土参数反分析中的应用［J］．计算力学学报，2018，35（2）：224-229.

[93] 王开禾，罗先启，沈辉，等．围岩力学参数反演的 GSA-BP 神经网络模型及应用［J］．岩土力学，2016，37（增刊 1）：631-638.

[94] Yuan Bing. A discrete element modeling of rock and soil material based on the machine learning［J］. IOP Conference Series：Earth and Environmental Science，2021，861（3）：1-10.

[95] 阮永芬，高春钦，刘克文，等．基于粒子群算法优化小波支持向量机的岩土力学参数反演［J］，岩土力学，2019，40（9）：3662-3669.

[96] 仉文岗，顾鑫，刘汉龙，等．基于贝叶斯更新的非饱和土坡参数概率反演及变形预测［J］．岩土力学，2022，43（4）：1112-1122.

[97] 仉文岗，唐理斌，陈福勇，等．基于 4 种超参数优化算法及随机森林模型预测 TBM 掘进速度［J］．应用基础与工程科学学报，2021，29（5）：1186-1200.

[98] 周翠英，张国豪，杜子纯，等．基于机器学习的地层序列模拟［J］．工程地质学报，2019，27（4）：873-879.

[99] 郭甲腾，刘寅贺，韩英夫，等．基于机器学习的钻孔数据隐式三维地质建模方法［J］．东北大学学报（自然科学版），2019，40（9）：1337-1342.

[100] 周振建，陈馈，高会中，等．基于 VBA 矢量图形识别技术的多源地质信息数据化转换方法［J］．隧道建设（中英文），2020，40（3）：371-378.

[101] 王朱贺，李楠，张希瑞，等．基于机器学习的深基坑三维土层重建［J］．重庆大学学报，2021，44（5）：135-145.

[102] 胡越，王宇．静力触探识别场地土层分布的贝叶斯学习方法研究［J］．工程地质学报，2020，28（5）：966-972.

[103] 房昱纬，吴振君，盛谦，等．基于超前钻探测试的隧道地层智能识别方法［J］．岩土力学，2020，41（7）：2494-2503.

[104] 鲍跃全，李惠．人工智能时代的土木工程［J］．土木工程学报，2019，52（5）：1-11.

[105] Zhou J S，Cai Z Y. Overview of data mining based on machine learning［C］// Progress of the International Conference on Computer Science and Communication Engineering（CSCE）. Lancaster：DESTECH PUBLICATION，2015：494-498.

[106] Zhou J，Li X B，Shi X Z. Long-term prediction model of rockburst in underground openings using heuristic algorithms and support vector machines［J］. Safety Science，2012，50（4）：629-644.

[107] Pu Y，Apel D B，Xu H. Rockburst prediction in kimberlite with unsupervised learning method and support vector classifier［J］. Tunnelling and Underground Space Technology，2019，90：12-18.

[108] 苏国韶，宋咏春，燕柳斌．岩体爆破效应预测的一种新方法［J］．岩石力学与工程学报，2007，26（增 1）：3509-3514.

[109] Dong L J，Li X B，Peng K. Prediction of rockburst classification using random forest［J］. Transactions of Nonferrous Metals Society of China，2013，23（2）：472-477.

[110] Zhou J，Li X，Mitri H S. Classification of rockburst in underground projects：comparison of ten supervised learning methods［J］. Journal of Computing in Civil Engineering，2016，30（5）：04016003.

[111] 汤志立，徐千军．基于 9 种机器学习算法的岩爆预测研究［J］．岩石力学与工程学报，2020，39（4）：773-781.

[112] 李明亮，李克钢，秦庆词，等．岩爆烈度等级预测的机器学习算法模型探讨及选择［J］．岩石力学与工程学报，2021，40（S1）：2806-2816.

[113] 谭文侃，叶义成，胡南燕，等．LOF 与改进 SMOTE 算法组合的强烈岩爆预测［J］．岩石力学与工程学报，2021，40（6）：1186-1194.

[114] 田睿，孟海东，陈世江，等．基于机器学习的 3 种岩爆烈度分级预测模型对比研究［J］．黄金科

学技术，2020，28（6）：920-929.
[115] 刘德军，戴庆庆，左建平，等．基于 Stacking 集成算法的岩爆等级预测研究［J］. 岩石力学与工程学报 2022，41（S1）：2915-2926.

4 数字孪生体建模技术与方法

4.1 数字孪生体建模技术

物理实体及其对应的虚拟模型、数据、连接和服务是数字孪生的核心组成部分。通过多维虚拟模型和融合数据双驱动，以及物理对象和虚拟模型的交互，数字孪生能够描述物理对象的多维属性，刻画物理对象的实际行为和实时状态，分析物理对象的未来发展趋势，从而实现对物理对象的监控、仿真、预测、优化等实际功能服务和应用需求，甚至在一定程度达到物理对象与虚拟模型的共生。

数字孪生体（digitalt twin body）是数字孪生具体实现的体现。它是数字孪生的技术应用，包括建立和管理数字孪生所需的数据、模型、软件和计算资源等。数字孪生体通过将实体物体的数据采集、模型构建、数据分析、仿真模拟等技术结合起来，实现对实体物体进行动态监测、预测和优化。

数字孪生代表了一种思想和方法，而数字孪生体则是这种方法的实践。作为数字孪生的基础和核心的数字孪生体，提供了数字孪生所需的技术平台和实施手段，是实现数字孪生的关键要素。从模型到数字孪生体经历了从物理的“实物模型”到数字化展示的“数字化模型”，再到物理对象与虚拟模型交互共生的数字孪生的技术发展过程，突破了现实生活中实物模型存在的时空限制。

数字孪生体涉及数据采集、数据管理、模型开发、仿真分析、可视化展示等各个方面的技术和工具。构建数字孪生体离不开数字模型，数字模型是数字孪生体的基础。岩土工程既是建筑工程，又是地质工程，地质体既是岩土工程结构体的载体，又是岩土工程施工改造的对象；工程结构体对地质体进行补强加固和支撑保护。两者交融共生，相依相存，相互影响。因此，岩土工程数字孪生体中的两个核心要素是地质体与工程结构体。

岩土工程信息化的发展与工程三维建模技术的发展相辅相成，因此本章进行岩土工程三维模型构建技术的学习。

4.1.1 数字孪生体建模技术与内容

数字孪生体是物理实体对象在虚拟空间的映射表现，包括模型构建、模型融合、模型修正、模型验证等工作。数字孪生体模型包括几何模型、物理模型、行为模型和规则模型，这些模型能从多时间尺度、多空间尺度对物理实体进行描述与刻画。

数字孪生体构建技术和内容如下：

（1）模型构建技术。模型构建技术是数字孪生体技术体系的基础，各类建模技术的不断创新，加快提升了对孪生对象外观、行为、机理规律等的刻画效率。在几何建模方面，除了传统的建模方法，还出现了基于 AI 的创成式设计技术，大大提升了产品几何设计效率。在仿真建模方面，仿真工具通过融入无网格划分技术降低了仿真建模时间。在数据建模方面，传统统计分析叠加人工智能技术，强化了数字孪生预测建模能力。在业务建模方面，业务流程管理（BPM）、流程自动化（RPA）等技术加快推动业务模型的敏捷创新。

（2）模型融合技术。模型融合技术涵盖了跨学科模型融合技术、跨领域模型融合技术和跨尺度模型融合技术。模型融合技术将多类模型“拼接”打造成了更加完整的数字孪生体。在跨学科模型融合技术方面，多物理场、多学科联合仿真是岩土工程领域数字孪生体构建常遇到的。在跨类型模型融合技术方面，实时仿真技术加快了仿真模型与数据科学集成融合，推动了数字孪生由“静态分析”向“动态分析”演进。在跨尺度模型融合技术方面，通过融合微观和宏观的多方面机理模型，可以打造更复杂的系统级数字孪生体。在岩土工程领域，模型融合可以整合从小的裂隙发育到大的开挖扰动导致的工程整体变形的不同尺度模型，构建工程建设与运维的综合解决方案。

（3）模型修正技术。模型修正技术基于实际运行数据持续修正模型参数，是保证数字孪生不断迭代精度的重要技术，包括数据模型实时修正和机理模型实时修正技术。从IT视角看，在线机器学习可以基于实时数据持续完善数据模型精度。如流行的Tensorflow、Skit-learn等AI工具中都嵌入了在线机器学习模块，可以基于实时数据动态更新机器学习模型。从OT视角看，有限元仿真模型修正技术能够基于试验或者实测数据对原始有限元模型进行修正。如达索、ANSYS、MathWorks的有限元仿真工具中，均具备了有限元模型修正的接口或者模块，支持用户基于试验数据对模型进行修正。

（4）模型验证技术。模型验证技术是孪生模型由构建、融合到修正后的最终步骤，唯有通过验证的模型才能够安全地用于生产现场。当前模型验证技术主要包括静态模型验证技术和动态模型验证技术两大类，通过验证可以评估已有模型的准确性，提升数字孪生应用的可靠性。

4.1.2 构建数字孪生体的软件

数字孪生的软件包括：平台软件、建模软件、仿真软件。数字孪生平台的优势主要是解决数字孤岛的问题，通过统一数据源来实现全生命周期管理。

平台软件包括设计、仿真、分析工具（CATIA、DELMIA、SIMULIA等）、协同环境（VPM）、产品数据管理（ENOVIA）、社区协作（3DSwym）、大数据技术（EXALEAD），著名的有达索、3Dexperience。

建模是采用确定性规律和完整机理转化成软件的方式来模拟物理世界的方法，建模软件有ANSYS-Twinbuilder、西门子、达索、Comsol、Autodesk、ESI、MIDAS、Livemore等。

仿真软件有很多，如：Unity、BIM、GIS、倾斜摄影、激光扫描、Revit、bently、Tekla、广联达、品茗等。三维GIS软件目前增长比较快，有国际巨头Esri和Skyline，国内的有SuperMap（超图）、SmartEarth（泰瑞）。还包括其他国外公司如谷歌公司、美国数字地球公司、美国环境系统研究所公司、法国信息地球公司等的产品。

4.2 三维地质建模手段和方法

根据我国能源行业标准《水电工程三维地质建模技术规程》（NB/T 35099—2017），三维地质模型的定义是：根据工程勘察设计要求，利用工程区一定范围内的地质勘察资料，按工程对象类别建立的具有图元属性和工程地质属性的三维模型，是地形模型、基础数据模型、地质几何模型、地质属性模型的集合。

传统的地质信息表达主要是通过平图与剖面图表达，以及采用透视和轴测投影原理将3D地质环境中的对象进行透视制图，或投影到两个以上平面上组合表达，以增强3D视觉效果。但这种表达方式仍然存在空间信息的失真、操作繁杂、修改和更新困难等问题。

20世纪80年代后期，随着计算机图形学、图形图像处理、科学可视化等技术的发展，三维地质建模受到了关注。三维地质建模针对传统方法的不足和缺陷，借助计算机和科学可视化技术从2.5D和真3D的角度对地质对象及其环境进行模拟和显示。

综合国内外三维地学建模关键技术、建模方法和行业软件的发展现状，针对多种不同的建模需求和数据来源，主要的三维地学建模手段和方法如表4.1所示。

表4.1 三维地学建模手段和方法

建模方法	数据源形式	优　点	缺　点
钻孔	钻孔轨迹、采样、地质素描	数据容易获得； 模型控制范围大	数据较稀疏； 局部建模需要推测和加入虚拟钻孔
剖面	地质剖面图	数据容易获得；符合地质人员传统工作习惯，建模过程可交互	二次数据，精度较低； 矢量化过程中精度损失； 建模自动化程度较低
地震	地震剖面	精度较高；适用于石油、天然气，工程地质的三维建模	金属矿山领域应用较少
计算机辅助设计	工程设计数据	几何图形表达准确； 适用于设计实体建模	与真实工程环境不符； 不便于属性信息表达； 不利于空间分析
航测遥感	航空遥感影像	覆盖范围大； 更新频率高； 真实感强，效果好	只能对地质表面进行真实纹理贴图的辅助建模，不能深入地下
三维激光扫描	三维点云	模型细节逼真； 适用于局部精细建模	数据量大； 不适合大范围建模

三维地质建模的常用手段和方法是：

（1）采用钻孔及其相关的样品化验、地质岩性数据，得到地层界限数据，据此采用基于三棱柱（TP）或广义三棱柱（GTP）等三维地质建模方法，由钻孔位置数据构建地表TIN，向下延伸形成三维地层模型，并采用自动和人工交互的方法对复杂地质对象如断层、褶皱等进行三维建模，形成复杂的三维地质结构模型。

（2）采用数字化的地质剖面、地震剖面及由钻孔数据解译得到的剖面，通过基于剖面的三维地质建模方法，连接一系列相邻的剖面轮廓线来构建复杂的三维地质模型。

（3）采用三维矢量地质模型向栅格模型的转化算法，将地质模型转换成块体模型，应用地质统计学等方法进行空间属性插值，以满足各类地质统计与分析需要。

（4）采用披覆航空像片和遥感影像进行纹理贴图的方法，提高三维地质模型的地表逼真效果。

以上方法中，钻孔和剖面数据仍然是当前三维地质建模的主要数据源。包括 Surpac，Micromine，Geocom 等国际上应用较为广泛的三维地质模拟软件，它们均采用剖面和钻孔相关数据作为建模的基本数据源。

4.2.1 三维空间数据模型及构建方法

数据模型是概念模型的数学表达，是物理世界向数字世界转换的桥梁，它决定了数据结构和对数据可施行的操作。

由于数据模型的重要性，国内外学者做了大量研究，提出了几十种三维数据模型和建模方法，包括：线框模型（wire frame）、断面模型（section）、序列剖面模型、不规则三角网模型（triangular irregular network，TIN）、NURBS 模型、四面体模型、块断模型、八叉树模型、三维 Voronoi 图、三棱柱（tri-prism）、类三棱柱（analogous tri-prism，ATP）、似三棱柱（quasi tri-prism）、似直三棱柱模型（ARTPN）、广义三棱柱（GTP）、三维格网（3D grid），格网表面（grid surface）、边界模型（B-Rep）、结构实体几何模型（CSG）、针体模型（needle）、八叉树-四面体模型（octree-TEN）、不规则三角网-八叉树（TIN-octree）、矢量简单空间模型（simplified spatial model，SSM）等。

文献［5］和文献［6］将各种三维地学模型进行了归纳，将其分为单一 3D 模型、混合 3D 模型和集成 3D 模型。单一 3D 构模是指采用单一的面元模型和体元模型对 3D 空间对象进行几何描述和 3D 构模；混合 3D 构模则是采用两种或两种以上的表面模型或体元模型同时对同一 3D 空间对象进行几何描述和 3D 构模；集成 3D 构模则是采用两种或两种以上的不同模型分别对系统中不同的 3D 空间对象进行几何描述 3D 构模，分别建立的 3D 模型集成起来即形成对系统完整的 3D 表示。按上述构模方法，可得出其对应的 3D 空间数据模型，见表 4.2。

表 4.2 3D 空间数据模型及 3D 空间构模方法分类

<table>
<tr><th colspan="4">单一构模</th><th>混合构模</th><th>集成构模</th></tr>
<tr><td colspan="2" rowspan="2">面元模型</td><td colspan="2">体元模型</td><td rowspan="2">混合模型</td><td rowspan="2">集成模型</td></tr>
<tr><td>规则体元</td><td>非规则体元</td></tr>
<tr><td>表面模型（surface）</td><td>不规则三角网（TIN），格网模型（grid）</td><td>结构实体几何（CSG），体素（voxel）</td><td>四面体网格（TEN），金字塔（pyramid）</td><td>TIN+Grid，Section+TI</td><td>TIN+CSG，TIN+Octree（Hybrid 模型）</td></tr>
<tr><td colspan="2">边界表示模型（B-Rep）</td><td>针体（needle）</td><td>三棱柱（TP）</td><td>Wire Frame+Block</td><td></td></tr>
<tr><td colspan="2">线框（wire frame）或相连切片（linked slices）</td><td>八叉树（octree）</td><td>地质细胞（geocellular）</td><td>B-Rep+CSG</td><td></td></tr>
</table>

续表 4.2

单一构模			混合构模	集成构模
断面（section）	规则块体（regular block）	非规则块体（irregular block）	Octree+TEN	
多层 DEMs		实体（solid）		
		3D Voronoi 图		
		广义三棱柱（GTP）		

常用的四类构模方法的特点如下：

（1）基于面元模型的空间构模。基于面元模型的空间构模采用面元对 3D 空间对象的表面进行连续或非连续几何描述和特征刻画。侧重于 3D 空间实体的表面表达，例如地形表面、地质界面等。所模拟的表面可能是封闭的，也可能是非封闭的。基于采样点的 TIN 模型和基于数据内插的 Grid 模型，通常用于非封闭表面模拟；而边界表示（boundary representation，B-Rep）模型和线框（wireframe）模型通常用于封闭表面或外部轮廓模拟；Section 模型、Section-TIN 混合模型及多层数字高程模型（multi-digital elevation model，M-DEM）通常用于地质构模。其优点是便于显示和数据更新，不足之处是缺少对象内部属性的表达，难以进行 3D 空间查询与分析。

（2）基于体元模型的空间构模。基于体元模型的空间构模采用体元对 3D 空间对象的内部空间进行无缝完整的空间剖分，不仅描述 3D 空间对象的表面几何，还研究 3D 空间对象的内部特征。侧重于三维空间实体的边界与内部的整体表示，例如地层、矿体、水体、建筑物等。目前常用的体构模法有三维栅格、构造实体几何结构（constructive solid geometry，CSG）、四面体格网（tetrahedron net，TEN）、实体（solid）和块段（block）构模等。其优点是可以研究地质体内部属性，易于进行空间操作和分析，但表达精度低，存储空间大，计算速度慢。

（3）基于面体混合模型的空间构模。混合模型的目的是综合面模型和体模型的优点，以及综合规则体元与非规则体元的优点，取长补短。

（4）基于集成模型的空间构模。集成模型是随着解决地上实体、地球表面及地下实体的集成一体化建模而提出来的空间数据模型，为保障几何一致和拓扑一致，多种模型之间的集成纽带如何确定是一个关键问题。

总之，以上几种构模方法在空间目标的几何描述、空间分割、拓扑描述和模型维护方面各有优缺点：（1）面元模型虽然可以较方便地实现地层可视化和模型更新，却不是真 3D 的，也不描述 3D 拓扑关系；（2）规则体元模型虽然是真 3D 的，模型更新也比较方便，却难以适应复杂地质体构模，且几乎不描述拓扑关系；（3）非规则体元模型是真 3D 的，也可以适应复杂地质体构模，但模型更新比较困难，且几乎不描述拓扑关系；（4）混合模型虽然理论上探讨较多，但技术实现难度大，许多难点尚未突破。可见，不同模型适应性各不相同，要根据具体的三维构模目的来选择适合的三维地学空间模型。

4.2.2　三维地质模型的组成

三维地质模型按所起的作用不同分为结构模型和属性模型。

（1）三维地质结构模型构建。由于三维地质原始数据的稀少性、局限性、不均匀性、不确定性，是无法直接基于原始资料开展区域地质三维数据管理与服务的，必须要通过三维地质建模来生成完整的三维地质体数据，以便实现三维表达和展示，因此建立三维地质结构模型具有重要意义。

结构模型主要包括断层模型、地层模型、岩体模型、地下水模型等。一般的构建方法是首先通过建立构造模型模拟地层面、断层面的形态、位置和相互关系，从而显示出地质圈闭的位置、形状。另外还需要建立各个几何模型（例如地层、断层）之间的拓扑关系，反映几何体之间的相互位置关系。

（2）三维地质属性模型构建。地质体含有多种反映岩层岩性、地下水特性、矿产资源分布等特性的参数，例如岩层孔隙度、渗透率、含油饱和度、地震波反射速度等。可以对这些属性参数进行计算和综合分析，从而估算地下岩体及各种属性参数的分布情况。

属性参数模型的建模思路一般有直接法和数学建模两种方法。当采样值在地质体内密集、规则分布时，可以直接建立采样值到应用模型的映射关系，把对采样值的处理转化为对物性参数的处理；当采样值呈散乱分布，并且数据量有限时，需要采用数学建模方法，即根据采样值插值，拟合出连续的数据分布函数。为了保证插值结果准确，往往还需要对区域进行网格剖分，以便生成插值所需的单纯形。

4.2.3 三维地质建模方法

地质建模中的结构建模侧重于地质对象几何形态、位置和空间关系的构建，有显式建模和隐式建模两种类型；属性建模主要在三维空间内构建地学属性场的分布。

4.2.3.1 显式建模

显式建模方法是最为常见的方法，这类方法的地质界面是直接通过人机交互创建的，多采用直接三角剖分或者通过数据插值的方法表示界面。

显式建模一般可以分为两类，一类是基于剖面的建模方法，另一类是基于钻井的建模方法。基于剖面的建模方法由最初的基于平行的平剖面（共面剖面）的方法开始，逐渐发展到了基于交叉折剖面的建模方法，使得基于剖面的建模方法能够与地学勘探中网格状布置的剖面数据源相适应，在解决复杂地层三维模型构建及提高自动化程度方面具有明显优势。然而，该方法需要经过确定剖面线、剖面投影、地层连接等一系列复杂的步骤，使得建模仍需要花费较长时间。

直接基于钻井数据的建模方法由于可以直接利用钻孔数据而不需要形成剖面，因而在建模速度方面非常具有优势。但基于钻井的建模方法仅考虑钻井中的岩性或时代的分层信息，无法融入构造和其他信息，仅适用于简单的第四系沉积层的建模，而难以对构造复杂的基岩区的地质体进行建模。

建模从不同实现方法上，还可以进一步细分为：

（1）从尺度方面，可以分为宏观建模和微观建模。宏观建模主要关注的是地质现象的区域特征，数据来源主要是地质露头、钻井、地质解释资料。微观建模主要关注岩石、矿物等的微观特征，数据来源可以是岩石切面、照片和通过仪器直接得到的三维点云等。狭义的地质建模多指宏观的建模。

（2）从对地质体内部属性的处理来看，可以分为离散建模和连续建模。离散建模侧重于对地质体表面的几何形态和空间关系的表达，认为地质体内部属性是均一的。连续建模侧重于地质体内部属性非均一性的表达，通过空间统计和插值等技术实现地质体的连续表达。

（3）从建模所使用的数据源来看，可分为基于野外数据、基于钻井数据、基于剖面、基于离散点、基于多源数据、基于三维地震资料建模等。

（4）从建模的动态性方面，可以分为静态建模和动态建模。静态建模是地质体在时间序列中的某一时刻的切片特征。而动态建模是对地质现象连续变化现象的一种表达，例如地下水污染、盆地模拟、滑坡模拟等。

（5）从建模的方法和思路方面，可以分为正演和反演。正演模拟地质体的变化过程，反演则侧重于利用现有的结果反演其变化。

（6）从研究的工具上分类，可以分为基于系统集成，或基于数据库等。

下面介绍根据数据来源建模的三种方法。

（1）基于钻孔数据的三维地质建模。钻孔数据具有最简单的数据结构，是三维地质建模中最有用和可靠的数据。目前，基于钻孔数据的三维地质建模研究较多，收集包括钻孔的坐标、深度、测斜、取样点、元素品位、夹矸等信息进行地层构建。基于钻孔的建模方法可以用来快速构建地层模型。基于钻孔数据的模型可以获得精度较高且较为光滑合理的地质模型（图4.1），缺点是钻孔数据数量少且钻孔成本很高。

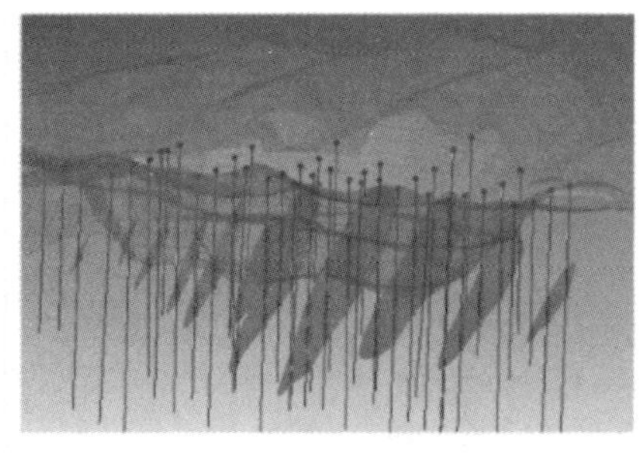

通过勘探数据库，可以管理：
✓ 三维环境下剖面解译(按品位、按岩性等)
✓ 品位组合计算
✓ 新孔设计

图4.1　基于钻孔数据的三维地质模型

（2）基于剖面的三维地质建模。数据丰富的地质剖面图是描述地层的主要数据形式之一，剖面数据不仅包含了真实的地质信息，还包含了地质专家的经验。因此，剖面被广泛地应用于地质建模中。基于剖面的模型能够合理真实地表达整个含断层的地质体（图4.2），但基于原始地质勘探资料或地质剖面图进行建模，效率较低。

基于平行剖面的建模一般被分为两类：一类是基于平行剖面线的单一地质体建模，单一地质体建模的基本方法是在平行剖面中识别单一地质界线，然后利用基于轮廓线重构算法来构建面模型。基于轮廓线重构算法主要解决四个问题：相关性、重叠、分支和表面适配。这个方法主要用来构建单个地质体中复杂的面模型，像矿体或侵入体；另一类是含拓

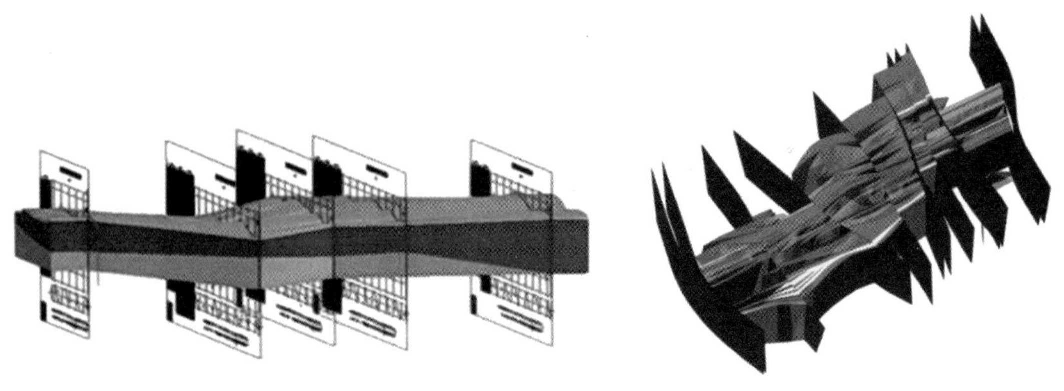

图 4.2 基于剖面的三维地质模型

扑的自动建模，主要用于构建地层模型。

（3）基于多源数据的三维地质建模。三维地质建模的一大特点是基于数据的多源性，单一数据源的建模有着一定的局限性且适用范围较窄，对于复杂场景模型（图 4.3）建模来说，远远无法满足实际建模的要求。多源数据可以根据不同场景选用不同数据融合建模，弥补单一建模的缺陷。对于多源数据的融合建模方式可分为 3 种：1）基于点云数据的融合；2）基于模型格网的融合；3）以多源数据为参照，人工构建模型即参数化建模。

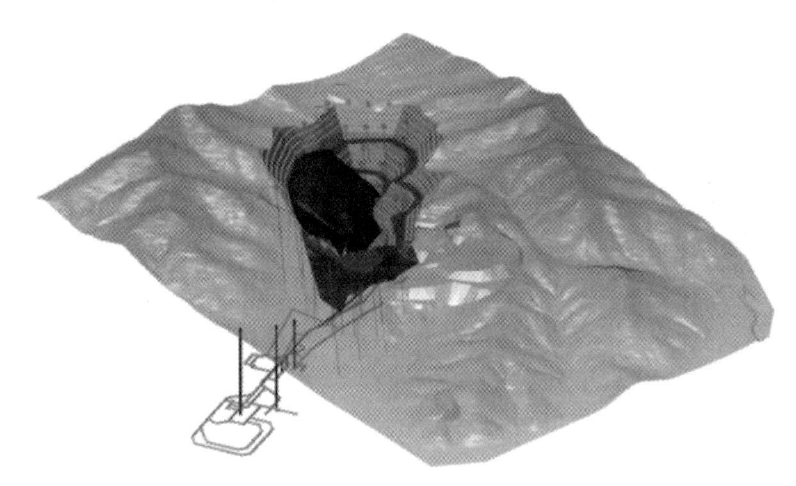

图 4.3 基于多源数据的三维地质模型

基于多源数据三维地质建模的核心是多源数据集成，多源数据集成是已有数据和资料的集成与管理，为建模过程提供有力支撑。当前，多源数据集成方法的关键问题在于数据的质量控制和不确定性评估。它涵盖了五个方面：数据的完整性、数据坐标的一致性、数据位置的准确性、数据属性的准确性和数据时间的精度。只有在确定了数据质量和不确定性之后，才能将多个数据集成到一个统一的数据结构框架中。因此，数据质量和不确定性处理成为多源数据集成研究的热点。

基于多源数据模型可以提高对现有数据的利用效率，在复杂的数据下满足各种三维地质建模的需要，但采用多源数据建模的模型应该是一个可扩展型的软件平台，应针对不同的建模需求提供相应的建模思路。

三维地质几何模型的建立归结起来，主要有两种实施方案：

（1）按照“点—线—面—体”的顺序来进行地质几何模型建模。即：首先根据野外地质勘察数据及室内分析成果来建立二维地质剖面，再根据二维地质成果创建地质分界面，最后建立地质几何模型。其关键问题就是如何充分有效地集成并使用好这些多源数据，诸如钻孔资料、地质平面图、地质剖面图、地形图、物探数据等可利用的数据和资料，建立合理准确的地质模型。

（2）按照“点—面—体”的顺序来进行地质几何模型建模。即：由原始地形地质资料直接创建地层分界面，再建立地质几何模型。原始资料包括地形数据、钻孔数据、地质测绘数据等。其难点在于，建模人员需在建模的过程中完成对地形地质资料的分析、推测。该方法难度相对较大，不但要求原始资料准确、格式统一，而且对建模人员的地质专业素质也有很高的要求。

传统地质建模方法多以显式建模方法为主，可以很好地表达复杂地质构造，但是存在需要大量人机交互操作费时费力等问题，严重影响了地质建模的实际应用效率。近年来，以 Geomodeller 软件为代表的隐式建模方法得到了发展和完善，这类方法可以自动快速且稳定地建立复杂地质构造模型，且让地质模型的定量化不确定性分析成为可能，拥有广阔的应用前景。

4.2.3.2　隐式建模

隐式建模方法将观测数据和地质知识在隐式框架中结合起来，该方法通过一个隐式函数的等值面建立地质界面，即在三维标量场中追踪网格或四面体网格获得的一系列等值面代表地质界面（图 4.4）。

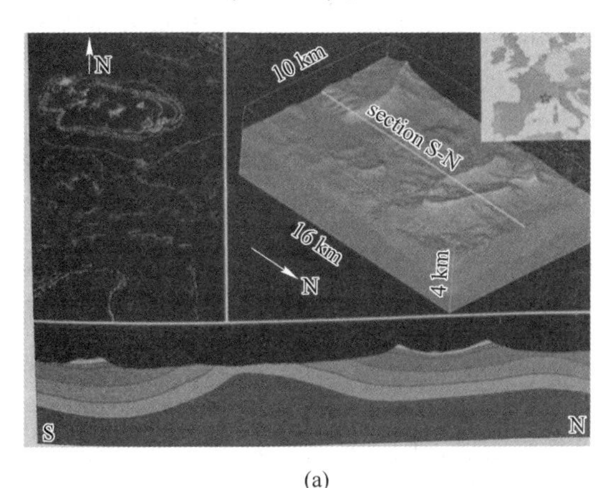

(a)

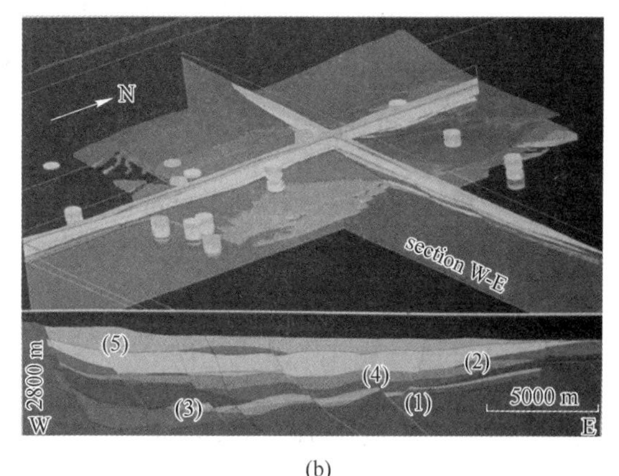

(b)

图 4.4　运用 Geomodeller 建立的简单地质模型和复杂地质模型

起初，隐式建模被认为缺乏细节，主要用于早期的勘探阶段。目前，隐式建模方法可以轻松地超越手绘模型的复杂性和细节水平，而且建模方法仍在深入完善中。

主要的隐式界面地质建模方法有以下 3 种：

（1）径向基函数法。径向基函数方法是最早引入的隐式界面建模方法。最初被 Leapfrog 软件用于矿山建模中，矿山建模中钻孔数据丰富，仅利用观测的地质界面点采用基于径向基函数的插值方法可以快速地得到矿体模型。此后利用了观测的地质界面点的等式约束、方向数据的梯度方向约束，以及地质接口之间的不等式约束 3 类信息在 GoCad 的框架下采用径向基函数插值方法成功地进行了建模实验。

（2）基于对偶协同克里金插值的位势场方法。该方法利用地质界面点等式约束和方向数据的梯度方向约束两类数据，约束采取对偶协同克里金的插值方法得到标量场，标量场中的一系列等值面视为地质界面。该方法是 Geomodeller 软件的算法基础，Geomodeller 软件是最具代表性的隐式建模软件，尤其适合沉积地层建模。

（3）离散光滑插值法。离散表面插值是 GoCad 进行界面建模的算法核心，采用离散表面插值（DSI）算法。可以视为隐式建模的一种。根据输入的控制点位置、拟合容差大小和迭代次数，可以快速地获得满足相同地质约束下一系列的地质界面。

与显式界面建模方法相比，隐式曲面建模有诸多显著的优势：速度快是最重要的优势，可以快速自动建模，加入更新信息后可以快速地更新模型；隐式建模方法从方法原理上就防止了地层重叠或者遗漏情况的发生，该方法可以自动填补并支持任意拓扑的复杂几何界面，特别适用于生成一系列堆积界面（例如沉积地层），与显式界面建模相比具有抗噪声的优势，适合任意定义的网格，建立的界面自然光滑，更加符合地质实际情况。此外，方法将观测数据与地质约束在隐式框架下结合在一起，可以非常容易地处理地质约束（例如不整合、超覆、退覆、侵入、断裂切割等）。

但是，隐式建模方法有以下局限性：一是隐式建模方法的本质是一类界面插值算法，不易融入地质边界点、方向点之外的其他类型信息；二是隐式建模在插值过程中需要大量的观测数据点，这一要求在地质填图过程中需要人为加入约束点，影响了不确定性分析；三是由于采用不同的核函数（或变异函数）获得的隐式界面不同，如果在不同区域或在同一区域的不同位置地质构造剧烈程度不同（这种情况更为普遍），势必要求在不同位置采用更为合适的核函数（或变异函数）进行插值，这种情况尚需继续研究。

4.2.4 几种常见插值方法

在三维地质建模过程中，经常需要将离散的已知数据点串起来形成光滑的曲线、曲面，为此，需要运用插值方法进行数据点的插值。

插值算法是根据已知样本点的数据或者属性信息，采用某种插值算法，得到已知点和未知点在属性域或者在空间域的映射关系，以此计算或者预测未知待求点的数据属性信息。常用的插值算法根据其特点分为两类：平滑插值法和精确插值法。平滑插值算法也可以叫趋势插值算法，因为该类插值算法不依赖样本数据点，而这些样本数据点只是提供了这个模型的某些待求属性值的变化趋势。精确插值算法是指当待求点在已知点的位置或者附近位置的时候，该待求点的属性数据就接近或等于已知点的属性数据。

常见的插值算法有：克里金插值法，离散光滑插值法，线性插值算法，B 样条法等。

4.2.4.1 克里金插值法

20 世纪 50 年代初期，南非地质学家、采矿工程师 D. G. Krige 根据多年对南非金矿储量计算的经验，提出了按照样品与待估块段的相对空间位置和相关程度来计算块段品位及储量，并使估计误差为最小的方法。后来，法国著名统计学家 G. Matheron 将这个算法命名为 Kriging 插值算法，并将 Krige 的成果进行了理论化、系统化，提出了“区域化变量”

的概念，创立了地质统计学（又称空间信息统计学）。

Kriging 插值算法是建立在协方差和变差函数的基础上形成的，是对一定区域内的变量进行无偏最优估计（无偏估计：就是让估计值和真实值差的数学期望为零）。为此，先介绍区域化变量和变差函数的概念。

A 区域化变量

以空间点 $\boldsymbol{x}$ 的三个直角坐标（x_u，x_v，x_w）为自变量的随机场 $Z(x_u, x_v, x_w; \omega) = Z(x)$ 称为一个区域化变量。区域化变量 $Z(x)$ 在观测前，可以看作是随机场，观测后就得到 $Z(x)$ 的一个实现［一般也记作 $Z(x)$，写法上不加区别］。每一个 $Z(x)$ 实现就是一个普通的三元实函数（或空间点函数，即在具体的坐标上有一个具体的值）。为了书写方便起见，随机场与空间点函数（即观测以前和观测后）都用 $Z(x)$ 表示，它的具体含义需视具体场合而定。在采矿、地质领域中，煤层厚度、地下水头高度、矿石品位等许多变量都可以看成是区域化变量。

区域化变量同时反映地质变量的结构性与随机性。假设 $Z(x)$ 表示矿石的品位，一方面当空间一点 x 固定后，矿石的品位 $Z(x)$ 是不确定的，可以看成是一个随机变量，这是其随机性；另一方面，在空间两个不同点 x 及 $x+h$（h 表示二维空间中的距离向量，它的模表示 x 点与 $x+h$ 点的距离。为方便起见，本节中其他地方亦以 h 表示距离向量，其维数与所研究的空间维数一致）处的矿石的品位 $Z(x)$ 与 $Z(x+h)$ 具有某种程度的自相关性，一般 $|h|$ 越小，相关性越好。这种自相关性反映了地质变量的某种连续性和关联性，体现了其结构性的一面。

因此，从地质学的观点来看，区域化变量可以反映地质变量的以下特征：

（1）局部性：区域化变量只局限于一定的空间内，该空间称为区域化的几何域，区域化变量是按几何承载来定义的；（2）连续性：不同的区域化变量具有不同程度的连续性，这种连续性是通过区域化变量的变异函数来描述的；（3）异向性：区域化变量在各个方向上如果性质不同，则具有各向异向性；（4）可迁性：区域化变量在一定范围内具有明显的空间相关，但超过这一范围之后，相关性变弱以至消失。

经典概率统计方法不能处理区域化变量的上述特殊性质，而空间信息统计学中的基本工具——变差函数（或称变异函数、变程方差函数）就能较好地研究区域化变量的这些特殊性质。

B 变差函数

变差函数能定量地描绘变量的空间自相关性，是 Kriging 插值计算的基础。假定区域化变量 $Z(x)$ 只在一维 x 轴上变化，将 $Z(x)$ 在 x，$x+h$ 两点处的值之差的方差之半定义为 $Z(x)$ 在 x 方向上的变差函数，记为 $\gamma(x, h)$，即

$$\begin{aligned}\gamma(x, h) &= \frac{1}{2}\mathrm{Var}[Z(x) - Z(x+h)] \\ &= \frac{1}{2}E[Z(x) - Z(x+h)]^2 - \frac{1}{2}\{E[Z(x) - Z(x+h)]\}^2 \qquad (4.1)\end{aligned}$$

当 $\gamma(x, h)$ 与 x 取值无关，只依赖于 h（称距离或步长），则可将变差函数记为 $\gamma(h)$；如果点 x 和 h 是在二维（或三维）空间中变化时，则要考虑二维（或三维）变差函数，进行结构的套合。

C　二阶平稳假设和本征假设

公式（4.1）是一个理论数学表达式，在实际应用中，往往是通过观察值对 $\gamma(x, h)$ 作出估计。欲得到公式（4.1）的估计值，就要估计数学期望 $E[Z(x)-Z(x+h)]^2$ 以及 $E[Z(x)-Z(x+h)]$ 的值，但是，事实上，在点 x 和 $x+h$ 上只能得到一对数据 $Z(x)$ 和 $Z(x+h)$,不可能在空间上同一点取得第二个样品，也就是说，区域化变量的取值是唯一的，不能重复。为了克服这个困难，提出了如下的二阶平稳假设及本征假设。

a　二阶平稳假设

平稳假设是指一个随机函数 $Z(x)$ 的空间分布律不随平移而改变，即若对任意一个向量 h，当 $G(z_1, z_2, \cdots; x_1, x_2, \cdots)=G(z_1, z_2, \cdots; x_1+h, x_2+h, \cdots)$ 成立时，那么此随机函数 Z 被称为平稳性随机函数。

当区域化变量 $Z(x)$ 满足下列两条件，则称 $Z(x)$ 满足二阶平稳（或弱平稳）：

（1）在整个研究区域内，区域化变量 $Z(x)$ 的数学期望存在，且等于常数，即

$$E[Z(x)]=m\,(\text{常数})\quad \forall x \tag{4.2}$$

（2）在整个研究区域内，$Z(x)$ 的协方差函数存在且相同（即只依赖于距离 h，而与 x 无关），即

$$\begin{aligned}\mathrm{Cov}\{Z(x), Z(x+h)\} &= E[Z(x)\cdot Z(x+h)]-E[Z(x)]\cdot E[Z(x+h)]\\ &= E[Z(x)\cdot Z(x+h)]-m^2\\ &\equiv C(h)\quad \forall x, \forall h\end{aligned} \tag{4.3}$$

当 $h=0$ 时，式（4.3）变为

$$\begin{aligned}C(0) &= \mathrm{Cov}\{Z(x), Z(x+0)\}\\ &= \mathrm{Cov}\{Z(x), Z(x)\}\\ &= \mathrm{Var}\{Z(x)\}\quad \forall x\end{aligned} \tag{4.4}$$

即方差存在且为常数。

在地质学科中，可以这样解释，一个均匀的矿化带内，$Z(x)$ 与 $Z(x+h)$ 之间的相关性与它们在矿化带的具体位置没有关系，而只与分割两点的向量 h 相关。然而这在实际工作中很难满足。通常只需要假设其一阶和二阶矩存在且平稳，即二阶平稳假设。

b　本征假设（内蕴假设）

实际工作中，有时协方差函数不存在，因而不能满足上述的二阶平稳假设，这时，可以只考虑变量的增量而不考虑变量的本身，这就是本征假设的基本思想，当区域化变量 $Z(x)$的增量 $Z(x)-Z(x+h)$ 满足下列两个条件时，称该区域化变量满足本征假设：

（1）在整个研究区内，区域化变量 $Z(x)$ 的增量 $E[Z(x)-Z(x+h)]$ 的数学期望为 0，即

$$E[Z(x)-Z(x+h)]=0\quad \forall x, \forall h \tag{4.5}$$

若 $E[Z(x)]$ 存在，则此条件等同于

$$E[Z(x)]=E[Z(x+h)]=m(\text{常数})\quad \forall x, \forall h \tag{4.6}$$

（2）增量 $Z(x)-Z(x+h)$ 的方差函数存在且平稳（不依赖于 x），即

$$\begin{aligned}\mathrm{Var}[Z(x)-Z(x+h)] &= E[Z(x)-Z(x+h)]^2-\{E[Z(x)-Z(x+h)]\}^2\\ &= E[Z(x)-Z(x+h)]^2=2\gamma(x, h)\\ &= 2\gamma(h)\quad \forall x, \forall h\end{aligned} \tag{4.7}$$

在此假设下，区域化变量 $Z(x)$ 的变异函数 $\gamma(h)$ 存在且平稳，也可以说区域化变量

$Z(x)$ 的增量 $[Z(x)-Z(x+h)]$ 只与向量 h 相关，而与具体位置 x 无关，因此被向量 h 分割的每一对数据 $[Z(x), Z(x+h)]$ 可以看作是一对随机变量 $[Z(x_1), Z(x_2)]$ 的一个不同实现，从而可以在此假设情况下计算变异函数。

c 变差函数与协方差的关系

由上述假设，可以推出变差函数与协方差的关系式，由于

$$\begin{aligned}2\gamma(h) &= E[Z(x)-Z(x+h)]^2\\ &= E[Z(x)]^2+E[Z(x+h)]^2-2E[Z(x)Z(x+h)]\end{aligned}\tag{4.8}$$

由式（4.4），协方差

$$\begin{aligned}C(0) &= \mathrm{Var}\{Z(x)\} = E[Z(x)]^2-\{E[Z(x)]\}^2\\ &= E[Z(x)]^2-m^2 \quad \forall x\end{aligned}\tag{4.9}$$

可推出

$$E[Z(x)]^2 = C(0)+m^2\tag{4.10}$$

又，x 点是任意的，将 x 换成 $x+h$ 代入式（4.10）得：

$$E[Z(x+h)]^2 = C(0)+m^2\tag{4.11}$$

式（4.3）经变换有

$$E[Z(x)\cdot Z(x+h)] = C(h)+m^2\tag{4.12}$$

所以将式（4.10）、式（4.11）、式（4.12）代入式（4.8）并整理便得变差函数与协方差的关系式：

$$\gamma(h) = C(0)-C(h)\tag{4.13}$$

D 实验变差函数

实验变差函数就是根据观测数值构造变差函数 $\gamma(h)$ 的估计值 $\gamma^*(h)$。由于有二阶平稳假设或本征假设，$Z(x)$ 的增量 $Z(x)-Z(x+h)$ 只依赖于分隔它们的 h（模和方向），而不依赖于具体位置 x。这样，被向量 h 分割的每一对数据 $\{Z(x_i), Z(x_i+h)\}$ $[i=1, 2, \cdots, N(h)$，此处 $N(h)$ 是被向量 h 相隔的数据对的对数$]$ 都可以看成是 $\{Z(x_i), Z(x_i+h)\}$ 的一次不同的实现，这样，根据在 x 轴上相隔为 h 的点对 x_i 和 x_i+h 上的观测值 $\{Z(x_i), Z(x_i+h)\}[i=1, 2, \cdots, N(h)]$，用求 $[Z(x_i), Z(x_i+h)]^2$ 的算术平均值的方法就可计算 $\gamma^*(h)$，即

$$\gamma^*(h) = \frac{1}{2N(h)}\sum_{i=1}^{N(h)}[Z(x_i)-Z(x_i+h)]^2\tag{4.14}$$

对不同的距离 h，算出相应的 $\gamma^*(h)$ 值，把各个 $[h_i, \gamma^*(h_i)]$ 点在 $h-\gamma^*(h)$ 图上标出，再将相邻的点用线段联结起来便得到实验变差函数图（或实验变差图）。

E 变差函数的理论模型

仅有实验变差函数图并不能对区域化变量的未知值作出估计，因此需要将实验变差函数拟合成相应的理论变差函数模型来估计区域化变量的未知值。由于变差函数能透过随机性反映区域化变量的结构性，因此变差函数也叫结构函数。

变差函数一般用变异曲线来表示。它是一定滞后距 h 的变异函数 $\gamma(h)$ 与该 h 的对应图，如图 4.5 所示。

图 4.5 中，C_0 称为块金效应，它表示 h 很小时，两点间变量的变化；a 称为变程，其

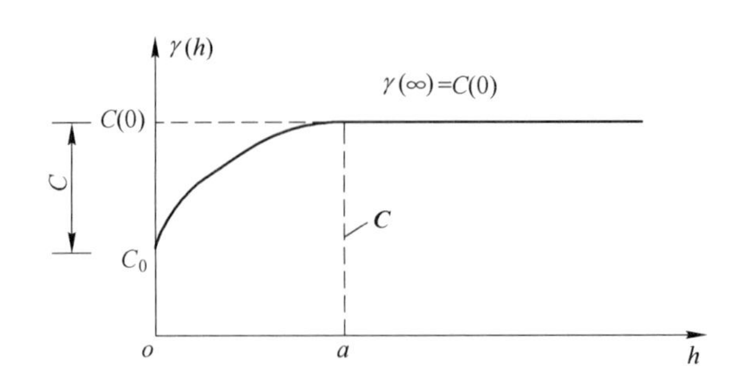

图 4.5 变异函数曲线图

大小反映区域化变量的空间相关状态，当 $h \leqslant a$ 时，任意两点间的观测值有相关性，这个相关性随 h 的变大而减少，当 $h > a$ 时就不再具有相关性；$\boldsymbol{C}$ 称为总基台值，它反映某区域化变量在研究范围内变异的强度，它是最大滞后距的可迁性变异函数的极限值，当 $h \to \infty$ 时，

$$\gamma(\infty) = C(0) = \mathrm{Var}[Z(x)] = \boldsymbol{C} \tag{4.15}$$

当无块金效应（常数）C_0时，$\boldsymbol{C} = C$，当有块金效应时，$\boldsymbol{C} = C + C_0$，C 称为基台值。

变差函数的理论模型可分为有基台值和无基台值模型两类，前者主要有球状模型、指数函数模型、高斯模型；后者的模型有幂函数模型、对数函数模型、纯块金效应模型、空穴效应模型等。

最常用的理论模型是球状模型、指数模型和高斯模型。

a 球状模型

球状模型的一般公式为

$$\gamma(h) = \begin{cases} 0 & h = 0 \\ C_0 + C\left(\dfrac{3h}{2a} - \dfrac{h^3}{2a^3}\right) & 0 < h \leqslant a \\ C_0 + C & h > a \end{cases} \tag{4.16}$$

当 $C_0=0$，$C=1$ 时，称为标准球状模型，如图 4.6 所示。

b 高斯模型

其通式为

$$\gamma(h) = \begin{cases} 0 & h = 0 \\ C_0 + C\left(1 - \mathrm{e}^{-\frac{h^2}{a^2}}\right) & h > 0 \end{cases} \tag{4.17}$$

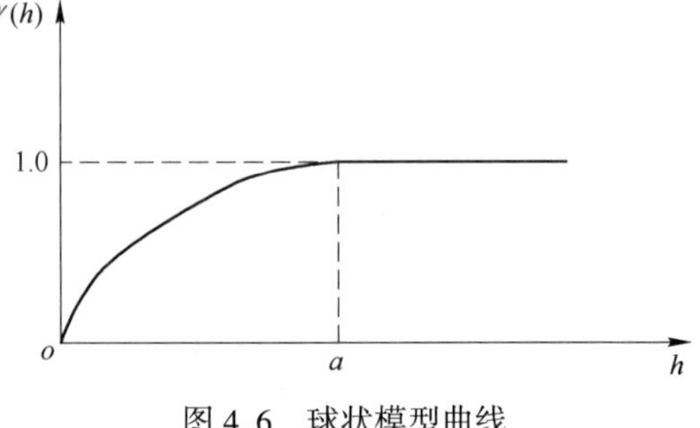

图 4.6 球状模型曲线

式中，a 不是变程，因为当 $h = \sqrt{3}a$ 时，$1 - \mathrm{e}^{-\frac{h^2}{a^2}} = 1 - \mathrm{e}^{-3} \approx 0.95 \approx 1$，即当 $h = \sqrt{3}a$ 时，$\gamma(h) = C_0 + C$，所以，该模型的变程为 $\sqrt{3}a$，当 $C_0=0$，$C=1$ 时，称为标准高斯模型。高斯模型曲线如图 4.7 所示。

c　指数模型

一般公式为

$$\gamma(h)=\begin{cases}0 & h=0\\ C_0+C\left(1-\mathrm{e}^{-\frac{h}{a}}\right) & h>0\end{cases} \tag{4.18}$$

由于当 $h=3a$ 时，$1-\mathrm{e}^{-\frac{h}{a}}=1-\mathrm{e}^{-3}\approx 0.95\approx 1$，即当 $h=3a$ 时，$\gamma(h)=C_0+C$，所以该模型的变程为 $3a$。指数模型曲线如图 4.8 所示。

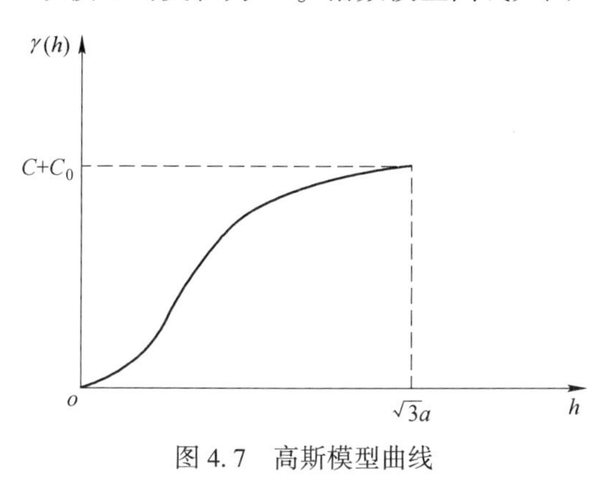

图 4.7　高斯模型曲线

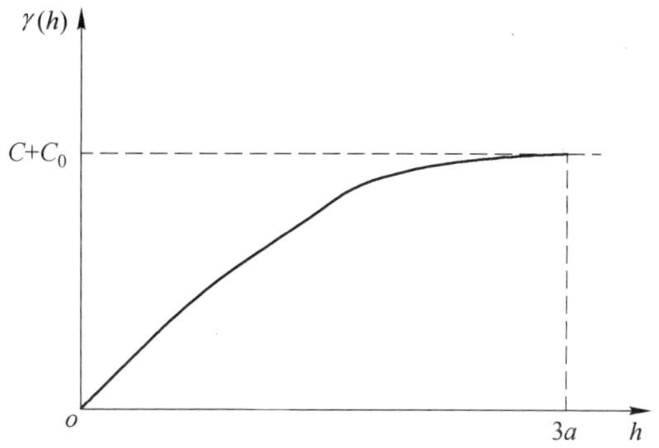

图 4.8　指数模型曲线

F　变差函数的拟合

要了解区域化变量的变异特征，必须知道实验变差函数与哪种理论变差函数模型相似，并知道模型中的参数（如变程 a，基台值 $C+C_0$ 和块金常数 C_0 等），为此必须根据实验变差函数选择适当的理论变差函数模型进行拟合，从而确定出各个参数。

在实际工作中，绝大多数的变差函数模型都是球状模型，下面以球状模型为例来讨论理论变差函数的拟合问题。

（1）直接法拟合球状模型，如图 4.9 所示。

1）求变程 a。

① 计算实验方差 σ^{*2}；

$$\overline{Z}=\frac{1}{n}\sum_{i=1}^{n}Z_i(x) \tag{4.19}$$

$$\sigma^{*2}=\frac{1}{n-1}\sum_{i=1}^{n}\left[Z_i(x)-\overline{Z}\right]^2 \tag{4.20}$$

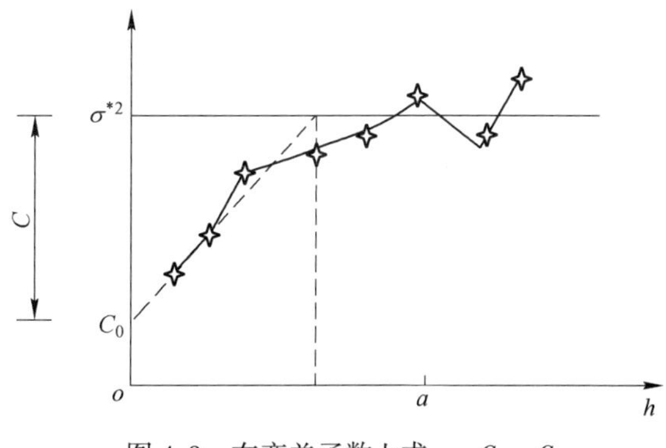

图 4.9　在变差函数上求 a，C_0，C

② 在实验变差函数图的纵坐标轴上过 σ^{*2} 点作一条平行于横坐标轴的直线；

③ 以直线连接实验变差函数 $\gamma^*(h)$ 的头两三个点，此直线与过 σ^{*2} 的直线相交，交点的横坐标等于 $\frac{2}{3}a$，即假定其值为 h_0，则 $a=\frac{3}{2}h_0$。

2）求块金常数 C_0。连接 $\gamma^*(h)$ 的头两三个点的直线与纵坐标轴的交点的纵坐标为

C_0；若 $C_0<0$，则取 $C_0=0$。

3）求基台值 C。$C=\sigma^{*2}-C_0$，即当 $C_0=0$ 时，基台值就等于 σ^{*2}。

（2）加权多项式回归法拟合球状模型。设对不同的 h 已经算出相应的实验变差函数 $\gamma^*(h_i)$，且对于每一个 h_i 参加计算的数据对的数目为 N_i（$i=1, 2, \cdots, n$），见表 4.3。

表 4.3 实验变差函数值表

i	h_i	N_i	$\gamma^*(h_i)$
1	h_1	N_1	$\gamma^*(h_1)$
2	h_2	N_2	$\gamma^*(h_2)$
⋮	⋮	⋮	⋮
n	h_n	N_n	$\gamma^*(h_n)$

由球状模型公式，当 $h=0$ 时，$\gamma(h)=0$；当 $h>a$ 时，$\gamma(h)=C_0+C$ 为常数，因此只讨论 $0<h\leqslant a$ 的拟合问题，在这种情况下：

$$r(h)=C_0+\left(\frac{3C}{2a}\right)h+\left(-\frac{C}{2a^3}\right)h^3 \quad 0<h\leqslant a \tag{4.21}$$

令：$y=\gamma(h)$，$x_1=h$，$x_2=h^3$，$b_0=C_0$，$b_1=\dfrac{3C}{2a}$，$b_2=-\dfrac{C}{2a^3}$，则式（4.21）变为

$$y=b_0+b_1x_1+b_2x_2 \tag{4.22}$$

这样就可以用加权多项回归法来拟合球状函数的变差函数，即已知一组观测数据 $[h_i, \gamma^*(h_i)]i=1, 2, \cdots, n$，按最小二乘法的原理和方法，可得 b_0，b_1，b_2 的解为

$$\begin{cases} b_1=\dfrac{l_{1y}\,l_{22}-l_{2y}\,l_{12}}{l_{11}\,l_{22}-l_{12}^2} \\ b_2=\dfrac{l_{11}\,l_{2y}-l_{1y}\,l_{12}}{l_{11}\,l_{22}-l_{12}^2} \\ b_0=\bar{y}-b_1\,\bar{x}_1-b_2\,\bar{x}_2 \end{cases} \tag{4.23}$$

其中
$$l_{jk}=\sum_{i=1}^{n}N_ix_{ji}x_{ki}-\frac{1}{N}\left(\sum_{i=1}^{n}N_ix_{ji}\right)\left(\sum_{i=1}^{n}N_ix_{ki}\right) \quad j,\ k=1,\ 2$$

$$l_{jy}=\sum_{i=1}^{n}N_ix_{ji}y_i-\frac{1}{N}\left(\sum_{i=1}^{n}N_ix_{ji}\right)\left(\sum_{i=1}^{n}N_iy_i\right) \quad j=1,\ 2$$

$$\bar{x}_j=\frac{1}{N}\sum_{i=1}^{n}N_ix_{ji} \quad j=1,\ 2$$

$$\bar{y}=\frac{1}{N}\sum_{i=1}^{n}N_iy_i$$

$$N=\sum_{i=1}^{n}N_i$$

$$y_i=\gamma^*(h_i),\ x_{1i}=h_i,\ x_{2i}=h_i^3 \quad (i=1,\ 2,\ \cdots,\ n)$$

算出 b_0，b_1，b_2 之后还要根据三种情况分别加以讨论：

1） $b_0 \geqslant 0$，$b_1>0$，$b_2<0$。

根据关系式 $b_0 = C_0$，$b_1 = \frac{3C}{2a}$，$b_2 = -\frac{C}{2a^3}$，可以直接解出 a，C_0和 C 来，其公式为

$$\begin{cases} C_0 = b_0 \\ a = \sqrt{\frac{-b_1}{3b_2}} \\ C = \frac{2b_1}{3}\sqrt{\frac{-b_1}{3b_2}} \end{cases} \tag{4.24}$$

2）若 $b_0<0$。此时人为规定 $b_0=0$，式（4.22）变为

$$y = b_1x_1 + b_2x_2$$

用最小二乘法可以求得 b_1，b_2 如下：

$$\begin{cases} b_1 = \frac{f_{1y}f_{22} - f_{2y}f_{12}}{f_{11}f_{22} - f_{12}^2} \\ b_2 = \frac{f_{11}f_{2y} - f_{1y}f_{12}}{f_{11}f_{22} - f_{12}^2} \end{cases} \tag{4.25}$$

其中

$$f_{jk} = \sum_{i=1}^{n} N_i x_{ji} x_{ki} \quad j, k = 1, 2$$

$$f_{jy} = \sum_{i=1}^{n} N_i x_{ji} y_i \quad j = 1, 2$$

再将 $b_0 = 0$，b_1，b_2 代入公式（4.24）便得到 a，C_0，C。

3）若 $b_0 \geqslant 0$，$b_1>0$ 但 $b_2 \geqslant 0$（当 $b_2=0$ 时为线性模型）时，则需调整原始数据。一般增选或删掉一些实验变差函数值点的数据，使整体实验变差函数值点呈凸形曲线，再算之，直到 $b_2<0$ 为止，即得到第一种情况的形式。

G 理论变差函数的最优性检验

在建立了变差函数的理论模型后，为了检验理论变差函数曲线与实际变差函数离散点的拟合情况还需要对理论变差函数的最优性进行检验，常用的检验方法有观察法、交叉检验法、估计方差检验法、综合指标法。

（1）观察法。所谓观察法就是将变差函数的理论模型 $\gamma(h)$ 的图形直接与实验变差函数 $\gamma^*(h)$ 的图形进行比较，这两个图形越接近，拟合度越高。如果发现拟合得不够理想，则需重新选择理论变差函数模型，或修改变差函数中的参数。

（2）交叉检验法。当应用变差函数进行克里金估值时，如果变差函数确定得好，较符合实际，则估计值与真实值的误差平方和最小。交叉检验法的具体作法是：在每个实测点上，用其周围点上的值对该点进行克里金估值。这样，若有 N 个实测点，就有 N 个实测值 Z 和 N 个克里金估计值 Z^*，再求其误差平方的均值 $\overline{(Z^* - Z)^2}$，以此均值的大小作为衡量变差函数拟合优劣的准则，$\overline{(Z^* - Z)^2}$ 的值越小越好。

（3）估计方差检验法。用每一个实测点上克里金估计值 Z^* 来估计实测值 Z，可以算出克里金估计标准差 S^*，S^* 是估计方差 σ_E^2 的方根，对于离散型信息样品：

$$\sigma_E^2 = 2\overline{\gamma}(V, v) - \overline{\gamma}(V, V) - \overline{\gamma}(v, v) \tag{4.26}$$

其中

$$\overline{\gamma}(V, V) = \frac{1}{V^2}\int_V\int_V \gamma(y - t)\,\mathrm{d}y\mathrm{d}t$$

$$\overline{\gamma}(V, v) = \frac{1}{n}\sum_{i=1}^{n} \frac{1}{V}\int_V \gamma(y - x_i')\,\mathrm{d}y$$

$$\overline{\gamma}(v, v) = \frac{1}{n^2}\sum_{i=1}^{n}\sum_{j=1}^{n} \gamma(x_i' - x_j')$$

式中，x'_i 为信息样品点；V 为要估计的块段（积分的重数与 V 的空间维数一致），其中心为 x；v 为 n 个中心在 x_i'（$i=1, 2, \cdots, n$）的样品集，如图 4.10（a）所示。

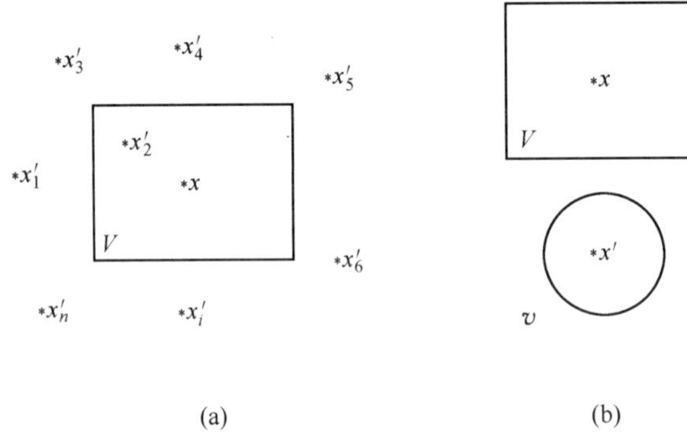

图 4.10　待估块段与信息样品[67]

$$v = \{x_i'(i = 1, 2, \cdots, n)\}$$

因此：

$$Z^* = \frac{1}{n}\sum_{i=1}^{n} Z(x_i') \tag{4.27}$$

对于连续型信息样品，设信息样品为中心在 x' 的 v 区域［图 4.10（b）］，此时，克里金估计值 Z^* 为

$$Z^* = \frac{1}{v}\int_v Z(y')\,\mathrm{d}y' \tag{4.28}$$

估计方差 σ_E^2 的计算公式与离散型的相同，只是需将离散型的求和号“Σ”改成连续型的相应积分号“$\int_v$”，将 $\frac{1}{n}$ 改为 $\frac{1}{v}$（求其相应的平均值）。

用估计误差平方平均值 $\overline{(Z^* - Z)^2}$ 与（S^*）^{2} 的比值来检验，以其比值是否接近 1，来判断拟合效果的好坏。

（4）综合指标法。综合（2）、（3）两种检验准则，可以得到一个统一的检测指标，设 Z_i，Z_i^*（$i=1, 2, \cdots, n$）分别为第 i 个点上的观测值和克里金估值，S_i^* 为第 i 个点上克里金估值的估计标准差，则综合指标检验法的计算公式为

$$I = K_1 \cdot \left[P \cdot \left|1 - \frac{1}{K_2}\right| + (1 - P)\right] \tag{4.29}$$

其中
$$K_1 = \overline{(Z* - Z)^2} = \frac{1}{n}\sum_{i=1}^{n}(Z_i^* - Z_i)^2$$

$$K_2 = \overline{[(Z^* - Z)/S^*]^2} = \frac{1}{n}\sum_{i=1}^{n}\frac{(Z_i^* - Z_i)^2}{(S_i^*)^2}$$

$$P = \begin{cases} 0.1 & \text{当 } 0 \leqslant K_1 < 100 \text{ 时} \\ 0.2 & \text{当 } K_1 \geqslant 100 \text{ 时} \end{cases}$$

式中，P 为经验性参数。I 值越小，表明变差函数参数确定得越好。

总之，克里金插值算法是通过变差函数的确定、理论模型的选取、系数矩阵确定从而对插值点的数据进行估计。克里金方法分为：简单克里金（simple Kriging）；普通克里金（ordinary Kriging）；协同克里金（co-Kriging）；正态克里金（logistic normal Kriging）；指示克里金等，具体选用哪种方法需要根据实际生产中具体情况确定。

H　变差函数的结构分析

区域化变量的变异特征在不同尺度、不同方向上表现也不相同，套合结构可以把分别出现在不同距离 h 或不同方向 a 上同时起作用的变差函数组合起来。其中，同一方向，不同尺度的变差函数套合比较容易，可以将变差函数进行不同区间的划分，然后叠加。

套合结构是多个变差函数的综合，每个变差函数表示了某个方向的特定尺度的变异性。套合结构的表达式为

$$r(h) = r_0(h) + r_1(h) + r_2(h) + \cdots + r_i(h) + \cdots \tag{4.30}$$

当某研究区的变异现象在不同的方向上表现出相同的性质时，称为各向同性；相反，称为各向异性。各向异性特征表现在不同方向变差函数的差异上，分为几何各向异性和带状各向异性。

（1）单一方向的套合。每个变异函数代表相同方向某尺度的变异，可以用不同的变异函数理论模型来拟合，为单一方向上的套合结构。

（2）不同方向的套合。不同方向结构的套合一般可以根据变程的方向图来确定各向异性的类型，图 4.11（a）中，方向图形近似于半径为 a 的圆，即对于平面上所有方向都有 $a_i=a$。此时可认为是各向同性，且可用变程为 a 的球状模型来表征。图 4.11（b）中方向图近似一个椭圆，若对不同方向上的 a_i 进行线性变换，乘以各向异性比就能生成各向同性结构，这种现象即为几何各向异性。图 4.11（c）中方向图形不能用二次曲线所拟合时，要考虑带状各向异性。

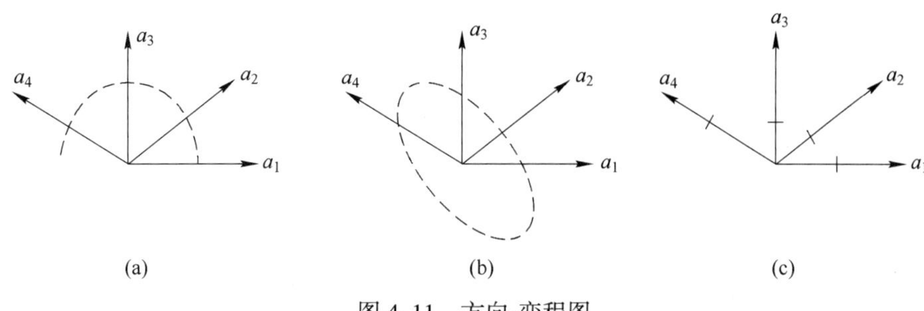

图 4.11　方向-变程图

当出现各向异性时，首先要把它们转化成各向同性，因此引入变换矩阵的概念。无论

模型有无基台值，对 $\gamma(h)$ 值起作用的都是矢量 $\boldsymbol{h}$，因为即使有基台值的模型中，基台值和变程都是确定值，因此，想要将各向异性转换为各向同性，只要改变不同方向上的矢量 $\boldsymbol{h}$。

（1）几何各向异性的套合。大部分几何各向异性方向变程图近似椭圆，3 个轴向 x，y，z 上的变程分别为 a_x，a_y，a_z，则 x，y，z 方向上的各向异性比定义如下：

$$K_i = \frac{\max(a_x,\ a_y,\ a_z)}{a_i},\ i = X,\ Y,\ Z \tag{4.31}$$

各向异性比 K_i 表示 x，y，z 三个方向上的变异性之差。几何各向异性套合通过不同轴向缩放进行不同方向模型的套合。

假设主要变异方向即变程最大的轴向的变异函数为 γ_0，那么套合后的模型如下：

$$\gamma(h) = \gamma_0(\|h\|) \tag{4.32}$$

（2）带状各向异性函数的套合。现实生活中极少有符合几何各向异性椭球的模型，最常用的还是带状各向异性。由于带状各向异性的情况比较复杂，常用的套合方法将变异函数分类到水平和垂直两大方向上，进行简化套合。

第一类方法是将水平和垂直方向的空间结构特征分别当作独立结构进行套合，并用变换矩阵区别不同方向上的变异函数值。对于垂直方向，空间结构为 $\gamma_0(h) = \gamma_0(h_z)$，水平方向空间结构为 $\gamma_1(h) = \gamma_1(\sqrt{h_x^2 + h_y^2})$。变换矩阵定义如下：

$$\boldsymbol{A}_0 = \begin{bmatrix} 0 & 0 & 0 \\ 0 & 0 & 0 \\ 0 & 0 & 1 \end{bmatrix},\quad \boldsymbol{A}_1 = \begin{bmatrix} 1 & 0 & 0 \\ 0 & 1 & 0 \\ 0 & 0 & 0 \end{bmatrix}$$

式中，$\boldsymbol{A}_0$ 为只有垂直方向的变异；$\boldsymbol{A}_1$ 为只有水平方向的各向同性变异，没有垂直方向上的变异。垂直和水平方向套合后模型为

$$\gamma(h) = \gamma_0(h_z) + \gamma_1(\sqrt{h_x^2 + h_y^2}) \tag{4.33}$$

第二类方法是将水平方向的变异函数 $\gamma_1(h) = \gamma_1(\sqrt{h^2{}_x + h_y^2})$ 当成三维空间各向同性结构 $\gamma_1(|h|)$，而总的套合结构 $\gamma(h)$ 看成是在 $\gamma_1(|h|)$ 的基础上叠加垂直方向的空间结构 $\gamma_2(h_z)$。

令垂直空间结构的变异函数为 $\gamma_0(h) = \gamma_0(h_z)$，则

$$\gamma_0(h_z) = \gamma_1(h_z) + \gamma_2(h_z) \Rightarrow \gamma_2(h_z) = \gamma_0(h_z) - \gamma_1(h_z) \tag{4.34}$$

定义变换矩阵如下：

$$\boldsymbol{A} = \begin{bmatrix} 0 & 0 & 0 \\ 0 & 0 & 0 \\ 0 & 0 & 1 \end{bmatrix}$$

则最终的套合模型结构为

$$\gamma(h) = \gamma_1(|h|) + \gamma_0(|Ah|) - \gamma_1(|Ah|) \tag{4.35}$$

可以得出各向异性变异函数套合的一般形式是：将各个方向看作 n 个相互独立的结构进行线性转换，转为各向同性，然后将其叠加在一起。定义如下：

$$\gamma(h) = \sum_{i=1}^{n} \gamma_i(|h_i|) \tag{4.36}$$

每个各向同性组成结构 $\{\gamma_i(|h_i|), i = 1, 2, \cdots\}$，所代表的各向异性可由线性变化矩阵 A_i 来表征，它将矢量 $\boldsymbol{h}_i$ 变为矢量 $\boldsymbol{h}'_i$，

$$[\boldsymbol{h}'_i] = A[\boldsymbol{h}_i]$$

I Kriging 插值法

Kriging 法，又名局部估计，该方法是基于变异函数和结构研究分析，对于某一范围的变量的取值进行无偏最优估计。Kriging 法可以将获得的信息得到最大化的使用，通过考虑待估点与已知的样点之间的关系以及各个样点之间的关系，来求取某一点的信息，同时运用了已知数值的分布特性。

不同 Kriging 法的特点如下：简单 Kriging 法与普通 Kriging 法属于线性平稳地质统计学范畴，即预测值为已知值的线性无偏估计量；如果变量符合二阶平稳者或内蕴假设，数学期望是确定的，选简单 Kriging 插值法；当期望值未知的时候，可选用普通 Kriging 法。

如果所采用的数据稳定性不好，存在较大的波动，可用泛 Kriging 法，这一方法属于线性非平稳地质统计学范畴，预测值与上述相同；若存在两个或以上的变量且有协同区域化的性质出现，则协同法为最佳方法，其也同时属于多元统计学，它是将最适合的估计法从一种属性拓展为多种区域协同的属性，分析变量之间相关性和空间关系，提高了主变量的估计精度。

在已知点呈正态分布的情况下采用正态克里金插值方法，这样符合数据点本身呈现的分布趋势，结果也更加符合实际；指示 Kriging 法用于类别变量的空间预测，如污染物风险与决策分析，指示 Kriging 法将原始数据转换为（0，1）值，再使用该方法估计，这种方式不涉及参数，同时也是统计学中的关键方法；使用非线性估计量来获得可采存储量，可采用析取 Kriging 法，它可以避免区域化变量数值离散性太大时区域化变量估值不够精确以及只能估计区域化变量，不能估计区域化变量函数值的缺点；与指示法效应基本相同的是概率法，该方法不采用变换后的指示形式，而是通过模型化数据的概率结构来进行插值，当概率法引入协同法后，其应用效果比指示法更好；对于那些没有大量数据，不具备规律且不过度要求准确性的情况，随机法是最适合的。

如果出现很多的采样点，整个区域的变量都无法满足二阶平稳假设，会进行漂移的时候，一般都是使用滑动邻域 Kriging 法。因为虽然从区域整体的角度来看对于本征假设并不符合且不平稳，但从中取某一段范围时在该区域内具备上述特征。

a Kriging 估计

Kriging 在早期工作中，采用样品的加权平均值求待估点或待估块段的估计值，即对于任意待估点或者块段的真实值，它的估计值是由该待估点或者待估块段涵盖范围内的 n 个有效样品值的线性组合得到，称之为 Kriging 估计量。

假设 x 是研究区内的任意一点，$Z(x)$ 是这个点的测量值，该区域中有 n 个真实点，即 $Z(x_i)$ （$i=1, 2, \cdots, n$）是离散样品数据，则待估点或待估块段 V 的估计值的 Kriging 方法的数学函数表示为

$$Z_i^*(x) = \frac{1}{n}\sum_{i=1}^{n} \lambda_i Z(x_i) \tag{4.37}$$

式中，$Z_i^*(x)$ 为待测点估值；λ_i 为权重系数，表示各已知样品值 $Z(x_i)$ 对 Kriging 估计量 Z_i^* 的贡献。

从式（4.37）可以看出，估计值 Z_i^* 的准确与否主要依赖于权重系数的计算或选择，事实上，对于任何一种估计，实际值和估计值之间总是存在偏差，问题是如何减少误差，提高估值精度。最合理的估计方法应当是达到无偏估计和估计方差最小，即必须满足以下两个条件：

（1）所有估计点（或块段）的实际值（x_i）和估计值 $Z_i^*(x)$ 之间的偏差平均值为 0，即估计误差的期望值为 0，此时称估计是无偏的，可表示为

$$E[Z_i^*(x) - Z(x)] = 0$$

（2）估计点（或块段）的实际值 $Z(x_i)$ 和估计值 $Z_i^*(x)$ 之间的偏差应尽可能地小。通常用误差平方的期望值表示这一性质，即为估计方差：

$$\mathrm{Var}[Z_i^*(x) - Z(x)] = E[Z_i^*(x) - Z(x)]^2 \rightarrow \min$$

满足上述两个条件的 $Z_i^*(x)$ 是 $Z(x_i)$ 的最优线性无偏估计量。

b　简单 Kriging 法

简单 Kriging 法是建立在空间上的两点是一种相互依赖的关系的基础上的，它通过待估点周围的 n 个已知量 $Z(x_i)(i = 1, 2, \cdots, n)$ 的组合来估计位置 x_0 处的未知量 $Z(x_0)$。需要用到 $n+1$ 个变量的均值和协方差，其中一个是未知量，其附近的 n 个是已知量。其均值为

$$E[Z(x_i)] = m_i \quad i = 0, 1, \cdots, n$$

其协方差为

$$\mathrm{Cov}[Z(x_i), Z(x_j)] = E[Z(x_i) \cdot Z(x_j)] - m_i \cdot m_j \quad i, j = 0, 1, \cdots, n$$

当 $i=j$ 时，上式中的协方差即为方差。

简单 Kriging 法是建立一个估计点 x_0 周围的 n 个已知样品点的线性组合：

$$Z^*(x_0) = \lambda_0 + \sum_{i=1}^{n} \lambda_i Z(x_i) \tag{4.38}$$

式中，λ_i 为变量 $Z(x_i)$ 的系数，定值 λ_0 称为漂移参数；$Z^*(x_0)$ 为在 x_0 处 n 个已知点的条件下的最优估计。

由于 $Z^*(x_0)$ 是 $Z(x_0)$ 的无偏估计，即有：$E[Z(x_0) - Z^*(x_0)] = 0$，可得 $\lambda_0 = m_0 - \sum_{i=1}^{n} \lambda_i m_i$，从而得出：

$$Z^*(x_0) = m_0 + \sum_{i=1}^{n} \lambda_i [Z(x_i) - m_i] \tag{4.39}$$

由于式（4.39）中误差估计的数学期望为 0，令 $\alpha_0 = 1$，$\alpha_i = -\lambda_i (i = 1, 2, \cdots, n)$，则估计误差的方差为

$$E\{[Z(x_0) - Z^*(x_0)]^2\} = \sum_{i=0}^{n} \sum_{j=0}^{n} \alpha_i \alpha_j C(x_i, x_j) \tag{4.40}$$

式中，$C(x_i, x_j)$ 为 $Z(x_i)$，$Z(x_j)$ 的协方差函数。若在式（4.38）中有一组数值 λ_1，λ_2，$\cdots$，λ_n 使得估计方差最小，那么这组数值就要满足式（4.41）成立的条件

$$\frac{1}{2}\frac{\partial}{\partial\lambda_i}E\{[Z(x_0)-Z^*(x_0)]^2\}=\frac{1}{2}\frac{\partial}{\partial\lambda_i}\left[\sum_{i=0}^{n}\sum_{j=0}^{n}\alpha_i\alpha_jC(x_i,x_j)\right]$$
$$=\sum_{i=0}^{n}\alpha_iC(x_i,x_j),\ j=1,2,\cdots,n \tag{4.41}$$

由于 $\alpha_0=1$，$\alpha_i=-\lambda_i(i=1,2,\cdots,n)$，则有

$$\sum_{i=1}^{n}\alpha_iC(x_i,x_j)=C(x_0,x_i),\ j=1,2,\cdots,n \tag{4.42}$$

式（4.42）为简单 Kriging 方程组，解出权系数 $\lambda_i(i=1,2,\cdots,n)$，代入公式（4.38）即可得到 $Z(x_0)$ 的简单 Kriging 估计量 $Z^*(x_0)$，其估计方差为

$$\sigma_{SK}^2=C(x_0,x_0)-\sum_{i=1}^{n}\lambda_iC(x_i,x_0) \tag{4.43}$$

c 普通 Kriging 法

普通 Kriging 法是一种应用较为广泛的方法，它与简单 Kriging 插值法的不同之处在于：当区域化变量 $Z(x)$ 的数学期望确定时，普通 Kriging 法就是简单 Kriging 法；当数学期望为未知常数时，才是普通 Kriging 法。

设区域化变量 $Z(x)$ 满足二阶平稳假设，它在待估点附近有 n 个样点 $Z(x_1)$，$Z(x_2)$，…，$Z(x_n)$，点 x_0 处的估计量为

$$Z^*(x_0)=\sum_{i=1}^{n}\lambda_iZ(x_i) \tag{4.44}$$

$E[Z(x)]=m$ 为未知常数，要求权重系数 $\lambda_i(i=1,2,\cdots,n)$，就需要估计量是无偏估计，并且估计方差最小。

若要满足无偏性条件，$E[Z(x_0)-Z^*(x_0)]=0$，由于 $E[Z(x)]=m$，则

$$E[Z^*(x_0)]=E\left[\sum_{i=1}^{n}\lambda_iZ(x_i)\right]=\sum_{i=1}^{n}\lambda_iE[Z(x_i)]=m\sum_{i=1}^{n}\lambda_i \tag{4.45}$$

则无偏性条件为

$$\sum_{i=1}^{n}\lambda_i=1 \tag{4.46}$$

满足无偏条件时，以下为估计方差公式：

$$E\{[Z(x_0)-Z^*(x_0)]^2\}=\sum_{i=0}^{n}\sum_{j=0}^{n}\alpha_i\alpha_jC(x_i,x_j)$$
$$=C(x_0,x_0)-2\sum_{i=1}^{n}\lambda_iC(x_i,x_0)+\sum_{i=1}^{n}\sum_{j=1}^{n}\lambda_i\lambda_jC(x_i,x_j) \tag{4.47}$$

在 $\sum_{i=1}^{n}\lambda_i=1$ 约束条件下，求得 $\lambda_i(i=1,2,\cdots,n)$，需用拉格朗日数乘法建立拉格朗日函数 $F=E\{[Z(x_0)-Z^*(x_0)]^2\}-2\mu\left(\sum_{i=1}^{n}\lambda_i-1\right)$（$-2\mu$ 为拉格朗日数乘数），建

立如下方程组：

$$\begin{cases}\dfrac{1}{2}\dfrac{\partial F}{\partial \lambda_i} = \sum_{j=1}^{n} \lambda_j C(x_i,\ x_j) - \mu - C(x_i,\ x_0),\ j = 1,\ 2,\ \cdots,\ n \\ \sum_{i=1}^{n} \lambda_i - 1 = 0\end{cases} \tag{4.48}$$

整理得到普通 Kriging 公式：

$$\begin{cases}\sum_{j=1}^{n} \lambda_j C(x_i,\ x_j) - \mu = C(x_i,\ x_0) \\ \sum_{i=1}^{n} \lambda_i - 1 = 0\end{cases} \tag{4.49}$$

由此得普通 Kriging 的矩阵形式：

$$\boldsymbol{K\lambda} = \boldsymbol{M} \tag{4.50}$$

其中，

$$\boldsymbol{\lambda} = \begin{bmatrix}\lambda_1 \\ \lambda_2 \\ \vdots \\ \lambda_n \\ -\mu\end{bmatrix},\quad \boldsymbol{M} = \begin{bmatrix}C_{01} \\ C_{02} \\ \vdots \\ C_{0n} \\ 1\end{bmatrix},\quad \boldsymbol{K} = \begin{bmatrix}C_{11} & C_{12} & \cdots & C_{1n} & 1 \\ C_{21} & C_{22} & \cdots & C_{2n} & 1 \\ \vdots & \vdots & & \vdots & \vdots \\ C_{n1} & C_{n2} & \cdots & C_{nn} & 1 \\ 1 & 1 & \cdots & 1 & 0\end{bmatrix}$$

在二阶平稳条件下有 $C(h) = C(0) - \gamma(h)$，利用其协方差函数与变异函数的关系，可得用变异函数表示的普通 Kriging 方程组（式（4.51））和 Kriging 方差（式（4.52））。

$$\begin{cases}\sum_{j=1}^{n} \lambda_j \gamma(x_i,\ x_j) + \mu = \gamma(x_i,\ x_0),\ i = 1,\ 2,\ \cdots,\ n \\ \sum_{i=1}^{n} \lambda_i = 1\end{cases} \tag{4.51}$$

$$\sigma_{0K}^2 = \sum_{i=1}^{n} \lambda_i \gamma(x_i,\ x_0) - \gamma(x_0,\ x_0) + \mu \tag{4.52}$$

在地质统计学中，一个基本的假设是区域化变量随机二阶平稳，即随机变量的平均值是常量且随机变量之间的协方差仅依赖于它们之间的距离。然而，这个假设在实际情况中并不能总是成立的，尤其是对于大的地理范围来讲。除此之外，如果在对每个未知点进行估计时都会使用全部的观测数据，插值过程将会消耗大量的时间和资源。目前，主要有两种方法用于解决上述问题，滑动窗口法（moving windows Kriging）和移动邻居法（moving neighbors Kriging）的观测点数据全部用于插值。这两种局部插值的方法不像全局插值法只使用一个系数矩阵，对于不同的点，其矩阵可能不同。其他 Kriging 插值方法均为简单 Kriging 和普通 Kriging 两种基本 Kriging 插值方法的衍生。

d　Kriging 空间插值

三维 Kriging 插值主要是利用钻孔数据的样本数据信息，分析样本数据的区域化变量特征和变异特征，用区域已知数据推测未知位置的属性值，建立三维地质属性模型。空间插值建模包括四个部分：计算数据预处理、拟合变异函数、三维空间网格化和三维Kriging插值等模块。

计算数据预处理部分读取样本数据信息，进行数据统计分析和数据显示；拟合变异函数部分有变异函数计算和变异函数拟合两部分，利用观测数据对研究区变量进行变异性和结构分析，得到合适的理论模型；三维空间网格化将待插值空间均匀离散网格化，以每个网格点中心作为待插点，建立三维空间待插点数据集；三维Kriging插值部分包括建立三维空间搜索椭球，搜索网格点附近符合条件的已知数据点参与计算，Kriging插值根据普通Kriging计算公式计算系数矩阵和距离向量，加权得到空间插值结果，进行三维模型显示。图4.12是克里金插值前后的对比，可见插值后曲面光滑平缓。

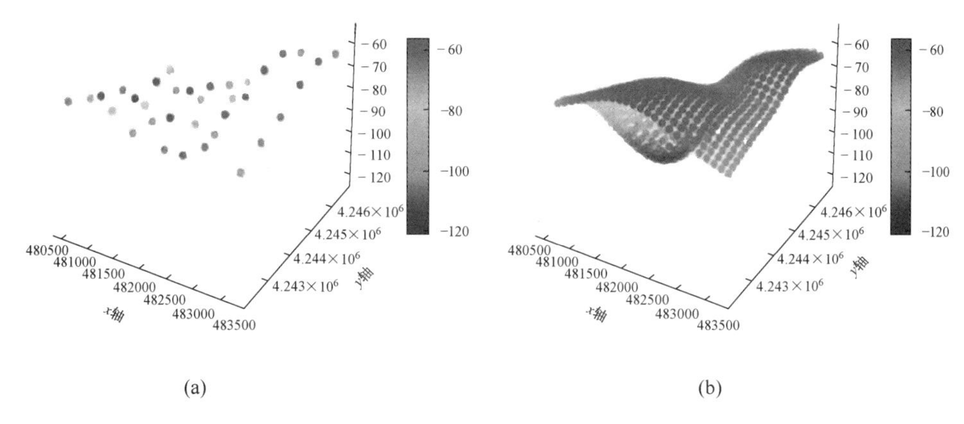

图4.12　克里金插值前后对比

（a）原始数据点；（b）克里金插值后数据点

4.2.4.2　线性插值算法

线性插值方法，就是利用给定的数据点的线性约束关系来确定待求点的坐标位置。例如解线性方程或者线性方程组的方法，就是建立自变量 x 和因变量 y 的线性关系。简单的线性方程，多数用函数 $y=f(x)$ 来表示自变量和因变量的数量关系。但是有时候接触到的方程大多数只给一些散列点，需要求出函数方程，这些散列点往往都是根据实验、生活经验或者测量而得到的数据。有的给定的函数在自变量区间上的变化是保持连续的，然而有的却是离散的点。在给定拥有离散的数据点集的时候，通常要研究函数的走向和趋势，还需要求出未知点处数值的大小。所以，需要就给出的数据点集拟合一个新的函数，这个函数既能反映出原函数 $f(x)$ 的特性，又能够方便计算。这个时候就要确定新的函数 $P(x)$，使 $P(x)$ 近似 $f(x)$，这就要求 $P(x)$ 可以尽可能多地穿过已知点，或者使已知点均匀地分布在 $P(x)$ 两侧。

本节介绍一种基于放样的线性插值方法，这种方法的计算复杂度相对较低，计算的速度相对较快，而且在遇到数据分布极其不均匀，一部分密集，一部分稀疏的情况下，线性插值算法产生的结果更加符合实际情况。

算法的核心思想就是把点到直线的距离作为影响因子，并作为线性约束的条件，距离大的直线的走向对点的位移的影响小，距离小的直线的走向对点的位移的影响大。根据这个思路，不停地对已知点进行移动，完成曲线沿着放样路径进行放样的过程，最终完成插值的计算任务。放样过程中要根据放样曲线和放样路径的数目对算法进行相关的调整，处于不同位置的点受到的约束也不尽相同。

A　放样的概念

放样就是将一个二维形体模型看成一个剖面，然后让这个剖面进行推移从而变成复杂的三维模型结果。这个剖面可以是开放的（例如圆弧），也可以是闭合的（例如圆）。根据给的条件的不同，放样可以分为几种类型，主要有路径放样、引导放样、仅横截面放样这三种形式（图 4.13）。

（1）引导放样：就是给定了一条或者几条曲线来引导给定的曲面或者曲线往哪个方向移动。

（2）路径放样：给定了到剖面的一条或者几条表面上的路径，然后沿着路径对剖面进行放样。

（3）仅横截面放样：仅用两端的两个面来控制整个三维立体对象的形状，也就是这两个截面确定截面到截面的走向和路线。

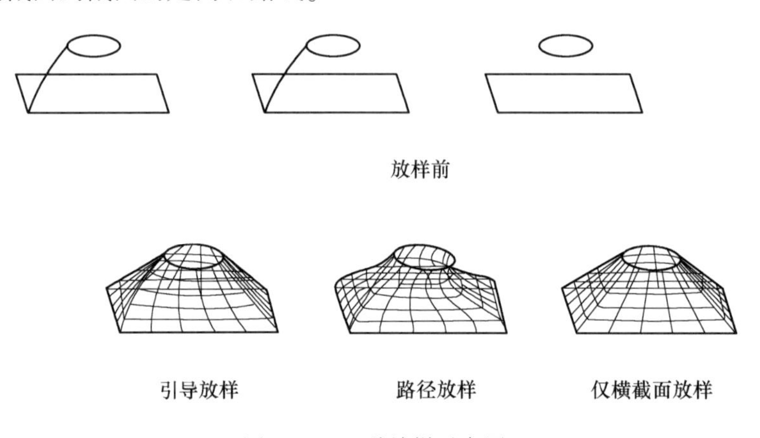

图 4.13　三种放样示意图

B　基于放样的线性插值方法的实现

在地质勘探中遇到数据分布极其不均匀，或者数据点很少的情况时，需要用不同的插值算法进行建模，选择效果更好的插值算法。因为给定的数据是随机的，在某一个区域的点的分布会比较密集，在另一个区域的点的分布会比较稀疏。在点分布稀疏的区域，往往点与点之间的相关性较小导致面的趋势表达不明朗而导致了整个曲面或者模型在这个区域的形状会呈现隆起或者凹陷的状态。图 4.14 是分别用克里金插值方法和基于放样的线性插值方法生成的模型。可见基于放样的线性插值方法产生的模型表面比克里金插值算法产生的表面更光滑。

基于样条的线性插值流程如下。

（1）确定阈值和基准点。基准点的选取原则是在每个放样路径上给定的若干个点中找出一个点，要求这个点到给定的放样曲线的距离最小。如果这个距离不小于给定的阈值的时候，需要对阈值进行调整，适当地增大这个阈值，使得在每个放样路径上都可以找到符合条件的基准点。基准点的移动量：

$$s_i = l \times \left(\frac{i}{n}\right) \quad i = 1,\ 2,\ \cdots,\ n \tag{4.53}$$

式中，l 为基准点所在的放样路径的长度。每一个基准点需要移动的向量大小和方向是由该基准点所在的放样线的长度大小与需要推移的次数（n）的比例的乘积(如 $1/n$，$2/n$，…，1）来确定的。

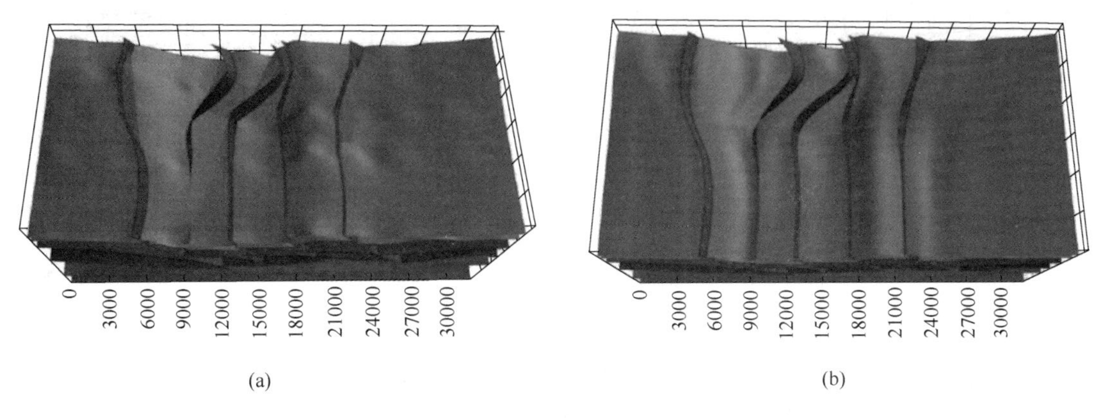

(a)　　(b)

图 4.14　不同插值方法产生的模型结果

（a）克里金插值算法结果图；（b）线性插值算法结果图

放样曲线向下的移动向量要分两种情况：放样曲线上位置处于两条放样路径外侧的数据点的移动量；放样曲线上位置处于两条放样路径之间的数据点的移动量。第一种情况，找出需要进行推移的曲线上的某些点，要求这些点在给定的两个路径的外侧。需要把这些外侧的点进行推移，而这些点的每次推移的距离和方向就要跟前面取的基准点的移动量保持一致。第二种情况，对于曲线上的其他点，也就是处于给定的路径之间的这些点，每次对它们进行推移的距离和方向就不能简单地等同于基准点的移动情况。这些点的推移的远近和方向受两侧路径上的基准点移动的影响，所以它们的移动要参考两侧的基准点的移动情况，按式（4.54）进行计算：

$$s = s_1 \times [l_2 / (l_1 + l_2)] + s_2 \times [l_1 / (l_1 + l_2)] \tag{4.54}$$

式中，s 为处于两条路径之间的给定的点的推移量；s_1 为邻近的一条给定的路径上的所选的基准点的推移量；s_2 为对应的另一个方位的给定的放样路径上的选定的基准点的推移量；l_1 为所需要移动的点到第一条放样路径的距离的大小；l_2 为这个点到对应的另一个放样路径的距离的大小。由此，就可以将给定的曲线上的已知点集合向上进行若干次推移后产生新的点的集合。

图 4.15 是基于放样的线性插值方法，分别进行的两种情况下的曲线和路径与放样前的数据点分布图（给定的红色的点列就是放样曲线，蓝色的点列就是放样的路径）。图 4.16 是结果图，两种情况分别是：1）一条 U 形的放样曲线和两条放样路径；2）三条 U 形曲线和两条路径。

总体来说，基于放样的线性插值算法产生的模型结果都比较良好，模型呈现出管道的形状，模型表面光滑、曲面和给定的数据点能够完美地贴合，但是多曲线多路径产生的模型表面比单曲线多路径产生的模型表面更光滑。需要指出的是，因为放样曲线的增多，线性插值的算法也需要进行修改调整，算法中需要考虑的因素也要更多一些。

（2）多条放样曲线多条路径时的插值方法实施步骤：

1）对给定的需要进行放样的曲线上的点的数目进行统计和增减，确保曲线上的点的

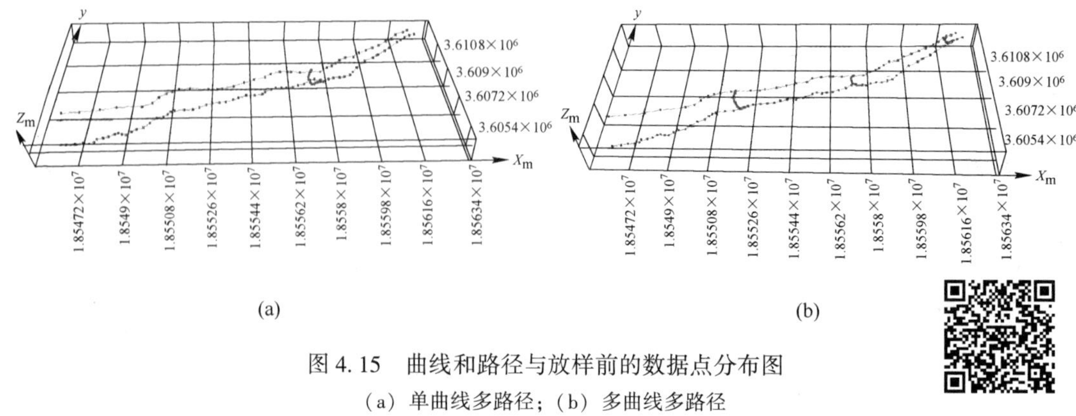

图 4. 15 曲线和路径与放样前的数据点分布图

（a）单曲线多路径；（b）多曲线多路径

扫码看彩图

图 4. 16 单曲线和多曲线基于放样线性插值结果图

（a）单曲线；（b）多曲线

个数是相同的。

因为给出的放样曲线数目不止一条，所以基准点的数目也不只是一组，当这几组的基准点的数目是相同的，就可以直接进行下一步。当基准点数目不同时，就要进行调整，挑选出包含数据个数最大的那条待放样的曲线，然后在其他的给定的待放样曲线上面不停地添加合适的控制点，使所有的曲线上的点的数目相同。

2）插值计算。当有若干条放样曲线和若干条路径，要分两个情形考虑：

情况一：最远端的两条放样曲线向各自远端进行推移。这种放样情况跟以上给定的一个放样曲线的情况可采取相同的办法进行处理。

情况二：两个临近的需要放样的曲线往中间推移，这个时候中间新产生的曲线要受到这两条曲线的影响，分两种情况处理：

① 考虑给定的两条放样路径，这两条路径以外的所给定的数据点的推移情况可用式（4. 54）计算：需要推移 m 次就需要计算基准点推移过程中每一次的推移的距离和方向，推移过程中距离和方向都要根据相邻的两个曲线的走向而定，所以要受到相邻的两条曲线上的点的位移量的约束。极端情况是，点在曲线上，那么只受到该曲线的影响，不受别的曲线的约束。s_1 是其中的一列基准点推移 n 次的移动的距离和方向，s_2 为另一列基准点推移 $m-n$ 次的移动的距离和方向。这样是确保两个点是移动后的同一相关点，其次数之和为 m。l_1 为给定点到一侧放样曲线的距离，l_2 为点到另一侧放样曲线的距离。

② 处于两个路径中间位置已知点推移方法。先参考一个放样曲线若干条路径要进行推移的情况下产生的结果点，由此可以获得两条放样曲线在不受对方影响的前提下单独进

行数据点的移动所需要进行的位移向量以及获得新点的坐标。这里还是按式（4.54）进行求解。

获得了新的一系列的数据点之后，要把两条相邻的曲线对产生的新的数据点的影响考虑到算法的设计中，确定对应的两个结果点谁对最终的结果点的影响更大些，这里就是根据上面说的距离的远近作为影响因子加入判断中。这样，新产生的数据点不仅受到了临近的放样曲线的形态和走势影响，也受到了临近的路径的形态和走势的影响。而给定多条放样曲线多条路径的问题也得到了解决。

4.2.4.3 基于深度学习的建模剖面智能内插方法

与传统的二维地质信息系统中的数据获取方法不同，对于三维地质建模，由于其所针对的地质问题本身的复杂性（包括几何形态和拓扑比较复杂、深部地质不确定）、数据采样方式及程度有限等问题，不能直接获取所需要的数据，或者直接获取时需要付出非常大的代价，所以目前的三维地质建模数据基本上都是从二维或者一维数据中得来的。如4.2.3节所述，角度不同，三维建模的类型不同。

一般而言，有三种方法可以实现三维建模：

（1）根据重、磁等面积性资料直接构建三维模型。即利用野外采集的重、磁、大地电磁测深等面积性资料，通过反演软件，如GeoSoft、UBC等直接产生地下目标地质体的三维模型。该方法能够快速构建三维模型，但是仅限于单一地质体，如岩体等，无法自地面起构建一定深度的三维模型。

（2）先根据地质、物探资料构建地质剖面，然后根据地质剖面构建三维模型。这种方法则是由具备地质学知识的专家构建足够的、经过反演验证的地质剖面，构建三维模型的轮廓，然后组合形成完整的、多种地质体统一的三维地质模型。该方法构建的三维模型比较精确，具备较高的地质研究与工程勘查意义。但是该方法需要极大的人力、物力，建模时间长，适合于理论研究等。

（3）先构建建模区域的控制剖面，采用剖面插值方法，在控制剖面之间插入更多剖面，在获取足够多剖面的情况下建立三维地质模型。此方法充分利用了前两种方法的优点，通过人工制作较少的约束剖面（包含主干剖面），利用多种面积性资料，基于深度学习等机器学习技术，由计算机插值生成符合地质规律的建模剖面，产生足够密集的剖面，基于这些建模剖面构建三维地质模型。该方法具有生成的模型平滑、多地质体合一、快速高效建模的特点。

自动生成剖面是一项具有挑战性的任务，由于地层厚度变化、地层尖灭、地层缺失、断裂切割、岩体侵入等使得地下地质结构十分复杂，建立剖面之间地层单元、地质体和断裂的关系具有很大的挑战性。目前已知软件所实现的方法只能根据地质界线的位置、产状形成地质界线向地下自然延伸的剖面，不能对地下地质情况进行推算。

人工智能，特别是深度学习技术的发展，使得由机器根据已有数据来自动推断地下地质情况成为可能。绘制剖面时，已有数据包含地层序列、重力异常曲线、磁异常曲线、地形线、地层分层界线、产状数据、约束剖面等，这些数据可以按照一定的规则组合在一起，作为深度学习网络模型的输入数据，在训练后的网络模型参数的控制下，自动生成建模剖面，从而节省大量的人力工作，提高建模的效率。

A 算法思路

为了建立精细的三维地质模型，必须在主干剖面和约束剖面的控制下，绘制大量反映深部地质信息的地质剖面。分块交叉剖面方法是常用的三维地质建模方法之一，建模剖面主要用于建模块内约束剖面间地质体模型的推断与生成。

由于在一定的距离范围内，地质条件变化情况比较细微，因此两条相邻的建模剖面往往相差不大，如图 4.17 所示，图中，剖面 A 由于切割了中奥陶世组地层，在剖面图的中部形成褶皱。剖面 B 和剖面 C 则不存在中奥陶世地层出露，因此在剖面间距相等的情况下，图切剖面所形成的剖面 B 和 C 相似度极大。观察 A 和 B 剖面的形态后，也可以发现，建模块中的中奥陶世地层在尖灭处插入一条剖面 A′时，就可以使得中奥陶世地层产生尖灭位置。因此，当两相邻剖面间存在尖灭地层时，可以优先内插未尖灭方的建模剖面，也就是减小内插剖面与未尖灭剖面之间的距离，从而利用“分而治之”的思想来解决尖灭问题。

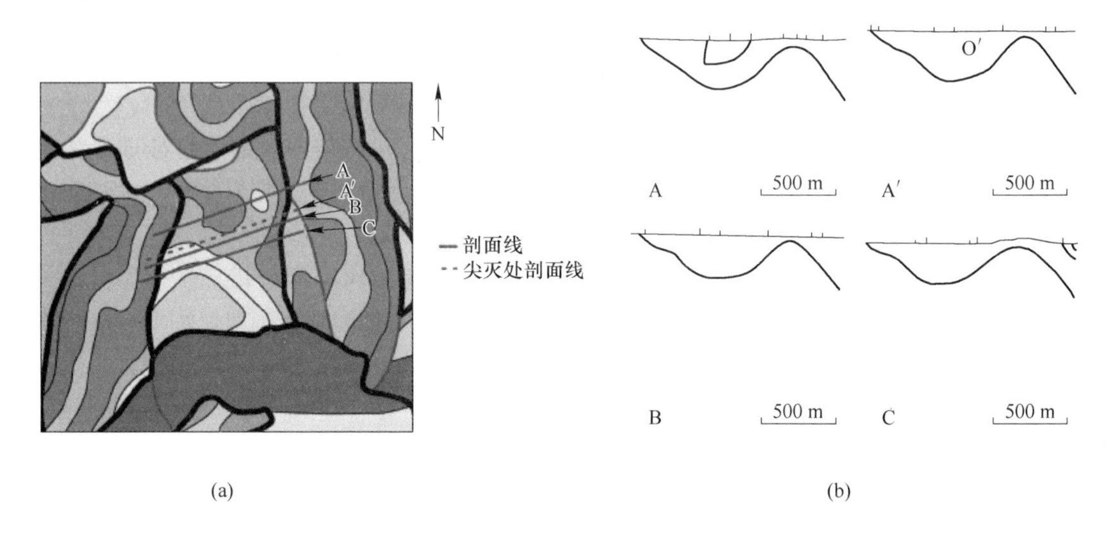

图 4.17 相邻建模剖面间的形态变化比较

（a）地形图；（b）剖面图

由于所需要绘制的建模剖面数量大，而相邻的建模剖面形态变化小，因此，可以考虑由计算程序来代替这一耗时费力的工作。不少学者针对这一问题做了一些研究，如提出了一种基于 Morphing 技术的三维地质界面生成算法，用该算法插值生成一系列形态渐变的过渡曲线，以实现三维地质界面的光滑效果。Morphing 是图像领域中对图像进行变形的一种方法，利用 Morphing 技术，可以生成两个不同图像间的过渡图像。但是该方法在生成建模剖面时未考虑地质要素的变化，所生成的建模剖面在复杂情况下尚无法满足地质要求。

随着深度学习技术在计算机图形图像方面的应用，生成式对抗网络（generative adversarial network，GAN）和变分自编码器（variant auto encoder networks，VAE）作为新颖的图像生成技术被提出并得到了越来越多的应用。与 GAN 网络和 VAE 网络在图像领域的杰出表现不同，三维地质建模所使用的建模剖面需要矢量数据来构建。因此，可以采用深度学习方法自动生成三维地质建模剖面，其基本思路是根据建模区已知具有代表性和控制作用的地质-地球物理综合剖面构建学习数据集，用该数据集对深度学习网络进行训练，使网络获得根据地质、地球物理信息推断地下地质结构的能力，用训练好的网络预测地下地层单元、地质体的类型、断裂等，如图 4.18 所示。

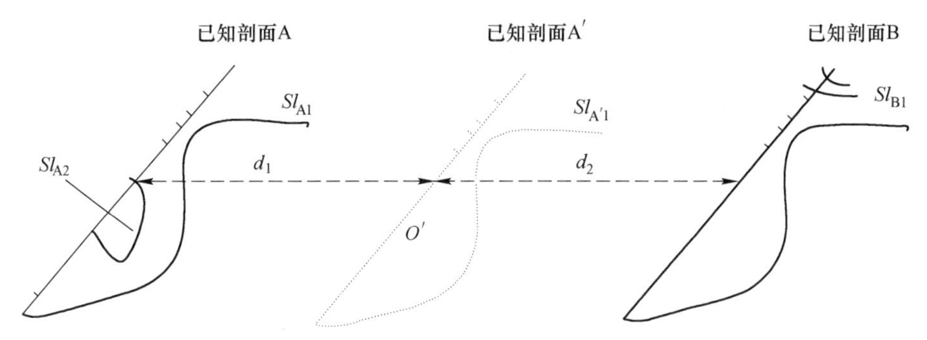

图 4.18　三维地质剖面自动生成的思路

（1）地质、重力、磁等数据层。在绘制剖面时，一旦确定剖面的位置，该剖面所对应的地质、重力、航磁等数据可以实时获得，重力和航磁数据表现为一维数组的形式，为了产生叠加效果，将一维数组以重复的形式生成二维数组。在求两个剖面 A 和 B 之间插值剖面 A′时，可以获得待插值剖面 A′的地质数据以及重力、航磁数据，这些数据采用上述方法处理，作为已知数据。

（2）剖面线上的点坐标层。已知剖面上的剖面线是以数据点组成，每个数据点表现为（x，y）对，将剖面线上的数据点进行插值，转换为指定维度的数据点，例如 256 个数据点，以便于网络模型训练与预测。将 x 坐标和 y 坐标分别提取，并采用与重磁相同的处理方法，转换为二维数组。

（3）待插值剖面 A′与已知的两个剖面 A 和 B 之间的距离系数层。待插值剖面 A′与已知的两个剖面 A 和 B 之间的距离 d_1 和 d_2 可以求出，两者的比值作为距离系数，与一个 256 × 256 大小的单位矩阵相乘后作为距离系数层叠加在已知数据中。

这样，将这三种类型数据叠加后作为输入数据输入神经网络模型中进行训练，训练后的网络模型即可用于产生待插值剖面 A′的剖面坐标数据。

B　基于 CGAN 的三维地质建模剖面内插方法

生成式对抗网络 GAN 是一种深度学习模型，主要用于无监督学习数据特征，训练后能够生成新的数据。该网络提供了足够仿真的样本数据用于提高判别器的识别精度，在图像和视觉领域得到了广泛的研究和应用。

与 AlexNet、VGG、GoogLeNet 等单模型神经网络不同，GAN 作为一类可以生成目标数据的神经网络模型，其主要包含生成器（generator，称为 G）和判别器（discriminator，称为 D）两大模块。每一个模块单独构成一个网络。生成器 G 基于随机噪声不断地生成服从真实数据分布的样本，而判别器则用来判断输入的数据是否为真实数据，因此，判别器实质上是一个二分类网络。通过不断地迭代与优化，最终生成器 G 能够生成以假乱真的目标数据，如图 4.19 所示。

GAN 网络中的生成器 G 利用卷积操作提取出输入数据的特征空间，然后基于该特征空间，利用反卷积操作生成指定大小的数据。因此，G 网络是由一系列的卷积层和反卷积层构成的，生成器 G 的网络模型如图 4.20 所示。

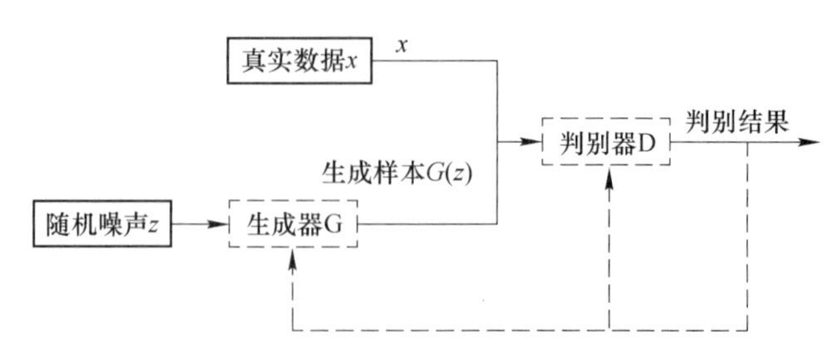

图 4.19　GAN 神经网络流程图

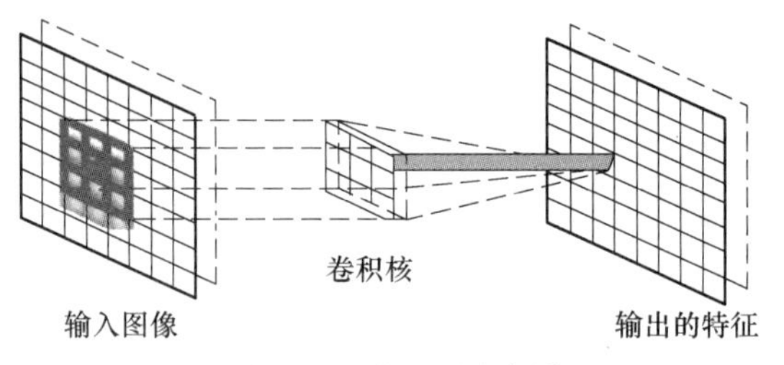

图 4.20　卷积层的操作

（1）卷积层。卷积层通过卷积计算来提取输入图像的特征（图 4.20），并输出特征图。它由一系列固定大小的过滤器（称为卷积核）组成，这些过滤器用于对图像数据执行卷积操作以生成特征映射。一般情况下，特征图的计算可由式（4.55）实现：

$$h_{ij}^{k}=\sum_{i\in M_j}\left[(w^{k}\times x)_{ij}+b_k\right] \tag{4.55}$$

式中，k 为第 k 层；h 为特征值；$(i，j)$ 为图像中像素的坐标；w^k 为当前层的卷积核；b_k 为偏置量。卷积神经网络中的参数，如偏置量（b_k）和卷积核（w^k）等，通常是在没有监督的情况下训练的。

（2）ReLU 激活。在卷积操作之后，往往添加 ReLU 激活函数，通过非线性映射卷积层输出的特征图来激活神经元，从而避免了过度拟合，并能提高学习能力。这个函数最初是在 AlexNet 模型中引入的。对每个卷积层的输出特征映射使用 ReLU 激活函数［公式(4.56)］，可以丢弃特征图中无意义的负值数据，从而激活神经元进行下一步计算。

$$f(x)=\max(0，x) \tag{4.56}$$

（3）批规范化（batch Normalization）。在每一个卷积层之后，添加 BatchNorm 操作，用来减少数据之间的绝对差异，突出相对差异，加快训练速度。

（4）反卷积（transposed convolution）。反卷积是一种特殊的卷积操作，它先按照一定的规则通过添 0 来扩大输入数据的尺寸，然后按照卷积的操作来生成更大尺寸的数据(图 4.21)。实质上反卷积操作的实现仍然是采用式（4.55）来实现的。

基于上述操作与函数，GAN 神经网络的生成器 G 和判别器 D 的网络模型图如图 4.19 所示。

GAN 神经网络利用公式（4.57）来开展生成器 G 和判别器 D 的训练。

$$\min_{G}\max_{D}V(D，G)=E_{x\sim \mathrm{pdata}(x)}\left[\log D(x)\right]+E_{Z\sim \mathrm{PZ}(Z)}\left[\log(1-D(G(z)))\right] \tag{4.57}$$

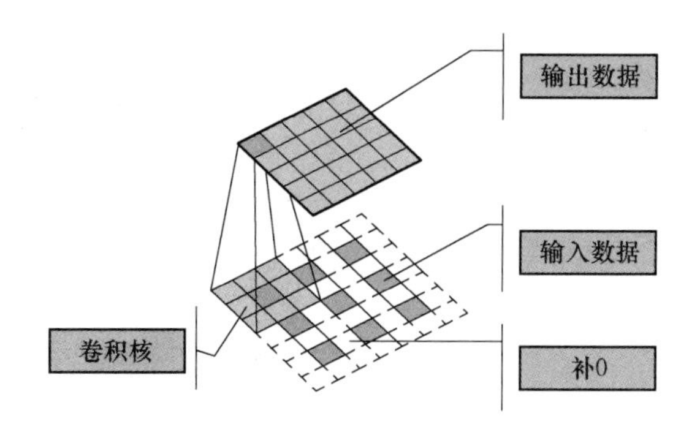

图 4.21　反卷积操作示意图

在 $E_{x\sim pdata(x)}[\log D(x)]$ 中，x 表示真实样本，$D(x)$ 表示 x 通过判别网络判断其为真实样本的概率；$E_{Z\sim PZ(Z)}[\log(1-D(G(z)))]$ 中，z 表示输入生成样本的噪声，$G(z)$ 表示生成网络由噪声 z 生成的样本，$D(G(z))$ 表示生成样本通过判别网络后，判断其为真实样本的概率。

由于原始 GAN 神经网络在产生伪数据时是根据随机噪声产生的，往往不能生成针对存在特定约束的数据，因此，很多学者基于原始 GAN 神经网络提出很多含有约束信息的生成对抗模型，其中，CGAN 就是比较成功的一种。CGAN 在生成器 $G(z, c)$ 上，利用了条件变量 c，在训练的时候，x 或 z 均追加了条件 c 共同参与训练。

CGAN 在原始 GAN 网络的基础上，增加了约束数据 c 后的目标函数，如式（4.58）所示：

$$\min_G \max_D V(D, G) = E_{x\sim pdata(x)}[\log D(x|c)] + E_{Z\sim PZ(Z)}[\log(1-D(G(z|c)))] \tag{4.58}$$

因此，CGAN 模型的结构如图 4.22 所示。

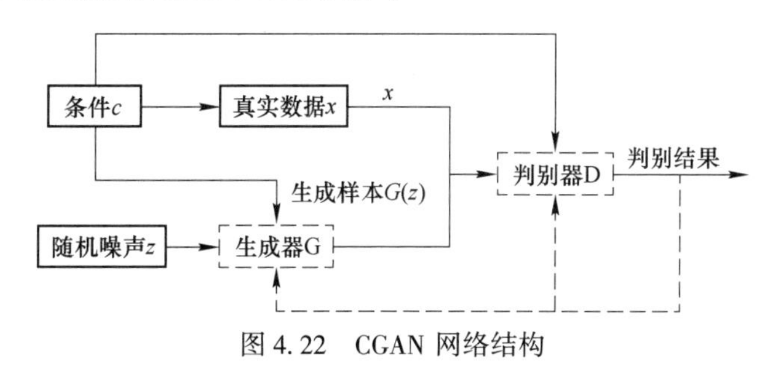

图 4.22　CGAN 网络结构

基于 CGAN 神经网络结构，将编码后的地质数据、重力异常格网数据、航磁异常格网数据、已知剖面线坐标数据、两剖面间的距离系数作为训练数据，通过添加一系列的卷积层，自动提取训练数据的空间及结构特征，然后基于这些特征通过反卷积操作生成插值剖面数据。此过程构成 G 网络。

G 网络生成的剖面数据坐标作为输入数据的一个层次，叠加到 G 网络的训练数据中，通过卷积与池化操作获得数据分类，判断生成的剖面数据是真实数据还是生成的虚假数据。对此过程不断地进行训练，直到整个网络所提取的特征无法识别出 G 网络生成的剖面数据时，整个网络参数收敛。此时的模型具备生成符合要求的建模剖面的能力，具体网络模型如图 4.23 所示。

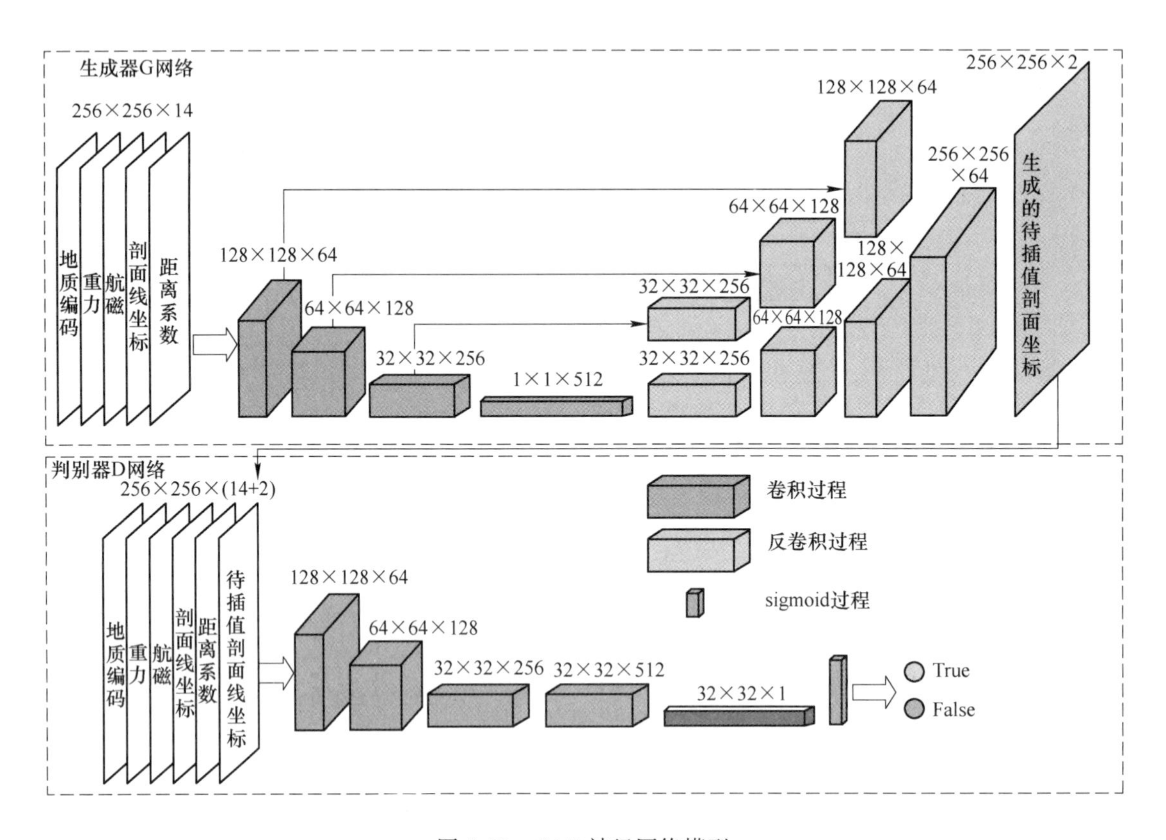

图 4.23 GAN 神经网络模型

C 基于 VAE 的三维地质建模剖面内插方法

自编码器是由 Kingma 等人与 Rezende 等人同时发现的一种生成式模型，适用于利用概念向量进行图像编辑。它通过一个编码器模块将输入数据映射到潜在向量空间，然后再通过解码器将其解码为与原始输入具有相同尺寸的输出。这种传统的自编码器不会得到特别有用或具有良好结构的潜在空间。因此，传统的自编码器应用较少。

VAE 通过向自编码网络中添加统计操作，使得自编码网络能够学习到连续的、高度结构化的潜在空间，从而成为了图像生成领域的强大工具。传统的 VAE 主要包含编码层（Encoder）和解码层（Decoder）两部分，如图 4.24 所示，图中，Encoder 模块实现对输入数据进行特征采集与训练，生成训练数据的特征分布，然后再利用 Decoder 模块基于特征分布进行待插值剖面数据的生成。

a Dropout 算法

在神经网络训练的过程中，网络模型往往产生过拟合现象，即训练时的准确率过高，而测试时准确率很低。为了解决这一问题，Alex 与 Hinton 提出了 Dropout 这一算法，忽略掉一定比例的特征值，可以明显地减少过拟合现象。

b 全连接

在一些网络模型的最后往往会设置一些全连接层用来将 2 维的特征图转变成 1 维的特征向量，来表达进一步的特征（图 4.25）。全连接层的每个节点都连接到上层的所有节点。通过全连接层操作可以将分布式特征表示映射到样本标签空间。

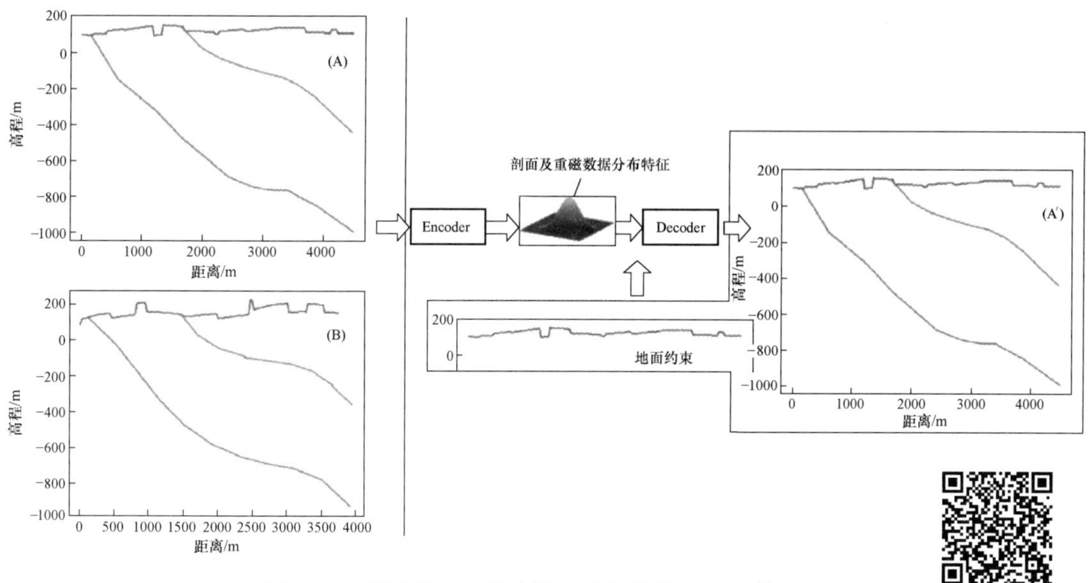

图 4.24　可应用于三维建模剖面生成的 VAE 网络架构

扫码看彩图

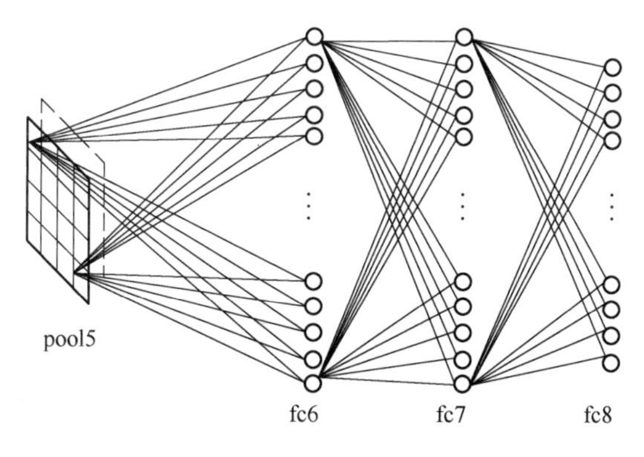

图 4.25　全连接操作

全连接操作由式（4.59）表示：

$$a_i = \sum_{j=0}^{m \times n \times d - 1} w_{ij} \times x_i + b_i \tag{4.59}$$

式中，i 为全连接层输出的索引；m、n 和 d 分别为从最后一层输出的特征映射的宽度、高度和深度；w 为共享权重；b 为偏置。

VAE 中，Encoder 模块主要通过卷积操作实现，在连续的三个卷积操作后，添加 dropout 操作，丢弃一部分数据，提高模型的泛化能力，最后连接一个全连接层作为 Encoder 模块的输出。Encoder 模块的网络模型如图 4.26（a）所示。

Decoder 模块主要通过 4 层反卷积操作实现，通过反卷积操作，将 Encoder 模块提取的潜在特征空间数据进行维度还原，最终实现生成数据的目的。Decoder 模块具体的网络结构如图 4.26（b）所示。

图 4.27 是 CGAN 网络和 VAE 网络所生成的剖面［图 4.27（c）和（d）］与两条输入剖面［图 4.27（a）和（b）］的比较，由图可见，CGAN 生成的剖面在形态及坐标范围

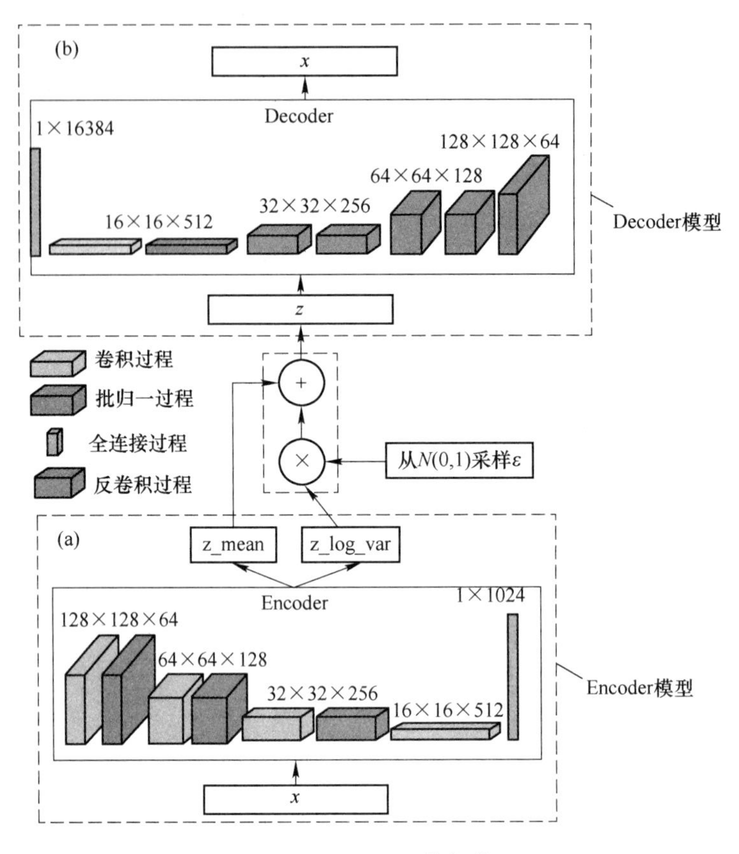

图 4.26 VAE 网络架构

接近一致，效果更好。VAE 网络生成的剖面则相差较多，而且剖面的坐标范围差距较大，无法直接用于三维地质建模。因此，使用 CGAN 网络来训练计算机，使其自动生成两相邻剖面之间的插值剖面用于建立三维地质模型是可行的。

4.2.5 地质建模过程中的不确定性

三维地质模型是根据在研究区域所获取的钻孔数据、地球物理测量数据、剖面数据或者地质填图数据等构建的，是对研究区域地质情况的直观表达。但是，由于各种因素影响，最终获取的数据都存在一定的局限性，所反映的信息也很稀疏，导致在获取数据源、处理数据、建模的过程中都不可避免地存在着一些不确定性。这些不确定性往往使三维地质模型的空间精度、形态、拓扑关系与实际有一定的偏差，限制了模型的进一步应用。为了获得尽可能真实可靠的三维地质模型，有必要对所构建的三维地质模型的不确定性进行分析评估。

目前，对地质模型不确定性的研究主要集中在两个方面：一个方面是不确定性的来源；另一个方面是不确定性分析方法。

4.2.5.1 三维地质模型不确定性来源分析

不确定性来源是进行三维地质模型不确定性定量分析的基本前提。早在 1993 年，Mann 就曾提出将影响三维地质模型不确定性的因素归纳划分为地质对象的内在随机性、

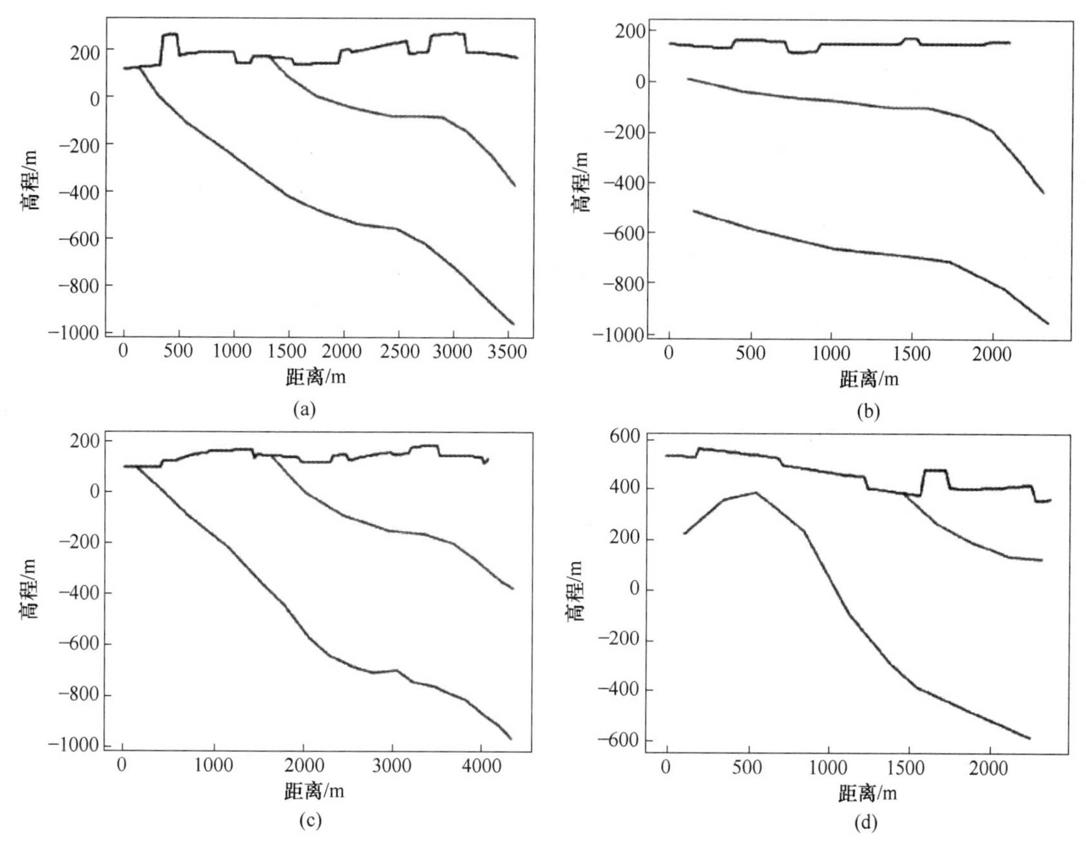

图 4.27 CGAN 生成的递推剖面与 VAE 生成的递推剖面对比

（a）输入剖面 A；（b）输入剖面 B；

（c）CGAN 网络生成的剖面图；（d）VAE 网络生成的剖面图

测量过程的不确定性、采样的不确定性、建模过程中的不确定性 4 类，其对于不确定性来源的描述范围并不局限于建模区域、地质图或者地质模型，而是更多地关注数据本身。

在地质模型建模过程中，根据不确定性来源的不同，三维地质建模的不确定性大致可以分成 3 类：（1）数据的不确定性。主要指建模数据在测量、解释过程中产生的误差、偏差和不精确度，例如地层分界位置、地层产状、钻孔剖面和平面地质图等的误差均属于这类。（2）随机不确定性。这类不确定性主要是由构建地质面、体模型的内插或外推过程所引起的，且与相应的算法有直接关联关系。（3）认知不完整引起的不确定性。这类不确定性主要是由于数据的有限性导致了人类对地下地质构造认知的不足，以及建模人员的专业素质引起的。建模人员的专业素质主要包括参与建模的人员对研究区地质情况的了解情况、对建模软件的熟悉程度及根据已知信息对未知区域进行地质解译的准确性，因此，建模人员素质直接影响建模的准确性。

三维地质建模的过程主要包括数据获取、数据处理与模型构建等 3 个阶段，每个阶段由于各种误差的存在，都具有一定的不确定性，而且这些不确定性会在建模过程中不断传播和累积。因此，研究不确定性传播是地质模型不确定性评价的关键一环。

4.2.5.2 三维地质模型不确定性分析方法

三维地质模型不确定性分析方法可分为基于模拟的方法、基于随机误差理论的方法、基于概率论的方法、基于信息论的方法等。

（1）基于模拟的方法。目前对地质采样的“点”数据到空间分布图“面”数据的空间建模一般采用克里金（Kriging）插值与3S技术相结合的方法，利用平均误差、均方根误差或方差来评价精度，但克里金估计是平滑插值，具有局部准确性和整体统计特征的不准确性的特点。有学者提出采用随机模拟方法来进行空间不确定性建模以克服指示克里金的内在局限性。随机模拟综合考虑结果的整体统计性质和模拟值的空间相关性，序贯高斯模拟和序贯指示模拟在克里金插值模型中系统地加入随机噪声，使每一次随机模拟在具体位置取值都可能不同。但由于条件原理，多次独立的随机模拟在空间分布格局上具有相似性，且理论上每次模拟结果的均值、方差、协方差、变异函数均与原始数据的均值、方差、协方差和变异函数保持一致，做到了原始输入数据统计特征的完整再现，避免了平滑效应。而且，多次随机模拟程序运行可以对该位置空间变量可能的取值区间进行概率推断，具备了以概率论为基础的不确定性评价功能。这一系列模拟的实现提供了空间不确定性的可视化和定量评价的模型。

（2）基于随机误差理论的分析方法。此方法以置信区间内概率分布定量描述点、线和多边形等二维空间实体的不确定性分布。假定符合某种特定的概率分布函数，如正态分布、多点分布、离散分布等，点空间位置误差可用均方差、坐标分量等综合性指标来表达。

（3）基于概率论的方法。此方法是指在获得大量的观测值后，把不确定性表示成给定条件下、某一假设为真的条件概率。分析不确定性时，常用到概率密度函数，并辅以计算机模拟该误差分布。以初始地质面模型为期望，结合建模数据源误差分布建立整个模型的置信区间，通过一系列不同概率值，三维地质模型间的距离、体积、深度等参量的差异特征来表征不确定性。地质空间统计学方法则通过探讨样本点数据之间的空间关系，以半差图或协方差模型定量描述和分析面模型构建过程和结果的不确定性分布，突破了随机误差理论中误差独立性的假设前提。

（4）基于信息论的方法。信息熵H作为丢失信息的度量。信息熵越大，系统中事件发生的分散程度越大，不确定性也越大。借助模拟的方法，可以将信息熵方法扩展到复杂的，三维地质环境中，来描述复杂地质模型中任意位置的不确定性。栅格模型可以利用熵值来测度全三维空间内地质模型的不确定性及误差敏感度。将空间划分成若干栅格单元，依托建模数据的概率分布及初始地质模型，通过信息熵值来标识每个节点上的不确定差异性，实现全三维空间内的不确定性分析。

4.2.6 三维地质建模软件

4.2.6.1 几种常用三维地质建模软件

三维建模软件的开发涉及计算机、地质工程、矿山、可视化技术等多个交叉学科领域。国内外研发出了许多用于三维地质建模的商业化软件，国外的有：法国Nancy大学的GoCAD、法国达索的Surpac、CATIA、澳大利亚的Micromine和Maptek旗下的PointStudio、加拿大Maptek公司的Vulcan、美国Mintec公司的Minesight、英国Datamine国际软件公司的Datamine等；国内的有：北京三地曼公司的3DMine、长沙迪迈的DiMine、北京龙软科技的LongRuan TGIS、LongRuan 4D-GIS、武汉中地数码科技有限公司开发的MapGIS等。

几个常用的软件特点如下。

A GOCAD

GOCAD（geological object computer aided design）软件是一款功能强大的三维地质建模软件，在地质工程、地球物理勘探、矿业开发、石油工程、水利工程中有广泛的应用。

法国南希大学 Mallet 教授提出的 DSI 理论（离散光滑插值）是 GOCAD 的核心技术之一，该技术应用于 GOCAD 复杂构造建模（如逆掩断层、盐丘等）和速度建模过程中。该软件具有强大的三维建模、可视化、地质解译和分析的功能。它既可以进行表面建模，又可以进行实体建模；既可以设计空间几何对象，也可以表现空间属性分布。

该软件采用点集描述离散数据；线集描述断层线、钻孔轨迹、测井曲线和河道等线状数据；面集描述层面、断面等面状数据；体集表示地震数据、遥感数据、地层网格、盐丘、封闭体等数据体。

GOCAD 软件的建模方法包括地质统计学方法和随机建模方法，地质统计学方法有：普通克里金、带趋势的克里金、贝叶斯克里金、块克里金、具有外部漂移克里金、同位协同克里金、指示克里金等。随机建模方法有：截断高斯模拟、布尔模拟、马尔可夫模拟、序贯高斯模拟、非条件序贯高斯模拟、同位协同克里金序贯高斯模拟、块克里金序贯高斯模拟、序贯指示模拟、模拟退火、云图转换等。

GOCAD 软件基本模块包括了 Earth Decision 工具包的流程分析基础。所有应用模块（例如地震分析、地质和储层分析等）提供的流程分析工具分享基本模块所提供的统一地质架构空间，避免了信息损失。使用 Earth Decision 中的直观结构模型流程工具可方便地进行数据的导入/导出、二维地图以及横断面的生成。Earth Decision 的结构建模流程工具能够很容易地建立精确断层几何模型，自动断层-断层和断层-底层接触判断。

B Surpac

Surpac 为法国达索公司设计的大型三维数字化矿山软件。达索系统于 2012 年收购 Gemcom Software 公司，并创立 GEOVIA 品牌，致力于为星球进行建模和仿真，以提升整个自然资源行业和其他行业的可预测性、效率、安全性以及可持续性。GEOVIA 产品线目前分为多种类型的地质与采矿规划，矿山战略规划，露天和地下进度计划管理，安全远程协作，采矿生产管理与协调等一系列子产品：

（1）GEOVIA Surpac 是全球使用最为广泛的地质和矿山规划软件，服务于 120 多个国家的露天和地下矿山开采及勘探项目。工具包括：钻孔数据管理、地质建模、块建模、地质统计、矿区设计、矿业规划、资源评估等。

（2）GEOVIA Minex 为煤矿和其他层状矿床提供唯一的全集成型地质和矿山规划、端到端的解决方案，确保资源得到准确的评估和高效的开采。

（3）GEOVIA MineSched 为各种规模和类型的露天和地下采矿提供进度计划。它整合全套丰富的嵌入式功能、业经验证的进度计划算法，以及图形图表等多种输出方式。

（4）GEOVIA InSite 可从矿山和矿场提供整洁的可审计生产信息。利用这些信息就能牢牢掌握开采矿石的质量和数量。

C CATIA

CATIA 是法国达索公司旗下的一款集 CAD/CAE/CAM 于一体的功能强大的三维建模软件，广泛应用于航空航天、汽车制造、电子、电器等领域。CATIA 作为主流 BIM 建模软件之一，能较好地应用于研究对象的全生命周期设计和管理。2003 年加拿大 QUEBEC 公司成功将 CATIA 软件应用于水利水电行业的地质重构，大坝设计、厂房设计和机电设备安装等专业，并建立了水利水电三维设计标准环境。

2006 年，CATIA 软件增加地形地质建模功能，并被引入我国水利水电行业，凭借其强大的功能，已成功应用于水利水电设计院和科研院所的三维地质建模工作。迄今为止，基于 CATIA 软件的三维地质建模，国内研究人员已经进行了较为系统的二次开发，开发了一系列的插件，提升 CATIA 软件的建模能力，形成了较为完善的建模方法和理论。

CATIA 三维协同设计软件具有强大的曲面造型功能，可以比较快捷地利用基础的工程地质信息创建三维地质模型。该软件用于三维地质建模的模块主要有 DSE（数字外形编辑模块）、QSR（快速曲面重建模块）、GSD（创成式外形设计模块）和 Shape Sculptor（雕刻模块）等。

D　Datamine

Datamine 矿业软件公司 1981 年成立于伦敦，它具有通用三维矿业软件的地质勘探、储量评估、矿床模型、地下及露天开采设计基本功能外，主要延伸到生产控制和仿真、进度计划编制、结构分析、场址选择，以及环保领域等。

目前的产品有：Datamine 三维软件（Datamine Studio），露天境界优化及进度计划（NPVS），地下采掘计划（Mine2-4D）和虚拟现实（VR），四个产品可独立使用，也可以合并。

Datamine Studio 由 10 个功能模块组成。具有如下功能：（1）基本功能，交互式真三维设计，数据管理、处理及成图；（2）勘探，样品数据输入输出，统计分析，钻孔编辑，地质解释；（3）地质建模，地质统计，矿块模型，矿床储量计算；（4）岩石力学，构造立体投影图和映射图、建立岩石模型；（5）露天开采，境界优化，中长期计划，采场及运输道路设计；（6）地下开采，采场设计、优化，开拓系统设计；（7）矿山辅助生产，测量，品位控制，进度计划编制，配矿；（8）复垦，环境工程，综合回收，土地复垦和利用研究。

E　3DMine

3DMine 软件是一套重点服务于矿山地质、测量、采矿与技术管理工作的国产三维软件系统，这一系统可广泛应用于包括煤炭、金属、建材等固体矿产的地质勘探数据管理、矿床地质模型、构造模型、传统和现代地质储量计算、露天及地下矿山采矿设计、生产进度计划、露天境界优化及生产设施数据的三维可视化管理。

3DMine 软件模块构成包括：三维可视化、三维 CAD、勘探数据库、地质建模（面状模型+块体模型+隐式建模）、地质储量计算（传统方法+地质统计法）、剖面切制与数据提取（静态剖面+动态剖面）、三维采矿设计（露天+地下）、采掘计划编排（境界优化+中长期+短期计划）、测量数据接口与数据应用（传统测量+大规模点云+无人机影像）、通风安全（风网解算+风机选型）、爆破设计（露天爆破+中深孔爆破）、打印制图等。

地质模块功能涵盖：勘查地质、矿山地质、工程地质和水文地质的找矿和生产-地质数据库，三维地质建模，实体模型，块体模型，地质统计、储量计算。支持最新流行的隐式建模算法，支持 2020 年新资源/储量分类标准。

F MapGIS

MapGIS 是武汉中地数码科技有限公司研发的一款软件，在 GIS 软件中比较突出，它更像是一个制图软件，结合了 GIS 和 CAD 的一些概念和功能。MapGIS 面向地质和煤矿等一些行业，有一系列模块，有深入的定制，能解决国内这类行业的生产需求，应用很广泛。

MapGIS 中的 MapGIS 3D GeoModeler 是一个三维地学建模、可视化和分析的工具，融合钻孔、剖面、物化探等多源地学数据，通过自动和半自动化的快速建模技术，构建含断层、透镜体等复杂地学特征的结构和属性模型，实现地学模型的全流程一体化构建和可视化分析（图 4.28）。

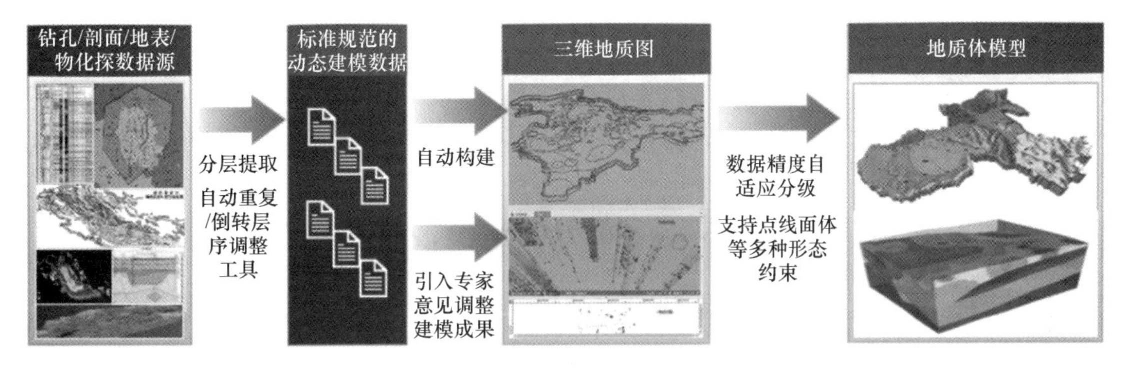

图 4.28 地学模型的全流程一体化构建

高精度地下空间智能建模包括：有效融合多源地学数据，实现全流程一体化的地学模型智能构建；快速构建多源大工区大体量多精度地质模型，解决传统手工建模效率低、误差大、精度低等问题；新增支持混合建模方法，该方法采用主层地层建模、亚层岩性建模的新型综合建模技术，适用于地层无序分布、地质构造复杂的建模场景。

4.2.6.2 软件建模特点小结

通过从系统配置、功能结构、应用领域、主要特点与开发支持等方面对国外的主流软件 Surpac、Datamine、3Dmine、GoCAD、Vulcan 等的分析发现，国外地质体三维模拟与可视化软件的功能虽依据专业应用侧重不同，但在三维地质建模功能上大同小异，总结如下：

（1）从功能结构来看。功能模块基本都包括：数据库模块、图形交互编辑模块、地学统计模块、三维工程设计模块以及测绘模块。建模采用实体模型和块体模型；可在网络环境中运行；提供与主流 GIS 软件的接口；多数系统可根据不同的应用需求定制不同的模块。

（2）从应用领域来看。主要应用于地质勘探和建模、矿山对象建模、露天和地下采矿设计、尾矿和复垦设计、生产计划和开采计划以及钻孔编录等。

（3）从地质实体三维建模与应用技术方案来看。

国外主流软件建模采用如下流程：

1）将测量得到的钻孔数据、地表数据、化探数据、井下测量数据、坑探数据等实测数据进行录入工作，并对其进行分析处理、编辑和查错，然后对空间数据和属性信息进行存储管理工作；根据钻孔（物探、探槽、探井等）资料，绘制钻孔迹线，交互解释成剖面轮廓线。

2）根据地质规律，进行地质解释，完成虚拟三维环境下点、线、文字、多边形以及实体等的创建和编辑工作，建立三维地质体模型（矿体模型）。

3）将矢量表示的三维地质体模型剖分转换成块体模型，对复杂的地质条件进行三维描述和观察分析。

4）根据地质统计学方法或其他方法，进行矿物资源品位估值、资源量估算、数据插值等。

5）在三维地矿实体模型基础上实现工程数字化，提供交互式的设计、地面设施模型构建、开挖工程中巷道三维模拟、岩性分析、开孔位置设计、地下和露天采场设计的功能平台。

国内商业化软件基本思路是追踪国外已有先进技术，同时积极结合国内地矿生产现状进行关键技术研发和产品更新，虽起步较晚，但已形成一定的产品规模和用户群，仍在进行理论方法创新和关键技术的研发与超越。

4.3 三维实景建模技术

三维实景建模是一种运用数码相机或激光扫描仪对现有场景进行多角度环视拍摄，然后利用三维实景建模软件进行处理生成的一种三维虚拟展示技术。三维实景建模在浏览中可以对模型进行放大、缩小、移动、多角度观看等操作，并且可以查看三维实景模型中物体的参数（长，宽，高，面积，体积）与实景的数据信息一致，误差值最高1%。三维实景建模可用于场地规划、面积测量、土方量计算、地质灾害调查、监测、预警、评估以及地质灾害应急现场处置等，另外与实景模型进度分析软件对接可以对工程项目的施工进度分析，实景模型虚拟空间运维管理等。

常用的实景三维建模方法如下：

（1）人工建模。在平面信息的基础上建立没有纹理的三维模型，模型中的纹理需要人工拍照后贴到三维模型上。常通过 GNSS-RTK 或全站仪获取数据，利用 3DSMax、Skyline、Sketch Up 等传统的三维建模软件人工建模。这种方法存在工作量大、费时费力、生产成本高、效率低下的弊端。

（2）传统遥感技术、卫星和航空摄影测量技术。利用快速影像匹配技术，生成遥感数字正射影像图（DOM），需要手动或者半自动人工地物采集的方式获取影像的建筑物表面纹理才能实现基于高分辨影像的三维建模。这种方法的优势在于遥感影像覆盖范围广、成本低、分辨率较高、能够快速获取精确的数据。但是存在三维建模遮挡问题严重，建筑立面纹理数据获取成本较高，内业贴图费时费力的弊端。

（3）倾斜摄影测量。倾斜摄影测量是同一台无人机上搭载着五镜头相机从垂直、倾斜等多角度采集影像数据、获取完整准确的纹理数据和定位信息。这种方法的技术优势是高分辨率、地物纹理信息丰富、可以实现三维模型生产的高效自动化，获得逼真的三维空间场景。不足之处是倾斜摄影技术采用可见光进行测量，对天气要求较高，并且对密集植被下的地形无能为力，对细小物体的建模能力不足。因此，倾斜摄影适合大范围三维建模及一些对精度要求稍低的三维工程测量。

（4）三维激光扫描技术。三维激光扫描技术是一种利用激光光束进行扫描和测量物体三维形状和位置的技术。它通过发射一束激光光束并测量光束在物体表面的反射时间或反射角度，从而获取物体表面的点云数据。激光扫描技术是一种非接触式测量，避免了对物体的破坏。它可以快速、准确地获取物体的三维形状，实现高精度的测量，而且通过三维激光扫描技术获取的点云数据可以生成高质量的三维模型，可视化效果好。相比传统的测量方法更加高效。不足之处是：对复杂环境敏感，在某些复杂的环境中，如强光、反射面等情况下，激光扫描技术可能会受到干扰，导致测量结果不准确；此外，三维激光扫描生成的点云数据量大，对计算机的处理能力有一定要求。

4.3.1 无人机航空摄影测量技术

随着定位定向系统（postioning and orientating system，POS）的发展，无人机技术快速发展起来，POS 系统由惯性导航系统 INS（inertial navigation system）系统与 GPS（global positioning system）全球卫星定位导航系统组成。

美国、日本、加拿大等国家率先将 POS 系统用于航空遥感领域，通过它来获取航摄仪在摄影曝光时刻的空间位置和姿态。当前，国际上比较知名的两套商用 POS 系统分别是德国 IGI 公司的 AERO control 系统和加拿大 Applanix 公司的 POS/AV 系统。瑞士 Pix4D 软件公司研发的 POS 数据后处理软件 Pix4DMapper 逐渐被国内引入用于生产和研究工作。

航空摄影根据摄影机主光轴与通过透镜中心的地面的关系，分为垂直摄影和倾斜摄影。其中，垂直摄影是指摄影机主轴与地面垂直，或者偏离垂线小于 3°，基于这种手段获取的相片即为水平相片，目前研究的航空摄影相片以垂直摄影获取的水平相片为主；倾斜摄影是指摄影机主光轴偏离垂线大于 3°，这种方式获取的相片即为倾斜相片，倾斜摄影影像畸变大，不利于制图，但是可生成立体影像。传统的航空或者卫星影像主要是由传感器从垂直或倾角小于 3°的角度获取，仅能拍摄地物顶部影像，无法获取地物侧面纹理、轮廓特征，不能全方位表达空间地物，也不利于三维重建。本节先介绍无人机垂直摄影技术。

4.3.1.1 无人机航空摄影测量方法

对于地形复杂的工程面而言，传统的测量手段操作难度大、精度低，与其他应用软件的数据传递效率低，不利于岩土工程的信息化发展。无人机航测技术作为快速获取高精度空间信息的新型方法在测绘行业和岩土工程中的应用越来越广泛。无人机航测摄影获取数据工作流程如下：

（1）确定测量区域范围，初步勘察测量区域地形情况。

（2）根据测量区域面积和地形特点设计航线，计算航行高度、速度、航线长度、飞行时间等数据，为保证测量的精度，同一点需要从至少三个方向进行摄影，航线的重叠度一般需要在 60%~90%之间。

（3）布设明显且满足测量精度要求的像控点，像控点一般布设在空旷、无遮挡，坡度小，不容易被破坏的位置。需在测量范围边界和内部均匀布设。

（4）提前查看天气情况，选择自然光线好、无风的天气。

（5）航摄结束后检查航线、照片重叠度等，若发现不满足要求的质量问题，需要重新测量。

无人机航测得到两种数据：一种是拍摄的地表相片；另一种是航测过程中的飞行数据，包括经纬度、高度、相机拍摄倾角等。

Autodesk ReCap 程序可以实现航测数据的处理，将航测文件转换成点云格式进行查看和编辑。通过对数据进行清理、分类、排序、测量和形象化，生成数字三维地形云图、地形三维模型、DEM（数字高程模型）、DSM（数字地表模型）、DOM（正射影像），输出在 Autodesk 等其他应用程序（如 Civil 3D 和 Revit 软件）上可以读取的数据格式。

4.3.1.2　无人机航测实例

以一边坡为例，该边坡最高高程为 1010 m，最低点高程为 948 m，实际边坡如图 4.29 所示。采用图 4.30 的航测路线进行现场地形数据的采集，航拍过程中，照片的重叠度越高，测量精度也越高。

图 4.29　边坡实例

图 4.30　航测路线
（图中黄色标记即为预先设定的一个像控点）

扫码看彩图

无人机航测的数据经过处理后得到的地形点云数据充足，可以直接导入 Civil 3D 中进行建模，Civil 3D 可以通过点云、等高线等多种要素定义曲面。图 4.31 是通过点云构建的坡面点云模型。

通过点云构建曲面后，可以通过“曲面特性”功能对其进行处理。以满足项目的建模精度要求。为突出体现坡面地形的三角网曲面，可关闭其他图层可视性，打开曲面图层，将三角形要素设为可见，地形曲面如图 4.32 所示。从模型中可以看出边坡的明显特征，由于无人机航测的范围较大，坡面模型比地层曲面模型大。

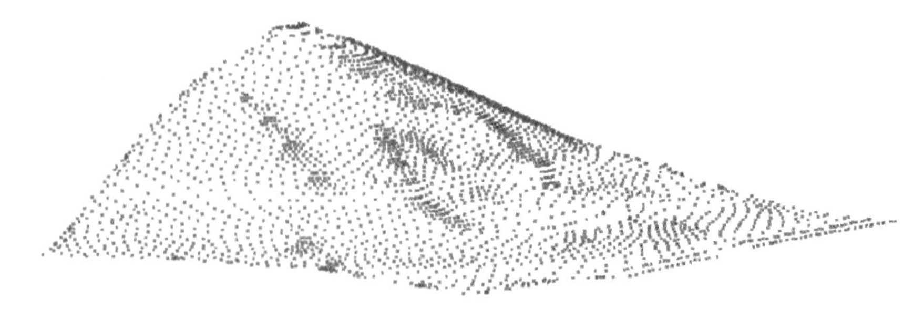

图 4.31　坡面点云模型

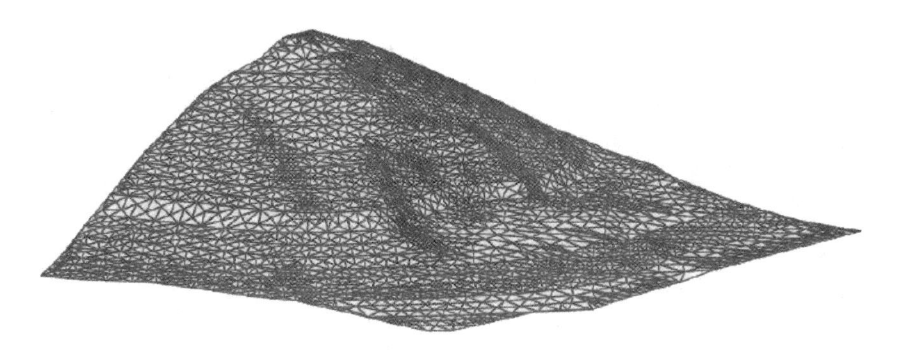

图 4.32 地形三角网曲面

4.3.2 无人机倾斜摄影测量技术

20 世纪 90 年代起，实景建模技术尤其是倾斜摄影方面的研究引起了国际上的重视，并在近年来逐渐发展起来。相对于传统航测采集的垂直摄影数据，该技术通过新增多个不同角度镜头，从一个垂直、四个倾斜五个不同的视角同步采集影像，获取到丰富的地面物体顶面及侧视的高分辨率纹理数据，可同时获得同一位置多个不同角度的、具有高分辨率的三维影像。无人机倾斜摄影技术广泛用于地质灾害调查、监测、预警、评估以及地质灾害应急现场处置等。

无人机倾斜摄影机载装置包括 5 台高空间分辨率面阵数码相机，以一定角度安装在航空摄影稳定平台上。该高空间分辨率面阵数码相机摄影装置包括下视相机，前视相机，后视相机，左视相机，右视相机。下视相机为垂直摄影，用于制作 DEM，正射影像。前视相机、后视相机、左视相机和右视相机都为倾斜摄影，用于获取地物侧面纹理影像，倾斜角度在 15°~45°之间。技术原理如图 4.33 所示。相机之间通过时间同步装置进行成像时间精确对准；由姿态测量装置提供影像姿态和位置参数。具有计算机控制系统和数据存储装置，负责对以上部件进行数据采集控制，发送同源触发信号启动该多台面阵相机，实现同步数据采集以及存储维护。通过相应的倾斜影像数据处理软件，对采集到的倾斜影像进行预处理，包括调色、纠偏、校正、镶嵌、融合等系列处理，形成符合应用需求的倾斜影像数据产品。倾斜影像与正射影像对比如图 4.34 所示。

(a)

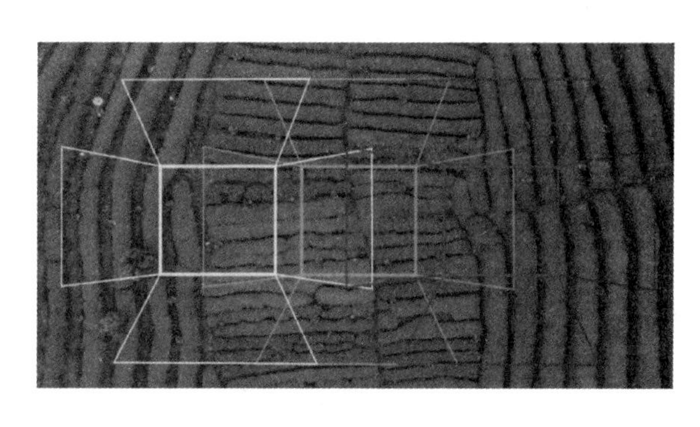

(b)

图 4.33 倾斜摄影原理图

(a) 无人机多角度拍摄影像获取示意图；(b) 连续几组影像获取示意图

(a)

(b)

图 4. 34　正射影像与倾斜影像对比
(a) 正射影像；(b) 倾斜影像

该系统还可将摄影相机与机载全球定位系统 GPS 的接收机、高精度惯性测量单元（inertial measure unit，IMU）进行高度集成，其中，摄影相机用来提供影像信息、GPS 提供位置信息、IMU 提供状态数据，获取摄影瞬间相片的空间位置和姿态的参数，通过融合地理信息、定位技术、POS 数据，进行基于影像的各种三维测量。

无人机倾斜摄影优势为：(1) 突破了传统航测单相机只能从垂直角度拍摄获取正射影像的局限，可以获取更加全面的地物纹理细节，更加真实地反映地物的实际情况。(2) 通过无人机搭载倾斜摄影相机进行地形测绘，配合自动化的影像匹配、建模系统可以减少人工干预，提升工作效率。(3) 能极大地缩短测绘外业的协同工作，节省测量人员的劳动时间，降低了外业劳动强度。(4) 倾斜影像能为用户提供丰富的地理信息产品，实现二三维的数据叠加和展示，为相关地籍管理信息系统提供辅助决策分析。

4. 3. 2. 1　无人机倾斜摄影数据采集与处理

A　选址

选址主要是确认起飞点，选择地势平坦、视野开阔、避开高压线、移动信号站以及民用雷达站的空旷场地进行起飞，并对起飞点附近的风力、地形、环境等进行探查，确认起飞的安全性。

B　航线规划

航线的科学规划是图像采集之前的关键环节。首先，了解所采用的无人机的最大控制范围，最大飞行高度等范围参数，把握航线的整体长度。然后根据工区实际情况，合理规划路线。根据地信测绘工程的规范要求，后期建模对于影像信息的采样率和重叠率有比较高的要求。

一般情况下，测区拍摄范围以矩形为最理想状态，即传统航空摄影中常用的一种测区形状。实际中，鉴于无人机的技术限制（飞行高度、飞行控制最大距离、电池续航能力等）以及工区复杂的地理环境，测区形状千变万化，多以非规则多边形为主，有时也可呈现条带状。

C　图像信息及 POS 信息采集

确定好规划的飞行区域、设计的飞行路线以及架次后，将设计好的飞行路线通过地面站存储在无人机中；对无人机起飞前进行地磁校准，经过试飞、安装云台、确定起飞方向等一系列操作后，即可通过无人机遥控器控制无人机在空中飞行、采集数据、返航、降落。

4.3.2.2　倾斜摄影三维建模数据处理与建模

数据模型主要由点云数据以及图像数据组成。将无人机数据导入特定的三维可视化软件，可以完成三维数字模型的构建。三维建模过程主要包括原始影像的亮度、几何纠正等预处理，分类垂直、倾斜影像；根据相机参数、GPS/IMU 提供的 POS 数据确定精确的外方位元素，进行空中三角形加密；多视角影像密集匹配生成高密度点云；基于点云构建三维不规则三角网，生成白模；基于纹理自动贴面技术，最后生成高精度三维模型。重要的几种技术如下：空中三角测量技术、多视影像密集匹配方法、自动纹理映射方法。

利用地质解析 3D 渲染引擎，可以做到精准标定岩体的规模，随时掌握某一点的经纬度高程值。并且可以对已有模型进行数据导入，丰富模型属性，提高模型的定量化程度。从导入地质解析 3D 引擎得到的数字高程模型 DEM（digital elevation model）效果图（图 4.35）来看，各小层的分层得到了较好的表征。

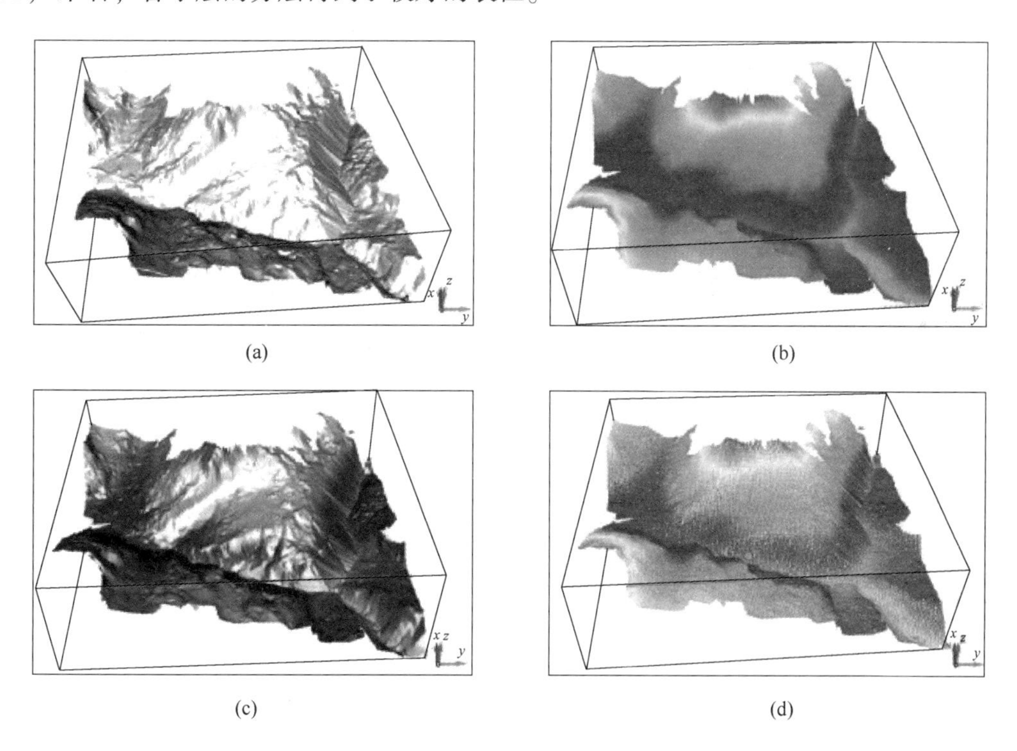

图 4.35　地质解析 3D 渲染引擎 DEM 效果图

（a）DEM 灰度图；（b）DEM 彩虹图；（c）DEM 彩虹纹理图；（d）DEM 彩虹网络图

4.3.3　三维激光扫描技术

三维激光扫描（light detection and ranging technology，LiDAR）技术，也被称为“三维

激光扫描系统”或“实景复制技术”，是一种通过位置、角度、距离等属性设置直接获取目标物体表面的三维坐标，快速地获取原始测量数据，实现直接从实物中进行快速的逆向三维数据采集及模型重构的技术。它最大的特点就是精度高，速度快，能完整并高精度地重建扫描实物原貌，真实度高。

三维激光扫描可以不受光线，地理位置等外界因素的影响，采用非接触式、多方位旋转测量方法，方便、快捷地对任何物体进行精细扫描，而且测量信息很详细，很好地弥补了传统数据采集的不足，它所采集到的激光点云数据是对扫描对象真实数据的直接采集，无需进行表面的二次处理。目前广泛应用于建筑物、桥梁、滑坡等领域。

4.3.3.1 三维激光扫描系统组成及分类

（1）系统组成。三维激光扫描系统主要由扫描仪、笔记本电脑、配套的仪器操控、数据处理软件组成。

（2）系统分类。三维激光扫描系统分为三类：地面型、机载型、便携式。

1）地面型激光扫描系统。地面型激光扫描系统是一种利用激光脉冲获取地物的三维形态及坐标的测量设备。它具覆盖范围广、速度快、密度高、精度可靠等诸多特点。

2）机载型激光扫描系统。机载型激光扫描系统是搭载在无人机或直升机上的一种系统，它由三维激光扫描仪、全球定位系统（GPS）、内置三维数码相机、采集器、飞行惯导系统以及其他附件组成。该系统的特点是可以快速准确地获取海量的三维地物数据。

3）便携式激光扫描系统。便携式激光扫描系统是一种轻便、自定位、灵巧、可用于室内的三维激光扫描系统，主要用于古文物等小型物体的扫描。

（3）系统特点。三维激光扫描系统的主要技术特点如下：

1）非接触性。

2）快速性。可以快速采集工程岩体表面的特征点，提高了数据获取效率。以隧道变形监测为例，三维激光扫描技术可以快速采集隧道的整体变形信息，摆脱了传统隧道变形监测中的各种局限性。

3）实时、动态性。对工程进行变形监测的时候，不再受到空间和时间的限制，而且仪器具有的高扫描速率可以很好地描述目标的动态特征，便于对工程的变形进行动态的监测。

4）抗干扰能力强。

5）高精度性。

6）直观性。在仪器工作时，扫描仪内置的 CCD 相机同时工作，拍摄被扫描地物的高分辨率影像。在处理点云数据时，可将数码影像直接赋予点云上，看起来更加真实直观。

4.3.3.2 三维激光扫描系统工作原理及点云数据处理

A 系统工作原理

三维激光扫描仪的原理是：经发射装置发射一束激光到达被测物体表面再按原路径返回，由时间计数器计算得光束由发射到被接收所用时间，然后算出仪器到被测点的距离。在测量距离值时，扫描仪可同时记录水平和垂直方向角。由距离测量值 S、水平角 α 和垂直角 θ，解算点（X，Y，Z）的相对三维坐标。

如果测站空间坐标是已知的，则可以求得每一刻被测点的三维坐标。式（4.60）为扫描点的坐标的计算公式。把这些已知三维坐标的点传送到计算机等存储设备中予以存储。这些点根据各自的空间坐标位置排列开来，形成目标的空间数据点云。点云揭示了目标的形体和目标空间结构。测量点坐标计算如图 4.36 所示。

$$
\begin{cases}X_P = S \cdot \cos\theta \cdot \cos\alpha \\ Y_P = S \cdot \cos\theta \cdot \sin\alpha \\ Z_P = S \cdot \sin\theta\end{cases} \tag{4.60}
$$

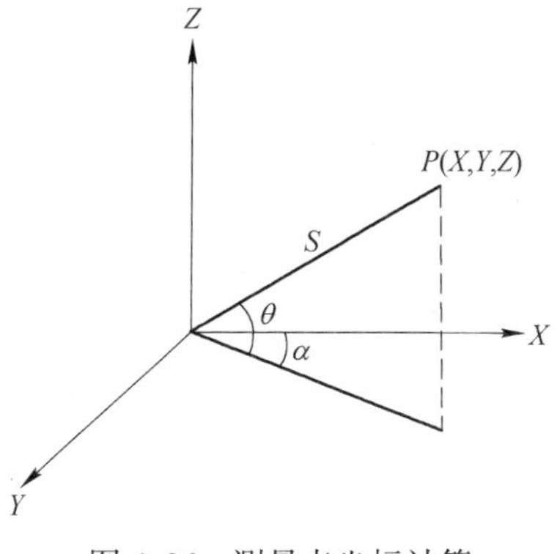

图 4.36 测量点坐标计算

激光扫描系统的原始观测数据除了两个角度值和一个距离值，还有扫描点的反射强度 I，用来给反射点匹配颜色。拼接不同站点的扫描数据时，需要用公共点进行变换，以统一到同一个坐标系统中，公共点多采用球形目标。

B 点云数据的预处理

a 点云数据的误差及调整方法

在利用三维激光扫描仪进行外业数据采集时，会出现各种误差影响点云数据的精度。而点云数据的精度直接影响了模型的精度。明确点云数据的误差种类和成因可以从根本上避免点云数据精度的降低，提高模型的质量。点云数据的误差分为以下几类：

（1）系统误差。三维激光扫描仪的系统误差主要与仪器的生产制造有关，是不可避免的误差。同时，测量人员的熟练程度、操作经验也会对结果造成一定的影响。这种误差具有累积和传递性。

（2）偶然误差。外界环境如空气透明度以及人的感官能力各异，导致偶然误差的产生。偶然误差有单个或数个，不具有规律性，但是从总体上对大量的偶然误差加以整理统计，则显示出服从某种概率分布的统计规律，而且观测次数越多，这种规律性表现得越明显。

（3）粗差。粗差不是误差，而是由于外在因素或人为因素造成的错误，因此粗差是可以避免的。在扫描过程中，不必要的树木、车辆、行人等都是场景里的粗差，甚至连空气中的灰尘颗粒都会对扫描数据造成很大影响。另外，过往车辆的振动会使扫描仪出现振动，使扫描仪偏离基准，造成影响。因此，为避免粗差的产生，测量者一定要认真操作，同时多积累经验，保证结果准确性。

为了减小仪器的误差，实验或作业过程应使用高精度的测量仪器，对其定期检验校正，定期清洁仪器；选择在天气晴朗、风小、空气湿度适中的时候进行测量，减小风力、气压等对扫描的影响；进行对比实验时应采用相同的控制点，相同的标志位置和相同的测站仪器高等，这样才能控制实验因素没有太大变化。

b 点云数据的配准

点云数据的配准就是把采集的每站点云数据整理拼接，使其合并到相同坐标系统中，变成一个有序整体。在点云数据配准时应尽量降低每站拼接误差。经典的拼接方法有：有特征点拼接和无特征点拼接两种方式。

点云拼接至关重要，因为它是点云处理第一步，拼接的精度直接影响了后期建模的精度。点云拼接需要求解 7 个坐标转换参数：3 个平移参数、3 个旋转参数、1 个尺度参数。常见的配准算法有：四元数配准算法，七参数配准算法，迭代最近点法及其改进算法。

c 点云数据的去噪

扫描仪在作业时，常有各种因素对扫描的点云数据造成影响，这样的点云数据通常称为噪声点，噪声点的产生大致有三个原因：被测物体表面粗糙引起的噪声；仪器系统误差引起的噪声；突发因素引起的噪声。如果不对点云数据的噪声点进行剔除，将会影响特征点的拾取，影响模型精度，因此在建模之前，应对点云数据进行去噪处理，将无用的点云进行剔除。

4.3.3.3 三维激光扫描建模的基本步骤

A 原位数据的获取

三维激光扫描仪一般是按线方式逐行逐列获取空间数据的，数据由矩阵形式逐行逐列进行组织的像素构成，每个矩阵单元的元素由采集到的目标物表面采样点的相对空间坐标值构成。

扫描仪获取的目标物表面的空间坐标值组成点的集合，通常称之为“点云”，这里每一个像素的原始观测值是由一个距离值和两个角度值构成的。三维激光扫描仪采集到的文本主要是收集目标物的几何位置信息（即空间坐标值）、点云的发射密度值及内置相机获取的影像信息，这些信息以站为单位存储在文件中。

B 激光扫描数据的处理

结合多种后处理软件对扫描数据进行预处理，包括点云数据的拼接、对齐等问题，进而进行相对坐标系与大地坐标系的转换，大数据量的简化等。可用的软件有 Polyworks 和 Geomagic 等。

C 空间数据建模

空间数据建模包括如下工作：

（1）相对坐标定位、分区数据对齐。进行分区数据对齐的方式主要有两种，分别为小调整和 *N* 点对齐。其中，小调整主要适用于具有明显公共分区数据特征的情况下，它具有速度快、操作简单的特点。其次是 *N* 点对齐，适用于两个点或者两个以上的点在不同的公共区域中对齐的情况，需要将对齐的标记事先放好，便于利用 bese 文件进行标准的确定和准确的定位。

（2）建模数据精简。利用激光扫描仪进行测量之后得到了大量数据，但是并不是每一个数据对于模型重建都有作用。因此，为了实现数据的精简，应利用软件防止数据的重复使用，减少点云数据的重叠。此外，还可以采用 Geomagic 处理软件，利用网格简化、随机以及统一等方法对数据进行进一步简化。

（3）绝对坐标定位。需要对岩土工程领域中目标条目进行测量，进行坐标的变换能够为室内工作的顺利进行提供基础。在相对坐标转换完成的基础上，将相对坐标系统转变为地球坐标系统，从而形成地质模型。

（4）坐标转换结果分析。在坐标变换的过程中，数据源都来自于统一的坐标系统当中，需要确立参考点的来源，并利用处理软件进行坐标的转换，可以有效地检测出存在的错误之处，并且进行对比，确保误差都在标准范围内。

（5）对研究区三维空间站点数据进行组织，根据反射率等因素划分岩性，建立完整的三维地质模型。

4.3.4 基于深度学习的图像识别技术

三维激光扫描效果好坏取决于图像的识别水平。目前深度学习被大力引入到图像识别中。深度学习通过简单处理数据，分层抽取原始数据特征。相对于传统的机器学习方法，该方法无需对特征进行过多的处理。首先，将图像输入到网络中，然后再将其抽取出来。在此基础上，利用图像的一阶特征，建立了物体轮廓，从而实现了物体的局部形态识别；然后，利用输出层次对目标进行分类，并在图像中进行识别；最后，针对不同的任务要求设置全连接层。

在深度学习中，网络模型有很多，目前主流的深度学习网络模型包括卷积神经网络（convolutional neural network，CNN）、循环神经网络（recurrent neural network，RNN）、深度信念网络（deep belief nets，DBN）、递归神经张量网络（recursive neural tensor network，RNTN）等，最常用的是 CNN，CNN 在图像分类方面有着极大的优势。

4.3.4.1 卷积神经网络 CNN

CNN 是一种用于对具有相似网状结构的神经网络进行处理的方法，专门用于处理二维输入数据的多层次人工神经网络，其结构是由多个二维平面构成，每一个平面包含若干个单独的神经元，两个相邻层次的神经元相互连通，而同一层次的神经元间没有任何联系。CNN 通常是按卷积层（convolution）、激活函数层（activation）和池化层（pooling）组成的（图 4.37），根据训练任务的不同，在卷积网络中的卷积核会有很大的差异。

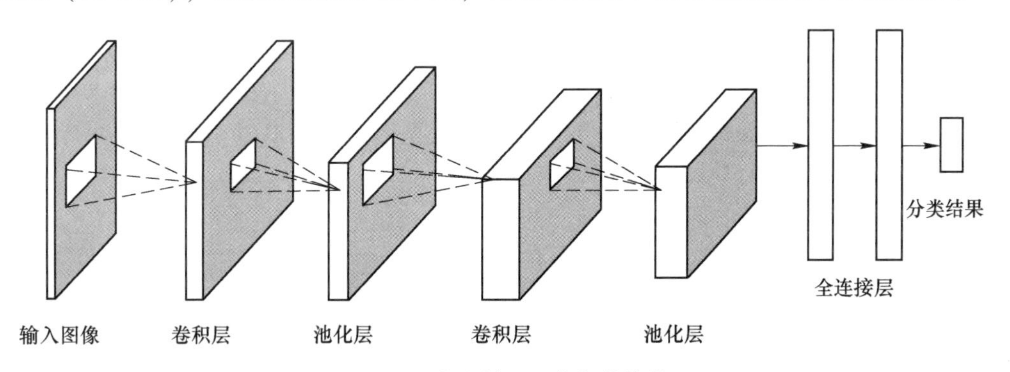

图 4.37 卷积神经网络架构简化

（1）卷积层：卷积是一种局部运算，如图 4.38 所示，该方法通过某一特定大小的卷积核进行局部数据的采集，通过卷积层得到某些简单的特性，并对其进行加工，送入下一级，随着一层一层递进，变得更为复杂。卷积层是卷积神经网络的关键部分。在卷积操作中，使用不同尺寸的卷积核（典型的是 3×3、5×5 或 7×7）来生产特征。比如，将一个 $N \times N$ 的卷积核放入原始图像中，然后用卷积核中的数值乘以每一幅原图的像素值，然后将其叠加成卷积的结果。该算法通过改变卷积核大小的设定，提取出不同的图像特征。自然图像具有其内在的特征，也就是说，在某一部分，它的统计特征和其他部分是一样的。这就意味着，这一部分中所提取到的特性也可以应用到其他区域，所以相同的学习特征可以用于图片中的各个部位。也就是说，在大尺寸的图像辨识中，先将局部区域随机抽取一小片区域作为训练样本，在此基础上提取出部分特征，并将其与原图像进行卷积，以获得在原图像中任何一个点处具有不同特征的激活值。

（2）激活函数层：激活函数层又被称作非线性映射，其增加激活作用可以改善网络的非线性表现力。在没有激活函数的情况下，已有的几个层叠加只能作为一种线性映射，而不能构成一个复杂的功能。本质上，这个激活功能是模拟生物体神经的一个临界点，只

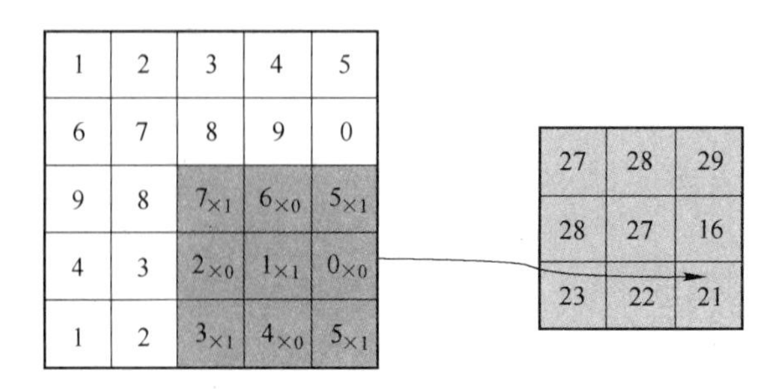

图 4.38 二维卷积运算

有在受到一定程度刺激后，神经元才会产生反应。通过引入激励层，可以克服由于欠拟合导致的梯度消失，从而实现了对卷积层数值的非线性分析。有很多种激活函数，比如：Sigmoid、Tanh、ReLU、Leaky ReLU 等。

（3）池化层：池化层是在连续的卷积层中间，通过压缩数据量来减少过度拟合。该方法利用卷积层抽取的特征信息，将其输入到分类器中进行训练，从而获得最终的分类效果。从理论上讲，可以把从卷积层中抽取的所有特征都直接输入到分类器中，但这种方法会耗费大量的运算资源，尤其是大尺寸、高清晰度的图片。不仅占用大量的运算资源，而且存在着严重的过拟合问题。但是，由于图像本身具有“静态性”，因此，从某一局部区域获得的特征很有可能与其他区域相同。这样，就可以在某一局部区域内，对各个位置的特征进行汇总统计，即所谓的“池化”。如果输入是图像，则其功能就是对图片进行压缩。通过卷积操作，将所获得的特征输入到池中，剔除多余的信息，可以求出最大激活值。这些运算对减小特征向量的维数、达到某种程度上的平移不变性非常重要。如图 4.39 所示，池化与上面卷积相似，它代表了在附近区域中的一个值，步长为 2 进行“扫描”，然后把最大值放入下一层。

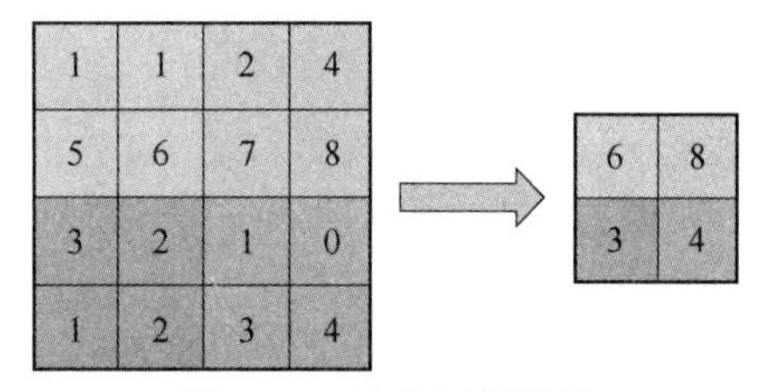

图 4.39 池化运算操作

4.3.4.2 基于深度学习的图像分类算法

图像分类问题是将一组已有的图像标记，再将其输入到模型中，通过对图像的特征进行抽取，从中找到一个类别标记，并对其进行分配。

图像分类架构多是以卷积神经网络 CNN 为基础，在对图像进行分类时，将 CNN 输出的特征空间用作全连接层或全连接神经网络（fully connected neural network，FCNN），利用完全连接层的方式实现从输入到标记集合的映射。由于数据集的日益庞大及计算机技术的发展，出现了许多以卷积神经网络为核心的模型，并取得了优异的结果，例如：

（1）AlexNet 模型。AlexNet 模型是首次在 LSVRC-12 比赛中使用，包括 5 个卷积层和 2 个全连接层，如图 4.40 所示。在此基础上，dropout 层被成功应用，并在实际中得到了最佳的分类效果。

（2）GoogLeNet 模型。GoogLeNet 模型以 Network in Network 为基础，推出了 Inception 模块，如图 4.41 所示。GoogLeNet 拥有 20 多层的 CNN 架构，使用 3 种卷积运算（1×1、3×3、5×5），极大地提高了计算机的资源利用率。

（3）VGG Net 模型。VGG Net 模型是牛津大学可视几何小组（visual geometry group，

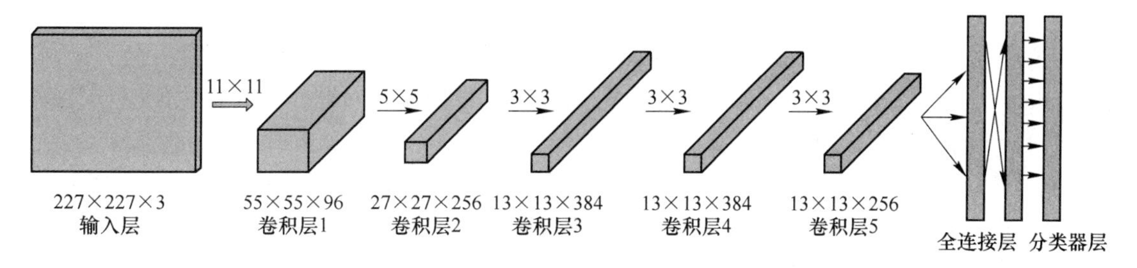

图 4.40 简化 AlexNet 结构

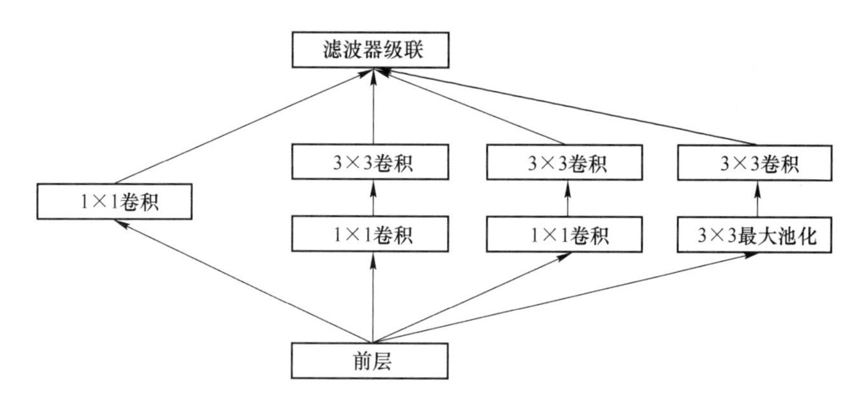

图 4.41 简化 Inception 结构

VGG）和谷歌 DeepMind 共同开发的一种深度卷积神经网络。VGG Net 包括 11~19 级不等的多层次网络，其中 VGG16 和 VGG19 最常见。利用 ImageNet 的一百万张图像进行了训练，VGG 网络具有很好的深度特征学习能力，存在丰富的训练参数和权值，尤其是卷积层具有很好的特征提取性能。VGG 模型中，利用多个卷积层取代单一的卷积核心，从而减小了多个卷积的参数量，还可以提高决策的可辨性，并且增加了层数，从而提高了决策的效率。

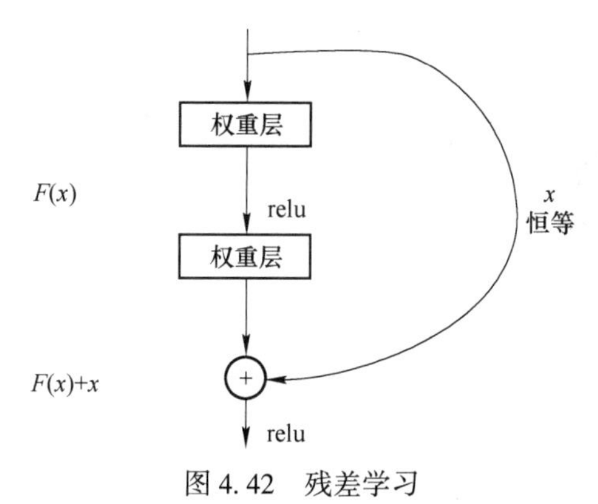

图 4.42 残差学习

（4）ResNet 模型。ResNet 模型是利用残差网络（residual networks，ResNet）（图 4.42）来解决当网络的精度增大而达到饱和时的退化问题。在 ResNet 中，仅有一个与上一个卷积层相连的池化层。ResNet 可以让基础网络得到足够的培训，并且在更深的程度上提高了精确度。

4.3.4.3 深度学习平台选取

选择合适的深度学习平台是进行深度学习的第一步，决定了在编程过程中需要库的引用。目前最常使用的深度学习平台有 TensorFlow、Keras、Pytorch、Caffe 等，以及许多云平台，如华为云 ModelArts 平台等。各平台的简介及优缺点如下：

（1）TensorFlow。谷歌公司开发的 TensorFlow 是一款开放源码的人工智能机器学习系统，能够在大型环境和不同架构的场景下工作。其优势在于能够将数据流图中的结点与多个机器之间的关系对应，实现了对多个系统的迁移。具有高级的 API，也有从零开始新建的权值和偏值，适合深入理解学习。同时可以快速建立网络，如支持大维数组与矩阵运算的 Numpy，图形处理的 OpenCV。但缺点是调试时很容易出现问题，数据量大的时候计算速度慢，各个版本之间很难兼容。

（2）Keras。Keras 是一个高层神经网络 API，基于 Theano 或者 TensorFlow 的高级深度学习框架。Keras 优点在于是一个用 Python 编写的开源神经网络库，它能够在 TensorFlow，CNTK，Theano 或 MXNet 上运行。它的句法相当明晰，使用 Keras 有助于快速构建神经网络，很容易学习。但缺点是对于新的领域，可能更新较慢，训练速度也相对较慢。

（3）Caffe。Caffe 是一种基础的深度学习平台，它可以用于图像分类、目标检测、实例分割等方面，有大量可用代码，可以让用户快速地掌握，而初学者所要做的就是简单的配置，不需要编写程序。并且 Caffe 是以 C++为基础的，它训练速度非常的快。所以，对于初学者来说，这是一个很好的平台。可供初学者对深度学习和深度学习的各个参数进行深入研究。但缺点同样存在，安装调试较难，各个版本之间的兼容性较差。

（4）Pytorch。Pytorch 是一款基于 Torch 的 Python 开源深度学习类库，该数据库在 2017 年 1 月 18 号正式推出。它支持动态运算，很灵活。代码迁移至 GPU 较快，功能封装高，能较快构建网络，非常容易理解，适合新手。但存在运行效率低的问题。

（5）华为云 ModelArts 平台。ModelArts 的开发平台可以实现海量的数据预处理、自动化的标记、大规模的培训，最终生成建模，并且可以在需要时使用终端-边缘-云模式，为建模的迅速构建和配置服务，并对整个过程中的 AI 工作流程进行管理。在技术上，华为云 ModelArts 平台提供各种不同的计算资源，而不用为基础技术担忧，可以随意地挑选所需资源。同时，华为云 ModelArts 平台也支持开源的主流架构如 TensorFlow、Pytorch、MXNet，以及开放的源码模式，不同类型的预设模式可以被用于满足需要的开放源码体系结构。同时还可以进行模型超参自动优化，操作简便、快捷。支持云、边缘和终端的一键部署模式，优化 GPU 在深度模型推理中的使用率，加快预测速度。且不需要自己进行代码编写，适合零基础者进行深度学习应用。

4.4　岩土工程数字孪生体构建

4.4.1　岩土工程数字孪生体架构

为实现岩土工程到虚拟岩土工程的真实完整映射，必须首先从几何、物理力学、行为、规则等多个维度对岩土工程进行建模，并对所建立的模型进行评估和验证，以保证模型的正确性和有效性；在此基础上将各维度模型进行关联、组合与集成，从而在信息空间级联融合为一个完整且高度真实的虚拟岩土工程模型。

因此，岩土工程数字孪生体应该建立数据模型、几何模型、物理力学模型（PE 的物理属性、约束及特征等信息）、行为模型和规则模型（基于物理力学模型得出属性及特征，如岩体中不同岩体空间分布模式特征栅格），利用不同层面的数据融合算法得到反映其物理和运行规则的仿真结果。使数字孪生体具有实时评估、优化和预测的能力，对 PE 进行控制和运行指导，最终供工程人员进行精准管理与决策。岩土工程数字孪生体架构如图 4.43 所示。

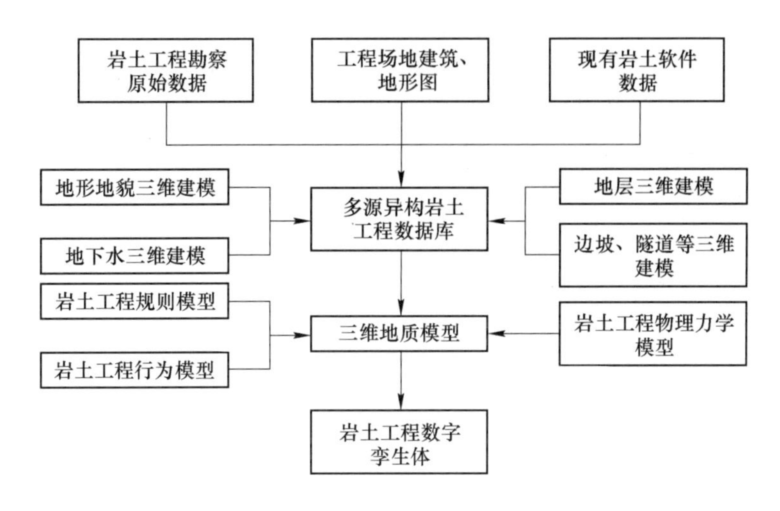

图 4.43　岩土工程数字孪生体架构

4.4.2　岩土体三维几何模型构建

在岩土工程领域，一个高质量、可靠的三维地质模型可在岩土工程（如大型、特大型水利工程、高速公路、铁路等）建设全过程（勘测、设计、施工及安全运行）中发挥重要作用，譬如：海量勘测设计数据的三维动态可视化与查询检索、挖填土石方可视化计算与任意剖面自动提取、工程的优化设计与施工放样、施工管理与竣工效果可视化、工程运行监测与灾害分析等。因此，智能化的岩土工程不仅需要对工程设计与建设过程进行数字化管理，更需要建立真实可靠的三维空间模型来进行工程设计、开挖模拟、施工影响分析与安全评估。

三维几何模型建立的关键技术为几何建模数据的获取与处理、三维几何建模技术、虚拟模型的数据组织和管理。在岩土工程领域，三维地质建模技术常运用地质统计学、空间分析和预测技术等构建地质体空间模型，并进行地质解释。

自 1993 年加拿大学者 S. W. Houlding 最早提出了三维地质建模的概念至今，三维地质建模技术已发展了 30 年，形成了一系列的理论和方法，如三角网生成法、面模型体模型构建方法、三角网固化方法（slide）、地质边界的划定和连接等。法国 Mallet 教授建立的离散光滑插值（discrete smooth interpolation，DSI）方法，推动了三维地质建模的发展。

国内岩土工程中的三维地质建模技术虽然起步较晚，但是近些年也得到了迅猛发展。文献［38］采用混合数据结构实现了地形类、地层类、断层类、界限类 4 类地质对象的拟合构造与几何建模，研发了针对水利水电工程的建模与分析系统；文献［39］发展了基于机器学习的隐式三维地质建模方法；文献［40］建立了一种基于地层沉积顺序的统一地层序列方法，进行城市三维地质建模；文献［41］尝试使用三维激光扫描仪、无人机载激光雷达、摄影测量等三维空间数据采集技术手段，创建数字孪生矿山的三维模型，其中包括设备设施和开采地质环境、随着开采推进而变化的采矿工作面岩土工程环境和矿山地形地貌等。文献［42］采用 Bentley 系列软件分别构建了隧道结构模型和三维地质模型，通过 CAD 文件格式导入至 Plaxis 有限元软件，划分网格后进行数值计算。文献［43］

探讨了 BIM-FEM 的工作流程，将地质模型和隧道结构模型转换成 ACIS 数据格式，导入有限元软件中进行网格划分和力学分析。文献［44］利用 Revit 构建地质模型和结构模型，将其转换成 ANSYS 及 FLAC 计算模型，在 ANSYS 中划分网格后导入 FLAC3D 进行计算。这些研究有助于岩土工程数字化的发展。

4.4.2.1 三维地质建模内容与软件

A 三维地质建模内容与步骤

三维几何模型作为连接虚拟模型与物理实体的门户，是数字孪生实现的基础。三维地质模型建模内容如图 4.44 所示。

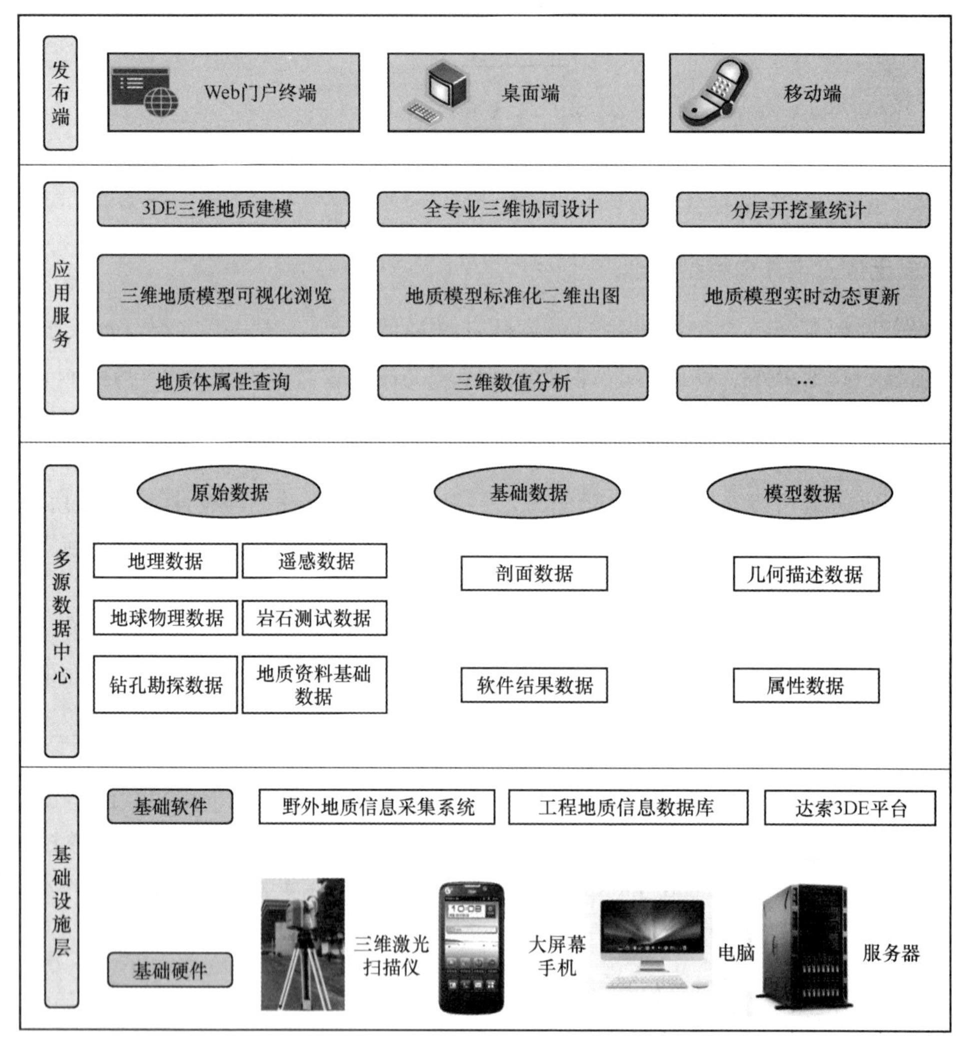

图 4.44 三维地质模型建模内容

B 三维地质建模数据来源

三维地质建模所涉及的数据类型繁多，包含原始数据、建模基础数据、模型数据等，其中原始数据包含平面地质图数据、野外地质调查数据（如产状、密度、磁化率等）、重力测量数据、航磁测量数据、DEM 数据等；地质建模基础数据是指在进行建模过程中产生的数据，如剖面图、UBC 三维反演模型、Geosoft 剖面反演模型等；模型数据则是指三维地质建模过程所得到的最后结果——三维地质模型。

a 原始数据

原始数据是所有建模软件的数据基础，基于这些基础数据进行模型的分析、表达、构建三维地质模型。该类型数据主要为实测数据，是其他数据内容的基础数据。原始数据主要包含地理，地质资料基础，遥感，地球物理，岩石物理、化学分析与测试数据，钻孔勘探等六大类数据。

（1）地理数据。地理数据作为常见的二维数据，主要用来构建三维地表模型。DEM 是常见的地理数据之一，可以利用其高程特性，直接构建出地表地形面，另外，也可以利用 DEM 数据结合地质图资料，在绘制图切剖面时直接生成地表起伏剖面线及地质界面交点线，实现快速绘制剖面的功能。

（2）地质资料基础数据。地质资料基础数据是建立区域三维地质模型的主要数据之一，它主要包括数字地质图、实测剖面图、产状数据、野外露头及手标本照片等。数字地质图上的地质界线是出露地质体与地表的交线，描述地质体空间形态及地质体之间的拓扑关系。因此可以使用数字地质图来约束深部地质推断解释。实测剖面图提供浅层地质体的地下展布情况。产状数据主要用来为地质界面在深度上的延伸提供推断依据。野外露头及手标本照片可以用来训练深度学习模型，智能推断拍摄地的岩石类型数据，为快速重磁联合反演提供岩性数据。

（3）遥感数据。遥感数据在区域三维地质建模中主要是进行地表的美化，使得生成的三维地质模型更易观察和集成，以及为后续的模型分析提供依据。

（4）地球物理数据。地球物理探测数据主要包含区域重磁资料、重磁剖面资料、MT 剖面反演资料、二维和三维地震资料、大地电磁测深资料等。基于这些地球物理数据，可以分析地下地质信息，是三维地质建模的重要资料。

（5）岩石物理、化学分析与测试数据。通过野外地质调查和钻孔取芯，可以获得大量的岩石样品。后期通过对岩石样品进行薄片分析、鉴定，可以获得岩石的岩性、结构、密度、磁化率、孔隙度等描述性资料。这些数据为反演地下地质体提供了依据。

（6）钻孔勘探数据。勘探数据是最可靠的地下探测数据，主要包含钻孔资料及各种测井数据，这些数据常常被用来约束三维地质模型。因此，利用钻孔资料进行模型验证及修订，是常见的评价建模可靠性的方法。

b 建模基础数据

建模基础数据可以分为两类，一类为剖面数据，主要为通过地质地球物理综合研究编绘的地质剖面图。另一类为其他软件产生的结果数据，如 UBC 三维反演模型、Geosoft 剖面反演模型等。地质剖面是建立三维模型的源文件之一。反演后的地质剖面能够较准确地反映出深部地质结构。

c 模型数据

三维地质模型数据为组成三维地质模型的点、线、面、体的几何描述数据及其属性数据。

在三维地质建模工作中，相对于数值、文本等普通数据格式而言，产状数据、重磁数据、岩性描述数据等数值、文本格式数据，以及以各种矢量或栅格形式存在的地理图、地形图、地质图、矿产图、剖面图、遥感影像、全景地图等图片格式数据，是三维地质建模经常使用的数据。

图 4.45 是 3DE（3D EXPERIENCE）平台三维地质模型结构树的内容。地形模型包括地形点云、地形等高线、地形面及地形体。

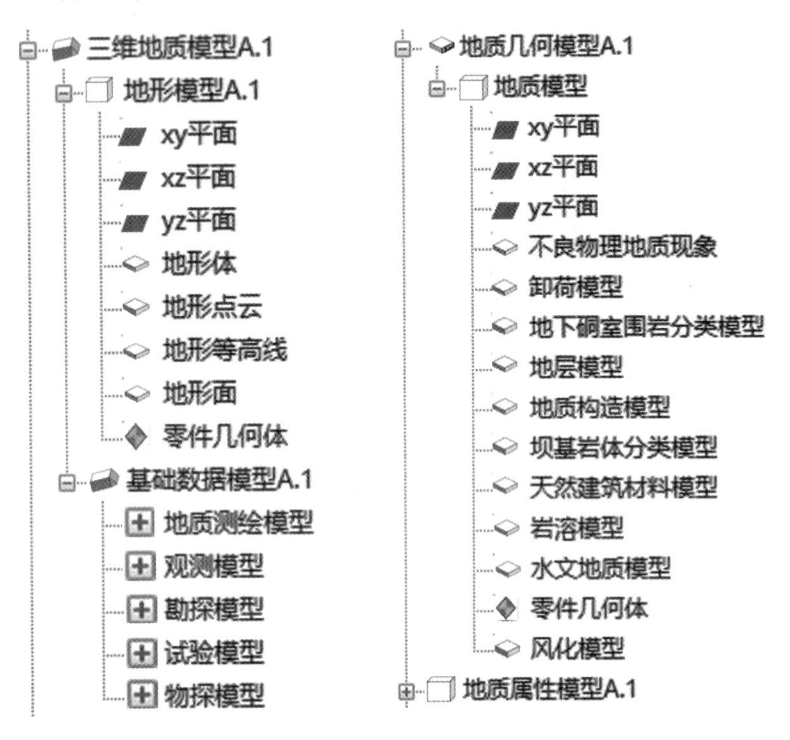

图 4.45　3DE 平台三维地质模型结构树

地质几何模型创建以地形模型、基础数据模型为基础，采用点、线、面、体图元表示。地质实体以封闭网格（Mesh）面或 Solid 实体表示，并以颜色、透明度、花纹、渲染区分，可采用实体分割或布尔运算等方法建立。地质建模应先整体后局部，优先确定控制性单元，宜按地质年代先新后老的顺序建立。包括覆盖层建模、岩体建模、断层建模、褶皱建模、风化面建模等。

通过对数据层进行统计、分类、插值和聚类，产生能够反映各种物理量空间分布规律的特征栅格或矢量（称为表征层融合），得到一种特征图层需要多种空间分析工具融合多种数据层的孪生数据和抽象模型，使用软件对融合的流程进行工作流建模有利于脚本开发和服务打包发布。表征层数据融合需实现：（1）基于各类传感器数据绘制专业矢量图层，继而可利用专业图层对虚拟模型进行关联分析，达到工程系统状态感知、监测；（2）对数据层空间数据进行模式分析，得到如位移、失稳等时空模式特征，继而解决工程的稳定性问题。

C　三维地质建模与岩土数值分析软件

在岩土工程领域，三维地质模型必须与数值模拟相结合才能解决复杂的地层和岩土工程设计问题。岩土数值分析常用的软件有 ANSYS、MIDAS、FLAC3D、ABAQUS 等，不同的软件有各自的优缺点，没有一个软件能够完美地解决三维建模和数值分析问题。所以将三维建模和数值分析软件等相关技术进行结合并协同操作，才能够更加有效、准确地进行三维建模，并提高建模的效率。

此外，近年来席卷全球工程建设行业的 BIM 技术也不容小觑。BIM 是一种创新理念与方法，以三维数字技术为基础，构建数据化、智能化建筑信息模型，应用于工程的全生命周期，实现各专业之间的协同设计和各工种之间的协同作业，提高工作效率，降低施工风险，在建筑工程领域已经得到了广泛的应用并取得了巨大的成功，引发了工程建设领域的第二次数字革命，推动了建筑相关行业的转型升级。

BIM 技术在建筑工程行业的成功经验给岩土工程数字化带来了启示，近年来，BIM 技术在隧道工程、基坑工程、水电工程等岩土工程相关行业中得到了快速的应用，如文献［53］提出了山岭隧道结构 BIM 多尺度建模与自适应拼接方法，并利用 Revit 软件建立了隧道结构标准段与特殊段参数化模型单元；文献［54］基于 BIM 技术建立了水电工程边坡施工全过程信息模型，以白鹤滩水电站为例实现了数字化管控；文献［55］基于 Revit 软件二次开发，利用钻孔数据构建三维岩土体模型；文献［56］基于 CATIA 软件构建了公路隧道三维地质模型。

结合 BIM 技术和三维地质建模技术，构建岩土工程数字孪生模型，实现虚实空间协作运转，全面提升岩土工程信息的集成与共享水平，将是一条岩土工程数字化建设的新路径。

4.4.2.2 地形构建

常见的地表模型构建方法主要有以下四种：

（1）表面构模法。利用空间散点或线通过三角网（TIN）构建表面，这种方法称为数字地面模型（简称 DTM），并以此产生一定的轮廓来描述三维物体的表面，也可以产生诸如阴影、消隐和渲染等效果，完成地表模型的构建。

（2）线框构模法。指将面上的点用直线连接起来，形成一系列多边形，然后将所有的多边形面进行拼接形成一个多边形格网，结合形成的多边形网格边界模拟地质界线或开挖边界。

（3）边界表示法。通过面、环、边、点来定义形体的位置和形状，在描述结构简单的三维体表面时很有效，但是对于不规则三维地物则很不方便，而且由于效率很低下，该构模方法很少被采用。

（4）多层数字高程 DEM 构模法。对岩层与土层信息利用 DEM 构模的方法进行模型化信息表达，然后对多层 DEM 之间交叉的情况根据岩层与土层这两个属性信息进行划分处理，可以形成三维地层模型的轮廓框架结构。

DEM 的数据来源于地面地形测量及卫星遥感扫描，地形测量成果一般包含勘测的地形地物图纸数据以及部分精准的全球定位高程控制点数据，通过对能够形成携带高程信息的等高线 CAD 图纸进行数字化处理，沿等高线进行等距采样即可为 GIS 系统输出创建 TIN 所需的地形点文件。影响测量精准度的因素主要为人员、环境、仪器。在实际工程中，由于条件限制，难以保证对地形进行连续测量，继而引发采样点形成非凸集合，同时 TIN 构造地形原理为将测量点利用不规则三角网连接起来从而逼近地形曲面，非凸集性质势必造成错误赋值。对高程精度要求不高的区域可使用遥感高程补齐以解决非凸现象。

4.4.2.3　地层构建

地下岩体的岩性并非单一，一般情况下是多样的，以多层状结构地质体为例，在这些多层结构的表达中，根据各层地质体高程数据的不同，运用多项式拟合的数学方法来进行各层高程数据的获取，这就是在地质上惯用的多项式趋势面分析方法。

地层建模首先从钻孔数据库提取地层的顶底板点，然后从地形地质图、剖面图及中段平面图上提取与地层有关的信息，导入到软件里面，对地层顶底板点及图件上提取的信息进行整理及详细分析，最后确定可用地层信息，建立地层模型。

4.4.2.4　断层构建

根据断裂带的自身属性（走向、倾向、倾角、落差、延伸长度等）与各矿化异常点的分布特征，参考地表填图成果，结合钻孔与勘探线剖面，将深部的断层线顺势延长，超出地表，再将相邻的同一断层线相连，通过线内或线间连接三角网的方式构建断层模型，具体操作方法如下：

（1）绘制断层线。首先找到含有断层破碎带的钻孔，然后对照钻孔所在的勘探线剖面绘制断层线；若断层在钻孔中未见但在勘探线剖面中实际存在，则需根据勘探线剖面的标志层（岩体或矿体）和断层的产状进行勾勒绘制。另外断层线的绘制时，需要参考地表出露情况。

（2）建立断层模型。断层模型通常以断层面模型和断层带模型两种形式存在，其建模方法如下：

1）断层面模型。对于相邻勘探线间未闭合的断层线，可通过“开放线到开放线”的方法来生成面模型；对于不相邻勘探线间未闭合的断层线，可根据地质规律与建模原则将其尖灭到点或线。

2）断层带模型。对于同一勘探线中闭合的断层线，可通过闭合线内连接三角网的方法来生成面模型；对于相邻勘探线间闭合的断层线，可通过闭合线间连接三角网的方法来生成体模型；对于不相邻勘探线间闭合的断层线，可通过闭合线间连接三角网的方法来生成体模型（图4.46）。

图4.46　构造模型

4.4.2.5　特殊岩体（矿体）构建

特殊岩体模型构建的方法有很多种，比较常用的构建方法有以下几种：

（1）剖面线法（又称线框模型）：利用该方法构建特殊岩体模型是所有方法中最简单、最灵活的一种，将剖面划分过程中得到的特殊岩体各勘探线的剖面线数据导入到三维建模软件中的虚拟三维空间中，并对这些剖面线数据信息进行空间分析处理；然后按照地层中特殊岩体的整体走向与趋势，将相邻勘探线之间以三角网的形式进行连接；最后需要将特殊岩体的两端进行闭合工作，此时封闭起来的模型就形成了特殊岩体的实体模型。

（2）合并法：该方法常常被用于水平或者近似水平、扁平特殊岩体模型的构建，利用表面模型的构建方法先将特殊岩体的上下两个表面模型构建出来，然后提取上下表面的边界线，再利用线框模型将两个边界之间连接成三角网，此时的特殊岩体模型只需要将建好的上下表面模型与侧面模型这三个文件结合起来，就形成了特殊岩体的实体模型。

（3）相连段法：主要是利用特殊岩体一系列的轮廓线、辅助线等线属性（不一定是勘探线或边界线），在线之间构建三角网，来模拟出特殊岩体的模型，该方法能应用于各种复杂情况下各种复杂实体模型的构建。

4.4.2.6　巷道构建

巷道建模方法常用的有如下几种：

（1）约束剖分法。首先将约束边上的点与其他的点一起进行三角网的构建，然后强行嵌入不在三角网中的约束边，找出该约束边的影响域边界多边形，将其分为两个多边形，并将其构建三角网。由于巷道的边界线由多条线段组成，因此按线条的顺序依次处理，直到所有的巷道边界线都为约束边为止，然后裁减掉外边界外部及内边界内部的三角形，生成巷道底盘三角网，完成巷道模型下底盘面的创建。巷道的下底盘面可用同样的方法创建；然后提取巷道的地面边界的测量数据，得到下底盘面的边界线数据信息，再利用同样的方法获得上底盘面边界线信息，此时便可采用 2 段剖分的方法生成巷道的侧面模型；最后将巷道的上、下底盘面模型和侧面模型进行组合，生成巷道实体模型。

（2）线框建模法。这种建模方法分别为巷道的巷道体部分和巷道间的节点两部分进行模型构建，并对巷道施工建设之间的拓扑关系进行构建，来实现巷道模型的构建。巷道体的建模部分主要利用 r（巷道拱顶半圆的半径）、h（巷道高度）、w（巷道宽度）三个参数，构建巷道的断面形状，如图 4.47（a）所示，假设巷道断面尺寸基本保持不变的条件下利用巷道中心线和断面图来描述空间三维巷道，如图 4.47（b）所示。

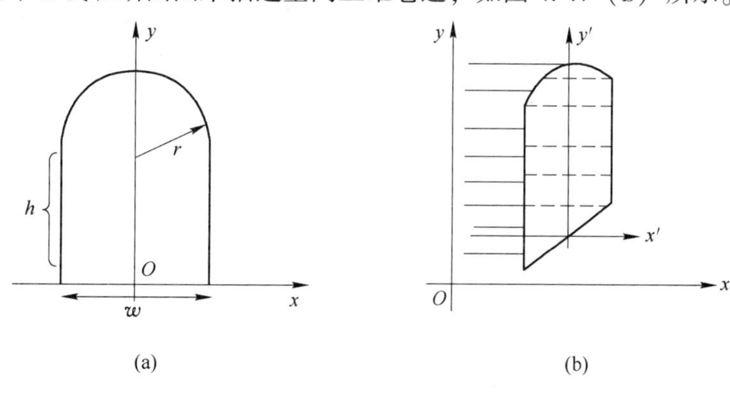

图 4.47　巷道断面数据

巷道交汇处称为巷道节点，每个节点都至少连接两个以上的巷道，因为每个节点都是每一段巷道的起点或者终点，因此将某一个节点处的巷道进行搜索后提取每个巷道的起始断面（或者终点断面）数据，最后将巷道节点处利用三角网进行缝合工作，使巷道节点处相互贯通，建立的三维巷道节点模型如图 4.48 所示。

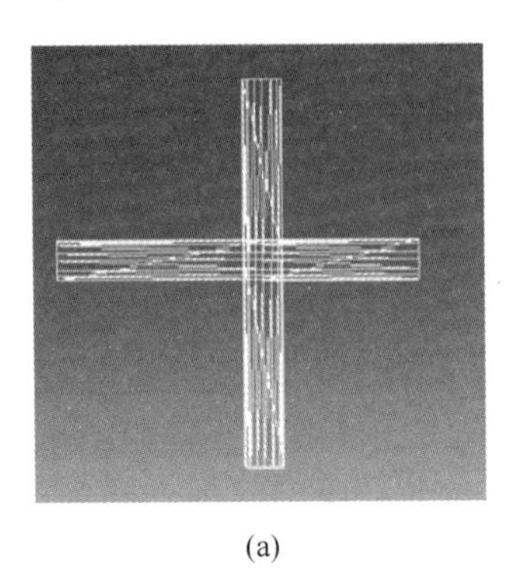
(a)

(b)

图 4.48　巷道节点处三维模型
（a）线框模型；（b）实体模型

利用该方法对巷道进行建模应用的比较少，主要是因为数据量太大导致模型构建较复杂，而且拓扑关系的表达不精确，同上面的构建方法一样也没有考虑竖井与平巷的连接等复杂情况。

（3）基于 Open-Flight API 的巷道建模方法。此建模方法仍然采用的是断面建模技术，具有自动建模功能，但对于巷道的节点处的相交处理工作以及平巷与竖井的连接工作，在建模过程中仍不能实现各个巷道之间的空间连通性。

（4）剖分建模法。矿山巷道的每一个中段都有专门的立井或斜井与其他的平巷道相连通，因此矿山巷道网络可谓是交错纵横。在巷道网络中，立井的主要作用是连通各平巷与地上的作用，所以剖分法主要实现了对平巷与立井相交复合模型的构建。

巷道剖分法主要是将一个复杂体剖分成简单体进行建模，将矿山井下整体巷道按剖分类型做详细的剖分工作，常用的剖分类型有：单一水平型巷道、“工”字形的立井与平巷相交巷道、平面交叉型巷道等。

巷道剖分工作完成后，还需要从整体复杂巷道网络中提取竖井与平巷之间的空间相交线；然后利用线与线之间的模型构建方法，将相邻轮廓线之间进行模型构建，完成立井模型；接着利用提取的上下平巷与所生成的上下空间交线对应起来进行建模；等各个部分的建模工作均完成之后将其组合起来，构建出一个内部互相连通的无缝集成矿山巷道模型。图 4.49 为剖分建模法中“工”字形即平巷与立井的三维相交模型。

（5）基于矿业软件的三维巷道模型构建方法。该方法包含两种建模方式：1）根据巷道中线生成巷道实体法，这种方法是一种较为简便的方法，通过对原始数据的收集处理生成线文件即巷道中线的生成，然后依据线框法，绘制出巷道剖面轮廓线，最后利用建好的中线和剖面数据，利用软件中实体模型菜单下的由中线生成实体工具，即可构建矿山三维巷道模型。例如在矿业软件 Surpac 中还可以根据需要将各中段巷道定义成不同颜色（图 4.50）。2）轮廓线法生成巷道实体。

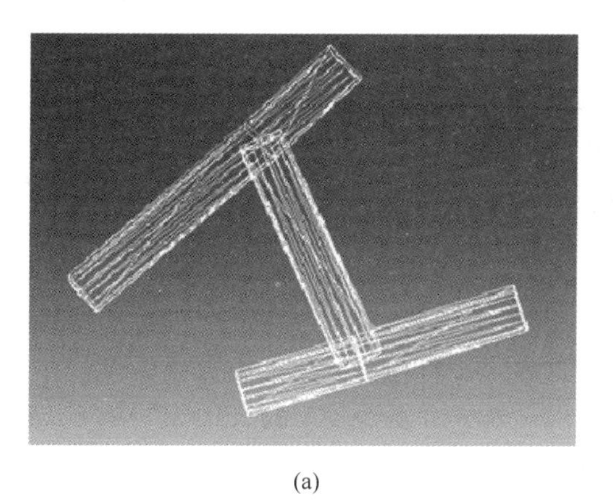

(a)

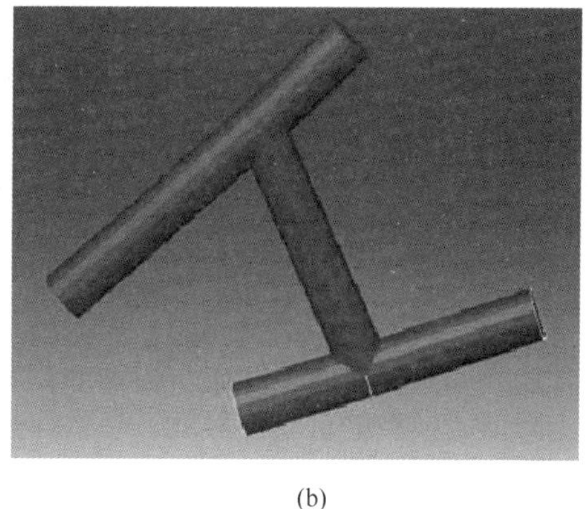

(b)

图 4.49 平巷与立井的相交模型
（a）线框模型；（b）实体模型

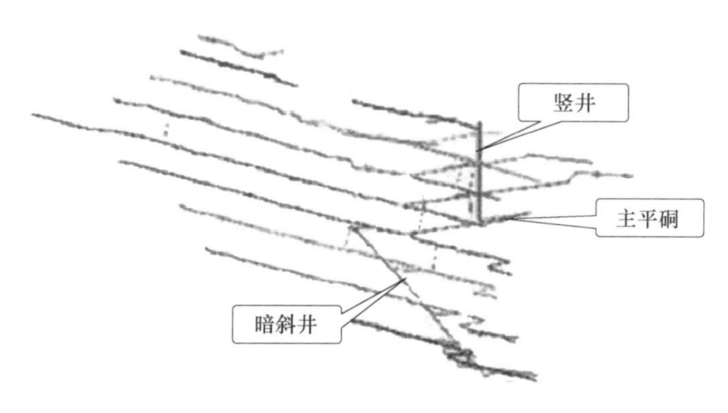

图 4.50 矿山三维巷道模型

地下工程中的隧道也可以用同样的方法构建。

4.4.3 岩土工程物理及规则模型构建

岩土工程数字孪生物理模型包括各类材料、物理力学等信息，例如精度信息（尺寸公差、形状公差、位置公差和表面粗糙度等）、材料信息（材料类型、性能、热处理要求、硬度等）以及组装信息（交配关系、装配顺序等），以及特征建模（包括交互式特征定义、自动特征识别和基于特征的设计）。规则建模涉及规则提取、规则描述、规则关联和规则演变。

由于地质模型与数值模型之间存在诸多差异，因此三维地质模型的精度、材料等需要进行一些物理及规则处理才能被数值模拟软件所应用。具体工作包括：

（1）计算区域的切割和选取（精度问题）。为了消除地质模型与数值模型之间的差异，可以利用区域切割技术进行建模。在数据分析的过程中，建立一个计算模型，利用科学的方法消除其边界效应之后再进行计算，这样才能够保障计算的准确性不受影响。同时，为了能够节省计算时间，应选择处于切割范围之内的数值进行分析、通过利用区域节点以及公共导线的切割算法，能够在有效提高计算准确度的同时，还可以对局部动态进行提取，模拟开挖过程。

（2）表面模型的重构（组合问题）。在地质模型处理数据中，当拓扑发生变化之后，为了能够与原来结构相适应，则需要对表面网格线交叉区域进行切割和重建，在重建时，应保障原来地质模型的形式不发生改变。重构的方法有两种，即地层界面重建以及周围地质曲面重建。其中地层界面重建需要将切割范围进行交叉后分类存储，对控制点和相交线进行分析，使其能够对不同高程地图进行控制。然后再以水平线作为约束条件，构建每一个节点的网格，从而形成一种表面模型。

由于现有网格算法本身原因，在实际计算过程中，常常需要人机交互和合理的维护，以及外边界的长度和面积的密封程度的判断，这导致正常运行网格的细分很困难，在一定程度上降低了模型的自动化程度，导致建模的效率损失。基于地层特征的空间域方法模型用于构建网格模型可以避免人机检查和密封检查，提高网格细分的效率。同时，可以重复计算当地的地形模型，不需要重复建模，不需要提前设置开挖边界，可以完成开挖施工过程模拟，也可以防止自动分割算法的使用，自动化程度高，快速建模。生成的模型还可以用于不同的系统，有很强的适用性。

（3）模型导入数值模拟软件分析系统（材料、力学问题）。在自动生成计算网格之后，应该将网格拓扑文件中的数据和几何数据导入到系统当中，对其生成价值进行分析，完成最终的建模工作。重建模型的数据格式应符合各种软件要求。

在数值分析软件中建立几何模型后，可以根据单独的空间域的原理，把几何模型分为不同的模块，然后赋予不同的对象属性、材料性质、几何特性。根据不同阶段特点设置岩土体和支护材料的力学参数和本构关系。同时，根据工况进行力学行为规则的确定。岩土工程数字孪生体规则是指岩土工程全周期过程中不同阶段的规则，由于不同行业的岩土工程稳定性和支护的规定不同，各有规范，因此有国家规范约束；其次，不同的受力阶段进行弹性分析、弹塑性分析以及黏弹性分析等约束条件也不一样，还有运维阶段对变形的约束规则、对岩土体稳定态势的评价规则等。

4.4.4 岩土工程行为模型构建

岩土工程数字孪生体行为包括开挖、支护等生命周期内的各种行为和响应。在岩土工程仿真模拟与专业分析中，常用 ABAQUS、ANSYS、Plaxis、FLAC3D 等数值模拟软件对隧道、边坡、路基等工程等进行力学计算，分析复杂岩土体和工程结构体的相互作用机制与变形演化规律，评价工程安全性和稳定性。

对于岩土工程数字孪生体而言，近年来，结合 BIM 技术与数值计算进行分析正逐步开展，文献［44］利用 Revit 构建地质模型和结构模型，将其转换成 ANSYS 及 FLAC 计算模型，在 ANSYS 中划分网格后导入 FLAC3D 进行计算。文献［63］提取 BIM 模型中的几何尺寸、材料参数等数据，并自动对模型进行网格划分，生成 INP 文件，打通了 Revit 与 ABAQUS 之间的数据壁垒。文献［64］采用 Bentley 系列软件分别构建了隧道结构模型和三维地质模型，通过 CAD 文件格式导入 Plaxis 有限元软件，划分网格后进行数值计算。文献［65］探讨了 BIM-FEM 的工作流程，将地质模型和隧道结构模型转换成 ACIS 数据格式，导入有限元软件中进行网格划分和力学分析。

4.5 三维可视化地质模型构建实例

三维地质模拟通常是通过分析、解释、推理、插值和外推来构建地质模型。本实例将建模几何内核OCC和基于地质统计学的普通Kriging插值算法从底层相结合，利用OCC的三维图形渲染、可视化交互、编辑等功能和普通Kriging的地质统计学插值功能，以QT为开发工具，以C++和Python为开发语言，将SQLite作为软件数据库设计并开发了Hydrogeo3D矿井水文三维地质建模软件。

4.5.1　开发使用的主要技术

选用开源的建模几何内核OCC进行矿井水文地质建模中相关功能的开发。OCC是由Matra Datavision开发的开源CAD/CAM/CAE软件平台。OCC几何内核是一个功能强大的三维建模库，它提供了点、线、面、体的基础API，以及复杂的形式显示和交互，可以完成基本的几何模型创建。与其他类似SDK相比，OCC可以更有效地开发独立的软件，而不受任何商业限制。大多数功能都可以由用户自由编辑，许多成熟的CAD/CAM系统都以OCC为建模核心。OCC类库由六个模块组成：基础类、建模数据类、建模算法类、可视化类、数据交换类和开放式级联应用框架。此外，OCC还可以实现一些高级操作，如变量目标的显示和布尔操作，并支持各种通用的数据交换接口。经过深度开发，OCC几何内核可以实现纹理、照明、原始填充和渲染图形操作以及放大、缩小、旋转、漫游、飞行模拟、穿透模拟动态效果等。本实例所使用的功能主要是基础类、数据交换类和可视化类。

4.5.2　软件功能模块建立

Hydrogeo3D软件实现的功能分为通用功能模块和矿井水文地质模块。三维建模通用功能模块包括：二维图形模块、三维图形模块、网络设置模块、数据读写模块、格式转换模块、CAD文件读取模块和Python脚本编辑模块；矿井水文地质模块包括：钻孔数据库、钻孔建模模块和水文地质建模模块。二维图形模块实现二维对象点、线、多边形等的绘制功能，并实现了编辑工具。另外提供工具来定义工作平面、网格和捕捉系统，以精确控制几何图形的位置。创建的二维对象可用于以类似于Inkscape或AutoCAD等软件相同的方式进行常规绘图。Hydrogeo3D提供dxf、dwg、svg、dat文件格式的导入和导出功能。

三维图形模块功能基于OCC内核，模块实现了三维几何体的快速构建、布尔操作、历史修改和参数设置功能。三维几何基本体包括点、线、圆、平面等，平面主要实现了B样条曲面的建模功能。三维几何基本体是构建复杂模型的基础，复杂模型可以是顶点、边、线、面、实体或其他形状的组合。例如，可以从直线或圆的一部分构造边。

网格设置模块主要设计处理三角形网格。由于网格是非常简单的对象，只包含顶点（点）、边和三角形面，因此它们非常容易创建、修改、细分、拉伸，并且可以轻松地从一个应用程序传递到另一个应用程序，而不会丢失任何细节。此外，由于网格包含非常简单的数据，因此3D应用程序通常可以在不使用大量资源的情况下管理大量数据。Hydrogeo3D可用于导入网格格式的三维数据、分析数据、检测错误并最终将其转换为实体。

软件使用了脚本编写功能，在提供人机交互建模的同时，实现了脚本建模。几乎所有部分模块的内容和对象类型都可以通过Python脚本获得和建模。这包括几何基本体，如线和圆（或弧），以及整个地形形状范围，如顶点、边、线、面、实体和复合体。对于这些对象中的每一个，都实现了几种创建方法，对于其中的一些方法，尤其是地形形状，还可以使用布尔联合/差/交集等高级操作。

4.5.3 三维可视化地质模型构建

4.5.3.1 地质数据分析与入库

在建立三维地质模型之前，需要对地质信息数据进行整理和分析，在此基础上进行数据录入、检查，建立相应的地质数据库。对于矿山信息数据来说，最基本的就是钻孔信息。本实例建立的地质数据库就是钻孔信息数据库。钻孔信息数据主要包括工程坐标表、测斜数据表、岩性数据表及化验表。图 4.51～图 4.53 是钻孔位置图及示意图。

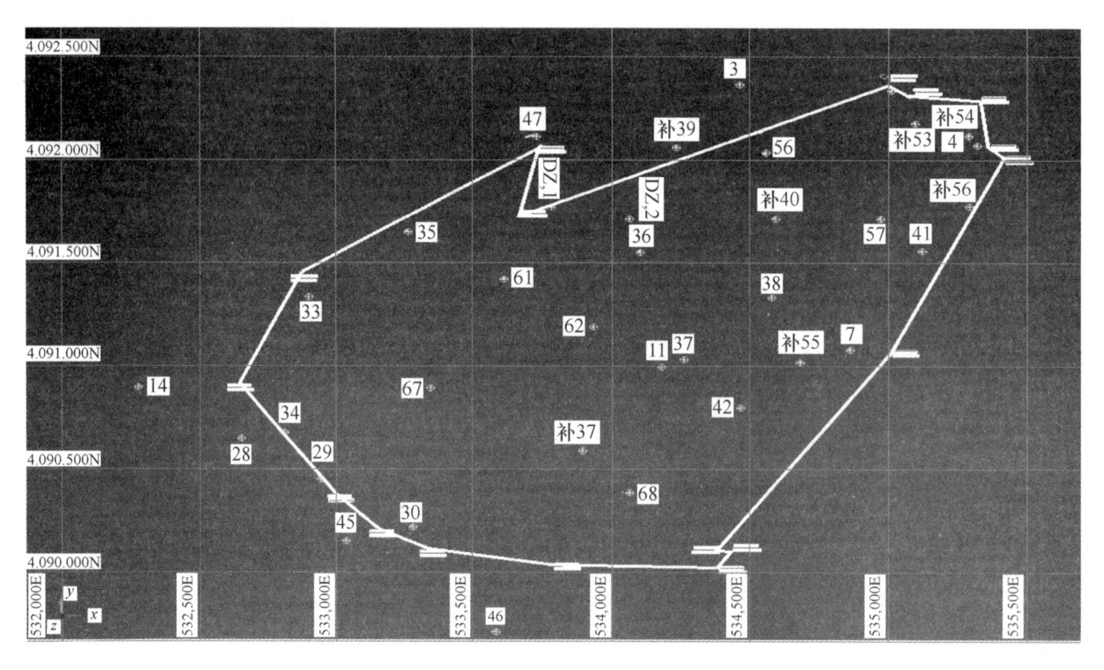

图 4.51 钻孔位置图与井田范围

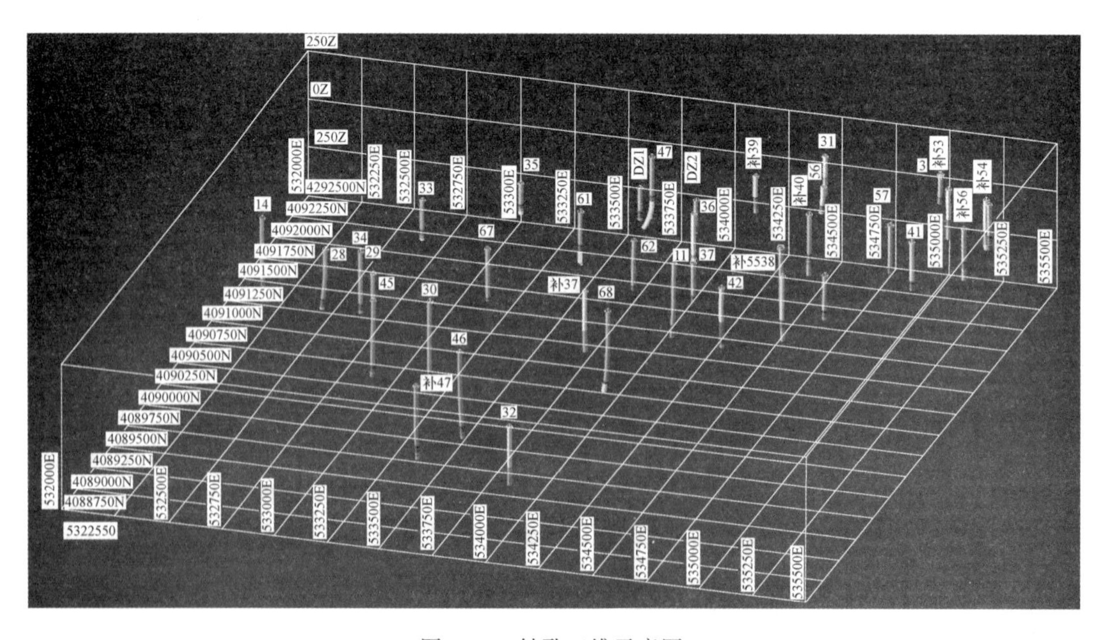

图 4.52 钻孔三维示意图

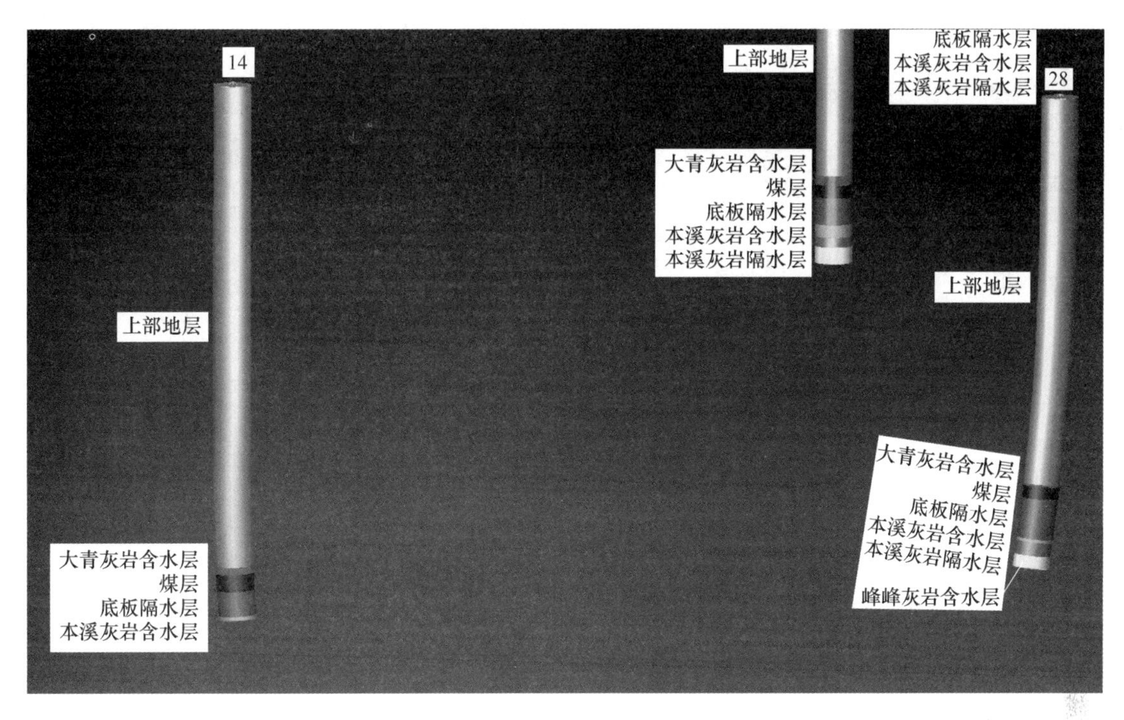

图 4.53 钻孔三维柱状示意图

A 钻孔信息数据分析

钻孔各种信息是 Surpac 软件要求的基础资料，系统所要求的数据是钻孔的位置、钻进的方向、取样化验分析的结果等。钻孔的信息数据是地质信息中最基础的信息之一，具体可以分为以下几类：

（1）钻孔的孔口信息：主要包括孔口坐标 X、Y、Z，孔的深度、剖面位置等。

（2）钻孔测斜信息：主要包括测斜点的位置、方位和倾角。

（3）岩性信息：主要包括钻进所揭露岩性和相应代码、文字描述，岩层起点和终点等。

（4）取样信息：主要包括岩芯的采取率、采样的位置、采样的结果等。

B 地质数据库的构建

依据 Surpac 软件所需的地质数据库的结构要求和矿井的实际情况，以及所收集的资料，通过对所给剖面图、钻孔柱状图和 MapGIS 工程图的分析和所要求的格式规范，建立矿井的地质数据库（图 4.54）。

数据库主要包括 4 个数据表：collar（钻孔开口信息表）、survery（钻孔测斜信息表）、geology（钻孔各分段地质信息表）和 sample（钻孔样品品位表）。

4.5.3.2 模型建立

A 地表模型构建

采用将地理数据库数据组织的方法与地表层次细节模型的建立相结合的方法进行地表模型构建，实现对海量地形数据的实时动态显示。采用金字塔结构存放多种空间分辨率的地形数据，同一分辨率的地形数据被组织在一个层面内，而不同分辨率的地形数据具有上下的垂直组织关系；细节模型的建立采用线性四叉树法，快速而准确地完成了分块的接边

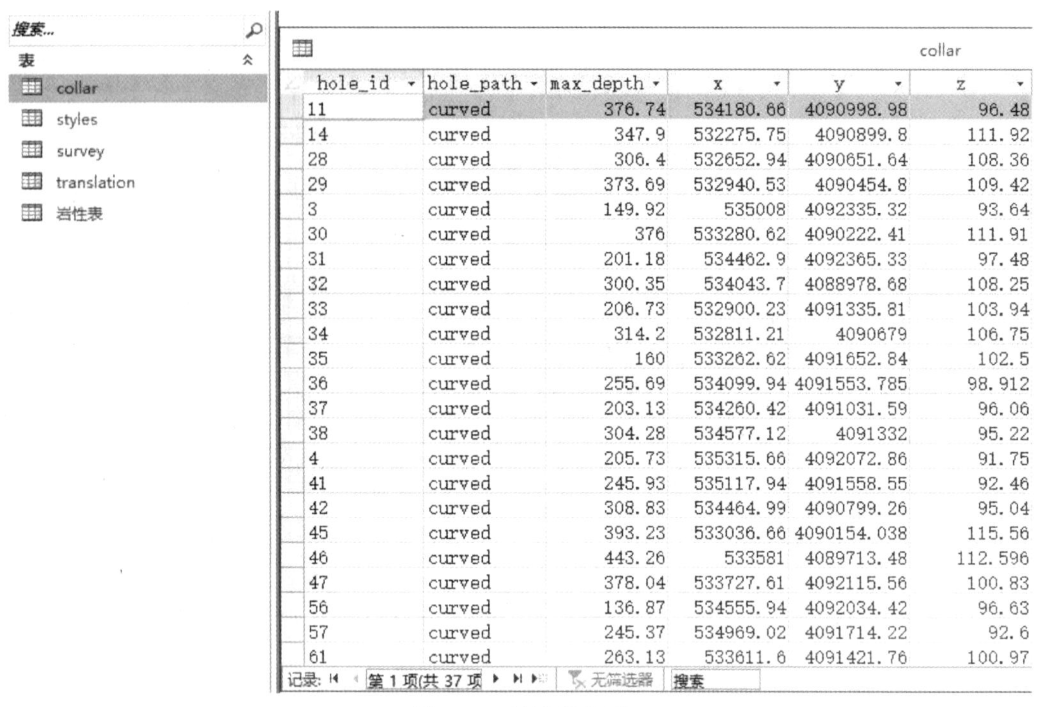
搜索...
表
collar
styles
survey
translation
岩性表

collar

hole_id	hole_path	max_depth	x	y	z
11	curved	376.74	534180.66	4090998.98	96.48
14	curved	347.9	532275.75	4090899.8	111.92
28	curved	306.4	532652.94	4090651.64	108.36
29	curved	373.69	532940.53	4090454.8	109.42
3	curved	149.92	535008	4092335.32	93.64
30	curved	376	533280.62	4090222.41	111.91
31	curved	201.18	534462.9	4092365.33	97.48
32	curved	300.35	534043.7	4088978.68	108.25
33	curved	206.73	532900.23	4091335.81	103.94
34	curved	314.2	532811.21	4090679	106.75
35	curved	160	533262.62	4091652.84	102.5
36	curved	255.69	534099.94	4091553.785	98.912
37	curved	203.13	534260.42	4091031.59	96.06
38	curved	304.28	534577.12	4091332	95.22
4	curved	205.73	535315.66	4092072.86	91.75
41	curved	245.93	535117.94	4091558.55	92.46
42	curved	308.83	534464.99	4090799.26	95.04
45	curved	393.23	533036.66	4090154.038	115.56
46	curved	443.26	533581	4089713.48	112.596
47	curved	378.04	533727.61	4092115.56	100.83
56	curved	136.87	534555.94	4092034.42	96.63
57	curved	245.37	534969.02	4091714.22	92.6
61	curved	263.13	533611.6	4091421.76	100.97

记录: 第 1 项(共 37 项　无筛选器　搜索

图 4.54　钻孔数据库

处理过程。

实例矿井井田范围内地形比较平坦，地势南高北低，西高东低，地面标高介于+91～+107 m 之间，利用 SURPAC 软件模拟矿井地表地势图，如图 4.55 所示。

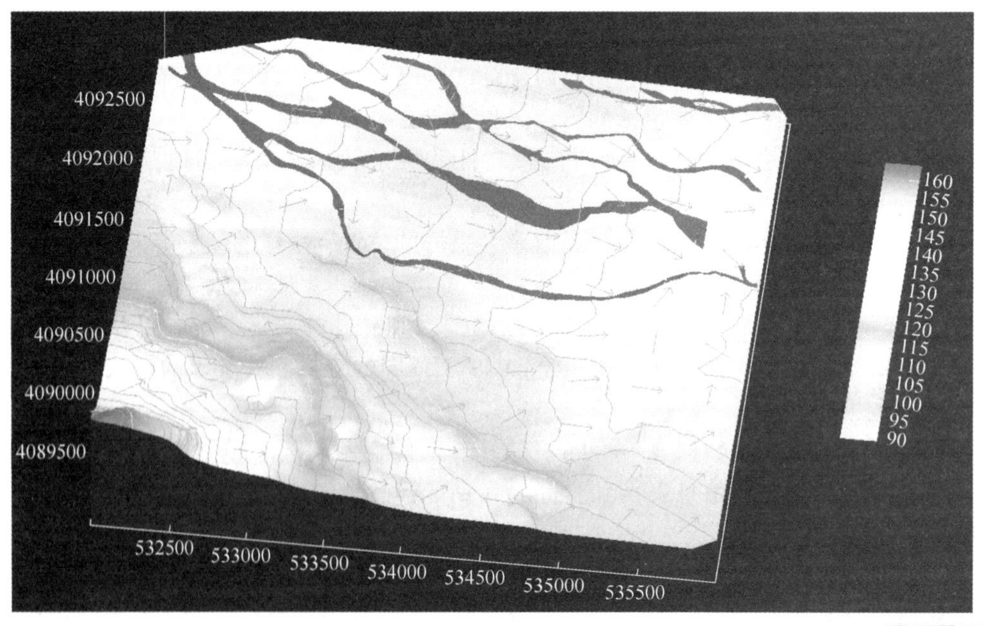

图 4.55　地表高程模型
（蓝色为沙河）

扫码看彩图

采用普通克里金插值进行数据插值形成曲面模型。通过 Hydrogeo3D 软件平台的自主开发实现了曲面内部所有三角网格表面和构成网格曲线的编辑功能。如图 4.56 所示，曲面上的黄色三角网格为生成的曲面的一个子网格，软件实现了对整个曲面中一个或者多个网格进行选择，选择后可进行名称、透明度、颜色等属性的编辑。

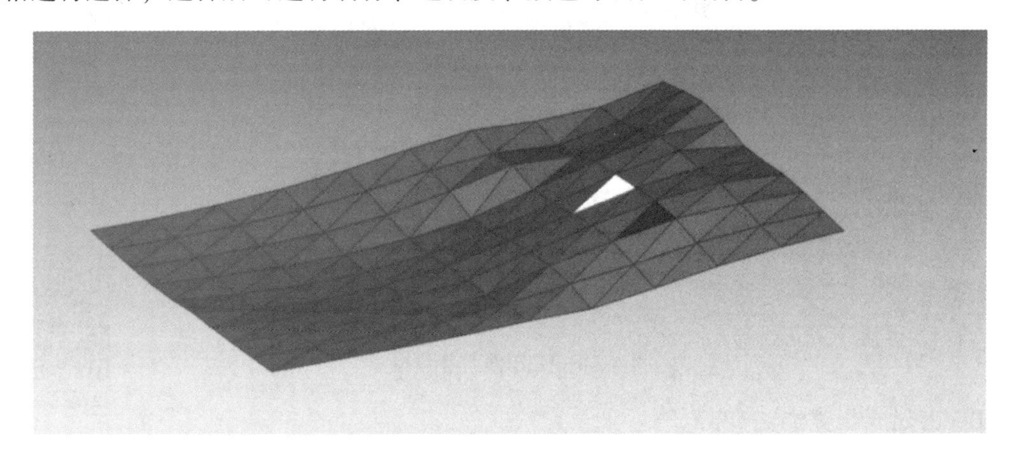

图 4.56 普通克里金插值法曲面绘制界面

扫码看彩图

B 地层模型建立

钻孔数据具有直观、准确、详细的特性，因此在三维地层建模中具有重要的作用。但仅用钻孔数据构建三维地层模型仍有一定的局限性。钻孔资料揭示的地层分层参数只在该钻孔的有限范围（孔直径）内有效，各个钻孔之间并无相应的关联。因此采用了交叉折剖面方法进行建模，该方法比普通的平行剖面具有更强的约束力，特别是对钻孔间地层尖灭、缺失、夹层、相变、透镜体等复杂地质现象的控制，消去了光滑曲线上对模型质量无影响的密集顶点，从而提高了整个模型的精度。图 4.57 是以钻孔资料建立起来的三维地层模型。

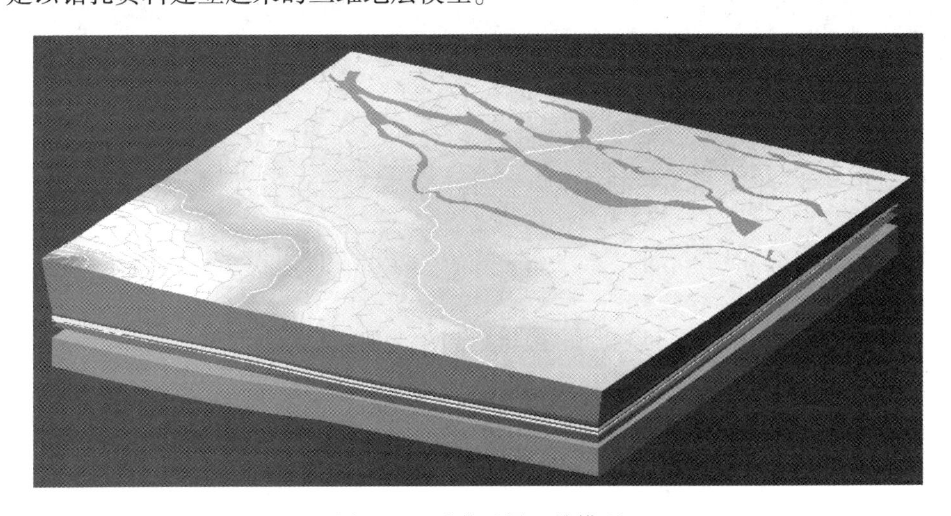

扫码看彩图

图 4.57 矿井地层三维模型

C 实体模型建立

实体模型是用一系列互不重叠的三角形来连接多边形线串中包含的点来定义一个实体

或空心体。实体模型的三角形网可以彻底地闭合成为一个空间结构（图 4. 58）。

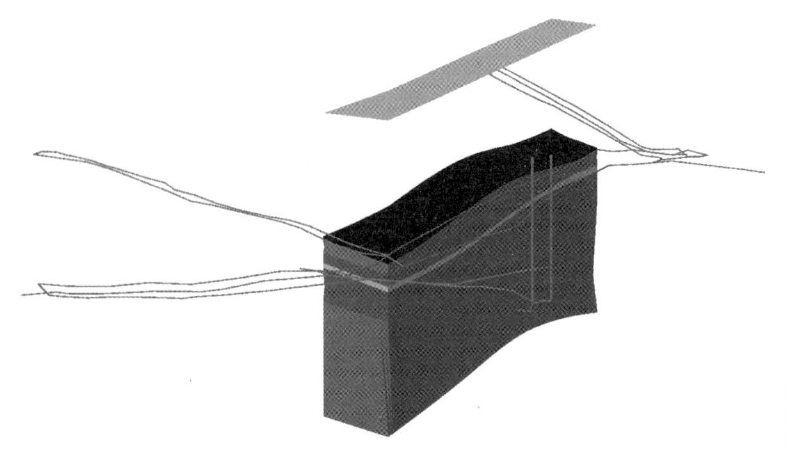

图 4. 58 工作面与巷道模型

扫码看彩图

D 巷道模型建立

巷道是矿山系统的重要组成部分。采用 AutoCAD 绘制的矿山某号煤层采掘工程平面图作为建模数据的主要来源，提取出巷道三维建模所需要的基本信息，主要包括导线点及高程等巷道基本数据信息，得到巷道的骨架图（中心线），同时将提取出的巷道基本数据导入 Excel 表格对数据进行持久化处理。对于复杂的巷道，将其分成直巷道、弯曲巷道和交叉巷道分别进行模拟，采用贝塞尔曲线对弯曲巷道拐角处进行弱化处理，使巷道的过渡更加自然逼真。图 4. 59 是根据矿井实测数据建立的巷道模型。

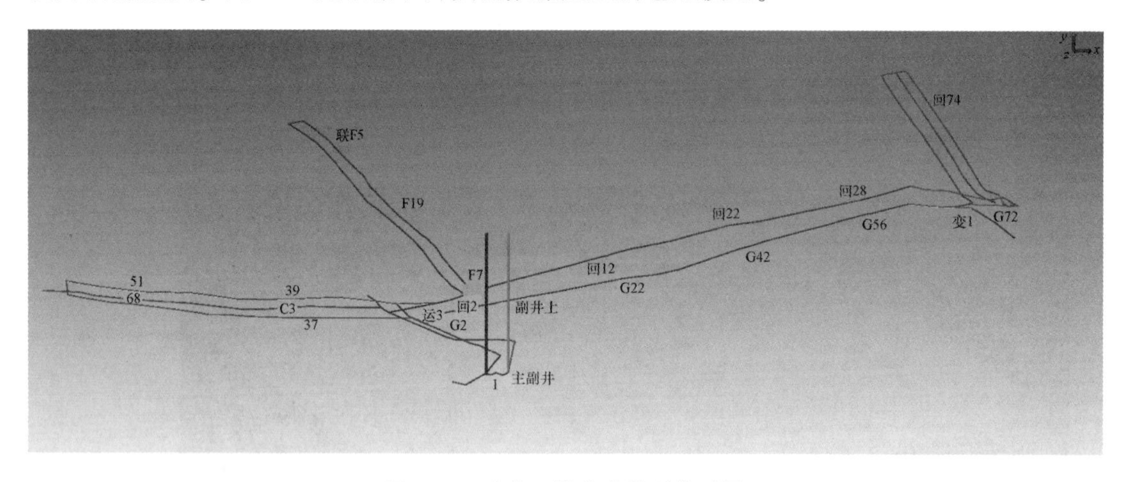

图 4. 59 矿井三维巷道模型典型图

E 断层模型建立

采用基于剖面、适合于局部建模的断层建模方法进行断层模型构建，首先通过数字化技术获取断层的断点、断裂走向等相关数据；然后在初始模型上选取相应的多个剖面模型，根据断层数据编辑各个剖面；最后依据空间线性插值数学模型，通过调整相邻剖面间体元的位置、形状和拓扑关系，模拟相邻剖面模型之间的断层模型，完善三维断层模型，如图 4. 60 所示的 nf101 断层、f197-1 断层、sf1 断层。

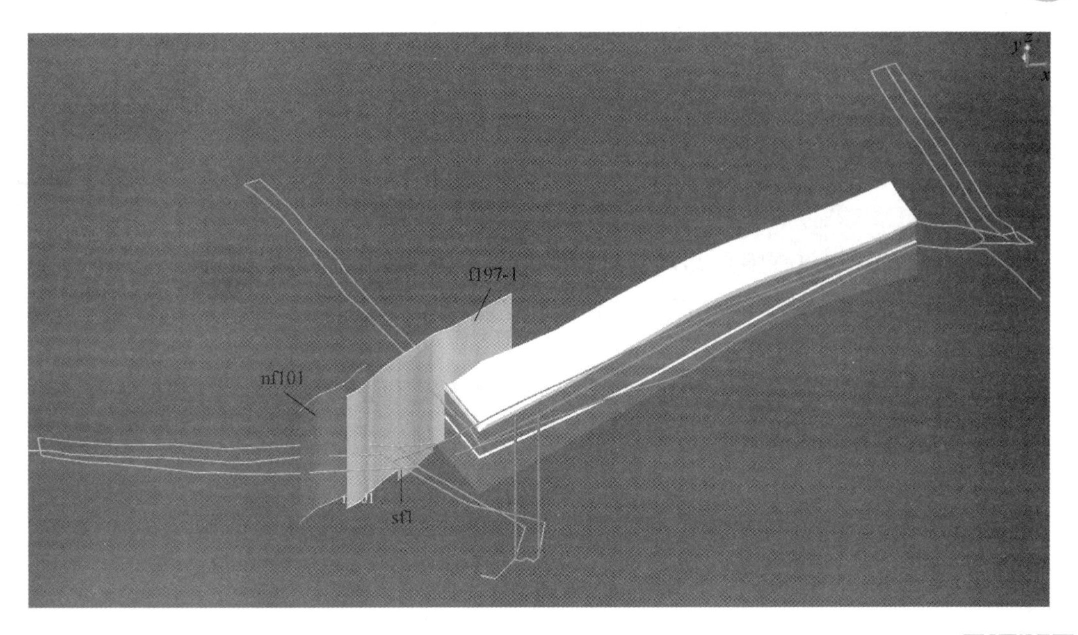

图 4.60 断层模型

扫码看彩图

F 三维地质模型可视化

以 Java3D 为基本建模语言，基于云技术开发了矿山三维地质模型展示系统（图 4.61），实现了微震监测、网络电法、应力应变、水温水压等实时数据的云端保存和实时显示，以及三维模型的在线浏览，监测数据在三维模型中的融合和实时显示等功能。

扫码看彩图

图 4.61 工作面三维模型展示界面

4.6 小 结

本章介绍了岩土工程数字孪生体构建的技术与方法，数字孪生体建模目前主要存在如下问题：

（1）在三维建模过程中多源数据难以得到综合应用。目前，仅通过单一或少量几种类型的数据进行三维地质建模，由于数据的精度或不确定性等问题的存在，导致模型在精细程度或模型的可靠性等方面较低。

（2）建模智能化和自动化程度较低。现有的建模方法与软件大量依赖地质工作者的先验知识。随着地质勘探技术的发展，地质调查及矿产勘查过程中获得的数据量越来越大，数据类型也越来越多。大数据在一定程度上使得地下地质情况越来越透明，但同时，利用人工分析的方法来对这些海量数据进行分析和研究也变得越来越困难。深度学习的概念被提出以来，深度学习方法已开始用于三维地质建模，未来有望改变目前的局面。

（3）三维地质模型共享系统尚不成熟。随着计算机技术的发展，大量的应用和服务迁移到浏览器或移动端，用户不再需要安装各种笨重的应用程序即可实现对服务和资源的访问，大大提升了用户的使用体验。但是目前针对三维地质模型的共享服务系统还不成熟。用户体验感差，效率低。

（4）岩土三维几何模型与数值分析软件的融合问题。现有岩土工程中的三维地质模型更多应用于可视化，不能和岩土工程结构模型进行深入融合和有机协作，难以发挥三维地质模型的利用价值和作用。在进行岩土工程数值模拟和力学分析时虽然考虑了基于 BIM 技术构建的工程结构模型和地质模型，但是，无论是从模型的精细程度来讲，还是从两种模型的融合程度而言，都难以达到大规模精细化的岩土工程计算要求，尤其是对于施工过程中出现的地质动态变化引起的设计变更问题，尚缺乏有效的反馈更新，难以满足岩土工程数字化和智能化的需求。

因此，基于数字孪生理念，考虑三维地质体与工程结构体的特点，探索几何拓扑一致的数据模型，设计数据融合共享机制，发展三维地质体与工程结构体的自洽整合算法，实现岩土工程耦联体的数据联动、模型协动、虚实互动，构建岩土工程数字孪生体的系统底层架构和基础数据体系，是岩土工程数字孪生模型研究中亟待解决的问题。

思 考 题

4.1 数字孪生体建模技术包括哪些？

4.2 三维地学模型有哪几种建模方法，各有何优缺点？

4.3 三维地质模型由哪两部分组成，三维地质建模的方法有哪两种？

4.4 常见的插值方法有哪几种？

4.5 三维地质模型建模中的不确定性来源有哪些，不确定性分析方法有哪些？

4.6 常用的三维地质建模软件有哪些？

4.7 常用的三维实景建模方法有哪些，各有何优缺点？

4.8 岩土工程数字孪生体的构建包括哪些内容?

参考文献

[1] 陶飞，张贺，戚庆林，等．数字孪生模型构建理论及应用［J］. 计算机集成制造系统，2021，27（1）：1-15.

[2] 白世伟，贺怀建，王纯祥．三维地层信息系统和岩土工程信息化［J］. 华中科技大学学报（城市科学版），2002（1）：23-26.

[3] 陶飞，程颖，程江峰，等．数字孪生车间信息物理融合理论与技术［J］. 计算机集成制造系统，2017，23（8）：1603-1611.

[4] 郭甲腾．地矿三维集成建模与空间分析方法及其应用［D］. 沈阳：东北大学，2013.

[5] 吴立新，史文中．地理信息系统原理与算法［M］. 北京：科学出版社，2003.

[6] 吴立新，史文中．论三维地学空间构模［J］. 地理与地理信息科学，2005，21（1）：1-4.

[7] 孙洪泉．地质统计学及其应用［M］. 徐州：中国矿业大学出版社，1990.

[8] 侯景儒，郭光裕．矿床统计预测及地质统计学的理论与应用［M］. 北京：冶金工业出版社，1993.

[9] 刘智勇．曲面插值算法在三维地质建模中的研究［D］. 成都：成都理工大学，2016.

[10] 贾立娟．基于钻孔数据的三维地质建模插值算法研究［D］. 北京：中国地质大学（北京），2018.

[11] 刘爱利，王培法，丁园圆．地统计学概论［M］. 北京：科学出版社，2012.

[12] 杜睿．考虑近地表复杂因素的三维地质建模与地震波正演模拟研究［D］. 石家庄：河北地质大学，2021.

[13] 刘智勇．曲面插值算法在三维地质建模中的研究［D］. 成都：成都理工大学，2016.

[14] 冉祥金．区域三维地质建模方法与建模系统研究［D］. 长春：吉林大学，2020.

[15] 姜华，秦德先，陈爱兵，等．国内外矿业软件的研究现状及发展趋势［J］. 矿产与地质，2005，4（19）：422-425.

[16] 张颖旭．基于无人机倾斜摄影的见天坝露头区三维地质建模［D］. 荆州：长江大学，2019.

[17] 王荔．BIM 三维地质建模技术在边坡稳定性分析中的应用研究［D］. 西安：长安大学，2020.

[18] 李玮玮．基于倾斜摄影三维影像的建筑物震害提取研究［D］. 北京：中国地震局地震预测研究所，2016.

[19] 邱俊玲．基于三维激光扫描技术的矿山地质建模与应用研究［D］. 武汉：中国地质大学（武汉），2012.

[20] 姜如波．基于三维激光扫描技术的建筑物模型重建［J］. 测绘通报，2013（S1）：80-83，120.

[21] 魏征．车载 LiDAR 点云中建筑物的自动识别与立面几何重建［D］. 武汉：武汉大学，2012.

[22] OPtech，2003. Bridge Seanning：Two Bridges，one day，surveying made twice as easy［EB/OL］. http：//www. optech. ca/Pdf/Fieldnotes/ilris_ brige_ seanning. Pdf，2015-03-21.

[23] Strouth A，Burk R L，Eberhardt E. The afternoon creek rockslide near Newhalem，Washington［J］. Landslides，2006，3（2）：175-179.

[24] Alzubaidi L，Zhang J，Humaidi A J，et al. Review of deep learning：concepts，CNN architectures，challenges，applications，future directions［J］. Journal of Big Data，2021，8（1）：1-74.

[25] 殷琪林，王金伟．深度学习在图像处理领域中的应用综述［J］. 高教学刊，2018（9）：72-74.

[26] Krizhevsky A，Sutskever I，Hinton G E. Imagenet classification with deep convolutional neural networks［J］. Advances in Neural Information Processing Systems，2012（2）：1097-1105

[27] Szegedy C，Liu W，Jia Y，et al. Going deeper with convolutions［C］// Proceedings of the IEEE Conferenceon Computer Vision and Pattern Recognition，2015：1-9.

[28] Simonyan K，Zisserman A. Very deep convolutional networks for largescale image recognition［J］. arXiv

preprint arXiv：1409. 1556，2014.

[29] He K，Zhang X，Ren S，et al. Deep residual learning for image recognition [C] // Proceedings of the IEEE Conference on Computer Vision and Pattern Recognition，2016：770-778.

[30] Abadi M，Agarwal A，Barham P，et al. Tensorflow：large-scale machine learning on heterogeneous distributed systems [J]. arXiv preprint arXiv：1603. 04467，2016.

[31] Grattarola D，Alippi C. Graph neural networks in tensorflow and keras with spektral [application notes] [J]. IEEE Computational Intelligence Magazine，2021，16 (1)：99-106.

[32] 黄玉萍，梁炜萱，肖祖环．基于 TensorFlow 和 Pytorch 的深度学习框架对比分析 [J]. 现代信息科技，2020，4 (4)：80-82，87.

[33] Jia Y，Shelhamer E，Donahue J，et al. Caffe：convolutional architecture for fast feature embedding [C] //Proceedings of the 22nd ACM International Conference on Multimedia，2014：675-678.

[34] 加日拉·买买提热衣木，常富蓉，刘晨，等．主流深度学习框架对比 [J]. 电子技术与软件工程，2018 (7)：74.

[35] Paszke A，Gross S，Massa F，et al. Pytorch：an imperative style，high performance deep learning library [C] // Advances in Neural Information Processing Systems，2019，v32. 33rd Annual Conference on Neural Information Processing Systems，NeurIPS 2019，December 8-14th，1912. 01703.

[36] Houlding S W. 3D geoscience modeling：computer techniques for geological characterization [M]. Berlin：Springer-Verlag，1994：299-301.

[37] Mallet J. Discrete smooth interpolation in geometric modelling [J]. Computer-Aided Design，1992，24 (4)：178-191.

[38] 钟登华，李明超，王刚，等．水利水电工程三维数字地形建模与分析 [J]. 中国工程科学，2005 (7)：65-70.

[39] 郭甲腾，刘寅贺，韩英夫，等．基于机器学习的钻孔数据隐式三维地质建模方法 [J]. 东北大学学报（自然科学版），2019，40 (9)：1337-1342.

[40] 杜子纯，刘镇，明伟华，等．城市级三维地质建模的统一地层序列方法 [J]. 岩土力学，2019，40 (S1)：259-266.

[41] 康学凯，王立阳．无人机倾斜摄影测量系统在大比例尺地形测绘中的应用研究 [J]. 矿山测量，2017，45 (6)：44-47，52.

[42] Fabozzi S，Biancardo S，Veropalumbo R，et al. I-BIM based approach for geotechnical and numerical modelling of a conventional tunnel excavation [J]. Tunnelling and Underground Space Technology，2021，108：103723.

[43] Alsahly A，Hegemann F，König M，et al. Integrated BIM to FEM approach in mechanised tunneling [J]. Geomechanics and Tunnelling，2020，13 (2)：212-220.

[44] 姚翔川，郑俊杰，章荣军，等．岩土工程 BIM 建模与仿真计算一体化的程序实现 [J]. 土木工程与管理学报，2018，35 (5)：134-139.

[45] 王小毛，徐俊，冯明权，等．地质三维正向设计及 BIM 应用：基于达索 3D EXPERIENCE 平台 [M]. 北京：中国水利水电出版社，2020.

[46] 刘安强，王子童．煤矿三维地质建模相关技术综述 [J]. 能源与环保，2020，42 (8)：136-141.

[47] 林良帆，邓雪原．BIM 数据存储标准与集成管理研究现状 [J]. 土木建筑工程信息技术，2013，5 (3)：14-19.

[48] NBIMS-US. National BIM Standard-United States Version 3 [R]. Hertfordshire：building SMART alliance，2015.

[49] Yen C，Chen J，Huang P. The study of BIM-based MRT structural inspection system [J]. Journal of

Mechanics Engineering and Automation, 2012, 2 (2): 96-101.
[50] Marzouk M, Abdel A. Maintaining subway infrastructure using BIM [C]// Construction Research Congress. West Lafayette: American Society of Civil Engineers, 2012: 2320-2328.
[51] Shirole A M, Chen S S, Puckett J A. Bridge information modeling for the life cycle [C]// Proc of Tenth International Conference on Bridge and Structure Management. Buffalo: The National Academies, 2008: 313-323.
[52] Breunig M, Borrmann A, Rank E, et al. Collaborative multi-scale 3D city and infrastructure modeling and simulation [C]// Proc of International Archives of the Photogrammetry, Remote Sensing and Spatial Information Sciences. Tehran: Copernicus Publications, 2017: 341-345.
[53] 李晓军，田吟雪，唐立，等．山岭隧道结构 BIM 多尺度建模与自适应拼接方法及工程应用 [J]. 中国公路学报，2019，32 (2): 126-134.
[54] 谭尧升，陈文夫，郭增光，等．水电工程边坡施工全过程信息模型研究与应用 [J]. 清华大学学报 (自然科学版)，2020，60 (7): 566-574.
[55] 饶嘉谊，杨远丰．基于 BIM 的三维地质模型与桩长校核应用 [J]. 土木建筑工程信息技术，2017，9 (3): 38-42.
[56] 苏小宁，王野，韩旭，等．基于 CATIA 的三维地质建模及可视化应用研究 [J]. 人民长江，2015，46 (19): 101-104.
[57] 陶晓丽．基于 3DMine 的矿山三维地质建模研究 [D]. 兰州：兰州交通大学，2015.
[58] 冯圣，宋宏瑞．三维地质建模技术在岩土工程数值模拟中的应用 [J]. 建材与装饰，2017 (41): 225.
[59] 李竞．三维地质建模技术在岩土工程数值模拟中的应用 [J]. 海峡科技与产业，2017 (3): 116-118.
[60] 任松，欧阳汛，姜德义，等．软硬互层隧道稳定性分析及初期支护优化 [J]. 华中科技大学学报 (自然科学版)，2017，45 (7): 17-22.
[61] 杨文东，杨栋，谢全敏．基于云模型的边坡风险评估方法及其应用 [J]. 华中科技大学学报 (自然科学版)，2018，46 (4): 30-34.
[62] 谢明星，郑俊杰，曹文昭，等．联合支挡结构中抗滑桩设计参数分析与优化 [J]. 华中科技大学学报 (自然科学版)，2019，47 (7): 1-7.
[63] 王玄玄，黄玉林，赵金城，等．Revit-Abaqus 模型转换接口的开发与应用 [J]. 上海交通大学学报，2020，54 (2): 135-143.
[64] Fabozzi S, Biancardo S, Veropalumbo R, et al. I-BIM based approach for geotechnical and numerical modelling of a conventional tunnel excavation [J]. Tunnelling and Underground Space Technology, 2021, 108: 103723.
[65] Ninić J, Bui H, Koch C, et al. Computationally efficient simulation in urban mechanized tunneling based on multilevel BIM models [J]. Journal of Computing in Civil Engineering, 2019, 33 (3): 04019007.
[66] 中煤科工集团西安研究院有限公司，北京科技大学．结题科技报告：矿井水害智能监测预警技术与装备 [R]. 2020.

5 岩土工程智能感知技术

岩土工程建设过程中要经历多次周边荷载、地下水、工况转变、降雨等不确定因素，这些因素会影响工程的稳定性，可能造成严重的后果。同时，岩土工程包括多种施工，具有交叉作业，施工组织复杂且施工难度大的特点；其次，软弱岩土地区因其水文地质条件的不同，其工程稳定性表现出极大的差异性，在淤泥质土层和软岩中，容易出现徐变、蠕动等现象，工程开挖扰动也会导致围岩的变形，支护结构完成前，围护结构持续变形，会导致自身结构及周边环境的安全风险不断加大，显示出极强的时空效应特点，所以必须严格控制围岩无支撑暴露时间，控制围护结构变形及周边岩土体的沉降。

此外，岩土体性质多变，水文地质条件复杂，但是目前的勘察技术水平还不能完全准确、全面地反映岩土体实际情况，不能提供准确的岩土体参数，这给工程设计也带来了较大影响，需要随着工程开挖揭示的岩土体情况不断进行设计修正，因此，开挖过程中进行实时监测就显得非常重要。

工程监测是指采用仪器量测、现场巡查或远程视频监控等手段和方法，长期、连续地采集或收集反映工程施工、运营线路结构，以及周边环境对象的安全状态、变化特征及其发展趋势的信息，并进行分析、反馈的活动。

目前，国内外进行岩土工程探测的物探方法主要有：探地雷达法、地震法、电阻率法、电磁法、综合物探法、常规电法、超声波法、CT 成像法等；用来监测或预警岩土体工程灾害的主要技术有：微震监测技术、声发射技术、多媒体信息技术等。探地雷达具有精确、高效、快速、直观等优点，但它易受现场金属物干扰，并受探测目标尺寸和深度的局限。一般地，地震法比探地雷达探测的深度大，对那些潜伏较深，或是不适合探地雷达工作的灾害隐患，常常采用地震法进行探测，如探明深部断层位置、隔水层厚度、岩体结构成像、深处煤层采空区探测、厚表土岩溶勘察等。电阻率法用于探测地下岩体工程灾害隐患由来已久，早在二十世纪七八十年代，人们就开始用二维自动的电阻率技术探测地下通道、矿山废弃巷道或老窑。目前，已发展到高密度电阻率法，其测试精度与效率均提高了不少，应用范围也不断扩大。对于覆盖层较厚的隐伏采空区灾害，采用甚低频电磁法探测可取得良好的效果；而瞬变电磁法在煤田矿井涌水灾害隐患探测中也能发挥其独到的作用。由于地下涌水量的大小与含水层的厚度、介质组成和结构等多个因素的复杂组合有密切关系，其中厚度与视电阻率的乘积是其中一个重要的相关因素。因此，有学者开始利用常规电法探测资料来预测地下涌水量。超声波在工程灾害探测与质量检测方面的开发、应用起步较早，早在 20 世纪 70 年代，我国就研制了专用的围岩裂隙超声波探测仪。目前，我国在应用超声波探测巷道围岩松动圈的技术已较为成熟。对于复杂赋存条件的岩土工程灾害隐患探测，通常需要联合多种物探方法进行综合物探。

岩土工程监测是岩土工程施工和后续运维安全的保障，尽管传统的探测方法仍在岩土工程灾害隐患探测中发挥重要的作用，但是随着技术的发展，监测正逐渐向智能采集感知的方向发展。岩土工程采集感知技术的不断创新体现在：一方面，传感器向微型化发展，能够被集成到智能产品之中，实现更深层次的数据感知。另一方面，多传感融合技术不断发展，将多类传感能力集成至单个传感模块，支撑实现更丰富的数据获取。持续大量实时数据的自动获取为岩土工程数字孪生体的发展提供源动力，有助于岩土工程向智能化发展。

5.1　岩土工程监测历史与现状

岩土工程监测工作始于坝工建设，第一次进行外部变形观测的是德国建于1891年的埃施巴赫坝，1903年，美国最早采用专门的仪器进行了Boonton重力坝温度观测，瑞士在1920年首次用大地测量方法观测大坝变形，随着差动电阻式传感器的发明，20世纪30年代欧美国家逐步广泛开展监测工作。

我国的工程安全监测也始于坝工建设，20世纪50年代初在丰满、佛子岭和梅山等混凝土坝仅进行了位移、沉降等传统测量的外观变形观测工作。随后，在上犹江、响洪甸坝埋设了温度计、应变计和应力计等，开展了监测工作。20世纪50年代末期，在新安江、三门峡等大型混凝土坝开展更大规模的监测工作。而安全监测真正蓬勃发展则始于20世纪90年代二滩、三峡、小湾等一系列水电站的建设，以及随后开始的大规模高速公路、铁路、城市轨道交通、矿业、自然灾害防治及市政建设等。

岩土工程监测技术的进展主要受硬件和软件两个方面的条件制约，包括监测仪器、监测方法和数据分析。监测仪器按照监测物理量用途的不同，主要可以分为：用于位移监测的经纬仪、水准仪、全站仪等；用于应力、应变监测的电阻应变仪、钢弦式频率接收仪等；用于地下水及其他参数监测的水位仪，爆破震动监测仪等。

在仪器方面，1932年，美国人卡尔逊发明了差动电阻式传感器，成为20世纪70年代以前广泛使用的仪器；德国人谢弗于1919年发明了最早的钢弦式仪器，但直到20世纪70年代，随着微电子技术、半导体技术的发展出现高精度频率计后才开始流行。由于弦式仪器的精度和灵敏度都高于差动电阻式仪器，并且结构简单，容易实现自动巡检，因此，近年来弦式仪器的发展很快。

1958年，国内的水利水电科学研究院开始研制和生产差动电阻式仪器，1968年南京电力自动化设备厂开始生产差动电阻式应变计、测缝计、钢筋计等，经过几十年的努力，我国的差动电阻式、电容式、钢弦式等十多种监测仪器在性能和自动化程度方面都取得了很大改进和发展，但部分产品的可靠性尚需要进一步完善和提高。

20世纪80年代以来，结合一些重大工程研究，我国确定了一批仪器的技术指标、适用条件、稳定性等评定标准，仪器的安装埋设与观测的标准化、程序化和质量控制措施也在逐步地形成和完善。相继编制了多种、多专业建筑物安全监测规程、规范、指南和手册，如《混凝土大坝安全监测技术规范》（DL/T 51782003）、《土石坝安全监测技术规范》（SL 60—94）、《建筑基坑工程监测技术规范》（GB 50497—2009）、《铁路隧道监控量测技术规程》（TB 10121—2007）、《公路隧道施工技术规范》（JTG/T 3660—2020）等。

在监测技术方面，20世纪60年代，奥地利学者和工程师总结出了以尽可能不恶化地层中应力分布为前提，在施工过程中密切监测地层及结构的变形和应力，及时优化支护参数，以便最大限度地发挥地层自承能力的新奥法施工技术。长期的实践发现，地下工程周边位移和浅埋地下工程的地表沉降是围岩与支护结构系统力学形态最直接、最明显的反应，是可以监测并控制的。因此普遍认为地下工程周边位移和浅埋地下工程的地表沉降监测最具有价值，既可全面了解地下工程施工过程中围岩与结构及地层的动态变化，又具有易于观测和控制的特点，并可通过工程类比总结经验，建立围岩与支护结构的稳定判别标准。基于以上认识，我国现行规范中的围岩与结构稳定的判据都是以周边允许收敛值和允许收敛速度等形式给出的，作为评价施工、判断地下工程稳定性的主要依据。监测以位移监测为主，应力、应变监测等为辅。此外，城市地下工程也借鉴了山岭隧道新奥法有关信息化设计与施工的理念，在实施过程中不仅要考虑地下工程结构的稳定，而且还要考虑地下工程施工对周围环境的影响，因此城市地下工程的监测内容主要包括以下三类：(1) 结构变形和应力、应变监测；(2) 结构与周围地层即围岩与结构之间的相互作用；(3) 与结构相邻的周边环境的安全监测。

但是，传统的应力、应变等监测技术，以及数据简单汇总、粗略分析，然后提交监测报告的粗放模式已经不能满足大型岩土工程越来越复杂的工程地质环境。随着计算机、物联网、5G 等技术的发展，岩土工程安全监测技术的发展也非常迅速。主要表现在测量设备的开发和测量技术的提高上，如光纤传感器、测量机器人、三维激光扫描、GPS、合成孔径雷达差分干涉测量技术（differential interferometry synthetic aperture radar，D-InSAR）等先进监测技术在岩土工程中得到应用，部分智能化监测仪器及技术见表 5.1 和表 5.2；其次是监测方法的自动化和数据处理的软件化，即通过高性能、多参量智能传感器组件、无线传输网络和信号采集系统，数据智能处理与动态管控方法进行实时监测、安全预警和可靠性预测，这成为岩土工程监测的发展方向。远程监测系统如近景摄影测量系统、多通道无线遥测系统、光纤监测技术、非接触监测系统、巴赛特结构收敛系统、轨道变形监测系统等开始用于实际工程中。

表 5.1 部分智能化监测仪器与技术概览

名　称	技术特点	相对于传统监测仪器的优点	应　用
光纤光栅自动化监测	通过对测斜管的应变进行监测后得到位移量	耐久性好，适于长期监测； 无火花，适于特殊监测领域； 对周围环境不敏感，抗干扰能力强，灵敏度、精度高	基坑水平位移监测、滑坡预警、沉降监测
光电式双向位移计自动化监测	由激光发射器投射激光光斑到二维图像传感器的成像面上成像	不受电磁干扰、无接触	墙顶竖向及水平位移监测
分布式光纤自动化监测	以光为载体、光纤为媒介，感知和传输外界信号的新型传感技术	抗电磁干扰、高精度、稳定性、耐久性好，可在工程中实现大范围、长距离、连续的全分布测试	结构位移、工程安全健康监测
3D 数字摄影测量技术	基于数字影像和摄影测量原理，提取对象以数字方式表达的几何与物理信息	相对于传统经纬仪等手段观测时间短、外业工作量少。能够完整地记录被摄目标视觉信息	构建岩体和地形表面真三维数字模型
三维激光扫描仪	无合作目标激光测距与角度测量系统组合的自动化快速测量系统	非接触、高精度、快速采集目标物表面海量点云数据	数字城市、文物保护、考古测绘

表 5.2 智能化监测技术参数与特点汇总

技术类型	测量精度	监测范围	主要优缺点
光纤传感技术 FBG 光纤传感技术 BOTDA	20 με 50 με	点位监测 20 km	优点：测量精度高、抗电磁干扰性能好 缺点：被测量信息在空间上不连续分布
光纤传感技术 BOFDA 光纤传感技术 BOTDR	2 με ±30 με	20~50 km ≤80 km	优点：监测范围广、精度高、灵敏性高、经济性好、技术成熟 缺点：变形协调、应变解析较为困难，空间分辨率较低
数字化近景摄影测量技术	5 mm	<100 m	优点：操作简便、非接触测量及获取三维坐标信息 缺点：易受环境因素干扰
三维激光扫描技术	±(2~50) mm	300~2500 m	优点：精度较高、采集速度快、测量范围广、非接触、主动测量 缺点：受仪器系统误差、扫描目标、环境条件影响较大，采集周期长
全球导航卫星系统	±(2~3) mm (H)； ±5 mm (V)	点位监测	优点：监测精度高、技术成熟、商业化水平高 缺点：只能用于点式测量，覆盖范围有限
合成孔径雷达干涉技术	0.2~1.0 mm	地基雷达： ≤4 km 天基雷达： 大范围	优点：覆盖范围广泛、测量精度高、可全天候测量 缺点：长周期数据采集时，地基雷达易受环境影响，天基雷达易失相干

随着传感器精度提高和价格持续走低，加上计算机及网络技术的高速发展，大规模、全方位、多维度、多场的岩土工程监测将得以实现。借助数字孪生技术，反映物理实体的岩土工程数字孪生体的出现，可以从宏观和细观快速、及时解决工程问题，更好地服务于岩土工程建设与运维。

5.2 岩土工程监控设计的原理和方法

5.2.1 岩土工程监控设计的原理

岩土工程监测的主要目的是掌握开挖岩土体和支护结构工作状态，判断围岩稳定性、支护结构的合理性和工程整体安全性，确定支护的合理施作时间，为在施工中调整围岩级别、变更设计方案及参数、优化施工方案及为施工工艺提供依据，直接为设计、施工、运维管理服务。

岩土工程监控设计原理主要是通过现场监测获得关于岩土体稳定性和支护系统工作状态的数据，然后根据量测数据，通过综合分析以确定和修正支护系统的设计，采取相应的施工对策。这一过程可称为监控设计或信息设计。图 5.1 是地下工程监测与信息化设计流程，以施工监测、力学计算及经验方法相结合建立的地下工程特有的设计施工程序。

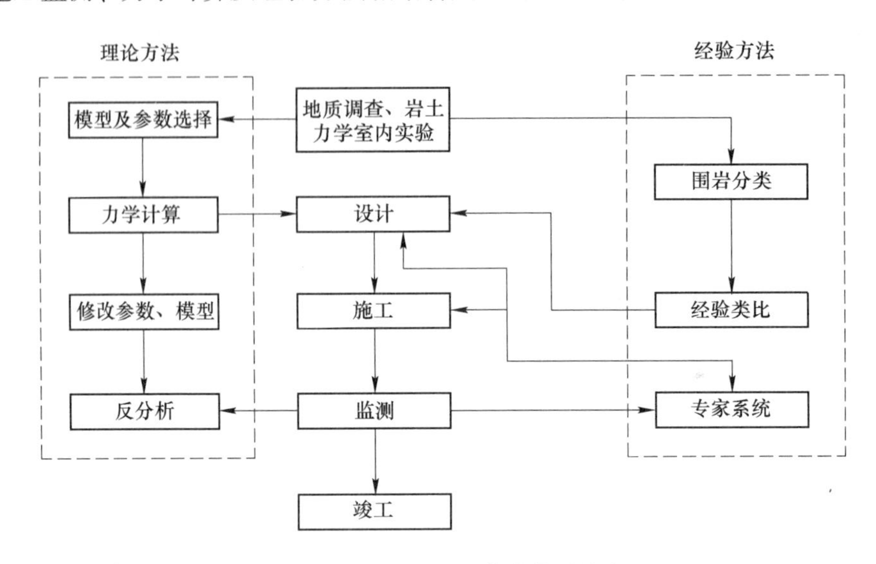

图 5.1　地下工程监测和信息化设计流程

监控设计方法通常包含两个阶段：初始设计阶段和修正设计阶段。初始设计一般应用工程类比法或理论计算方法进行。修正设计则应根据现场量测所得数据，进行经验分析或力学运算而得到最终设计参数与施工对策。

监控设计内容包括现场量测、量测数据处理及量测数据反馈三个方面。现场量测包括选择量测项目、量测手段、量测方法及测点布置等内容。量测数据处理包括分析研究处理目的、处理项目和处理方法以及量测数据的表达形式。量测数据反馈一般有定性反馈（或称经验反馈）与定量反馈（或称理论反馈）。定量反馈有两种形式：一种是直接以测试数据作为计算参数进行反馈计算；另一种是根据测试数据反推出一般计算方法中的计算参数，然后再按一般计算方法进行反馈计算，即所谓反分析法。

5.2.2　现场监测的内容与项目

5.2.2.1　监测基本内容

工程监测对象的选择应在满足工程支护结构安全和周边环境保护要求的条件下，针对不同的施工方法，根据支护结构设计方案、周围岩土体及周边环境条件综合确定。因此，监测的对象应该包括以下内容：

（1）岩土工程中的支护桩（墙）、立柱、支撑、锚杆、土钉等结构。

（2）盾构法隧道工程中的管片等支护结构，以及矿山法隧道工程中的初期支护、临时支护、二次衬砌等。

（3）开挖工程周围岩体、土体、地下水及地表。

（4）工程周边建（构）筑物、地下管线、高速公路、城市道路、桥梁、既有轨道交通及其他城市基础设施等环境。

监测内容可分为如下几类：

（1）现场观测。现场观测包括开挖体附近的围岩稳定性、岩土体构造情况，支护变形与稳定情况及校核岩土体类别等。

（2）岩体力学参数测试。岩体力学参数测试包括抗压强度、变形模量、黏聚力、内摩擦角及泊松比等。

（3）应力应变测试。应力应变测试包括岩体原岩应力、围岩应力、应变、支护结构体的应力、应变以及围岩与支护和各种支护间的接触应力。

（4）压力测试。压力测试包括支撑上的围岩压力和渗水压力、锚杆轴力、钢架内力、接触压力等。

（5）位移测试。位移测试包括围岩位移（包括地表沉降）、支护结构位移及围岩与支护倾斜度。

（6）温度测试。温度测试包括岩体温度，洞内温度及气温。

（7）物理探测。物理探测包括弹性波（声波）测试和视电阻率测试等。

5.2.2.2　监测项目

监测项目的选择主要是依据围岩条件，工程规模及支护的方式。我国锚喷支护规范（GB 50086—2015）中规定了不同围岩质量的隧道、硐室需要进行监控量测的情况（表5.3）。

表 5.3　隧道、硐室实施现场监控量测表

围岩分级	硐室跨度（或高度）B/m				
	$B\leqslant5$	$5<B\leqslant10$	$10<B\leqslant15$	$15<B\leqslant20$	$20<B$
Ⅰ	—	—	△	△	√
Ⅱ	—	△	√	√	√
Ⅲ	△	√	√	√	√
Ⅳ	√	√	√	√	√
Ⅴ	√	√	√	√	√

注：√为应实施现场全面监控量测的隧道硐室；△为应实施现场局部区段监控量测的隧道硐室。

表5.4为按围岩条件确定的量测项目的重要等级，这种划分方法摘自日本《新奥法设计施工指南》，可供参考。表中A类为必须进行的量测项目，B类是根据情况选用的量测项目。

表 5.4　各种围岩条件量测项目的重要性表

围岩条件	A 类 量 测				B 类 量 测					
	洞内观察	净空变位	拱顶下沉	地表和围岩内下沉	围岩内位移	锚杆轴力	衬砌应力	锚杆拉拔试验	围岩试件试验	洞内测弹性波
硬岩（断层、破碎带除外）	◎	◎	◎	△	△*	△	△	△	△	△
软岩（不发生强大塑性地压）	◎	◎	◎	△	△*	△*	△	△	△	△

续表 5.4

围岩条件	A类量测				B类量测					
	洞内观察	净空变位	拱顶下沉	地表和围岩内下沉	围岩内位移	锚杆轴力	衬砌应力	锚杆拉拔试验	围岩试件试验	洞内测弹性波
软岩（发生强大塑性地压）	◎	◎	◎	△	◎	◎	○	△	○	△
土、砂	◎	◎	◎	◎	○	△*	△*	○	◎ 土质试验	△

注：◎表示必须进行的项目；△表示必要时进行的项目；○表示应进行的项目；△*表示这类项目的量测结果对判断设计是否保守很有作用。

表5.5是隧道现场监控量测项目及量测方法。表中1~4为必测项目，5~11为选测项目。必测项目是现场量测的核心，它是设计、施工等所必要进行的经常性量测；选测项目是对一些有特殊意义和具有代表性意义的区段以及试验区段进行补充量测，以求更深入地掌握围岩的稳定状态与喷锚支护效果，具有指导未开挖区的设计与施工的作用。这类量测项目量测较为麻烦，量测项目较多，花费较大，根据需要选择其中部分或全部量测项目。通常包括围岩内部位移、围岩松动区及锚杆轴力的量测等。

表5.5 隧道现场监控量测项目及量测方法

序号	项目名称	方法及工具	布置	量测间隔时间			
				1~15 d	16 d~1个月	1~3个月	>3个月
1	地质和支护状况观察	岩性、结构面产状及支护裂缝观察或描述，地质罗盘等	开挖后及初期支护后进行	—			
2	周边位移	各种类型的收敛计	每10~50 m一个断面，每断面2~3对测点	1~2次/d	1次/2d	1~2次/周	1~3次/月
3	拱顶下沉	水平仪、水准仪、钢尺或测杆	每10~50 m一个断面	1~2次/d	1次/2d	1~2次/周	1~3次/月
4	锚杆或锚索内力及抗拔力	各类电测锚杆、锚杆测力计及拉拔器	每10 m一个断面，每个断面至少做3根锚杆	—	—	—	—
5	地表下沉	水平仪、水准仪	每10~50 m一个断面，每断面至少7个测点； 每隧道至少2个断面；中线每5~20 m一个测点	开挖面距量测断面前后小于2B时，1~2次/d； 开挖面距量测断面前后小于5B时，1次/2d； 开挖面距量测断面前后大于5B时，1次/周			

续表 5.5

序号	项目名称	方法及工具	布　置	量测间隔时间			
				1~15 d	16 d~1 个月	1~3 个月	>3 个月
6	围岩体内位移（洞内设点）	洞内钻孔中安设单点、多点杆式或钢丝式位移计	每 10~50 m 一个断面，每断面 2~11 个测点	1~2 次/d	1 次 / 2 d	1~2 次/周	1~3 次/月
7	围岩体内位移（地表设点）	地面钻孔中安设各类位移计	每代表性地段一个断面，每断面 3~5 个钻孔	同地表下沉要求			
8	围岩压力及两层支护间压力	各种类型的压力盒	每代表性地段一个断面，每断面 15~20 个测点	1~2 次/d	1 次 / 2 d	1~2 次/周	1~3 次/月
9	钢支撑内力及外力	支柱压力计或其他测力计	每 10 榀钢拱支撑一对测力计	1~2 次/d	1 次 / 2 d	1~2 次/周	1~3 次/月
10	支护、衬砌内应力、表面应力及裂缝量测	各类混凝土内应变计、应力计、测缝计及表面应力解除法	每代表性地段一个断面，每断面宜为 11 个测点	1~2 次/d	1 次 / 2 d	1~2 次/周	1~3 次/月
11	围岩弹性波测试	各种声波仪及配套探头	在有代表性地段设置	—	—	—	—

注：B 为隧道开挖宽度。

对于一个具体的工程，一般应根据工程特点进行测试项目的选择而不必全部进行。特殊情况下还应增加一些特殊项目，如现场节理裂隙测量、地应力测量、地下水探测等。在特殊地段或一些重大工程还应进行喷层内切向应力或围岩与喷层间接触压力的量测。对特殊地段及特殊工程有时要求增测一些项目。如浅埋工程应增测地表沉降；塑性流变地层应增测底鼓位移；而对需要深入进行理论分析的重大工程，还需增测岩体力学参数及地应力等。

公路隧道施工技术规范（JTG/T 3660—2020）中隧道现场监控量测必测项目见表 5.6，选测项目列表见表 5.7，选测项目需要根据设计要求，隧道断面形状和断面大小、埋深、围岩条件、周边环境条件、支护类型和参数、施工方法等综合确定选测项目。

表 5.6　公路隧道现场监控量测必测项目（JTG/T 3660—2020）

序号	项目名称	方法与工具	测点布置	精度	量测间隔时间			
					1~15 d	16 d~1 个月	1~3 个月	大于 3 个月
1	洞内、外观察	现场观测、地质罗盘等	开挖及初期支护后进行	—	—			

续表 5.6

序号	项目名称	方法与工具	测点布置	精度	量测间隔时间			
					1~15 d	16 d~1 个月	1~3 个月	大于 3 个月
2	周边位移	各种类型收敛计、全站仪或其他非接触量测仪器	每 5~100 m 一个断面，每断面 2~3 对测点	0.5 mm（预留变形量不大于 30 mm 时）；1 mm（预留变形量大于 30 mm 时）	1~2 次/d	1 次/2 d	1~2 次/周	1~3 次/月
3	拱顶下沉	水准仪、钢钢尺、全站仪或其他非接触量测仪器	每 5~100 m 一个断面		1~2 次/d	1 次/2 d	1~2 次/周	1~3 次/月
4	地表下沉	水准仪、钢钢尺、全站仪	洞口段、浅埋段（$h \leq 2.5B$）布置不少于 2 个断面，每断面不少于 3 个测点	0.5 mm	开挖面距量测断面前后小于 2.5B 时，1~2 次/d；开挖面距量测断面前后小于 5B 时，1 次/2~3 d；开挖面距量测断面前后大于 5B 时，1 次/3~7 d；			
5	拱脚下沉	水准仪、钢钢尺、全站仪	富水软弱破碎围岩、流沙、软岩大变形、含水黄土、膨胀岩土等不良地质和特殊性岩土段	0.5 mm	仰拱施工前，1~2 次/d			

注：B 为隧道开挖宽度；h 为隧道埋深。

表 5.7 公路隧道现场监控量测选测项目（JTG/T 3660—2020）

序号	项目名称	方法及工具	布　置	测试精度	量测间隔时间			
					1~15 d	16 d~1 个月	1~3 个月	大于 3 个月
1	钢架内力及外力	支柱压力计或其他测力计	每代表性地段 1~2 个断面，每断面 3~7 个测点，或外力 1 对测力计	0.1 MPa	1~2 次/d	1 次/2 d	1~2 次/周	1~3 次/月
2	围岩体内位移（洞内设点）	洞内钻孔中安设单点、多点杆式或钢丝式位移计	每代表性地段 1~2 个断面，每断面 3~7 个钻孔	0.1 mm	1~2 次/d	1 次/2 d	1~2 次/周	1~3 次/月
3	围岩体内位移（地表设点）	地面钻孔中安设各类位移计	每代表性地段 1~2 个断面，每断面 3~5 个钻孔	0.1 mm	同地表下沉要求			

续表 5.7

序号	项目名称	方法及工具	布　置	测试精度	量测间隔时间			
					1~15 d	16 d~1 个月	1~3 个月	大于 3 个月
4	围岩压力	各种类型岩土压力盒	每代表性地段 1~2 个断面，每断面 3~7 个测点	0.01 MPa	1~2 次/d	1 次/2 d	1~2 次/周	1~3 次/月
5	两层支护间压力	压力盒	每代表性地段 1~2 个断面，每断面 3~7 个测点	0.01 MPa	1~2 次/d	1 次/2 d	1~2 次/周	1~3 次/月
6	锚杆轴力	钢筋计、锚杆测力计	每代表性地段 1~2 个断面，每断面 3~7 锚杆（索），每根锚杆 2~4 测点	0.01 MPa	1~2 次/d	1 次/2 d	1~2 次/周	1~3 次/月
7	支护、衬砌内应力	各类混凝土内应变计及表面应力解除法	每代表性地段 1~2 个断面，每断面 3~7 个测点	0.01 MPa	1~2 次/d	1 次/2 d	1~2 次/周	1~3 次/月
8	围岩弹性波速度	各种声波仪及配套探头	在有代表性地段设置	—	—			
9	爆破震动	测振及配套传感器	邻近建（构）筑物	—	随爆破进行			
10	渗水压力、水流量	渗压计、流量计	—	0.01 MPa	—			
11	地表下沉	水准测量的方法，水准仪、钢尺等	有特殊要求段落	0.5 mm	开挖面距量测断面前后小于 2.5*B* 时，1~2 次/d； 开挖面距量测断面前后小于 5*B* 时，1 次/2~3d； 开挖面距量测断面前后大于 5*B* 时，1 次/3~7d			
12	地表水平位移	经纬仪、全站仪	有可能发生滑移的洞口高边坡	0.5 mm	—			

注：*B* 为隧道开挖宽度。

5.2.3 监测手段与仪器的选择

监测手段的选用，应根据监测项目及手头量测仪器的现状来选用。通常情况下，应选择简单、可靠、耐久、成本低的量测手段。要求选择的被测物理量概念明确、量值显著、便于进行分析和反馈。

按仪器（表）的物理效应的不同，仪器（表）可分为下述几种类型：（1）机械式，如百分表，千分表，挠度计，测力计等；（2）电测式，电阻型，电感型，电容型，差动型，振动型，压电、电磁型等；（3）光弹式，光弹应力计，光弹应变计；（4）物探式，弹性波法（地震波）、声波（超声波），电阻率法等。通常选择机械式与电测式手段相结合。

测量手段和仪表的选择主要取决于围岩工程地质条件和力学性质，以及测量的环境条件。通常，软弱围岩的地下工程中，由于围岩变形量值较大，因而可以采用精度稍低的仪器和装备；而在硬岩中，则必须采用高精度测量工具。在一些干燥无水的地下工程中，电测仪表往往能工作得很好；在地下水发育的地层中进行电测就比较困难。使用各种类型的引伸仪时，对深埋的地下工程，必须在隧洞内钻孔安装；对浅埋的地下工程，则可以从地表钻孔安装，以测量地下工程开挖过程中围岩变形的全过程。

仪器选择前，需首先估计各物理量的变化范围，并根据测试重要程度确定测试仪器的精度和分辨率。收敛位移测量一般采用收敛计，在大型硐室中，若围岩较软，收敛变形量较大，则可采用测试精度较低，价格便宜的卷尺式收敛计。而在硬岩中的硐室或硐径较小的硐室，收敛位移较小，则测试精度和分辨率要求较高，需选择钢丝式收敛计。当硐室断面较小而围岩变形较大时，则可采用杆式收敛计。

位移计的选择：在人工测读方便的部位，可选用机械式位移计；在顶拱、高边墙的中、上部，宜选用电测式位移计，可引出导线或进行遥测。对于特别深的孔，如精度要求较高，则应选用串联式多点位移计。对于长期监测的测点，尽管在施工时变化较大，精度要求不高，但在长期监测时变化较小，因而要选择精度较高的位移计。表 5. 8 是水利水电行业总结出的不同用途位移计所对应的精度等级和量程范围。

表 5. 8　位移计的精度等级和量程范围

精度等级/mm	0. 0025	0. 025	0. 25	2. 5
仪器灵敏度/ mm	0. 0025~0. 01	0. 025~0. 1	0. 25~1. 0	2. 5~10 或更大
典型用途	现场岩石试验或变形较小工程	坚硬岩石中的隧洞开挖和浅基础	岩体中有大硐室开挖工程或边坡	位移量较大的硐室和位移大的边坡
量程/mm	5~25	25~120	50~80	250

选择压力和应力测量元件时，应优先选用液压枕。在坚硬的岩石中，应力梯度较高，宜选用压力盒。在经济允许的前提下，应尽量选用钢弦式压力盒和锚杆应力计，只有在干燥的隧洞中，才选用电阻式或其他形式的压力盒和锚杆应力计。

受力监测元器件的量程应满足表 5. 9 的要求，并具有良好的防震、防水、防腐性能。

表 5. 9　受力监测元器件精度

序号	元　器　件	精　　度
1	压力盒	≤0. 5%F. S.
2	电阻应变片	±0. 5%F. S.
3	混凝土应变计	±0. 1%F. S.

续表 5.9

序号	元 器 件	精 度
4	钢筋计	拉伸，0.5%F.S.，压缩，1.0%F.S.
5	锚杆轴力计	≤0.5%F.S.
6	水压计	≤0.1%F.S.

注：F.S. 为元器件的满量程。

5.3 岩土工程监测主要指标和数据源

5.3.1 位移监测

岩土工程施工时进行的变形量测，主要包括周边位移及拱顶下沉、地表下沉、整体位移、巷道底鼓、土体深层水平位移、围岩内部位移。洞内、外观察对掌握围岩动态和支护结构工作状况非常重要，特别是在不良地质条件下更是确保施工安全和工程质量的必不可少的措施。洞内、外观察和量测结果一起分析，对于优化设计方案、调整施工参数及科学地进行施工组织和管理很重要。

实践和研究证明，隧道洞口段容易产生洞口边坡失稳现象，而失稳前经常存在边仰坡开裂、洞顶地表变形开裂等表观现象，如果开裂后处理不及时就会出现地表水下渗，加剧洞口失稳的发生。因此，洞口段要求对地表进行观察、记录，结合地表沉降及地表水平位移分析洞口边坡稳定性状况。而对于浅埋段，隧道不稳定也间接反映在地表是否出现裂缝。地表出现开裂或者塌陷，不仅影响地表建（构）筑物及行人安全，也同时会使地表水沿裂缝向隧道渗流，恶化隧道支护受力状况，对围岩及支护稳定产生不良影响。因此，对于浅埋段同样要求对地表开裂及地表水渗漏现象进行观察。本节介绍岩土工程施工的位移测量原理和方法。

5.3.1.1 位移测量部位的确定和测点布置

A 测量部位的确定

从围岩稳定监控出发，应重点监测围岩质量差及局部不稳定块体；从反馈设计、评价支护参数合理性出发，则应在代表性的地段设置观测断面；在特殊的工程部位（如洞口和分叉处），也应设置观测断面。观测点的安装埋设应尽可能地靠近隧洞掌子面，最好不超过 2 m，以便尽可能完整地获得围岩开挖后初期力学性态的变化和变形情况。这段时间内量测得到的数据，对于判断围岩性态特别重要。

洞周收敛位移、拱顶下沉量、多点位移计及地表沉降测量点应尽量布置在同一断面上，锚杆应力和衬砌应力等测点也最好布置在同一断面上，以便测量结果相互对照、相互检验。

测量断面的间距视工程长度、地质条件变化而定。当地质情况良好或开挖过程中地质条件连续不变时，间距可以加大，地质变化显著时，间距应缩小。在施工初期阶段，要缩小测量间距。取得一定资料后，可适当加大测量间距。在洞口及埋深较小地段，亦应适当缩小测量间距。

应测项目的量测间距：在国家锚喷支护规范中，对应测项目的量测间距已有规定

(表 5.10)。在具体工程测试中，量测间隔还要根据围岩条件、埋深情况、工程进展等进行必要的修正。

表 5.10 净空位移、拱顶下沉的测点间距

条 件	量测断面间距/m
洞口附近	10
埋深小于 2*D*	10
施工进展 200 m 前	20（土砂围岩减小到 10）
施工进展 200 m 后	30（土砂围岩减小到 20）

注：*D* 为硐室跨度。

《公路隧道施工技术规范》(JTG/T 3660—2020) 则根据围岩级别对周边位移和拱顶下沉量测断面布置间距进行了规定，见表 5.11。

表 5.11 周边位移和拱顶下沉量测断面布置间距

围岩级别	断面间距/m
Ⅴ～Ⅵ	5～10
Ⅳ	10～20
Ⅲ	20～50
Ⅰ～Ⅱ	50～100

注：有滑移倾向岩层、软岩大变形段或者超浅埋软土地层等特殊地段可适当增加量测断面。

表 5.12 中列出了《铁路隧道监控量测技术规程》(TB 10121—2007) 中地表下沉量测（隧道中线上）的测点纵向间距。

表 5.12 地表下沉量测的测点纵向间距

埋深 h 与硐室跨度 D 的关系	测点间距/m
$2D<h<2.5D$	20～50
$D<h<2D$	10～20
$h<D$	5～10

《公路隧道施工技术规范》(JTG/T 3660—2020) 规定的地表下沉量测断面纵向间距应符合表 5.13。

表 5.13 地表下沉量测断面纵向间距

隧道埋深	纵向测点间距/m
$h>2.5D$	视情况布设测量断面
$D<h\leqslant 2.5D$	10～20
$h\leqslant D$	5～10

注：D 为开挖宽度，h 为隧道埋深。

B 测点的布置

a 净空位移的测线布置

净空位移的测线布置见表 5.14 及图 5.2。

表 5.14 净空变化量测基线布置表

地段 施工方法	一般地段	特殊地段			
		洞口	埋深小于 2D	膨胀或偏压地段	实施 B 类量测地段
全断面	1~2 条水平基线	1~2 条水平基线	三条三角形基线	三条基线	三条基线
短台阶	二条水平基线	二条水平基线	四条基线	四条基线	四条基线
多台阶	每台阶一条水平基线	每台阶一条水平基线	外加两条斜基线	外加两条斜基线	外加两条斜基线

注：D 为硐室跨度。

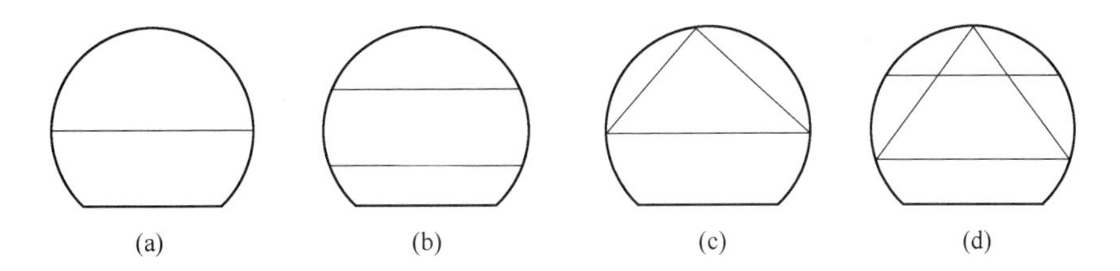

图 5.2 净空变化量测基线布置
（a）一条水平基线；（b）二条水平基线；（c）三条基线；（d）四条基线

b 围岩位移测孔的布置

围岩位移测孔布置，除应考虑地质、洞形、开挖等因素外，一般应与净空位移测线相应布置。测孔布置如图 5.3 所示。

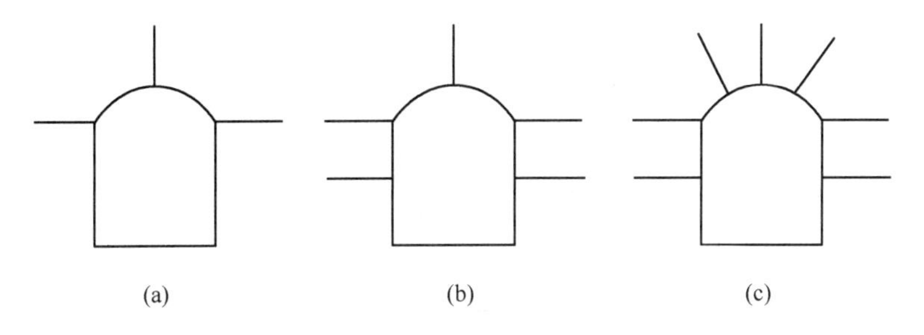

图 5.3 围岩内部位移测孔布置
（a）三测孔；（b）五测孔；（c）七测孔

周边位移量测点布置还与开挖方法有关，如图 5.4 所示。

c 地表、地层中沉降测点布置

地表、地层中沉降测点，原则上应布置在硐室中心线上，并在与硐室轴线正交平面的一定范围内布设必要数量的测点，如图 5.5 所示。并在有可能下沉的范围外设置不会下沉的固定测点。

C 测试时间与频率

实践证明，当隧道开挖后，岩体固有结构被破坏，块体间阻力削弱，变形松弛，隧道围岩应力重分布，隧道周边径向应力被释放，围岩内形成塑性区，一方面使应力不断向围岩深部转移，另一方面又不断向隧道方向变形并逐渐解除塑性区的应力。这种向隧道方向

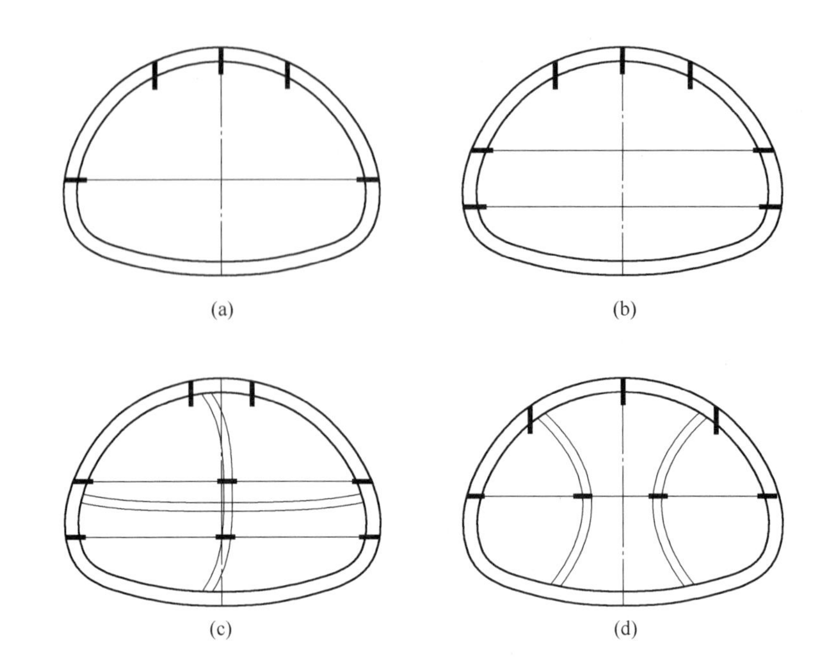

图 5.4 周边位移量测点布置（根据开挖方法）

（a）全断面法测点布置示意图；（b）台阶法测点布置示意图；
（c）中隔壁法或交叉中隔壁法测点布置示意图；（d）双侧壁导洞法测点布置图

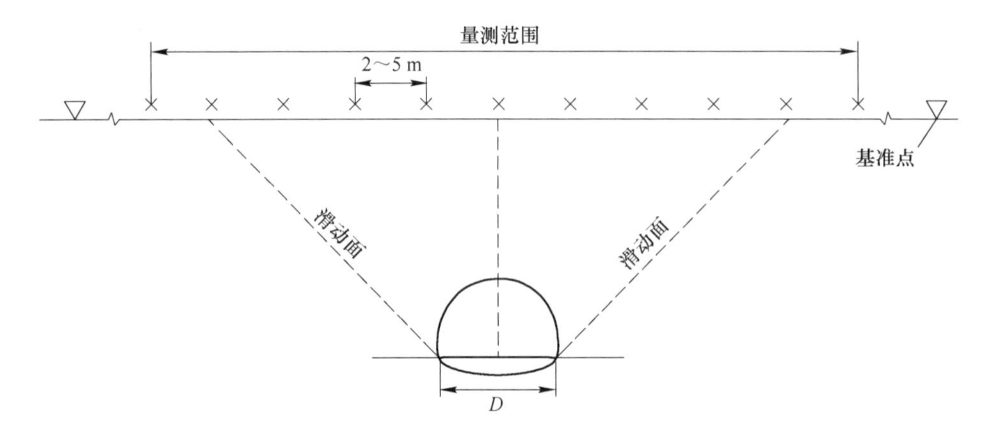

图 5.5 地表下沉横断面测点布置图

的变形，一般在爆破后 24 h 内发展较快，而围岩开挖初始阶段的变形动态数据又在全部变形过程中占十分重要的地位，因此要求测点需要尽快安装，并在下一循环爆破前获得初读数。为使初读数能够较真实地反应变形值，要求测点尽快埋设和读取初读数。洞内必测项目，各测点宜在靠近掌子面、不受爆破影响范围内尽快安设，初读数应在每次开挖后 12 h 内、下一循环开挖前取得，最迟不得超过 24 h。选测项目测点埋设时间宜根据实际需要确定。

测点安装应尽快进行，以便尽量及早获得靠近推进工作面的动态数据。一般规定，测读初读数时，测点位置距开挖工作面距离不应超过 2 m，实际上有的已安设在距开挖掌子面 0.5 m 左右的断面上，观测效果更好，但需加强测点的保护。

量测频率主要根据测点距开挖面距离而定，一般按表 5.15 选定，即元件埋设初期测试频率要每天 1~3 次；随着围岩渐趋稳定，量测次数可以减少，当出现不稳定征兆时，应增加量测次数。

表 5.15 位移量测频率表

位移速率/mm·d^{-1}	距开挖工作面距离	测试频率/次·d^{-1}
>5	$(0\sim1)D$	1~3
1~5	$(0\sim2)D$	1
0.5~1	$(2\sim4)D$	1
0.2~0.5	$(2\sim5)D$	1/ 1~3
< 0.2	$(2\sim5)D$	1/ 7~15

注：D 为开挖断面宽度（m）。

根据《公路隧道施工技术规范》（JTG/T 3660—2020）的规定，周边位移和拱顶下沉量测频率除了满足表 5.6 的要求外，还应符合表 5.16 和表 5.17 的要求。

表 5.16 周边位移和拱顶下沉量测频率（按位移速率）

位移速率/mm·d^{-1}	量测频率
≥5	2~3 次/d
1~5	1 次/d
0.5~1	1 次/(2~3)d
0.2~0.5	1 次/3d
<0.2	1 次/(3~7)d

表 5.17 周边位移和拱顶下沉量测频率（按距开挖面距离）

量测断面距开挖面距离/m	量测频率
$(0\sim1)D$	2 次/d
$(1\sim2)D$	1 次/d
$(2\sim5)D$	1 次/(2~3)d
$>5D$	1 次/(3~7)d

注：1. D 为隧道开挖宽度。
2. 变形速率突然变大，喷射混凝土表面、地表有裂缝出现并持续发展时应加大量测频率。
3. 上下台阶开挖工序转换或拆除临时支撑时应加大量测频率。

结束量测的时间：当围岩达到基本稳定后，以 1 次/3 d 的频率量测两周，若无明显变形，则可结束量测。对于膨胀性岩体，位移长期不能收敛时，量测主变形速率小于每月 1 mm 为止。

在选测项目中，地表沉降量测频率，在量测区间内原则上 1 次/(1~2)d。围岩位移量测、锚杆轴力量测、衬砌应力量测等的量测频率，原则上与同一断面内应测项目量测频率相同。

5.3.1.2 净空相对位移测试（收敛量测）

岩土工程中特别是地下工程中，位移量测（包括收敛测试）是最常用和最有意义的项目，简便经济，测试成果可直接用于指导施工，验证设计，评价围岩与支护的稳定性。

A 测试原理

硐室内壁面两点连线方向的位移之和称为“收敛”，此项量测称为“收敛量测”。收敛值为两次量测的距离之差。收敛量测是地下硐室施工监测的重要项目。

硐室的开挖，改变了岩体的初始应力状态，由于围岩应力重分布的洞壁应力释放的结果，使围岩产生了变形，洞壁有不同程度的向内净空位移。在开挖后的洞壁（含顶、底板）上，及时安设测点，采用不同的观测手段，观测其两侧点的相对位移值，如图 5.6 所示。

净空相对位移计算：

$$U_n = R_n - R_0 \tag{5.1}$$

式中，U_n 为第 n 次量测时净空相对位移值；R_n 为第 n 次量测时的观测值；R_0 为初始观测值。

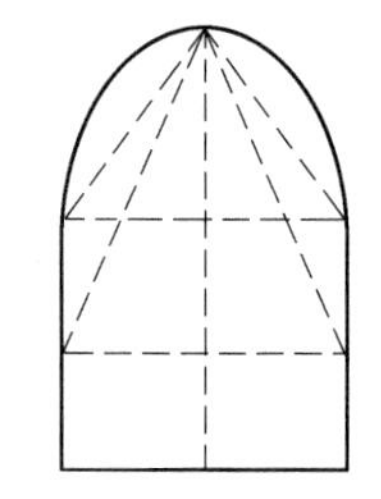

图 5.6 净空位移测线示意

测尺为普通钢尺时，还需消除温度的影响，尤其当硐室净空大（测线长），温度变化大时，应进行温度修正，其计算式为

$$U_n = R_n - R_0 - \alpha L(t_n - t_0) \tag{5.2}$$

式中，t_n 为第 n 次量测时的温度；t_0 为初始量测时的温度；L 为量测基线长；α 为钢尺线膨胀系数，一般 $\alpha = 1.2\times10^{-5}/℃$。

当净空相对位移值比较大，需要换钢尺孔位时（即仪表读数大于测试钢尺孔距时），为了消除钻孔间距的误差，应在换孔前先读一次，并计算出净空相对位移值（U_n）。换孔后应立即再测一次，从此往后计算即以换孔后这次读数为基数（即新的初读数 R_{n0}），此后净空相对位移（总值）计算式为

$$U_k = U_n + R_k - R_{n0} \quad (k > n) \tag{5.3}$$

式中，U_k 为第 k 次量测时净空相对位移值；R_k 为第 k 次量测时的观测值；R_{n0} 为第 n 次量测时换孔后读数。

若变形速率高，量测间隔期间变形量超出仪表量程，可按式（5.4）计算净空相对位移值：

$$U_k = R_k - R_0 + A_0 - A_k \tag{5.4}$$

式中，A_0 为钢尺初始孔位；A_k 为第 k 次量测时钢尺孔位。

B 测试手段

净空位移测试观测手段较多，但基本上都是由壁面测点、测尺（测杆）、测试仪器和联结部分等组成。工程中常用的测试手段有：（1）位移测杆；（2）净空变化测定计（收敛计），包括单向重锤式、万向弹簧式、万向应力环式。

5.3.1.3 围岩内部位移量测

由于硐室开挖引起围岩的应力变化与相应的变形，距临空面不同深度处这些值各不相同。围岩内部位移量测，就是观测围岩表面、内部各测点间的相对位移值，它能较好地反映出围岩受力的稳定状态，岩体扰动与松动范围。该项测试是位移观测的主要内容，一般工程都要进行这项测试工作。

A 测试原理

埋设在钻孔内的各测点与钻孔壁紧密连接，岩层移动时能带动测点一起移动，如图 5.7 所示。变形前各测点钢带在孔口的读数为 S_{i0}，变形后第 n 次测量时各点钢带在孔口的读数为 S_{in}。测量钻孔不同深度岩层的位移，也即测量各点相对于钻孔最深点的相对位移。

第 n 次测量时，测点 1 相对于孔口的总位移量 $S_{1n}-S_{10}=D_1$，测点 2 相对于孔口的总位移量为 $S_{2n}-S_{20}=D_2$，测点 i 相对于孔口的总位移量为 $S_{in}-S_{i0}=D_i$。于是，测点 2 相对于测点 1 的位移量是 $\Delta S_{2n}=D_2-D_1$，测点 i 相对于测点 1 的位移量是 $\Delta S_{in}=D_i-D_1$。当在钻孔内布置多个测点时，就能分别测出沿钻孔不同深度岩层的位移值。测点 1 的深度越大，本身受开挖的影响越小，所测出的位移值越接近绝对值。

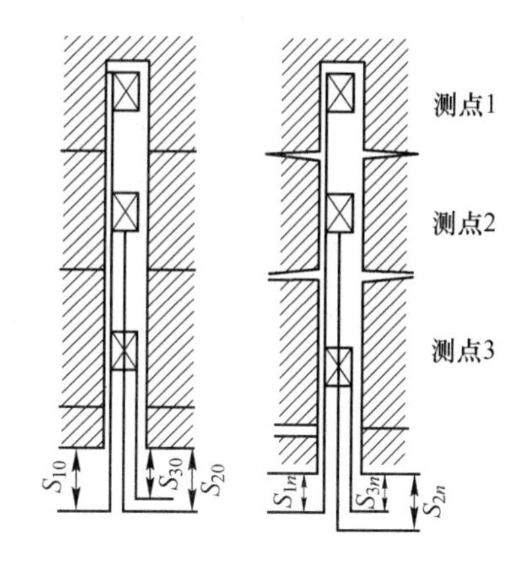

图 5.7 围岩内部位移量测

B 量测手段

通常采用钻孔伸长计或位移计，由锚固、传递、孔口装置、测试仪表等部分组成。常用的围岩内部位移测试仪器有机械式位移计和电测式位移计。

（1）机械式位移计结构简单，稳定可靠，价格低廉，但一般精度较低，观测不方便，适用于小断面，外界干扰小的地下硐室的观测。包括：单点机械式位移计、机械式两点位移计和多点机械式位移计。

（2）电测式位移计是把非电量的位移量通过传感器（一次仪表）的机械运动转换为电量变化信号输出，再由导线传递给接收仪（二次仪表）接收并显示，这种装置施测方便，操作安全，能够遥测，适应性强。但受外界影响较大，稳定性较差，费用较高。电测式位移计包括电感式位移计、差动式位移计和电阻式位移计。

5.3.1.4 拱顶下沉量测

隧道拱顶内壁的绝对下沉量称为拱顶下沉值，单位时间内拱顶下沉值称为拱顶下沉速度。

A 量测方法

对于浅埋隧道，可由地面钻孔，使用挠度计或其他仪表测定拱顶相对地面不动点的位移值。对于深埋隧道，可用拱顶变位计，将钢尺或收敛计挂在拱顶点作为标尺，后视点可视为设在稳定衬砌上，用水平仪进行观测，将前后两次后视点读数相减得差值 A，两次前视点读数相减得差值 B，计算 $C=B-A$；如 C 值为正，则表示拱顶向上位移；反之表示拱顶下沉。图 5.8 中给出了 A、B、C 三量间的几何关系。

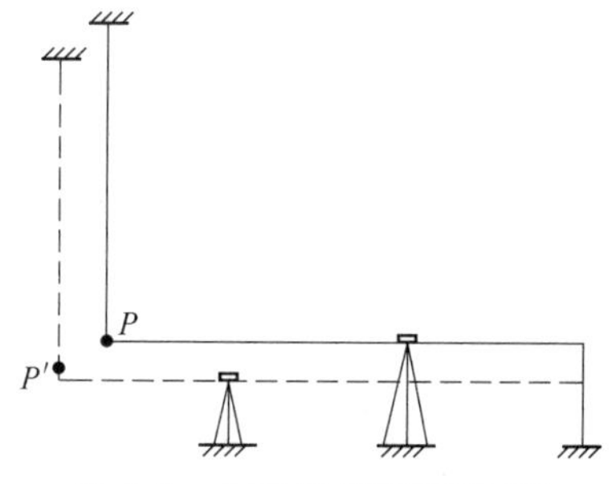

图 5.8 水平仪观测拱顶下沉

B 量测仪器

拱顶下沉量测主要用隧道拱部变位观测计。由于隧道净空高，使用机械式测试方法很不方便，使用电测方法造价又很高，铁道科研部门设计了隧道拱部变位观测计。其主要特点是：当锚头用砂浆固定在拱顶时，钢丝一头固定在挂尺轴上，另一头通过滑轮可引到隧道下部，测量人员可在隧道底板上测量，如图 5.9 所示。测量时，用尼龙绳将钢尺拉上去，不测时收在边上，不致影响施工，测点布置又相对固定。

5.3.1.5 地表下沉量测

地表沉降量测是为了判定地下工程对地面建筑物的影响程度和范围，并掌握地表沉降规律，为分析硐室开挖对围岩力学性态的扰动状况提供信息。一般是在浅埋情况下观测才有意义，如跨度6~10 m，埋深20~50 m的黄土硐室，地表沉降才几毫米。

地表下沉测点横向间距宜为2~5 m。量测范围应大于隧道开挖影响范围。在隧道中线附近测点宜适当加密。建（构）筑物对地表下沉有特殊要求时，测点应适当加密，范围应适当加宽。

地表下沉量测应在开挖工作面距离测点不小于隧道埋深与隧道开挖高度之和处开始，直到衬砌结构封闭、下沉基本稳定时为止。

地表下沉量测频率应根据量测区间段的位置确定：当开挖面距量测断面前后距离 $d \leqslant 2.5B$ 时，每天1~2次；$2.5B<d \leqslant 5B$ 时，每两天量测一次；当 $d>5B$ 时，每周量测一次；当有工序转换或出现异常情况时，应适当增大量测频率。

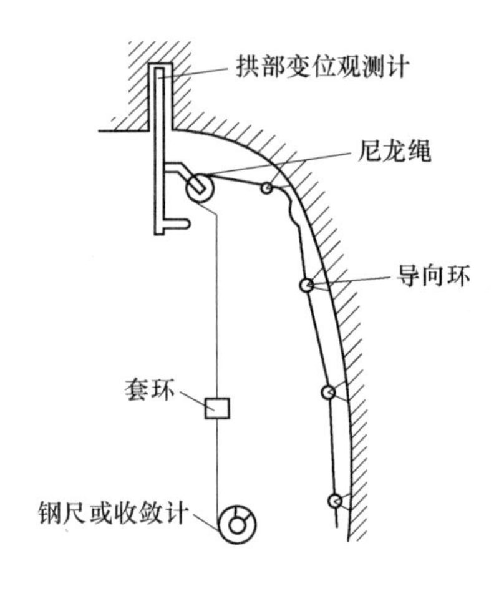

图5.9 拱部变形观测图

5.3.2 支护力监测

地下硐室支护的类型很多，但支护目的与作用都是为岩体提供支护力，调节围岩受力状态，充分发挥围岩的自承能力，促使围岩稳定，保证地下空间的正常使用。通过对支护的应力应变测试，不仅可直接提供关于支护结构的强度与安全度的信息，且能间接了解到围岩的稳定状态，并与其他测试手段相互验证。

岩土工程受力监测包括锚杆轴力、钢架内力、接触压力、衬砌内力和孔隙水压力等内容。接触压力监测主要包括围岩与初期支护之间接触压力、初期支护与二次衬砌之间接触压力等内容，属选测项目，用以评价围岩与初期支护之间、初期支护与二次衬砌之间的相互受力状况，评价支护结构、二次衬砌受力状况，评估设计的合理性，为今后类似工程设计提供依据。

5.3.2.1 锚杆轴力量测

锚杆轴力量测的目的在于掌握锚杆实际工作状态，结合位移量测，修正锚杆的设计参数。其原理通常是：锚杆受力后发生变形，采用应变片或应变计测量锚杆的应变，得出与应变成比例的电阻或频率的变化，然后通过标定曲线或公式将电测信号换算成锚杆应力。

锚杆应力和衬砌应力及其他选测项目，其测量断面的纵向间距可定为200~500 m，或在几个典型地段选取测试断面，增测项目的测试断面应视需要而定。

A 量测锚杆的类型

锚杆轴力量测主要使用的是量测锚杆。量测锚杆的杆体是用中空的钢材制成，其材质同锚杆一样。量测锚杆主要有机械式和电阻应变片两类。

机械式量测锚杆是在中空的杆体内放入四根细长杆，将其头部固定在锚杆内预计的位置上（图5.10）。量测锚杆一般长度在

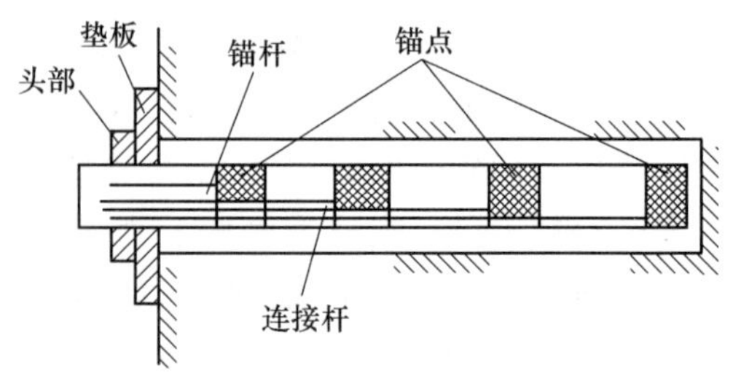

图5.10 量测锚杆构造与安装

6 m以内，测点最多为4个，用千分表直接读数，量出各点间的长度变化，然后除以测点间距得出应变值，再乘以钢材的弹性模量，即得各测点间的应力。由此可了解锚杆轴力及其应力分布状态，再配合以岩体内位移的量测结果就可以设计锚杆长度及锚杆根数，还可以掌握岩体内应力重分布的过程。图5.11为一个量测实例。

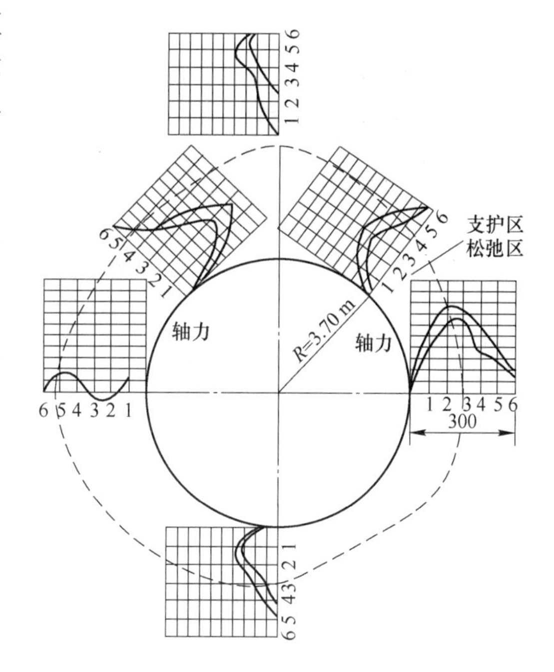

图5.11 锚杆轴力量测实例

电阻应变片式量测锚杆是在中空锚杆内壁或在实际使用的锚杆上轴对称贴四块应变片，以四个应变片的平均值为量测应变值，这样可消除弯曲应力的影响，测得的应变值乘以钢材的弹性模量可得该点的应力。

B 轴力量测锚杆的布置

量测锚杆要依据具体工程中支护锚杆的安设位置、方式而定。如果是局部加强锚杆，要在加强区域内代表性位置设量测锚杆。若为全断面系统锚杆（不含底板），在断面上布置位置可参见图5.3围岩位移测孔布置方式进行。

监测断面布置的量测锚杆数量应符合表5.18的规定。

表5.18 监测断面量测锚杆数量表

项目	双车道隧道	三车道隧道	四车道连拱隧道	六车道连拱隧道
量测锚杆/根	≥3	≥5	≥6	≥8

一个代表性地段宜设置1~2个监测断面，量测锚杆宜分别布置在拱顶中央、拱腰及边墙处。量测锚杆宜根据其长度及量测的需要设3~6个测点；长度大于3 m锚杆测点数不宜少于4个；长度大于4.5 m锚杆测点数不宜少于5个。

5.3.2.2 钢支撑压力量测

如果隧道围岩类别低于Ⅳ类，隧道开挖后常需要采用各种钢支撑进行支护。量测围岩作用在钢支撑上的压力，对维护支架承载能力、检验隧道偏压、保证施工安全、优化支护参数等具有重要意义。例如，通过压力量测，可知钢支撑的实际工作状态，从钢支撑的性能曲线上可以确定在此压力作用下钢支撑所具有的安全系数，视具体情况确定是否需要采取加固措施。

围岩作用于钢支撑上的压力可用多种测力计量测。根据测试原理和测力计结构的不同，测力计可分为液压式测力计和点测式测力计，其中液压式测力计又分液压盒和油压枕两种，电测式测力计有应变式、钢弦式、差动变压式和差动电阻式四种。

液压式测力计的优点是结构简单、可靠，现场直接读数，使用比较方便。电测式测力计的优点是测量精度高，可远距离和长期观测。

图5.12和图5.13分别为测力计的布置及安装示意图。

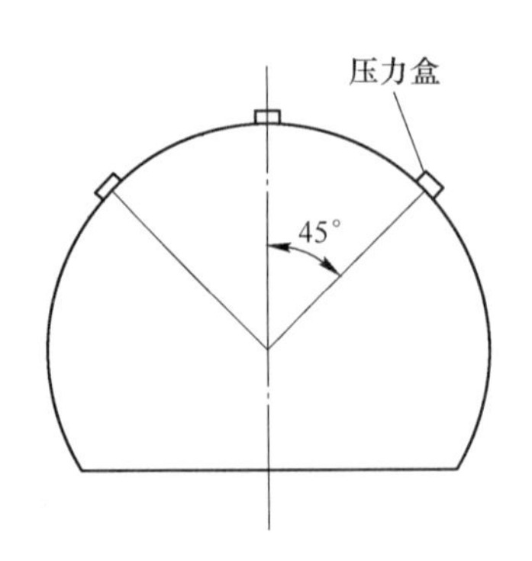

图5.12　测力计的布置

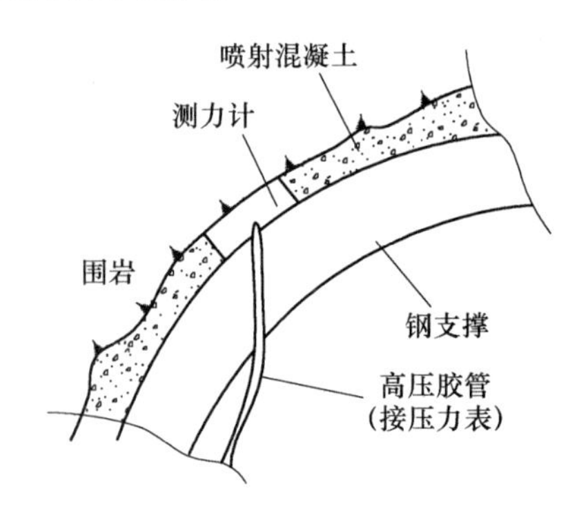

图5.13　测力计的安装示意图

5.3.2.3　衬砌应力量测

衬砌应力量测的目的在于研究复杂工作条件下的地压问题，检验设计，积累资料和指导施工，衬砌应力量测通常是压力量测。这里以钢弦式应力计为例介绍混凝土衬砌应力的量测。

A　弦测法的基本原理

钢弦式测试技术属“非电量电测法”的范畴，测试工作系统一般由钢弦式传感器（或调频弦式传感器）和钢弦频率测定仪组成，如图5.14所示。其实质是传感器中有一根张紧的钢弦，当传感器受外力作用时，弦的内应力发生变化，自振频率也相应地发生变化，弦的张力越大，自振频率越高，反之，自振频率就越低。因此，钢弦自振频率的变化反映了加于钢弦传感器上外力的变化。如能测出钢弦频率的变化，就可以利用它测定施加于传感器上的外力。

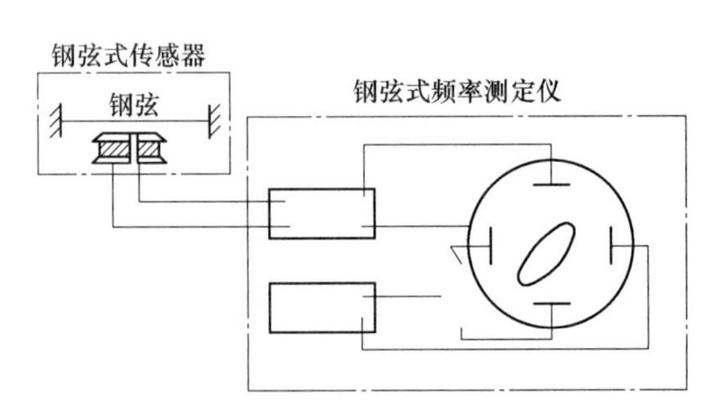

图5.14　钢弦式测试系统

钢弦式测试的基本原理就是利用钢弦的这种性质，将力转换成钢弦的固有频率的变化而进行测量。一般测量钢弦频率的方法是使钢弦在电磁力的作用下激振，起振后将振动频率转换成电量，再进行频率测量。

B　压力盒的类型

钢弦式传感器根据它的用途、结构形式和材料不同，一般有多种类型。国产常用压力盒类型、使用条件及优缺点列于表5.19。

表5.19　压力盒类型及使用特点

工作原理	结构及材料	使用条件	优缺点
单线圈激振型	钢丝卧式 钢丝立式	测土、岩土压力，测土压力	（1）构造简单； （2）输出间歇非等幅衰减波，故不适用动态测量和连续测量，难以自动化

续表 5.19

工作原理	结构及材料	使用条件	优缺点
双线圈激振型	钢丝卧式	测水、土、岩压力	(1) 输出等幅波，稳定，电势大； (2) 抗干扰能力强，便于自动化； (3) 精度高，便于长期使用
钨丝压力盒	钢丝立式	测水、土压力	(1) 刚度大，精度高，线性好； (2) 温度补偿好，耐高温； (3) 便于自动化记录
钢弦摩擦压力盒	钢丝卧式	测井壁与土层间摩擦	只能测与钢筋同方向的摩擦力
钢筋应力计	钢弦	测钢筋中应力	比较可靠
钢筋应力计	钢弦	测混凝土变形	比较可靠

C 压力盒的布置与埋设

由于测试目的及对象不同，测试前必须根据具体情况作出观测设计，再根据观测设计来布置与埋设压力盒。埋设压力盒总的要求是：接触紧密和平稳，防止滑移，不损伤压力盒及引线，且需在上面盖一块厚 6~8 mm、直径与压力盒直径大小相等的铁板。常见压力盒的布设方式如图 5.15 所示。

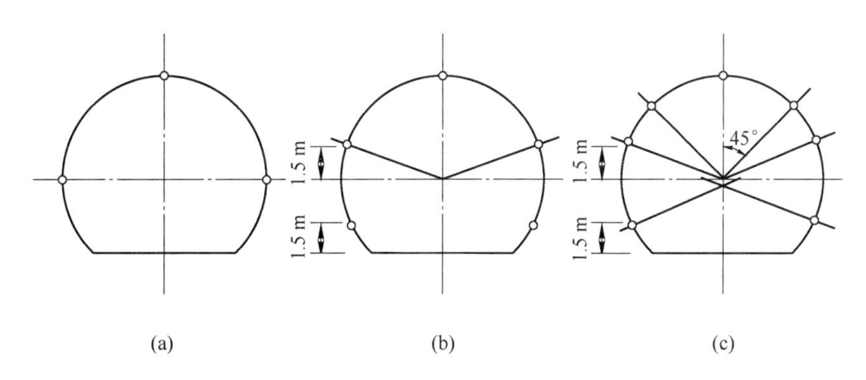

图 5.15 压力盒的布置

衬砌应力量测，除应与锚杆受力量测孔相对应布设外，还要在有代表性的部位设测点，如图 5.16 所示。

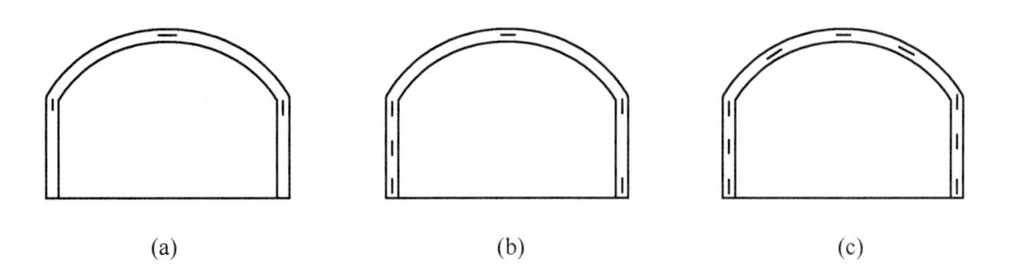

图 5.16 衬砌应力量测点布置

(a) 三测点；(b) 六测点；(c) 九测点

D 隧洞测量的典型布置

图 5.17 是未衬砌隧洞位移测量和衬砌后隧洞应力应变测量典型布置的例子。

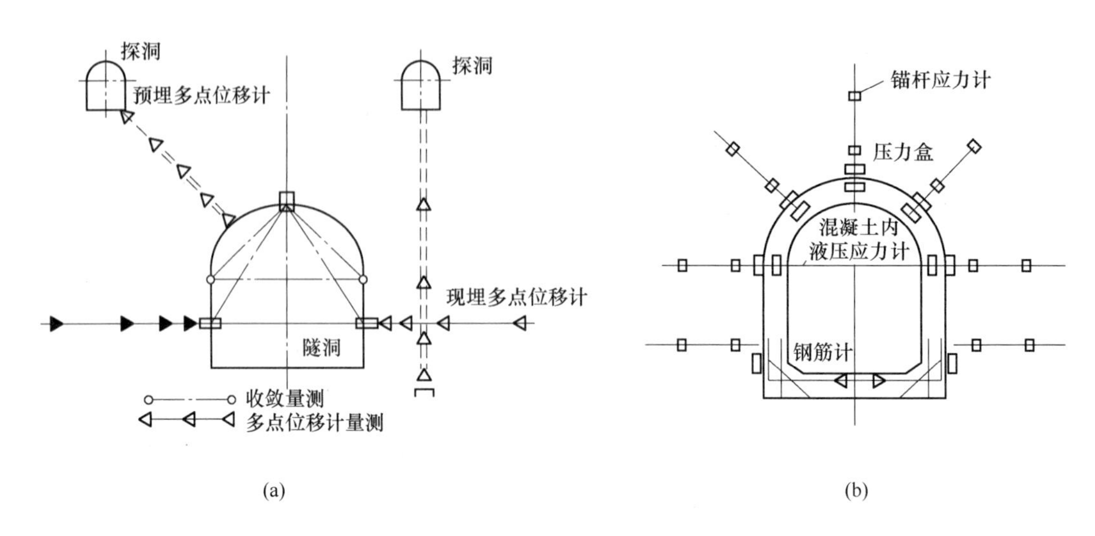

(a)　　(b)

图 5.17　隧洞测量的典型布置

（a）位移测量；（b）应力应变测量

5.3.3　声波监测

声波测试的目的是测试围岩松动范围与提供分类参数验证围岩分类，要求测孔位置要有代表性，如图 5.18 所示。在每个部位上，测孔位置要兼顾单孔、双孔两种测试方法，还要考虑到围岩层理、节理与双孔对穿测试方向的关系。有时在同一部位上，可成直角形布设三个测孔，以便充分掌握围岩构造对声波结果的影响。

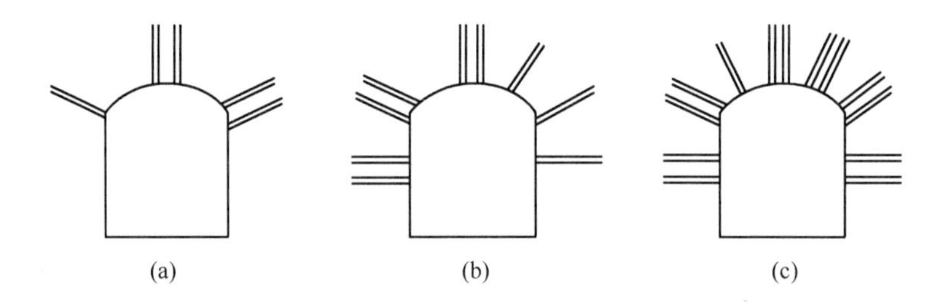

(a)　　(b)　　(c)

图 5.18　声波测试测孔布置

（a）五测孔；（b）九测孔；（c）十三测孔

5.4　量测数据处理

5.4.1　量测数据的常规处理方法

5.4.1.1　量测数据整理

现场量测数据是随时间和空间变化的，一般称为时间效应与空间效应，应及时用变化曲线关系图表示出来，即量测数据随时间变化规律-时态曲线，或者绘制被测量与距离之间的关系曲线。

(1) 围岩与支护结构的位移测试。

1) 净空位移测试。

① 绘制位移与时间的关系曲线(图 5.19);

② 绘制位移与开挖面距离的关系曲线(图 5.20);

③ 绘制位移速度 V 与时间的关系曲线(图 5.21);

这三条曲线,不一定每条测线都要绘制,一般情况下有第一条曲线就能满足要求。

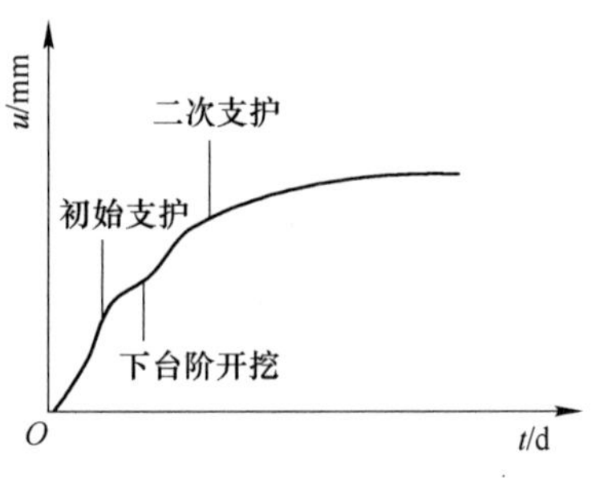

图 5.19 位移与时间关系曲线

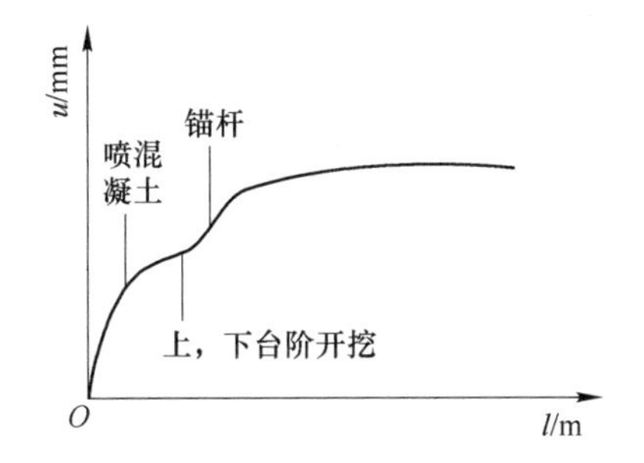

图 5.20 位移与开挖面距离关系曲线

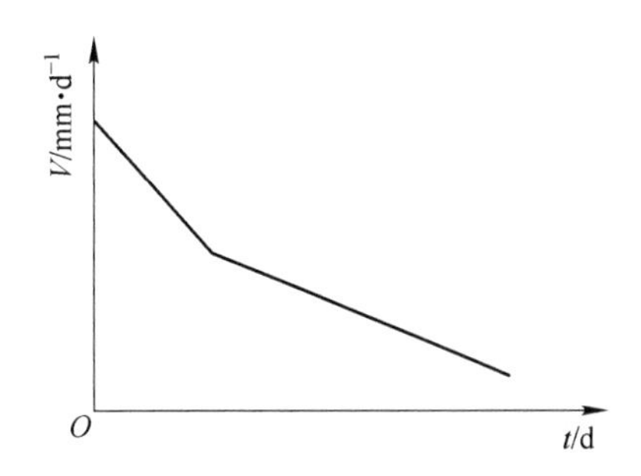

图 5.21 位移速度与时间关系曲线

2) 围岩内位移测试。

① 绘制孔内各测点(L_1、L_2、…)位移与时间关系曲线(图 5.22);

② 绘制不同时间(t_1、t_2、…)位移与深度(测点位置)关系曲线(图 5.23);

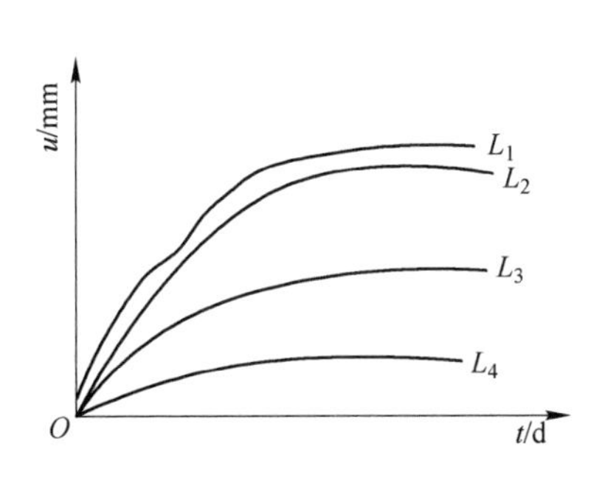

图 5.22 各测点位移与时间关系曲线

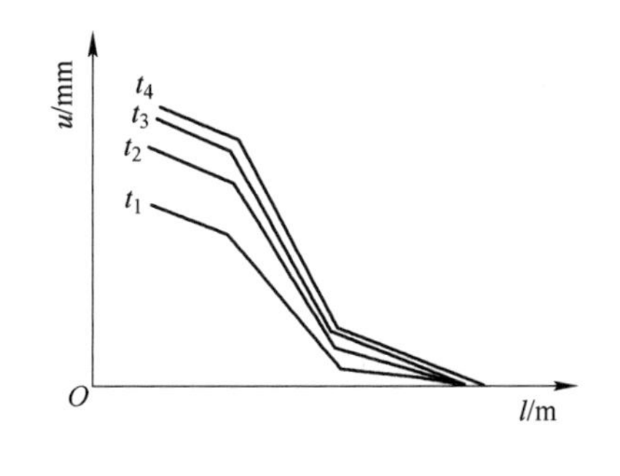

图 5.23 不同时间位移与深度关系曲线

(2) 围岩径向应变测试。

1) 绘制不同时间(t_1、t_2、…)应变与深度(测点位置 l)关系曲线(图 5.24)。

2) 绘制围岩内不同测点的应变与时间的关系曲线(图 5.25)。

(3) 支护受力量测。

1) 绘制不同时间(t_1、t_2、…)锚杆轴力(应力 σ)与深度的关系曲线(图 5.26)。

2) 绘制钢支撑压力与时间的关系曲线(图 5.27)。

3) 绘制喷层应力与时间关系曲线(图 5.28)。

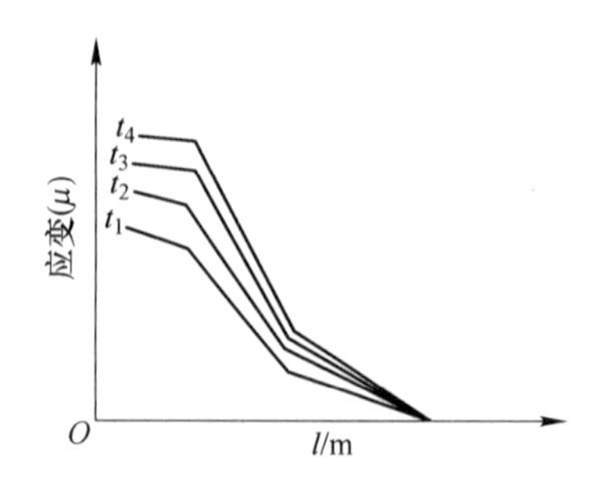

图 5.24　不同时间应变与深度关系曲线

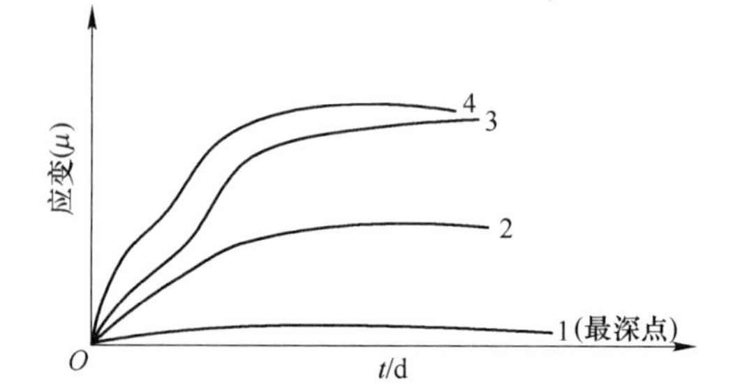

图 5.25　不同测点应变与时间关系曲线

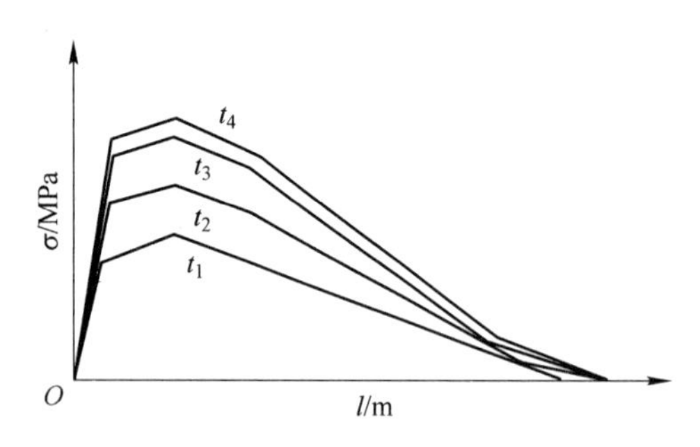

图 5.26　不同时间锚杆轴力与深度关系曲线

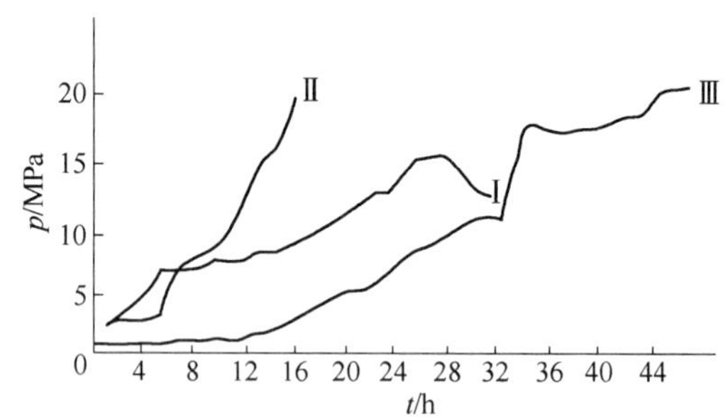

图 5.27　钢支撑压力与时间关系曲线

Ⅰ，Ⅱ，Ⅲ—压力盒

(4) 声波测试。绘制各测孔波速与测孔深度关系曲线（图 5.29）。

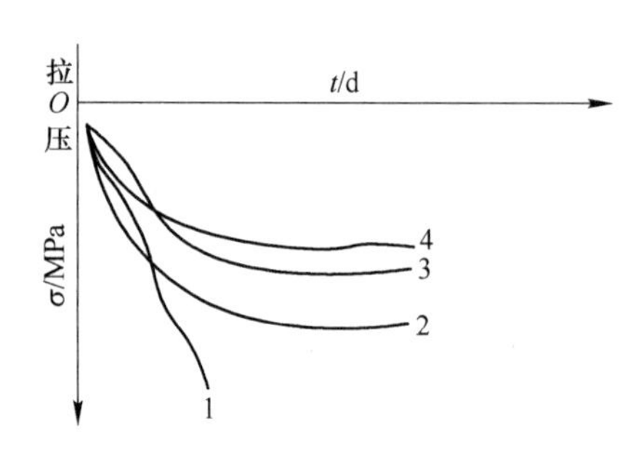

图 5.28　喷层应力与时间关系曲线

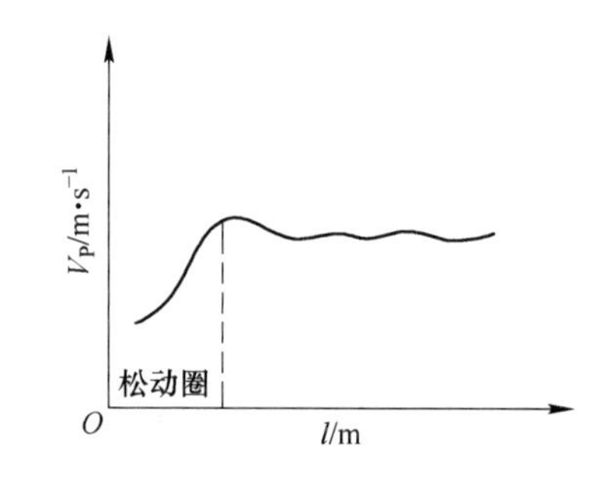

图 5.29　声波测试 V_P 与 l 关系曲线

5.4.1.2　测试数据的处理

在现场测试中，由于测试条件、人员等因素的影响，使测试数据存在偶然误差及散点图上下波动，应用数据的时候必须进行数学处理，以某一函数形式来表示，进而获得能较准确反映实际情况的典型曲线，找出测试数据随时间变化的规律，并推算出测试数据的极值，为监控设计提供重要信息。

地下工程监测数据的处理方法有确定性方法和非确定性方法两大类。确定性方法主要有统计回归方法、反分析法等，非确定性方法有灰色系统、模糊数学及神经元网络等方法。下面就实际使用过程中常用的监测数据处理方法进行简单的叙述。

A　散点图与回归分析法

由于地下工程地质条件和施工工序的复杂性以及具体监测环境的不同，施工导致围岩与支护结构的变形并不是单调增加，因受地质条件和施工工艺的影响，围岩与支护结构变形随时间变化，在初始阶段呈波动特性，然后逐渐趋于稳定。在监测数据整理中可将监测结果与时间的对应关系绘制成位移-时间曲线的散点图。在图中应注明监测时工作面施工工序和开挖工作面距监测断面的距离以及工程的具体条件，如埋深、地质条件、支护参数等，以便分析不同埋深、地质条件、支护参数等情况下，各施工工序、时间、空间与监测数据之间的关系。

根据不同工程的具体情况，也可将通过计算求得的监测间隔时间、累计监测时间、监测位移值、累计位移值、当日位移速率、平均位移速率等列成表格并绘制成相应的与时间的关系曲线。根据围岩和支护结构的位移与时间关系曲线，寻找出不同时刻围岩和支护结构的位移值和位移发展趋势，预测围岩与支护结构可能出现的最大位移值，进而判断其安全性和是否侵入净空。同时对位移速率进行分析，判断围岩与支护结构的稳定性和支护结构的可靠性。由于偶然误差的影响使监测数据具有离散性，根据实测数据而绘制的位移随时间而变化的散点图通常会出现上下波动、很不规则的形式，难以据此进行分析，因此必须应用数学方法对监测所得的数据进行回归分析，找出位移随时间变化的规律，为优化设计并指导施工提供科学依据。

a　一元线性回归分析

一元线性回归分析是研究两个变量呈线性变化的问题。在对一组监测结果进行数据处理时，通过回归分析找出两个变量函数关系的近似表达式，即经验公式。首先将实测位移与对应的时间或与开挖面的距离列表并做散点图。如果这些点近似在一条直线附近，就可以认为位移随时间或开挖距离的变化呈线性关系，即 $y=f(x)$ 是线性函数，可用 $y=a+bx$ 函数进行回归，用最小二乘法求回归系数 a、b。最小二乘法的原理如下。

根据现场监测，可以得到不同监测时间段的位移值。令 x_i 代表监测获得的时间或掘进距离，而与其相对应的沉降或变形为 y_i。为寻求两者之间的函数关系，可令 $y_i=a+bx_i$，y_i 是关于自变量 x_i 的函数，y_i 是测定的数据如时间或位移等，测定值与函数计算值之间的误差为 (y_i-a-bx_i)。由于误差可以为正数也可以为负数，如果将绝对误差累加起来则很有可能相互抵消，并未反映出测试的精确度。为此，可将各个测量值与计算值的绝对误差进行平方，然后再累计相加，则其值必为正值，因而可得到

$$\varphi(a,\ b)=\sum_{i=1}^{n}(y_i-a-bx_i)^2 \tag{5.5}$$

如果式（5.5）取得极值，则必有

$$\frac{\partial\varphi}{\partial a}=-2\sum_{i=1}^{n}(y_i-a-bx_i)=0 \tag{5.6}$$

$$\frac{\partial\varphi}{\partial b}=-2\sum_{i=1}^{n}(y_i-a-bx_i)x_i=0 \tag{5.7}$$

由此得到待定系数 a、b 为

$$a=\frac{1}{n}\left(\sum_{i=1}^{n}y_i-b\sum_{i=1}^{n}x_i\right) \tag{5.8}$$

$$b = \frac{n\sum_{i=1}^{n}(x_i y_i) - \sum_{i=1}^{n}x_i \sum_{i=1}^{n}y_i}{n\sum_{i=1}^{n}x_i^2 - \sum_{i=1}^{n}x_i} \tag{5.9}$$

从而可以得到线性方程中的待定系数 a、b。

获得待定系数后应判断回归方程的线性相关性。线性相关性可用相关系数 r 来表示。r 的绝对值越接近 1，则表明选取的回归方程或函数的线性关系越好。

$$r = a\sqrt{\frac{n\sum_{i=1}^{n}x_i^2 - \left(\sum_{i=1}^{n}x_i\right)^2}{n\sum_{i=1}^{n}y_i^2 - \left(\sum_{i=1}^{n}y_i\right)^2}} \tag{5.10}$$

衡量回归分析的精度可用剩余标准差进行判定，其计算表达式为

$$s = \sqrt{\frac{1}{n-2}\sum_{i=1}^{n}\left(y_i - \frac{1}{n}\sum_{i=1}^{n}y_i\right)^2} \tag{5.11}$$

当计算得到的剩余标准差 s 越小，则说明回归的精度越高。

b　非线性回归

如果两个变量之间不是线性关系，则处理两个变量间的关系问题属于一元非线性回归问题。一元非线性回归的步骤是：根据监测数据的散点图的特征，选择某一曲线函数，如指数函数、对数函数等进行回归。如果函数能变换为线性函数的形式，则回归时先将上述函数进行数学变换，使其变为线性函数的形式，然后用一元线性回归的方法。

常用的表示两个非线性随机变量的函数关系如下：

（1）对数函数

$$y = a + \frac{b}{\lg(1+x)} \tag{5.12}$$

（2）指数函数

$$y = a\mathrm{e}^{-bx} \quad 或 \quad y = a\mathrm{e}^{-\frac{b}{x}} \tag{5.13}$$

（3）双曲函数

$$y = \frac{x}{ax+b} \quad 或 \quad y = \frac{1}{a+b\mathrm{e}^{-x}} \tag{5.14}$$

式中，a、b 为回归常数；x 为可代表监测的时间、距离等。

现以式（5.12）所示的对数函数为例，来说明线性变换的过程。

若令 $t = 1/\log(1+x)$，则式（5.12）可变换为

$$y = a + bt \tag{5.15}$$

从而将对数函数变换为线性函数。式中可将 t 和 y 视为监测数据，如此就可以按照一元线性回归分析的方法进行回归分析。

如果函数不能变换为线性函数的形式进行回归，可用最小二乘法进行迭代回归。具体可参阅数值计算相关的文献。

在进行回归分析时需要注意以下几点：

(1) 回归分析要有足够多的监测数据，一般应在连续测试一个月以后进行。

(2) 实际发生位移的时间 t_0 都在埋设测点前（地表沉降除外），t_0 是未知的，应考虑 t_0 的影响，使函数拟合得更真实。

(3) 实际回归分析时，还应考虑爆破开挖所造成的位移突变和影响。

回归分析的过程如下：

(1) 首先绘制时间与位移曲线散点图和距离与位移曲线散点图，如图 5.30 所示。

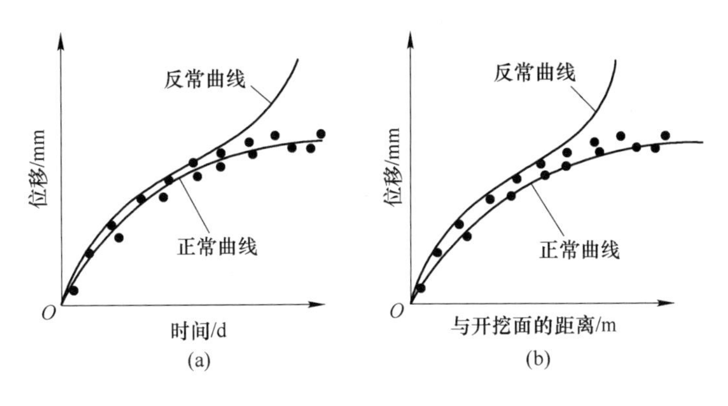

图 5.30 时间(距离)-位移曲线图

(2) 其次，当时间-位移曲线趋于平缓时，可选取合适的函数形式进行回归分析。

(3) 图 5.30 中所示的正常曲线，是位移随时间和与开挖面距离向前推进而渐趋稳定，说明围岩处于稳定状态，支护系统是有效、可靠的，图 5.30 中所示的反常曲线中出现了反弯点，说明位移出现反常的急剧增长现象，表明围岩和支护结构已经呈现不稳定的状态，应立即采取相应的措施进行处理，并加强监测，以确保地下工程施工的安全。

B 位移监测数据分析中常用的回归函数

a 地表横向沉降回归函数

在统计分析大量不同类型的地下工程施工引起的地表沉降实测资料基础上，Peck 在 1969 年得出了一系列与地层有关的沉降槽宽度的近似值回归模型，即 Peck 公式，他认为，在不考虑土体排水固结和蠕变的条件下，地层变形由地层损失引起，地表沉降槽体积等于地层损失体积，地表沉降槽符合正态分布曲线，如图 5.31 所示。

$$S(x) = S_{\max}\exp\left(-\frac{x^2}{2i^2}\right) \tag{5.16}$$

$$S_{\max} = \frac{V}{\sqrt{2\pi}\, i} \tag{5.17}$$

$$i = \frac{h}{\sqrt{2\pi}\tan\left(45^\circ - \dfrac{\varphi}{2}\right)},\quad V = \pi\left[\gamma^2 - \left(\frac{d}{2}\right)^2\right] \tag{5.18}$$

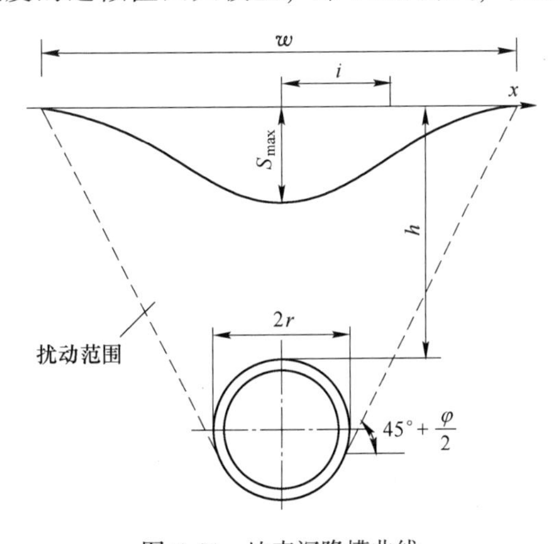

图 5.31 地表沉降槽曲线

r—隧道半径；w—隧道地表沉降宽度

式中，$S(x)$ 为距隧道中线 x 处的沉降值，

mm；S_{max} 为隧道中线处最大沉降值，mm；V 为隧道单位钻进长度地层损失量，m^3/m；i 为沉降曲线变曲点；h 为隧道埋深，m；γ 为钻孔半径，m；d 为套管外径，m。

b　位移历时回归方程

对地表沉降、拱顶下沉、净空收敛等变形的历时曲线一般采用指数函数、对数函数或双曲线函数进行回归分析。

c　沉降历程回归方程

由于地下工程开挖过程中地表纵向沉降、拱顶下沉及净空收敛等位移受开挖工作面的时空效应影响，采用单个曲线进行回归时不能全面反映沉降历程，通常采用以拐点为对称的两条分段指数函数式或指数函数进行近似回归分析。

$$\begin{cases} S = A[1 - e^{-B(x-x_0)}] + U_0 \quad (x > x_0) \\ S = A[1 - e^{-B(x-x_0)}] + U_0 \quad (x \leqslant x_0) \end{cases} \tag{5.19}$$

$$S = -A(1 - e^{-Bx}) \quad (x \geqslant 0) \tag{5.20}$$

式中，A、B 均为回归参数；x 为距开挖面的距离；S 为距开挖面 x 处的地表沉降；x_0 为拐点 x 轴坐标值；U_0 为拐点 x_0 处的沉降值。

根据经验，对于地表纵向沉降回归分析一般采用式（5.19）；拱顶下沉、净空收敛变形一般采用式（5.20）。对于式（5.20），理论上讲，当 x 较小时，S 趋于 0；若 S 不趋于 0，需要考虑监测结果的可靠性。

现以式（5.20）为例来说明确定其回归常数的两倍时差法。根据式（5.20）可得在不同时间段内测得的沉降值也不同。现假设在 t_1 和 t_2 时间段测定的对应下沉值分别为 u_1 和 u_2，其应当满足式（5.20），即有

$$u_1 = A(1 - e^{-Bt_1}) \tag{5.21}$$

$$u_2 = A(1 - e^{-Bt_2}) \tag{5.22}$$

将式（5.21）和式（5.22）对比有

$$\frac{u_1}{u_2} = \frac{1 - e^{-Bt_1}}{1 - e^{-Bt_2}} \tag{5.23}$$

令 $t_2 = 2t_1$，将其代入式（5.23），则有

$$B = \frac{1}{t_1}\ln\frac{u_1}{u_2 - u_1} \tag{5.24}$$

$$A = \frac{u_1^2}{2u_1 - u_2} \tag{5.25}$$

得到系数 A、B 后即可求得下沉与时间的变化关系。如果量测的时间不满足两倍时差的关系，则可以用插值法求出 $2t_1$ 的测量值，即

$$u_{2t_1} = \frac{(t_3 - 2t_1)u_2 + (2t_1 - t_2)u_3}{t_3 - t_2} \tag{5.26}$$

求得 u_{2t_1} 后，再利用式（5.24）和式（5.25）即可得到系数 A、B。

5.4.2　量测数据警戒值与量测分析

5.4.2.1　位移允许值

位移允许值是指在保证隧洞不产生有害松动以及地表不产生有害下沉量的条件下，自隧洞开挖到变形稳定为止，在起拱线位置的隧洞壁面水平位移总量的最大值，或拱顶的最大允许下沉量。用总位移量表示的围岩稳定准则通常以围岩内表面的收敛值、相对收敛值或位移值等表示。

《岩土锚杆与喷射混凝土支护技术规程》（GB 50086—2015）第 7.3.10 条和《公路隧道施工技术规范》（JTG/T 3660—2020）第 9.3.4 条规定，隧道周边壁任意点的实测相对位移值或用回归分析推算的总相对位移值均应小于表 5.20 所列数值。拱顶下沉值也参照应用。

表 5.20　隧道、硐室周边允许相对收敛值　（%）

围岩类别	硐室埋深/m		
	<50	50~300	300~500
Ⅲ	0.10~0.30	0.20~0.50	0.40~1.20
Ⅳ	0.15~0.50	0.40~1.20	0.80~2.00
Ⅴ	0.20~0.80	0.60~1.60	1.00~3.00

注：1. 洞周相对收敛量是指两测点间实测位移值与两测点间距之比，或拱顶位移实测值与隧道宽度之比。

2. 脆性围岩取表中较小值，塑性围岩取表中较大值。

3. 本表适用于高跨比 0.8~1.2、埋深<500 m，且其跨度分别不大于 20 m（Ⅲ级围岩）、15 m（Ⅳ级围岩）和 10 m（Ⅴ级围岩）的隧洞、硐室工程。否则应根据工程类比，对隧洞、硐室周边允许收敛值进行修正。

日本新奥法设计施工指南提出，按测得的总位移值或从测得数据预计的最终位移值确定围岩类别（表 5.21）。

表 5.21　净空变化值　（mm）

围岩类别	单线隧道	双线隧道
I_s~特 s	> 75	> 150
I_N	25~75	50~150
II_N~V_N	< 25	< 50

注：I_N~V_N 为一般围岩，I_s 为塑性围岩，特 s 为膨胀性围岩。

法国对断面面积为 50~100 m^2 的硐室拱顶下沉量控制标准见表 5.22。

表 5.22　法国硐室拱顶下沉量控制标准

埋深/m	拱顶允许最大下沉量/cm	
	硬质围岩	软质围岩
10~15	1~2	2~5
50~100	2~6	10~20
>500	6~12	20~40

5.4.2.2　位移速率允许值

允许位移速率也是判别围岩稳定性的标志，它是指在保证围岩不产生有害松动的条件下，隧洞壁面间水平位移速度的最大允许值。开挖通过量测断面时位移速率最大，以后逐渐降低。一般情况下，初期位移速率为总位移值的1/10~1/4。日本新奥法设计施工指南提出，当位移速率大于20 mm/d时，就需要特殊支护。有的则以初期位移速率，即开挖后3~7 d内的平均位移速率来确定允许位移速率，以消除空间作用及开挖方式的影响。

目前，围岩达到稳定的标准通常都采用位移速率。如我国《岩土锚杆与喷射混凝土支护工程技术规范》（GB 50086—2015）中以连续5 d内隧洞周边水平收敛速度小于0.2 mm/d；拱顶或底板垂直位移速度小于0.1 mm/d作为围岩稳定的标志之一。法国新奥法施工标准中规定：当月累计收敛量小于7 mm，即每天平均变形速率小于0.23 mm，认为围岩已达到基本稳定。

5.4.2.3　位移-时间曲线判别围岩稳定性

围岩典型的位移-时间曲线如图5.32所示。

由图5.32可见：

（1）位移加速度为负值 $\left(\dfrac{\mathrm{d}^2u}{\mathrm{d}t^2}<0\right)$，即 $\overset{\frown}{OA}$ 段曲线标志围岩变形速率不断下降，表明围岩变形趋向稳定。

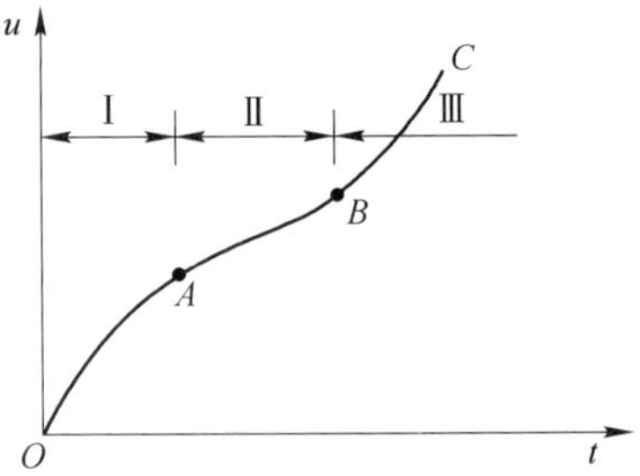

（2）位移加速度为零 $\left(\dfrac{\mathrm{d}^2u}{\mathrm{d}t^2}=0\right)$，即 $\overset{\frown}{AB}$ 段曲线标志围岩变形速率长时间保持不变，表明围岩处于稳定状态。

图5.32　围岩位移-时间曲线

（3）位移加速度为正值 $\left(\dfrac{\mathrm{d}^2u}{\mathrm{d}t^2}>0\right)$，即 $\overset{\frown}{BC}$ 段曲线标志围岩变形速率增加，表明围岩已处于危险状态，需立即停止开挖，迅速加固支护衬砌或采取措施加固围岩。

5.4.2.4　围岩内位移及松动区分析

围岩内位移与松动区的大小一般用多点位移计量测，按此绘制各位移计的围岩内位移图（图5.33）。

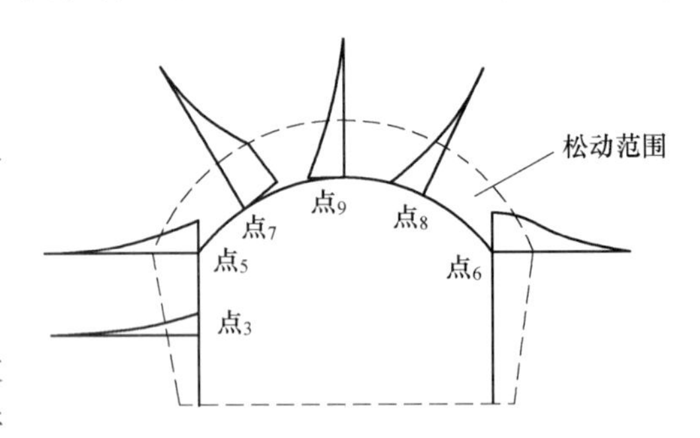

图5.33　围岩内部位移图

由图5.33即能确定围岩的松动范围。由于围岩洞壁位移量与松动区大小一一对应，相应于围岩的最大允许变形量就有一个最大允许松动区半径。当松动区半径超过此允许值时，围岩就会出现松动破坏，此时必须加强支护或改变施工方式，以减少松动区范围。

5.4.2.5　锚杆轴力量测分析

根据量测锚杆测得的应变，即可得到锚杆的轴力。锚杆轴力在硐室断面各处是不同的，根据实际调查，可以发现：

（1）锚杆轴力超过屈服强度时，净空变位值一般超过50 mm。

（2）同一断面内，锚杆轴力最大值多数在拱部45°附近到起拱线之间的锚杆出现。

（3）拱顶锚杆，不管净空位移值大小如何，出现压力的情况是不少的。

5.4.2.6 围岩压力量测分析

根据围岩压力分布曲线立即可知围岩压力的大小及分布状况。围岩压力大，表明喷层受力大，这可能有两种情况：一是围岩压力大，但围岩变形量不大，表明支护时机，尤其是仰拱的封底时间过早，需延迟支护和仰拱封底时机，让原岩释放较多的应力；另一是围岩压力大，且围岩变形量也很大，此时应加强支护，以限制围岩变形。当测得的围岩压力很小，但变形量很大时，则还应考虑是否会出现围岩失稳。

5.4.2.7 喷层应力分析

喷层应力主要是指切向应力，因喷层径向应力不大。喷层应力反映喷层的安全度，设计者据此调整锚喷参数，特别是喷层厚度。喷层应力是与围岩压力密切相联系的，喷层应力大，可能是由于支护不足，也可能是仰拱封底过早，其分析与围岩压力的分析大致相似。

5.4.2.8 地表下沉量测分析

地表下沉量测主要用于浅埋硐室，是为了掌握地面产生下沉的影响范围和下沉值而进行的。地表下沉曲线可以用来表征浅埋隧道的稳定性，同时也可以用来表征对附近地表已建建筑物的影响。横向地表下沉曲线如左右非对称，下沉值有显著不同时，多数是由于偏压地形、相邻隧道的影响以及滑坡等引起。故应辅加其他适当量测，仔细研究地形、地质构造等影响。

5.4.2.9 物探量测分析

物探量测主要指声波法量测。按测试结果绘制的声波速度可以确定松动区范围及其动态，并应与围岩内位移图获得的松动区相对照，以综合确定松动区范围。

5.4.3 基于云计算的大数据处理技术

岩土工程监测一般具有工期长、测点数量大、种类多、数据量大等特点，要在短时间内完成监测信息采集、处理、分析、查询、安全评估和提出反馈报告以指导施工不是一件容易的事情。从浩如烟海、纷繁复杂的监测数据中挖掘出各种观测量之间、原因量和效应量之间，观测量与施工过程之间的相关关系无疑是个繁重的过程，仅靠手工检索和分析非常费时费力，因此，没有专业的数据库支持，很难做到监测项目的自动化分析和信息化施工。

监测信息（数据）的管理一般包含信息采集、储存、计算处理、分析和评价，受其定位和功能限制，采用Excel、Access等通用数据处理软件进行监测数据管理只能局限于数据储存、简单计算处理、曲线绘制、简单趋势分析（指数、对数、多项式和移动平均）和报表制作的功能，不便保存文字描述、影像图片等信息，缺乏数据库系统提供的快速查询等功能。这种状况导致以下弊端：

（1）资料处理速度慢，成果反馈不及时，自动化、信息化程度低，导致决策反馈速度慢。

（2）对于矢量化图形支持不够，可视化程度差、不直观。

（3）查询检索速度慢。

(4) 分析易片面化。对于大量的、不同来源的数据难以进行全面综合分析，以达到各种监测手段相互印证和发现主要影响因素的目的。

(5) 往往不注意收集有关施工和地质情况，监测、施工、地质三方面脱节，导致监测成果有时难以解释。因此，目前花费大量人力物力获得的监测数据仅仅局限于低水平的应用，满足不了业主、设计和施工对监测更高的要求。

这些问题可以采用云计算技术来解决，云计算是分布式计算、并行计算、效用计算、网络存储、虚拟化、负载均衡、热备份冗余等传统计算机和网络技术发展融合的产物。其基本原理是：不是在本地计算机或远程服务器上计算，而是在大量的分布式计算机上分布计算，打造类似互联网的企业数据中心。这样，企业可以根据需求访问计算机、网络、存储和应用系统，把资源转换到所需的应用上。

云计算常被定义为：一种按使用量付费的模式，这种模式提供可用的、便捷的、按需的网络访问，进入可配置的计算资源共享池（资源包括网络、服务器、存储、应用软件、服务），它具有 5 大特点：自助式服务、资源池化、通过网络分发服务、高可扩展性、可度量性。因此，只需投入很少的管理工作，或与服务供应商进行很少的交互，这些资源就能够被快速提供 。

云计算由于采用虚拟化技术，具有更高的灵活性和动态可扩展性，可以按照用户的需求部署资源和计算能力，其计算性能、可靠性能超过大型主机，具有高性价比。美国、日本、欧盟等国家的云计算技术比较成熟。在 20 世纪初期，美国就制定了云计算技术的长期发展规划，目前，美国、欧盟、日本等国都建设了大规模的云计算基础设施，为云计算技术的发展提供了物质条件。现阶段，我国对云计算技术的研究仍处于初级阶段，云计算应用范围有待扩大。

5.4.3.1 云计算及其关键技术

云计算把大量的存储和计算资源，通过网络连接起来进行统一的管理和调度，构成一个资源池随时向用户提供按需服务。利用“云”，用户可以通过网络方便地获取强大的计算能力、存储能力以及基础架构服务等。

云计算作为一种数据密集型的新型超级计算，其技术实质是存储、计算、服务器、应用软件等 IT 软硬件资源的虚拟化。云计算在数据存储、数据管理和虚拟化等方面具有自身独特的技术。云计算技术的基础是信息存储的安全可靠性和读写的高效性。云计算采用分布式存储技术把海量的数据存储在服务器集群中，同时为一份数据存储多份备份，采用冗余存储的方式和数据加密技术来保证数据的安全可靠性，Google 开发的谷歌文件系统（GFS）和开源 Hadoop 分布式文件系统（HDFS）是云计算系统中广泛使用的数据存储系统。

云计算可以认为包括以下几个层次的服务（图 5.34）：基础架构即服务（IaaS），平台即服务（PaaS）和软件即服务（SaaS）。

(1) IaaS（infrastructure-as-a-service）：基础架构即服务。指以服务的形式按用户所需提供和交付计算、存储、服务器或网络组件等计算机服务器、通信设备、存储设备等基础计算资源。在 IaaS 中，在几乎没有预付资本投入的情况下，用户就能即时使用计算资源，并且可以按需获取看似无限的计算资源，无须提前进行固定计算资源的规划、投资，从而大大降低了运营成本，减少了前期资本投入和成本费用。

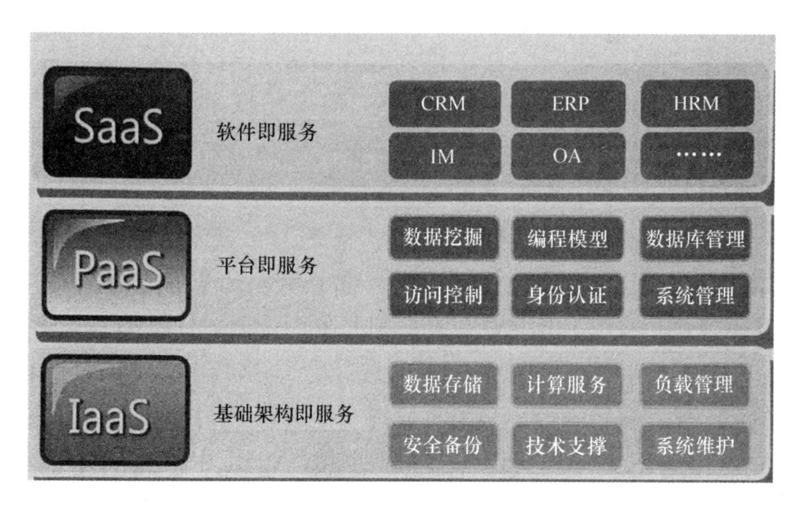

图 5.34 云计算构架

（2）PaaS（platform-as-a-service）：平台即服务。PaaS 实际上是指将软件研发的平台作为一种服务，以 SaaS 的模式提交给用户。因此，PaaS 也是 SaaS 模式的一种应用。但是，PaaS 的出现可以加快 SaaS 的发展，尤其是加快 SaaS 应用的开发速度。例如：软件的个性化定制开发。

（3）SaaS（software-as-a-service）：软件即服务。指各种互联网及应用软件即时服务，是一种通过互联网提供软件及相关数据的模式。SaaS 现在已经是多数商业应用如财务、CRM（客户关系管理）、ERP（企业资源计划）和协同软件等服务的常见交付模式。国内提供 SaaS 服务的包括阿里云、京东电商云、新浪云商店等。

5.4.3.2 基于云计算的大数据处理技术

传统的数据管理以收集和存储为主，在云环境下，大数据的管理将创新数据的管理模式，偏重数据的分析与挖掘，为管理与决策服务。

A 大数据的采集

大数据的采集通常分为集中式采集和分布式采集，二者各具优缺点。集中式采集易于控制全局数据，分布式采集灵活性好。大数据的采集涉及企业内部的采集和企业之间的采集，充分利用云计算分布式并行计算的特点，采用混合式的大数据采集模式将会更有效率，即在整个大数据采集过程中，企业内部采用集中式的采集模式，而在企业之间采用分布式采集模式，这种数据的采集中，每个企业内部设置一个或者多个中心服务器，该中心服务器作为虚拟组织内的集中式的数据注册机构，负责存储共享的数据信息。企业之间所有的中心服务器之间则采用分布式数据采集模式进行组织。

大数据既包括结构化数据，又包括半结构化、非结构化数据，在进行云计算的分布式采集时，应按照不同的数据类型分类存储。云计算具有很强的扩展性和容错能力，可将数据池内相同或者相似的数据同构化，同时可以应用集群技术、虚拟化技术实现机构之间的无缝对接和超级共享。

B 大数据的存储

由于大数据本身的特点，传统的数据仓库已经无法适应大数据的存储需求。首先，大数据的急剧增长，单结点的数据仓库系统往往难以存储和分析海量的数据。其次，传统的数据仓库是按行存储的，维护大量的索引和视图在时间和空间方面成本都很高。基于云计算的数据仓库采用列式存储。列式数据仓库的数据是根据属性按照列存储，每一属性列单独存放。投影数据时只访问查询涉及的属性列，大大提高了系统输入和输出效率。由于列式存储的数据具有相同的数据类型，相邻列存储的数据相似性比较高，可以有更高的压缩率，而压缩后的数据能减少输入与输出的开销。

C 大数据的联机分析

联机分析处理是数据仓库系统的主要应用。它支持复杂的分析操作，侧重于决策性分析，并且能够提供直观易懂的查询结果。在联机分析当中，云计算的分布式并行计算从数据仓库中的综合数据出发，提供面向分析的多维模型，并使用多维分析的方法从多个角度、多个层次对多维数据进行分析，使决策者能够更全面地分析数据。多维数据分析是联机分析处理的一个主要特点，这与数据仓库的多维数据组织正好契合。因此，利用联机分析处理技术与数据仓库的结合，可以很好地解决决策支持系统中既需要处理海量数据又需要进行大量数值计算的问题。

D 大数据的挖掘

利用联机分析一般只能获得数据的表层信息，难以揭示数据的隐含信息和内在关系。大数据挖掘是指从海量数据的大型数据仓库中提取人们感兴趣的隐性知识，这些知识是事先未知且是潜在的，提取出来的知识通常可以用概念、规则、规律或模式等形式来表示。

基于云计算的大数据挖掘采用分布式并行挖掘技术。分布式并行数据挖掘是指在分布式系统中，机器集群将并行的任务拆分，然后交由每一个空闲机器去处理数据，极大地提高了计算效率。Map Reduce 是云计算环境中处理大规模数据集的挖掘模型，程序员在 Map（映射）函数中指定各分块数据的处理过程，在 Reduce（规约）函数中对分块处理的中间结果进行归约。在大数据中的应用，不仅可以提高数据挖掘的效率，而且这种机器数据的无关性对于计算集群的扩展也提供了良好的设计保证。

E 大数据的可视化

大数据挖掘可以将大量人们感兴趣的信息提取出来，应用可视化技术可以更好地揭示这些海量信息之间的关系及趋势。数据可视化是对大型数据库或数据仓库中的数据的可视化，它是可视化技术在非空间数据领域的应用，是将大型数据集中的数据以图形、图像形式表示，并利用数据分析和开发工具发现其中未知信息的处理过程。它使人们不再局限于通过关系数据表来观察和分析数据，还能以更直观的方式看到数据及其相互结构关系。在云环境下，大数据的可视化不仅可以用图像来显示多维的非空间数据，帮助用户对数据含义理解，而且可以用形象、直观的图像来指引检索过程，提高了检索速度。

大数据需要超大的存储容量和计算能力，云计算作为一种新的计算模式，为大数据的研究及应用提供了技术基础。大数据与云计算相结合，相得益彰，都能发挥出自己最大的优势，也必定能创造出更大的价值。

5.4.3.3 云计算在岩土工程中的应用需求

大数据、云计算、移动互联网等新兴行业和新技术正在改变着传统的勘察设计、工程建设管理及维护模式。云计算技术可以从庞杂的资料或海量数据中研究应用大数据、解决岩土工程问题，对于岩土工程全周期的信息化具有积极的作用，具体体现在：

(1) 规划设计阶段。在规划设计阶段，大数据与云计算技术可用于：工程项目前期规划与决策服务；建立岩土工程的三维空间选线平台；建立岩土工程时空大数据库管理系统；利用大数据技术提高设计深度与精度，为工程投资、质量、进度控制打下基础等。以规划设计阶段的智能选线平台为例，岩土工程中的勘察设计与 GIS 有着密切的关系，通过 GIS 可以直观地以地图方式录入、管理、显示和分析，通过 GPS 及航测遥感等手段获得的各种地理空间数据和影像，辅以相应的软件制作各种比例的数字化地形图、DEM 和三维景观供线路方案设计、评审及演示汇报使用。面向多元、多尺度海量数据和时空大数据的整合、组织与管理需求，开展轨道交通工程时空大数据组织、存储与索引研究，构建高安全时空大数据库管理系统，全面提升虚拟化网络环境中大规模地理时空数据的存储、管理、查询、分析与服务能力，避免由于研究范围大、设计者精力有限，只能凭经验选出部分有价值走廊带的缺陷。

（2）施工建设阶段。施工过程的顺利实施是在有效施工方案指导下进行的。当前，施工方案的编制主要基于项目组的经验来实施，然而，面对越来越庞大且复杂的工程项目，仅凭项目组的经验来编制施工方案已显得力不从心，施工方案的可行性一直受到业界的关注，同时，由于工程项目的单一性和不可重复性，施工方案同样具有不可重复性，即以前完成的方案很难直接用在后续的项目上，由于编制工作量大等原因，施工方案易延后，导致施工进度拖延、安全隐患频频出现、返工率高、建造成本超出等问题，因此，必须在施工前制定完善的施工方案。施工模拟技术不仅可以测试和比较不同的施工方案，还可以优化施工方案。整个模拟过程包括了施工程序、设备调用、资源配置等。通过模拟，可以发现不合理的施工程序、设备调用程度与冲突、资源的不合理利用、安全隐患（如碰撞等）、作业空间不足等问题。施工模拟同样要用到设计 3D 模型（BIM），视工程的复杂程度该数据量会十分庞大。而且，就模拟过程而言，大型复杂结构体型庞大，体系复杂，影响受力和变形的因素很多，不同施工方法、施工工艺、施工荷载、成型顺序的不同组合，加上施工过程中产生的许多不确定因素等，使得模拟过程变得非常复杂，对硬件的存储空间、软件的处理能力要求变得非常高，这些都可以用云计算技术加以解决。

（3）运营维护阶段。经过多年的监测工作，积累了大量的岩土工程监测实例，这些实例涉及的数据非常庞大，整理和充分挖掘这些数据，建立岩土工程监测实例及处理措施。大数据系统不断完善，可供灾害监测部门对新监测到的灾害数据进行类比、分析，从而快速、及时、准确地推荐出灾害预防及处理方案供有关人员选择，将有效地提高岩土工程灾害的预防、预警水平，在一定程度上保证工程建设和运营的安全。

5.4.3.4 基于云计算的岩土工程监测预警系统

如果对地形、地物、地质和施工信息等有关资料及监测信息进行全面采集，并在此基础上实现资料的存储、分析处理、检索及成果显示输出的计算机化、可视化，开发出一个分布式、综合施工数据库管理、预测系统，将能很好地解决目前岩土工程中的问题。该系统首要目的是对监测数据进行存储、管理、整编、查询，再提供报表制作、统计分析、曲线绘制和常规统计分析预测功能，所以其主要功能是信息管理，核心在于一个结构良好的数据库和高效的数据结构，能够有效地描述岩土工程监测中存在的非常复杂的被监测对象和监测对象之间的从属关系。岩土工程监测数据库系统的总体结构如图 5.35 所示。

岩土工程监测大数据系统应集成 4 个方面的功能：数据库管理、数据录入与处理、图形可视化、建模及预测功能。各部分功能如下：

(1) 数据库管理功能：系统数据库分为属性库和资料库两大类，可以将监测对象、原始数据、施工进度、施工辅助信息、环境量等属性录入数据库进行统一管理，并能进行查询检索。属性库包括测点属性、仪埋档案、建（构）筑物属性和施工辅助信息等。

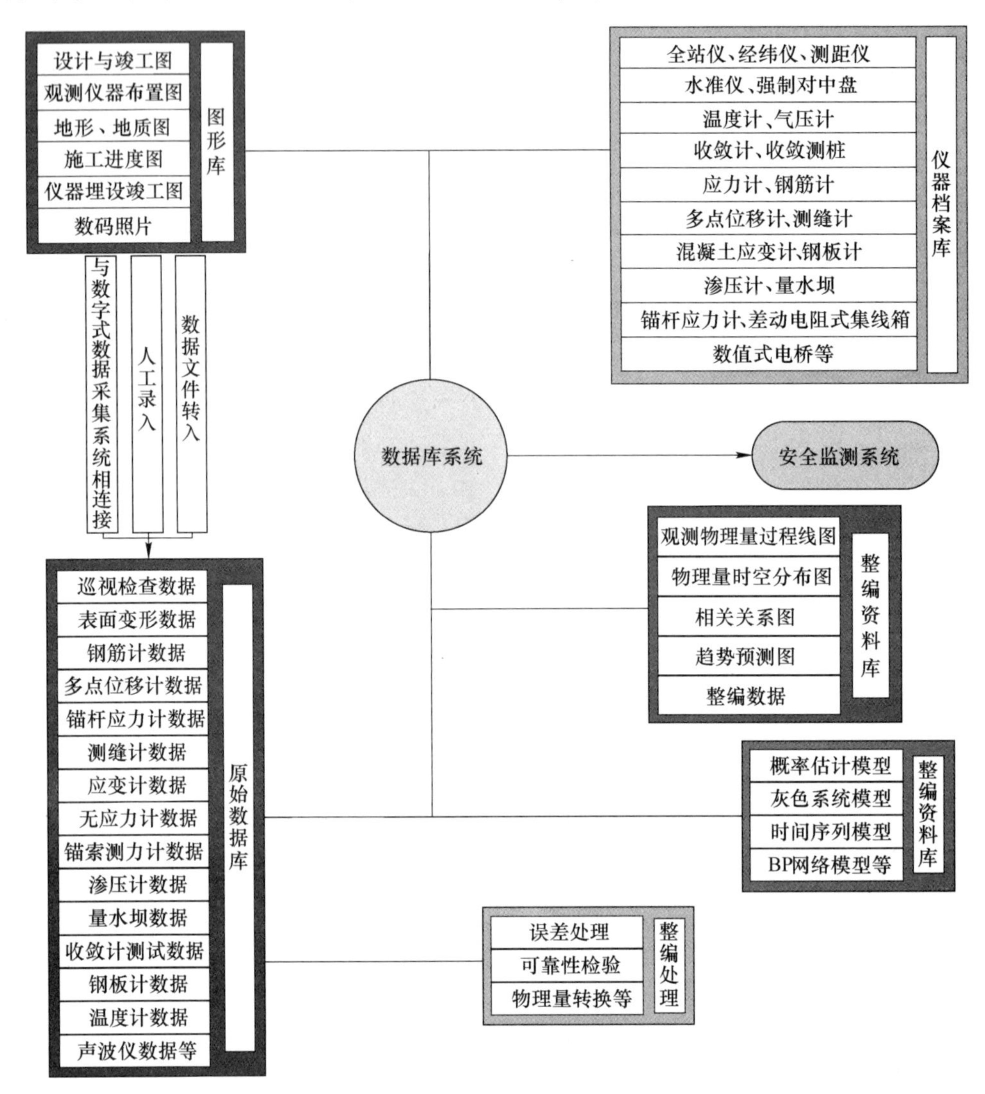

图 5.35 岩土工程监测数据库

(2) 数据录入与处理功能：按照工程监测规程规范，对原始数据进行资料整编，面向监测技术人员、监理工程师和项目管理人员，应用于工程施工期、运营期各种监测资料、与监测有关的设计、地质和其他资料的存储、管理；对监测数据进行处理，包括误差处理、可靠性检验、物理量转换，进行基本数据统计分析、监测报告制作、查看时序曲线、分布曲线等监测基本成果。

(3) 图形可视化功能：建立监测对象和图形元素的关联，系统能够管理、编辑与监测有关的图形文件，可以直观地在图上查找监测设施，并调阅其属性或者监测成果，能够满足用户大多数的自定义查询（支持按观测日期、断面、标段、监测类型、地物、物理量阈值等进行查询及属性数据的统计查询）；可以完成矢量图形显示、输入、编辑、转换、自由漫游和缩放，常用监测仪器、测点的符号编辑、管理功能等。

（4）建模及预测功能：采用岩土工程中常用的预测模型进行监测数据建模，对变形趋势进行初步预测，在超过一定的监控值时实现报警，以便施工人员根据预测结果评估工程风险并提出施工调整建议。可采用的模型有概率统计模型（指数函数、对数函数、双曲函数、多项式）、灰色模型、BP 神经网络模型、时间序列模型等。

5.5 智能监测技术

随着岩土工程向深部的开拓，工程复杂程度升高，需要更高频次、更加准确，全过程、全方位实时监测数据来实时识别和预测施工现场风险状态。海量数据的采集需要能适应人工智能和物联网技术的自动化新型元器件来实现。智能监测监控技术成为现代岩土工程的趋势。本节介绍几种用于岩土工程智能监测的新技术。

5.5.1 分布式光纤自动化监测技术及在基坑工程中的应用

利用外界因素使光在光纤中传输时的光强、相位、偏振态以及波长（或频率）等特征量发生变化，从而对外界因素进行监测和信号传输的技术称为光纤监测技术。轻细、柔韧并具有良好可埋入性的光纤，能集信息传输与传感于一体，由它构成的传感器，只需一个光源和一条探测线路就可以对沿光纤传输路径上长达数米甚至数千米的信息如应力、温度、位移、损伤状况等进行监测与控制。光纤监测技术与传统传感技术在岩土工程中应用的优缺点见表 5.23。可见，光纤传感技术与传统传感技术相比，有明显的优越性和巨大的发展潜力。

表 5.23 光纤传感技术与传统传感技术比较

比较项目	光纤传感技术	电磁传感技术
监测环境	可用在水下、潮湿、易燃、易爆、电磁干扰、高能辐射等环境中，无需采取任何防护措施即可进行长期监测	不适用于复杂环境，如作特殊防护可进行短期监测
灵敏度	位移达到 10^{-2}~10^{-4}量级，压力 0.001~0.01 MPa	位移达到 10^{-2}~10^{-4}量级，压力 0.001~0.01 MPa
连接成网	需要进行无源连接，连接器件价格高，维修困难	易于连接和维修，费用低
智能化	易于实现	易于实现
施工干扰	需要进行防护，但体积小易于隐蔽，元件维修困难	需要防护，故障易排除，设备占用空间较多
服务年限	>10 年	1~2 年
监测费用	在同一精度与测试量测内，仅为电磁法的 1/3~1/2	费用较高

基于布里渊散射的分布式光纤传感技术，具有耐久性好、无零点漂移、不带电工作，抗电磁干扰，传输带宽大等突出优点，能够用一根光纤测量其沿线上空间多点或者无限多自由度的参数分布，弥补了现有点式测试技术的不足，满足围护结构深层水平位移监测的

要求，为进一步分析围护结构应变、应力状态提供依据。

5.5.1.1 BOTDR/BOTDA 监测原理

BOTDR/BOTDA 是在光导纤维及光纤通信技术的基础上发展起来的一种以光为载体、光纤为媒介，感知和传输外界信号的新型传感技术。它的工作原理是分别从光纤两端注入脉冲光和连续光，制造布里渊放大效应（受激布里渊），根据光信号布里渊频移与光纤温度和轴向应变之间的线性变化关系计算出水平方向位移。

5.5.1.2 基坑位移监测实例

以基坑工程围护结构深层水平位移监测为例，采用 Neubrex 光纳仪测试仪 NBX-6070 进行位移数据采集。该光纳仪为诱导布里渊光计测系统，利用普通的通信用光纤作为传感器敷设在被监测物上，能同时测定光纤上每一点的应变分布和温度分布。

在地下连续墙两侧对称布置两根内径为 60 mm、壁厚 6 mm 的预埋钢管，预埋钢管可以为不锈钢钢管或厚壁镀锌钢管，预埋钢管通过铁丝绑扎（或点焊）在地下连续墙钢筋笼上，预埋钢管两端均伸出地连墙端部。预埋钢管制作示意图如图 5.36 所示。

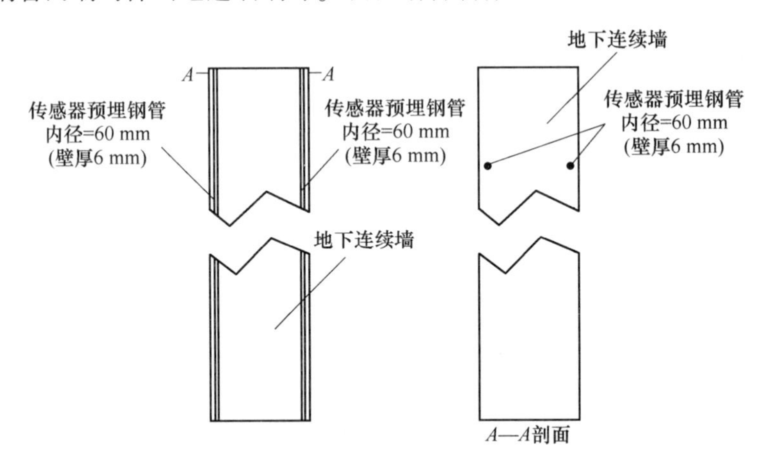

图 5.36 分布式光纤传感器预埋管安装示意图

进行地下连续墙下钢筋笼施工过程中，在位于最底端的预埋钢管底部，以及位于最顶端的预埋钢管顶部分别设置底盖和顶盖。将传感光缆（紧套光纤）从中部弯折 180°，并将该折弯部通过胶带固定于钢丝绳上使其平滑过渡，其中折弯部呈水滴状。在折弯部绑扎一根短钢筋，短钢筋用胶带缠绕在钢丝绳端部作为吊重。该吊重直径小于预埋钢管的内径。

待地下连续墙混凝土硬化后，将传感光缆（紧套光纤）及一根注浆软管一同放入预埋钢管内，直到传感光缆的折弯部伸至预埋钢管底部。通过注浆软管（铝塑管）向预埋钢管内注水泥浆液（水灰比 1∶0.5），直至水泥浆液溢出钢管，待管内浆液凝固后即完成传感光缆的埋设，如图 5.37 所示。

5.5.1.3 数据处理方法

光信号布里渊频移与光纤温度和轴向应变之间的线性变化关系，如式（5.27）所示。

$$\Delta v_{\mathrm{B}} = C_{vt} \cdot \Delta t + C_{v\varepsilon} \cdot \Delta\varepsilon \tag{5.27}$$

式中，Δv_{B} 为布里渊频移量；C_{vt} 为布里渊频移温度系数；$C_{v\varepsilon}$ 为布里渊频移应变系数；Δt 为温度变化量；$\Delta\varepsilon$ 为应变变化量。

在地下连续墙某一截面上，温度是相同的，则单根测斜管一组对称布置的分布式光缆在某一截面上量测到的应变差 $\Delta\varepsilon_{Di}$ 可按式（5.28）计算。

$$\Delta\varepsilon_{Di}=\frac{1}{C_{v\varepsilon}}\Delta v_{BDi}=\frac{1}{C_{v\varepsilon}}(\Delta v_{BDi,1}-\Delta v_{BDi,2}) \tag{5.28}$$

式中，$\Delta\varepsilon_{Di}$ 为某一截面上对称两点的应变差；Δv_{BDi} 为某一截面上对称两点的布里渊频移量差。

若不计剪力对基桩挠度的影响，则由材料力学理论可得：

$$\theta=\frac{df}{dx}\approx\frac{\Delta f}{\Delta x} \tag{5.29}$$

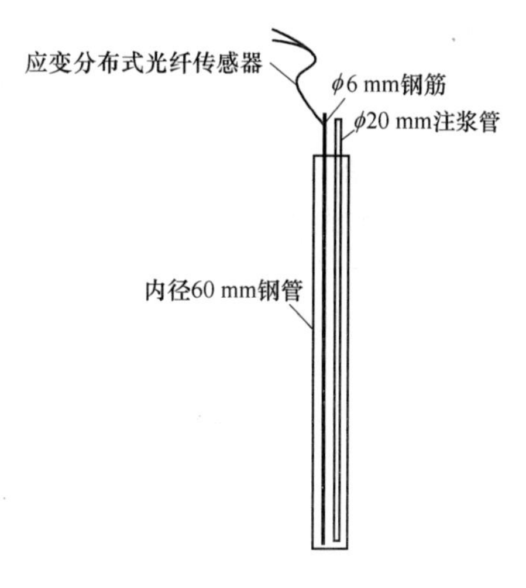

图 5.37　光纤安装埋设示意图

式中，f 为挠度；θ 为转角。

测斜管截面转角 θ_i 与该截面上对称两点的应变差 $\Delta\varepsilon_{Di}$ 的关系为

$$\theta_i=\frac{\Delta x_i}{R}\Delta\varepsilon_{Di} \tag{5.30}$$

式中，Δx_i 为沿测斜管长度上下两测量截面的间距；R 为某截面上对称两应变测点距离的一半。

结合式（5.29）和式（5.30），假设基桩底部的挠度为 0，则达到基桩某截面挠度 f_i 为：

$$f_i=\sum_{i=1}^{N}(\theta_i\times\Delta x_i)=\sum_{i=1}^{N}\left[\frac{(\Delta x_i)^2}{R}\Delta\varepsilon_{Di}\right] \tag{5.31}$$

5.5.2　合成孔径雷达非接触自动化监测技术及其在边坡中的应用

5.5.2.1　合成孔径雷达简介

合成孔径雷达（synthetic aperture radar，SAR）是一种二维微波遥感成像雷达系统，利用合成孔径原理、脉冲压缩技术和信号处理方法，以真实的小孔径天线获得距离向和方位向双向高分辨率遥感成像，在成像雷达中占有绝对重要的地位。由于具有远距离全天候高分辨力成像、自动目标识别、先进的数字处理能力等优点，SAR 拥有广泛的用途。

20 世纪 50 年代初美国科学家最先提出“合成孔径”的概念，主要是为了满足军事侦察雷达对高分辨率的需求。经过多年的发展，SAR 从开始的单波段、单极化、固定入射角、单工作模式，逐渐向多波段、多极化、多入射角和多工作模式方向发展，天线也经历了固定波束视角、机械扫描、一维电扫描及二维相控阵的发展过程。近年来由于超大规模数字集成电路的发展、高速数字芯片的出现以及先进的数字信号处理算法的发展，使 SAR 具备全天候、全天时工作和实时处理信号的能力。它在不同频段、不同极化下可得到目标的高分辨率雷达图像，为人们提供非常有用的目标信息，已经被广泛应用于军事、经济和科技等众多领域，有着广泛的应用前景和发展潜力。

合成孔径雷达系统采用地基重轨干涉 SAR 技术实现高精度形变测量，通过高精度位移台带动雷达往复运动实现合成孔径成像，再通过对同名点不同时相图像进行相位干涉处理提取出相位变化信息，实现工程体表面微小形变的高精度测量，可用于山体滑坡、大坝坝体、重大建筑设施的变形监测、预警、稳定性评估、结构测试、挠度监测等。

5.5.2.2 合成孔径雷达工作原理

合成孔径雷达是一种高分辨率相干成像雷达。高分辨率在这里包含着两方面的含义：即高的方位向分辨率和足够高的距离向分辨率。它采用多普勒频移理论和雷达相干理论为基础的合成孔径技术来提高雷达的方位向分辨率；而距离向分辨率的提高则通过脉冲压缩技术来实现。它的具体含义可以通过以下四个方面来理解：

(1) 从合成孔径的角度。它利用载机平台带动天线运动，在不同位置上以脉冲重复频率（PRF）发射和接收信号，并把一系列回波信号存储记录下来，然后作相干处理，就如同在所经过的一系列位置上，都有一个天线单元在同时发射和接收信号一样，这样就在平台所经过的路程上形成一个大尺寸的阵列天线，从而获得很窄的波束。如果脉冲重复频率达到一定程度（足够高），以致相邻的天线单元间首尾相接，则可看作形成了连续孔径天线，这个大孔径天线要靠信号处理的方法合成。这种解释方法给出了合成孔径的字面解释。

(2) 从多普勒频率分辨的角度。如果考察点目标在相参脉冲串中的相位历程，求出其多普勒频移，对于在同一波束、同一距离波门内但不同方位的点目标，由于其相对于雷达的径向速度不同而具有不同的多普勒频率，因此可以用频谱分析的方法将它们区分开。这种理解又被称为多普勒波束锐化。

(3) 从脉冲压缩的角度。对于机载正侧视测绘的雷达，地面上的点目标在波束扫描过的时间里，与雷达相对距离变化近似地符合二次多项式。点目标对应的横向回波为线性调频信号，该线性调频信号的调频斜率由发射信号的波长、目标与雷达的距离及载机的速度决定。对此线性调频信号进行匹配滤波及脉冲压缩处理，就可以获得比真实天线波束窄得多的方位分辨率。因此在 SAR 信号处理中，经常有纵向压缩、横向压缩的说法。

(4) 从光学全息照相的角度。如果将线性调频信号作为合成孔径雷达的发射信号，则一个点目标的回波在记录胶片上将呈现 Fresnel 衍射图，这点和点目标的光学全息图很相似。因此可以用光学全息成像的步骤，来得到原目标的图像。这种与全息照相的相似性，启发了早期的研究者采用光学处理器来实现合成孔径雷达信号处理。

5.5.2.3 合成孔径雷达的分类

一般情况下合成孔径雷达根据雷达载体的不同，可分为星载 SAR、机载 SAR 和无人机载 SAR 等类型。根据 SAR 视角不同，可以分为正侧视、斜视和前视等模式。根据 SAR 工作的不同方式，又可以分为条带式（stripmap SAR）、聚束式（spotlight SAR）、扫描式（scan SAR）等（图 5.38）。它们在技术上各具特点，应用上相辅相成。

目前世界上能够使用的星载和机载 SAR 系统共有 28 个，其中处于使用状态的星载 SAR 系统共有 5 个，而处于使用状态的机载 SAR 系统有 23 个。多数系统具有多种极化方式，最大分辨力 30 cm×30 cm，最大传输数据率 100 Mbyte/s。

5.5.2.4 合成孔径雷达在边坡工程监测中的应用

A 采用 SAR 技术获取 DEM 的流程

(1) DEM 的获取。SAR 技术建立的主要步骤包括干涉雷达信号数据的处理、成像参

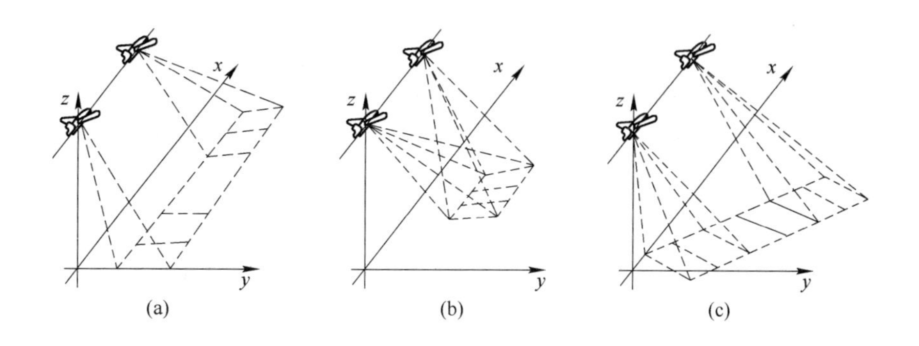

图 5.38 SAR 的三种工作方式
（a）条带式；（b）聚束式；（c）扫描式

数的统一化、数据的几何精配准、平坦地形相位纠正，以及相位的解缠，经过上述步骤的处理，即可获得斜距向的数字高程模型（DEM），再进行地学编码就可得到正射投影的数字高程模型 DEM，生成 DEM 的处理流程如图 5.39 所示。

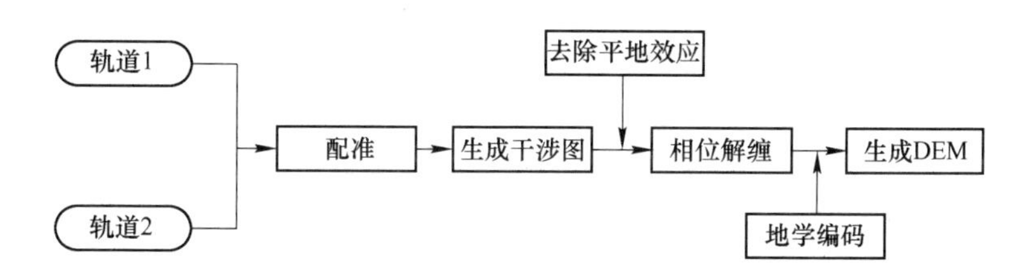

图 5.39 生成 DEM 的处理流程

（2）SAR 图像配准。图像数据的空间配准是 SAR 影像处理中关键的一步。由于地形对相位的影响非常敏感，如果两幅图像所对应的同名点有所错开，将会产生很大的测量误差。如果配准的误差大于或等于一个像元，则两幅图像完全不相干，图像为纯噪声。因此，要求主辅图像空间配准精度一定要达到亚像元级的水平。配准的关键在于计算两幅图像所对应的同名点的相对偏移量，一旦确定了两幅图像同名点之间的相对偏移量，就可以对一幅图像进行插值重采样，完成两幅图像的配准。

（3）图像的生成及相干性分析。图像生成以后其质量的好坏可以用相干系数来衡量。SAR 载体获取的同一地面场景的两幅图像数据之间需具有足够的相关性，否则将直接影响到形成干涉条纹的清晰度，进而影响到相位解缠，对 DEM 的精度将产生严重的影响。图像数据对之间的相干性是以相干系数为指标来衡量。

（4）去除平地效应。上一步得到的图像不能直接用来进行相位解缠，原因是成像时平坦的地面也会产生干涉条纹，这些条纹和地形起伏所引起的条纹迭加在一起，使得条纹更加复杂，增加了解缠的难度，没有反映真实的地形信息。

（5）相位解缠。相位解缠是 SAR 数据处理生成 DEM 的关键步骤之一。由于利用 SAR 数据计算出的相位差值，只是相位值的小数部分，而要建立地面的 DEM，必须通过相位解缠来恢复丢失的相位整数部分。在理想条件下，即没有噪声或混淆影响，相位解缠算法是非常简单直接的。只要提取出相位数据在水平和垂直方向的偏微分并求积即可得到整周数。然而，在实际的处理中，由于存在噪声和数据的不连续，导致了相位的不连续性，简单的积分方法不再适用。

（6）地学编码。经过相位解缠后，得到了全相位值。就可以进一步计算出各个像素点的高程值，但是这里得到的只是一个相应于参照影像每一点处的地面高程数值集合，还不能称为数字地面高程模型（DEM）。还需要把各种数据从影像坐标转换到地形图坐标系统，在此过程中进行几何校正，并对高程数据重采样，才能得到DEM。地学编码中主要是几何纠正，这里的几何纠正就是将具有几何变形的图像中的变形消除的过程。在此过程中关键问题就是建立纠正变换函数，从而建立起影像坐标和地面坐标间的数学关系，即影像和地面间的坐标关系。

B 误差源分析

影响SAR技术建立DEM精度的主要因素有斜距误差、飞行高度误差、基线矢量误差、相位噪声、相位误差和成像几何误差。但是最终影响DEM精度的决定性因素主要为相位误差和成像几何误差两大类。这两种误差源本质上是不同的，对于生成的DEM而言，相位误差是一个统计量，它影响每一个点的精度；而基线矢量误差是一个系统误差，它使得几乎所有的点都呈现出相同的误差，该误差可以通过地面控制点来校正。

图像的质量取决于相位噪声的数量，主要有以下几种来源：系统噪声（包括热噪声和光斑噪声）、地形去相关（来自非同时观测）、图像配准误差、不完全聚焦和空间去相关。系统噪声通常通过多视技术来消除。地形去相关主要是针对单天线双轨道方式的，由于两次观测期间，地形本身发生了变化，如冰川移动、植被生长、地表的隆起和下降，使得观测景物本身发生了改变，对此可以通过缩短两次成像时间间隔来尽量消除。图像配准误差来自干涉处理技术本身，一般可以通过前面所讲的配准技术将两幅图像配准至0.1个像素。空间去相关来自干涉系统本身，可通过预滤波技术来提高干涉图相关性。

成像几何误差主要是基线矢量误差，该项误差是系统误差，由于技术原因，卫星雷达图像中记载的参数并不能非常精确地反映轨道姿态，这同样造成了基线姿态的不准确性，也就是基线姿态误差。基线姿态误差导致DEM成果出现系统性误差。不过对于这种误差的影响，可以通过地面高程控制点来纠正。

C 边坡实例

采用中安国泰S-SAR II型便携式边坡雷达，该雷达是基于合成孔径技术和差分干涉技术的变形遥感监测预警系统对某矿山边坡进行位移监测，边坡雷达监测范围如图5.40所示，边坡雷达监测视角和现场图像如图5.41所示。边坡雷达的最远监测距离为5 km，边坡雷达监测该矿的近距为1 km，远距为1.6 km。监测部位边坡2019年上半年雷达监测数据累计变形云图如图5.42所示。

从图5.42可以看出，有三个区域变形相对明显，相对区域1，区域2和区域3的面积较小，且区域1和区域2在这半年内一直处于较为活跃的状态。区域1监测点自2019年1月1日至2020年12月31日变形如图5.43所示。

由图5.43可见，区域1在2019年1月至2020年12月这两年24个月内的平均累计变形量为1117.2 mm，平均变形速度为46.5 mm/月。区域1在2019年内的平均累计变形量（310.5 mm）要明显小于2020年内的平均累计变形量（802.2 mm）。在这24个月内，区域1在断断续续地发生着正向变形，后续也很有可能继续发生正向变形，因此未来应该加

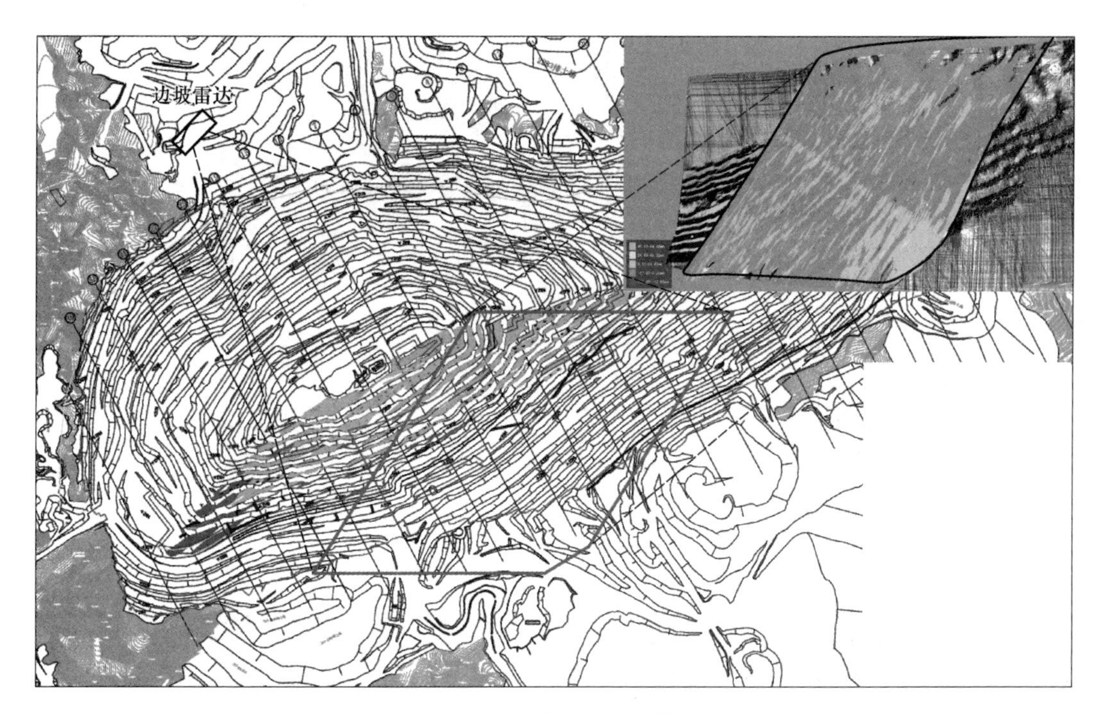

图 5.40 边坡雷达监测范围

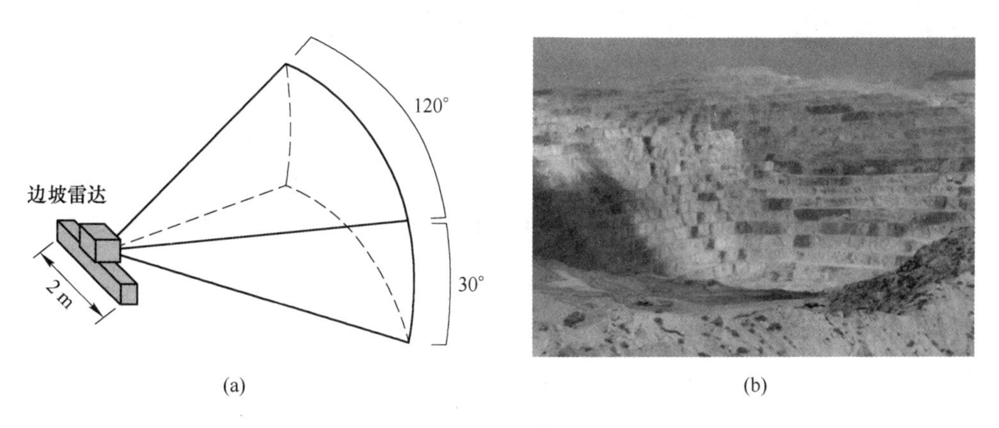

图 5.41 边坡雷达监测视角与图像

(a) 边坡雷达俯仰角及水平角图示；(b) 边坡雷达监测现场图像

强对该区域的关注，并根据该区域的动态变形情况设定适当的观察或检查周期。

5.5.3 三维激光扫描技术在隧道监测中的应用

5.5.3.1 三维激光扫描技术特点

传统的变形监测常采用水准仪、全站仪和测量机器人等。高等级的精密水准测量虽然能满足隧道变形监测的精度要求，但是费时费力，效率极低。基于全站仪的隧道监测技术也存在类似的问题，操作效率低，自动化水平不足，无法完全满足隧道建设的需求。目前在隧道监测中，测量机器人得到了广泛的应用。相比于水准测量和全站仪，测量机器人自动化水平高，操作较为简单，精度高，但是存在着受制于监测断面间距的问题，并不能反

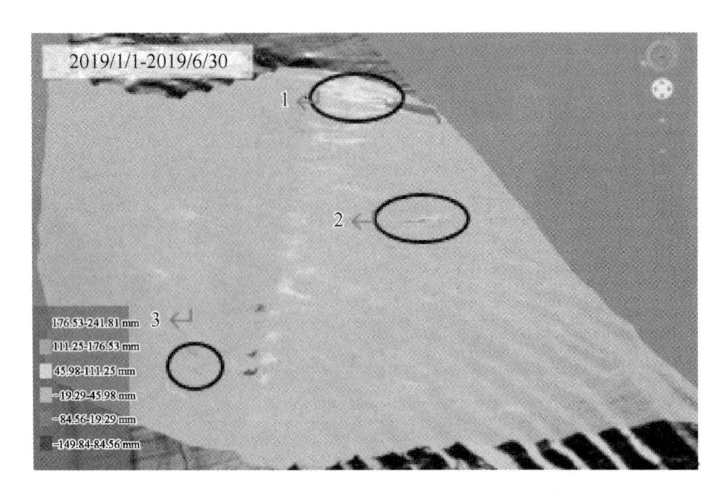

图 5.42 监测边坡 2019 年上半年雷达监测数据累计变形云图

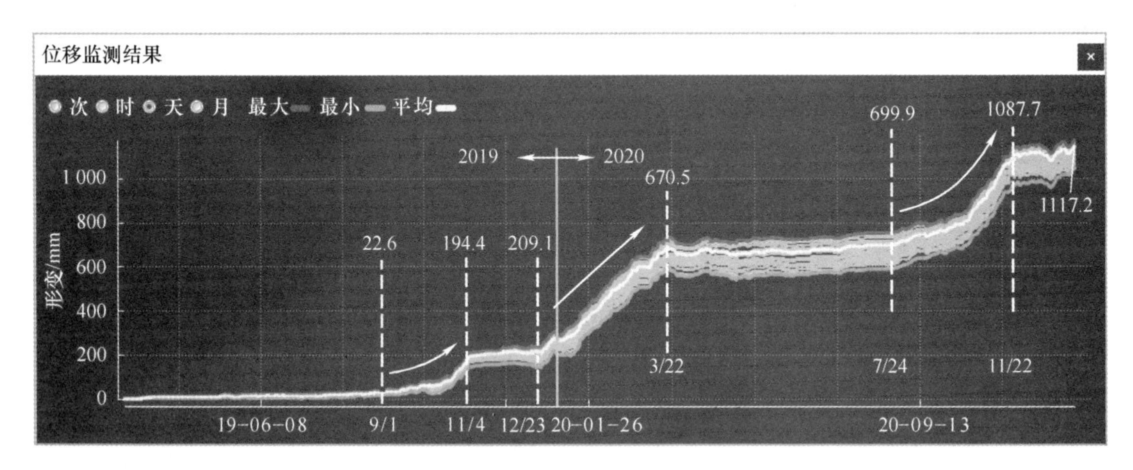

图 5.43 区域 1 自 2019 年 1 月 1 日至 2020 年 12 月 31 日变形曲线图

映出相邻断面间地铁隧道结构的变形情况。

相比之下，采用三维激光扫描仪进行数据采集时在被测处不用放置特定的测量装置就可以实现点对面的数据采集，克服了传统数据采集方法中速度慢、人力要求高等缺点，具有测量速度快、人力要求低、可靠性强等优点，并且可以对测量人员不能直接到达的地方进行扫描工作，相对于传统的数据采集方法具有作业周期快、容易操作、测量覆盖范围广等优点。在隧道监测中，利用三维激光扫描技术可以简单、快速、实时地获取高精度监测数据。

三维激光扫描仪是无合作目标激光测距仪与角度测量系统组合的自动化快速测量系统，在复杂的现场和空间对被测物体进行快速扫描测量，直接获得激光点所接触的物体表面的水平方向、天顶距、斜距和反射强度，自动存储并计算，获得点云数据。最远测量距离一千多米，最高扫描频率可达每秒几十万，纵向扫描角 θ 接近 90°，横向可绕仪器竖轴进行 360°全圆扫描，扫描数据可通过 TCP/IP 协议自动传输到计算机，外置数码相机拍摄的场景图像可通过 USB 数据线同时传输到电脑中。点云数据经过计算机处理后，结合 CAD 可快速重构出被测物体的三维模型及线、面、体、空间等各种制图数据。图 5.44 为深圳地铁隧道的三维激光扫描成像结果，可快速复建出被测目标的三维模型及线、面、体等各种图件数据。这种全面的信息能给人一种物体真实再现的感觉，因此，三维扫描技术在测绘领域被誉为继 GPS 技术之后的一次技术革命。

(a)

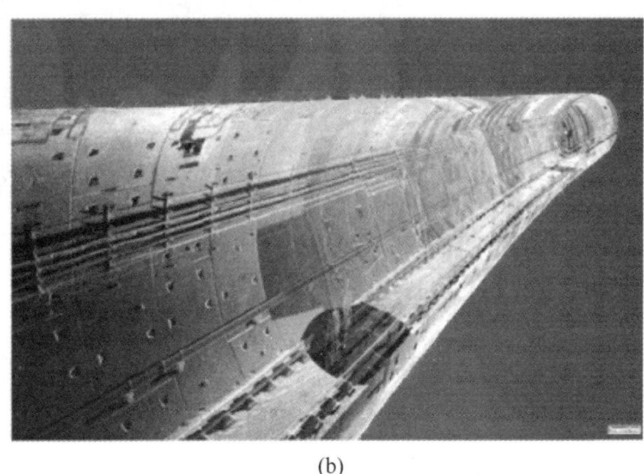

(b)

图 5.44 三维激光扫描现场和检测图

三维激光扫描系统工作原理及特点、系统分类及组成和点云数据处理见第 4 章 4.3.3 节。以 FARO Focus Premium 三维激光扫描仪为例介绍隧道扫描案例。

Focus Premium 的与众不同之处在于，它能够通过 Stream 分享收集到的现场数据，并将此类信息发送到 Sphere。一旦数据被发送到 Sphere，用户将可以通过安全的单点登录流程体验跨 FARO 点云应用和客户支持工具的集中式、高效的协作环境，从而更快地捕捉、处理与交付 3D 数据。借助 Stream 和 Sphere，当扫描操作人员开车返回办公室时，配准可在现场开展，并在云中执行处理。因此，场外同事可以处理这些数据，或者通过全球领先的协作点云项目管理解决方案 FARO WebShare Software 与最终客户分享。

此外，Sphere 还利用 WebShare 集成三个客户服务平台：知识库（提供技术产品信息）、FARO 支持（提供全天候个性化服务），以及 FARO 学院（提供点播式和实时培训及教育课程）。

5.5.3.2 三维激光扫描仪在隧道监测中的应用

用三维激光扫描技术进行隧道断面检测的工作的主要工作流程分别为外业数据采集、数据预处理、三角网模型建立、隧道断面截取、成果输出、对比分析等。

（1）外业数据采集。外业数据采集（图 5.45）需要根据现场环境复杂度以及不同仪器本身有效工作范围的不同，合理地设置测站和标靶球的位置。标靶球注意不要摆放在一个面内，以免影响拼站精度。如果需要将断面坐标统一到绝对坐标系中，需要用全站仪测出一些标靶球的绝对坐标，作为坐标转换的控制点。

（2）数据预处理。在点云后处理软件中，根据测站间共有的标靶球拼接各个测站的点云数据。原始的点云数据中存在噪声点及其他无用数据，比如工作人员、各类障碍物等，这些都需要在后处理软件中剔除，隧道点云视图如图 5.46 所示。

（3）隧道断面截取。在专业软件中，隧道断面截取一般根据点云确定出隧道的中心线，并沿其法线方向按一定间隔截取隧道的断面图。图 5.47 为车站断面截图。

图 5.45　隧道原始数据采集

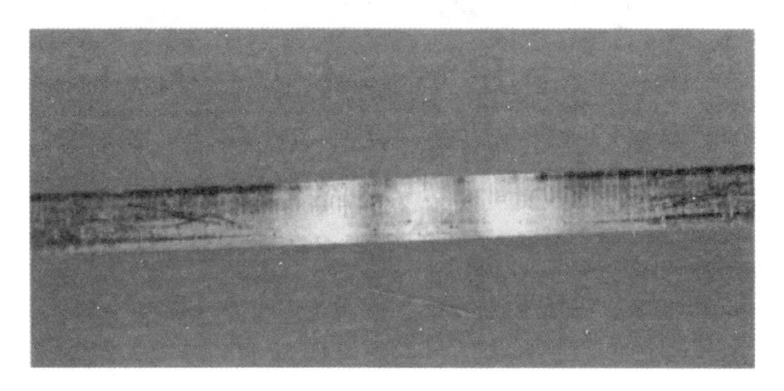

图 5.46　隧道点云视图

图 5.47　车站断面截图

（4）成果输出。将截取的断面图输出成 DWG 格式文件（图 5.48），以方便其进行量测分析。

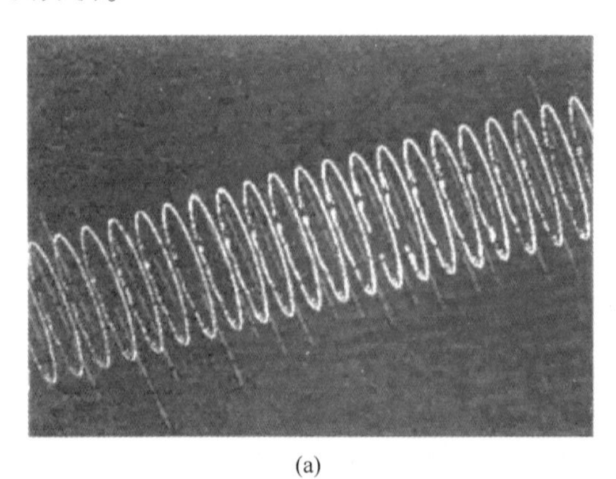

(a)

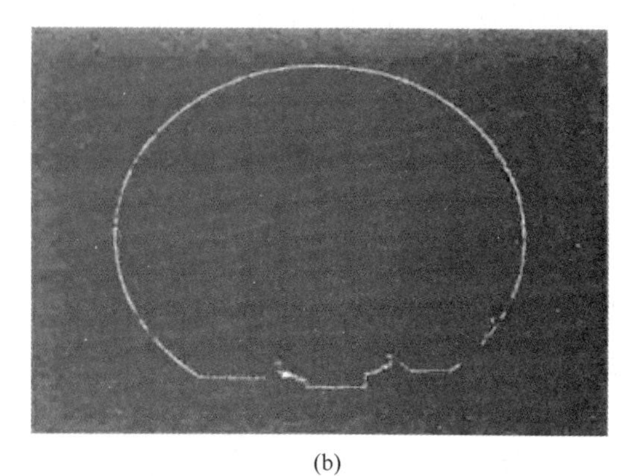

(b)

图 5.48　输出成 DWG 格式的断面图

（5）对比分析。将断面成果数据与原始设计数据或多次监测的数据对比，生成对比成果图（图 5.49）和表格数据。

（6）精度分析。

1）仪器本身精度：FARO Focus3D 三维激光扫描仪 25 m 内的系统距离误差不大于±2 mm。

2）对同一位置隧道分别用全站仪和扫描仪进行数据采集，进行数据分析，精度保持一致。

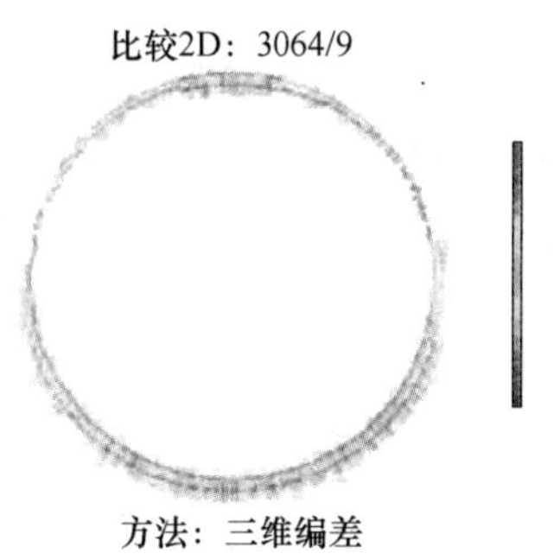

图 5.49　与原始数据对比图

5.5.4　测量机器人自动化监测系统

以自动化全站仪为基础组成的自动化监测系统常用于对地铁建设过程中地下空间的变形监测，全自动全站仪具有自动目标识别、自动跟踪、无棱镜测距的功能。通过数据线与远处控制室连接，通过控制室电脑发出指令控制全站仪对目标进行监测。该系统具有获取信息及时、监测精度高、监测与施工测量可共用一套仪器的优势。

5.5.4.1　监测系统的构成

为了满足地下工程变形监测的需要，全站仪的测角精度应达到±1"，分辨率达到 0.1"，而测距精度为 1 mm+1 ppm，分辨率达到 0.1 mm。这样对于几十米长的隧道范围内的观测点，其定位精度用 1~2 个测回可达毫米级。也可采用测角精度为 2"，测距精度为 2 mm+2 ppm 的全站仪，但要达到 1 mm 的定位精度，必须增加测回数。

与全站仪配合使用的反射片是一种具有回复反射性能的棱镜反射膜片。反射膜片由丙烯酸酯制成，厚度为 0.28 mm，呈银灰色，大小可根据测距加以选择。监测中常使用的反射片技术参数见表 5.24。

表 5.24　反射片技术参数

反射片大小/mm × mm	测量范围/m	精度/mm
20×20	2~40	1.0
40×40	20~100	1.0
60×60	60~180	1.0

反射片最大测距可达 180 m，而且当视线与反射片垂直时，不会降低测距精度。当反射片 45°放置时，监测精度为±1.0 mm，在两个位置监测时，精度还会提高。

5.5.4.2　测量原理

全站仪测量分为自由测站和固定测站两种方式，其原理如下。

A　自由测站方法的原理

全站仪自由测站三维测量是指从任一测站上观测若干已知基准点的方向与距离，通过坐标变换或按最小二乘法算出该测站上仪器中心的坐标及正北方向，然后以此测出其他监测点的坐标。

自由测站原理图如图 5.50 所示。全站仪机载有自由测站程序，该程序最多可利用 10 个后视点的测量值来推求测站点的三维坐标及正北方向，给出其精度并能将定向值和测站坐标设置在仪器中，然后可进一步测量其他变形点相对测站中心的极坐标，经坐标变换得测点在直角坐标系中的三维坐标。图 5.50 中的 A 是任意一监测点。

假设仪器中心点 O 的坐标为 (x_0, y_0, z_0)，由自由测站法测得。设全站仪测得距 A 点平距 S_A、方位角 α_A、高差 ΔH，则 A 的坐标为

$$\begin{cases} x_A = x_0 + S_A \sin\alpha_A \\ y_A = y_0 + S_A \cos\alpha_A \\ z_A = z_0 + \Delta H \end{cases} \tag{5.32}$$

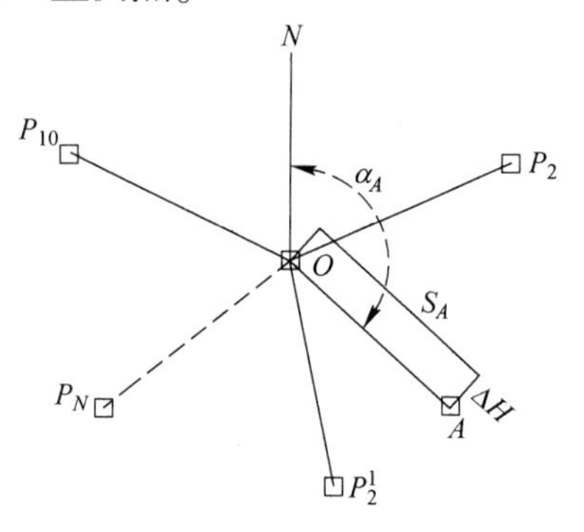

图 5.50 自由测站原理图

这种方法的优点是可任意放置仪器，仪器操作比较方便，但测站点的定位精度不易保证，从而影响最终监测点的测量精度，且多个后视基准点在隧道这种狭长的空间中比较难以确定。

B 固定测站法原理

如图 5.51 所示，A 是任意一监测点。

假设仪器架设在固定点 O，O 点为坐标原点 (0, 0, 0)，仪器高为 H；以 O 点和基准点连线为 y 轴建立局部坐标系。并设全站仪测得距 A 点的平距为 S_A、方位角为 α_A、高差为 ΔH。A 点的空间三维坐标为

$$\begin{cases} x_A = S_A \sin\alpha_A \\ y_A = S_A \cos\alpha_A \\ z_A = H + \Delta H \end{cases} \tag{5.33}$$

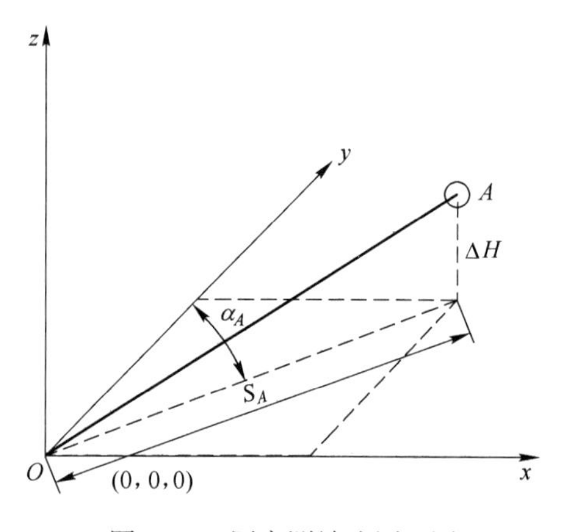

图 5.51 固定测站法原理图

这种方法的优点是后视基准点只需要一点，定向比较准确和方便。但每次监测时需要将仪器对中和测量仪器高度，其精度直接影响监测点精度，而且固定点需要加以保护。

为满足亚毫米级的测量精度，全站仪设站测量的最长视距不大于 150 m。当左右两侧控制点的间距不超过 300 m 时，全站仪前后视左右各 4 个控制点，得到全站仪的测站坐标，精度高。此时用全站仪获取监测点的坐标数据，监测点的数据精度也比较高。此测量方法可以有效地保证地铁地下空间监测点的高精度，在地铁隧道的变形监测中广泛应用。测量机器人自动化监测系统的工作示意图如图 5.52 所示。

此种方案适合全站仪监测一站通视的测量环境。当地铁监测环境受限，特别是遇到需要监测的线路过长或者监测区域处在曲线段的情况，一站式的全站仪自动化监测则不合适。

5.5.4.3 测量机器人自动化监测原理——全站仪联测

地铁运营时的自动化监测中，遇到需要监测的线路过长或者监测区域处在曲线段的情况，此时仅用一台全站仪是不能通视前后 8 个控制点的，无法保证设站精度，也无法用一台全站仪测量所有的监测点。这是自动化监测中常面临的一个难点。

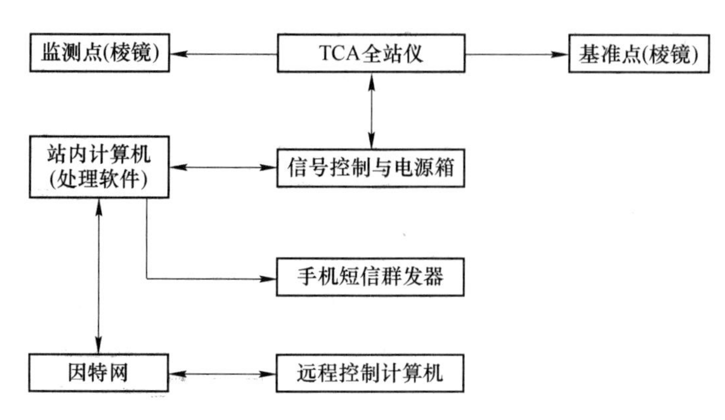

图 5.52　测量机器人自动化监测系统的工作示意图

要解决地铁隧道的监测难题，必须要解决的技术难题是：（1）监测区域处于狭长地段，控制网形条件极差；（2）控制精度要求高；（3）算法要求整体平差、数据融合，数据精度一致；（4）两台甚至三台、四台全站仪及以上如何建立联测系统。全站仪联测自动化监测系统引入高铁 CPⅢ的测量原理，将联测技术运用到地铁隧道的测量，从而解决上述技术难题。

高速铁路无砟轨道施工建设需要布设高精度的轨道控制网（CPⅢ），轨道控制网（CPⅢ）是沿线路布设的三维控制网，起闭于基础平面控制网（CPⅠ）或线路控制网（CPⅡ），一般在线下工程施工完成后进行施测，为轨道施工和运营维护的基准。

采用后方交会法测量时，CPⅢ控制点的网形布设如图 5.53 所示。沿线路方向两侧，每隔约为 50~60 m 设轨道控制点，每对轨道控制点的间距约为 10~20 m，沿线路方向在线路中间采用自由设站法观测设站点前后各 3 对轨道控制点。沿线路方向每隔 500 m 左右，在线路旁边的转点上采用自由设站法，将离设站点最近的 2~3 个轨道控制点与事先布设的上一级精密控制点进行联测。在测量过程中，尽可能地在精密控制点上安置全站仪观测其他的精密控制点，以便得到方位约束条件。

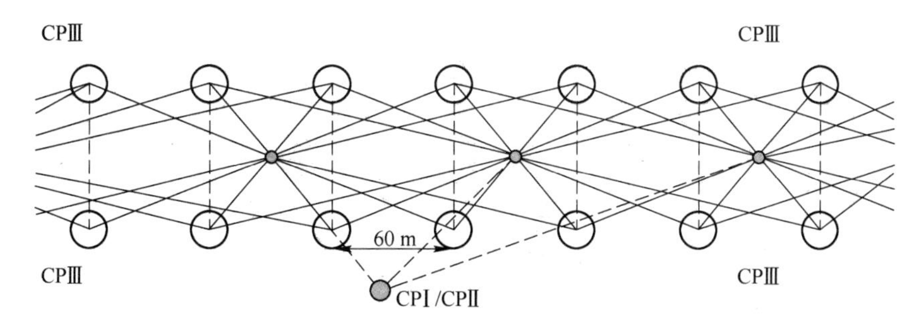

图 5.53　标准的 CPⅢ网网形与联测方法

地铁隧道监测遇到的难题与高速铁路 CPⅢ测量中的问题和要求相似。高速铁路 CPⅢ测量中，前后两段控制测量关系在搭接过程中，通过多对共点整体平差来实现前后段控制关系的连接，以满足工程施工需求。通过全站仪联测（图 5.54）自动化监测系统，解决了地铁长隧道或监测区域处在曲线段的技术难题。

在地铁隧道监测里程内，由于现场测量机器人无法一站通视测得所有控制点及所有断

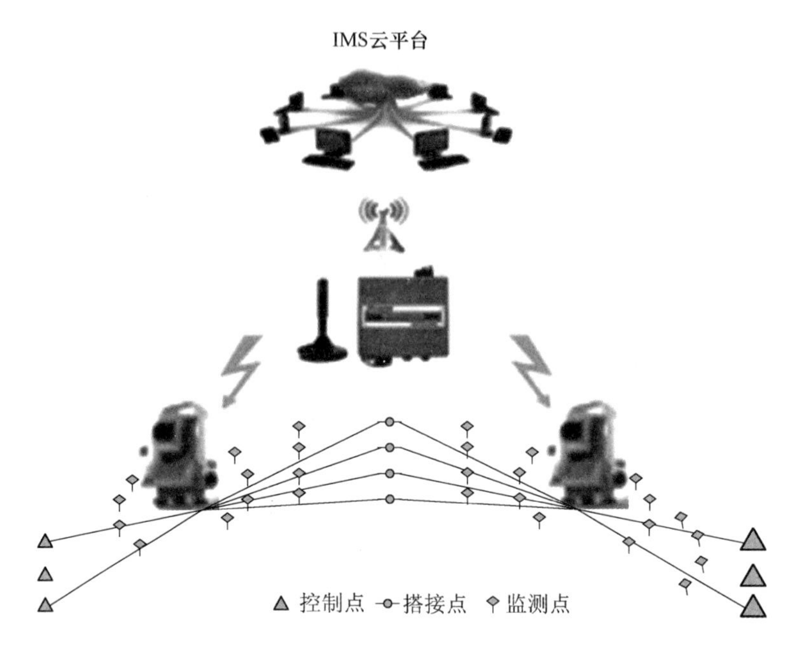

图 5.54　全站仪联测示意图

面的监测点，故采取联测的方式对地铁轨道及隧道进行监测。自主研发的联测版自动化监测软件可以不受测量机器人的限制，项目现场布设棱镜及仪器的安装如图 5.55 所示，1 号位采用索佳 NET05X 全站仪，2 号位采用徕卡 TS30。

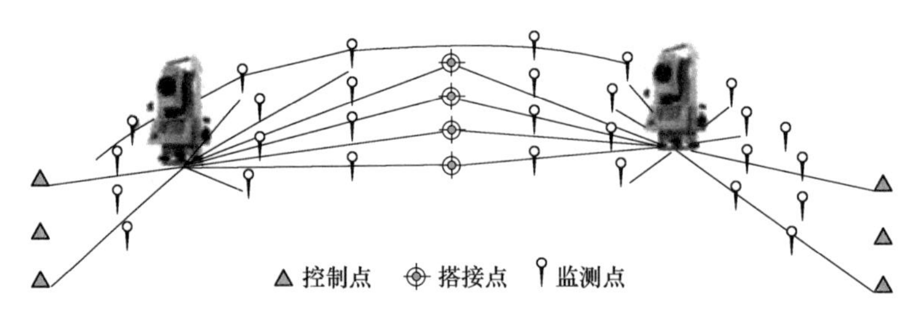

图 5.55　现场布设示意图

数据采集设备由智能测量控制器 DT-IMC-1000 来完成，该控制器内置工业电脑系统，并具有 RS485/RS422 与现场各传感器进行数据传输与交互；同时设备内置 WCDMA/GPRS 模块，可通过移动/联通公网登录 Internet 与数据服务中心进行交互。控制器可安装控制采集软件进行现场传感器的管理与控制，同时对上传数据进行预处理、分析及本地存储。该设备采用本地存贮+云端存贮双重保险措施，最大限度地保障监测数据的安全性和连续性。

现场数据与远程数据传输方式：从现场数据量的大小及整个监测系统的成本考虑，系统中数据采集控制器与各节点传感器之间采用 RS422/485 的通信方式，多节点串行组网，对于数据量不大，非实时性（小于毫秒级的延时）系统是首选方案。该种传输方式可达到数百米甚至上千米的传输距离。

数据采集控制器与数据服务中心采用移动/联通公网无线传输的方式，该传输方式具有系统简单、安装方便的优势，同样由于本系统传输数据量小，实时性要求不高，运营成本（上网流量费）及网络小延时都可以忽略。

5.5.4.4 系统对于测量机器人的控制

测量机器人所获得原始监测数据，经过数据解算处理得到最终数据成果。以测量间接平差为基础，使监测结果达到最优，最终形成以全圆观测法和平差算法组合为基础的监测算法解决方案。

该方案特点：将网内所有点（包括测站点）都作为观测点，整体观测，整体平差。精度统一、平差效果最佳。自动探测网内所有点稳定性和位移量，方便数据分析。采集和解算信息丰富，原始观测值、观测质量判断信息（2C、I 角、归零差、互差等）、点位中误差、平差改算值等所有信息齐备。

采用全圆观测法和先进的网内自探测算法技术，可自动探测网内所有点的观测质量及稳定性，保证监测网的成果解算稳定性。

系统（测量机器人）自动变形监测算法对比说明见表 5.25。

表 5.25 系统（测量机器人）自动变形监测算法对比说明

仪器设站区域	观测方法	测量算法	算法优势	算法劣势
测站在稳定区域	全圆观测	极坐标法	算法简单，易理解	检核条件少，难以探测后视及测站稳定性
	全圆观测	网内自探测技术	自动探测网内所有点观测质量及稳定性，误差评估、设站灵活、精度稳定	算法复杂
测站在变形区域	全圆观测	极坐标	测站处于变形区，无法单独使用此种算法	
	全圆观测	后方交会+极坐标	算法简单，易理解。先进行后方交会计算测站坐标，再用极坐标法解算监测点坐标	无平差，误差累积效应导致数据结果误差大、稳定性较差，难以探测网内测站及控制点稳定性
	全圆观测	网内自探测技术	自动探测网内所有点观测质量及稳定性，误差评估、设站灵活、精度稳定	算法复杂

5.5.4.5 联测数据和数据解算处理

图 5.56 和图 5.57 是左线控制点和搭接点累计变形曲线，由图可见，用全站仪联测方案测量地下受限空间时，搭接点的累计变化量小、控制点的累计变化也小，这样有效地保证了每台全站仪测量时精确的设站坐标，从而得到更为准确的监测数据。全站仪的联测方案不仅在技术上满足地下受限空间的测量精度要求，而且对地铁隧道监测方法的技术创新有一定的实际参考价值。

5.5.5 巡检技术

将各种技术搭载在巡检装备上，进行自动的、智能的综合巡检，是未来感知技术发展

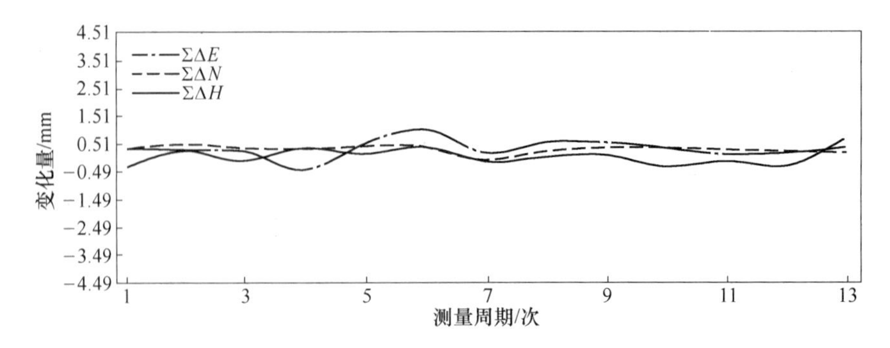

图 5.56 左线控制点 ZKZI 累计变化曲线

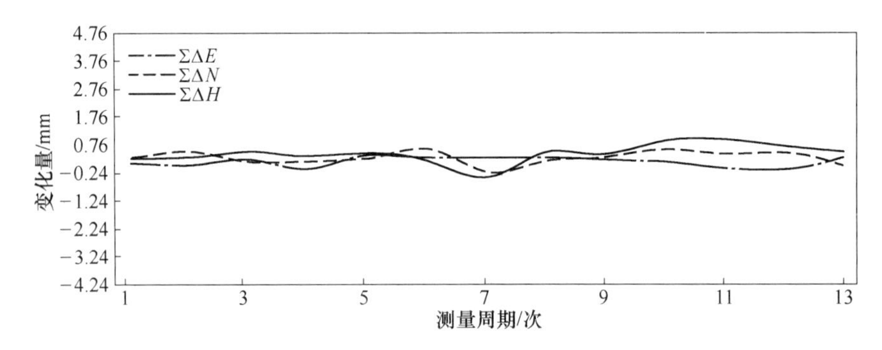

图 5.57 左线搭接点 ZDJI 累计变化曲线

的大趋势。

5.5.5.1 无人机

无人机是比较理想的移动检测载体装备，不论国内还是国外都在努力研究拓展其应用。无人机有着体积小、可遥感操控并且能在其上搭载多种传感器的优点，能到达人工不方便进行检测的地方，因此，无人机在进行数据收集方面可以发挥较大的作用。无人机携带各类传感器，在隧道中飞行巡检，会收集各类数据并将数据实时传输到数据处理平台，处理平台对异常数据做出预警［图 5.58（a)］。例如，在无人机上搭载摄像设备进行拍摄，可获取结构表面的裂缝图像，并用图像方法来识别隧道病害。在无人机上搭载红外热成像相机和高清摄像机以及必要的补光设备，还有多种气体传感器和温湿度传感器，可以运用到综合管廊中去检测漏气、漏电、漏液等问题。目前运用无人机来进行隧道检测的实践还较少，文献［13］设计了一套微型无人机来进行电缆隧道的日常巡检，可以监测隧道的环境以及电缆的安全。这种无人机隧道电缆巡检系统，具有移动速度快、行动灵活、监测死角少等固定式监测设备没有的优点。新加坡陆交局在汤申—东海岸线成功试用无人机进行了隧道的检测［图 5.58（b)］。

当然无人机现在还有较多的技术问题需要突破。首先是续航问题，现在的无人机使用的大部分是锂聚合物电池，连续使用时间不会很长；二是通信问题，无人机使用的通信链路抵抗干扰的能力较弱，无法避免遇到相同频率的干扰，使用的无人机数量越多，问题就会越突出；三是定位导航问题，无人机定位现今采用的模式精度不大，在地下基础设施检测时会出现一些问题；四是避障问题，毫无疑问，在隧道或者地下综合体中可能会出现干扰飞行的障碍，影响无人机的检测线路。未来需要在无人机智能监测检测系统上进一步探

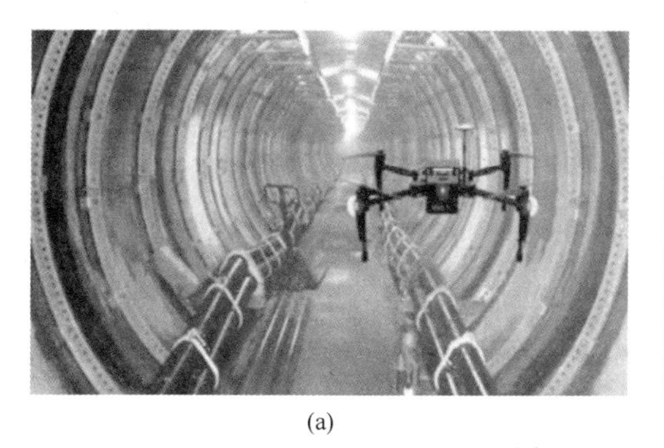

(a)

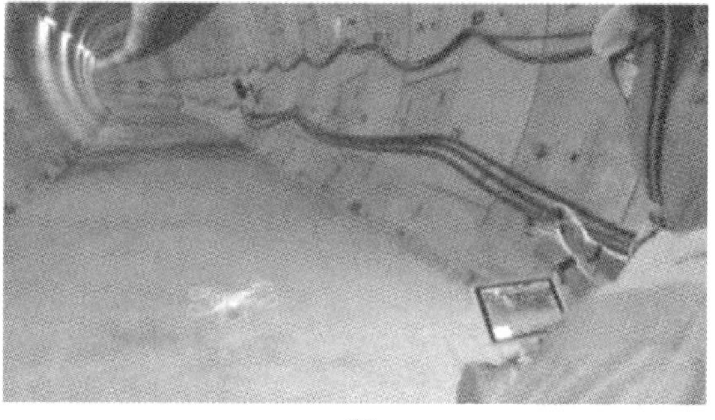

(b)

图 5.58 无人机检测隧道

（a）无人机巡检；（b）新加坡隧道检测

讨，攻克难题。

5.5.5.2 巡检车

巡检车是当今用得最多的移动检测装备，其运用主要是装载各种检测设备，例如高清相机、激光传感器、探地雷达等设备，同时车上还可装载与设备相应的软件系统对设备收集到的信息进行分析处理。巡检车的优点是可以装载的设备较多，并可以自身形成一个检测系统，及时地得到结果，并且能够组合多种设备来检测病害。

巡检车主要有轨道轮式和地面轮式，轨道轮式巡检车可以运用于地铁以及铁路隧道，而地面轮式巡检车可以运用于公路隧道。文献［14］介绍了用巡检车装载机械臂对隧道衬砌进行冲击回波检测，取得了较好的检测效果（图 5.59）。西南交通大学高速铁路运营安全空间信息技术国家地方联合工程实验室开发出一种车载探地雷达对隧道进行检测的新方法，该方法不但解除了探地雷达须接触衬砌表面的限制，而且能够运用车辆对衬砌进行定期检查，在宝鸡-中卫线和襄樊-重庆线上进行了运行测试，并取得了较好的效果。文献［16］介绍了欧洲的隧道巡检车系统（图 5.60），上面装载了相机以及激光系统，速度可以达到 30 km/h。该车辆不但有病害检测系统，还装载了一些可以在隧道内行驶的辅助系统，比如电力、信号系统等。文献［17］介绍了一种集检测和数据分析一体化的移动车检测系统，它应用于长沙地铁 2 号线病害的检测。这套系统能够进行多种参数的检测，多传感器补偿技术可以缓解车辆移动时振动等环境干扰因素，实时检测定位精度达到 2 mm，对检测数据可以进行高速存储和计算分析。文献［18］研发了可以搭载线阵相机、

图 5.59 车载冲击回波技术

图 5.60 车载激光技术

探地雷达、红外成像仪等设备的公路隧道综合检测车，对隧道的衬砌质量、渗漏水、裂缝等进行检测。上海同岩土木工程科技股份有限公司和同济大学自主研发的公路隧道检测车TDV-H2000搭载了线阵相机、激光扫描仪、GPS等设备，可对隧道的内部变形和裂缝等进行检测，并能够自动进行图像的处理、三维建模、病害识别等。

5.5.5.3 巡检机器人

巡检机器人目前主要运用于综合管廊和隧道，是通过携带激光设备或者相机来进行视觉检测，有轮式和履带式。轮式分为地面轮式和轨道轮式，跟巡检车类似，地面轮式主要运用于公路隧道，轨道轮式主要运用于地铁隧道和铁路隧道。文献［20］介绍了在伦敦地铁运用的一种激光巡检机器人。图5.61为深圳地铁隧道所采用的激光扫描机器人的巡检场景。文献［21］介绍了韩国研究的一种搭载CCD相机来检测隧道裂缝的巡检机器人(图5.62)。文献［22］发明了一辆可以对隧道裂缝进行检测修补的轮式机器人，该机器人的机械臂使用视觉和激光系统对裂缝进行检测，并可以对裂缝进行修补。文献［23］运用巡检机器人在Egnatia公路隧道进行了裂缝检测，并由此对机器人视觉图像的处理进行了深入研究。文献［24］研制了一种吸盘式的爬壁机器人，可以装载雷达对隧道进行检测，该机器人的特点是能够应对相对复杂的地形。重庆市鹏创道路材料有限公司发明了一种公路隧道的巡检机器人，该巡检机器人的发明基于物联网和3D GIS，可以对公路隧道进行自动巡逻和检修，以达到对公路隧道的智能监测的目的。

图5.61 隧道激光扫描机器人

图5.62 隧道摄像机器人

随着AI时代的到来，隧道智能巡检机器人诞生了。呼和浩特地铁、北京天乐泰力、北京瑞途科技共同首发了地铁隧道智能巡检机器人［图5.63 (a)］，与列车同步运行，可以实时、无间断地巡检，将突发、随机事故防患于未然，并且可以进行温度异常报警、侵限与异物检测等［图5.63 (b)~(c)］。

江西小马机器人有限公司研究出“小马”电力智能巡检机器人（图5.64），可搭载多种传感器，具备实时监控、表计识别、红外测温、局部放电检测等功能，有效弥补人工巡检的缺陷，完成高频次、大范围、无遗漏的巡检任务，实现室内设备巡检运维工作无人值守、智能管控。

未来，地下工程智能巡检机器人将实现限界入侵预测、异物入侵预测、电缆温度检

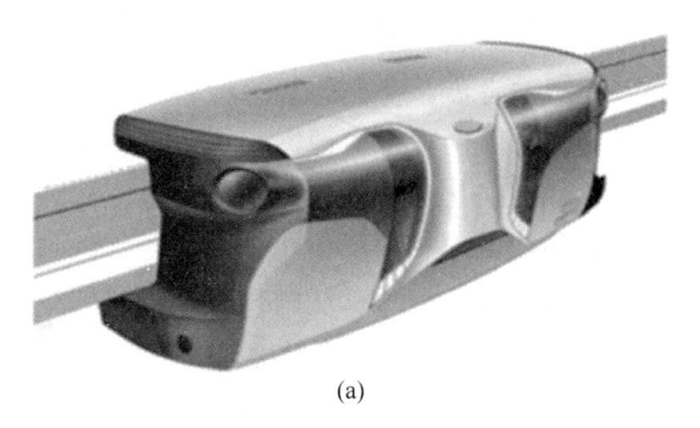

(a)

(b)

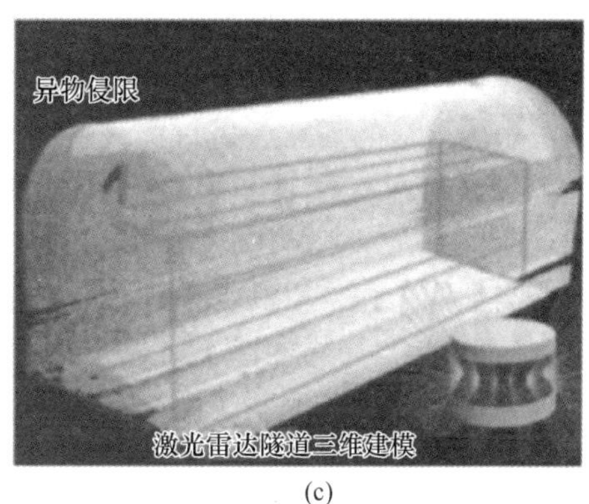

(c)

图 5.63　隧道激光扫描机器人检测

（a）地铁隧道智能巡检机器人；（b）温度异常检测；（c）异物入侵检测

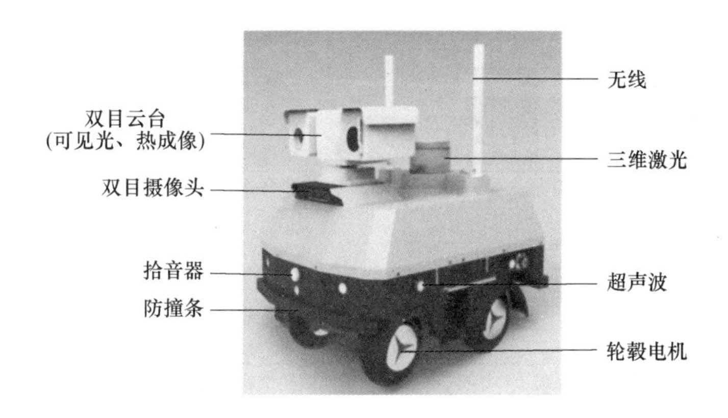

图 5.64　电力智能巡检机器人

测、隧道内实时视频监控、隧道三维建模、隧道壁面裂纹检测、隧道壁面湿渍检测、隧道几何变形检测、铁轨几何形位检测等多种综合功能。

巡检机器人体积一般较小，对岩土工程项目的安全检测可发挥重要的作用。但是遇到灾后恶劣的隧道环境，其智能化程度和行走越障、耐高温、耐火、防水等性能需要进一步提升。

5.5.6　远程视频测量系统在地铁监测中的应用

随着物联网技术的不断发展，利用无处不在的网络将独立、分散的智能设备和各类传感器进行联网，通过与行业特点相结合，对基坑施工的质量安全进行实时多角度的综合监测监控，是近年来基坑施工管理的发展趋势。智能远程视频监控监测系统就是充分运用机器视觉、现代传感、网络通信等物联网技术在地铁基坑监控监测中的创新实践成果。

该系统基于信息传感设备和网络化自动控制技术，在远程视频监控的基础之上实现了激光测距和定位、巡航、扫描和数据信息采集功能，通过融合视频图像和三维空间集成算法，进行信息交换和通信，按约定的协议与互联网相连接，实现对监控目标的远程智能化测量、监控和管理。相较于传统监测方式，该系统无需人员进入实地现场进行监测，可通过前期在远离危险源处安装终端设备（智能测距摄像机），对目标物坐标数据和图像信息同时进行采集，信号、数据通过互联网传输，整个过程只需一次安装即可实现远程对基坑位移的网络化自动监控监测。管理人员可以在异地登录，随时查询系统的监测监控情况，也对于各个不同地域的任意点进行实时随机抽检、抽测、监控，极大地提升管理效能，同时也保证了数据的真实性与准确性。利用该系统收集到的图像、数据等信息，对结构的承载能力、运营状态，对基坑、边坡状态和安全进行评估，进而科学地指导工程决策，实施有效的维修与加固工作，以满足设计预定的功能要求。

5.5.6.1 远程视频测量系统组成

智能远程视频监控监测系统由三部分组成：前端施工现场监控监测终端、传输网络、中心管理云平台。系统结构示意图如图 5.65 所示。

图 5.65 系统结构示意图

工地前端监控监测终端系统由智能测距摄像机（视频监控测量仪）和智能服务器组成。该系统是基于新一代物联网信息技术，利用高精密云台、图像传感器、激光距离传感器、光栅角度传感器等信息传感设备和网络化自动控制技术，对目标物体的数据信息进行采集，通过融合视频图像和三维空间集成算法，进行信息交换和通信，按约定的协议与互联网相连接，实现对监控目标的远程智能化测量、监控和管理。网络传输链兼容有线（光纤宽带）和无线传输（3G/4G）。

为适应应用场景的网络特殊性，产品采用边缘计算技术让设备能够第一时间响应用户的操作，只要接收到简单的指令后就会自动执行操作，尽量降低对网络的要求，测量信息和数据以图片和录像的方式实时存储到云平台。

5.5.6.2　远程视频监控监测系统的功能及应用

智能远程视频监控监测系统具备远程控制、设备自动定位、预置位自动监测（由监管人员预选定的位置，自动进行定时巡航监测、采集数据、拍照截图）、自动拍摄整体监控面并进行自动全景图拼接（含项目名称、时间等基础信息）、扫描数据自动存储、智能分析处理、检索等功能，可对目标物任意点的空间坐标进行测定，可对目标物位移变化量进行监测，可计算出目标物的尺寸（如测量空间任意两点之间的距离）、面积、体积等。

利用系统实时监控及自动定位测量功能，还可以自动形成施工项目实体施工全过程的影像日志（施工现场全景和施工节点），按时间序列进行存储，质量安全管理人员可随时回溯查看历史上某一天的项目实体现场大全景和任意节点施工情况，同时也可回溯查看某地理位置的节点的形成历史及情况，便于事中事后监督管理。这些相当于数字孪生中的应用层。

相比于传统测量方法，该系统设备无需人员进入危险源实地测量，整个过程只需一次安装便可实现远程对基坑、边坡位移量的自动化监控。图5.66是某边坡的远程监测与日位移变化情况。

(a)

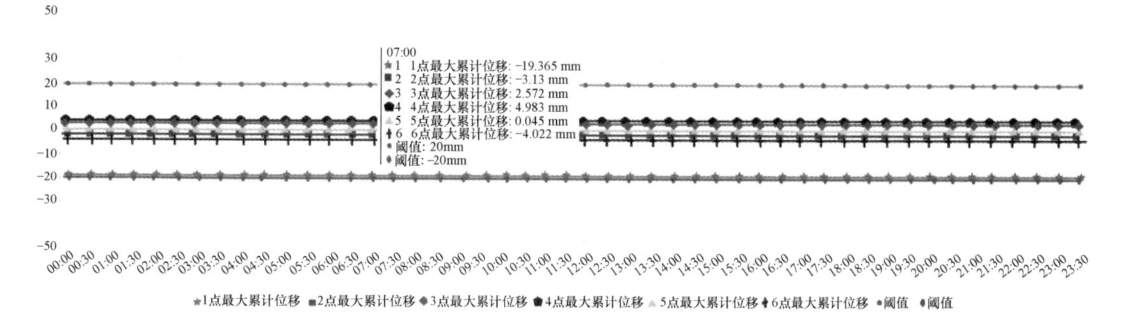

(b)

图5.66　监测实景及测点位移示意图

（a）监测实景及测点；（b）日线图

5.6 岩土工程监测的发展趋势

岩土工程监测，特别是重大岩土工程监测，具有工期长、测点数量大、测点种类多、信息量大、数据来源复杂及多媒体化等特征。比如，城市轨道交通施工期监测时间一般为3年，水电工程则更长（三峡工程长达15年）。一座车站或者一段区间隧道设置300~600个第三方监测测点，全线包含上万个第三方监测测点（施工方监测的测点数量更多）。测点种类包括位移、应力、应变、压力、轴力、地下水位、振动等，数据类型包括数值、文本、图形、图像、音频及视频等。因此，获得的数据是极其庞大和复杂的，要求处理数据的水平也得相应提升，实现状态实时、分析准确、危险态势及早预警的目标。

5.6.1 当前岩土工程监测存在的问题

当前岩土工程监测工作中存在以下问题：

（1）岩土工程监测的智能化问题。岩土工程具有体量大、规模广、工艺难、工期长与投资大这五个特点，特别是对上、下及周边甚至较远与较深处的地质环境具有迅速不良的效应。采取工程措施不及时的话，还会产生灾害性的影响。岩土空间开拓，涉及对水圈、大气圈、岩石圈的表层至深层，以及对生物圈的影响，包括岩土的量、质、水-气的流态和水-土、水-岩、水-生等作用。岩土空间开拓中，若对地质条件与环境的调查监控不够，必然会出现系列事故。岩土工程监测种类多、测点数量庞大，需要实时的、准确的信息，实际工程中，往往是单一参数的监测，而且以固定式设备监测为主，很少建立起相应的多元监测系统，已有的自动化监测项目也比较单一，需要开发集多参量测量一体的传感器，同时采用多种手段进行实时监测，信息传输。

（2）岩土工程大数据的感知问题。大数据的4个“V”在岩土工程监测中表现十分明显。比如对于城市轨道交通建设中的第三方监测，一般一条线路长约30 km，大概包含30个车站基坑及相同数量的区间隧道，周边还分布有大量的管线、道路及建（构）筑物，测点上万个，采集的监测数据量巨大；同时，监测的项目种类不下十几种，内容囊括位移、应力、力、地下水位等，数据形式多样，包括数值、文字、图片、影像等资料。即使单独对一个车站或者一段区间隧道而言，周边往往分布有建（构）筑物、管线、道路等监控对象，其变形原因受所处地质条件、施工过程甚至天气等影响，影响因素众多，且相互关联，非常复杂。但是目前对多源异构数据的分析还很欠缺。一些监测单位只重视数据采集和提交简单报表，忽视了成果分析、解释和反馈，直接导致花费了大量人力物力采集的数据没有得到充分及有效的应用，同时也给工程带来了潜在的风险。监测工作存在难以从大量、繁杂、结构各异的数据中挖掘各观测量之间、原因量和效应量之间、观测量与施工过程之间的相关关系，进而动态判断施工过程中的风险，提出建议措施。

（3）岩土工程监测的管理标准问题。由于监测数据采集工作的门槛相对较低，造成监测人员素质和监测实施单位管理水平参差不齐，导致测点埋设不及时、监测方法不正确、数据处理分析不及时等现象出现，这也是某些事故发生的因素之一。因此，监测工作及监测管理的标准化非常重要。目前国内已经颁布的规范主要规定了监测设计和监测方法，但对于监测工作的管理流程、参建各方在安全监测方面的职责以及与监测工作有关的应急预案方面尚存在不足，因此，进行监测管理体系的标准化势在必行。

5.6.2　岩土工程监测发展趋势

当前已经进入大数据时代，大数据的理念和方法将会给社会、生产和科学活动带来深入的变革，这对于目前在岩土工程中地位还比较尴尬的岩土工程监测学科来说，也是一种转折与机遇。具体来说：

（1）现场监测对重大工程的安全发挥重大作用。互联网、物联网及云计算的发展，加上各种传感器的大规模使用为岩土工程积累了大量数据，使尚不可能从理论上准确计算和预测的岩土工程学科转变为可以“摸着石头过河”的实证科学。虽然理论模型和分析方法还不完善，精度与可靠度尚存在问题，但是借助于无处不在的互联网、物联网和传感器技术，人们可以全面地监测复杂岩土介质在复杂施工过程、复杂环境影响条件下的动态反应，据此保证工程安全，实现科学决策。

Jim Gray 在“科学的第 4 范式”中，将科学研究的历史划分为 4 个阶段：1）几千年前，是描述自然现象为主的实验科学；2）过去几百年，是以建立数学模型、归纳为主的理论科学，如经典力学；3）过去几十年，是能够模拟复杂现象和进行大规模运算的计算科学；4）现在，是基于大数据的理论、实验和模拟相统一的数据密集型科学。第 4 范式将成为包括岩土工程学科在内的所有学科发展的一个重要方向和手段，显然，以数据为核心的大数据时代，现场监测将被提升到与实验、理论与模拟相同甚至是更为重要的地位，这一点正谙合信息化施工的本意，也对监测工作者提出了更高要求。

（2）传感器技术、监测方法和设备面临着巨大的发展需求。如前所述，科技的发展带来成本的快速下降，使全方位、大范围、多场、自动化的监测越来越成为可能，精细化监测给工程安全带来的好处会进一步刺激新型传感器、监测方法和设备的研究。可以预见，精度更高、体积更小、耐久性更强以及更可靠的传感器将会出现。监测范围将从传统的按关键断面布置扩展到全空间布置，监测时间跨度将从施工期延伸到建构筑物全生命周期，监测项目将从少数物理量发展到位移、应力、应变、力以及其他基本物理性质的多场耦合监测，监测的手段将从传统的光学、电磁、声学方法发展到地震、化学及重力等方法，监测数据的采集和传输将从人工、半自动化发展到以光纤、物联网及移动互联网为特征的全自动化、数字化。硬件的飞速发展必将为监测工作的大数据化提供坚实的基础。

（3）数据分析是核心。随着现代监测手段的提升以及在地下工程中的广泛应用，针对地下工程监测过程中获得的大规模、超大规模的“大数据”进行有价值的信息挖掘具有重要意义。由于系统的复杂性、影响因素过多及作用机制不明，在大数据时代，人们更关心数据间的相关关系。利用大数据强大的分析能力进行关联分析、模式识别，从而获得一些规律来逼近成因分析及结果解释。另外，大数据分析技术也便于综合进行大范围的空间上和时间上的相关性分析，能够有效地避免因分析能力不足而导致的片面化。同时，非结构化数据的快速处理也依赖于大数据技术。因此，必须重视多学科交叉，将最新的计算机技术、大数据分析方法引入到岩土工程中，在岩土工程监测数据处理分析方面开展集成创新。目前决策树、随机森林、支持向量机等大数据技术、云计算技术有效提升了岩土大数据的分析和预报水平。

未来对于岩土工程的监测检测将朝着减少人力资源，提高自动化、智能化、集成化方向发展。目前主要是在自动化、智能化方面进行了大量研究，例如使用光纤系统、三维激光、摄像系统、视觉技术等对隧道的变形进行自动监测，但监测项目比较单一，还需要探究更多功能全面的监测方案。相比之下，移动式检测装备更全面综合。例如，欧洲的第七框架计划中的 ROBO-SPECT 项目进行了隧道的自动检测系统研究，综合了隧道巡检车、机械臂、起重机等，还开发了相应的视觉系统来对隧道进行检测。美国在弗吉尼亚州使用多种无损检测方法的集成对水下隧道进行了评估，其中有探地雷达、超声波、冲击回波技术。这 3 种方法与相配的软件相结合，对水下隧道建立了三维模型，可以清楚地判断钢筋位置及黏结状态，获取其他的隧道信息，从而对隧道进行很好的评估。国内也在大力研发集成各种技术的隧道综合检测车，以达到对隧道信息的全面检测获取。同时，人工智能、5G、大数据等的发展，对于隧道监测检测技术的进步发挥了关键作用。Amberg Engineering 公司根据人工智能和机器学习开发出了一种软件，可以在隧道的检测照片中，自动标识出有问题的管片。上海大连路隧道部署了 300 多套 5G 物联网感知设备，并与 STEC 云物联服务平台强大的数据计算存储支撑能力相配合，可以对隧道结构和设施的关键信息进行采集。2016 年 11 月一种 TIM（train inspection monorail）单轨列车式机器人通过在隧道顶棚悬挂的轨道上运行，对瑞士日内瓦近郊的大型强子对撞机 27 km 长隧道进行了实时监控，包括隧道结构，氧气浓度，带宽通信和温度等数据信息（图 5.67）。

图 5.67　单轨列车机器人隧道检测

未来，运用大数据、云计算、物联网、人工智能、BIM+CIM、VR、数字孪生技术，构建数字化管理平台，建立全域感知、智能监测、预警应急、快速决策体系，可实现岩土工程的智能韧性运维和可视化管理。

思 考 题

5.1　岩土工程监测目的是什么，监控设计原理是什么？
5.2　岩土工程现场监测的对象和基本内容有哪些？
5.3　位移监测一般布置在什么位置，主要测量哪些量？
5.4　云计算的基本原理是什么，服务分为哪几个层次？
5.5　岩土工程监测大数据系统应包括哪几个方面的功能？
5.6　目前采用的智能监测技术有哪些？

参考文献

[1] 李晓乐，郎秋平．地下工程监测方法与检测技术［M］．武汉：武汉理工大学出版社，2018.

[2] 朱瑶宏，张付林，何山，等．地下工程安全风险智能化监测与管控［M］．北京：人民交通出版社，2018.

[3] 凌建明，张玉，满立，等．公路边坡智能化监测体系研究进展［J］．中南大学学报（自然科学版），2021，52（7）：2118-2136.

[4] 王浩．岩土工程监测分析及信息化设计实践［M］．北京：科学出版社，2013.

[5] 陈晓，秦昊，马林建，等．地下工程施工智能化监测及灾害预警技术应用综述［J］．防护工程，2020，42（5）：70-78.

[6] 伊晓东，李保平．变形监测技术及应用［M］．郑州：黄河水利出版社，2007.

[7] 徐干成，白洪才，郑颖人，等．地下工程支护结构［M］．北京：中国水利水电出版社，2008.

[8] 高谦，施建俊，李远，等．地下工程系统分析与设计［M］．北京：中国建材工业出版社，2011.

[9] 中华人民共和国行业标准．岩土锚杆与喷射混凝土支护技术规程（GB 50086—2015）［S］．中华人民共和国住房和城乡建设部，2015.

[10] 中华人民共和国交通运输部．公路隧道施工技术规范（JTG/T 3660—2020）［S］．北京：人民交通出版社，2020.

[11] 中华人民共和国行业标准．铁路隧道监控量测技术规程（TB 10121—2007）［S］．北京：中国铁道出版社，2007.

[12] 陈湘生，徐志豪，包小华，等．隧道病害监测检测技术研究现状概述［J］．隧道与地下工程灾害防治，2020，2（3）：1-12.

[13] 郑子杰．微型全保护无人机电缆隧道巡检应用系统［J］．数字通信世界，2018（12）：151，283.

[14] Suda T，Tabata A，Kawakami J，et al. Development of an impact sound diagnosis system for tunnel concrete lining［J］. Tunnelling and Underground Space Technology，2004，19（4-5）：328-329.

[15] Zan Y W，Li Z L，Su G F，et al. An innovative vehicle-mounted GPR technique for fast and efficient monitoring of tunnel lining structural conditions［J］. Case Studies in Nondestructive Testing and Evaluation，2016，6：63-69.

[16] Gavilán M，Sánchez F，Ramos J A，et al. Mobile inspection system for high-resolution assessment of tunnels［R］. Hong Kong：The Hong Kong Polytechnic University，2013.

[17] Huang Z，Fu H L，Chen W，et al. Damage detection and quantitative analysis of shield tunnel structure［J］. Automation in Construction，2018，94：303-316.

[18] 周应新，黄宏伟，孙乔宝，等．一种公路隧道病害集成检测车：中国，104527495A［P］．2015-04-22.

[19] 刘学增，朱爱玺，朱合华．一种公路隧道表观病害采集车：中国，106627317A［P］．2017-05-10.

[20] Fujita M，Kotyaev O，Shimada Y. Non-destructive remote inspection for heavy constructions［C］// Conference on Lasers and Electro-Optics. San Jose，USA：OSA Publishing，2012.

[21] Yu S N，Jang J H，Han C S. Auto inspection system using a mobile robot for detecting concrete cracks in a tunnel［J］. Automation in Construction，2007，16（3）：255-261.

[22] Victores J G，Martínez S，Jardón A，et al. Robot-aided tunnel inspection and maintenance system by vision and proximity sensor integration［J］. Automation in Construction，2011，20（5）：629-636.

[23] Protopapadakis E，Voulodimos A，Doulamis A，et al. Automatic crack detection for tunnel inspection using deep learning and heuristic image postprocessing［J］. Applied Intelligence，2019，49（7）：2793- 2806.

[24] 陈东生．一种基于爬壁机器人装置的隧道检测方法［J］．铁道建筑，2017（5）：79-82.

[25] 李吉雄，李关寿，张立强，等．面向物联网和3DGIS的公路隧道智能检修机器人［Z］. 重庆市鹏创道路材料有限公司，交通部重庆公路科学研究所，2015.

[26] Tony Hey，Stewart Tansley，Kristin Tolle. 第四范式：数据密集型科学发现［M］. 潘教峰，张晓林，译. 北京：科学出版社，2012.

[27] Menendez E，Victores J G，Montero R，et al. Tunnel structural inspection and assessment using an autonomous robotic system［J］. Automation in Construction，2018，87：117-126.

[28] White J B，Wieghaus K T，Karthik M M，et al. Nondestructive testing methods for underwater tunnel linings：practical application at Chesapeake Channel Tunnel［J］. Journal of Infrastructure Systems，2017，23：11.

6 岩土工程灾害隐患智能识别与态势感知

6.1 岩土工程灾害隐患智能识别与态势感知研究现状

灾害是自然环境或工程系统演变过程中失去固有平衡或稳定时造成人类赖以生存的基础破坏或功能失效的突发事件。总体上说，灾害包括自然灾害和工程灾变危害。自然灾害包括洪水、干旱、地震、热带气旋（台风）、海啸、火山喷发、冰川冻土甚至流行病和病虫害等10余种。工程灾害包括大规模的工程活动诱发诸如边坡失稳、地表塌陷、地基失效和冲击地压、瓦斯突出、岩爆、空区坍塌、矿井涌（突）水等，以及工程系统自身损伤积累导致突然失效的灾变危害。

通常，灾害具有大面积破坏的突发性和系列次生灾害的连锁性，极大地威胁着人类生存和社会发展。岩土工程灾害大部分属于人为地质灾害。它是由于人类开展岩土工程活动引发的地质灾害。这些灾害常引起巨大的财产或人员损失，如能提早进行灾害隐患的探查和识别，必能很大程度上避免巨大损失。因此，对岩土工程灾害隐患的智能识别与态势感知具有重要的意义。

传统的工程灾害隐患识别与态势感知方法存在监测指标单一、评估指标偏少、实时性差的问题，当今世界正以云计算、大数据、物联网、人工智能、区块链、数字孪生为代表的新一代信息技术推动新一轮产业变革，人类正在进入一个以数字化为中心的全新阶段。数字孪生技术结合物联网的数据采集、大数据的处理和人工智能的建模分析，可以实现对过去发生问题的诊断、对当前状态的评估，以及对未来趋势的预测，模拟各种可能性，提供更全面的决策支持。

岩土工程面临地质条件多样化、建设环境复杂化的挑战，为了岩土工程的安全，应将岩土工程朝勘察数字化、设计交互化、建造虚拟化、决策智能化、监控网络化、性能优越化的方向发展，把数字孪生技术引入到岩土工程领域，创建岩土工程数字孪生体，建设虚实结合的数字孪生环境，发展岩土工程数字孪生核心技术体系，实现岩土工程数字化设计、协同化建造、动态化分析、可视化决策和透明化管理，这必将有效提升岩土工程建设管理水平，深化岩土工程数字化转型升级。

6.1.1 安全隐患的基本概念

说起工程灾害，有必要了解一下工程事故。事故和灾害都指发生了不可预见或者预期的突发事件，它们的区别在于：

（1）事故一般是由人为因素引发的，例如交通事故、工业事故、火灾等；而灾害一般是由自然因素或人为因素造成的自然灾害，例如地震、洪水、风暴等。

（2）事故通常在时间、空间和影响范围上比较有限，例如一次交通事故只会影响到事故现场及周边区域。而灾害则往往具有广泛性和连锁效应，会对周边环境和人类社会造成巨大影响。例如一次地震可能影响到整个城市或地区，持续时间也会比较长。

(3) 事故通常是发生后能够及时采取措施进行应对和处置，尽可能控制事态发展；但灾害往往来势汹汹，难以避免，人类所能做的更多的是尽力减少灾害带来的伤害。

(4) 事故发生后，责任可以明确归属，因为事故通常都是由人为因素引起的，往往有责任主体；而灾害则很难指责，只能通过提前预防和应对来减小损失。

工程灾害实际上很多时候是由于人为因素导致的，所以很大程度上也可以说是工程事故。工程灾害隐患也可以说是工程事故隐患，工程安全隐患。工程灾害隐患的界定可以借鉴安全隐患的概念，所以本节先介绍安全隐患或事故隐患的概念。

6.1.1.1 安全隐患的定义

安全隐患又叫事故隐患，是指人的作业场所、设备及设施的不安全状态，或者由于人的不安全行为和管理上的缺陷而可能导致人身伤害或者经济损失的潜在危险。从系统论的角度来看：隐患应是人机系统中导致事故发生因素的集合。故隐患有广义和狭义之分，广义的隐患是指在生产系统中，能导致事故发生的所有的不安全因素。具体来说就是导致事故发生的系统中人的不安全行为、物的不安全状态、环境的不安全影响以及管理的缺陷或者它们之间的不协调的匹配。狭义的隐患是指在生产中，由于人们受到科学知识和技术力量的限制或者认识到而未有效地控制有可能导致事故的，但通过一定的办法或采取适当的措施能够排除或抑制的潜在的不安全因素。包括有可能引起事故的人的行为、机的状态、环境条件或二者或三者的结合。因此，加强对事故隐患的控制管理，对于预防安全事故有重要的意义。

6.1.1.2 事故隐患的界定

在日常的生产过程或社会活动中，由于人的因素（例如管理能力、制度执行、操作技能、心理状态、知识水平、生理作用等），物的变化（例如设备及电器老化、锈蚀，安全防护设施的拆除、位移和与施工进度的不衔接等），以及环境的影响（例如污染、风蚀、暴晒等），会产生各种各样的问题、缺陷、故障、苗头、隐患等不安全因素，如果不发现、不查找、不消除，会打扰和影响生产过程或社会活动的正常进行。这些不安全因素有的是疵点、缺点，只要检查发现后进行消缺处理，便解决问题，不会生成激发潜能（例如动能、势能、化学能、热能等）的条件；有的则具有生成激发潜能的条件，便形成事故隐患，不进行整治或不采取有效安全措施，易导致事故的发生。因此，通过“界定”具不具备生成激发潜能的条件，便能诊断或辨识是不是存在事故隐患。

事故隐患的界定实际是要确定是否有隐藏或潜伏在内部的祸患、危机或危险事件。问题、缺陷、故障、苗子都是外露性的，有现象表现出来；事故隐患则是内涵性的，要透过现象才能分析判定。因此，事故隐患呈现了内在本质的薄弱点（或称危险点、危险源），靠人的知识和经验，靠科学的评估和计算，靠科学检测仪器的探测和监视，才能予以发现，并想出对策措施予以整治后消除，把事故消灭于萌芽状态之中。

6.1.1.3 事故隐患的特点

事故隐患主要有以下 11 个特点：潜在性、危害性、偶然性、突发性、因果性、重复性、意外性、连续性、时效性、特殊性、季节性。

(1) 潜在性。事故隐患在发展之初的孕育阶段，存在的方式一般均为隐蔽、藏匿、潜伏的。它在一定的时间、一定的范围、一定的条件下，显现出好似静止、不变的状态，往往使人一时看不清楚，意识不到，感觉不出它的存在。但随着生产过程的发展而随机变化，逐步向显性发展。

（2）危害性。“蝼蚁之穴，可以溃堤千里”，一个小小的隐患往往可能引发巨大的灾害。无数血与泪的历史教训都反复证明了这一点。

（3）偶然性。事故隐患生成后，在一定条件下，必然发展成为事故，但在何时、何地发生，却是偶然的。

（4）突发性。任何事都存在量变到质变、渐变到突变的过程，隐患也不例外。

（5）因果性。事故是由事故隐患演变而成的，事故隐患与事故的关联，表现为特定的因果性。隐患是事故发生的先兆，而事故则是隐患存在和发展的必然结果。

（6）连续性。实践中，常常遇到一种隐患掩盖另一种隐患，一种隐患与其他隐患相联系而存在的现象。

（7）重复性。事故隐患治理过一次或若干次后，并不等于隐患从此销声匿迹，永不发生了，也不会因为发生一两次事故，就不再重复发生类似隐患和重演历史的悲剧。

（8）意外性。这里所指的意外性不是天灾人祸，而是指未超出现有安全、卫生标准的要求和规定以外的事故隐患。

（9）时效性。尽管隐患具有偶然性、意外性的一面，但如果从发现到消除过程中，讲求时效，是可以避免隐患演变成事故的；反之，时至而疑，知患而处，不能在初期有效地把握隐患进行治理，必然会导致严重后果。

（10）特殊性。隐患具有普遍性，同时又具有特殊性。由于人、机、料、法、环的本质安全水平不同，其隐患属性、特征是不尽相同的。

（11）季节性。某些隐患带有明显的季节性的特点，它随着季节的变化而变化。

6.1.1.4 事故隐患的分类

安全系统科学认为，人、物、环境、管理是构成事故的基本要素。事故隐患系统由人的行为隐患、物的危险状态、环境的不良条件和管理的缺陷构成。它们可以分为：

（1）直接事故隐患。直接事故隐患指直接能引起事故结果而导致事故产生的隐患。这类事故隐患与可能引起的事故结果之间的联系是直接的，不需要中间事物来传递这种作用。因此，这类事故隐患比较容易被发现，其危害形式也比较稳定，具有直接性、明显性和简单性的特点。这类事故隐患，绝大多数人们可以迅速发现并排除，有些甚至本来就是安全规程的防范对象。人的行为隐患、物的危险状态、环境的不良条件都是直接事故隐患。

（2）间接事故隐患。间接事故隐患指不可能直接引起事故结果，但能通过影响中间事物的行为而导致事故产生的事故隐患。这类事故隐患是通过中间媒介物导致事故发生，故它是间接地起作用。这种联系是复杂的、间接的，因而它具有隐蔽性、复杂性、不稳定性的特点，其危害形式和严重程度有可能受到中间媒介物的传递形式不同的影响。例如，企业缺少岗位操作规程或是岗位操作规程不完善，导致操作者随意操作或者误操作，进而导致事故。通常将管理方面的缺陷分类为间接事故隐患，如图 6.1 所示。

简单地说，直接事故隐患是指人、机、环境系统安全匹配上的缺陷；间接事故隐患是指安全管理机制与生产经营机制匹配上的缺陷。

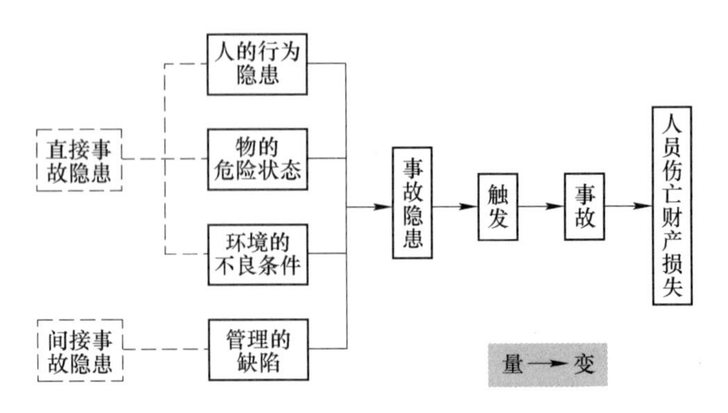

图 6.1　事故隐患系统构成及转化事故过程

事故隐患，无论是直接的还是间接的，它们都具有潜伏性、变化性和发展性的动态特性，表现为如下两个方面：一是事故隐患自身往往在不断地变化或恶化；二是一种直接事故隐患有可能危及系统的另一部分，造成另一部分也产生事故隐患；或者某一事故隐患转为事故，又引发另一系统的事故隐患转化为事故；或者某一事故隐患是另一事故隐患的触发条件，肇发二次事故隐患。

(3) 直接事故隐患和间接事故隐患的辨识。

1) 直接事故隐患的主要辨识内容包括如下三个与生产系统匹配时存在的可能缺陷：

① 人的安全生理、安全心理、安全技术、安全文化等四个方面的素质。

② 机具的可靠性、安全性能、安全防护及安全保护系统等。

③ 物理、化学、生物、空间及时间环境。

2) 间接事故隐患的辨识可从以下十个方面分析：

① 违章作业、违章指挥及违反劳动纪律。

② 直接事故隐患检查、评估、整改以及质量验收存在的缺陷。

③ 教育不及时、检查不及时或环境整顿不及时。

④ 各种安全管理规章制度的制定及执行存在缺陷。

⑤ 安全管理机制及效能存在问题，制定的技术、经济机制不当。

⑥ 群众监督机制及安全文化建设存在的缺陷。

⑦ 安全信息的搜集、统计、分析、流通及在安全决策、规划、计划中的运用存在缺陷。

⑧ 安全管理及监察人员的水平及培养力度存在缺陷。

⑨ 对于生产任务变化、生产人员变化、生产技术变化或生产环境变化，安全管理工作未能及时作出相应的调整。

⑩ 对影响安全生产的人际关系、社会环境及家庭纠纷的调节能力不足，力度不够。

6.1.2　岩土工程灾害隐患的概念

从系统科学的角度，岩土工程也是一种人机环系统，其安全隐患应该考虑岩土工程本身特点、设备及设施的不安全状态，工程人员的不安全行为和管理上的缺陷。

岩土工程本身特点包括地质环境与支护体两方面，岩土工程地质灾害按发生的动力性质分为内动力地质灾害和外动力地质灾害，内动力地质灾害包括：地震导致的滑坡、堰塞湖、火山喷发等；外动力地质灾害有七类，包括：斜坡地质灾害（又叫山地地质灾害）（崩塌、滑坡、泥石流）、地面变形地质灾害（地面塌陷、地面沉降、踩空塌陷、地裂缝）、矿山与地下工程地质灾害（突水、瓦斯爆炸、岩爆、洞井塌方、煤田自燃）、河湖水库区地质灾害（河岸坍塌、堤坝渗漏）、海洋及海洋带地区地质灾害（海平面升降、海水入侵、海岸侵蚀）、特殊土地质灾害（黄土湿陷、膨胀土涨缩、冻土冻胀融陷、砂土液化等）、土地退化地质灾害（水土流失、沙漠化等）等。因此，岩土工程的安全离不开对这些灾害隐患的识别。

归结起来，地上岩土工程隐患因素主要有边坡裂隙、软弱层、地震、降雨等；地下岩土工程灾害隐患有地下采空区、巷道松动围岩、渗水裂隙、断层、冲击地压等，共同的隐患还有支护体支护强度不够，这些工程灾害隐患如果不及时查明、处理，往往会带来重大的工程灾害如滑坡、崩塌、泥石流、采空区坍塌、突水、巷道冒顶片帮等，威胁人们生命安全、造成国家财产巨大损失。因此，进行工程灾害隐患的识别和灾害的态势感知，对于及时预防和治理重大的工程灾害，具有十分重要的现实意义。

下面介绍两种岩土工程隐患。

（1）冒顶片帮事故隐患。冒顶片帮是指矿井、隧道、涵洞开挖、衬砌过程中因开挖或支护不当，岩石不够稳定，当强大的地压传递到顶板或两帮时，岩石遭受破坏而引起顶部或侧壁大面积垮塌造成伤害的事故。冒顶片帮事故约占采矿作业事故的40%以上。

1）冒顶片帮原因。正常状况下，地壳内部原岩处于应力平衡状态。由于采矿挖掘，破坏了原岩的应力平衡状态，使井巷、采场周围岩矿的应力重新分布，致使岩矿出现变形；加上岩层的节理、断裂构造等的共同作用，顶板岩矿的变形继续增大，直至出现了顶板的下沉弯曲，当裂隙扩大到一定程度后，顶板岩矿就发生坍塌冒顶，即常说的冒顶事故，若冒落部位处于巷道的两帮就叫片帮。

2）导致冒顶片帮的主要隐患。冒顶事故的发生，一般是由于自然条件，生产技术和组织管理等多方面的主客观因素共同作用的结果。主要隐患：

① 开采方法不合理和顶板管理不善。采矿方法不合理，采掘顺序、凿岩爆破、支架放顶等作业不妥当，是导致此类事故的重要原因。如采场布置方式与矿床地质条件不适应，采场台阶太高，矿块太长，顶帮暴露面积太大，时间过长，加上顶板支护、放顶时间选择不当，都容易发生冒顶事故。天井、漏斗布置在矿体上盘或切割巷道过宽都容易破坏矿体及围岩的完整，产生片帮事故。

② 地质条件不好、情况变化。矿体中有小断层、裂隙、溶洞、软岩、泥夹层、破碎带、裂隙水等都容易引起冒顶片帮。矿岩为断层、褶曲等地质构造所破坏会形成压碎带；由于节理、层理发达，裂缝多，再加上裂隙水的作用，破坏了顶板的稳定性，改变了工作面正常压力状况，也容易发生冒顶片帮事故。对于回采工作面的地质构造，顶板的性质不清楚（有的有伪顶，有的无伪顶，还有的无直接顶只有老顶），也容易造成冒顶事故。

③ 地压活动。有些矿山在开采后对采空区未能及时有效地处理，随着开采深度不断增加，矿山的生产区域不同程度地受到采空区地压活动的影响，容易导致井下采场和巷道发生大面积冒顶片帮事故。

④ 缺乏有效支护。支护方式不当、不及时支护或缺少支架、支架的支撑力和顶板压

力不相适应等是造成此类事故的另一重要原因。一般在井巷掘进中，遇有岩石情况变坏，有断层破碎带时，如不及时加以支护，或支架数量不足，均易引起此类事故。

⑤ 作业人员疏忽大意，检查不周。在冒顶事故中，只有极小部分的事故是由于较大型冒落引起的，大多数都属于局部冒落及浮石伤人，且多发生在爆破后 1~2 h 内。这是因为岩石受爆破的冲击和震动作用后，有一些发生松动和开裂的岩石，或者使原有断层和裂缝增大，破坏了顶板的稳固性，稍受震动或时间一长马上就会冒落。这时如果正好有工人在顶板下作业，将被击中。所以，在放炮后应加强对采场顶帮的检查和处理。

⑥ 处理浮石操作方法不合理。由于处理浮石操作不合理所引起的冒顶事故，大多数是因处理前对顶板缺乏全面、细致的检查，没有掌握浮石情况而造成的。出现操作时撬前面的，后面的冒落；撬左边的，右边的冒落；撬小块的浮石，却引起大面积冒落等现象。此外，还有因为操作工人的技术不熟练，处理浮石时站立的位置不当。有的矿山曾发生过落下浮石砸死撬毛工的事故，其主要原因就是撬毛工缺乏操作知识，垂直站在浮石下面操作，当浮石下来时无法躲避而造成事故。也有一些事故是由于违反操作规程，冒险空顶作业，违章回收支柱而造成的。

⑦ 其他隐患。不遵守操作规程进行操作、精神不集中、思想麻痹大意、发现险情不及时处理、工作面作业循环不正规、推进速度慢、爆破崩倒支架等，都容易引起冒顶片帮事故。

（2）边坡滑坡隐患。边坡滑坡是指斜坡上的土体或者岩体，受环境因素、地下水活动、地震及人工切坡等因素影响，在重力作用下，整体地或者分散地顺坡向下滑动的事故。地层岩性、地质构造、植被覆盖、地形地貌等环境因素是滑坡地质灾害隐患点形成的基本条件，而人类活动、气象水文条件（暴雨）等通常成为隐患点转化成地质灾害的直接诱发因素。

具体来说，滑坡隐患包括以下方面：

1）人为破坏斜坡的自然平衡。

2）斜坡截水沟渠开挖之后，没有采用防水材料进行铺砌。

3）边坡土质渗水性太强，没有采取任何防护措施，使土体潮湿软化或膨胀。

4）边坡实际角度超过设计角度或设计不合理。

5）边坡面有断层或滑面（节理发育、易碎）。

6）安全平台达不到设计规定或无安全平台。

7）其他外力作用。

可见，岩土工程安全事故隐患影响因素多而杂，所以进行隐患识别应从人机环的角度进行分析。

6.1.3　岩土工程灾害隐患智能识别与态势感知现状

从灾害发生机理看，任何灾害都是致灾因子、孕灾环境与承灾体综合作用的结果。因此，人们在开展灾害研究时，可以从这三方面入手。由于岩土工程的复杂性，人们往往通过探测其灾害隐患（属致灾因子）、监测其内部变化（属孕灾环境）等手段来预测（报）其灾害的发生，达到防灾减灾的目的。

岩土工程灾害的各种隐患能否被激发成为灾害一般需要通过对灾害隐患信息的收集和

识别，这些信息包括工程表面的和岩土体内部的。譬如，大多数情况下，在冒顶之前，会有以下征兆出现：

（1）发出响声。岩层下沉断裂、顶板压力急剧加大时，木支架会发出劈裂声，紧接着出现折梁断柱现象；金属支柱的活柱急速下缩，也发出很大声响；铰接顶梁的楔子被弹出或挤出；底软时支柱钻底严重。有时也能听到采空区内顶板发生断裂的闷雷声。

（2）掉碴。顶板严重破裂时，折梁断柱就要增加，随之出现顶板掉碴现象。掉碴越多，说明顶板压力越大。

（3）片帮。冒顶前岩壁所受压力增加，片帮增多，这就说明有冒顶危险。

（4）裂缝。顶板的裂缝，一种是地质构造产生的自然裂隙，另一种是由采空区顶板下沉引起的采动裂隙。

（5）脱层。顶板快要冒落的时候，往往会出现脱层的现象。检查顶板用敲顶棚方法时，如果声音清脆表明顶板完好；若顶板发出“空空”的响声，说明上下岩层之间已经离层。

（6）漏顶。破碎的顶板，在大面积冒顶以前，有时因为背顶不严和支架不牢出现漏顶现象。漏顶如不及时处理，会使棚顶托空、支架松动，顶板岩石继续冒落，就会造成没有声响的大冒顶。

（7）淋雨增加。顶板的淋头水量有明显的增加。

所以在井下工作的人员，当听到或者看到上述冒顶预兆时，必须立即停止工作，从危险区撤到安全地点。必须注意的是，有些顶板本来节理发育裂缝就较多，有可能发生突然冒落，而且在冒落前没有任何预兆。

这些都只是浅显的、表面的、片面的现象，无法全面准确地进行灾害发展态势的研判，还需要收集更多的隐患信息。

在滑坡领域，随着物联网和传感器技术的迅速发展，遥感、地球物理、水文地质、地球化学、岩土工程、地貌学等多学科领域多手段联合的多传感器立体综合探测和动态观测，为滑坡灾害成灾机理、滑坡隐患早期识别，以及实时预测预警等持续提供时空分辨率越来越高的滑坡灾害链全链条多因素的多源动态监测数据。近年来，天-空-地-内立体综合监测手段成为了岩土工程监测的重要体系。

（1）“天”指航天遥感技术，主要指星载光学遥感和星载 InSAR 技术。航天遥感技术具有时效性好、宏观性强、信息丰富等特点，能为灾害隐患识别分析提供重要的地表观测数据，已被广泛应用于大范围区域滑坡普查和监测。

（2）“空”指航空遥感技术，主要指机载航空摄影测量与机载 LiDAR 技术。由于观测距离的缩短，以及搭载平台的灵活性提升，航空遥感可以观测时空分辨率更为精细的地表特征，更好地支撑滑坡隐患详细排查。

（3）“地”指在卫星定位技术、电子测量技术、计算机技术的发展下，采用各种精密的传感器和新型的观测技术进行地表监测，以满足灾害防控高时空分辨率的监测需求。如测距仪、GNSS、测量机器人等地面观测仪器设备，可获取滑坡隐患点长期实时的点位高精度地表位移。地基合成孔径雷达（GB-InSAR）和地面激光扫描技术凭借大面积高精度的特点可以获取高精度的三维地表形态和高精度连续空间覆盖的形变信息，可实现单体滑坡稳定性分析与监测预警，进一步加强对边坡状态的核查。

（4）“内”指采用地下监测技术监测岩土体内部的相对位移量（深部测斜仪、钻孔多点位移计、光纤光栅传感器等），监测土壤含水率等地下水相关参数（水位计、渗压计、孔隙水压力计、土壤水分仪等），监测滑坡内部物理场信息（应变计、应力计、土压力计等），为滑坡隐患分析、机理分析提供可靠的深部监测信息。除钻孔点位监测外还有无需钻孔的地球物理探测技术，通过电阻率、地震波探测不同地球物理场，能够得到连续的地层岩性和地质构造信息，更好地支撑滑坡隐患识别和稳定性分析。

例如，文献［6］进行了滑坡隐患点空间分布特征研究，采用随机森林算法和极端梯度提升算法（XGBoost）进行识别研究，确定出影响滑坡发生的重要因子。

文献［7］利用大比例尺航空摄影测量、时序 InSAR、机载 LiDAR 等手段开展了研究区滑坡隐患识别及链式灾害隐患分析，综合方法能够有效地识别地质灾害隐患。

文献［8］归纳了不同类型监测数据适宜表达的不同时空尺度的滑坡隐患特征（图 6.2）。提出了天-空-地-内立体综合监测手段和一种数据驱动与模型驱动协同的滑坡隐患可靠分析方法，构建了滑坡隐患分析知识图谱精准判别滑坡隐患。该方法系统考虑了深部-地表内外动力耦合作用的致灾机制，为小样本、高复杂度的滑坡隐患可靠分析提供了新途径。

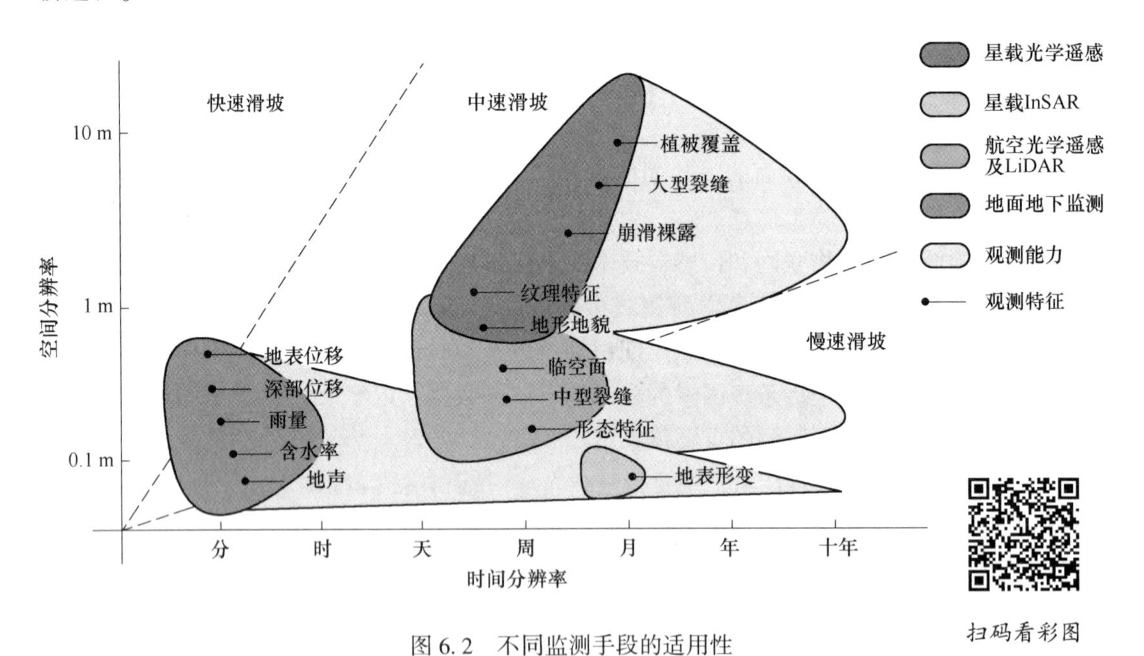

图 6.2　不同监测手段的适用性

文献［9］对矿区地质灾害频发和易发区域，用 GIS 以无人机三维实景建模、机载雷达、InSAR 遥感技术为主体、辅助 RS 和计算机建模技术，获取区域生态、气象、水文等综合环境信息，并结合多源遥感数据建立了矿山地质灾害监测与预警模型（图 6.3），构建了基于空-天-地立体监测体系，指导矿山提前预判灾害，确保生命财产安全。

文献［10］~［12］将滑坡隐患分为正在变形区、历史变形破坏区和潜在不稳定斜坡 3

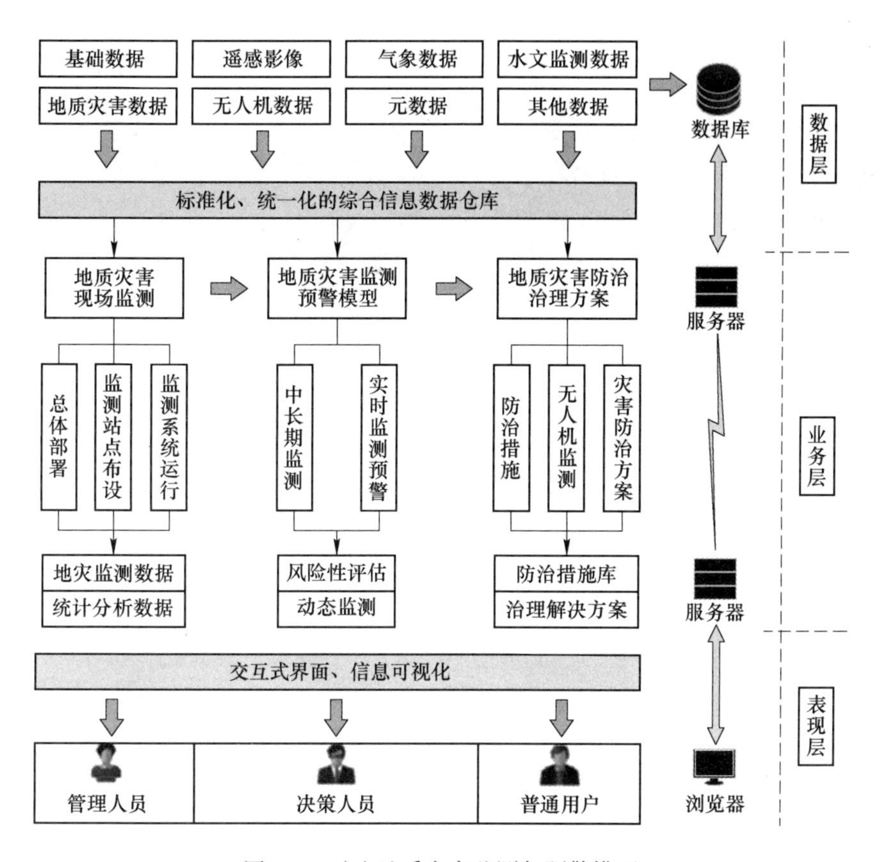

图 6.3 矿山地质灾害监测与预警模型

类，提出了针对不同类型滑坡隐患的识别技术和方法。提出通过构建天-空-地一体化的“三查”体系进行重大地质灾害隐患的早期识别，再通过专业监测，在掌握地质灾害动态发展规律和特征的基础上，进行地质灾害的实时预警预报，以此破解“隐患点在哪里”“什么时候可能发生”这一地质灾害防治领域的难题和国家急切需求。

笔者正在参与的“十四五”国家重点专项课题“地下非煤矿山重大隐患智能识别与态势判别技术及装备”就涉及到了采空区坍塌、地压灾害、透水等典型工程事故的隐患识别与态势感知。课题旨在解决当前事故隐患识别与判别面临的事故致灾因素复杂、识别与判别指标单一、灾变态势不明等问题，提出隐患征兆关联性表征方法，建立智能识别模型，构建非煤矿山多因素影响下隐患态势评估理论与技术体系，为实现地下非煤矿山重大隐患识别装备升级与态势判别智能化提供理论支撑。图 6.4 是拟考虑的隐患影响因素和采用的技术手段。

综上所述，随着信息技术、传感器技术和机器学习等技术的不断发展，岩土工程态势感知技术已经成为一个非常活跃的研究领域。但是由于各种技术有各自的长处和短处，所能识别的隐患类型和特征也不尽相同，应将各种技术手段综合应用，相互补充和校验，才能最大限度地识别已存在的地质灾害隐患，对工程灾害隐患的态势进行及时感知和预警。

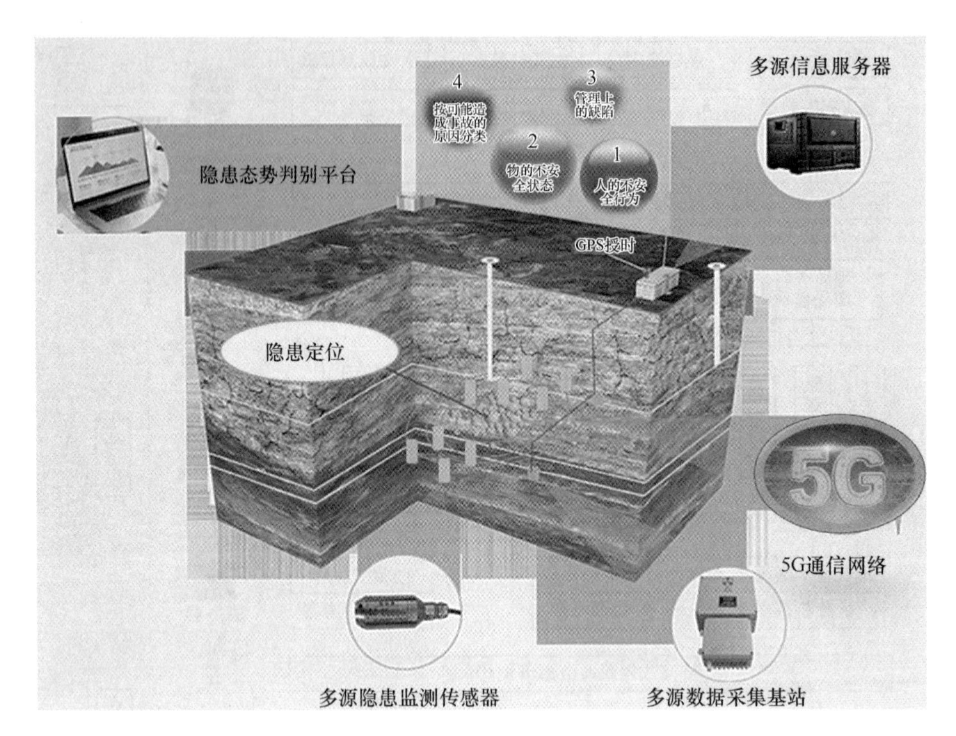

图 6.4 地下矿山隐患识别与态势判别组成技术

6.2 态势感知理论和方法

6.2.1 态势感知的概念

态势感知是一种基于环境的，动态、整体地洞悉安全风险的能力，是以安全大数据为基础，从全局视角提升对安全威胁的发现识别、理解分析、响应处置能力的一种方式，最终是为了决策与行动，是安全能力的落地。态势感知最早应用在军事领域，目的是通过获取、甄别并分析战场敌我双方的战斗态势，为指挥者进行战略决策提供支持，以提高决策的科学性并缩短决策时间。

1988 年，Endsley 首次提出了态势感知（situation awareness，SA）的概念，并给出具体定义，即：在一定的时空中，在复杂的环境里聚焦关心的要素，理解要素的内涵与关联，并由此对该要素有关的事物未来一段时间内的发展趋势进行预测的方法。

20 世纪 80 年代，美国空军提出的态势感知概念覆盖感知（感觉）、理解和预测三个层次。90 年代，态势感知的概念逐渐被接受，被引入信息技术安全领域，并首先用于对下一代入侵检测系统的研究，出现了网络安全态势感知的概念。2009 年，美国白宫在公布的网络空间安全战略文件中明确提出要构建态势感知能力，并梳理出具备态势感知能力和职责的国家级网络安全中心或机构，包含了国家网络安全中心（NCSC）、情报部门、司法与反间谍部门、US-CERT、网络作战部门的网络安全中心（cybersecurity center）等，覆盖了国家安全、情报、司法、公私合作等各个领域。目前，态势感知技术广泛应用于军事、网络安全、能源安全等众多领域。

一个完整的态势感知系统需要包含以下几大核心部分（图6.5）：首先是对整个周边安全态势要素的完整获取，也就是对数据的理解和获取、采集的能力，把来自不同的源头、不同类型的数据融合在一起、产生关联，通过进一步分析去发现问题。这就要求一个大数据平台能把海量数据高效地存储与计算处理，在此基础上做深度的安全监测、事件捕猎、调查分析，发现、定位、溯源安全事件；其次，必须具备多维度的安全分析工具平台与能力，才能够真正捕获威胁与攻击，甚至溯源攻击背后的情况。这时深度的多维度数据关联分析、基于语义分析的检测引擎、可进行人机交互式的调查研判平台、可视化分析、威胁情报技术、特定问题的机器学习等都成为有力的武器。

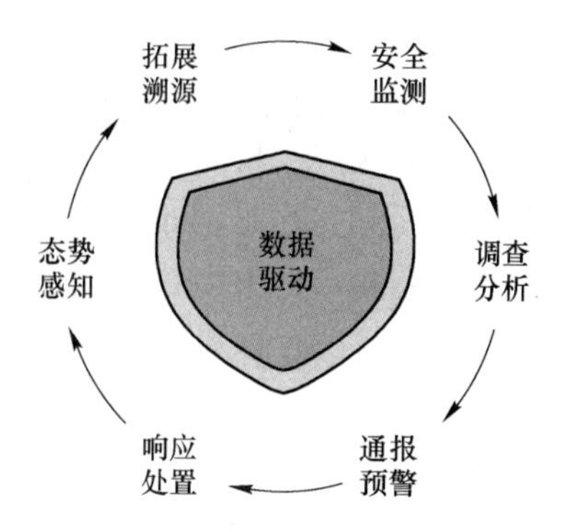

图6.5 基于数据驱动的态势感知系统

对SA的正式定义一般分解为三个独立的层次：Level 1——一级，指对环境中元素的感知；Level 2——二级，指对当前形势的理解；Level 3——三级，指对未来状况的预测。

6.2.1.1 一级：对环境中元素的感知

实现SA的第一步是感知环境中相关元素的状态，属性和动态。对于每个领域和作业类型，所需的要求是完全不同的。信息的感知可以通过视觉、听觉、触觉、味觉、嗅觉或某种组合。例如，医生使用所有的感官和可以得到的信息，以评估病人的健康状况。一个有经验的飞行员只是听到发动机的音调或看到周边环境的灯光模式就可以知道有哪些东西出了错误。在许多复杂的系统中，电子显示器上会有着重的提示和读取提供，但现实是，一级SA的大部分也来自个人对环境的直接观察，与他人的语言和非语言交流也会形成一个额外的信息来源，对一级SA有帮助。图6.6是动态的态势感知模型。这些信息的每一

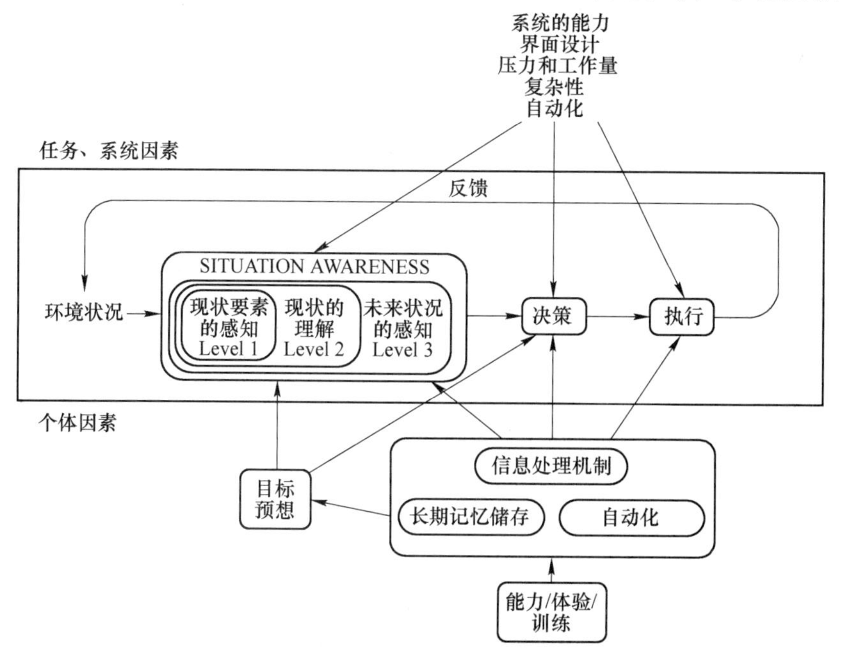

图6.6 动态的态势感知模型

个都与不同级别的可靠性联系在一起。信息的可信程度（基于传感器、组织或个人提供），以及该信息本身，组成了大多数领域一级 SA 的一个关键部分。

在许多领域，检测到所有所需的一级数据，相当具有挑战性。如在军事行动中评估所有需要的元素往往是困难的，因为视觉是模糊的，噪声，烟雾，混乱和情境都在迅速变化。在航空领域的大多数问题也发生在一级 SA。Jones 和 Endsley（1996）发现，飞行员76%的失误与没有感知到所需的信息有关。

6.2.1.2 二级：对现状的理解

实现良好 SA 的第二步是理解数据和线索对目标和目的意味着什么。理解（第二级 SA）基于不相交的一级元素的综合，以及该信息与目标的对照。它涉及集成许多数据以形成信息，并且优先考虑组合信息与实现当前目标相关的重要性和意义。二级 SA 类似于具有高水平的阅读理解，而不是仅仅阅读单词。

通过理解数据块的重要性，具有二级 SA 的个体将特定目标相关的含义和意义与手头的信息相关联。大约 19%的航空公司的 SA 误差涉及二级 SA 的问题（Jones 和 Endsley，1996）。在这些情况下，人们能够看到或听到必要的数据（第一级 SA），但不能正确地理解该信息的含义。从所感知的许多数据中建立对现状的理解实际上是相当苛刻的，并且需要良好的知识基础或模型以便组合和解释不同的数据片段。

6.2.1.3 三级：对未来状况的预测

一旦人们知道这些元素是什么以及它们对于当前目标意味着什么，预测这些元素将做什么（至少在短期内）的能力构成了三级 SA。只能通过了解现实情况（第二级 SA）以及正在使用的系统的功能和动态，才能达到三级 SA。

使用当前情境理解来形成预测需要对该领域有非常好的理解。许多领域的专家花费大量时间来形成三级 SA，通过不断地前向映射，制定一套现成的战略和对事件的反应，从而掌握主动，避免许多非期望的情况，并且当各种事件发生时也可以非常快速地响应。未能从第二级 SA 准确地预测（形成第三级 SA）可能是由于对当前的资源把握不足，或者由于领域知识的不足。

6.2.2 态势感知理论研究进展

6.2.2.1 态势感知理论模型

态势感知模型有多种，其中较有影响力的有 JDL 模型、数据融合 Endsley 三层模型、OODA 控制循环模型和 Bass 模型。

A 数据融合 JDL 模型

1984 年美国成立了数据融合联合指挥实验室，提出了大量的分层多级的复杂环境信息模型，包括：JDL（joint directors of laboratories）模型、Dasarathy 模型、Boyd 控制环模型、瀑布模型、混合模型等，并在试验过程中不断对模型进行细化，以期更加符合实际应用。其中，JDL 模型最受关注，应用也最广泛，JDL 模型认为态势评估是在复杂环境一级数据融合处理的基础上，建立的关于决策活动、事件、时间、位置和决策要素等组织形式的一张多维图，它将所观测到的关键因素分布于复杂环境，将决策意图、机动性等因素有机联系起来，通过分析已发生的因素和结果，推算出对方决策构架、部署、行动方向与路线，得出对方行为模式、意图，做出对当前环境状态的合理解释，并对临近时刻的态势变化做出预测，最后形成环境综合态势图，为最终决策提供有力的辅助支持。

JDL 模型主要包含三个部分：人机接口、数据融合、数据采集，其将融合分为 4 个层次：目标细化、态势细化、风险细化、过程细化。主要包括以下 4 个关键技术：海量多元异构数据的汇聚融合技术、面向多类型的网络安全威胁评估技术、网络安全态势评估与决策支撑技术、网络安全态势可视化。

JDL 模型自 1987 年建立初级融合模型（图 6.7）以来，经历了若干补充和修订（图 6.8）。目前是第三代融合系统典型代表的用户-融合模型（图 6.9）。

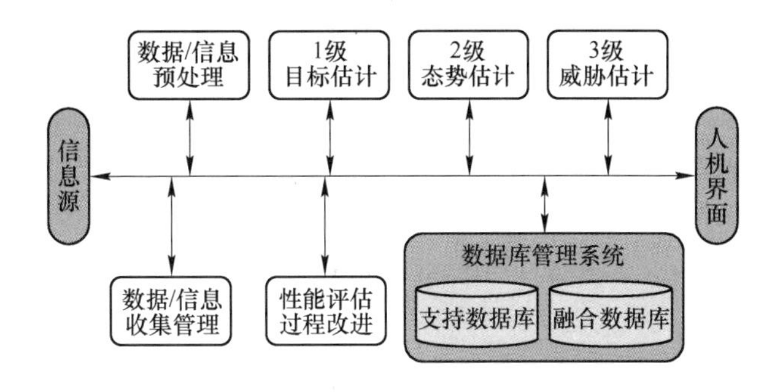

图 6.7　1987 JDL 初级融合模型

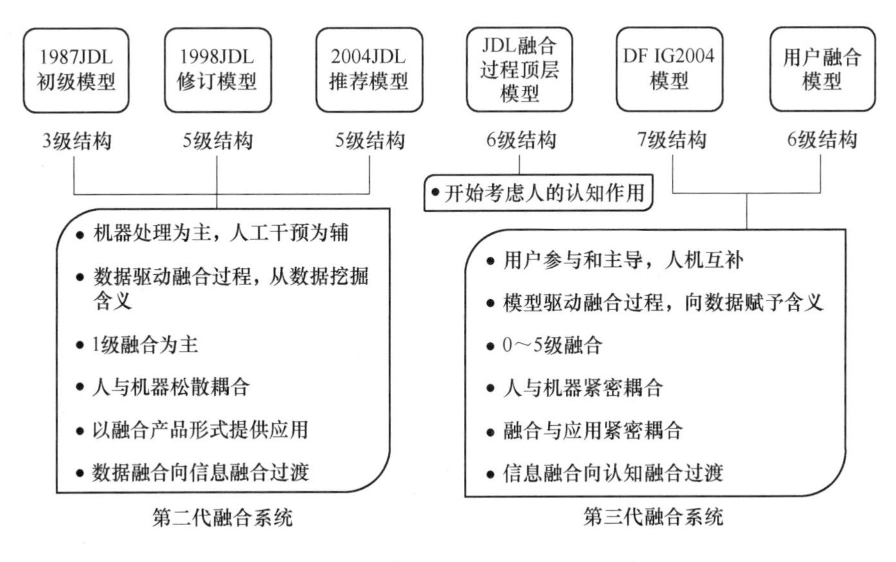

图 6.8　JDL 信息融合顶层结构的演变

从信息融合顶层结构的演变过程可以看出，未来的信息融合体系旨在建立一个“人在感知环中的融合系统”，即用户参与和主导信息融合系统（IFS），在信息融合系统生命周期各阶段、各环节、各级别上，发挥人的主导作用，以满足当今信息技术大爆炸时代出现的各类应用需求。

JDL 数据融合模型是目前经典的数据融合的概念模型，在数据预处理阶段进行像素级数据或信号的处理，在时间或空间上进行预处理活动。以 2004 推荐模型为例，该模型包括 5 个不同的层次，它以数据总线的形式呈现，而不是以流（顺序）的方式提供。

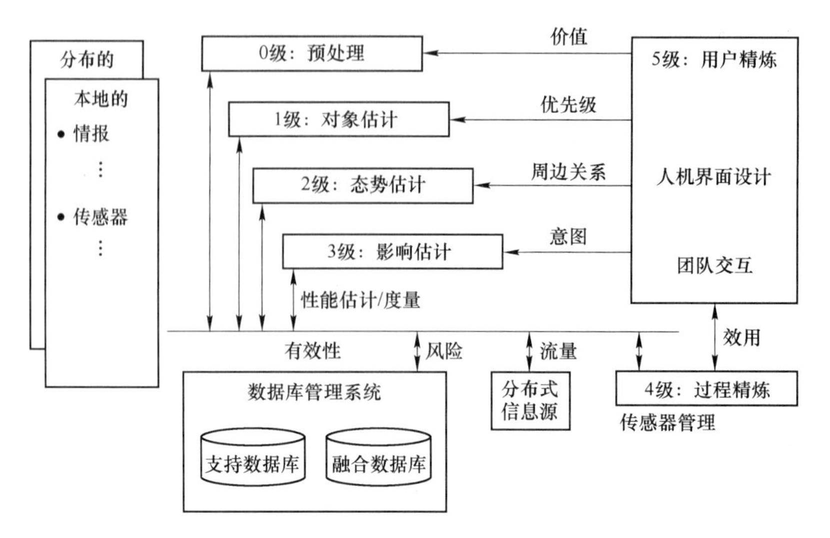

图 6.9 JDL 第三代用户-融合模型

5 个处理级别分别是：

（1）Level 0——数据预处理：海量非结构化数据、结构化数据和敏捷数据可选的预处理级别，通过态势要素获取，获得必要的数据；对于部分不够规整的数据进行海量数据预处理，如用户分布式处理、杂质过滤、数据清洗等。

（2）Level 1——对象估计：是指在大规模网络环境中，要素信息采集后的事件标准化、事件标准修订、形成事件，以及事件基本特征的扩展。

（3）Level 2——态势评估：将多个信息源的数据收集起来，进行关联、组合、数据融合、关键数据的解析；分析出的态势评估的结果是形成态势分析报告和网络综合态势图，为网络管理员提供辅助决策信息。

（4）Level 3——影响评估：将当前态势映射到未来，对参与者设想或预测行为、变化趋势的影响进行评估，对能够引起态势发生变化的安全要素进行获取、理解、显示以及预测最近的发展趋势，并对态势变化的影响进行评估。

（5）Level 4——资源管理、过程控制与优化：通过建立一定的优化指标，对整个融合过程进行实时监控与评价，实现相关资源的最优分配。

JDL 模型不限制各个层次使用的次序，可以根据用户要求在不同级别上设不同的层次。因此，作为一个功能定位的模型，JDL 数据融合模型能得以广泛地应用于赛博空间态势感知的相关领域，适应不同的过程、功能以及技术类别。

B Endsley 模型

1988 年，Endsley 从人类思维认知过程的角度出发提出了一种新型的态势认知框架。Endsley 的态势认知框架构建了人类认知视角下的三层态势认知模型，即态势要素获取、态势理解、态势预测三层模型，其示意图如图 6.10 所示。1995 年，Endsley 提出了动态决策态势感知通用理论模型，如图 6.6 所示。决策制定时，作为一种职能模块的态势感知，不断地全程扫描赛博空间中的态势状态，并且预测出下一阶段的态势发展趋势，协助决策制定者及时进行威胁评估和决策执行，在最短时间内消除存在于赛博空间中的安全隐患。由此可以看出建立威胁评估的基础是进行态势感知。只有建立准确而完整的态势感知，才能在此基础上对赛博空间采取及时、有效的应对策略，否则将无法达到“深度防御”(defense-in-depth) 的目的。

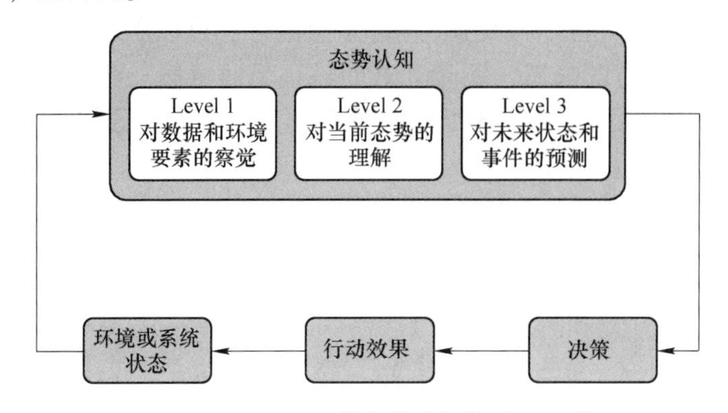

图 6.10 Endsley 的态势认知模型框架图

基于 Endsley 认知模型基础上的赛博空间态势感知层次分明、直观明了，各层次所应用的技术手段也比较成熟，所以被广泛用于各个领域的态势感知模型和框架设计当中。但是，赛博空间态势感知认知模型的前期工作主要围绕定性评估和静态预测模型的研究，决策者通过第二层态势理解阶段得到的态势感知结论是对过去和现在的赛博空间状况的评估，态势感知的最终结果仅仅是一种“事后补偿”的措施，而无法达到预期的“事前预防”的效果。

C 控制循环模型 OODA

Boyd 提出的控制循环模型 OODA (observe-orient-decision-act loop) 描述了目的与活动的感知过程，并将态势感知循环过程分为观察 (observe)、导向 (orient)、决策 (decision) 和行动 (act) 4 个阶段。如图 6.11 所示。

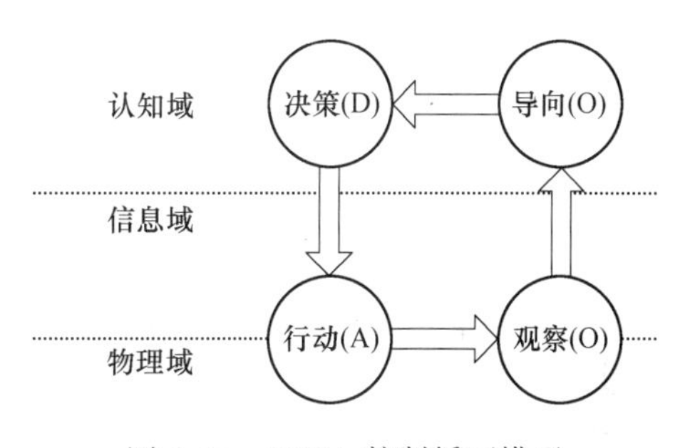

图 6.11 OODA 控制循环模型

观察从物理域跨越到信息域，判断和决策属于认知域，而行动从信息域返回物理域，完成循环。观察阶段类似于 JDL 数据融合模型的 Level 0，在这个智能环里属于信息收集的一部分。导向阶段包含了 JDL 数据融合模型中 Level 1、Level 2 和 Level 3 这三个阶段，它包含了结构化元素的收集，属于这个智能环中的整理阶段。决策阶段包含了 JDL 数据融合模型的 Level 4，在智能环里起到信息传递的作用。行动阶段并没有直接模拟 JDL 数据融合模型的某一个阶段，而是通过权衡决策在赛博空间中的作用来形成一个封闭的循环过程。

Boyd 给出了详细的 OODA 循环示意图，如图 6.12 所示，它表示了每个阶段在整个循环中所起到的作用以及各部分之间的关系。在观察阶段，主要任务是接收外在信息，说明态势信息，把信息传递给导向阶段，接收决策和行动阶段的信息反馈，以及在行动阶段后说明与环境的交互信息。在导向阶段，文化传统、遗传因子、新信息、历史经验以及分析合成这 5 个部分的内容相互影响作用，共同构成了导向阶段的内容体系，另外，导向阶段除了继续向决策阶段进行信息传递以外，它对于观察阶段的信息采集和行动阶段的目标制定都具有潜在的引导和控制作用。在决策阶段提出一些假说，并把信息传递到行动阶段，另一方面，还需要把及时信息反馈到观察阶段，以便进行更适合的信息采集。最后，行动阶段进行具体行动的一些测试，然后把结果反馈到观察阶段，及时调整观察的内容，从而进行下一次更好的行动。从这个 OODA 循环示意图中，可以看出观察、导向、决策和行动这四个阶段不仅有各自的分工，还相互之间进行沟通协作，在完成一个 OODA 环的同时也为下一次循环做出了补充、修正，这种动态循环过程能更全面地进行态势感知。OODA 控制循环模型的循环结构和动态协作能够很好地适应复杂、庞大的赛博空间的态势感知。

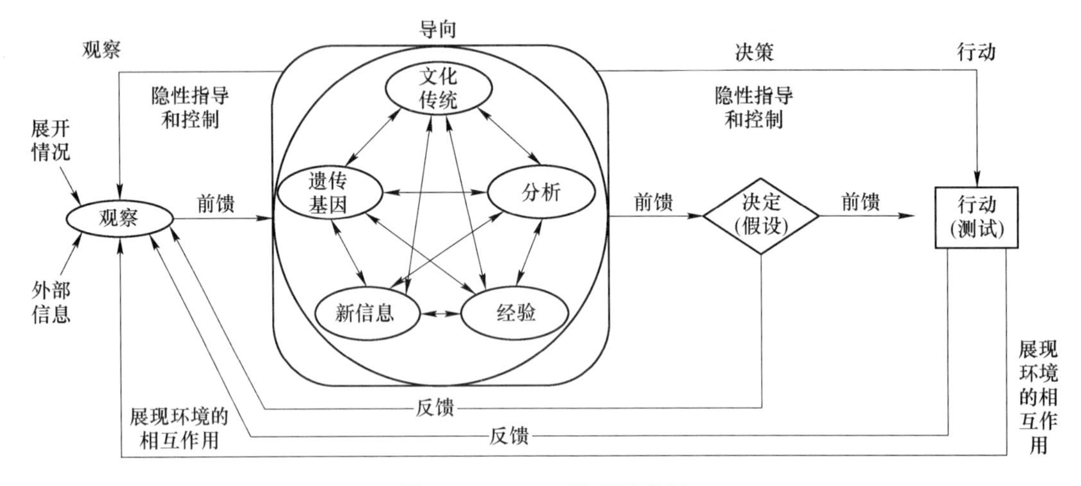

图 6.12　OODA 循环示意图

D　Bass 功能模型

1999 年，Bass 等人指出“下一代网络入侵检测系统应该融合从大量的异构分布式网络传感器采集的数据，实现网络空间的态势感知”，并且参考基于数据融合的 JDL 模型，提出了基于多传感器数据融合的网络态势感知的功能模型，如图 6.13 所示。

Endsley、JDL、OODA 以及 Bass 为网络安全态势感知的研究奠定了基础。研究者们后来基于 Endsley 态势感知的概念模型、JDL 的数据融合模型和 Bass 的功能模型，陆续又提出了十几种态势感知的模型，对于不同的模型，其组成部分名称可能不同，但功能基本都是一致的，其研究内容归结为 3 个方面：态势要素的提取、态势的理解（也称为评估）和态势的预测。

6.2.2.2　国内外态势感知模型研究现状

目前，美国已有较成熟的联合复杂态势估计系统，如美陆军的全信源分析系统（ASAS），即面向多源信息融合及态势估计的群体决策支持系统，该系统通过整合和分析来自各种传感器、情报源和战术数据的信息，为指挥官和决策者提供全面的态势认知和战场决策支持。到目前为止，美国已研制出至少 3 个可操作系统和 15 个原型系统，用于实现复杂环境态势估计的功能。近年来，美国还先后发展了太空态势感知应用技术，用于太空攻防对抗，利用太空态势感知技术对所有发生在空间的事件、威胁、活动、状态进行感知，对影响太空活动的所有因素进行认知和分析，使指挥决策和操作人员获取并维持空间优势。为了增强态势感知能力，美国一方面不断强化其态势感知硬件系统建设（包括地基监视雷达、地基跟踪成像雷达、地基光学深空监视系统、船载测量雷达、空间环境监视

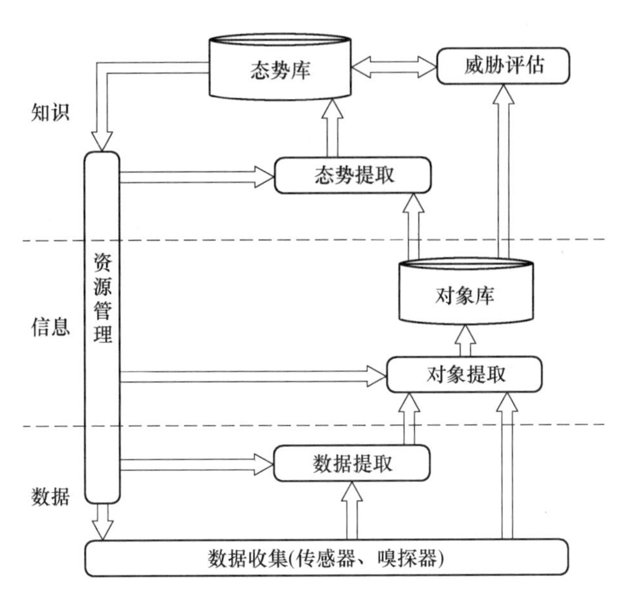

图 6.13 网络态势感知的功能模型

系统、卫星信号侦察系统、天基空间监视系统等）以提升信息获取能力；另一方面积极将人工智能和云计算等新技术大量用于太空态势感知系统建设中，以期解决在信息不确定、不完备，认知样本稀缺，规则模糊、不一致等条件下的态势感知难题，提升态势理解及态势预测的能力和水平。

在态势感知和意图识别模型方面，目前研究人员提出了多种理论和方法，如用模板技术和基于人工智能方法的规划理论和知识库方法识别态势感知目标意图；基于时空推理的态势评估方法将态势估计目标意图识别归为一个多假设分类问题，提出了模糊时间、最大后验概率、假设检验统计等时间推理方法；基于计划识别、模板匹配以及多代理的态势评估方法；基于可能性理论的导弹攻防作战系统态势分析方法，实现了对复杂环境双方指控能力的等级比较，还提出了基于模糊 Petri 网的综合态势分析法，对指控能力进行评估。

由于态势认知是对复杂环境中获得的数据流的高层次关系提取与处理，更接近于人的思维过程，涉及众多的因素：各类参数、条件，环境和个人观点等，所以它比一级融合处理更复杂；它所进行的多种融合运算多半都是基于领域知识之上，而且模拟人脑思维的符号推理。在复杂环境中，由于跨域范围较广、干扰因素诸多、协同关系复杂、机动频繁、环境态势变化快，要想给出一个置信度较高的认知模型是非常困难的，文献［19］在 Endsley 态势感知研究的基础上提出了深度态势感知 DSA（deep situation awareness）的概念和理论框架，DSA 是对态势感知的感知，是一种人机融合智能，既包括了人的智慧，也融合了机器的智能；是在以 Endsley 为主体的态势感知（包括信息输入、处理、输出环节）基础上，加上人、机（物）、环境（自然、社会）及其相互关系的整体系统趋势分析，具有“软/硬”两种调节反馈机制；既包括自组织、自适应，也包括他组织、互适应；既包括局部的定量计算预测，也包括全局的定性计算评估，是一种具有自主、自动弥聚效应的信息修正、补偿的期望-选择-预测-控制体系。文献［19］提出的深度态势感知理论，将 Endsley 态势感知三级的模型和维纳的“反馈”思想进行结合，是基于“反馈”的深度态势感知模型，如图 6.14 所示。由于融入了机器智能，深度态势感知既能够在信息和资源不足的情境下运转，也能够在信息和资源超载的情境下运行。

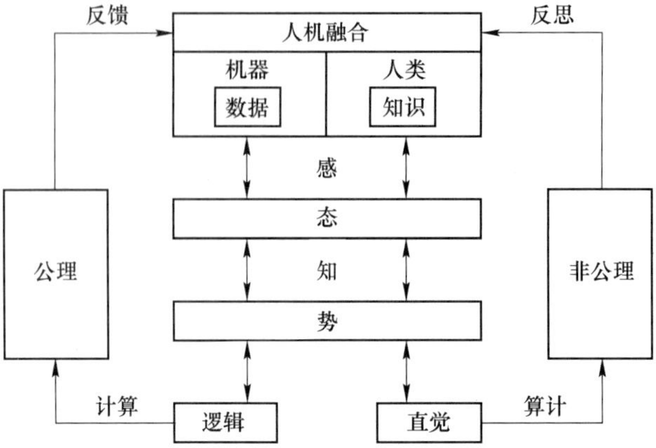

图 6.14 基于“反馈”的深度态势感知模型

目前态势感知技术的研究概括起来主要分为四类：（1）如何有效地处理收集到的各种信息，包括如何挑选关键信息，如何关联不同探测系统得到的信息，如何对收集到的各种信息进行整体加工并处理冗余信息等；（2）如何更有效地展示这些信息，包括如何进行信息分组与信息合成，如何更有效地进行信息呈现，如数字化与图形化等；（3）如何进行态势预测，包括如何基于已获得的信息建立基于动态决策的态势感知模型，如何准确高效预测未来的状态和演化趋势，从而辅助决策；（4）态势感知应用技术的有效性验证，即研究态势感知应用技术在处理不同情景的有效性。

从国内外研究现状可以看出，目前国内关于态势认知的研究基础还很薄弱，基于人机融合的复杂环境态势深度认知技术尚需开展深入的研究。开展基于人机融合的复杂博弈环境深度态势认知技术研究，推动各个领域认知智能化技术的快速发展，给决策者提供决策参考，具有十分重要的价值。

6.2.3 态势指标构建方法

态势感知技术包括态势指标确定、数据采集、存储、分析，态势评估与预测。态势指标是态势感知结果表达的依据。

工程态势可以直观地反映工程的安全与运行情况，利用数据采集工具来收集被感知工程的原始安全隐患数据，通过一定的数据预处理，结合全面客观的工程隐患态势指标体系，进行态势评估和计算，最终以数值或者图表的形式反映工程的状态。指标体系中指标的选取直接反映出评估人员对于工程灾害隐患态势评估的决策思路和评估的角度，并影响着所建立起的工程安全态势指标体系的应用范围和最终的评估结果。所以，工程安全态势指标的构建对工程安全态势感知具有重要的意义。

指标是描述工程安全属性的元素，也是指数计算的依据，而且描述的指标往往不是一两个，而是若干个。工程安全态势指标构建是工程安全态势提取的重要组成部分，它是反映被感知对象安全属性的指示性标志，为态势理解和预测提供计算和评估的依据。影响工程安全态势的指标多种多样，选择具有典型数据的态势指标，形成态势理解和评估的数据源，能够为态势理解和评估提供可靠的数据支撑。

岩土工程安全态势指标体系是一套能够全面反映工程安全特征，并且指标间具有内在联系，起互补作用的指标集合，是形成对工程安全评价的标准化客观定量分析结论的依据，它能够全面反映被感知对象的状态。工程安全态势指标体系可用于不同规模工程的安全态势量化评价。

为了更加准确地描述工程安全态势的情况，需要采用各类安全数据采集工具从获取的数据中提取指标，从定量化的角度来描述工程安全态势，为工程管理人员提供更加客观、准确的实时工程状态描述。指标提取的数据源是系统中部署的采集设备上报的、经过预处理的各种数据和信息。这些数据复杂多样，必须解决如何从这些复杂的数据中提取指标，保证既能全面地反映工程实时安全态势，又不至于提取的指标太过杂乱、不够系统的问题。

6.2.3.1　态势指标属性的分类

岩土工程态势感知其实是岩土工程灾害隐患的态势感知，是一个复杂的过程，涉及的指标众多，类型也不尽相同。依据不同分类标准，指标可分为以下几种：

（1）定性指标与定量指标。定性指标又称主观指标，用于反映评估者对评估对象的意见和满意度。定量指标又称客观指标，它有确定的数量属性，原始数据真实完整，不同对象之间具有明确的可比性。一般需将定量指标的数据转换为统一量纲，才不会对多指标的综合处理产生影响。

（2）总体指标和分类指标。总体指标一般会与态势计算及评估的模型及基础框架相结合，体现工程安全的一般特性。分类指标则能够针对不同的灾害隐患进行深入分解，充分解释不同类型灾害之间的差异性。

（3）描述性指标和分析性指标。描述性指标通过汇集描述安全状况和趋势的基本数据，反映安全隐患的实际状况和工程安全的基本状态。分析性指标主要用于反映各评估对象因子之间的内在联系，洞察和把握安全风险存在及发展的状态和趋势。

（4）效益型指标和成本型指标。效益型指标和成本型指标以单项指标对整体系统的影响作为区分标准。若单项指标属性值越大，工程安全状态越好，则为效益型。若单项指标属性值越大，工程安全状态越差，则为成本型。

工程态势指标的选取工作对态势提取和理解具有至关重要的作用。在选取工程态势指标过程中，管理人员可以从自身评估工程安全态势的思路和角度，并结合所选取的工程安全态势计算模型的适用范围，来进行综合考量。

根据现有态势指标体系研究基础和工程安全态势感知应用实际，需要重点分析定性与定量两大类指标类型。

（1）定性指标。定性指标往往对工程和管理人员的知识量和经验有一定的要求。一般情况下，定性指标评估的结果会以可视化图形的方式进行直观呈现和说明。如果采集的是实时的状态监控数据，那么态势评估的结果会有很好的实时性。不像定量指标能给出具体计算出来的工程安全态势值，定性指标往往会形成可视化图形，以展现工程安全态势的变化过程，安全管理人员需要根据自身经验和知识积累做出一定的人工判断。

（2）定量指标。在工程安全态势感知的过程中，如果使用定量的指标体系数据，则态势计算和评估的结果最终会以数值的方式进行展现，如安全系数值、工程隐患各影响因素权重、理论威胁度、工程性能监控数据等，即以具体的数值来表示工程安全态势。一般情况下，根据工程安全指标数值的不同，工程中存在的安全隐患和面临的安全风险也不同。根据所选取指标的侧重点不同，常常把定量的安全态势指标划分为以下两种。

1）基于安全风险的态势评价指标。该类指标较为常见，是工程安全态势通用评估方法。其一般步骤是将工程按不同的层次结构进行划分，利用采集和检测工具收集各种工程状态信息，通过一定的预处理和数学计算，将各种信息转化成工程安全态势量化数据，以此来代表工程系统当前的安全状态。该类型指标着重于对隐患严重的工程态势进行评估，主要涉及安全脆弱性、灾害威胁度、支护情况等数据。在该种指标体系中，工程安全态势评估的目的是通过一定的数学函数和计算模型，综合计算各类型数据，从而得到态势值，并将结果进行可视化展现。

2）基于工程性能的态势评价指标。该类指标着重于对工程本身和工程主体性能进行态势评估，一般包括以下几种指标：岩土工程环境因素、支护结构、工程主体性质和工程受力状况等。该类型指标数据大多是通过现有的工程监控系统或者检测系统等监测设备收集和捕获到的工程环境和工程主体的性能数据，以及利用日志系统采集并分析得到的日志统计信息。由于在使用该类型指标数据时，需要采集大量数据，采集过程复杂且对实时性要求高，加之数据指标过多，实现起来也较为复杂；基于日志系统进行的日志审计对采集的要求高，且审计规则过于简单，对深层次的工程事件原因挖掘力度低下，常常难以满足工程安全态势对数据源实时性的要求。

综上所述，无论采用以上哪一种定量指标类型，都无法完全满足工程安全态势感知的要求，因此，结合两种指标进行工程安全态势的衡量将是工程安全态势指标的发展方向。

6.2.3.2 岩土工程态势指标提取原则和过程

由于影响工程安全的因素有很多，工程灾害的种类也有很多，而且各种灾害隐患的因素相互作用、相互影响，因此提取并建立工程安全态势指标体系是一项相当复杂的工作。而且不同灾害态势指标的提取是不同的，因此本节只阐述提取过程的一些基本原则和过程。在进行工程安全态势指标的提取时，应当根据岩土工程特点对工程的安全状态进行分层描述、层层分解和不断细化。

A 指标提取原则

我们的目标是建立一个以指标为元素的树状层次结构，也就是工程安全态势指标体系，用它来描述整体工程安全态势。一方面，所选取的态势指标应该能够涵盖工程整体安全态势感知的主要因素，使最终的态势感知结果能够反映真实的工程安全状况；另一方面，态势指标的数量越多、范围越宽，确定指标的优先顺序就越难，处理和计算建模的过程就越复杂，扭曲系统本质特性的可能性就越大。因此，在提取工程安全态势指标时必须遵循如下这些原则：

（1）科学性原则。指标的提取必须以科学理论为指导，指标的概念必须明确，且具有一定的科学内涵，能够度量和反映工程动态的变化特征。各指标的代表性、计算方法、数据收集、指标范围、权重选择等都必须有科学依据；而且应当以系统内部要素及其本质联系为依据，综合运用定性和定量的方式，正确反映工程安全的整体状况和存在的安全威胁。

（2）完备性原则。影响工程的因素众多，受到各种条件制约，因此指标的选取必须遵循完备性原则，尽可能全面地考虑对工程安全的影响要素，如工程结构、工程环境因素、应力、应变、位移、地应力等，能完整、有效地反映工程安全的本质特征和整体性能。

（3）独立性原则。由于态势指标往往具有一定程度的相关性，指标之间往往存在信息上的重叠，所以提取指标时应当尽可能选择那些独立性强的指标，减少指标之间的各种关联，将安全状态用几个相对独立的特征描述出来并用相应指标分别计算和评估，保证指标能从不同方面反映工程安全的实际状态。

（4）主成分性原则。在设置指标时，应尽量选择那些代表性强的综合指标，也就是主成分含量高的“大指标”，这类指标的数值变化能较为宏观地反映工程安全状态的实际变化。

（5）可操作性原则。指标提取要符合实际态势感知工作的需要，应当易于操作和测评，所有指标的支撑数据应便于收集，指标体系的数据来源要可控、可信、可靠和准确，对于难以测量和收集的数据，应当进行估算并寻找替代指标。

（6）可配置性原则。构建的工程安全态势指标体系应当能够满足安全及管理人员在应用过程中对指标体系的不断完善和维护的需求，对指标体系可以随时进行配置，不断实现自我修正与自我完善，从而实现灵活扩展。

（7）单调性、敏感性等指数原则。提取的工程安全态势指标应当具有指数的特征，能够说明工程真实安全状态，并能够及时刻画安全状态所发生的变化，使得指标指数的变化与工程总体安全态势变化保持一致。

以上原则是提取态势指标的一般性原则，在具体实现过程中还需考虑以下额外的因素：

（1）通用性和发展性考虑：提取的工程安全态势衡量指标应当能应用于不同的评估范围和层次，即从单个的安全控制系统、工程到整个基础设施都能得到衡量。同时，态势指标还应具有发展性，可根据具体的工程进行调整和灵活应用。

（2）定性与定量相结合：态势指标提取是一个复杂的过程，仅仅依靠定量指标进行计算和评估，可能会与实际的安全状态变化过程有差异，如果在评估过程中加入人的一些经验因素，能够对计算和评估结果起到一个调节作用，并提高计算和评估结果的精确度。因此应当将定性与定量指标二者结合使用，从而全面客观地选取恰当的态势指标。

B 指标提取过程

为了构建出科学合理的工程安全态势指标体系，必须采用合适的方法和步骤，反复统计分析处理、综合归纳和权衡。

指标提取过程是一个从宏观到微观、从上到下、从抽象到具体的过程。常采用层次化的思想来分析问题，构建树状层次结构的指标体系。这种方法是提取指标进而构造综合指标体系最基本、最常用的一种方法，其大致过程如图 6.15 所示。

图 6.15 指标的提取过程

（1）明确总体目标。工程管理人员和决策者应当根据实际需要确定总体目标，在对工程安全态势进行感知和评估时，应当明确工程安全态势的定义和范围，以及表现在哪些方面。例如，从基础运维层面、脆弱性层面、威胁层面、风险层面等，综合分析工程系统的层次结构、边界以及内外部威胁等种种因素，从岩土工程结构、岩土工程环境、隐患影响因素等多个角度进行目标的陈述。对以上内容进行阐述的过程既明确了总体目标，实际上也是把总目标分解为各个子目标的过程。

（2）研究对象属性。由于属性是关于目标的框架结构，是对研究对象本质特征的抽象概括，因此，在明确了总体目标和组成结构后，应当继续对各个子目标或准则再进行详细分解，以此类推，直到每一个子目标或分部分项工程都可以用明确、直接的指标表示为止。这是一个层层细化、不断推进的过程。

（3）选取具体指标。指标是关于评估目标的属性测度，是评估目标属性的具体化。通过选取具体指标，最后会形成一个层次化的工程安全态势综合评估指标体系，该结构可以是树形结构也可以是其他类型结构（如网状结构）。

通过以上步骤的实施，就初步完成了工程安全态势指标的提取。

6.2.3.3 岩土工程态势指标体系的构建

在完成了态势指标的提取后，就可以采用一定的手段和方法构建安全态势指标体系。下面介绍构建指标体系需要参考的一些原则，以及如何从不同维度进行工程安全态势指标体系的构建。

A 指标体系的构建原则

指标体系的构建原则如下：

（1）分层分类原则。工程安全态势指标是层次化的，有些是针对局部工程的，有些则是针对大规模宏观工程的，隐患的类型不同，采用的指标也不同。在收集和处理上的差别都比较大，应该分层分类进行考虑。

（2）相近相似原则。对于宏观性的大规模工程来说，其影响因素相当多，但其中一些隐患的影响因素是近似的、有交叉和相互影响的，如岩土体结构、工程地质环境、岩土支护结构等这种类型的指标应该被统一考虑。

（3）动静结合原则。这个原则主要是针对指标本身的特性。比如，岩土体结构这种指标一般在一定时间内是稳定不变的，而应力位移由于开挖时刻都在变化则需要进行实时收集，这两种特性完全不同的指标应当区别对待，并与自身特性相近的指标组合。

B 态势指标类型

从工程安全性出发，常常通过四方面的性质来总结性地描述工程安全状态，分别为：工程的开挖与运行情况、工程灾害隐患的威胁程度、工程脆弱性以及工程的风险程度。这四个方面也是四个维度，能够基本覆盖构成工程实体的各个部分，较为全面地反映工程的安全状态。当然，也可以从可靠性、危险性和可用性等其他方面来提取工程安全态势指标，不一而足。为了更加客观地描述态势，还应该对各子维态势的指标进行量化，用指数或指标来进行描述。下面对这四个维度的态势指标进行详细说明。

a 运行维指标

运行维指标是指工程的开挖与运行状况通过采集一定时间窗口内工程状况的数据，对其进行量化评估，计算得出的一个数值。该数值体现了工程系统当前的状态，一般来说，数值越大，代表工程系统稳定性越差。

根据工程关注点不同，开挖与运行维指标可以有不同的选择和组合。例如，某工程重点关注工程系统对突水的防范能力大小，所以在选择指标时，选择能体现突水对工程的危害程度，以及支护措施应对突水的能力的指标。因此，可以选择一个一级指标——运行维指标，用于反映工程运行维态势；三个二级指标——水源、突水通道和水量，用于反映突水的可能性；以及一系列三级指标，采用水压、水化学指标、水流量、岩体裂隙率、工程扰动指标等具体指标作为工程开挖与运行维态势的基层指标。

b 脆弱维指标

隐患是工程在设计、施工，以及后期使用过程中，由于人为原因，在力学分析、设计中或管理中存在的某种不合理的缺陷，是工程自身脆弱性的一种表征（在某种程度上，隐患等同于脆弱性），隐患的存在有可能会导致灾害的发生，造成不必要的损失，影响工程的安全状况。因此，在工程安全态势感知过程中可利用隐患信息评估工程系统的理论威胁值。

工程安全管理人员常常会以隐患数据库的形式管理隐患，并对隐患属性进行详细描述。隐患数据库主要集中了工程设计、施工和运维阶段已发现的各种隐患特征和应对措施，是进行态势评估和预测的基础。通过利用隐患库中存储的大量安全信息，可以有效分析系统现存的安全隐患和面临的威胁。同时，隐患数据库提供的隐患属性比较完备，隐患信息比较详尽，可以对工程脆弱性进行有效评估。

脆弱维指标是通过量化工程隐患数目等信息来进行全面分析，进而计算得出脆弱性指数，它能从整体上来衡量工程出现灾害时可能对工程系统造成的损失程度。一般来说，其数值越大，说明工程越容易出现安全问题，遭受损失的可能性也就越大。

由于工程本身和环境的复杂性，在设计、开挖、维护等各个阶段都应引入安全脆弱性指标，如果其中的安全脆弱性被人忽视并造成破坏性后果，就被称为灾害。采用脆弱维指标可以表示当下工程中存在的，能够被设计人员、施工人员或管理人员忽视的安全隐患对工程安全造成危害的严重程度。在提取工程脆弱维指标时，可以根据工程中部署的隐患检测类设备和管理软件上报的隐患检测结果，统计被忽视的隐患的数目和隐患危险等级，来计算脆弱维指标。其中，隐患检测类设备的选择非常关键，应当尽量选择具备兼容标准能力的隐患检测设备，对工程存在的隐患脆弱性信息进行定时检测并上报隐患检测得到的可能灾害事件。

与运行维指标提取方式类似，可以采用从抽象到具体的办法。例如，可以用工程不同阶段的人员工作状况来体现工程的脆弱性，可以通过监测到的隐患事件来进行具体定量评价。譬如，可以将工程的脆弱维态势作为一级指标，将不同阶段（设计、施工、运维）的脆弱维态势作为二级指标，将隐患检测设备上报的隐患事件作为基层指标，依据上面的描述得到层次化的脆弱维态势指标体系。

当然，如果对隐患的具体描述性信息更加关注，也可以将隐患数量、隐患性质、灾害出现难易程度、灾害效果、防范代价等常见的隐患库属性描述字段作为基层指标，进而对脆弱性进行评价。

c 风险维指标

风险维指标是通过收集一段时间内工程中发生的各种影响工程安全事件，对这些收集到的事件发生的频率和事件的危害等级进行综合量化评估，进而计算得出的数值。该数值表示了工程安全事件给工程系统造成的危害程度的大小，一般来说，数值越大，表明这种危害程度越深。

在提取工程风险维指标时，通常根据部署的安全监测设备上报的工程安全事件结果，统计未处理工程安全事件的数目以及引发工程灾害的风险等级来计算工程风险维指标。工程灾害是各种与工程相关的、造成损害的各种现象，如滑坡、冒顶、突水、岩爆、地面沉降等，包括工程局部或整体所产生的各种灾害。所以可以将风险维指标作为一级指标，然后遵循指标提取的可操作性等准则，将各种灾害的风险维指标作为二级指标，将部署在工程中的各类安全监测设备检测到的危险指标事件作为三级指标，依据上面的描述得到层次化的风险维态势指标体系。

其实，三级指标还能往下细分。一般来说，岩土灾害是由于工程自身特点、环境和工程开挖扰动所致的，每一类灾害出现的特性相对较为集中，可能只是针对某一种或某几种安全机制进行破坏，对其他大量的安全特性并不造成实际影响。因此，参考单一安全事件的特点，结合每种安全事件的特征及目标工程遭受灾害前后态势的变化，可以按安全事件进行分类，分别提取每类安全事件致灾的评价指标。

风险维指标则是指风险级别较高的安全事件对工程系统中安全态势的影响程度，它对来自不同收集工具的数据预处理后会赋予一个新的风险值，若风险值达到某个点，就会产生报警，这些报警通常是已经发生的风险级别较高的安全事件，对安全态势影响较大。

d　威胁维指标

威胁维指标是通过收集一段时间内工程开挖和地质力学作用可能引发的安全事件，并对这些事件进行量化评估，计算得出的数值。一般来说，该数值越大，说明此类灾害对工程施工和安全运行造成的威胁越大。

威胁维指标主要是对工程因受外力作用状态改变可能导致的各种灾害进行评估，如由于开挖、降雨、地震或爆破等导致滑坡、突水、地面沉陷、岩爆、冒顶等，对工程安全造成一定的威胁。可以将工程威胁维指标作为一级指标，然后遵守指标提取的可操作性等准则，将各种扰动（开挖、降雨、地震、爆破等）的威胁维指标作为二级指标，将引起灾害的各种因素的指标作为基层指标，依据上面的描述得到层次化的威胁维态势指标体系。

需要注意的是，尽管威胁维和风险维的数据来源都是典型的安全事件，数据预处理模块会对来自不同采集工具的安全数据进行预处理，将原始的安全数据进一步规范化并归纳为典型的灾害类别，并将分析完的安全事件信息导入报警数据库中。但是，威胁维指标指的是潜在的灾害（隐患）对工程系统的威胁程度。潜在的灾害指的是威胁程度比较低的安全事件，检测工具报告这些安全事件只是提醒工程安全管理人员这些安全事件的存在，不一定会对工程系统造成重大的威胁。

C　综合指标体系和指数划分

综合前文描述，可以根据实际需要，在不同维度选取多种类型指标来构建出一个完整的层次化的工程安全态势综合指标体系，如图 6. 16 所示。

此外，可以结合监测设备部署情况和工程系统运行状况，从工程安全事件和工程安全隐患等基本信息入手，在构建适合的工程安全态势指标体系的同时产生工程安全态势综合指数。这个综合指数能反映工程整体宏观安全态势，它通过多个维子态势进行体现。可以参考国内外对于指数等级划分的办法，设计合适的工程安全态势指数等级，通过等级的划分来对工程安全态势指数实现定性的划分。如可将道路塌陷隐患态势的等级划分，见表 6. 1。

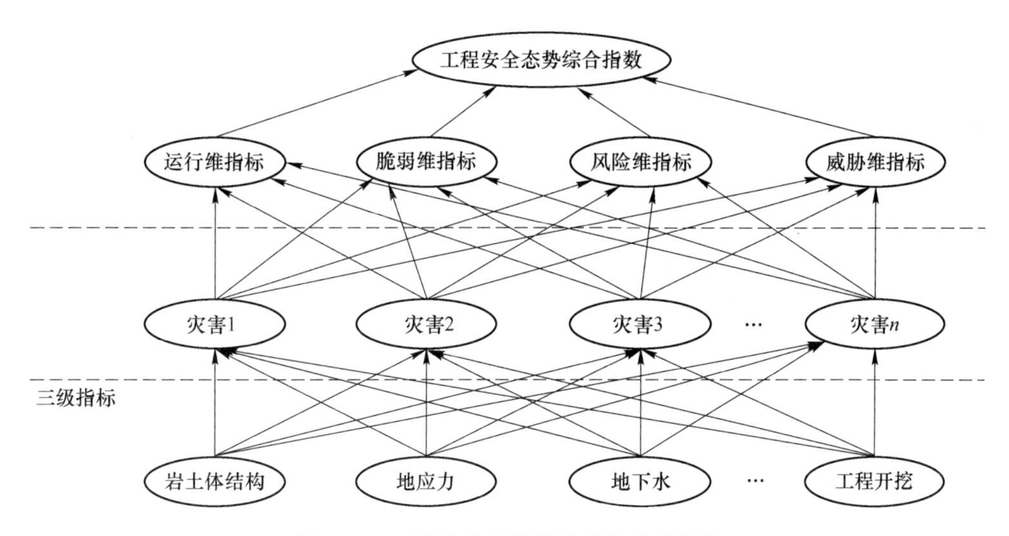

图 6.16 工程安全态势综合指标体系结构

表 6.1 道路塌陷隐患态势综合指数划分等级

等　级	指标范围	说　　明
A	0~30	近期不可能发生，远期发生可能性很小
B	30~50	近期发生可能性很小，远期可能会发生
C	50~70	近期发生可能性较小，远期发生可能性较大
D	70~90	近期发生可能性较大
E	90~100	近期发生可能性极大

6.2.3.4 岩土工程态势指标的标准化处理

指标体系的构建并不是终点，因为各项指标还存在着单位和类型的不统一问题，以及数值数量级间的不一致。如果直接将其用于态势评估，可能会造成评估结果的不准确，从而失去评估的意义，所以有必要在态势评估前对指标的测试数据进行标准化，避免不合理现象的发生。根据指标类型的不同，标准化的方法也有所不同。下面介绍定量指标和定性指标标准化的一些方法。

A 定量指标的标准化

定量指标的标准化指的是对测量数据进行某种形式的数学变换，使得不同量纲的指标数据转换到一个统一量纲上来，这样才不会影响多指标综合处理的结果。定量指标的标准化也被称为指标数据的无量纲化方法，主要有以下三种方法：直线型无量纲化方法、折线型无量纲化方法和曲线型无量纲化方法。其中，前两种属于线性变换，第三种属于非线性变换。

a 直线型无量纲化方法

常见的直线型无量纲化方法有标准化方法和阈值法，其主要特点是处理后的指标值和测量值之间呈一种线性关系。标准化方法进行无量纲化处理的公式为

$$y_i = \frac{x_i - \bar{x}}{s}, \ i = 1, 2, \cdots, n \tag{6.1}$$

式中，$\overline{x} = \dfrac{\sum_{i=1}^{n} x_i}{n}$，$s = \sqrt{\dfrac{\sum_{i=1}^{n} (x_i - \overline{x})^2}{n-1}}$。

阈值法是用指标实际值与阈值的比作为指标规范化值的无量纲化方法。有研究学者对常用的阈值无量纲化方法进行了分析比较，见表 6.2。

表 6.2　常用的阈值无量纲化方法

序号	变换公式	规范化值范围	影响因素	特　点
1	$y = \dfrac{x}{\max x}$	$\left[\dfrac{\min x}{\max x}, 1\right]$	x，$\max x$	规范化值随指标增大而增大，若指标值为正，则规范化值不可能为 0，最大值为 1
2	$y = \dfrac{\max x + \min x - x}{\max x}$	$\left[\dfrac{\min x}{\max x}, 1\right]$	$\max x$，x，$\min x$，$x>0$	规范化值随指标值增大而减小，适合对成本型指标进行规范化处理
3	$y = \dfrac{\max x - x}{\max x - \min x}$	$[0, 1]$	$\max x$，x，$\min x$	规范化值随指标值增大而减小，适合对成本型指标进行规范化处理
4	$y = \dfrac{x - \min x}{\max x - \min x}$	$[0, 1]$	$\max x$，x，$\min x$	规范化值随指标值增大而增大，适合效益型指标
5	$y = \dfrac{x - \min x}{\max x - \min x}k + q$	$[k, q]$	$\max x$，x，$\min x$，k，q	规范化值随指标值增大而增大，规范化值最小为 q，最大为 $k+q$

b　折线型无量纲化方法

折线型无量纲化方法适用于指标变化呈现阶段性特征，指标值在不同阶段变化对工程安全状态的影响不同的情况。它与直线型无量纲化方法的不同之处在于，必须找到指标性质变化转折点的指标值并对其进行规范化。常用的折线型无量纲化方法见表 6.3。

表 6.3　常用的折线型无量纲化方法

类　型	图　形	特　点
凸折线形	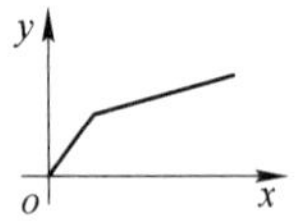	指标值在前期的变化被附以较多的增加值，适合于正指标
凹折线形	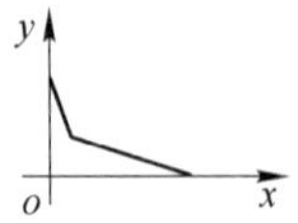	对指标后期赋予较多增加值，适合于逆指标
三折线形	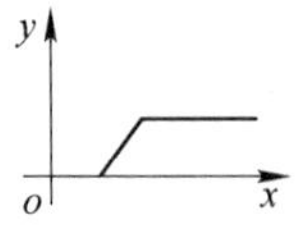	适合于指标值在一定的范围内变化，超过一定的范围则对总体效果没有影响的指标

c　曲线型无量纲化方法

曲线型无量纲化方法则适用于指标变化过程无明显转折点，但前后期的变化特点又确实不同的指标的无量纲化。常用的曲线型标准化函数及其特点见表6.4。

表6.4 常用的曲线型无量纲化方法

函数名称	变换公式	特 点
升半т形	$y=\begin{cases}0,\ 0\leqslant x\leqslant a\\1-e^{-k(x-a)},\ x>a,\ k>0\end{cases}$	适合于指标的影响随指标值同向变化，后期变换逐渐变慢的指标无量纲化
升半正态形	$y=\begin{cases}0,\ 0\leqslant x\leqslant a\\1-e^{-k(x-a)^2},\ x>a,\ k>0\end{cases}$	适合于指标中期变化对事物总体发展影响较大的情况
升半柯西形	$y=\begin{cases}0,\ 0\leqslant x\leqslant a\\\dfrac{k(x-a)^2}{1+k(x-a)^2},\ x>a\end{cases}$	适合于指标中期变化对事物总体发展影响较大的情况

B 定性指标的标准化

定性指标是对评估对象的一种定性、静态的评价，需要把定性的评价进行量化之后再进行处理。一般来说，按照指标评价值的变化类型，可将定性指标分为连续型和离散型两种情况：连续型的指标数值在某个固定范围内，评价由线性关系得出；离散型指标的评分值域则可以自定义，如当定性指标采用“很高，高，中，低，很低”的方式描述时，根据它们的次序可使用“1、2、3、4、5”来实现结果的量化，进而进行标准化处理。

在前面探讨的工程安全态势指标体系构建中，很多指标类型和量纲都会存在差异，所以在处理这些指标时应当根据指标类型和变化规律，在最大限度保留信息差异的基础上尽可能地消除指标数量级上的差别。

在工程态势感知过程中，构建一个合理的态势指标体系对工程安全态势的理解和评估非常关键。选用不同的指标体系和指标的不同选取方法、权值的不同确定方法，以及不同的评估算法和模型，都会影响工程态势理解的结果以及预测的正确性。

6.2.3.5 岩土工程态势指标的合理性检验

工程安全态势指标体系的构建没有统一的标准，更多的是结合实际应用来选取适合的指标，也许从理论上所构建的指标体系很合理，也站得住脚，但在实际应用时指标之间可能存在相似或矛盾的地方，问题就暴露出来。因此，应该在实际采纳和应用之前，从可行性、冗余性及可信度等方面进行指标的合理性检验，尽可能使指标体系在应用过程中能够准确、有效地反映工程整体安全状况。

（1）可行性检验。构建指标体系的目的是最终应用。可行性检验主要是检测指标体系中各单项指标计算时采用的原始数据是否能及时准确地获得。因为提取的安全指标如果过于抽象和理论，往往很难进行实际的检测和度量，进而无法开展下一步的态势评估工作，所提取的指标成为空中楼阁，不能用于指导实际的态势评估，所以经过可行性检验，需要重新确定指标计算内容、界定计算范围以及对指标进行一定的数学变换，统一量纲。

（2）冗余性检验。冗余性检验主要是评估指标体系内各分项评估指标之间在计算内容上的重复程度。如果在指标体系中存在严重的指标冗余现象，也就是两个指标或多个指标之间存在比较严重的重复或交叉，那么无形中会夸大重叠部分指标的权重，从而使态势评估结果出现失真。可以通过适度的分层分类来实现全面性和整体独立性，通过分离重叠指标和修正指标权重等方法来降低和削弱重叠部分的影响，在保证全面性的情况之下尽量减少指标体系中的指标个数，减少冗余度。

（3）可信度分析。可信度分析指的是指标框架适用于不同应用场景、时间和地点，以及适应各种评估方法和数据采集方法要求的程度，也即论证指标框架的可推广性。工程安全态势指标体系的可信度分析可看作对评价结果的强壮度分析，即同一工程系统在相同的场景、相同的方法、相同的测量数据下得出的结果应该是相同的。可信度分析可采用前侧-后侧方法和对分法，前者是对工程安全态势指标体系中同一范围或相同研究对象进行两次互相独立的测试，以判断研究结果稳定程度的方法；后者则是将指标体系中所涉及的检测条目随机分成两组，比较两组的结果，如果得到的评估结果相一致就表明评估具有较好的可信度。

（4）可扩展性分析。由于不同工程灾害的特点不同，其指标体系也是不同的。一般情况下，工程安全事件的大分类不会有太大的变化，变化的是各个子类，即指标框架在一、二级指标上是相对稳定的，但再往底层的基础层指标则可以根据评估者对工程安全和工程安全事件的理解进行增删和改动。鉴于此，工程安全态势指标体系的可扩展性主要体现在：在不影响指标框架的完整性和指标计算方法的情况下，增加或修改第三和第四级指标内容。

6.2.4 数据融合方法

态势感知的基础是各种信息和数据，由于事物的复杂性和多样性，数据融合处理就变得非常重要。数据融合也称为信息融合，是指对多源数据进行多级别、多层次、多方面的集成、关联、处理和综合，以获得更高精度、概率或置信度的信息，并据此完成需要的估计和决策的信息处理过程。

数据融合与整个态势感知过程的关系都极为密切，不仅仅在态势提取阶段，在态势理解和预测阶段也会用到大量的数据融合算法模型，数据融合不仅仅是一种数据处理方法，还是一门学科。

早在20世纪70年代，军事领域就提出了“多源数据融合”的概念，多源数据融合是模仿人和动物处理信息的认知过程。人或动物首先通过眼睛、耳朵和鼻子等多种感官对客观事物实施多种类、多方位的感知，获得大量互补和冗余的信息，然后由大脑对这些感知信息依据某种未知的规则进行组合和处理，从而得到对客观事物统一与和谐的理解和认识。人们希望用机器来模仿这种由感知到认知的过程，于是产生了新的边缘学科——数据融合。

数据融合技术起源于军事领域，也在军事领域得到广泛应用，其应用范围主要有：（1）组建分布式传感器工程进行监视，比如雷达工程监视空中目标、声呐工程监视潜艇。（2）使用传感器对火力控制系统进行跟踪指挥。（3）在指挥控制系统中进行应用，进行态势和威胁估计。（4）侦察和预警等。美国陆军战术指控系统，法国防空指挥控制系统，德国“豹2”坦克的信息系统都应用了数据融合技术。在民用方面，数据融合被成功应用于机器人和智能仪器系统、遥感图像分析与理解、气象预报、安全防范、工业监控、智能交通、经济金融等诸多领域。

态势感知的概念源于空中交通监管，态势感知过程以态势数据的融合处理为中心，态势感知模型的建立大多以数据融合模型为基础，态势感知过程的数据处理流程也与数据融合模型的处理流程非常相似。最早提出“网络空间态势感知”概念的 Tim Bass 设计的基于多传感器数据融合的入侵检测框架，就是将数据融合领域中的 JDL 模型应用到网络安全态势感知领域的结果。数据融合技术是态势感知技术的基础，态势感知需要结合各种设备的多样信息以得到一个综合结果，对数据的处理和融合是态势感知过程的中心。环境中设置的各种设备的监测信息、安全告警信息等繁杂多样的信息构成了多源异构数据，态势感知的目的是对这些数据进行融合处理并得到事物的总体态势。数据融合技术能有效融合所获得的多源数据，充分利用其冗余性和互补性，在多个数据源之间取长补短，从而为感知过程提供保障，以便更准确地生成工程的态势信息。

6.2.4.1 数据融合的层次分类

数据融合作为一种多级别、多层次的数据处理，作用对象主要是来自多个传感器或多个数据源的数据，经过数据融合所做的操作，使得通过数据分析而得到的结论更加准确与可靠。按照信息抽象程度可以把数据融合分为 3 个层次，从低到高依次为数据级融合、特征级融合和决策级融合。

最低层为数据级融合，它也称为信号级融合。对未经处理的各个数据源的原始数据进行综合分析处理，进行的操作只包括对数据的格式进行变换、对数据进行合并等，最大限度地保持了原始信息的内容。这种处理方式可以处理大量的信息，但是操作需要的时间较长，不具备良好的实时性。

中间层为特征级融合。在对原始数据进行预处理以后，对数据对象的特征进行提取，之后再进行综合处理。通过数据的特征提取，在获得数据中重要信息的同时，去掉一些不需要关注的信息，这样就实现了信息的压缩，减小了数据的规模，满足了实时处理的要求。

最高层是决策级融合。在决策级融合之前，已经对数据源完成了决策或分类。决策级融合根据一定的规则和决策的可信度做出最优决策，因此具有良好的实时性和容错性。

在复杂的工程环境中存在着多种多样的监测设备，这些监测设备从不同的角度对工程中不同的内容进行监控，所提供的信息的格式也各不相同。将处在不同位置、所提供信息格式也不相同的工程监测设备采集到的工程状态信息，采用数据融合技术进行预处理操作，在此基础上进行归一化、态势聚合计算等操作，就可以实现对工程状况以及面临的威胁情况等进行实时评估。在对多传感器产生的原始安全信息进行压缩和特征提取等低层数据融合操作后，其输出结果就可以为高层次的态势评估提供依据。数据融合以及相关的算法在工程施工管理和工程安全态势分析与评估中得到了很多应用。

6.2.4.2 数据融合相关算法

数据融合继承了许多传统学科并且运用了许多新技术，是一种对数据进行综合处理的技术。按照不同的分类方法，有的将数据融合方法分为三大类，即直接操作数据源（如加权平均、神经元工程）、利用对象的统计特性和概率模型进行操作（如卡尔曼滤波、贝叶斯估计、统计决策理论）和基于规则推理的方法（如模糊推理、证据推理、产生式规则等）。有的将数据融合方法分为两大类，一类是经典方法，主要包括基于模型和基于概率的方法，如加权平均法、卡尔曼滤波法、贝叶斯推理、Dempster-Shaferer 证据理论（简称 D-S 证据理论）、小波分析、经典概率推理等；另一类是现代方法，主要包括逻辑推理和机器学习的人工智能方法，如聚类分析法、粗糙集理论、模板法、模糊理论、人工神经网络、专家系统、进化算法等。

A 经典方法

加权平均法是最简单直观的数据融合方法，它将不同传感器提供的数据赋予不同的权重，加权平均生成融合结果。其优点是直接对原始传感器数据进行融合，能实时处理传感器数据，适用于动态环境，缺点是权重系数带有一定的主观性，不易设定和调整。

卡尔曼滤波法常用于实时融合动态底层冗余传感器数据，用统计特征递推决定统计意义下的最优融合估计。其优点是它的递推特性保证系统处理不需要大量的数据存储和计算，可实现实时处理；缺点是对出错数据非常敏感，需要有关测量误差的统计知识作为支撑。

贝叶斯推理法基于贝叶斯推理法则，在设定先验概率的条件下利用贝叶斯推理法则计算出后验概率，基于后验概率做出决策。贝叶斯推理在许多智能任务中都能作为对于不确定推理的标准化有效方法，其优点是简洁、易于处理相关事件；缺点是难以区分不确定事件，在实际运用中定义先验似然函数较为困难，当假定与实际矛盾时，推理结果很差，在处理多假设和多条件问题时相当复杂。

D-S 证据理论的特点是允许对各种等级的准确程度进行描述，并且直接允许描述未知事物的不确定性。在 D-S 证据理论中使用了一个与概率论相比更加弱的信任函数，信任函数的作用就是能准确地把不知道和不确定之间的差异区分开来。其优点是不需要先验信息，通过引入置信区间、信度函数等概念对不确定信息采用区间估计的方法描述，解决了不确定性的表示方法。缺点在于其计算复杂性是一个指数爆炸问题，并且组合规则对证据独立性的要求使得其在解决证据本身冲突的问题时可能出错。

B 现代方法

聚类分析法是一组启发式算法，通过关联度或相似性函数来提供表示特征向量之间相似或不相似程度的值，据此将多维数据分类，使得同一类内样本关联性最大，不同类之间样本关联性最小。其优点是在标识类应用中模式数目不是很精确的情况下效果很好，可以发现数据分布的一些隐含的有用信息。缺点在于由于其本身的启发性使得算法具有潜在的倾向性，聚类算法、相似性参数、数据的排列方式甚至数据的输入顺序等都对结果有影响。

粗糙集理论的主要思想是在保持分类能力不变的前提下，通过对知识的约简导出概念的分类规则。它是一种处理模糊性和不确定性的数学方法，利用粗糙集方法分析决策表可以评价特定属性的重要性，建立属性集的约简以及从决策表中去除冗余属性，从约简的决策表中产生分类规则并利用得到的结果进行决策。

模板法应用“匹配”的概念，通过预先建立的边界来进行身份分类。它首先把多维特征空间分解为不同区域来表示不同身份类别，通过特征提取建立一个特征向量，对比多传感器观测数据与特征向量在特征空间中的位置关系来确定身份。模板法的输入是传感器的观测数据，输出的是观测结果的身份，其缺点是边界建立时会互相覆盖从而使身份识别产生模糊性，同时特征的选择和分布也会对结果有很强的影响。

模糊理论是基于分类的局部理论，建立在一组可变的模糊规则之上。模糊理论以隶属函数来表达规则的模糊概念和词语的意思，从而在数字表达和符号表达之间建立一个交互接口。它适用于处理非精确问题，以及信息或决策冲突问题的融合。由于不同类型的传感器识别能力不同，模糊理论中考虑了信源的重要程度，更能反映客观实际，提高了融合系统的实用性。

人工神经网络是模拟人脑结构和智能特点，以及人脑信息处理机制构造的模型，是对自然界某种算法或函数的逼近，也可能是对一种逻辑策略的表达。人工神经网络在数据融合方面应用广泛，如前向多层神经网络及其逆推学习算法、反向传播神经网络等。神经网络处理数据容错性好，具有大规模并行模拟处理能力，具有很强的自学习、自适应能力，某些方面可以替代复杂耗时的传统算法。

专家系统也称基于知识的系统，是具备智能特点的计算机程序，该系统具备解决特定问题所需专门领域的知识，是在特定领域内通过模仿人类专家的思维活动以及推理与判断来求解复杂问题。其核心部分为知识库和推理机，知识库用来存放专家提供的知识，系统基于知识库中的知识模拟专家的思维方式来求解问题。推理机包含一般问题求解过程所用的推理方法和控制策略，由具体的程序实现。推理机如同专家解决问题的思维方式，知识库通过推理机来实现其价值。专家系统可用于决策级数据融合，适合完成那些没有公认理论和方法、数据不精确或不完整的数据融合。

不同数据融合算法的优缺点以及适用范围见表 6.5。

表 6.5 各种数据融合算法对比分析

方法		优点	缺点	应用
经典方法	加权平均法	能实时处理动态传感数据，适合动态环境	权重系数带有一定主观性且不易设定和调整	图像融合、航迹关联、监测监控、多个传感器对同一参数的测量
	卡尔曼滤波法	适合于线性系统； 递推特性使系统不需要大量的数据存储和计算，可以实时处理	只能处理线性问题； 计算量大，需要关于测量误差的统计知识，对出错数据很敏感	动态低层次冗余多传感器数据的实时融合、目标识别、多目标跟踪、惯性导航等
	贝叶斯推理法	计算量不大； 简洁明了，易于处理相关事件	难以区分不知道与不确定信息；难以定义先验概率和似然函数；当存在多个可能假设和多条件相关事件时，计算复杂性迅速增加	态势评估、人脸识别、故障诊断、目标识别、压力检测等测量结果具有正态分布特性的测量系统
	D-S证据理论	容错能力强； 能区分不确定和不知道信息； 先验效率难以获得时，该方法更有效	组合规则的计算复杂性是一个指数爆炸问题，组合规则要求证据的独立性，难以解决证据本身冲突问题	目标识别、监控检测、故障诊断、医疗诊断和决策分析等
现代方法	聚类分析法	可以发掘出数据中隐含的、深入的有用信息，在模式数目不很精确时较为有效	算法具有潜在倾向性，相似性参数、聚类算法、数据的排列方式以及输入顺序等都对结果有影响； 适用条件苛刻	多传感器多目标测量控制、目标识别分类、航迹关联等

续表 6.5

方法		优点	缺点	应用
现代方法	粗糙集理论	学习能力强，具有发现隐含知识、揭示潜在规律并转化为逻辑规则的优势； 知识的表达、学习和分析纳入统一的框架中，无需提供所需处理数据集合之外的任何先验知识，客观、科学	决策表核的确定和属性约简算法较难构建； 计算量大，在实时环境中可能无法满足要求	决策分析、目标识别
	模板法	在非实时环境中效果好	计算量大，不适用实时环境；身份识别容易产生模糊性，特征的选择和分布也会对结果有很大影响	目标识别
	模糊理论	实现主观与客观间的信息融合；可解决信息或决策冲突问题	运算复杂； 缺乏自学习和自适应能力； 难以构造、生成和调整有效隶属函数和指标函数	目标识别、图像分类、身份确认、故障诊断等
	人工神经网络	自适应性强、有层次性、容错性好，具有大规模并行处理能力、自学习能力，能有效利用系统自身信息，映射任意函数关系	运算量大； 寻找全局最优解困难； 知识表达困难、学习速度慢、不适合表达基于规则的知识	高维数特征层融合的对向传播神经网络、决策层融合的神经网络、图像处理、语音信号处理、目标识别等
	专家系统	采用解释特性、分类保存专业知识，具有间接训练功能； 可实现高水平推理	设计开发困难； 实时性较差； 目标特别复杂时可能会失效	态势估计、威胁估计问题

此外，关联分析这个方法也很适合数据的融合预处理。常见的有：一是依据数据族的属性相似度进行关联；二是依据时间顺序进行关联；三是与同一现象密切相关因素数据的交互关联。通过上述数据关联，可将原始数据进行重新组织，以梳理出数据的流向、行为、脉络、层次等关系，形成数据关系图谱。

目前，多源信息融合技术已深入应用到许多领域。在实际应用过程中，经常会由于一些主观或客观的原因导致信息的不完善，如由于外界环境的干扰而导致传感器获取到的信息失真或缺失，由于传感器本身性能有限使得获取的信息有限，由于观察角度的不同而导致信息相异甚至冲突，甚至采用人为描述信息时由于个人主观意识的差别以及自然语言描述的模糊而导致最终信息的不确定等。因此，多源信息融合需要强有力的数学工具作支撑，尤其在处理不完善多源信息时显得尤为迫切。不完善信息的主要特征包括不确定性、不精确性、不完全性和不一致性 4 个方面。传统多源信息融合方法在处理不完善信息方面都有一定的局限性，迫切需要进行这方面的研究。

6.2.5 态势评估方法

态势评估在态势感知研究中占有重要的地位和作用，它是整个态势感知全过程的重点和关键环节。岩土工程态势评估是指通过汇总、过滤和关联分析岩土工程的各类信息，在已构建安全指标的基础上建立合适的数学模型，对岩土工程整体的稳定程度进行评估，从而分析出岩土工程稳定性所处阶段，全面掌握岩土工程整体的安全状况。态势理解可以看作是态势评估，或者说态势理解的核心就是态势评估。

通过岩土工程安全性的态势评估，可以尽早发现工程中的安全隐患和威胁，对这些隐患与威胁的影响范围与严重程度进行充分评估可以帮助工程人员和管理人员掌握当前岩土工程的安全状况，以便在岩土工程灾害发生之前针对这些威胁采取遏制和阻止措施，使工程系统免受破坏，保证岩土工程的安全。也只有对岩土工程的安全态势进行评估，才能明确岩土工程所处的安全状况，从而掌握整个工程系统的安全态势，也为下一步态势预测提供依据。岩土工程态势评估的重要作用是为岩土工程安全防护的实施提供强有力的支持。

岩土工程隐患的态势评估是岩土工程态势感知的重点，也是难点，至今没有一个系统的理论体系。态势评估领域的研究比较零散，大多为各自独立的一些观点，没有统一的方法可以较好地用于评估，衡量评估质量的方法和技术也比较缺乏，这就导致了评估方法的多样化而没有一个权威性的共识。本节简要介绍岩土工程态势评估方法。

6.2.5.1 态势评估基本内容

参考态势感知领域学者们提出的模型框架，基于岩土工程态势感知过程对数据处理的需要，将相应的数据处理过程划分为五个层次，分别为数据采集、数据预处理、信息提取、态势分析和态势展现，如图 6.17 所示。

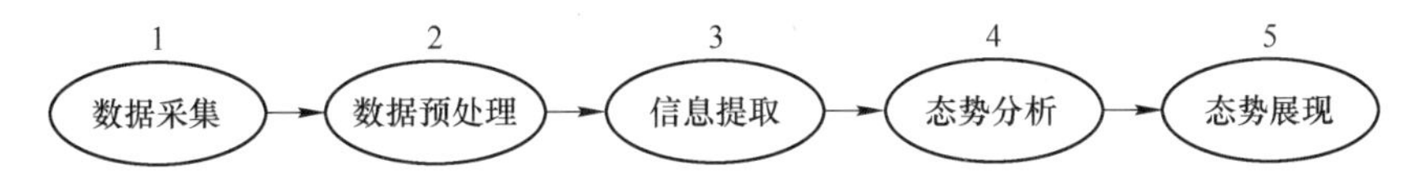

图 6.17 工程安全态势感知中数据处理的层次

A 数据采集

数据采集是指从各种设备当中获取各种与岩土工程安全相关的数据，如应力应变、位移、地下水、地应力、降雨等。

B 数据预处理

数据预处理是对获取到的数据的初步处理。由于各种数据来源于不同的设备，具有不同的格式，通过这一过程对数据进行清洗、集成、归约和变换等处理，可对多源异构数据进行数据融合。

对多源异构数据的处理，首先要经过数据的校准和规格化，针对所要的态势指标将相应信息进行统一。例如，在此过程中，可采用信号级融合、特征级融合的算法对相应数据进行初步融合处理；针对报警类数据，可采用聚类分析法实现报警的聚类，精简报警。

C 信息提取

信息提取是对数据预处理后产生的数据做进一步的融合理解，通过建立恰当的岩土工程隐患态势感知指标体系，融合不同来源数据进而产生底层指标。

这个阶段，针对数据预处理后输出的数据进行进一步的融合处理，得到更准确、全面的态势指标数据以用于态势分析。在信息提取的这个层次，是对数据预处理层处理后的数据进行进一步的融合，通过采用特征级或者决策级的融合算法来融合处理指标数据，使得到的数据更加全面准确。例如，可以通过 D-S 证据理论融合多个特征，对突水情况进行综合评判，实现对异常水量的更准确判断。

D　态势分析

态势分析是融合底层态势指标，通过各种数据处理手段综合处理和计算，进而得到上层的态势结果。这正是岩土工程安全态势评估所在的层次，其主要包含两部分内容：(1) 岩土工程态势指数的计算。该数值反映特定时段岩土工程的安全状况，是通过特征量化与聚集计算得到的。量化与聚集算法是态势评估的核心，算法要求快速、高效，保证评估的实时性与准确性。(2) 态势评估方法的选用。岩土工程态势指数可以反映岩土工程的隐患对安全的威胁程度，选择合适的态势评估方法，通过它与安全指数的结合，管理人员就能够知道岩土工程具体状态、安全程度，从而提出应对办法。

对信息提取输出的数据进行再次融合处理，利用融合算法和评估计算方法对各种低层次态势指标数据进行综合处理和计算，进而得到上层的态势结果，以此作为评判整体工程安全态势的依据，这就是态势分析。例如，可以基于贝叶斯网络，通过融合多种态势指标数据信息，综合评估巷道冒顶的态势。

E　态势展现

态势展现即通过合适的可视化手段展现岩土工程态势以供工程和管理人员做出综合判断。

在工程态势感知领域数据处理的五个层次当中，数据融合技术广泛而频繁地被应用，层次 2~4 中都有涉及。在数据预处理和信息提取两个层面中，采用不同的数据融合算法处理多源数据，从中提取和融合并得到相应的态势指标；在态势分析层面，也用到大量数据融合技术，可以说数据融合技术是态势评估的核心，通过融合下级态势指标数据得到上层的态势指标，量化计算获得岩土工程安全态势指数。数据处理流程框架如图 6. 18 所示。

由此可见，数据融合是态势感知的基础，也是态势评估的核心，如何有效地融合多源数据直接关系到感知的性能和准确性。下面进一步介绍用于评估的数据融合算法。

6. 2. 5. 2　态势指标计算基本理论

态势评估中很重要的一个部分就是对态势指标（指数）的计算，这主要涉及对权重的确定，态势评估的权重问题是指对与评估目标有关联的因素相对于评估目标重要性量化计算的过程。权重值取得越大，表示该因素相对于评估目标越重要，反之越不重要。常用的权重确定方法有以下两种：排序归一法和层次分析法。

A　排序归一法

态势评估中对于权值确定的问题可以采用排序归一法来解决，即通过岩土工程专家对与评估目标相关的因素，参照自己的经验判断认为其对评估目标的重要性进行的排序，然后再对排序结果进行归一化处理，最后得出权重向量，计算公式为

$$\boldsymbol{w} = \left(\frac{w_1}{\sum_{i=1}^{n} w_i},\ \frac{w_2}{\sum_{i=1}^{n} w_i},\ \cdots,\ \frac{w_n}{\sum_{i=1}^{n} w_i} \right) \tag{6.2}$$

因为岩土工程专家面对的是一个动态变化、复杂的工程环境，所以单凭其主观经验对设备、影响因素的重要性给出判断，这样计算得出的权重向量不够客观，难以经得起实践的考验。这种方法简单，有一定的局限性。

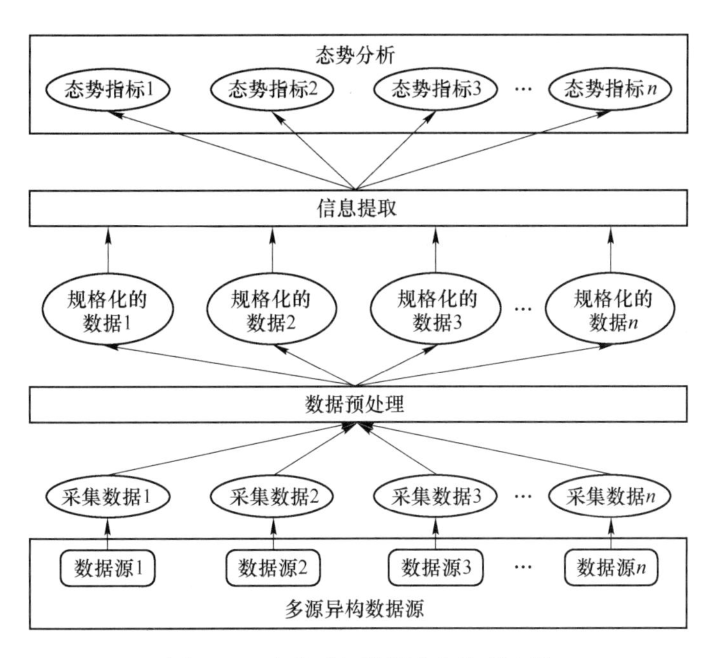

图 6.18 态势感知数据融合处理流程

B 层次分析法

层次分析法是一种应用在复杂问题决策中有效、简洁的方法，由美国运筹学家撒汀教授在 20 世纪初提出，是解决态势评估当中权重问题较好的方法。它将对评估目标有影响的难以量化的各种因素划分层次，使之有序化、条理化，同时对与评估目标相关的因素进行两两比较，确定它们之间的相对重要性，进行量化得到一个矩阵，然后对所有相关因素的最终顺序引用模糊数学的方法来进行确定。

采用层次分析法进行权重确定的步骤如下：

(1) 确定目标，建立层次结构。首先对目标要有清楚的认识，明确要研究的问题、解决问题的准则及解决问题的方案，并对解决问题的准则与方案之间的关联关系分析清楚，最后按照目标层、准则层、方案层的次序建立层次结构。

(2) 构建判断矩阵。这是确定权重系数的基础，对同一层次的各因素关于上一层中某元素的相对重要性，采用两两比较的方法进行重要性判断。假设对两个因素进行比较，它们相对重要性取值见表 6.6。

表 6.6 相对重要性取值表

取 值	含 义
1	A 同 B 比较，A 与 B 同等重要
3	A 同 B 比较，A 比 B 较为重要
5	A 同 B 比较，A 显然比 B 重要
7	A 同 B 比较，A 比 B 强烈重要
9	A 同 B 比较，A 极端较 B 重要
2，4，6，8	介于上述相邻两级之间重要程度

根据表 6.6 的赋值方法，对于上层某个元素相关联的因素，以上层该元素为基准，然后两两相比较来确定矩阵的每一个元素值，构造出判断矩阵 $\boldsymbol{A}=(a_{ii})_{n\times n}$，其中 a_{ii} 满足以下性质：

$$a_{ii}=1,\ a_{ij}>0,\ a_{ij}=\frac{1}{a_{ji}} \tag{6.3}$$

（3）计算判断矩阵。构造出判断矩阵之后，就需要计算判断矩阵的最大特征值（或者说是绝对值），再计算特征向量，进而得出特征向量（低层因素）相对上层元素的待测权重向量。

（4）一致性检验。第（3）步计算出的权重向量并不是最终结果，还需要对该结果进行一致性检验，检验过程主要包括以下两步：

1）按照下列公式计算一致性指标。

$$\mathrm{CI}=\frac{\lambda_{\max}-n}{n-1} \tag{6.4}$$

2）参照对应的平均随机一致性指标，计算出一致性比率。随机一致性指标的值可通过两种方式获得，即计算和查表。

① 计算公式：

$$\mathrm{RI}=\frac{\overline{\lambda}_{\max}-n}{n-1} \tag{6.5}$$

式中，$\overline{\lambda}_{\max}$ 为多个阶随机判断矩阵最大特征的平均值。

② 查表方法可以通过表 6.7 查出，其中 n 为阶数。

表 6.7　平均随机一致性参数对应表

n	3	4	5	6	7	8	9	10	11
RI	0.58	0.90	1.12	1.24	1.32	1.41	1.45	1.49	1.51

需要注意的是，当阶数取“或”时，判断矩阵式满足一致性，即：

$$a_{ij}\cdot a_{jk}=a_{ik} \tag{6.6}$$

最后，在确定平均随机一致性指标之后，可通过下面公式计算一致性比率：

$$\mathrm{CR}=\frac{\mathrm{CI}}{\mathrm{RI}} \tag{6.7}$$

如果上式计算结果 CR<0.1，则该判断矩阵的一致性在可接纳的范围内，第（3）步计算出的权重向量就是最后的计算结果；如果 CR ⩾0.1，则需要重新构建判断矩阵，从第（2）步重新开始上面的过程，直到得出最终的权重向量。

由上可见，层次分析法的第（3）步和第（4）步包含复杂的计算过程，尤其是一致性检验，需要较大的计算量才能完成，这也是层次分析法的一个缺点。

6.2.5.3　态势评估方法分类

态势评估的方法是态势评估的重要内容，目前国内外关于态势评估方法的研究成果有很多，主要的方法如图 6.19 所示。

按照评估侧重点，可分为风险评估和威胁评估；按照评估实时性，可分为静态评估和

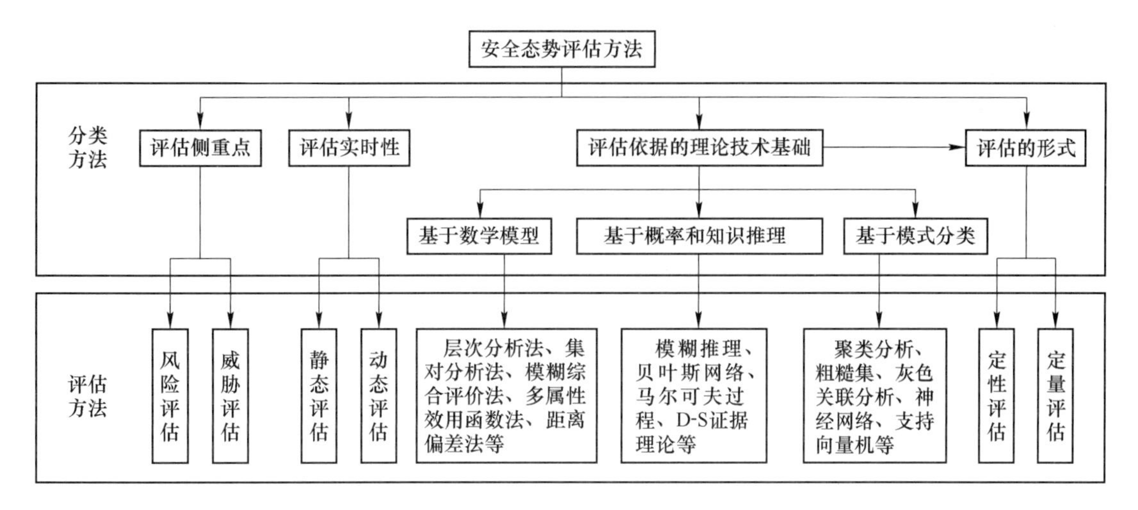

图 6.19 态势评估方法归纳

动态评估；按照评估的形式，可分为定性评估和定量评估，这也是根据态势指标的属性进行的区分；按照评估依据的理论技术基础，可分为三大类，分别是基于数学模型、基于概率和知识推理和基于模式分类。下面对这三大类进行进一步的说明。

（1）基于数学模型的方法以层次分析法、集对分析法、模糊综合评价法、距离偏差法、多属性效用函数法等方法为代表，它是对影响态势感知的因素进行综合考虑，然后建立安全指标集与安全态势的对应关系，进而将态势评估问题归属到多指标综合评价或者多属性集合等问题。它能够得到明确的数学表达式，进而给出确定性结果。该类型方法是最早用于态势感知中的评估方法，也是应用最为广泛的方法，其缺点是利用此类方法构造的评估模型以及对其中变量的定义涉及的主观因素较多，缺少客观统一的标准。

（2）基于概率和知识推理的方法以模糊推理、贝叶斯网络、马尔可夫过程、D-S 证据理论等为代表，依据专家知识和经验数据库来搭建模型，采用逻辑推理方式对安全态势进行评估。其主要思路是借助模糊理论、D-S 证据理论等来处理工程安全事件的随机性。采用该方法构建模型需要首先获取先验知识，从实际应用来看，该方法对知识的获取途径仍然比较单一，主要依靠机器学习或者专家知识库，机器学习存在操作困难的问题，而专家知识库主要依靠经验的累积。其缺点是大量的规则和知识占用大量空间，而且推理过程也越来越复杂，很难应用到大规模工程中进行评估。

（3）基于模式分类的方法以聚类分析、粗糙集、灰色关联分析、神经网络和支持向量机等为代表，利用训练的方式建立模型，然后基于模式的分类来对岩土工程态势进行评估。该类方法优点是学习能力非常好，模型建立得较为准确，缺点是计算量过大，如粗糙集和神经网络等建模时间较长，特征数量较多并且不易于理解，在对实时性要求高的工程环境中不能得到很好的应用。

综上所述，每种评估方法都有其优点和适用场合，但也有一定的缺点。应当根据实际工程的态势感知需要来选取合适的态势评估方法和手段。

6.2.6 态势预测方法

所谓预测，是指在认知引起事物发展变化的外部因素和内部因素的基础上，探究各内外因素影响事物变化的规律，进而估计和预测事物将来的发展趋势，得出其未来发展变化的可能情形。预测的实质是：知道了过去、掌握了现在，并以此为基础来估计未来。

在复杂的岩土工程环境和动态变化场景下，如果能够预测岩土工程未来的安全状况及其变化趋势，可以为岩土工程安全策略的制定提供指导，从而增强防御工程灾害、保证工程安全的主动性，尽可能地降低各类岩土工程灾害。

依据预测的性质、任务来划分，主要有定量预测和定性预测方法。定量预测利用原始数据和信息，借助数学模型和方法，分析数据前后之间的关系，得出其未来的发展变化规律，进而达到预测目的。定量预测方法主要包括时间序列、人工神经工程、灰色理论、回归分析等。定性预测主要依靠个人的经验积累和能力，利用有限的原始数据进行推理、判断和估测，定性预测方法主要包括专家评估法、类推法、判断分析法和市场调查法等。

态势预测在获取、变换及处理历史和当前态势数据序列的基础上，通过建立数学模型，探寻态势数据之间的发展变化规律，然后对态势的未来发展趋势和状况进行类似推理，形成科学的判断、推测和估计，做出定性或定量的描述，发布预警，为管理人员制定正确的规划、决策提供参考依据。具体过程一般为：首先获取历史态势数据序列，运用技术方法处理和变换数据序列，然后利用数学模型，发现和识别态势数据序列之间的关系和规律，建立包含时间变量、态势变量的方程关系式，通过求解方程得到随时间变化的态势函数。

传统的态势预测方法有灰色理论预测、时间序列预测、回归分析预测等，但实际工程具有随机性和不确定性，这决定了工程安全态势的变化是一个复杂的非线性过程，利用简单的统计数据预测非线性过程随时间变化的趋势必然存在很大的误差，如时间序列分析法，其根据系统对象随时间变化的历史信息对工程的发展趋势进行定量预测，在处理具有非线性关系、非正态分布特性的宏观工程态势值所形成的时间序列数据时，效果并不理想，已逐渐不能满足复杂工程安全态势预测的需求。

为了实现灾害的主动防御，必须加入安全预警技术，即根据当下已检测到的报警信息预测未来即将发生的灾害，真正建立动态的响应机制，以检测、预测、响应、防护为组成过程，为工程系统的安全提供实时、动态、快速响应且主动的安全屏障。岩土工程安全态势的预测是指根据工程安全态势的历史信息和当前状态对未来一段时间的发展趋势进行预测，它是态势感知的一个基本目标。由于工程中各种因素的随机性和不确定性，工程态势变化是一个复杂的非线性过程，采用传统预测模型方法已经逐渐不能满足需求，岩土工程态势预测研究正在朝智能预测方向发展。

图 6.20 是岩土工程态势估计架构。

在几何模型基础上，利用不同层面的数据融合算法（表征层、决策层）计算其孪生数据，得到反映其物理和运行规则的仿真结果。在这个过程中，数字孪生系统中的几何、物理、规则模型可映射为数据层、表征层、决策层，其中物理力学模型指在几何模型的基础上增加了 PE 的物理属性、约束及特征等信息，规则模型可基于物理力学模型得出属性及特征（如岩体中不同岩体空间分布模式特征栅格），通过规则的学习和演化（如 CNN 学习栅格图像的特征），使数字孪生体具有实时评估、优化和预测的能力，对 PE 进行控制和运行指导，最终供工程人员进行精准管理与决策。

目前的智能预测方法主要有神经网络预测、支持向量机预测、人工免疫预测、复合式

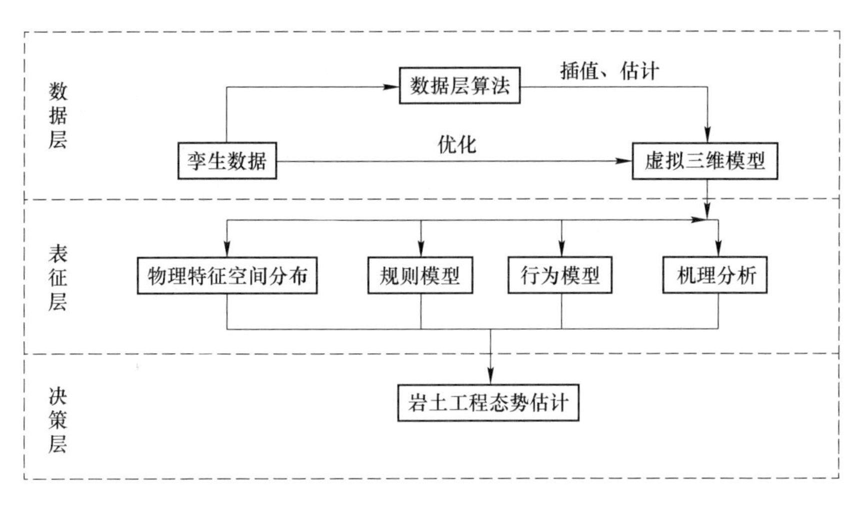

图 6.20 岩土工程态势估计架构

攻击预测（包括基于攻击行为因果关系的复合式攻击预测方法、基于贝叶斯博弈理论的复合式攻击预测方法、基于 CTPN 的复合式攻击预测方法、基于意图的复合式攻击预测方法）等。

人工智能的方法对非线性时间序列数据具有很强的逼近和拟合能力，将其应用于非线性时间序列的预测中都取得了较好的效果，典型的如神经网络、支持向量机、遗传算法等智能预测方法。此类方法的优点是具有自学习能力，中短期预测精度较高，需要较少的人为参与。但是也存在一定的局限，如神经网络虽然具有良好的函数拟合性以及对目标样本的自学习功能，具有并行处理、高度容错和极强的函数逼近能力等特性，但存在泛化能力弱，易陷入局部极小值等问题；支持向量机的算法性能易受惩罚参数、不敏感损失参数等关键参数的影响；而遗传算法的进化学习机制较为简单等。

随着研究和应用的深入，未来的态势预测必然会采用更多更完善的智能算法和模型，预测也会更加准确。

6.2.7 深度态势感知

正当世界各地的人工智能、自动化等专业认真研究态势感知（situation awareness, SA）技术之时，全球的计算机界正努力分析上下文感知（context awareness, CA）算法，语言学领域也非常热衷于对自然语言处理中的语法、语义、语用等方面进行研究，心理学科中的情景意识讨论也是当下的热门，西方哲学的主流竟也是分析哲学（一个哲学流派，它的方法大致可以划分为两种类型：一种是人工语言的分析方法，另一种是日常语言的分析方法）。

目前，大家生活在一个信息日益活跃的人-机-环境（自然、社会）系统中，通过人-机-环境三者之间交互及其信息的输入、处理、输出、反馈来调节正在进行的各种主题活动，进而减少或消除结果的不确定性。Mica R. Endsley 在 1988 年国际人因工程年会上针对指挥控制系统的核心环节，提出了有关态势感知的一个共识概念：在一定的时间和空间内对环境中的各组成成分的感知、理解，进而预知这些成分的随后变化状况（图 6.6）。该模型被分成三级，每一阶段都是先于下一阶段（必要但不充分），该模型沿着一个信息处理链，从感知通过解释到预测规划，从低级到高级，具体为：第一级是对环境中各因素的感知（信息的输入），第二级是对目前的情境的综合理解（信息的处理），第三级是对随后情境的预测和规划（信息的输出）。

一般而言，人、机、环境（自然、社会）等构成特定情境的组成成分常常会发生快速的变化，在这种快节奏的态势演变中，由于没有充分的时间和足够的信息来形成对态势的全面感知、理解，所以对未来态势的准确定量预测可能会大打折扣（但应该不会影响对未来态势的定性分析）。大数据时代，对于人工智能系统而言，如何在充分离清各组成成分及其干扰成分之间的排斥、吸引、竞争、冒险等逻辑关系的基础上，建立起基于离散规则和连续概率（甚至包括基于情感和顿悟）的、反映客观态势的定性定量综合决策模型越发显得更为重要，简言之，不了解数据表征关系（尤其是异构变异数据）的大数据挖掘是不可靠的，建立在这种数据挖掘上的智能预测系统也不可能是可靠的。

另外，在智能预测系统中也时常要面对一些管理缺陷与技术故障难以区分的问题：如何把非概念问题概念化？如何把异构问题同构化？如何把不可靠的部件组成可靠的系统？如何通过组成智能预测系统之中的前/后（刚性、柔性）反馈系统把人的失误/错误减到最小，同时把机和环境的有效性提高到最大？对此，计算机图灵奖及诺贝尔经济奖得主西蒙（H. A. Simon）提出了一个聪明的对策：有限的理性，即把无限范围中的非概念、非结构化成分延伸成有限时空中可以操作的柔性的概念、结构化成分处理，这样就可把非线性、不确定的系统线性化、满意化处理（不追求在大海里捞一根针，而只满意在一碗水中捞针），进而把表面上无关之事物相关在了一起，使智能预测更加智慧地落地。但是在实际工程应用中，由于各种干扰因素（主客观）及处理方法的不完善，目前态势感知理论与技术仍存在不少缺陷，鉴于此，文献［21］提出了深度态势感知这个概念，具体说明如下。

深度态势感知的含义是“对态势感知的感知，是一种人机智慧，既包括了人的智慧，也融合了机器的智能（人工智能）”，是能指+所指，既涉及事物的属性（能指、感觉）又关联它们之间的关系（所指、知觉），既能够理解弦外之音，也能够明白言外之意。它是在 Endsley 以主体态势感知（包括信息输入、处理、输出环节）的基础上，是包括人、机（物）、环境（自然、社会）及其相互关系的整体系统趋势分析，具有“软/硬”两种调节反馈机制；既包括自组织、自适应，也包括他组织、互适应；既包括局部的定量计算预测，也包括全局的定性算计评估，是一种具有自主、自动弥聚效应的信息修正、补偿的期望-选择-预测-控制体系。在深度态势感知中，不是构建态势，而是建构起态势的意义框架，进而在众多不确定的情境下实现深层次的预测和规划。

从某种意义上讲，深度态势感知是为完成主题任务在特定环境下组织系统充分运用各种类人认知活动（如目的、感觉、注意、动因、预测、自动性、运动技能、计划、模式识别、决策、动机、经验及知识的提取、存储、执行、反馈等）的综合体现。既能够在信息、资源不足情境下运转，也能够在信息、资源超载情境下作用。

研究基于人类行为特征的深度态势感知系统技术，即研究在不确定性动态环境中组织的感知及反应能力，对于社会系统中重大事变（战争、自然灾害、金融危机等）的应急指挥和组织系统、复杂工业系统中的故障快速处理、系统重构与修复、复杂环境中仿人机器人的设计与管理等问题的解决都有着重要的参考价值。岩土工程本身也是一个人-机-环系统，灾害防控采用深度态势感知的理论和方法也将更加可靠。

6.3 矿井水害态势智能感知与预警系统研发与应用

“十三五”期间，笔者有幸参与了“矿井水害智能监测预警技术与装备”课题研究，课题组开发了三维连续电法充水水源监测装备、构建了“点-面-体”结合、“井-地-孔”立体监测系统、研发了基于多元时序监测大数据的智能感知与突水预警系统，实现了煤层底板水害立体监测与突水态势感知与预警。

6.3.1 水害态势智能感知与预警系统总体设计

矿井水害态势智能感知与预警系统包含突水感知分析系统和预警与发布系统两部分，其系统框架如图6.21所示。感知分析系统主要包括指标分析（应力应变、水温、水压等指标）、统计分析（突水系数法）和模型分析（矿井水害大数据机器学习模型）三部分。预警与警情发布系统包括预警级别（危险性评价结果：安全、轻度危险、严重危险、即将突水）和预警信号设置（绿色、黄色、橙色、红色）两部分。

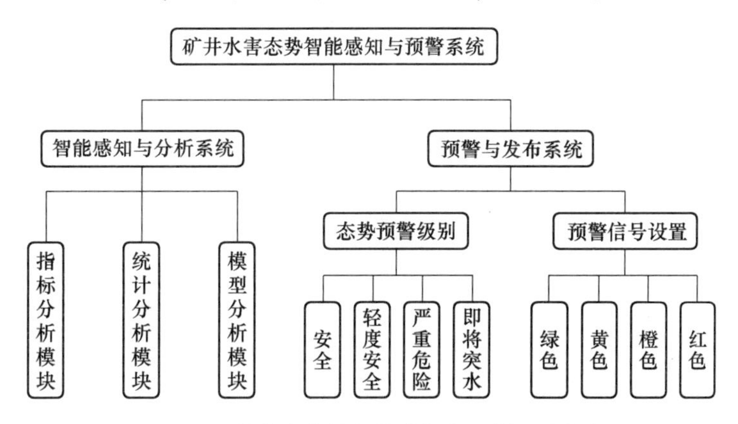

图6.21 矿井水害态势智能感知与预警系统框架图

模型分析模块是在矿井水害预警判据研究和多元时序大数据软件平台的基础上，采用深度学习技术（多层神经网络和机器学习方法），建立矿井水害态势评价网络模型，对监测数据进行综合分析，给出态势评判结果，并应用GIS耦合技术，绘制水害态势危险性评价信息图。

矿井水害态势智能感知预警系统采用B/S架构，通过获取现场采集的各类数据，在浏览器中对水害监测管理并可视化；同时根据水害监测数据，通过计算处理结果，对突水风险情况进行态势预测与警情通知。

6.3.2 多元时序大数据软件平台设计研发

多元时序大数据软件平台利用Spark和Hadoop技术搭建，主要提供数据管理与分布式存储功能，并包括矿井水害监测预警的业务处理数据接口、资源管理子系统和运行调度子系统等，为处理TB级大规模的数据存储问题提供了有效的解决方案。此外，还包括信息综合查询子系统、任务负载管理子系统、资源搜索子系统、用户管理子系统和平台监控子系统。向上是基于 Web 的云服务，为数据检索处理提供众包式的数据管理服务。综合数据管理作为支持系统，支持整个平台的业务运行。大数据处理与存储系统则通过一定的网络架构及传输协议将多源数据整合起来，如图 6.22 所示。

多元时序大数据软件平台采用了 Hadoop、Spark、SparkStreaming、MLlib、Hive、Yarn、HDFS、MapReduce 等工具。下面从数据存储和数据处理两方面进行阐述。

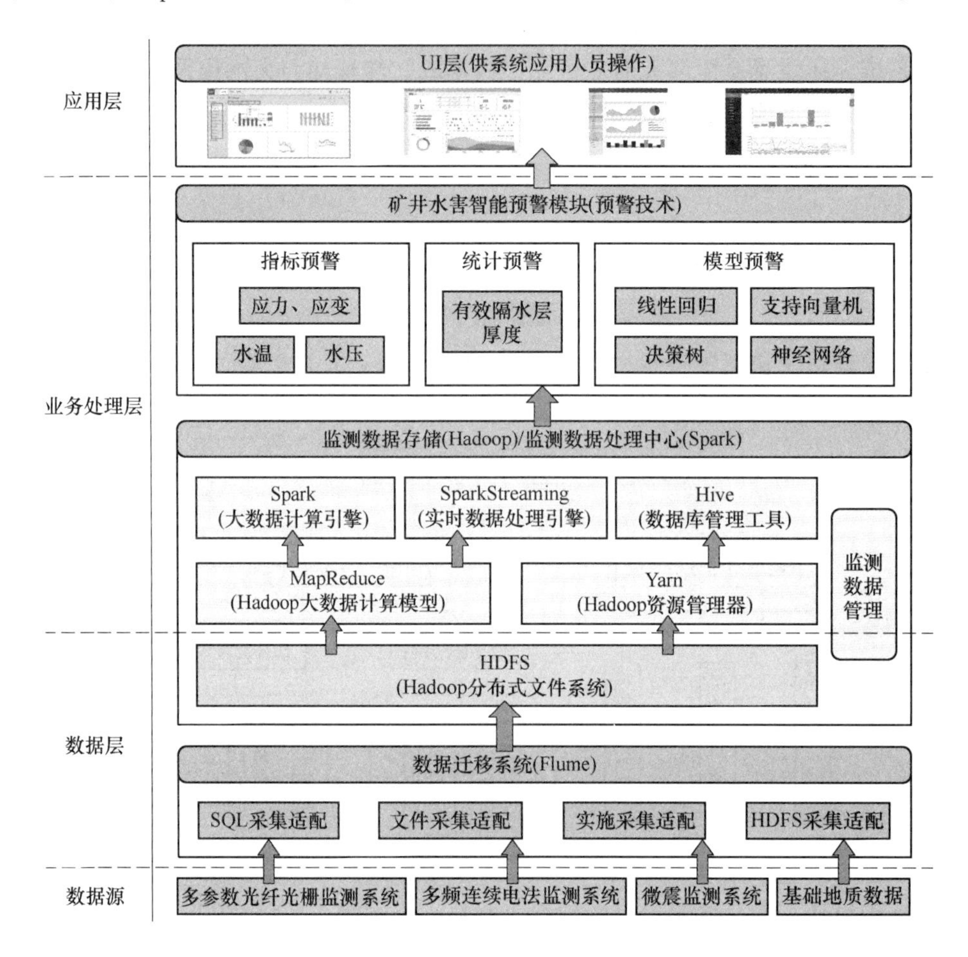

图 6.22 多元时序大数据软件平台

6.3.2.1 多元时序监测大数据池和数据存储平台的构建

为了进一步分析处理现场监测采集的数据，以便矿井水害监测预警系统进行综合分析并给出预警结果，必须将一些重要的数据传输到构建的多元时序监测大数据池中。因此，设计构建了煤矿水害监测多元时序大数据存储平台，构建了统一的数据存储体系和数据模型，为数据价值的呈现奠定了基础。同时数据处理能力下沉，建设集中的数据处理中心，提供强大的数据处理能力；在数据基础上，构建统一的应用中心，满足业务需求，体现数据价值。大数据存储平台采用 Hadoop 环境下的 HDFS 实现。

A Hadoop 平台

Hadoop 由 HDFS、MapReduce、HBase、Hive 和 ZooKeeper 等组成（图 6.23），其中最基础最重要元素为底层用于存储集群中所有存储节点文件的文件系统 HDFS（hadoop distributed file system)，来执行 MapReduce 程序的 MapReduce 引擎。HDFS 有高容错性的特点，并且设计用来部署在低廉的（low-cost）硬件上；而且它提供高吞吐量（high throughput）来访问应用程序的数据，适合那些有着超大数据集的应用程序。HDFS 放宽了（relax）POSIX 的要求，可以以流的形式访问（streaming access）文件系统中的数据。

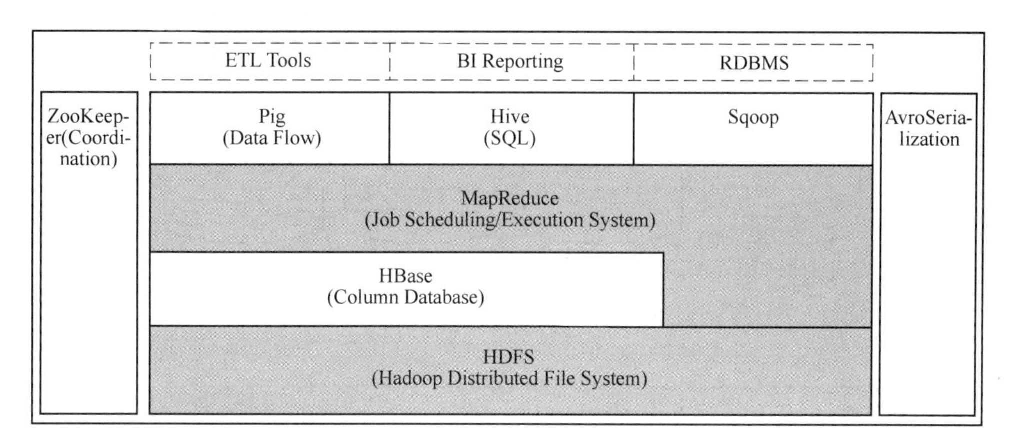

图 6.23 Hadoop 系统架构图

Hadoop 是一个能够让用户轻松架构和使用的分布式计算平台。它具有高可靠性、高扩展性、高效性、高容错性、低成本的优点，用户可以轻松地在 Hadoop 上开发和运行处理海量数据的应用程序。

B 分布式存储系统 HDFS

Hadoop 有两个核心设计，HDFS 和 MapReduce。HDFS 是一个高度容错性的分布式文件系统，可以被广泛地部署于廉价的 PC 上。它以流式访问模式访问应用程序的数据，大大提高了整个系统的数据吞吐量，因而非常适合用于具有超大数据集的应用程序中。

HDFS 的架构如图 6.24 所示。HDFS 架构采用主从架构（master/slave）。一个典型的 HDFS 集群包含一个 NameNode 节点和多个 DataNode 节点。NameNode 节点负责整个 HDFS 文件系统中的文件的元数据的保管和管理，集群中通常只有一台机器上运行 NameNode 实例，DataNode 节点保存文件中的数据，集群中的机器分别运行一个 DataNode 实例。在 HDFS 中，NameNode 节点被称为名称节点，DataNode 节点被称为数据节点。DataNode 节点通过心跳机制与 NameNode 节点进行定时的通信。

NameNode 可以看作分布式文件系统中的管理者，存储文件系统的 meta-data，主要负责管理文件系统的命名空间，集群配置信息，存储块的复制。

DataNode 是文件存储的基本单元。它存储文件块在本地文件系统中，保存了文件块的 meta-data，同时周期性地发送所有存在的文件块的报告给 NameNode。

Client 是需要获取分布式文件系统文件的应用程序。

C 多元时序大数据存储平台构建

多元时序大数据存储平台采用 Hadoop 环境下的 HDFS 实现。Hadoop 环境搭建需要按照其组件依赖关系（图 6.25）来依次安装和配置。本研究在 P910 工作站上，通过 VMware Workstation 虚拟化软件，安装 Ubuntu 系统，搭建 Hadoop 环境。

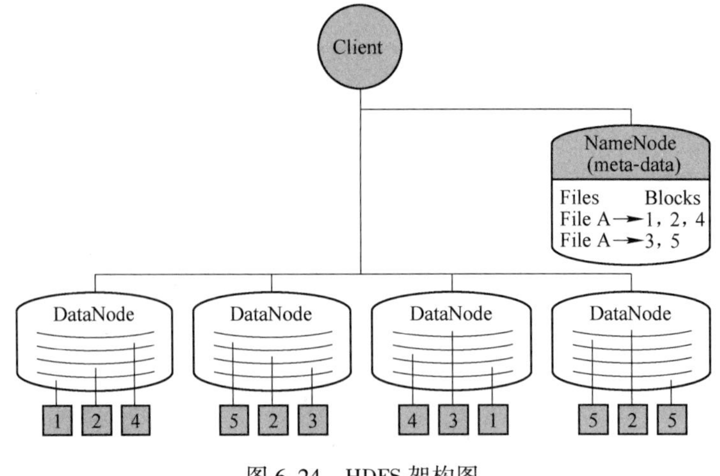

图 6.24　HDFS 架构图

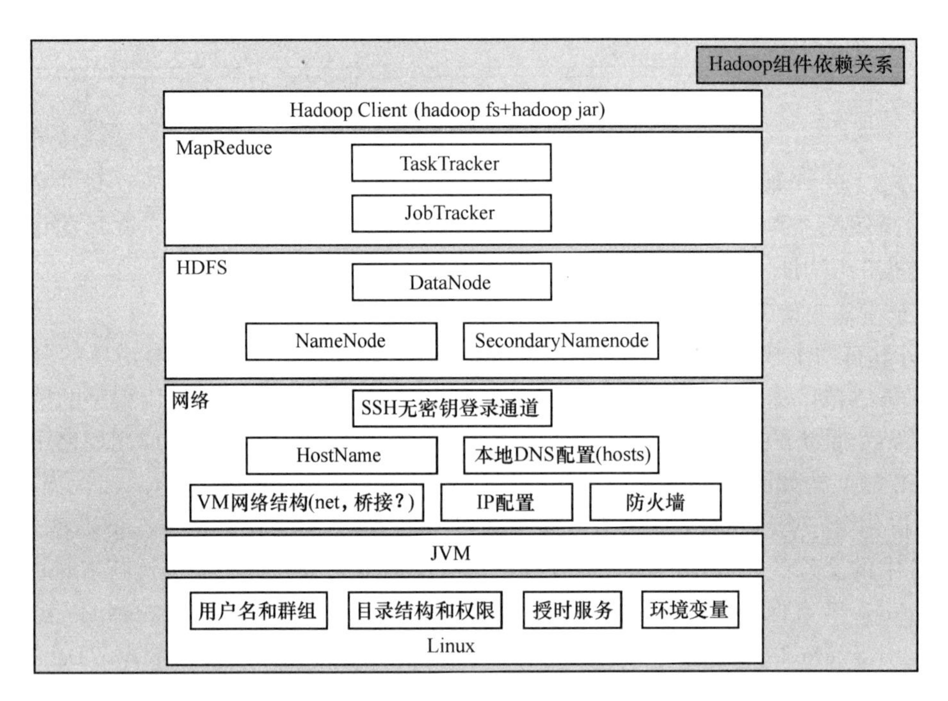

图 6.25　Hadoop 组件依赖关系图

6.3.2.2　多元时序大数据处理平台的构建

大数据处理由计算引擎 Spark、数据处理引擎 Spark Streaming、数据管理工具 Hive 等实现。

A　Spark 平台

Spark 是一个处理速度快、易于使用和能实时分析复杂数据的大数据计算框架。最初是由 AMPLab 实验室于 2009 年在加州大学伯克利分校开发，并于 2010 年成为 Apache 基金会的主要开源项目之一。Spark 是一个基于分布式内存的计算框架，在吸收了 MapReduce 优点的基础上，提出了以 RDD（resilient distributed datasets）数据表示模型，并提供了多重算子，例如 map，filter，flatmap，group By Key，reduce By Key，union，join

等，并将中间数据存放到内存，而不是磁盘，这对于迭代计算效率更高，能够很好地解决MapReduce 不易解决的问题，可同时处理实时计算（Spark Streaming）、交互式计算（Spark SQL）、机器学习及数据挖掘（Spark MLlib）等场景。

目前，Spark 的集群运行模式主要有三种，Spark Standalone、Spark on Yarn-Cluster、Spark on Yarn-Client，本研究平台中采用 Spark on Yarn-Client 模式，数据存储在 Hadoop 的分布式文件系统 HDFS 中，另外 Spark 还可以读取 My SQL，Hive，HBase 等数据库文件，并将其转换为 RDD。

Spark 执行模型分为三步：（1）创建应用程序计算 RDD DAG（directed acyclic graph，有向无环图）；（2）创建 RDD DAG 逻辑执行方案，即将整个计算过程对应到 Stage 上；（3）获取 Executor 来进行调度并执行各个 Stage 对应的 Shuffle Map Result 和 Result Task 等任务。

Spark 中的 RDD 是不可变的数据集合，由输入数据源和类群（lineage）定义。所谓类群就是应用到 RDD 上的转换算子和执行算子的集合。RDD 的容错就是重建因为节点失败导致数据丢失的 RDD（或 RDD 的分片）。机器学习和数据挖掘方面迭代计算非常普遍，Spark 在交互式计算和迭代计算中具有非常大的优势。

B　Spark Streaming

Spark Streaming 是构建于 Spark 之上的应用框架，承袭了 Spark 的编程风格。Spark Streaming 批处理间隔是指处理数据的单位不是一条（数据采集是逐条进行的），而是一批，设置时间间隔使得数据汇总到一定的量后再一并操作。Spark Streaming 可以用在实时学习模型中。实时学习是以对训练数据通过完全增量的形式顺序处理一遍为基础（就是一次只处理一个样例），当处理完每一个训练样本，模型会对测试样例做出预测并得到正确的输出。实时学习背后的思想就是模型随着接收到的新的消息不断更新自己，SGD 更新一次模型，而不是像离线训练一次次重新训练。实际的场景多是在线和离线的方法组合使用。如每天使用批量方法离线重新训练模型，然后在生产环境下应用模型，并使用 Spark Streaming 实时更新模型。使用 Spark 的流处理元素，结合 MLlib 的基于 SGD 的在线学习能力，可创建实时的机器学习模型，当数据流到达时实时更新学习模型，达到实时处理的目的。

C　MLlib

MLlib 是 Spark 的可扩展的机器学习库，主要有通用的学习算法和工具类，包括分类，回归，聚类，协同过滤，降维，也包括调优的部分。Spark MLlib 库中包含了较为丰富的学习及建模算法，可作为水害监测预警建模的重要工具。

D　Hive

Hive 是一种数据仓库工具，可以提供类似数据库中的 SQL 查询。将水害监测数据从 HDFS 加载到 Hive，可做日常用的查询，然后使用 Spark SQL 来进行交互式查询。

由于整体开发难度较大，在开发过程中，重点实现了大数据基础软件层，以 Spark 在 YARN（统一资源管理与调度平台）上计算为主，且有 Hive（基于 Hadoop 的一个数据仓库工具）、HBase（一个分布式的、面向列的开源数据库）、ZooKeeper（一个为分布式应用提供一致性服务的软件）的配合使用，算法层（主要是并行的聚类、神经网络、支持向量机）和服务层，然后配合前端来展现最终结果。

6.3.2.3 多元时序大数据平台的构建

平台首先收集迁移水害监测的各种数据，包括结构化和非结构化的数据；然后再将这些数据存储到大数据平台的存储系统中，这些存储系统不限于 HDFS、Hive、HBase 等 Hadoop 相关的数据库，可能还包括 Cassandra、Gluster FS、Swift 等 No SQL 存储系统；之后再对数据进行分析挖掘，将分析结果放到前端界面进行展示，以供业务决策人员使用。

搭建的多元时序大数据软件平台具有应用范围广、可靠性高、性能完备等特点：（1）软件平台在 P910 工作站上，虚拟部署了 1 个管理服务器，3 个数据服务器，部署了 7000 余个数据节点，通过数据节点的并发处理，能够大幅提升整个平台的数据并行存储效率和分析处理速度；（2）3 个数据服务器间形成了相互备份的副本，即使某一数据服务器发生故障，也不会造成数据丢失的情况；（3）软件平台具备很好的扩展迁移性能，能够在物理层任意增减服务器设备，做到快速部署应用；即使将平台部署到廉价 PC 组成的集群上，也具备可靠的大数据处理性能。

6.3.3 突水态势智能感知与预警系统开发

（1）系统界面。系统界面整体采用双栏设计，左侧导航区包含监控预警展示，历史数据展示，空间 3D 大屏数据展示，数据导入管理，用户管理。右侧为各功能模块的实际操作及展示区。界面顶部展示当前登录用户信息以及退出登录按钮。系统界面如图 6.26 所示。

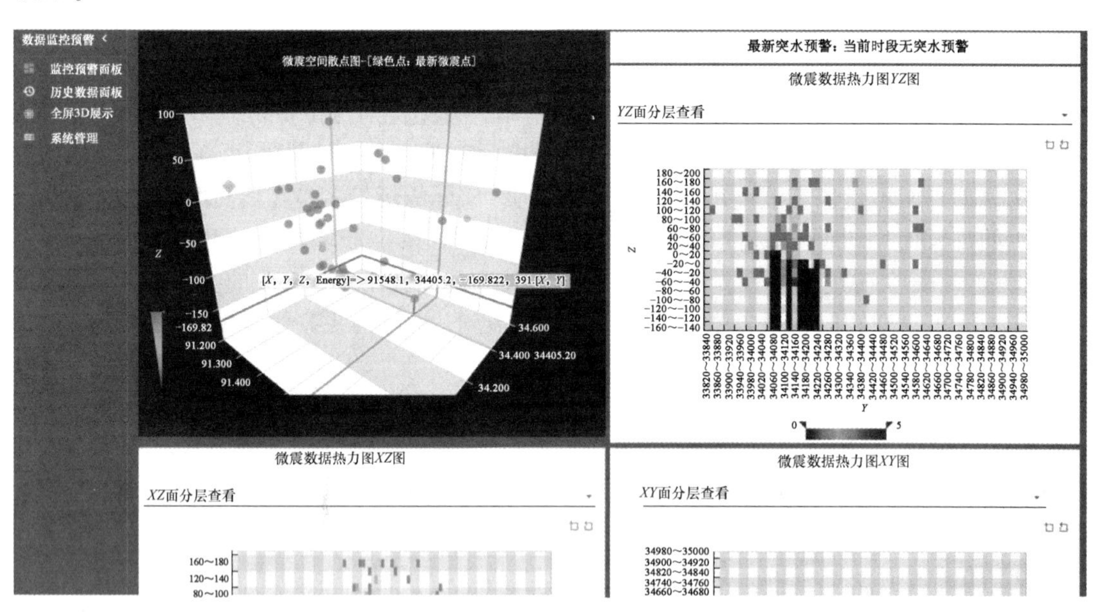

图 6.26 态势感知系统界面与监测数据空间散点图

扫码看彩图

（2）监测数据散点图。通过空间散点图的方式，将监测数据的具体位置展示出来，绿色点表示为最新数据。考虑到现场监测数据测量的间隔要求，以及权衡客户端浏览器图表渲染负载压力，设定监控面板中的空间散点图数据每隔 20 s 向后端服务器请求刷新一次。为便于用户准确分辨散点图中数据点的具体参数，在用户鼠标指向数据点时提供参数标签，并高亮彩色显示坐标轴线及数值，为了更清晰地展示给用户数据点位置，空间散点图展示区域允许用户通过鼠标拖拽进行缩放、旋转展示，如图 6.26 所示。

(3) 监测数据三视热力图。数据三视热力图（图 6.27）表示视觉的三个角度，采用颜色高亮的形式展示监测数据在数据采集空间中的位置。

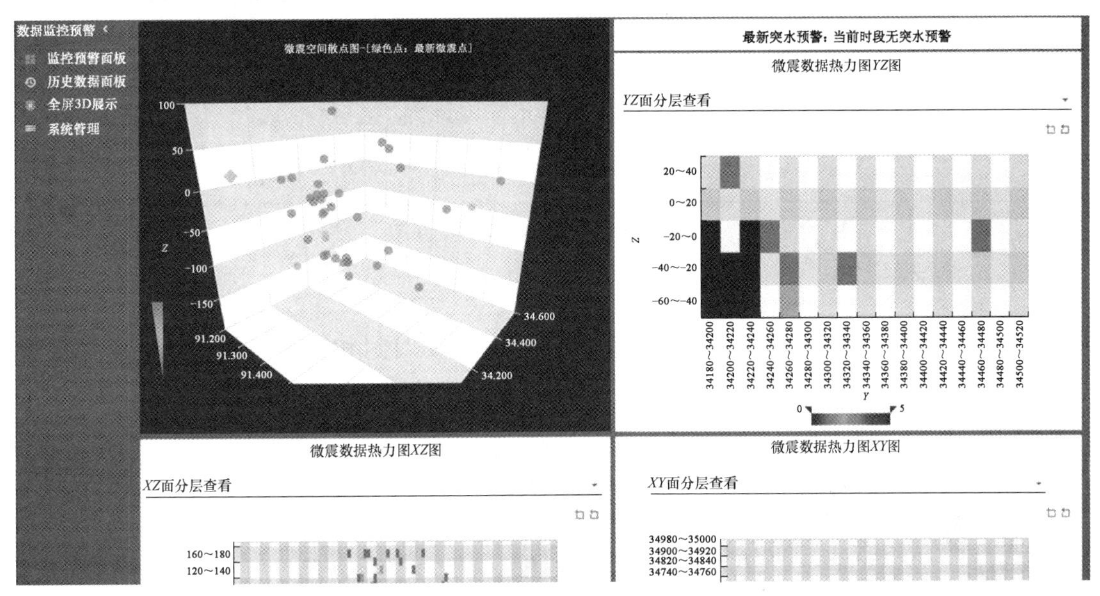

图 6.27 监测数据三视热力图

(4) 微震数据 3D 空间分析。为了对微震监测数据进一步分析，开发了微震数据 3D 空间分析界面。在该界面下能够进行 3D 空间旋转、缩放，对微震监测数据的分布形态及其演化进行动态分析研判（图 6.28）。

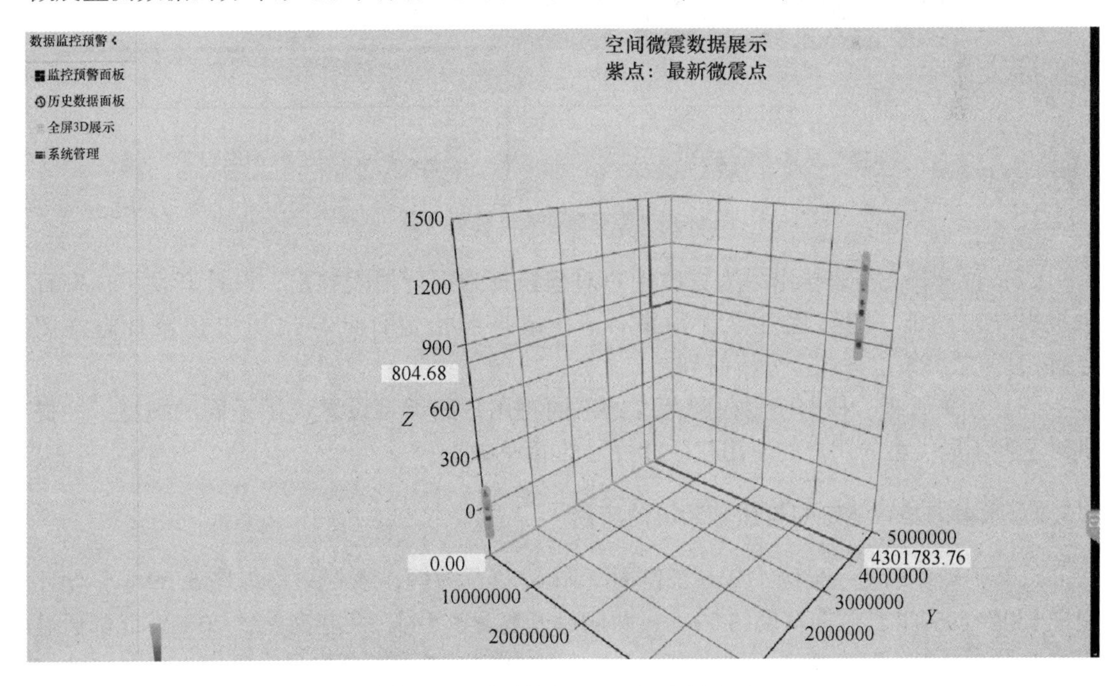

图 6.28 微震数据 3D 空间分析界面

（5）预警数据实时更新。根据系统采用的态势估计方法进行综合预警，将综合预警结果作为预警记录（预警频率初始值为 5 min）。计算监测数据的预警等级：安全-重视-临界-危险，四个等级危险等级逐渐增高，如图 6.29 所示。

事件ID	时间	X坐标	Y坐标	Z坐标	微震能量	电法Z值	
E20191120-18	2019-11-20 11:23:51	91290.3	33846.3	102.1369	174.808	-47	正常
E20191120-17	2019-11-20 11:21:34	91211.2	34099	71.25337	119.789	-47	正常
E20191120-16	2019-11-20 11:16:21	91321.5	34104.5	-3.3311000000000064	97.3425	-47	正常
E20191120-15	2019-11-20 10:33:17	91400.9	34191.8	-38.873000000000005	238.997	-47	正常
E20191120-14	2019-11-20 10:33:03	91548.3	34405.2	-89.822	391.222	-47	正常

每页显示条数 5 1-5 of 100

参数设置面板： 参数调整 锁定

图 6.29 监测数据预警记录

（6）历史数据查询管理。根据用户需求，输入起始时间和结束时间，就可以对这个时间段内的监测预警数据进行查询分析，生成历史数据热力图和散点图（图 6.30）。

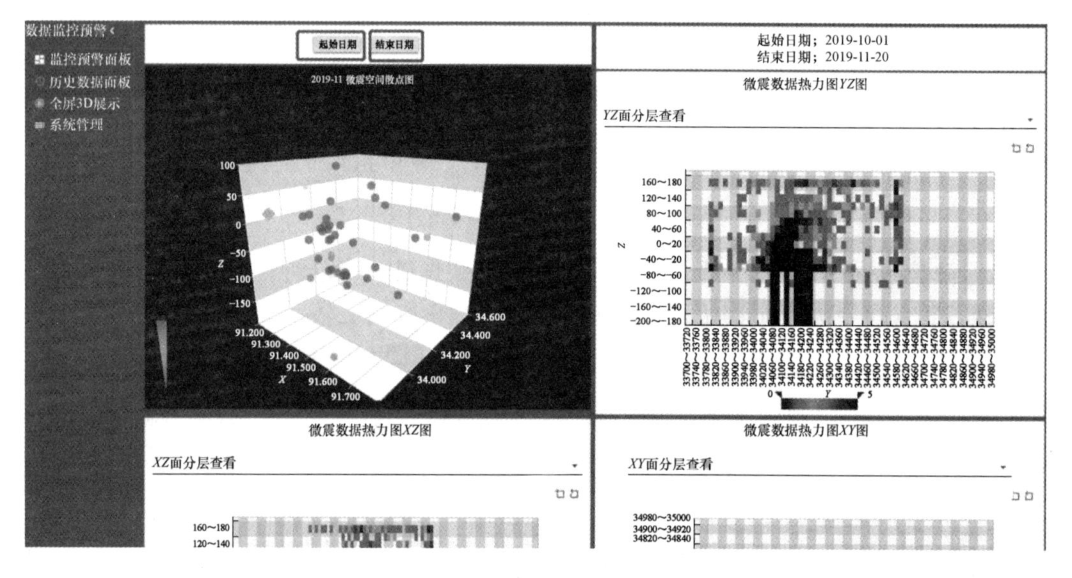

图 6.30 历史数据查询管理界面

（7）预警日志报表导出。为方便用户对预警日志进行报表导出，设计开发了预警日志报表导出功能，能够逐日导出预警日志，或按照指定日期导出历史预警日志（图 6.31），便于决策层进一步分析研判。

（8）用户管理。根据使用权限范围的不同将用户的类型设置成了不同的类型，并提供对这些不同类型的用户的使用权限和账号的管理功能。

6.3.4 水害态势智能感知与预警系统的应用

以某矿矿井东翼一采区 11916 工作面（图 6.32）为例，该处平均煤厚 5.09 m，设计走向长度约 953 m，倾向宽度约 73 m，两侧巷道宽度 3.5 m，两巷高差约 20 m。北部通过煤柱与 11915 工作面相邻，西部为东一采区运输上山，东为东翼二采区轨道上山，南为实

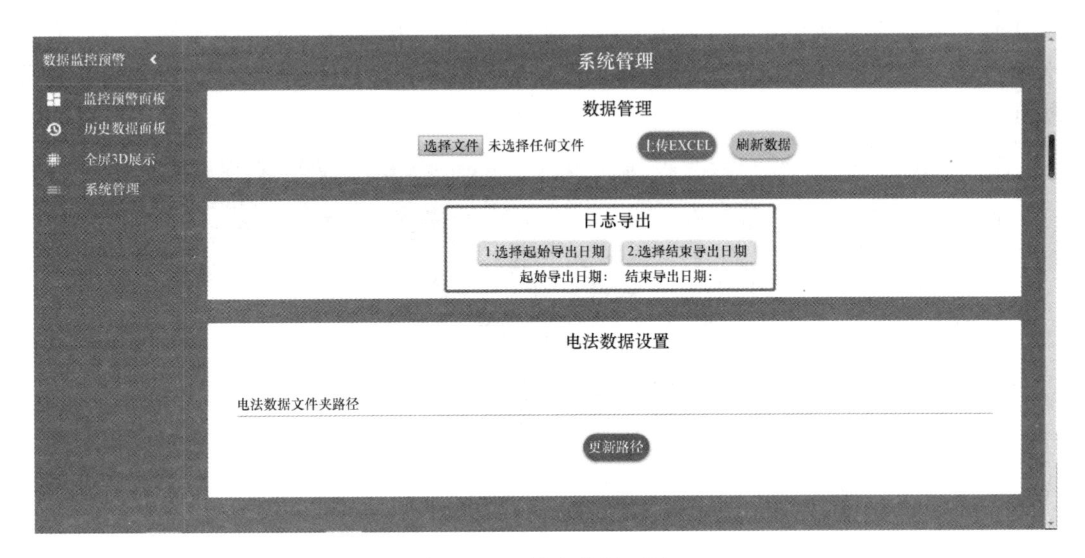

图 6.31 导出数据面板

体煤。工作面开采标高-120~-90 m，工作面开采时，9 煤底板承受 0.72~1.02 MPa 的奥灰水压。9 煤底板至本溪灰岩间距平均 19 m，揭露最薄处 14 m，工作面距离奥灰含水层顶界面 43.5 m，推算奥灰突水系数 0.017~0.023。

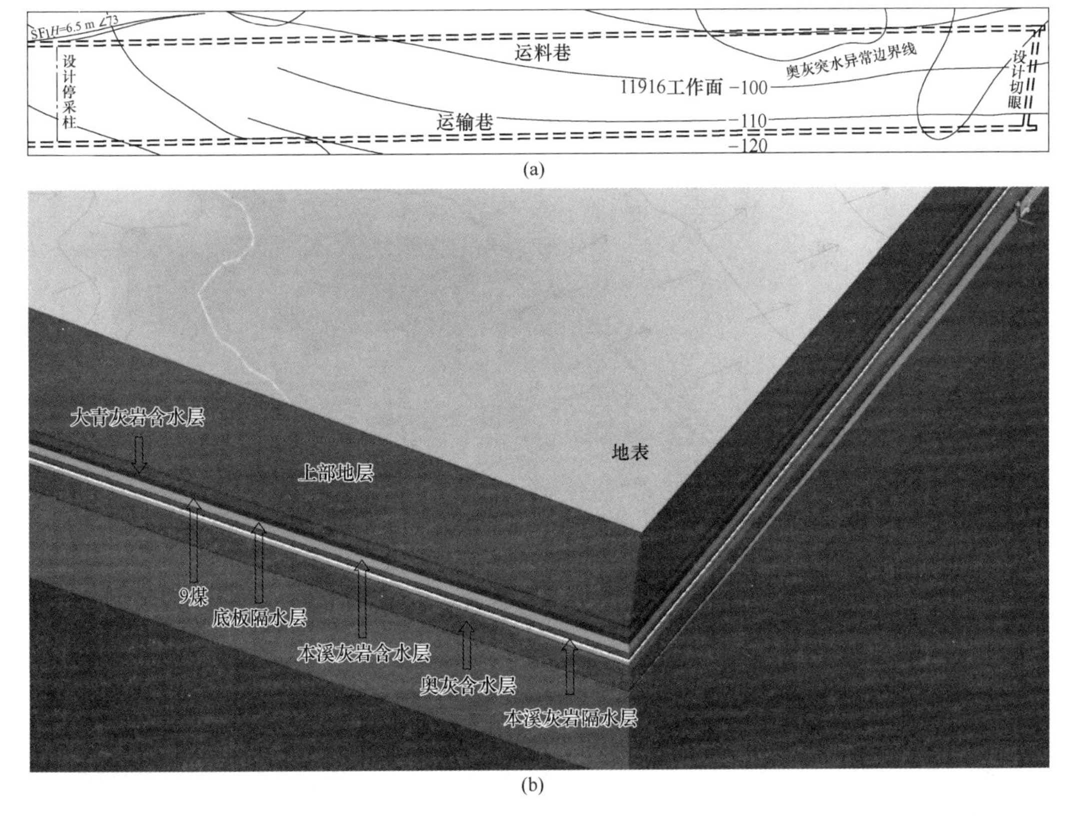

图 6.32 矿井地层岩性与 11916 工作面基本情况

(a) 11916 工作面基本情况；(b) 地层岩性三维模型示意图

工作面共发育有断层 1 条（图 6.33），落差 6.5 m，陷落柱 1 个，位于葛 37 孔西侧，工作面上部，该陷落柱处在奥灰富水条带内，地下原始平衡一旦破坏，不排除该陷落柱导水的可能性。

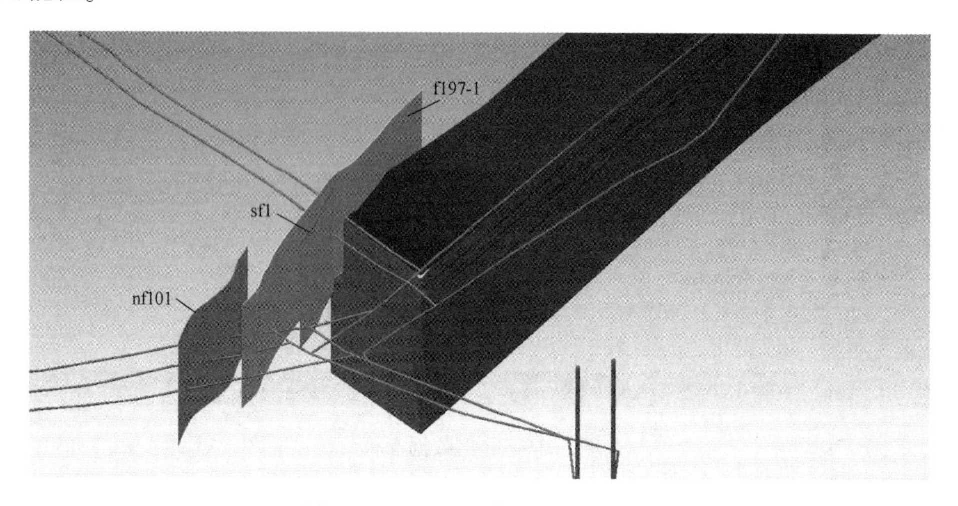

图 6.33　11916 工作面断层示意图

为此，在工作面回采的前 600 m 进行了监测设置，回采工作面附近巷道布置了光栅光纤、电法监测系统和微震监测系统，在陷落柱处加密了监测网络。

在水害监测数据基础上，用突水态势智能感知与预警系统在工作面回采期间进行了实时应用。2019 年 9 月 10 日，在回采线后方约 15 m 煤层底板下方 10～30 m 深度低阻异常增强，同时底板破坏深度加大，系统发生突水危险性预警（图 6.34），预警结果见表 6.8。

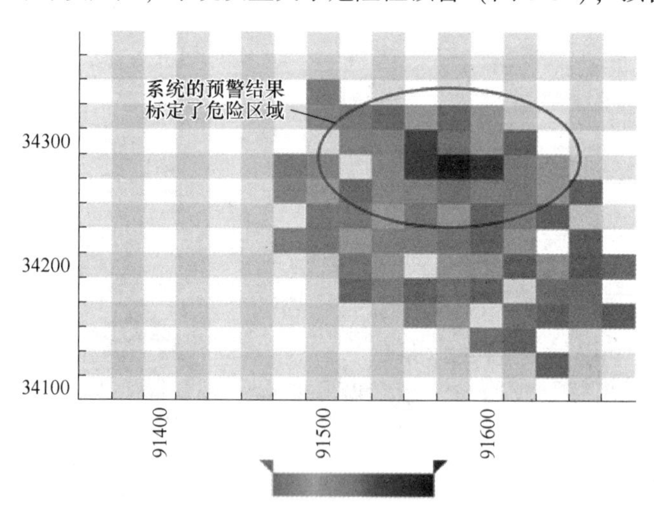

图 6.34　11916 工作面某次水害预警结果

表 6.8　11916 工作面突水预警记录

预警事件 ID	时　间	*X* 坐标	*Y* 坐标	预警等级
20190909-2578	2019-09-09T23：05	91560	34280	0（安全）
20190910-0195	2019-09-10T00：35	91580	34280	1（轻度危险）

续表 6.8

预警事件 ID	时　　间	X 坐标	Y 坐标	预警等级
20190910-0322	2019-09-10T01：45	91560	34300	2（严重危险）
20190910-0537	2019-09-10T02：45	91580	34280	3（即将突水）

该时段水害智能预警系统三视热力图出现危险色，预警系统发出了突水危险性报警信号，两天后，底板出现 2～12 m^3/h 的集中涌水现象。

思 考 题

6.1　灾害和事故有何区别，事故隐患有哪些类型？
6.2　岩土工程灾害隐患包括哪些？
6.3　什么是态势感知，最著名的理论模型有哪些？
6.4　态势指标有哪些，态势指标提取原则是怎样的？
6.5　岩土工程态势指标有哪几种？
6.6　数据融合分哪几个层次，有哪些算法？
6.7　态势评估中数据处理包括哪几个层次？
6.8　根据评估依据的理论技术基础，态势评估方法有哪些？

参考文献

[1] 刘敦文．地下岩体工程灾害隐患雷达探测与控制研究［D］．长沙：中南大学，2001.
[2] 赵艳玲，张怀平．数字孪生技术在城市综合管廊工程的应用［J］．智能建筑，2021（8）：21-26.
[3] 陈健，盛谦，陈国良，等．岩土工程数字孪生技术研究进展［J］．华中科技大学学报（自然科学版），2022：1-10.
[4] 唐敏康，丁元春，黄磊．矿山事故隐患识别与防控［M］．北京：化学工业出版社，2016.
[5] 360 百科．安全隐患［EB/OL］．https：//baike. so. com/doc/841276-889640. html.
[6] 张福浩，朱月月，赵习枝，等．地理因子支持下的滑坡隐患点空间分布特征及识别研究［J］．武汉大学学报（信息科学版），2020，45（8）：1233-1244.
[7] 焦润成，郭学飞，南赟，等．采空区-滑坡-泥石流链式灾害隐患综合遥感识别与评价［J］．金属矿山，2023，559（1）：73-82.
[8] 朱庆，曾浩炜，丁雨淋，等．重大滑坡隐患分析方法综述［J］．测绘学报，2019，48（12）：1551-1561.
[9] 贾会会，杨瑞，张志辉，等．矿山地质灾害防治预警及决策管理系统研究［J］．内蒙古煤炭经济，2022，343（2）：172-174.
[10] 许强，陆会燕，李为乐，等．滑坡隐患类型与对应识别方法［J］．武汉大学学报（信息科学版），2022，47（3）：377-387.
[11] 许强，董秀军，李为乐．基于天-空-地一体化的重大地质灾害隐患早期识别与监测预警［J］．武汉大学学报（信息科学版），2019，44（7）：957-966.
[12] 许强．对地质灾害隐患早期识别相关问题的认识与思考［J］．武汉大学学报（信息科学版），2020，45（11）：1651-1659.
[13] 360 百科．态势感知［EB/OL］．https：//baike. so. com/doc/3017872-32348936. html.
[14] Endsley M R. Toward a theory of situation awareness in dynamic system［J］. Human Factors，1995，37（1）：32-64.
[15] Dasarathy B V. Revisions to the JDL data fusion model［J］. Proceedings of SPIE-The International Society for Optical Engineering，1999，3719（12）：430-441.
[16] Endsley M R. Design and evaluation for situation awareness enhancement［C］// Proceeding of the 32nd Human Factors Society Annual Meeting. Santa Monica：Human Factors and Ergonomics Society，1988：97-101.
[17] Endsley. 什么是态势感知？［EB/OL］.（2017-11-16）. https://mp. weixin. qq. com/s/ozKsf7KKwSB3dVJK_F5TMw.
[18] 辛丹，盖伟麟，王璐，等．赛博空间态势感知模型综述［J］．计算机应用，2013，33（S2）：245-250.
[19] 刘伟，谭文辉，刘欣．人机环境系统智能：超越人机融合［M］．北京：科学出版社，2024.
[20] 杜嘉薇，周颖，郭荣华，等．网络安全态势感知提取、理解和预测［M］．北京：机械工业出版社，2022.
[21] 刘伟．深度态势感知［EB/OL］．2018-02-20. https：//mp. weixin. qq. com/s/S1DqgUonCZVCgvv_ThpflQ.
[22] 王昊奋，漆桂林，陈华钧．知识图谱方法、实践与应用［M］．北京：电子工业出版社，2021.
[23] 梁循，尤晓东．知识图谱［M］．北京：中国人民大学出版社，2021.
[24] 漆桂林，高桓，吴天星．知识图谱研究进展［J］．情报工程，2017，3（1）：4-25.
[25] 刘知远，韩旭，孙茂松．知识图谱与深度学习［M］．北京：清华大学出版社，2020（6）：2-14.

[26] 孙志成，曾鹏．第十四讲：知识图谱在化工安全领域的应用研究［J］．仪器仪表标准化与计量，2022（2）：9-10，14.
[27] 叶帅．基于 Neo4j 的煤矿领域知识图谱构建及查询方法研究［D］．徐州：中国矿业大学，2019.
[28] 鹿晓龙．煤矿安全知识图谱构建技术研究［D］．徐州：中国矿业大学，2021.
[29] 张佳宇．基于本体的煤矿安全领域知识图谱研究［D］．太原：太原科技大学，2019.
[30] 张悦．矿物领域知识图谱构建技术研究与实现［D］．北京：中国地质大学（北京），2021.
[31] 魏卉子．煤矿安全融合知识图谱构建研究［D］．徐州：中国矿业大学，2020.
[32] 周刚，闫龙川，吴小华，等．面向电力传输信息系统故障定位的知识图谱构建与应用［J］．激光杂志，2021，42（12）：190-196.
[33] 肖发龙，吴岳忠，沈雪豪，等．基于深度学习和知识图谱的变电站设备故障智能诊断［J］．电力建设，2022，43（3）：66-74.
[34] 梁宇．基于贝叶斯网络及知识图谱的城市地下基础设施多灾害风险评估与应急决策［D］．哈尔滨：哈尔滨工业大学，2021.
[35] 赵一静．基于动态风险评价和知识图谱的综合管廊运维管理方法研究［D］．成都：西南交通大学，2021.
[36] 王皓，董书宁，姬亚东，等．煤矿水害智能化防控平台架构及关键技术［J］．煤炭学报，2022，47（2）：883-892.
[37] 中煤科工集团西安研究院有限公司，北京科技大学．结题科技报告：矿井水害智能监测预警技术与装备［R］．2020.